Youde Xiong

Exercices résolus
de résistance des matériaux

Deuxième édition 2016

EYROLLES

ÉDITIONS EYROLLES
61, bd Saint-Germain
75240 Paris Cedex 05
www.editions-eyrolles.com

Table des matières

Principales notations

Efforts extérieurs

P	Charge concentrée	en N
p ou q	Charge répartie	en N/m (ou N/mm)
C	Couple concentré	en N.m (ou N.mm)
R	Réaction des appuis	en N
H	Réaction horizontale	en N
V	Réaction verticale des appuis d'arc	en N

Élément de réduction des forces de gauche

T	Effort tranchant	en N
N	Effort normal	en N
M_f	Moment fléchissant (moment de flexion)	en N.m (ou N.mm)
M_t	Moment de torsion	en N.m (ou N.mm)
σ	Contrainte normale	en N/mm^2
τ	Contrainte tangentielle	en N/mm^2

Déformation

f	Déplacement de déformation	en mm
θ	Déformation en rotation	

Caractéristique des matériaux

E	Module d'élasticité longitudinale	en N/mm^2
G	Module d'élasticité transversale	en N/mm^2

Caractéristique des sections

I	Moment d'inertie	en mm^4
W	Module de résistance	en mm^3
S ou A	Aire de section	en mm^2
ω	Surface de diagramme	

Torsion entravée

D	Rigidité en flexion d'une aile déformée de profilé	en daN/mm^2
C	Rigidité en torsion	en daN/mm^2
B	Bi-moment	en N.m^2
I_ω	Module d'inertie en éventail	en m^6
(s, ω)	Coordonnées du repère en éventail	

Actions simples et déformations correspondantes

Quand le corps supporte une charge, une force ou un couple, le corps va se déformer. Le type de déformation dépend du type de charge et la dimension du corps. Le tableau suivant nous présente la relation entre la charge et la déformation.

Déformation	Charge (sollicitations simples)	Figure des déformations	Dimension du corps
Traction	Un corps est soumis à deux forces opposées qui tendent à l'allonger.		Toutes les dimensions du corps
Compression	Un corps est soumis à deux forces opposées qui tendent à le raccourcir.		La dimension longitudinale est courte. **L = 3 à 9 fois** plus petite que la dimension transversale.
Flambement	Un corps est soumis à deux forces opposées qui risquent d'entraîner un phénomène d'instabilité de forme.		La dimension longitudinale est longue. **L = 3 à 9 fois** plus grande que la dimension transversale.
Cisaillement	Un corps est soumis à deux forces opposées qui tendent à le séparer en deux tronçons glissant l'un par rapport à l'autre suivant une section.		La dimension longitudinale est courte. **L = 3 à 9 fois** plus petite que la dimension transversale.
Torsion	Un corps est soumis à deux couples opposés dont les plans sont perpendiculaires à son axe géométrique (ou les axes parallèles à l'axe du corps).		Toutes les longueurs
Flexion	Un corps, fixé ou appuyé sur des extrémités, est soumis à des forces coplanaires normales aux génératrices : – des charges concentrées ; – des charges réparties ; – des couples.		La dimension longitudinale est longue. **L = 3 à 9 fois** plus grande que la dimension transversale. La déformation est caractérisée par un angle de rotation ou une flèche.

Avant-propos

Fruit de trente années d'expérience dans le domaine de la résistance des matériaux (en France et en Chine), cet ouvrage est destiné aux étudiants et aux professeurs de résistance des matériaux, aux architectes, aux ingénieurs et aux techniciens.

Il présente de façon claire et synthétique les principales théories et les méthodes courantes de calcul. Tout au long de l'ouvrage, le lecteur trouvera de très nombreux exercices résolus afin d'appliquer les connaissances acquises : 26 exercices concernant la base de calcul de résistance des matériaux ; 43 pour la traction et la compression ; 15 pour le cisaillement ; 14 pour la torsion ; 67 pour la flexion des poutres isostatiques ; 45 pour la flexion des poutres hyperstatiques ; 16 pour les sollicitations composées ; 40 pour la structure des poutres-système en treillis articulés et portiques ; 21 pour les poutres circulaires et les arcs ; 11 pour la stabilité d'équilibre – soit un total de 298 exercices, ce qui fait de ce volume une référence en la matière.

Pour la rédaction de ces pages, l'auteur s'est appuyée sur les traités magistraux de Timoshenko, Larralde, Basquin, Goulet et Doubrère, auxquels elle a fait de larges emprunts.

Remerciements

Je tiens à remercier tous ceux qui ont m'ont soutenue au cours de mes recherches : l'académicien Jean Salençon, Louis Feuvrais, docteur en sciences physiques, Jean-Pierre Sagaspe, professeur des universités et Denis Picard, professeur agrégé.

Je tiens à exprimer mes plus vifs remerciements à ma famille, Wuzhen Xiong, ingénieur de l'Enac, Zhaohui Xiong, ingénieur de l'Ensam ; P. Plottu, ingénieur de l'Ensam et Jean-Claude Lambert, ingénieur en matériaux composites.

CHAPITRE 1

Résistance des matériaux

1.1 Résistance des matériaux

1.1.1 Nécessité de la résistance des matériaux

Une poutre droite repose sur deux appuis simples A et B et supporte une charge F. Nous constatons que la poutre se déforme et prend une nouvelle position d'équilibre (figure 1.1).

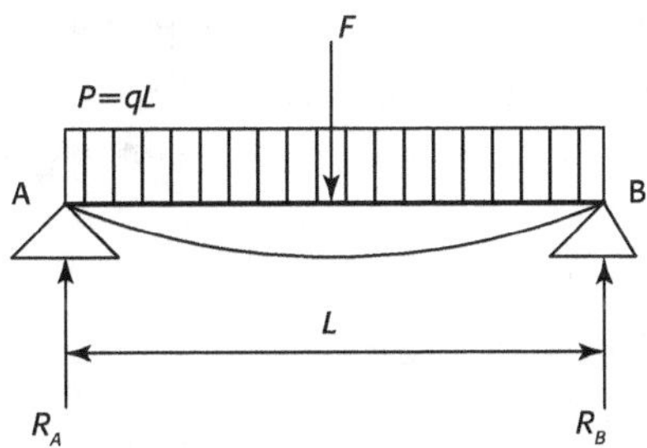

Figure 1.1 Poutre AB en équilibre.

Si nous augmentons l'intensité du poids P de la poutre, la déformation de la poutre peut aller jusqu'à la rupture. Les forces extérieures qui s'exercent sur la poutre sont :

- $P = q \cdot L$ poids de la poutre
- F charge extérieure
- R_A et R_B forces de contact exercées par les appuis. (Réactions des appuis A et B.)

La statique permet la détermination des forces extérieures, la poutre étant assimilée à un solide indéformable, Mais, du fait qu'aucun corps n'est indéformable, la présence de la force extérieure fait naître des forces intérieures entre les particules matérielles. Il en résulte des contraintes et des déformations qui ne doivent pas devenir dangereuses ; autrement dit, le corps doit résister en « toute sécurité ».

Nous remarquons que d'autres causes que les forces extérieures peuvent engendrer des contraintes et des déformations (vibration, température, vitesse, etc.)

1.1.2 But de la résistance des matériaux

La résistance des matériaux étudie les conditions d'équilibre des constructions (organe d'une machine, poutre d'un pont, ossature d'un bâtiment, barrage...), afin qu'elles supportent les forces auxquelles elles sont soumises dans les meilleures conditions de sécurité, d'économie et d'esthétique.

Les problèmes de résistance des matériaux se présentent généralement sous les deux aspects suivants :

1. Déterminer les dimensions des sections transversales d'un corps, connaissant la nature du matériau et les forces appliquées, de telle façon qu'aucune région ne subisse de déformations et de contraintes exagérées et dangereuses (cas le plus courant).

2. Les dimensions d'un corps étant connues a priori, déterminer les contraintes et les déformations, afin de vérifier les conditions de sécurité imposées.

1.2 Statique

Le problème de résistance des matériaux est d'abord le problème de statique.

Avant de commencer à résoudre le problème de résistance des matériaux, le premier travail consiste à déterminer les actions des appuis sur la poutre ou un corps quelconque en utilisant l'équation d'équilibre.

1.2.1 Types des charges extérieures

1.2.1.1 Charge concentrée

Une charge est appliquée sur une pièce. Si la surface d'application est petite, nous la considérons comme un point d'application. Dans ce cas la charge est considérée comme une charge concentrée.

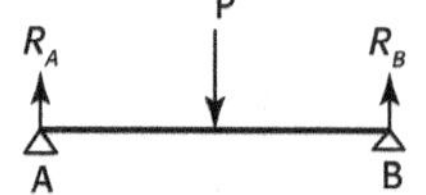

P charge extérieure concentrée   en N
R Réaction des appuis   en N

1.2.1.2 Charge uniformément répartie

Si la charge est répartie uniformément sur la longueur d'une poutre ou sur une surface, ou sur un volume, et que nous ne pouvons pas la négliger, cette charge s'appelle charge uniformément répartie. Par exemple : le poids propre d'une poutre ; la surcharge correspondant à une couche de neige, ou la surcharge sous la pression du vent ...

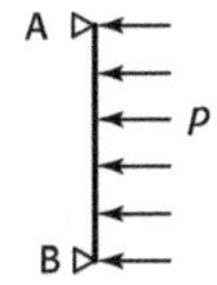

q charge uniformément répartie
charge linéique en N/mm
charge surfacique en N/mm^2

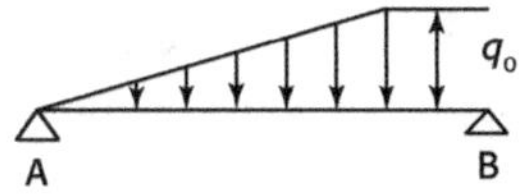

p pression en N/mm^2 pour la plaque
ou la coque

1.2.1.3 Charge triangulaire

La charge triangulaire est une charge répartie sur une forme de triangle.

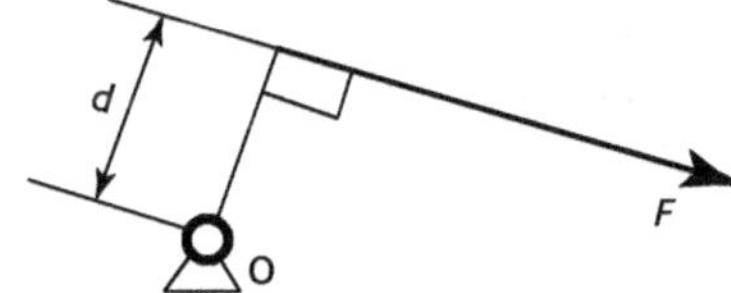

q charge triangulaire
charge linéique en N/mm
charge surfacique en N/mm^2

1.2.1.4 Moment d'une force

Moment d'une force par rapport à un axe

$$M = F \cdot d$$

Couple concentré de forces

Un couple est un ensemble de deux forces parallèles, de sens contraire et de même intensité.

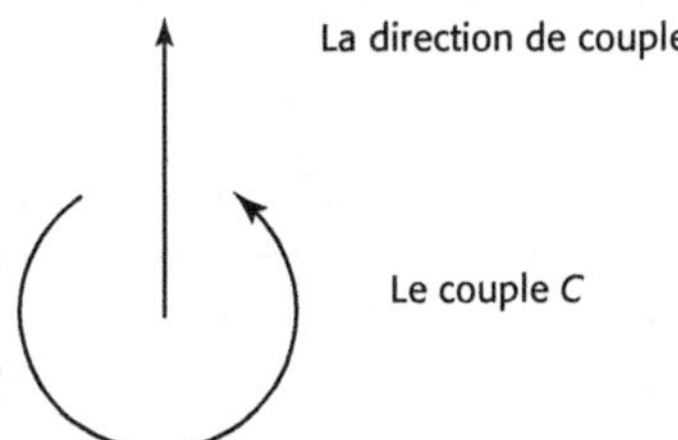

C couple concentré en N.mm

La direction de couple est déterminée par la loi de la main droite : lorsque les quatre doigts représentent le sens de couple, alors la poussée est indiquée par la direction de couple (voir la figure ci-dessous).

1.2.1.5   Couple uniformément réparti

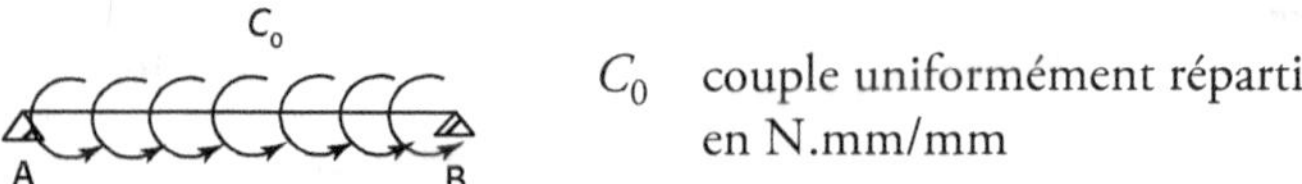

C_0 couple uniformément réparti
en N.mm/mm

1.2.1.6   Moment d'un couple (bi-moment d'une force) (Voir le chapitre 7.5)

Le moment d'un couple (bi-moment d'une force) est un ensemble de deux couples parallèles, de sens contraire et de même intensité, appliqué en deux points différents sur le même solide.

Charge concentrée

Une personne ou une charge P s'applique sur la poutre, qui repose sur deux poteaux (figure 1.2). Si $L_2 \ll L_1$, la longueur L_2 peut être négligée. Nous considérons que le poids d'une personne P est une charge concentrée.

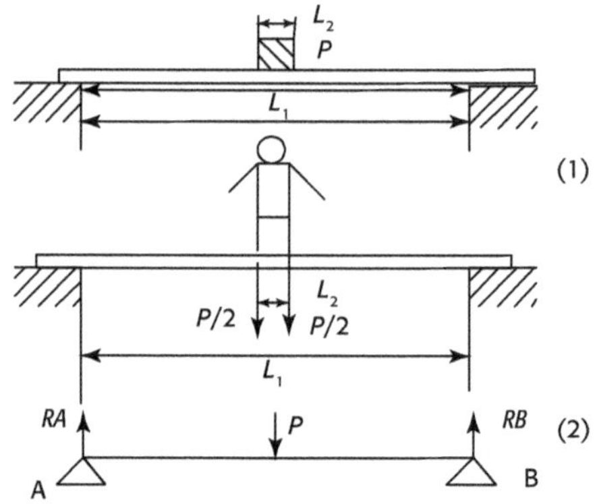

Figure 1.2 Charge concentrée.

Charge uniformément répartie

Dans le cas de l'exercice 1.2, une charge P s'applique sur la poutre, qui repose sur deux poteaux. La longueur L_2 est plus petite que la longueur de la poutre, mais elle ne peut pas être négligée. Nous considérons que le poids de charge $P = q \cdot L_2$ est une charge uniformément répartie.

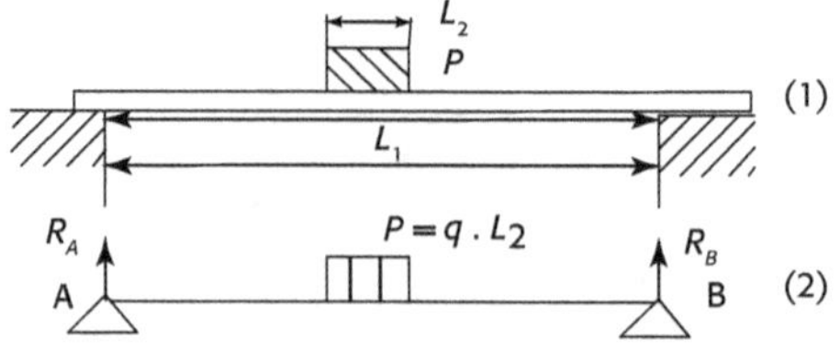

Figure 1.3 Charge uniformément répartie.

Charge uniformément répartie

Une poutre de la maison supporte la charge concentrée verticale, le poids propre de la poutre, la pression du vent et une couche de neige. Analyser les charges extérieures de la poutre et faire une figure des charges.

— La charge F est une charge concentrée verticale.

— Le poids propre de la poutre et la couche de neige sont considérés comme les charges verticales uniformément réparties sur toute la longueur de la poutre, notés q_p (en N/mm) et q_n (en N/mm).

— La pression du vent est une charge horizontale uniformément répartie sur toute la longueur de la poutre, notée q_v (en N/mm).

— R_{A-x}, R_{A-y}, R_{B-x}, et R_{B-x} sont les réactions des appuis simples A et B.

La figure 1.4 présente les charges extérieures supportées par la poutre.

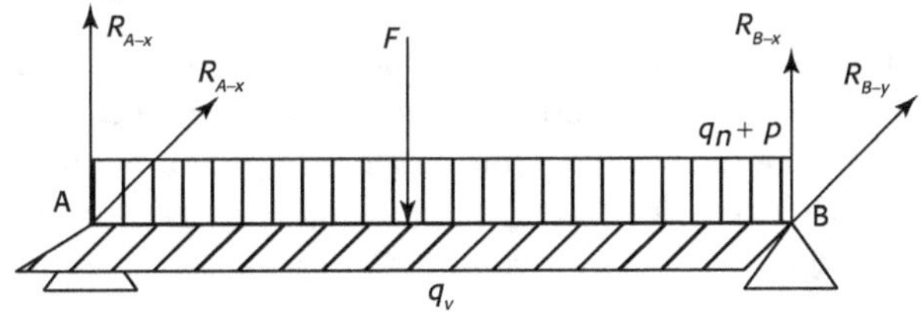

Figure 1.4 Charges uniformément réparties.

1.2.2 Effort normal et effort tranchant

La poutre AB supporte une force P (figure 1.5). La force se projette sur deux directions : la direction normale et la direction tangente.

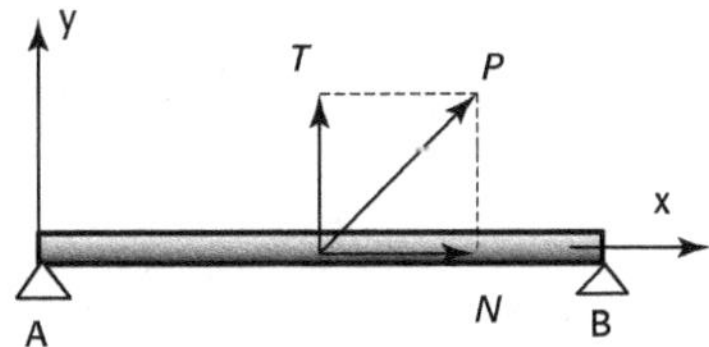

Figure 1.5 Effort normal N et effort tranchant T.

La projection sur la direction normale, en général la direction longitudinale de la poutre, s'appelle effort normal, noté N.

La projection de la force P sur la direction tangente, pour la poutre droite la direction transversale, s'appelle effort tranchant, noté T.

1.2.3 Fixation d'une structure et réactions d'appuis

En général les fixations d'une structure existent en trois types différents : l'appui simple, l'articulation et l'encastrement. Les réactions d'appuis sont des forces ou des moments considérés comme efforts concentrés.

1.2.3.1 Appui simple

Un appui se trouve à l'extérieur de la structure étudiée. Il est constitué par un galet cylindrique ou par une plaque de néoprène. L'appui simple donne lieu à une réaction dont la direction est déterminée (verticale ou horizontale). Une seule inconnue subsiste : la grandeur de la réaction.

Les actions d'appuis dépendent de la nature « liaison poutre – appuis ». Dans le cas presque général en résistance des matériaux, le frottement de contact entre le système étudié et l'appui est négligé.

Fixations	Symbole de fixations	Possibilité des déplacements et rotations			
		axe	x	y	z
Appui simple		Rotation	Rx	Ry	Rz
		Déplacement	0	0	0

1.2.3.2 Articulation cylindrique

Le contact d'articulation cylindrique entre poutre et axe d'appui se fait sur une portion du cylindre axe d'appui.

L'articulation est constituée pour les poutres métalliques par une rotule comprise entre deux balanciers et pour les poutres en béton armé par une section fortement rétrécie (articulation Freyssinet, par exemple). La réaction d'appuis doit passer par un point fixe, le centre de la rotule ou de la section rétrécie déformée plastiquement. Par conséquent deux inconnues subsistent : les deux projections de la réaction sur deux directions non parallèles du plan moyen, en général les projections verticales et horizontales. (Jean-Claude Doubrère)

Fixations	Symbole de fixations	Possibilité des déplacements et rotations			
		axe	x	y	z
Appuis cylindriques		Rotation	Rx	Ry	Rz
		Déplacement	X	0	0

1.2.3.3 Encastrement

L'encastrement est un type d'appui qui n'autorise ni la translation horizontale, ni la translation verticale, et ne permet aucune rotation.

Fixations	Symbole de fixations	Possibilité des déplacements et rotations			
		axe	x	y	z
Encastrement	A	Rotation	0	0	0
		Déplacement	0	0	0

Fixations du corps

L'extrémité d'une poutre horizontale repose sur un mur et son autre extrémité est encastrée dans l'autre mur (figure (1)). Nous l'assimilons à l'appui constitué par l'arête A du mur et schématisé par un triangle (figure (2)). L'autre extrémité B est emmanchée dans le mur. De ce fait aucun déplacement de la poutre n'est possible. L'extrémité B de la poutre est encastrée.

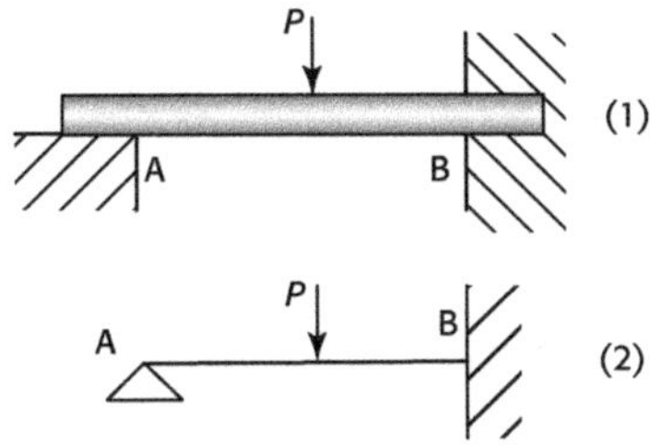

1.2.4 Équations d'équilibre d'une structure

La résistance des matériaux doit être étudiée dans les conditions d'équilibre. L'équilibre d'une structure ou d'une poutre est l'état de repos par rapport au système de référence choisi (par exemple : système d'axes liés à la terre, celle-ci étant supposée fixe). C'est-à-dire que toutes les forces appliquées à une structure doivent former un système en équilibre.

Dans la pratique pour qu'un système soit en équilibre nous avons six équations d'équilibre. Les sommes des projections des forces extérieures et des réactions des appuis sur les trois directions x, y, z doivent être nulles.

Supposons que F_x, F_y, F_z soient la somme algébrique des protections des forces extérieures appliquées sur le corps suivant les axes x, y et z. R_x, R_y, R_z sont les projections des réactions des fixations suivant les axes x, y et z. Nous obtenons les trois équations d'équilibre pour les forces :

$$\begin{cases} \Sigma F_x + R_x = 0 \\ \Sigma F_y + R_y = 0 \\ \Sigma F_z + R_z = 0 \end{cases}$$

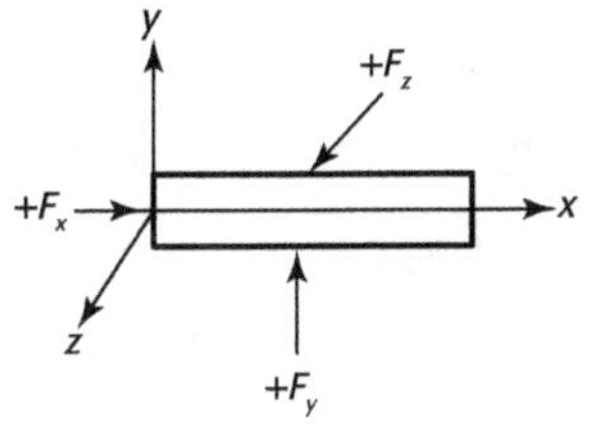

Figure 1.6 Équilibre d'une structure (1).

— Les sommes algébriques des projections des couples extérieurs et des moments des réactions des appuis sur les trois directions x, y, z doivent être nulles.

Supposons que M_x, M_y, M_z soient les projections des couples extérieurs appliqués sur le corps suivant les axes x, y et z. $(M_R)_x$, $(M_R)_y$, $(M_R)_z$ sont les projections des moments des réactions des fixations suivant les axes x, y et z. Les trois équations d'équilibre pour les moments sont :

$$\begin{cases} \Sigma M_x + \left(M_R\right)_x = 0 \\ \Sigma M_y + \left(M_R\right)_y = 0 \\ \Sigma M_z + \left(M_R\right)_z = 0 \end{cases}$$

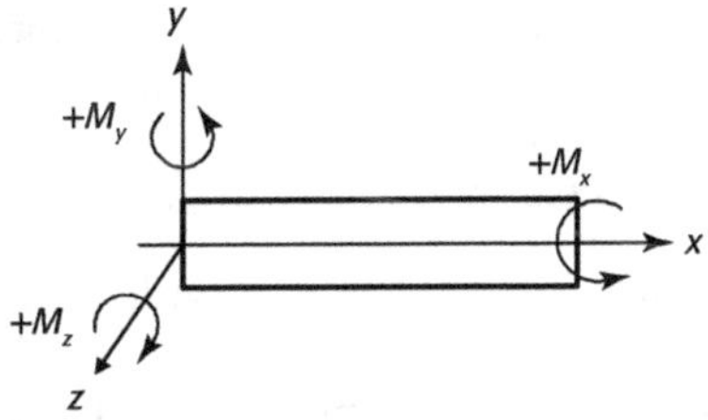

Figure 1.7 Équilibre d'une structure (2).

Équations d'équilibre

(Suite de l'exercice 1.4) La poutre AB de la maison supporte le vent horizontal, la neige, le poids propre de la poutre et une charge extérieure concentrée (voir la figure). Déterminer les équations d'équilibre.

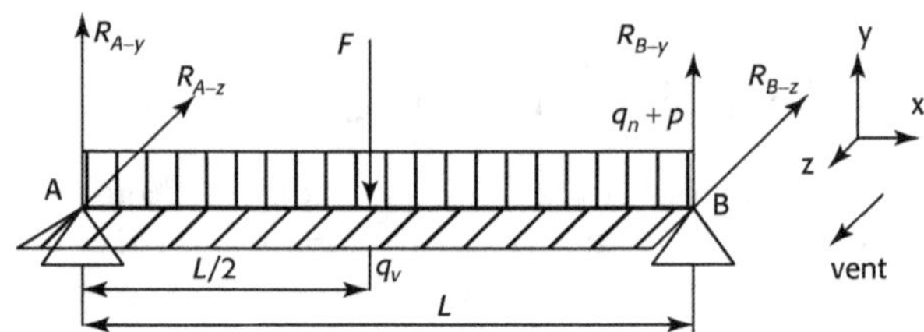

Les forces extérieures appliquées sur la poutre AB sont projetées suivant les directions x, y, z. Nous écrivons les équations d'équilibre suivant chaque direction.

— **Suivant la direction x**, il n'y a pas de charge extérieure.

— **Suivant la direction y**

Les forces sont :

1. la force extérieure F ;
2. le poids de neige $q_n \cdot L$ (charge uniformément répartie sur la longueur L) ;
3. le poids propre $p \cdot L$ de la poutre (charge uniformément répartie sur la longueur L) ;
4. les réactions R_{A-y} et R_{B-y} des appuis A et B (charges concentrées).

Les moments par rapport à A sont :

1. le moment $R_{B-z} \times L$ produit par la réaction des appuis B ;
2. le moment $-q_v \times L \times \dfrac{L}{2} L$ produit par la pression du vent.

Les équations d'équilibre sont :

$$-\left(p + q_n\right) \times L - F + R_{A-y} + R_{B-y} = 0$$

$$R_{B-z} \times L - q_v \times L \times \frac{L}{2} = 0$$

— **Suivant la direction z**

Les forces suivant la direction z sont :
1. la pression du vent $q_v \cdot L$ (charge uniformément répartie sur longueur L) ;
2. les réactions des appuis R_{A-z} et R_{B-z} (charges concentrées)

Les moments par rapport à A sont :

1. le moment $-F \times \dfrac{L}{2}$ produit par la force extérieure F ;

2. le moment $R_{B-y} \times L$ produit par la réaction R_{B-y} de l'appui B ;

3. le moment $-(q_n + p) \times L \times \dfrac{L}{2}$ par la neige et le poids propre.

Les équations d'équilibre suivant la direction z sont :

$$q_v \cdot L - R_{A-z} - R_{B-z} = 0$$

$$-F \times \frac{L}{2} + R_{B-y} \times L - (q_n + p) \times L \times \frac{L}{2} = 0$$

Nous obtenons les équations d'équilibre de la poutre AB :

$$\sum F_x = 0,$$
$$\sum F_y = 0, \qquad -(p + q_n) \times L - F + R_{A-y} + R_{B-y} = 0$$
$$\sum F_z = 0, \qquad q_v \cdot L - R_{A-z} - R_{B-z} = 0$$
$$\sum M_{A-x} = 0,$$
$$\sum M_{A-y} = 0, \qquad R_{B-z} \times L - q_v \times L \times L/2 = 0$$
$$\sum M_{A-z} = 0, \qquad -F \times \frac{L}{2} + R_{B-y} \times L - (q_n + p) \times L \times \frac{L}{2} = 0$$

1.2.5　Déterminer les réactions des appuis en utilisant les équations d'équilibre

En utilisant les équations d'équilibre nous déterminons les réactions inconnues des appuis. Lorsque le nombre d'inconnues est égal au nombre des équations d'équilibre, le système est **isostatique**.

Dans le cas où le nombre d'inconnues est supérieur au nombre des équations d'équilibre, la structure est **hyperstatique**. Nous ne pouvons plus déterminer les réactions des appuis en utilisant seulement les équations d'équilibre. Nous devons ajouter des équations supplémentaires, par exemple les équations de déformation. Voir le chapitre 6 « Poutres droites hyperstatiques ».

Exercice 1.6

Déterminer les réactions des appuis pour le système isostatique

Une poutre AB sur deux appuis simples de même niveau supporte la charge concentrée F. Déterminer les réactions des appuis A et B.

Supposons que les directions des réactions des appuis A et B sont vers le haut.

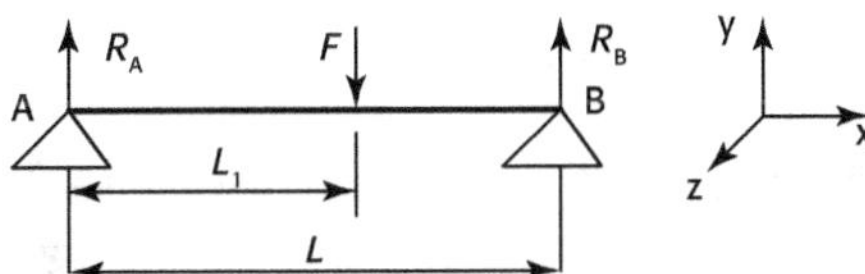

Sur la direction y nous avons l'équation d'équilibre des forces :

$$R_A + R_B - F = 0$$

Sur la direction y, en A, $\sum M_A = 0$, nous avons l'équation d'équilibre des moments :

$$R_A \times 0 + R_B \times L - F \times L_1 = 0$$

Nous avons deux équations d'équilibre indépendantes et deux inconnues, la réaction A et la réaction B, donc la poutre est un système isostatique.

En résolvant ces deux équations d'équilibre, nous obtenons les réactions R_A et R_B des appuis A et B.

$$R_A = \frac{F \times (L - L_1)}{L} \quad (\uparrow) \, ; \qquad R_B = \frac{F \times L_1}{L} \quad (\uparrow)$$

1.3 Caractéristiques des sections transversales de la poutre

Avant d'étudier la résistance des matériaux d'une poutre, nous étudierons les caractéristiques d'une section transversale de la poutre, qui sont liées à la résistance des matériaux. Ces caractéristiques comprennent les aires, le moment statique et le moment d'inertie d'une section transversale.

1.3.1 Aire d'une section transversale

1.3.1.1 Aire d'une section circulaire

Soit R le rayon d'une section circulaire, l'aire de cette section est égale à :

$$S = \pi \cdot R^2$$

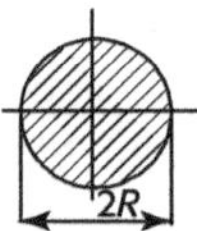

Figure 1.8 Aire d'une section circulaire.

1.3.1.2 Aire d'une section annulaire

R et r sont les rayons d'une section annulaire, l'aire de cette section est égale à :

$$S = \pi \cdot (R^2 - r^2)$$

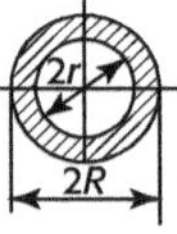

Figure 1.9 Aire d'une section annulaire.

1.3.1.3 Aire d'une section rectangulaire

Soit a la longueur et b la largeur d'une section rectangulaire, l'aire de cette section est égale à :

$$S = a \cdot b$$

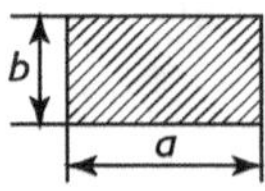

Figure 1.10 Aire d'une section rectangulaire.

1.3.1.4   Aire d'une section triangulaire

Soit H la hauteur et a la base d'une section triangulaire, l'aire de cette section est égale à :

$$S = \frac{h \cdot a}{2}$$

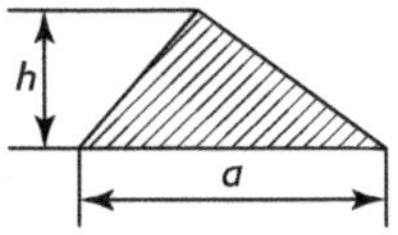

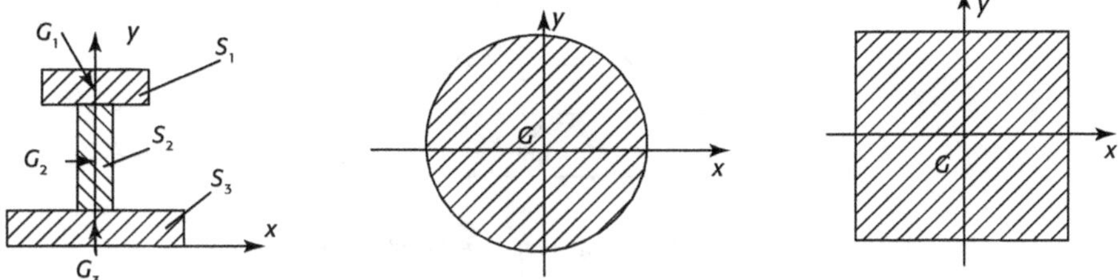

Figure 1.11 Aire d'une section triangulaire.

1.3.2   Centre de gravité d'une section

Si la masse d'une section de la poutre est uniformément répartie, le centre de gravité de cette section est généralement le centre géométrique de la section symétrique.

Par exemple : le profilé en I, le profilé rond et le profilé carré, sont considérés comme les poutres à une section symétrique. Leurs centres de gravité de la section transversale sont les centres géométriques G.

Figure 1.12 Sections symétriques.

Pour la section transversale non symétrique, en utilisant le moment statique nous calculons la distance d'une section par rapport à l'axe s passant par le centre de gravité. Supposons que S soit l'aire de la section non symétrique, M_s le moment statique de la section par rapport à cet axe, la distance de cette section à l'axe S est égale à :

$$d = \frac{M_s}{S}$$

Considérons que la section transversale comporte plusieurs éléments, i est le numéro d'un élément de la section. S_i est l'aire d'un élément i de la section, $\sum S_i$ est la somme des aires des éléments. La position du centre de gravité G est :

$$X_G = \frac{\displaystyle\sum_{i=1}^{n} M_{s_{G-i}}}{\displaystyle\sum_{i=1}^{n} S_i} = \frac{\displaystyle\sum_{i=1}^{n} x_i S_i}{\displaystyle\sum_{i=1}^{n} S_i} \qquad\qquad Y_G = \frac{\displaystyle\sum_{i=1}^{n} M_{s_{G-i}}}{\displaystyle\sum_{i=1}^{n} S_i} = \frac{\displaystyle\sum_{i=1}^{n} y_i S_i}{\displaystyle\sum_{i=1}^{n} S_i}$$

Le centre de gravité d'une section transversale d'une pièce homogène est un point qui ne dépend que de la géométrie de cette section. Les axes de flexion ou de torsion doivent passer par ce point.

1.3.3 Moment statique

Le moment statique M_s d'une surface plane S, par rapport à un axe situé dans son plan, est égal au produit de l'aire S par la distance ρ de son centre de gravité G à l'axe. L'unité du moment statique est en mm^3

$$M_s = \sum_{i=1}^{n} S_i \rho_i = S_1 \rho_1 + S_2 \rho_2 + S_3 \rho_3 + ... \qquad mm^3$$

Le moment statique Ms d'une surface plane S par rapport aux axes x et y sont :

Si l'autre axe x'-x' est parallèle à l'axe x-x et la distance entre deux axes est d (voir figure 1.13), alors le moment statique par rapport à l'axe x'-x' est égal à la somme du moment statique par rapport à l'axe x-x et le produit $S \cdot d$:

$$M_{s-x} = S \cdot y$$
$$M_{s-x'} = M_{s-x} + S \cdot d = S \cdot y + S \cdot d = S(y + d)$$

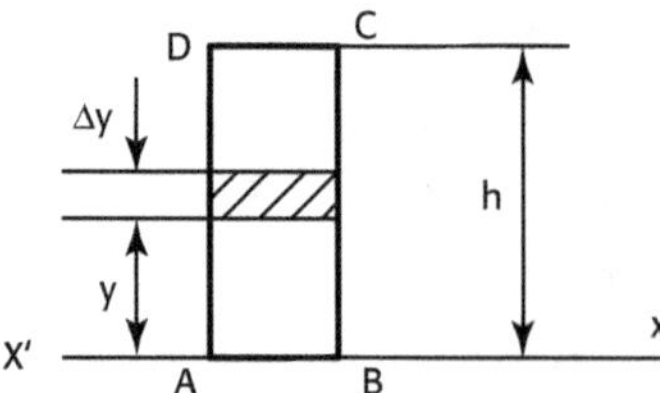

Figure 1.13 Moment statique par rapport à un autre axe parallèle.

Moment statique

Soit une poutre avec une section rectangulaire. Calculer le moment statistique de cette section rectangulaire ABCD par rapport à un axe passant par AB. Nous avons AB = 150 mm et BC = 300 mm. Calculer le moment statique.

– L'aire de la section rectangulaire est :

$$S = 150 \text{ mm} \times 300 \text{ mm} = 45\ 000 \text{ mm}^2$$

– Le moment statistique de la section rectangulaire ABCD :

$$M_{S-x} = y \cdot S = 150 \text{ mm} \times 45\ 000 \text{ mm} = 6\ 750\ 000 \text{ mm}^2$$

Exercice 1.8

Moment statique

Soit une poutre de section d'un demi-cercle. Calculer le moment statique par rapport au diamètre qui le limite. Calculer le moment statique.

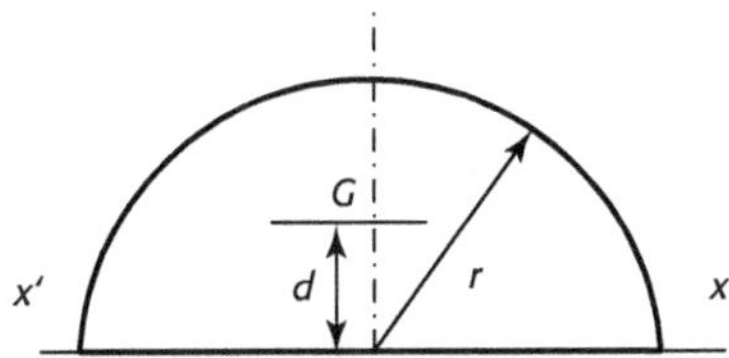

La distance du centre de gravité de la section par rapport à l'axe x est égale à :

$$d = \frac{4r}{3\pi}$$

L'aire de la section est égale à :

$$S = \frac{\pi \cdot r^2}{2}$$

Le moment statique de la section demi-cercle est égal à :

$$M_{S-x} = d \cdot S = \frac{4r}{3\pi} \times \frac{\pi \cdot r^2}{2} = \frac{2r^3}{3}$$

Exercice 1.9

Moment statique et centre de gravité

Considérons une poutre de section représentée par la figure, semelle et cornière d'une poutre composée. Calculer la distance du centre de gravité de la section par rapport à l'axe x. Calculer la distance du centre de gravité d'une section par rapport à un axe.

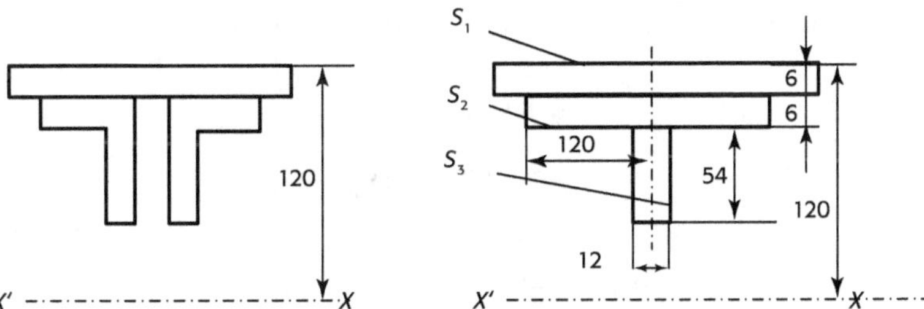

Diviser la section de la poutre composée en trois parties (voir la figure droite).

Les aires des trois parties et l'aire totale de la section sont :

$$S_1 = 1,6 \times 0,6 = 9,6 \text{ cm}^2$$

$$S_2 = 1,2 \times 0,6 = 7,2 \text{ cm}^2$$

$$S_3 = 1,2 \times 5,4 = 6,48 \text{ cm}^2$$

$$S = S_1 + S_2 + S_3 = 9,6 + 7,2 + 6,48 = 23,28 \text{ cm}^2$$

Les distances des centres des trois parties par rapport à l'axe x sont :

$$d_1 = 11,7 \text{ cm} \qquad d_2 = 11,1 \text{ cm} \qquad d_3 = 8,1 \text{ cm}$$

Le moment statique de la section de la poutre est :

$$\begin{aligned}
M_{S-x} = \sum d \cdot S &= d_1.S_1 + d_2 S_2 + d_3 S_3 \\
&= 9,6 \times 11,7 + 7,2 \times 11,1 + 6,48 \times 8,1 \\
&= 112,32 + 79,92 + 52,488 = 244,728 \text{ cm}^3
\end{aligned}$$

La distance du centre de gravité de la section par rapport à l'axe x est :

$$d = \frac{M_s}{S} = \frac{244,73}{23,28} = 10,52 \text{ cm}$$

Exercice 1.10

Moment statique et centre de gravité

Déterminer la position du centre de gravité de la section de profilé en I, représentée par la figure ci-dessous.

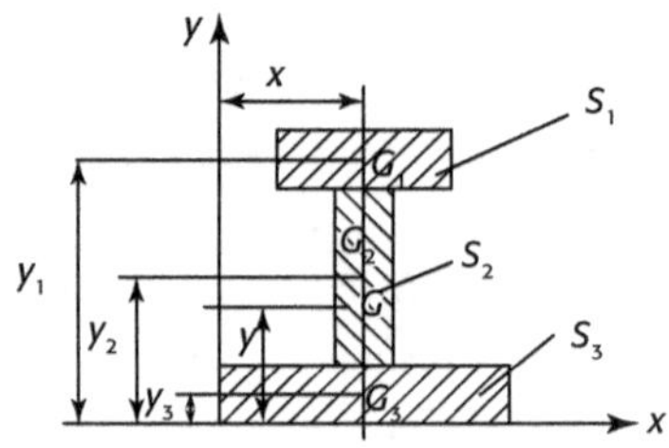

Considérons la section de profilé en I qui comporte trois éléments. Les aires des trois éléments sont S_1, S_2 et S_3.

L'aire totale de la section I est : $S = S_1 + S_2 + S_3$

La position du centre de gravité G de la section dans cet exemple est :

$$x = x_1 = x_2 = x_3$$
$$X_G = (x_1 S_1 + x_2 S_2 + x_3 S_3) / S$$
$$Y_G = (y_1 S_1 + y_2 S_2 + y_3 S_3) / S$$

Exercice 1.11

Moment statique et centre de gravité

Déterminer la position du centre de gravité de la section de profilé en L, représentée par la figure ci-dessous. Considérons la section de profilé en L qui comporte deux éléments : le rectangulaire S_1 et le rectangulaire S_2.

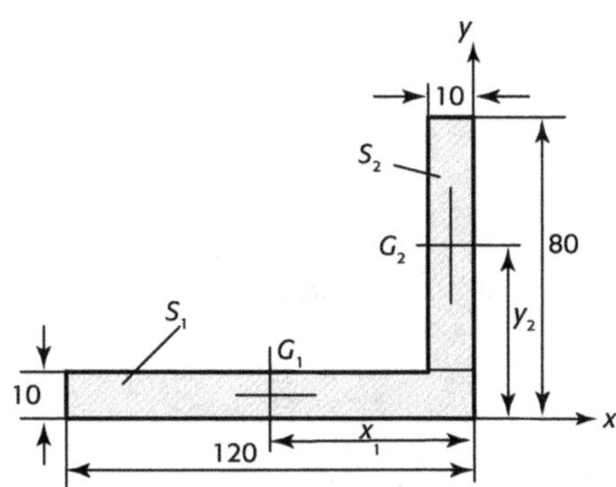

1. Position du centre de gravité G_1 du rectangulaire S_1 et aire de S_1 :

$$y_1 = 5 \text{ mm} ; \qquad x_1 = -60 \text{ mm}$$
$$S_1 = 10 \times 120 = 1\,200 \text{ mm}^2$$

2. Position du centre de gravité G_2 du rectangulaire S_2 et aire de S_2 :

$$x_2 = -5 \text{ mm} ; \qquad y_2 = 45 \text{ mm}$$
$$S_2 = 10 \times 70 = 700 \text{ mm}^2$$

3. L'aire totale S_2 est égale à :

$$S = S_1 + S_2 = 1\,200 + 700 = 1\,900 \text{ mm}^2$$

4. La position de centre de gravité de la section en L par rapport aux axes x et y est :

$$x_G = \frac{x_1 S_1 + x_2 S_2}{S} = \frac{(-60) \times 1\,200 + (-5) \times 700}{1900} = -39,7 \text{ mm}$$

$$y_G = \frac{x_1 S_1 + x_2 S_2}{S} = \frac{5 \times 1\,200 + 45 \times 700}{1\,900} = 19,7 \text{ mm}$$

Moment statique et centre de gravité

Déterminer la position du centre de gravité de la section donnée par la figure par rapport à l'axe y. Considérons la section ci-dessous qui comporte deux éléments triangulaires S_1 et S_2.

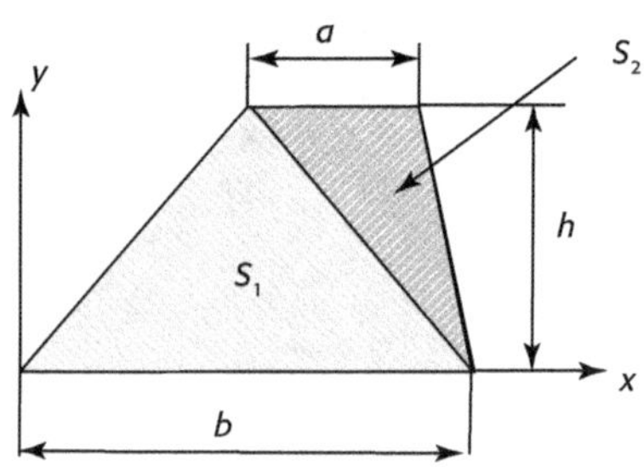

1. La position du centre de gravité de l'élément triangulaire S_1 par rapport à l'axe y est :

$$y_1 = \frac{h}{3}$$

2. La position du centre de gravité de l'élément triangulaire S_2 par rapport à l'axe y est :

$$y_2 = \frac{2h}{3}$$

3. Les aires de l'élément S_1 et de l'élément S_2 sont égales à :

$$S_1 = \frac{bh}{2} \qquad S_2 = \frac{ah}{2}$$

4. La position du centre de gravité de la section par rapport à l'axe y est :

$$y_c = \frac{\sum\limits_{i=1}^{n} y_i S_i}{\sum\limits_{i=1}^{n} S_i} = \frac{y_1 \cdot S_1 + y_2 \cdot S_2}{S_1 + S_2} = \frac{\dfrac{h}{3} \cdot \dfrac{bh}{2} + \dfrac{2h}{3} \cdot \dfrac{ah}{2}}{\dfrac{bh}{2} + \dfrac{ah}{2}} = \frac{h \cdot (b + 2a)}{3 \cdot (a + b)}$$

Moment statique et centre de gravité

La droite BC du triangle ABC a pour équation $x = b - \dfrac{b}{h} y$ dans le repère (x, y). Déterminer la position du centre de gravité du triangle ABC.

La surface d'un élément ds du triangle est égale à :

$$ds = dy \cdot \left(b - \frac{b}{h} y \right)$$

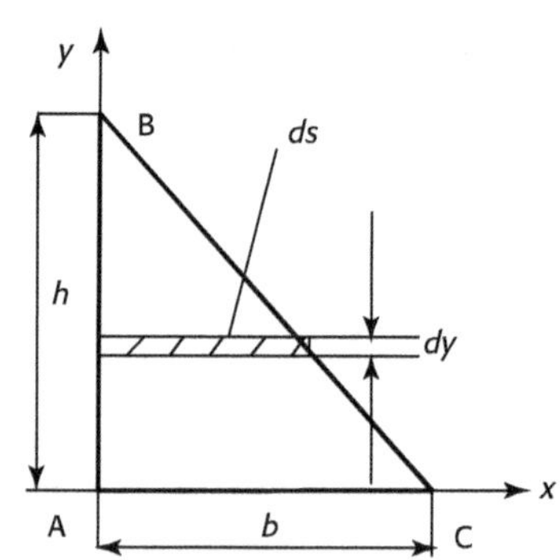

Le moment statique est égal à :

$$M_s = \int_0^h y \cdot \left(b - \frac{b}{h} y \right) \cdot dy = \frac{bh^2}{2} - \frac{b}{h} \frac{h^3}{3} = \frac{bh^2}{6}$$

La surface du triangale est :

$$S = \frac{b \cdot d}{2}$$

La position du centre de gravité G est :

$$S \cdot x_G = M_s \quad \Rightarrow \quad x_G = \frac{hb^2}{6} \times \frac{2}{bh} = \frac{b}{3}$$

$$S \cdot y_G = M_s \quad \Rightarrow \quad y_G = \frac{bh^2}{6} \times \frac{2}{bh} = \frac{h}{3}$$

Exercice 1.14

Moment statique et centre de gravité

Calculer les moments statiques des trois parties de la section et la position du centre de gravité de la section.

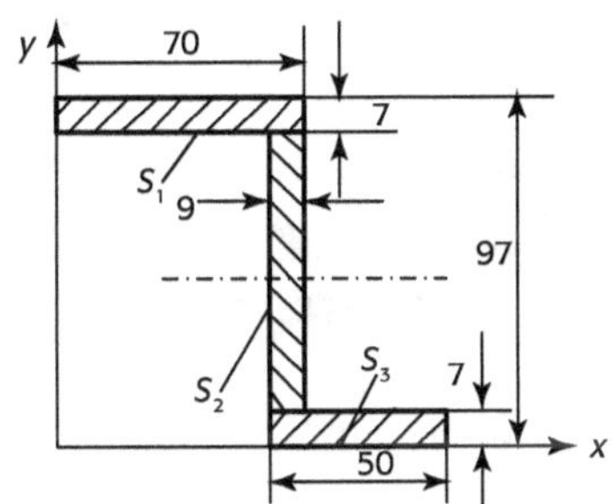

Section	Cordonnées du centre de gravité		Surface de la section	Moments statiques	
i	x_{G-i}	y_{G-i}	S_i	$M_{t-y} = S_i x_{G-i}$	$M_{t-x} = S_i y_{G-i}$
Section 1	35,0	93,5	450	17 150	45 815
Section 2	65,5	46,5	747	48 928	36 300
Section 3	86,0	3,5	350	30 100	1 220
Total			1 587	96 178	83 335

La position du centre de gravité de la section est déterminée par :

$$\begin{cases} S \cdot x_G = \sum S_i x_{G-i} = S_1 x_{G-1} + S_2 x_{G-2} + S_3 x_{G-3} = 17\ 150 + 48\ 928 + 30\ 100 = 96\ 178 \\ S \cdot y_G = \sum S_i y_{G-i} = S_1 y_{G-1} + S_2 y_{G-2} + S_3 y_{G-3} = 45\ 815 + 36\ 300 + 1\ 220 = 83\ 335 \end{cases}$$

La surface totale de la section est :

$$S = \sum S_i = S_1 + S_2 + S_3$$

La position du centre de gravité G est :

$$x_G = \frac{\sum S_i x_{G-i}}{\sum S_i} = \frac{S_1 x_{G-1} + S_2 x_{G-2} + S_3 x_{G-3}}{S_1 + S_2 + S_3} = \frac{96\ 178}{1\ 587} = 60,6 \text{ mm}$$

$$y_G = \frac{\sum S_i y_{G-i}}{\sum S_i} = \frac{S_1 y_{G-1} + S_2 y_{G-2} + S_3 y_{G-3}}{S_1 + S_2 + S_3} = \frac{83\ 335}{1\ 587} 52,5 \text{ mm}$$

1.3.4 Moment d'inertie ou moment quadratique d'une surface

1.3.4.1 Moment d'inertie d'une surface par rapport à deux axes x et y

Nous appelons moment d'inertie ou moment quadratique de la surface S, par rapport aux axes x et y, la somme des produits des surfaces élémentaires par le carré de leur distance à ces axes.

$$I_x = S_1 y_1^2 + S_2 y_2^2 + S_3 y_3^2 + ...$$
$$I_y = S_1 x_1^2 + S_2 x_2^2 + S_3 x_3^2 + ... \qquad \text{en mm}^4$$

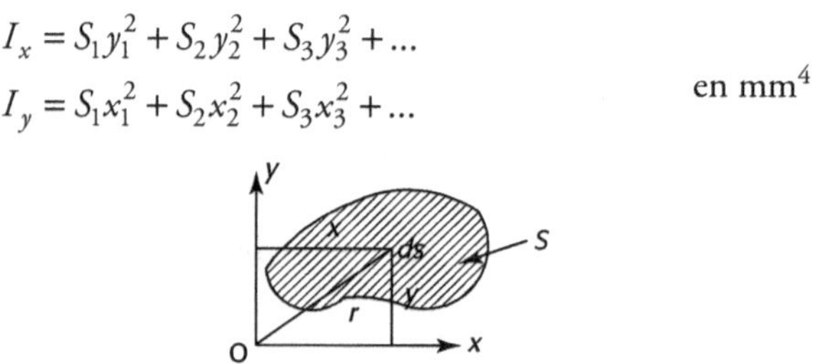

Figure 1.14 Moment d'inertie d'une surface.

Par définition, le moment d'inertie d'une surface plane par rapport aux axes x et y est la somme intégrale.

$$I_x = \iint_s y^2\ ds\ , \qquad\qquad I_y = \iint_s x^2\ ds \qquad\qquad \text{en mm}^4$$

1.3.4.2 Moment d'inertie polaire d'une surface

Si le point O est un point situé dans le plan d'une section de la poutre, par définition, le moment d'inertie polaire de la surface de cette section par rapport au point O est égal à l'intégrale (voir la figure 1.14)

$$I_G = \iint_s r^2\ ds \qquad\qquad \text{en mm}^4$$

ou à la somme :

$$I_G = \sum S_i r_i^2 = S_1 r_1^2 + S_2 r_2^2 + S_3 r_3^2 + ... \qquad\qquad \text{en mm}^4$$

r est la distance de l'élément d'aire au point O (voir la figure 1.14).

1.3.4.3 Moment d'inertie d'une surface par rapport au centre de gravité I_G

Si le point O est le centre de gravité, Le moment d'inertie d'une surface plane par rapport au centre de gravité est égal à l'intégrale :

$$I_G = \iint_s r^2 \, ds \qquad \text{en mm}^4$$

ou à une somme :

$$I_G = \sum S_i r_i^2 = S_1 r_1^2 + S_2 r_2^2 + S_3 r_3^2 + \dots \qquad \text{en mm}^4$$

Ici, r est la distance entre le centre de gravité et la surface de l'élément S_i, et la surface des éléments ds est infiniment petite.

1.3.4.4 Relation entre le moment d'inertie polaire et le moment d'inertie

La relation entre le moment d'inertie d'une surface par rapport à deux axes x et y et le moment d'inertie d'une surface par rapport à son centre de gravité est représentée par la formule ci-dessous.

$$I_0 = I_x + I_y \qquad \text{en mm}^4$$

Tableau 1.1 Moment d'inertie de quelques figures simples

Figures	Moment d'inertie par rapport à l'axe x	Moment d'inertie par rapport à l'axe y	Moment d'inertie par rapport au point O (centre de gravité G)
Rectangle	$I_x = \dfrac{ba^3}{12}$	$I_y = \dfrac{b^3 a}{12}$	$I_0 = I_G = \dfrac{ba}{12}\left(b^2 + a^2\right)$
Carré	$I_x = \dfrac{a^4}{12}$	$I_y = \dfrac{a^4}{12}$	$I_0 = I_G = \dfrac{a^4}{6}$
Cercle	$I_x = \dfrac{\pi d^4}{64}$	$I_y = \dfrac{\pi d^4}{64}$	$I_0 = I_G = \dfrac{\pi d^4}{32}$
Couronne	$I_x = \dfrac{\pi(D^4 - d^4)}{64}$	$I_y = \dfrac{\pi(D^4 - d^4)}{64}$	$I_0 = I_G = \dfrac{\pi(D^4 - d^4)}{32}$

1.3.5 Module d'inertie (module de résistance)

1.3.5.1 Module d'inertie ou module de résistance ou module de flexion de la section

Le module d'inertie est défini comme étant le quotient du moment d'inertie par la distance de la fibre extrême à l'axe. Si v_x et v_y sont les distances du centre de gravité G aux fibres extrêmes, nous avons :

$$W_x = \frac{I_x}{y_{max}} = \frac{I_x}{v_x} \qquad ; \qquad W_y = \frac{I_y}{x_{max}} = \frac{I_y}{v_y}$$

avec : $v_x = x_{max}$; $v_y = y_{max}$

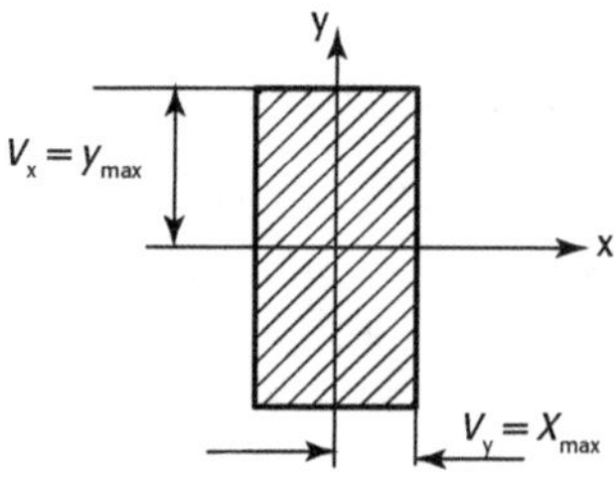

Figure 1.15 Module d'inertie.

1.3.5.2 Module d'inertie W_ρ polaire (ou module polaire de flexion de la section)

Par définition, le terme $\dfrac{I_\rho}{\rho}$ s'appelle le module d'inertie, ou le module de résistance, ou le module de flexion polaire de la section.

$$I_\rho = I_G$$

$$W_\rho = \frac{I_\rho}{\rho}$$

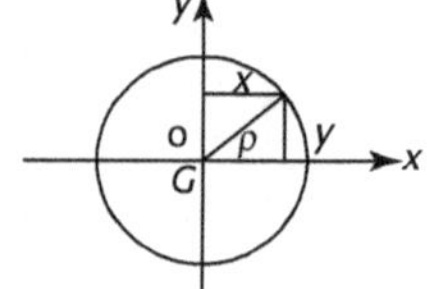

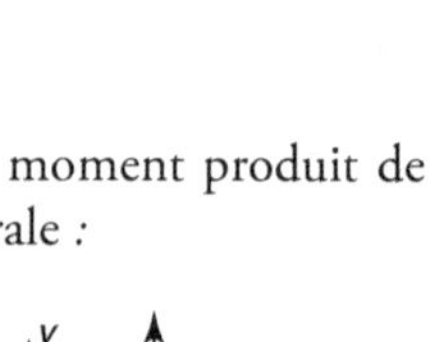

ρ rayons de giration   en mm

W_ρ module de résistance   en mm^3

Figure 1.16 Module d'inertie polaire

1.3.6 Moment produit

S étant l'aire d'une surface plane (voir la figure 1.17), le moment produit de cette surface plane par rapport aux axes x et y est égal à la somme intégrale :

$$I_{xy} = \iint_S xy \, ds$$

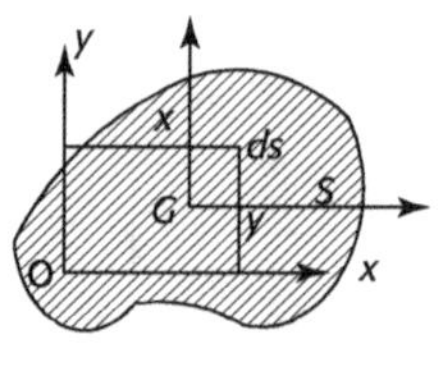

Figure 1.17 Moment produit.

Un moment produit est algébrique et le changement de signe de x ou de y change le signe de I_{xy}.

1.3.7 Théorème de Huyghens (transformation parallèle du repère)

Le moment d'inertie d'une surface plane par rapport à un axe de son plan est égal au moment d'inertie par rapport à l'axe parallèle passant par le centre de gravité, augmenté du produit de l'aire S de la surface par le carré de la distance entre les deux axes.

$$I_o = I_G + Sr^2$$
$$I_{x_0} = I_{x'_G} + Sy^2$$
$$I_{y_0} = I_{y'_G} + Sx^2$$

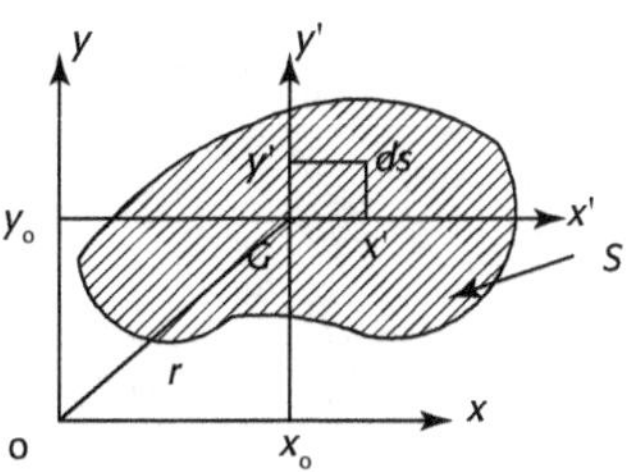

Figure 1.18 Transformation parallèle du repère.

1.3.8 Transformation du repère en rotation

Soit une surface plane quelconque S, le repère (x, y) passant par le centre de gravité tourne d'un angle α et devient le repère (x_1, y_1).

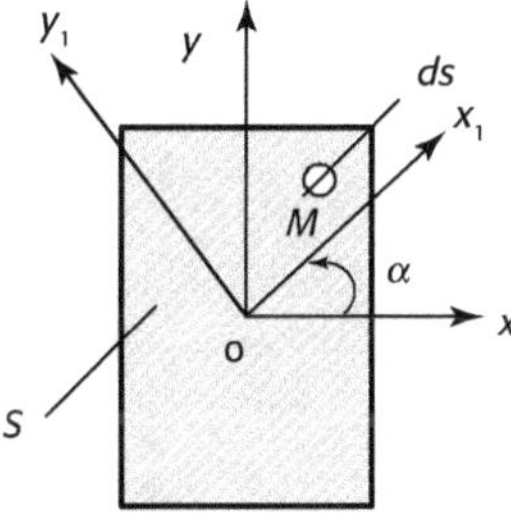

Figure 1.19 Transformation du repère en rotation.

Les relations entre les ordonnées de l'élément d'aire ds situé en M sont :

$$x_1 = x \cos\alpha + y \sin\alpha$$
$$y_1 = -x \sin\alpha + y \cos\alpha$$

de sorte que :

$$I_{x_1} = \iint_S y_1^2\, ds = \iint_S \left(x^2 \sin^2\alpha + y^2 \cos^2\alpha - 2xy \sin\alpha \cos\alpha\right) ds$$
$$= I_x \cos^2\alpha + I_y \sin^2\alpha - 2I_{xy} \sin\alpha \cos\alpha$$

Nous obtenons de même :

$$I_{y_1} = I_x \sin^2\alpha + I_y \cos^2\alpha + 2I_{xy} \sin\alpha \cos\alpha$$

Les moments d'inertie maximum et minimum sont mis sous la forme :

$$I_{x_1} = \frac{I_x + I_y}{2} + \frac{I_x - I_y}{2} \cos 2\alpha - I_{xy} \sin 2\alpha$$

$$I_{y_1} = \frac{I_x + I_y}{2} - \frac{I_x - I_y}{2} \cos 2\alpha + I_{xy} \sin 2\alpha$$

$$I_{x_1 y_1} = \frac{1}{2}(I_x - I_y) \sin 2\alpha + I_{xy} \cos 2\alpha$$

Nous en déduisons :

$$\frac{dI_{x_1}}{d\alpha} = -\left(I_x - I_y\right) \sin \alpha - 2I_{xy} \cos 2\alpha = -2I_{x_1 y_1}$$

$$\frac{dI_{y_1}}{d\alpha} = \left(I_x - I_y\right) \sin \alpha + 2I_{xy} \cos 2\alpha = 2I_{x_1 y_1}$$

Ces deux dérivées, de signes contraires, s'annulent en changeant de signe pour, $I_{xy} = 0$, 1 l'une des fonctions présentant un maximum et l'autre un minimum. Nous retrouvons l'angle correspondant α :

$$\tan 2\alpha = \frac{2I_{xy}}{I_x - I_y}$$

Moment d'inertie

Calculer le moment d'inertie d'un cycle.

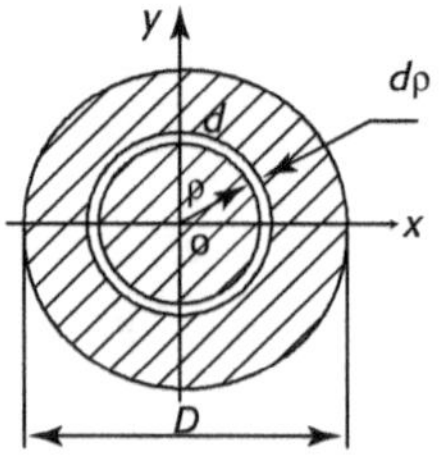

Moment d'inertie polaire du cycle :

$$I_0 = \int_s \rho^2 \, ds = \int_0^{\frac{D}{2}} \rho^2 \pi \cdot \rho \cdot d\rho = \left[\frac{1}{4} \pi \rho^4\right]_0^{\frac{D}{2}} = \frac{\pi \cdot D^4}{32}$$

La relation entre le moment d'inertie polaire et le moment d'inertie du cycle est :

$$I_0 = \int_s \rho^2 \, ds = \int_s (x^2 + y^2) \, ds = \int_s x^2 \, ds + \int_s y^2 \, ds = I_x + I_y$$

Avec $I_x = I_y$, nous avons donc :

$$I_x = I_y = \frac{I_0}{2} = \frac{\pi \cdot D^4}{64}$$

Moment d'inertie et module d'inertie

Calculer les moments d'inertie et les modules d'inertie maximaux d'une section rectangulaire par rapport à l'axe x de symétrie xx' et à l'axe y de symétrie yy'.

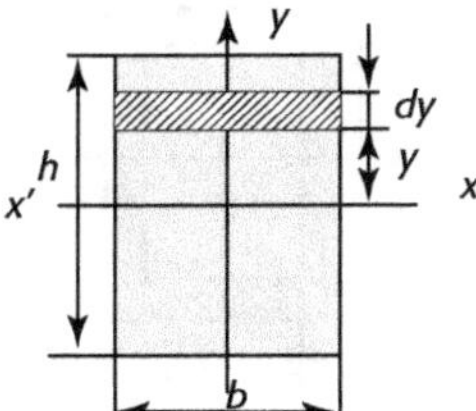

Le moment d'inertie de la section rectangulaire par rapport à l'axe x est égal à :

$$I_x = \int_s y^2\, ds = \int_{-\frac{h}{2}}^{\frac{h}{2}} y^2 b \cdot dy \quad = \left[\frac{1}{3} b \cdot y^3\right]_{-\frac{h}{2}}^{\frac{h}{2}} = \frac{b}{3}\left[\frac{h^3}{2^3} - \left(-\frac{h^3}{2^3}\right)\right] = \frac{b \cdot h^3}{12}$$

Le moment d'inertie de la section rectangulaire par rapport à l'axe y est égal à :

$$I_y = \int_s x^2\, ds = \int_{-\frac{b}{2}}^{\frac{b}{2}} x^2 h \cdot dx \quad = \left[\frac{1}{3} h \cdot x^3\right]_{-\frac{b}{2}}^{\frac{b}{2}} = \frac{h}{3}\left[\frac{b^3}{2^3} - \left(-\frac{b^3}{2^3}\right)\right] = \frac{b^3 h}{12}$$

Soit $y_{\max} = h/2$ la plus grande distance par rapport à l'axe xx. Le module d'inertie maximal $W_{x-\max}$ se trouve en $y_{\max} = h/2$ et est égal à :

$$W_{x-\max} = \frac{I_x}{y_{\max}} = \frac{\dfrac{b \cdot h^3}{12}}{\dfrac{h}{2}} = \frac{b \cdot h^2}{6}$$

Soit $x_{\max} = b/2$ la plus grande distance par rapport à l'axe yy', Le module d'inertie maximal $W_{y-\max}$ se trouve en $x_{\max} = b/2$ et est égal à :

$$W_{y-\max} = \frac{I_y}{x_{\max}} = \frac{\dfrac{b^3 \cdot h}{12}}{\dfrac{b}{2}} = \frac{b^2 \cdot h}{6}$$

Moment d'inertie et module d'inertie

Calculer les moments d'inertie et les modules d'inertie d'une section rectangulaire évidée symétrique par rapport à l'axe xx' et l'axe yy'.

Nous pouvons utiliser le résultat de l'exercice 1.16. Le moment d'inertie d'une section rectangulaire évidée est égal au moment d'inertie du grand rectangle, diminué du moment d'inertie du petit rectangle.

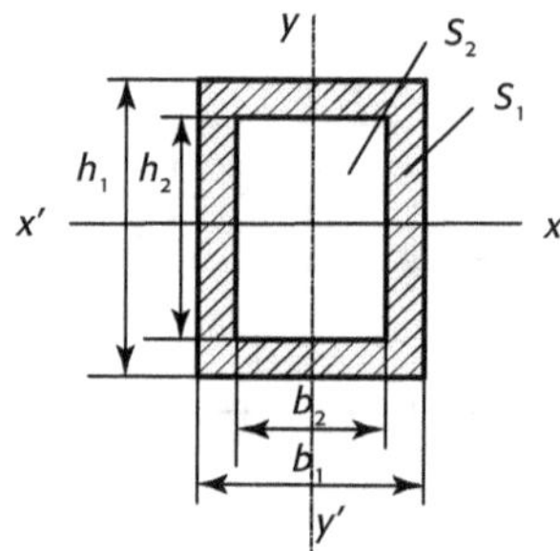

Le moment d'inertie de la section rectangulaire évidée par rapport à l'axe x est égal à :

$$I_x = I_{x-1} - I_{x-2} = \frac{b_1 h_1^3}{12} - \frac{b_2 h_2^3}{12}$$

Le moment d'inertie de la section rectangulaire évidée par rapport à l'axe y est égal à :

$$I_y = I_{y-1} - I_{y-2} = \frac{b_1^3 h_1}{12} - \frac{b_2^3 h_2}{12}$$

Le module d'inertie de la section rectangulaire évidée par rapport à la distance la plus éloignée de l'axe xx', soit $y_{max} = h / 2$, est égal à :

$$W_x = W_{x-1} - W_{x-2} = \frac{I_{x-1}}{y_{max-1}} - \frac{I_{x-2}}{y_{max-2}} = \frac{b_1 \cdot h_1^2}{6} - \frac{b_2 \cdot h_2^2}{6}$$

Le module d'inertie de la section rectangulaire évidée par rapport à la distance la plus éloignée de l'axe yy', soit $x_{max} = b / 2$, est égal à :

$$W_y = W_{y-1} - W_{y-2} = \frac{I_{y-1}}{x_{max-1}} - \frac{I_{y-1}}{x_{max-1}} = \frac{b_1^2 \cdot h_1}{6} - \frac{b_2^2 \cdot h_2}{6}$$

Moment d'inertie et moment produit

Calculer les moments d'inertie, les modules d'inertie et le moment produit d'une section triangulaire par rapport à l'axe OA et à l'axe OB.

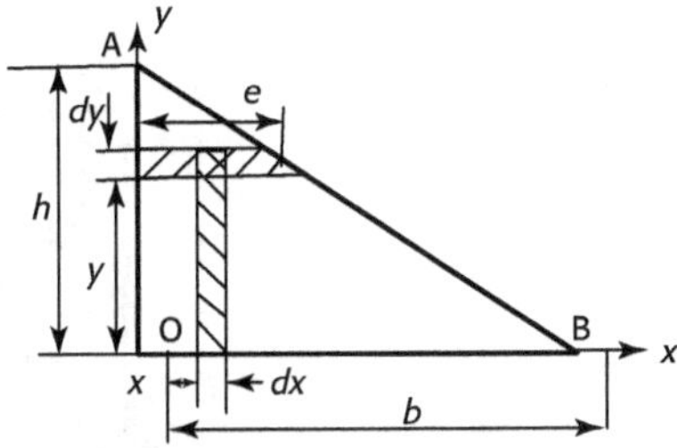

1. Calculer le moment d'inertie par rapport à l'axe OB.

La surface élémentaire est égale à :

$$ds = edy = \frac{b}{h}(h - y)dy$$

En utilisant la définition du moment d'inertie nous obtenons le moment d'inertie de la section triangulaire par rapport à l'axe OB.

$$I_{x-OB} = \int_S y^2\, ds = \int_0^h y^2 \frac{b}{h}(h - y)\, dy = \frac{bh^3}{12}$$

2. Calculer le moment d'inertie par rapport à l'axe OA.

En utilisant la même méthode nous obtenons le moment d'inertie de la section triangulaire par rapport à l'axe OA.

$$I_{x-OA} = \frac{hb^3}{12}$$

3. Calculer le moment produit de la section triangulaire.

La surface élémentaire ds est :

$$ds = dxdy$$

Le moment produit de la section triangulaire est égal à :

$$I_{xy} = \int_S xy\, ds = \int_0^h \int_0^L xy\, dx\, dy = \int_0^h y \frac{e^2}{2}\, dy = \int_0^h y \frac{1}{2}\left[\frac{b}{h}(h - y)\right]^2 dy = \frac{b^2 h^2}{24}$$

Déterminer le moment d'inertie

Calculer le moment d'inertie d'une section de cornière. Les dimensions de la cornière sont indiquées sur la figure. (Voir exercice 1.11).

1. Considérons la cornière en deux parties S_1 et S_2. Calculons les aires de ces deux parties.

Partie S_1

$$S_1 = (80 - 10) \times 10 = 700 \text{ mm}^2$$

$$x_1 = 10 + 35 = 45 \text{ mm}$$

$$y_1 = 5 \text{ mm}$$

Partie S_2

$$S_2 = 120 \times 10 = 1200 \text{ mm}^2$$

$$x_2 = 5 \text{ mm}$$

$$y_2 = 60 \text{ mm}$$

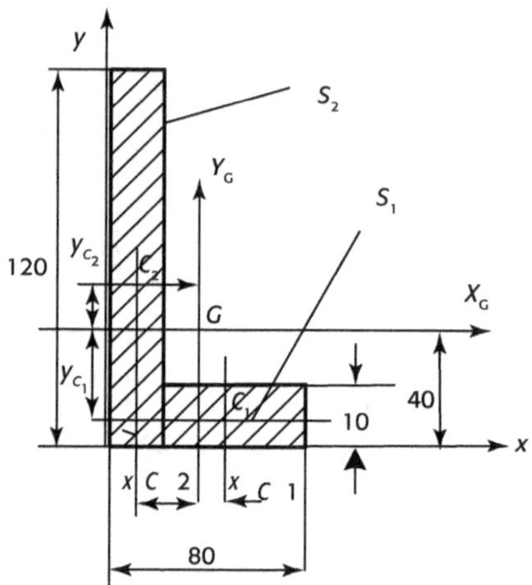

2. Déterminer la position du centre de gravité. La position du centre de gravité $G(x_G, y_G)$ de la cornière est :

$$x_G = \frac{x_1 S_1 + x_2 S_2}{S_1 + S_2} = \left(\frac{45 \times 700 + 5 \times 1\,200}{700 + 1\,200} \right) \text{ mm} \approx 19,74 \approx 20 \text{ mm}$$

$$y_G = \frac{y_1 S_1 + y_2 S_2}{S_1 + S_2} = \left(\frac{5 \times 700 + 60 \times 1\,200}{7\,00 + 1\,200} \right) \text{ mm} \approx 39,73 \text{ mm} \approx 40 \text{ mm}$$

(* Le résultat est le même que l'exemple 1.11. c'est-à-dire que le résultat ne dépend pas du repère choisi.)

– La position du centre de gravité $C_1(x_{C_1}, y_{C_1})$ de la partie 1 est :

$$x_{C_1} = 25 \text{ mm} \qquad y_{C_1} = -35 \text{ mm}$$

– La position du centre de gravité $C_2(x_{C2}, y_{C2})$ de la partie 2 est :

$$x_{C_2} = -15 \text{ mm} \qquad y_{C_2} = 20 \text{ mm}$$

3. Calculer le moment d'inertie d'une section de cornière.

– Les moments d'inertie de la partie S_1 par rapport aux axes x, y sont égaux à :

$$I_{xC}^{(1)} = I_{x-C_1} + y_{C_1}^2 S_1 = \left(\frac{70 \times 10^3}{12} + (-35)^2 \times 700 \right) \text{ mm}^4 \approx 863\,000 \text{ mm}^4$$

$$I_{yC}^{(1)} = I_{y-C_1} + x_{C_1}^2 S_1 = \left(\frac{10 \times 70^3}{12} + 25^2 \times 700 \right) \text{ mm}^4 \approx 723\,000 \text{ mm}^4$$

– Les moments d'inertie de la partie S_2 par rapport aux axes x, y sont égaux à :

$$I_{xC}^{(2)} = I_{x-C_2} + y_{C_2}^2 S_2 = \left(\frac{10\times 120^3}{12} + 20^2 \times 1\ 200\right)\ \text{mm}^4 = 1\ 920\ 000\ \text{mm}^4$$

$$I_{yC}^{(2)} = I_{y-C_2} + x_{C_2}^2 S_2 = \left(\frac{120\times 10^3}{12} + (-15)^2 \times 1\ 200\right)\ \text{mm}^4 = 280\ 000\ \text{mm}^\cdot$$

– Les moments d'inertie de la section de cornière sont égaux à :

$$I_{x-G} = I_{x-C}^{(1)} + I_{x-C}^{(2)} = (863\ 000 + 1\ 920\ 000) = 2\ 783\ 000\ \ \text{mm}^4$$

$$I_{y-G} = I_{y-C}^{(1)} + I_{y-C}^{(2)} = (723\ 000 + 280\ 000) = 1\ 003\ 000\ \ \text{mm}^4$$

Exercice 1.20

Moment d'inertie avec le déplacement de repère (théorème de Huyghens)

Les axes x_G et y_G du centre de gravité de la section rectangulaire sont respectivement parallèles aux axes x_O et y_O. Calculer le moment d'inertie de la section rectangulaire indiquée dans la figure.

– Les dimensions de la section rectangulaire sont :

$$b = 110\ \text{mm}\ \ ;\ h = 40\ \text{mm}$$

– L'aire de la section rectangulaire est égale à :

$$S = (40\times 110)\ \text{mm}^2 = 4\ 400\ \text{mm}^2$$

– Déterminer les moments d'inertie de la section rectangulaire par rapport aux axes x_G et y_G en utilisant le résultat de l'exercice 1.16.

$$I_{x_G} = \frac{b\cdot h^3}{12} = \left(\frac{11\times 4^3}{12}\right)\ \text{mm}^4 = 58,67\ \text{mm}^4$$

$$I_{y_G} = \frac{b^3 h}{12} = \left(\frac{4\times 11^3}{12}\right)\ \text{mm}^4 = 443,7\ \text{mm}^4$$

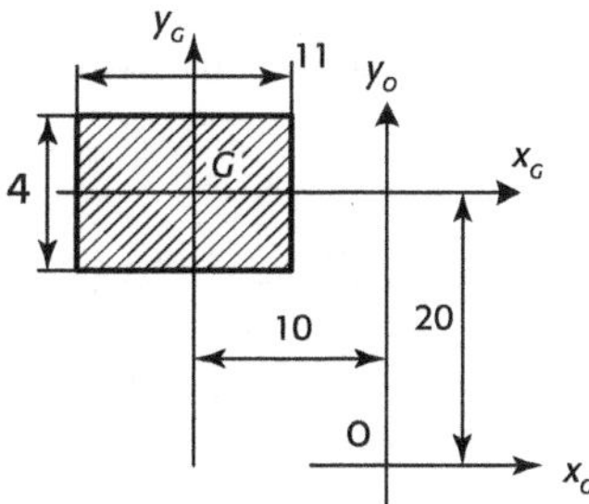

– Calculer les moments d'inertie de la section rectangulaire par rapport aux axes x_O et y_O en utilisant le théorème de Huyghens.

$$I_{x_o} = I_{x_G} + y^2 S = (55,67 + 20^2 \times 44)\ \text{mm}^4 = 17\ 659\ \text{mm}^4$$

$$I_{y_o} = I_{y_G} + x^2 S = \left(433,7 + (-10)^2 \times 44\right)\ \text{mm}^4 = 4\ 833,7\ \text{mm}^4$$

Moment d'inertie avec la rotation du repère

Calculer le moment d'inertie de la section rectangulaire dans le repère *x-y*.

1. Les moments d'inertie par rapport au repère (x_G, y_G) sont :

$$I_{x(G)} = \frac{ab^3}{12}$$

$$I_{y(G)} = \frac{a^3 b}{12}$$

$$I_{xy(G)} = 0$$

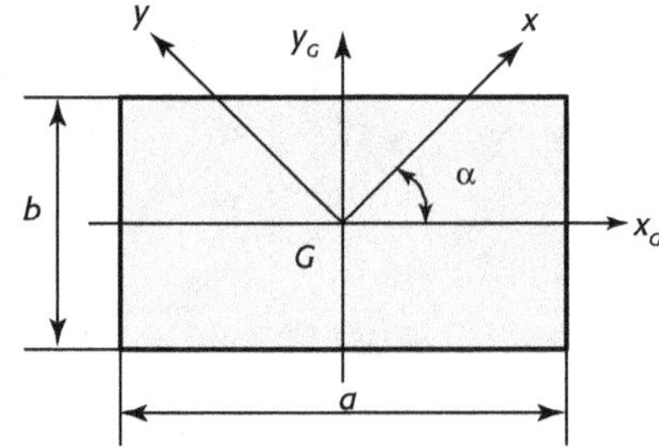

2. Transformation en rotation d'un angle α du repère (x_G, y_G) au repère (x, y)

Les moments d'inertie par rapport au repère (x_c, y_c) sont :

$$I_x = \frac{I_{x(G)} + I_{y(G)}}{2} + \frac{I_{x(G)} - I_{y(G)}}{2} \cos 2\alpha - I_{xy} \sin 2\alpha$$

$$= \frac{\frac{ab^3}{12} + \frac{a^3 b}{12}}{2} + \frac{\frac{ab^3}{12} - \frac{a^3 b}{12}}{2} \cos 2\alpha - 0 \cdot \sin 2\alpha \quad = \frac{ab\left(a^2 + b^2\right)}{24} - \frac{ab\left(a^2 - b^2\right)}{24} \cos 2\alpha$$

$$I_y = \frac{I_{x(G)} + I_{y(G)}}{2} + \frac{I_{x(G)} - I_{y(G)}}{2} \cos 2\alpha - I_{xy} \sin 2\alpha = \frac{ab\left(a^2 + b^2\right)}{24} + \frac{ab\left(a^2 - b^2\right)}{24} \cos 2\alpha$$

Le moment produit I_{xy} par rapport au repère (x_c, y_c) est :

$$I_{xy} = \frac{I_{x(G)} - I_{y(G)}}{2} \sin 2\alpha + I_{xy} \cos 2\alpha \quad = \frac{\frac{ab^3}{12} - \frac{a^3 b}{12}}{2} \sin 2\alpha + 0 \cdot \cos 2\alpha$$

$$= \frac{ab\left(a^2 + b^2\right)}{24} \sin 2\alpha$$

Moment d'inertie

Dans l' exercice 1.14 calculer les inerties I_{G-y} et I_{G-x} par rapport aux axes passant par les centres de gravités G_i et ensuite appliquer le théorème de Huygens.

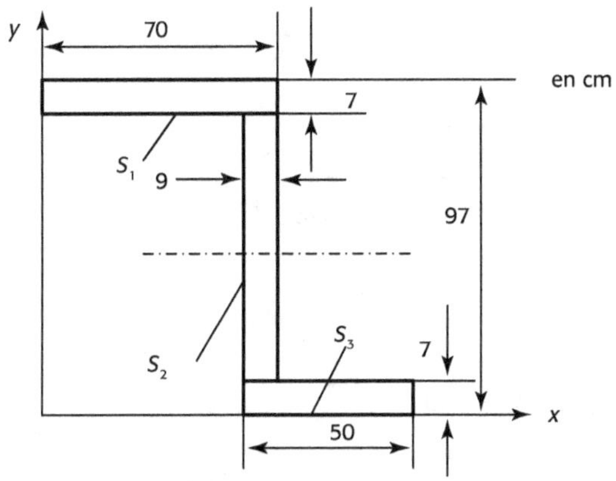

1. Calculer le moment d'inertie I_{G-y} par rapport à l'axe y.

$$I_{G-y} = \sum S_i \cdot x_{G-i}^2 = S_1 \cdot x_{G-1}^2 + S_2 \cdot x_{G-2}^2 + S_3 \cdot x_{G-3}^2 = \left(I_{G-y}\right)_1 + \left(I_{G-y}\right)_2 + \left(I_{G-y}\right)_3$$

$$= 52,12 + 2,29 + 29,87 = 84,78 \text{ cm}^4$$

Section	Surface de la section S_i	x_{G-i}	$S_i \cdot x_{G-i}^2$	$\left(I_{G-i}\right)_y$	I_{Gy} de S_i
Section 1	450	−2,56	32,11	20,00	52,12
Section 2	747	+0,49	1,79	0,50	2,29
Section 3	350	+2,54	22,58	7,29	29,87

2. Calculer le moment d'inertie I_{G-y} par rapport à l'axe x.

$$I_{G-x} = \sum S_i \cdot y_{G-i}^2 = S_1 \cdot y_{G-1}^2 + S_2 \cdot y_{G-2}^2 + S_3 \cdot y_{G-3}^2 = \left(I_{G-x}\right)_1 + \left(I_{G-x}\right)_2 + \left(I_{G-x}\right)_3$$

$$= 82,57 + 44,07 + 84,14 = 210,78 \text{ cm}^4$$

Section	Surface de la section S_i	y_{G-i}	$S_i \cdot y_{G-i}^2$	$\left(I_{G-i}\right)_x$	I_{Gx} de S_i
Section 1	450	4,10	82,37	0,2	82,57
Section 2	747	−0,40	1,19	42,88	44,07
Section 3	350	−4,90	84,00	0,14	84,14

Moment d'inertie (avec la réponse)

Déterminer le moment d'inertie d'une section trapézoïdale suivant les axes x et y.

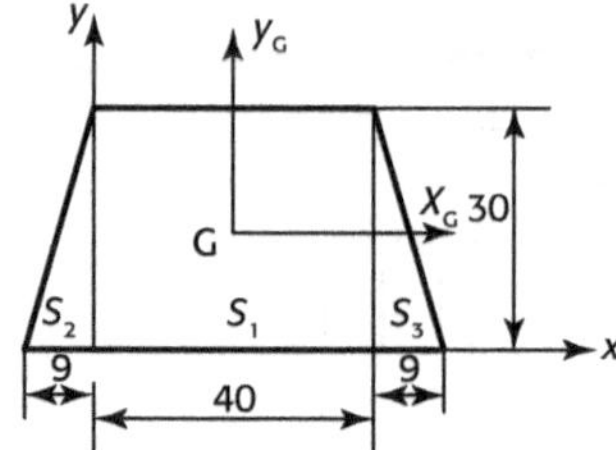

Réponse : $I_{G-x} = 15{,}38\ \text{cm}^4$; $I_{G-y} = 30{,}81\ \text{cm}^4$

Moment d'inertie (avec la réponse)

Déterminer le moment d'inertie d'une section ci-dessous suivant l'axe x.

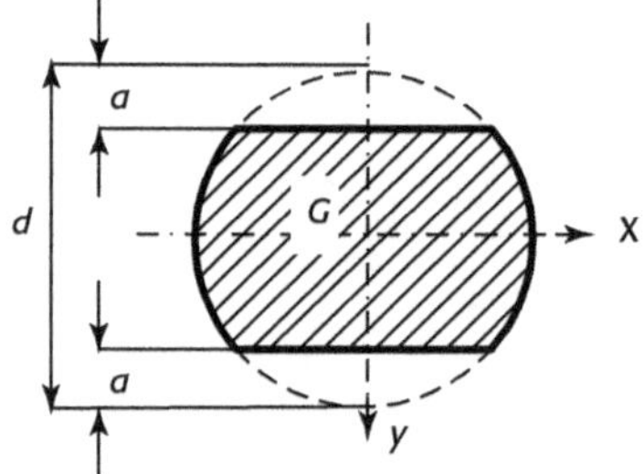

Réponse : $I_{G-x} = \dfrac{R^4}{2}\left(\alpha - \dfrac{\sin 4\alpha}{4}\right)$ avec $R = \dfrac{d}{2}$ et $\sin\alpha = \dfrac{d-2a}{d}$

Moment d'inertie (avec la réponse)

Déterminer le moment d'inertie d'une section ci-dessous suivant l'axe x.

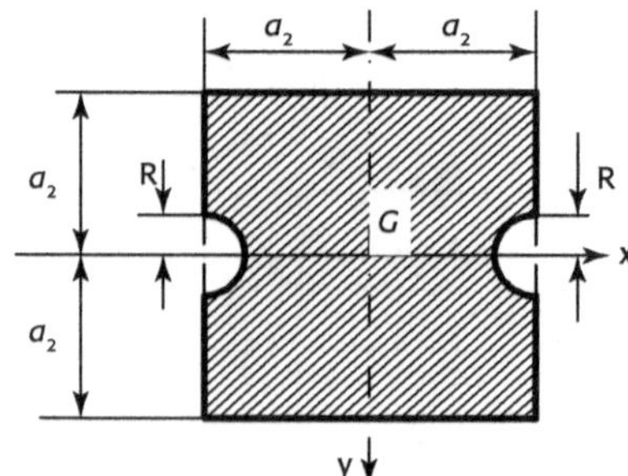

Réponse : $I_{G-x} = \dfrac{a^4}{12} - \dfrac{\pi R^4}{4}$

Moment d'inertie (avec la réponse)

Déterminer le moment d'inertie d'une section ci-dessous suivant l'axe x.

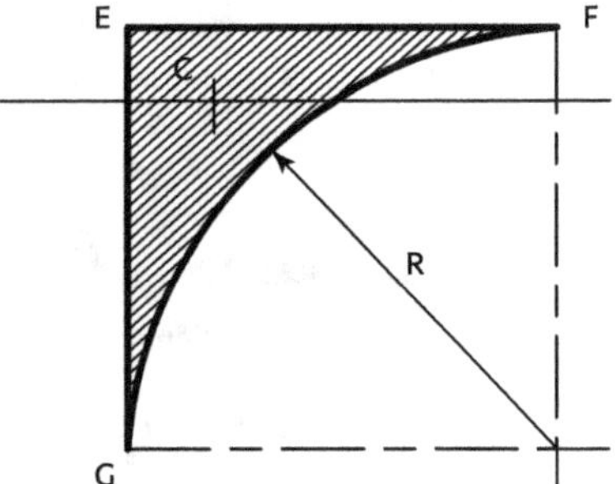

Réponse : $I_{G-x} = 7,54 \times 10^{-3} R^4$

1.4 Contrainte et déformation unitaire

1.4.1 Essai de traction

L'essai de traction nous permet de déterminer certaines caractéristiques mécaniques des matériaux. La machine d'essai fournit un effort de traction F variable. L'éprouvette de l'essai suit l'augmentation de l'effort F et s'allonge, jusqu'à la rupture. Nous obtenons un diagramme représentant la relation entre les efforts F et les allongements.

La figure 1.20 représente la relation entre les efforts F et les allongements ΔL d'un acier doux. Quand la force F est inférieure à la force R_e, $F < R_e$, la déformation de l'éprouvette est une déformation élastique.

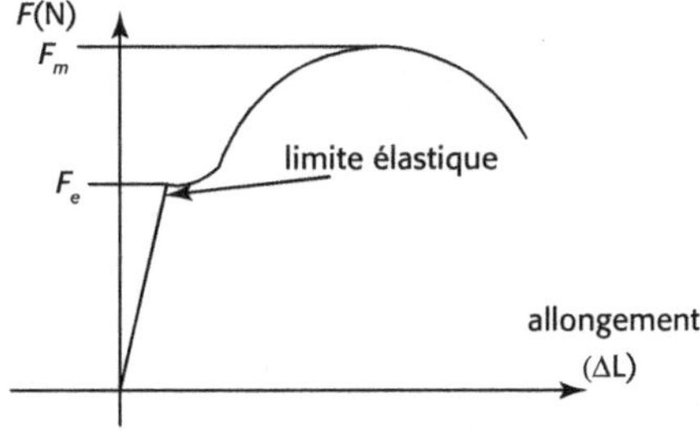

Figure 1.20 Relation entre la contrainte et la déformation par l'essai.

Nous appelons limite élastique le quotient de la force F_e par la surface de section de l'éprouvette S_e.

$$R_e = \frac{F_e}{S_e}$$

1.4.2   Contrainte normale et déformation produit par l'effort normal

1.4.2.1   Contrainte normale produite par l'effort normal

Une poutre homogène soumise à un effort N_x, suivant la direction de son axe longitudinal x, se déforme (s'allonge ou se comprime). L'effort N_x est appelé effort normal. Si l'effort normal s'applique au centre de gravité de la section de la pièce, la déformation sera de la compression ou de la traction simple.

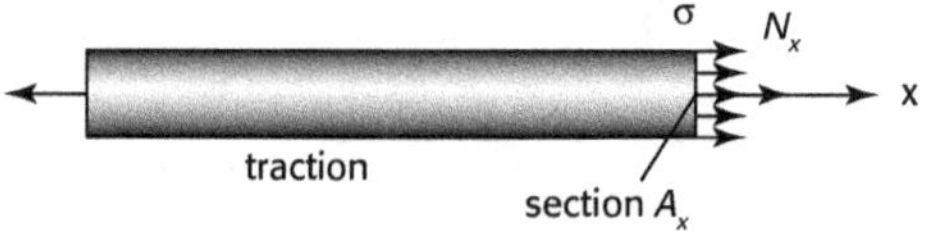

Figure 1.21   Contrainte normale.

Nous pouvons définir la contrainte de traction sous l'effort normal N_x :

$$\sigma = \frac{N_x}{A_x}$$

L'unité de la contrainte est le Pascal : 1 Pa = 1 N/m². Nous utilisons aussi l'unité N/m².

$$1\,\text{N/mm}^2 = 1\,\text{MPa} = 10^6\,\text{Pa}$$

1.4.2.2   Déformation produite par l'effort normal

La poutre de longueur L_e et surface A supporte un effort normal N_x. Les fibres longitudinales de la poutre subissent un allongement ΔL ou un raccourcissement.

$$\Delta L = \frac{N_x L_e}{AE}$$

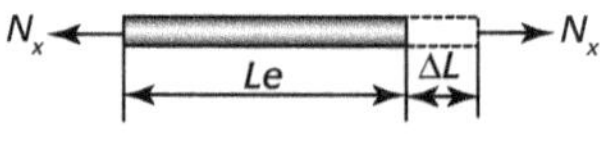

Figure 1.22   Allongement d'une poutre.

Nous appelons allongement unitaire ε le quotient de l'allongement de l'éprouvette ΔL par la longueur de l'éprouvette L_e.

$$\varepsilon = \frac{\Delta L}{L_e}$$

Donc l'allongement ou raccourcissement unitaire est égal à :

$$\varepsilon = \frac{\Delta L}{L_e} = \frac{N_x}{AE} = \frac{N_x}{A} \cdot \frac{1}{E} = \frac{\sigma}{E} \qquad \text{en mm/mm}$$

Pour un matériau donné, nous appelons module de Young E le rapport constant qui existe entre la contrainte et l'allongement unitaire.

$$E = \frac{\sigma}{\varepsilon}$$

Le module d'élasticité longitudinale E est variable suivant la nature des matériaux et caractérise l'aptitude du matériau à l'allongement.

La relation $\sigma = E\varepsilon$ est appelée **loi de Hooke**.

Simultanément, la dimension transversale b de la poutre subit une variation relative :

$$\frac{\Delta b}{b} = -\nu\varepsilon$$

ν est un coefficient sans dimension appelé **coefficient de Poisson**. Le coefficient de Poisson est variable suivant la nature des matériaux.

1.4.3 Contrainte de cisaillement et déformation produite par l'effort tranchant

1.4.3.1 Contrainte de cisaillement produite par l'effort tranchant

Lorsqu'une poutre supporte l'effort T_x tranchant suivant la direction de son axe x, elle se déforme. La partie gauche de la poutre glisse par rapport à la partie droite.

Posons A l'aire de la section, la valeur uniforme de cet effort est donc égale au quotient de T_x par A_x ; nous l'appelons la contrainte de cisaillement notée τ.

$$\tau = \frac{T_y}{A} \qquad \text{en N/mm}^2\text{(MPa)}$$

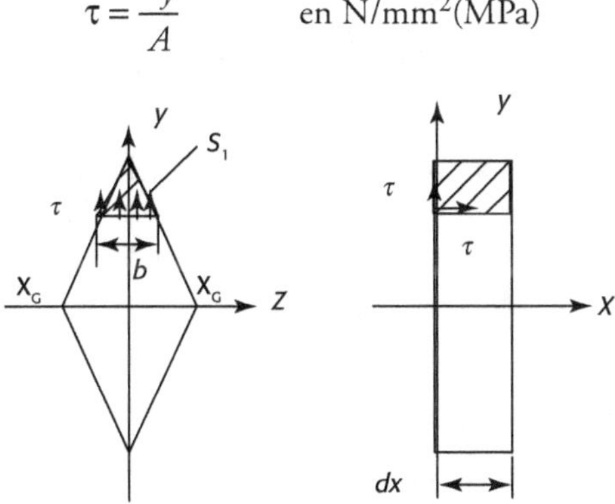

Figure 1.23 Contrainte de cisaillement produite par l'effort tranchant.

Supposons qu'en tout point de la section de la poutre, la contrainte de cisaillement τ est parallèle à l'axe $G_x G_y$ et sa valeur ne dépend pas de x. Dans ce cas la contrainte de cisaillement est égale à :

$$\tau = \frac{T M_s}{I_z b}$$

Ici b est la largeur d'une section, M_s est le moment statique par rapport à l'axe z de la partie S_1 de cette section et I_s est le moment d'inertie de cette section par rapport l'axe z.

La contrainte de cisaillement est maximale à un niveau qui dépend de la forme de la section.

1.4.3.2 Déformation produite par l'effort tranchant

Soient : *AB* la section située au droit de l'encastrement, *CD* la section infiniment voisine de *AB*, et située à une distance Δx de celle-ci, dans le plan de laquelle s'exerce l'effort tranchant *T*.

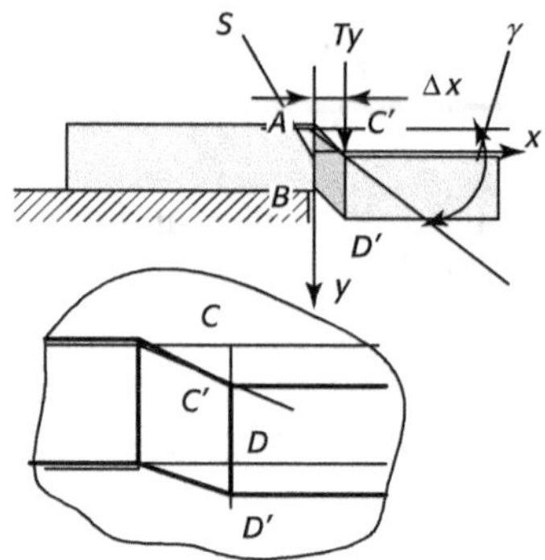

Figure 1.24 Déformation produite par l'effort tranchant.

Après la déformation *CD* vient *C'D'* et la longueur *CC'* mesure le glissement transversal.

Nous appelons déviation le rapport $\dfrac{CC'}{\Delta x}$. L'angle γ peut servir à la caractériser.

La déformation étant élastique, par hypothèse, le glissement est très petit ; il en est de même de l'angle de déviation.

$$\frac{CC'}{\Delta x} = tg\,\gamma \approx \gamma$$

La déviation γ est directement proportionnelle à l'effort tranchant, inversement proportionnelle à la section *A*. Elle dépend de la nature du matériau considéré, d'où nous avons la relation :

$$\gamma = \frac{1}{G}\frac{M_t}{I_0} = \frac{1}{G}\frac{T}{A}$$

Ici *G* est le module d'élasticité transversale.

Par définition, quand un corps isotrope supporte un effort tranchant *T*, le rapport *G* de contrainte de cisaillement τ, à la déviation unitaire γ, s'appelle module d'élasticité transversale.

$$G = \frac{\tau}{\gamma} \qquad \text{en N/mm}^2 \text{ (MPa)}$$

Pour les matériaux courants on a constaté que :

$$G = 0,4\,E \qquad \text{en N/mm}^2 \text{ (MPa)}$$

Acier $\qquad E = 200\ 000 \text{ N/mm}^2 \quad G = 80\ 000 \text{ N/mm}^2 \text{(MPa)}$

Fonte $\qquad E = 100\ 000 \text{ N/mm}^2 \text{(MPa)} \quad G = 40\ 000 \text{ N/mm}^2 \text{(MPa)}$

La relation entre le module d'élasticité longitudinale, le module d'élasticité transversale et le coefficient de Poisson est :

$$G = \frac{E}{2(1+\nu)} \qquad \text{en N/mm}^2 \text{ (MPa)}$$

Un matériau élastique et isotrope est caractérisé par deux coefficients élastiques indépendants, E et ν par exemple.

Tableau 1.2 Caractéristiques mécaniques des matériaux isotropes

	Masse volume ρ kg/dm³	Module d'élasticité longitudinale E MPa N/mm²	Module de d'élasticité transversale G MPa N/mm²	Coefficient de Poisson ν	Coefficient d'allongement A %
Acier	7,8	$2{,}05 \times 10^5$	$0{,}79 \times 10^5$	$0{,}29 \sim 0{,}3$	$1{,}8 \sim 10$
Fonte acier	7,8	$1{,}15 \times 10^5$	$0{,}45 \times 10^5$	$0{,}29 \sim 0{,}3$	
Cuivre	8,8	$1{,}25 \times 10^5$	$0{,}48 \times 10^5$	0,34	$10 \sim 16$
Nickel	8,9	$2{,}20 \times 10^5$			
Bois		$0{,}1 \times 10^5 \sim 0{,}005 \times 10^5$	$0{,}006 \times 10^5$		
Verre – glace	2,4 - 2,7	$0{,}56 \times 10^5$	$0{,}22 \times 10^5$	0,25	
Béton 200 kg/m³	1,8 - 2,45			0,20	
Marbre	2,6 - 2,7	$0{,}52 \times 10^5$		0,20	
Granit	2,6 - 3	$0{,}49 \times 10^5$			

1.5 Conditions de résistance des matériaux

1.5.1 Déformations maximales

La déformation ne doit pas dépasser la déformation admissible, soit l'allongement, soit la flexion, soit la déformation angulaire.

La déformation admissible dépend des matériaux du corps et de son utilisation.

Tableau 1.3 Allongement admissible

Matériaux	Allongement admissible $[\varepsilon_a]\ [f_a]$		Angle de déformation $[\theta]$
Matériaux normaux	2 mm/M	norme EUROCODE	0° 7'
Matériaux d'ascenseur	1 mm/M	norme française	0° 3'
Matériaux composites	4 mm/M	résultat d'essais	0° 14'

Méthode de contrôle

1. Trouver les réactions des appuis en utilisant les équations d'équilibre du corps à contrôler.
2. Déterminer le moment d'inertie I de la section transversale du corps et les propriétés des matériaux du corps.
3. Calculer la déformation maximale, qui doit être inférieure à la déformation admissible.

   – Allongement :

$$A \% = \frac{\Delta L}{L} \times 100 \qquad A \% \leq \left[A_a \% \right]$$

   – Allongement unitaire :

$$\varepsilon = \frac{\Delta L}{L} \qquad \varepsilon \leq \left[\varepsilon_a \right]$$

   – Flèche : $\qquad f \leq \left[f_a \right]$

   – Angle de déformation (angle de torsion ou angle de flexion) :

$$\theta \leq \left[\theta_a \right]$$

1.5.2 Condition de résistance des matériaux

La contrainte, contrainte normale ou contrainte de cisaillement, des corps ne doit pas dépasser la contrainte admissible.

Méthode de vérification de résistance des matériaux

1. Trouver les réactions des appuis en utilisant les équations d'équilibre du corps à contrôler.
2. Déterminer le moment d'inertie I de section transversale du corps (pour la poutre) et les propriétés des matériaux des corps.
3. Calculer la contrainte maximale, qui doit être inférieure à la contrainte admissible [Ra]. Généralement [Ra] est inférieure à la limite élastique.

$$\sigma \leq \left[R_a \right] \qquad\qquad \tau \leq \left[\tau_a \right]$$

Coefficients de sécurité k_s

But des coefficients de sécurité k_s : les formules utilisées supposent des matériaux homogènes et des hypothèses sur les conditions de charge. Mais en pratique, il est possible que le corps soit plus chargé ou les matériaux non homogènes et non isotropes, moins résistants que les hypothèses retenues pour les calculs. Les forces que le corps supporte dépassent celles utilisées dans les calculs. Donc le résultat du calcul doit être multiplié par un coefficient de sécurité, noté k_s.

Les coefficients de sécurité k_s sont définis par l'AFNOR. Ils sont déterminés par des organismes publics ou privés. Ils sont différents en fonction de la nature des matériaux ou des conditions d'utilisation. Ils peuvent varier de 2 à 5.

CHAPITRE 2

Traction et compression

2.1 Traction

2.1.1 Définition de traction

Un corps est sollicité à la traction lorsqu'il est soumis à deux forces opposées qui tendent à l'allonger. Ex : tube, tirant, câbles pour un appareil de levage.

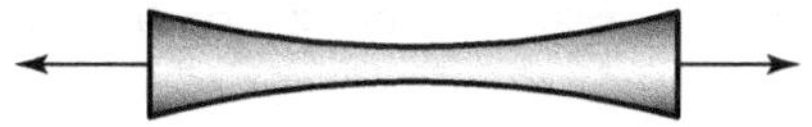

Figure 2.1 Traction de la poutre.

2.1.2 Contrainte normale et allongement

2.1.2.1 Contrainte normale produite par l'effort normal

Une pièce homogène de section constante A supporte un effort normal N, en traction ou compression, la contrainte normale est égale à :

$$\sigma = \frac{N}{A} \quad \text{en} \quad \text{N/mm}^2$$

Si la pièce supporte un effort dans les trois dimensions, les projections de l'effort F sur les axes x, y et z sont N_x, N_y et N_z. Les A_x, A_y et A_z représentent les aires des sections transversales de la pièce suivant les axes x, y et z. Les contraintes des trois dimensions σ_x, σ_y, σ_z sont égales à :

$$\sigma_x = \frac{N_x}{A_x} \quad ; \quad \sigma_y = \frac{N_y}{A_y} \quad ; \quad \sigma_z = \frac{N_z}{A_z}$$

2.1.2.2 Déformation produite par l'effort normal N

Soit une pièce, de longueur L et d'aire de section transversale A, subissant une force normale N. La pièce s'allonge ou se raccourcit. La déformation des fibres longitudinales ΔL de la pièce est égale à :

$$\Delta L = \frac{NL}{EA}$$

Si ΔL est positif, la pièce est en traction. Si ΔL est négatif, la pièce est en compression. E est le module d'élasticité longitudinale ou le module de Young, unité en N/mm^2 (MPa).

L'allongement unitaire ε est égal à :

$$\varepsilon = \frac{\Delta L}{L} = \frac{N}{EA}$$

Les allongements unitaires ε_x, ε_y, ε_z dans les directions de x, y, z sont égaux à :

$$\varepsilon_x = \frac{\Delta L_x}{L_x} \qquad \varepsilon_y = \frac{\Delta L_y}{L_y} \qquad \varepsilon_z = \frac{\Delta L_z}{L_z}$$

2.1.2.3 Condition de résistance

Pour qu'une pièce sollicitée en traction ou compression résiste en toute sécurité, il faut que la contrainte σ soit inférieure ou, au plus, égale à la contrainte admissible à la traction $[R_e]$.

$$\sigma = \frac{F}{A} \qquad\qquad \sigma \leq [R_e] \qquad\qquad \text{en } N/mm^2 \text{ (MPa)}$$

A est l'aire de section transversale de la pièce. La contrainte admissible R_e est la limite d'élasticité du matériel de la pièce. Si k_s est le coefficient de sécurité, la contrainte admissible est égale à :

$$R_p = \frac{[R_e]}{k_s}$$

2.1.3 Concentration de contraintes

Dans les formules du § 2.1.2, nous supposons que les contraintes sont uniformément réparties dans les sections transversales de la poutre. Pour les sections voisines des points d'application des charges et pour les zones où les dimensions transversales sont variables, la distribution des contraintes devient très complexe.

Nous définissons un coefficient k_c appelé coefficient de concentration de contrainte, $k_c > 1$:

$$k_c = \frac{\sigma_{max}}{\sigma_{nom}}$$

σ_{max} est la contrainte maximale réelle au point examiné. σ_{nom} est la contrainte nominale réelle au point examiné, qui sera parfois remplacée par la contrainte moyenne.

Pour déterminer les dimensions d'une pièce en tenant compte du coefficient de concentration de contrainte, la condition de résistance des matériaux devient :

$$\sigma_{\max} = k_c \sigma_{nom} \leq \left[R_e \right]$$

Déterminer le coefficient de la concentration de contrainte k_t.

1. Pour le trou circulaire dans la plaque nous utilisons la valeur ou les formules dans le tableau 2.1 (1).

Tableau 2.1 Coefficient de la concentration de contrainte pour le trou circulaire dans la plaque (1)

Pièce et charge	Contrainte
Cas 1 : Une plaque infinie supporte deux contraintes en traction, avec un trou circulaire.	**1.** $\sigma_2 = 0$ $\sigma_A = 3\sigma_1$ $\sigma_B = -\sigma_1$ **2.** $\sigma_2 = \sigma_1$ $\sigma_A = \sigma_B = 2\sigma_1$ **3.** $\sigma_2 = -\sigma_1$ $\sigma_A = -\sigma_B = 4\sigma_1$
Cas 2 : Une plaque, de largeur L_a et d'épaisseur e, avec un trou circulaire d, supporte une force en traction F.	$\sigma_{\max} = \sigma_A = k_c \sigma_n$ avec $\sigma_n = \dfrac{F}{e(L_a - d)}$ $k_c = 3{,}00 - 3{,}13 \left(\dfrac{d}{L_a} \right) + 3{,}66 \left(\dfrac{d}{L_a} \right)^2 - 1{,}53 \left(\dfrac{d}{L_a} \right)^3$
Cas 3 : Une plaque, de largeur L_a et d'épaisseur e, avec un trou circulaire d, supporte un moment de flexion vers l'extérieur de la plaque.	$\sigma_{\max} = \sigma_A = k_c \dfrac{6M}{e^2(L_a - d)}$ $k_c = 1{,}79 + \left[\dfrac{0{,}25}{0{,}39 + (d/e)} + \dfrac{0{,}81}{1 + (d/e)^2} - \dfrac{0{,}26}{1 + (d/e)^3} \right]$ $\times \left[1 - 1{,}04 \left(\dfrac{d}{L_a} \right) + 1{,}22 \left(\dfrac{d}{L_a} \right)^2 \right]$

2. Pour les sections transversales qui varient nous utilisons les formules dans le tableau 2.1 (2).

Tableau 2.2 Coefficient de la concentration de contrainte pour les arbres à sections variables (2)

Arbre	Figure	Contrainte nominale
Arbre épaulé		$\sigma_{nom} = \dfrac{4F}{\pi d^2}$ Au point A $\begin{cases} d/D = 0,75 \\ r/t = 0,1 \end{cases}$ $k_c = 3,2$
Arbre avec gorge à fond semi-circulaire		$\sigma_{nom} = \dfrac{4F}{\pi d^2}$
Plaque épaulée		$\sigma_{nom} = \dfrac{F}{ed}$
Plaque avec deux entailles à fond semi-circulaire		$\sigma_{nom} = \dfrac{F}{ed}$

2.1.4 Exercices de traction

2.1.4.1 Poutre en traction simple

Exercice 2.1

Traction simple

Une poutre supporte une charge axiale $F = \sigma \cdot A$ en traction. Déterminer la contrainte sur les sections différentielles A_x.

1. Équation d'équilibre :

$$\sum X = 0 \qquad \sigma A - \sigma_x A_x = 0$$

2. Contrainte normale dans la section A_x :

$$\sigma_x = \sigma \frac{A}{A_x} = \sigma \cos \alpha$$

Contrainte normale de la section quelconque $\left(\vec{A}_x \perp \vec{n} \right)$:

$$\sigma_{n(x)} = \sigma_x \cos \alpha = \sigma \cos^2 \alpha \qquad (1)$$

Contrainte tangentielle de la section quelconque :

$$\tau_x = \sigma_x \sin \alpha = \sigma \sin \alpha \cos \alpha = \frac{1}{2} \sin 2\alpha \qquad (2)$$

3. En utilisant les expressions (1) et (2) nous déterminons les contraintes de la section $\alpha = 0°$; $\alpha = 45°$, $\alpha = 90°$,

$$
\begin{array}{lll}
\alpha = 0° & \sigma_x = \sigma & \tau_x = 0 \\
\alpha = 45° & \sigma_x = \sigma/2 & \tau_x = \sigma/2 \\
\alpha = 90° & \sigma_x = 0 & \tau_x = 0
\end{array}
$$

Remarques : 1. La contrainte normale maximale se trouve quand $\alpha = 0°$.

2. La contrainte tangentielle maximale se trouve quand $\alpha = 45°$.

Exercice 2.2

Traction simple

Soit une poutre, de masse volumique ρ et de surface de section transversale S, verticalement encastrée à son extrémité supérieure et soumise à une force de traction F exercée à l'autre extrémité. Calculer l'allongement de la poutre.

Soit une portion de poutre de longueur dx située à la distance x de l'extrémité libre de la poutre. La contrainte est égale à :

$$\sigma = \frac{F}{A} + \rho \cdot g \cdot x$$

En utilisant la loi de Hooke, l'allongement de dx est :

$$\left(\text{Allongement de } dx \right) = \frac{\sigma \cdot dx}{E} = \left(\frac{F}{A \cdot E} + \frac{\rho \cdot g \cdot x}{E} \right) \cdot dx$$

avec : la force de traction F en N ; la masse volumique ρ en kg/mm^3 ; le module d'élasticité longitudinale E en N/mm^2(MPa) ; $g = 9{,}81$ m/s^2.

L'allongement total ΔL de tous les éléments d'épaisseur dx est :

$$\Delta L = \int_0^{L_0} \left(\frac{F}{A \cdot E} + \frac{\rho \cdot g \cdot x}{E} \right) \cdot dx = \frac{F \cdot L_0}{A \cdot E} + \frac{1}{2} \frac{\rho \cdot g \cdot L_0^2}{E}$$

Le poids de la poutre étant :

$$P = \rho \cdot g \cdot A \cdot L_0 \quad \rightarrow \quad \frac{1}{2}\frac{\rho \cdot g \cdot L_0^2}{E} = \frac{1}{2} \cdot \frac{P \cdot L_0}{A \cdot E}$$

L'allongement de la poutre devient :

$$\Delta L = \frac{F \cdot L_0}{A \cdot E} + \frac{1}{2} \cdot \frac{P \cdot L_0}{A \cdot E}$$

Traction simple

Une poutre, encastrée à une extrémité, supporte deux forces $F_A = 10 \times 10^3$ N et $F_B = 20 \times 10^3$ N. Longueur de la poutre $L = 100$ mm; aire de la section $A_A = 100$ mm^2 ; $A_B = 200$ mm^2 ; module d'élasticité $E = 200$ Gpa. Déterminer l'allongement de la poutre et l'allongement entre la section transversale A et la section transversale D.

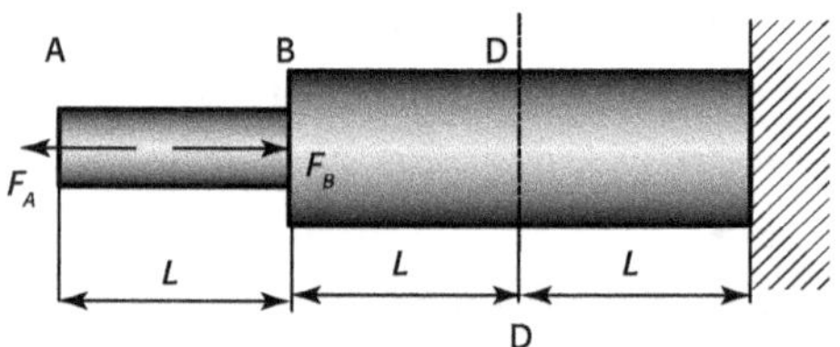

1. Effort de traction de la poutre :

Pour la partie AB : $N_{AB} = F_A = 10$ kN

Pour la partie BC : $N_{BC} = F_A - F_B = -10$ kN

2. Allongement de la poutre AB :

$$\Delta L = \Delta L_{AB} + \Delta L_{BC} = \frac{N_{AB} L}{E A_A} + \frac{N_{BC} 2L}{E A_{BC}}$$

$$= \frac{10 \times 10^3 \times 100 \times 10^{-3}}{200 \times 10^9 \times 100 \times 10^{-6}} + \frac{-10 \times 10^3 \times 2 \times 100 \times 10^{-3}}{200 \times 10^9 \times 200 \times 10^{-6}} = 0$$

3. Allongement entre la section transversale A et la section transversale D :

$$\Delta L_{AD} = \frac{N_{AB} L}{E A_{AB}} + \frac{N_{BC} L}{E A_{BC}}$$

$$= \frac{10 \times 10^3 \times 100 \times 10^{-3}}{200 \times 10^9 \times 100 \times 10^{-6}} + \frac{-10 \times 10^3 \times 100 \times 10^{-3}}{200 \times 10^9 \times 200 \times 10^{-6}} = 2,5 \times 10^{-5} \text{m}$$

Exercice 2.4

Traction simple

Un tube creux supporte une traction. Diamètre extérieur du tube $d = 90$ mm. Module d'élasticité longitudinale $E = 200$ Gpa. Coefficient de Poisson $v = 0,3$. Aire de la section $A = 1\,400$ mm². Après la traction le diamètre extérieur du tube diminue de $\Delta d = 0,0129$ mm. Trouver l'effort en traction que le tube supporte.

1. Déformation transversale :

$$\varepsilon' = \frac{\pi \cdot d_1 - \pi \cdot d}{\pi \cdot d} = \frac{d_1 - d}{d} = \frac{\Delta d}{d}$$

2. Déformation axiale :

$$\varepsilon = -\frac{\varepsilon'}{v} = -\frac{\Delta d}{v \cdot d}$$

3. Effort en traction :

$$F = \varepsilon \cdot EA = E \cdot \left(-\frac{\Delta d}{v \cdot d} \right) \cdot A$$

$$= 200 \times 10^9 \times \left(-\frac{-0,0129 \times 10^{-3}}{0,3 \times 90 \times 10^{-3}} \right) \times 1\,400 \times 10^{-6} = 134 \text{ N} \times 10^3$$

Exercice 2.5

Traction simple

Une poutre, appuyée sur deux appuis simples, supporte une charge uniformément répartie. Calculer l'allongement de la poutre. (Utiliser la méthode de Mohr.)

Pour utiliser la méthode de MOHR, nous supposons que l'axe de force de traction est tourné de 90° vers le haut. Donc nous obtenons un axe équivalent de force en traction, noté F_N^*.

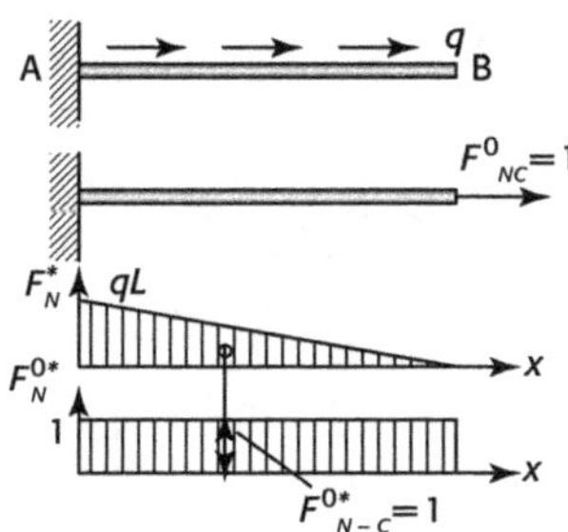

L'aire du diagramme de moment de flexion de la force q sur le repère $F_N^* - x$ est :

$$\omega_N = \frac{1}{2} \cdot qL \cdot L = \frac{1}{2} \cdot qL^2$$

La hauteur de F_{N-C}^{0*} correspondant au centre graphique C de diagramme F_N^* est :

$$F_{N-C}^{0*} = 1$$

Le déplacement du point B est égal à :

$$\Delta L_B = \frac{\omega_N F^\circ_{NC}}{EA} = \frac{1}{EA} \cdot \frac{1}{2} qL^2 \cdot 1 = \frac{qL^2}{2EA} \quad (\rightarrow)$$

Traction simple

Un serrage pneumatique (voir figure). Le diamètre du cylindre est $D = 140$ mm. La pression d'air est $p = 0,6 \times 10^6$ N/mm^2(MPa). Contrainte admissible du piston : $\left[R_e\right] = 80$ MPa. Déterminer la dimension du piston.

Supposons que l'aire de section du piston est négligeable. La pression totale appliquée à la tête du piston est égale à :

$$P = p \cdot \frac{\pi}{4} D^2 = 0,6 \times 10^6 \times \frac{\pi}{4} \times (140 \times 10^{-3})^2 = 9,24 \text{ kN}$$

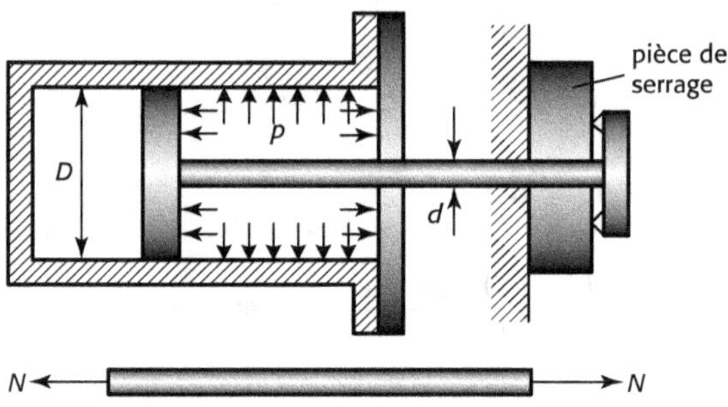

L'effort normal du piston est égal à :

$$N = P = 9,24 \text{ kN}$$

L'aire de la tête du piston est :

$$A = \frac{N}{\left[R_e\right]} = \frac{9,24 \times 10^3}{80 \times 10^6} = 1,16 \times 10^{-4} \text{ m}^2$$

Le diamètre du piston est égal à :

$$d = \sqrt{\frac{4A}{\pi}} = \sqrt{\frac{4 \times 1,16 \times 10^{-4}}{\pi}} = 0,012 \text{ m}$$

Traction simple

Une barre verticale schématisée supporte un effort de traction $F = 2 \times 10^5$ N. Nous supposons que le système d'ancrage avec les pièces voisines ne crée pas de concentration de contraintes dans la zone de diamètre D. La barre est en acier de contrainte admissible $\left[R_e\right] = 250$ N/mm^2 (MPa). Le module d'élasticité longitudinale est $E = 210\,000$ N/mm^2 (MPa).

Les têtes d'amarrage ont un poids négligeable devant celui de la partie centrale.

1. Calculer le diamètre d de la poutre.

   a/ en considérant le poids propre de celle-ci

   b/ en négligeant l'attraction terrestre

2. Déterminer l'allongement de la zone calibrée à d dans ces deux cas.

3. Calculer la variation de volume.

Choisissons la valeur du coefficient de sécurité $k = 1{,}3$.

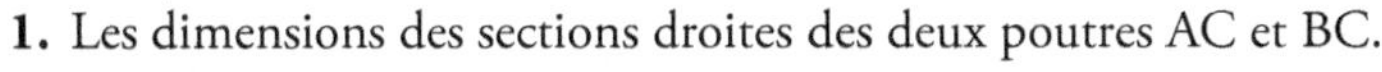

1. Les dimensions des sections droites des deux poutres AC et BC.

$$\frac{F}{A} + \rho \cdot L \cdot g \leq \left[R_e \right] \quad \Rightarrow \quad A \geq \frac{F}{\left[R_e \right] - \rho \cdot L \cdot g}$$

1.1. Si le poids propre de la barre est non négligeable :

$$A \geq \frac{F}{\left[R_e \right] - \rho \cdot L \cdot g} = \frac{200\ 000}{192{,}3 - 7{,}6 \times 10^{-6} \times 10^{4} \times 9{,}81} \quad \Rightarrow \quad A \geq 1\ 044\ \text{mm}^2$$

$$A = \frac{1}{4} \pi \cdot d^2 \quad \Rightarrow \quad d = \sqrt{\frac{4A}{\pi}} \quad \Rightarrow \quad d \geq \sqrt{\frac{4 \times 1\ 044}{3{,}1416}} = 36{,}46\ \text{mm}$$

1.2. Si le poids propre de la barre est négligeable :

$$A \geq \frac{F}{\left[R_e \right]} = \frac{200\ 000}{192{,}3} \quad \Rightarrow \quad A \geq 1\ 040\ \text{mm}^2$$

$$A = \frac{1}{4} \pi \cdot d^2 \quad \Rightarrow \quad d = \sqrt{\frac{4A}{\pi}} \quad \Rightarrow \quad d \geq \sqrt{\frac{4 \times 1\ 040}{3{,}1416}} = 36{,}39\ \text{mm}$$

2. Nous prenons $d = 37$ mm. En utilisant les résultats de l'exercice 2.2, calculons les allongements de chacune des barres.

$$\Delta L = \int_0^{L_0} \left(\frac{F}{A \cdot E} + \frac{\rho \cdot g \cdot x}{E} \right) \cdot dx = \frac{F \cdot L_0}{A \cdot E} + \frac{1}{2} \frac{\rho \cdot g \cdot L_0^2}{E}$$

2.1. Poids propre non négligeable :

$$\Delta L = \frac{F \cdot L_0}{A \cdot E} + \frac{1}{2} \frac{\rho \cdot g \cdot L_0^2}{E}$$

$$= \frac{200\ 000 \times 10\ 000}{1074{,}7 \times 210\ 000} + \frac{1}{2} \frac{7{,}6 \times 10^{-6} \times 9{,}81 \times 10^{8}}{1074{,}7 \times 210\ 000} \quad \Rightarrow \quad \Delta L = 8{,}88\ \text{mm}$$

2.2. Poids propre négligeable :

$$\Delta L = \frac{F \cdot L_0}{A \cdot E} = \frac{200\ 000 \times 10\ 000}{1074{,}7 \times 210\ 000} \quad \Rightarrow \quad \Delta L = 8{,}86\ \text{mm}$$

3. L'attraction terrestre étant négligée, la dilatation cubique relative est donnée par la relation :

$$\frac{\Delta V}{V_0} = e(1-2v) \qquad \text{avec } e = 8,86 \times 10^{-3} \text{ et } v = 0,2$$

$$\frac{\Delta V}{V_0} = e(1-2v) = 8,86 \times 10^{-3}(1-2 \times 0,25) = 4,43 \times 10^{-3}$$

$$\Delta V = V_0 e(1-2v) = 123,7 \text{ mm}^3$$

2.1.4.2   Poutre d'égale résistance en traction simple

Traction simple – poutre d'égale résistance

Un solide de révolution est sollicité à la traction par une charge F. Les dimensions sont telles que nous ne pouvons pas négliger l'action de la pesanteur. La masse volumique du matériau est ρ (kg/m^3). Nous supposons que la répartition des contraintes est uniforme dans chaque section transversale. Déterminer la variation de rayon de la section transversale en fonction de l'abscisse y pour que le solide soit une poutre d'égale résistance, c'est-à-dire pour que la contrainte en tous les points du solide soit identique.

Considérons à l'abscisse y la portion de poutre dy suffisamment faible pour que la variation de rayon dR soit petite.

La section droite A d'abscisse y supporte des forces de cohésion qui ont pour résultante N telle que :

$$N = F + P$$

avec P : poids de la poutre de longueur y.

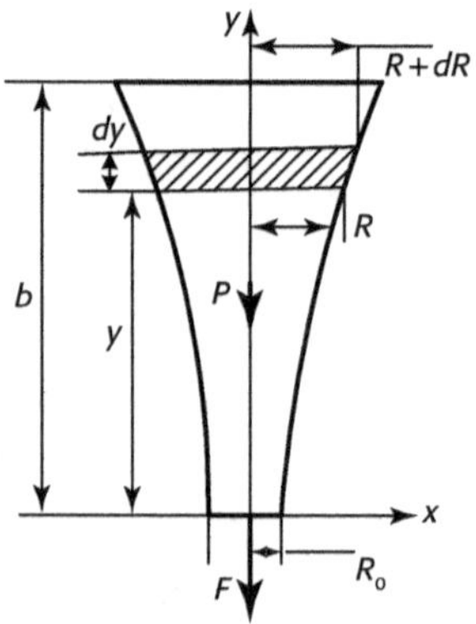

Dans la section transversale $A + dA$ d'abscisse $y + dy$, la résultante des forces de cohésion a pour intensité $N + dN$ tel que $N + dN = F + P + dP$. Ici dP est le poids de la poutre d'épaisseur dy.

L'égalité des contraintes se traduit par la relation :

$$\frac{F + P}{A} = \frac{F + P + dP}{A + dA} = \sigma$$

$$\sigma = \frac{F + P - (F + P + dP)}{A - (A + dA)} = \frac{dP}{dA}$$

avec $dA = \pi(R + dR)^2 - \pi \cdot R^2 = 2\pi \cdot R \cdot dR + \pi \cdot dR^2$. Ici $\pi \cdot dR^2$ est un infiniment petit du second ordre et négligeable. Pour le calcul de dR nous assimilons la partie de poutre à un cylindre et nous obtenons :

$$dP = \rho \cdot \pi \cdot R^2 dy$$

L'expression de la contrainte est :

$$\sigma = \frac{\rho \cdot \pi \cdot R^2 \cdot dy}{2\pi \cdot R \cdot dR} \quad \Rightarrow \quad 2\frac{dR}{R} = \frac{\rho}{\sigma} dy$$

En intégrant cette expression nous obtenons :

$$2\ln R = \frac{\rho}{\sigma} y + C_1 \tag{1}$$

Les conditions aux limites déterminent les constantes C_1 et σ.

Quand $y = 0$, $R = R_0$, la constante C_1 obtenue par :

$$2\ln R = \frac{\rho}{\sigma} y + C_1 \quad \Rightarrow \quad 2\ln R_0 = 0 + C_1 \quad \Rightarrow \quad C_1 = 2\ln R_0$$

La constante σ est :

$$\sigma = \frac{F}{\text{surface du point } y = o} = \frac{F}{\pi \cdot R_0^2}$$

De l'expression (1) nous avons :

$$2\ln R = \frac{\rho}{\sigma} y + C_1 = \frac{\pi \cdot R_0^2}{F} \rho \cdot y + 2\ln R_0$$

Le rayon R est égal à :

$$R = e^{\left[\frac{\rho \cdot \pi \cdot R_0^2}{2F}\right] \cdot y} + R_0$$

2.1.4.3   Câble en traction

« Les câbles se font en matériaux naturels, synthétiques ou en acier. Les câbles naturels ou synthétiques sont obtenus en torsadant de grosses cordes ou torons généralement au nombre de trois ou quatre. Les câbles en acier sont exécutés d'une manière analogue, en partant de fils de faible diamètre (0,3 à 2,2 mm) en acier élaboré au four Martin ou au four électrique (0,3 à 0,85%). Ces fils sont utilisés tels qu'ils sortent du banc de tréfilage à froid, donc très écrouis ; la résistance à la rupture de cet acier est très élevée. » (Réf. 2)

Le coefficient de sécurité de câble est :

- Câbles en chanvre : 10 à 15 (Résistance admissible $\left[R_e\right] = 10$ à 70 N/mm^2 (MPa))
- Câble en acier : 6 à 12

Pour le transport de personnes, par exemple le câble de l'ascenseur, chaque câble doit supporter la charge totale. Dans le cas, où un câble est cassé, le reste de chaque câble peut continuer à supporter la charge totale. Le coefficient de sécurité peut être de 12.

Exercice 2.9

Traction – câble

Nous utilisons le câble de 5 torons de 61 fils de diamètre $d = 0,7$ mm en acier, dont la résistance à la rupture est $R = 1\ 600$ N/mm^2, pour lever un poids de 1 000 kg. Calculer la charge maximum supportée par le câble.

Le câble de 5 torons de 61 fils, soit 305 fils, a une section de :

$$A = 305 \times \frac{\pi \cdot d^2}{4} = 305 \times \frac{3,1416 \times 0,7^2}{4} \approx 117 \text{ mm}^2$$

La contrainte en traction due à la charge P immobile ou en mouvement rectiligne uniforme est égale à :

$$\sigma_1 = \frac{P}{A} = \frac{1\ 000 \text{ kg} \times 9,8 \text{ N/kg}}{117 \text{ mm}^2} = 83,76 \text{ N/mm}^2$$

La charge de rupture calculée est égale à :

$$P_1 = R \times A = 1\ 600 \text{ N/mm}^2 \times 117 \text{ mm}^2 = 187\ 200 \text{ N}$$

En choisissant le coefficient de sécurité de 12, le câble peut lever une charge de :

$$P_2 = 187\ 200 \text{ N/k}_s = 187\ 200 \text{ N/mm}^2 / 15 = 12\ 480 \text{ N}$$

Exercice 2.10

Traction – câble et influence de démarrage

Dans l'exercice 2.11, pendant le démarrage le mouvement est supposé accéléré, donc à accélération a constante. Il existe l'augmentation de tension de démarrage. Supposons pendant une durée de temps t et sur le chemin parcouru $x = 0{,}8$ m, que la vitesse augmente de $v = 0$ m/s à $v = 2$ m/s. Déterminer la contrainte supérieure en traction de câble.

Les relations entre la vitesse et l'accélération sont :

$$v = at \quad ; \quad x = \frac{1}{2}at^2$$

En appliquant cette relation, nous trouvons l'accélération de démarrage :

$$a = \frac{v^2}{2x} = \frac{2^2}{2 \times 0{,}8} = 2{,}5 \text{ m/s}^2$$

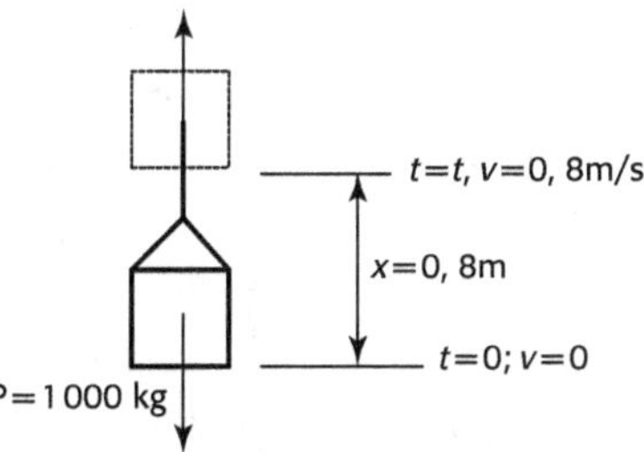

L'augmentation de tension de démarrage est égale à :

$$F_1 = ma = 1\,000 \times 2{,}5 = 2\,500 \text{ N}$$

Il en résulte une contrainte supplémentaire de traction :

$$\sigma_2 = \frac{ma}{A} = \frac{(1\,000 \times 2{,}5)\ \text{N}}{117\ \text{mm}^2} = 21{,}37 \text{ N/mm}^2$$

Exercice 2.11

Traction – câble et influence de poulie

Dans l'exercice 2.10, les fils de diamètre d de câble sont enroulés sur des poulies de diamètre $D = 400$ mm. Supposons $GG' = GG''$, la section $a''b''$ reste plane et passe par le centre 0 de la poulie. (réf 2)

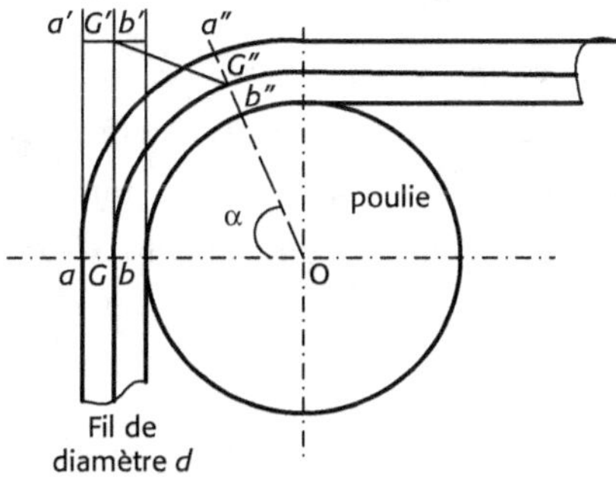

Nous constatons que $aa'' > GG''$, nous disons que la fibre aa''' du fil s'est allongée par rapport à sa fibre moyenne GG''. L'allongement unitaire est égale à :

$$\varepsilon = \frac{aa'' - GG''}{GG''}$$

avec :

$$aa'' = \left(\frac{D}{2} + d\right) \cdot \alpha \qquad\qquad GG'' = \left(\frac{D}{2} + \frac{d}{2}\right) \cdot \alpha$$

Donc l'allongement unitaire devient :

$$\varepsilon = \frac{\dfrac{d}{2}}{\dfrac{D}{2} + \dfrac{d}{2}}$$

Comme $D = 400$ mm et $d = 0,7$ mm, donc $D >> d$, nous pouvons négliger le terme $\dfrac{d}{2}$ du dénominateur. Finalement l'allongement unitaire est égale à :

$$\varepsilon = \frac{d}{D}$$

Cet allongement unitaire correspond à une contrainte en traction σ, telle que $\sigma = E \cdot \varepsilon$, donc contrainte supplémentaire d'incurvation dans le métal des fils $E = 220\ 000\ \text{N/mm}^2$, qui constituent le câble :

$$\sigma_3 = E\frac{d}{D} = 220\ 000 \times \frac{0,7}{400} = 385\ \text{N/mm}^2$$

La valeur σ_3 est plus élevée que σ_1 dans l'exercice 2.9 et σ_2 dans l'exercice 2.10. En réalité les fils du câble ne sont pas parallèles et la contrainte d'incurvation est plus faible, surtout s'il s'agit de fils fins. Donc nous prenons la contrainte suivante :

$$\sigma_4 = 0,8 \times E\frac{d}{D} = 0,8 \times 220\ 000 \times \frac{0,7}{400} = 308\ \text{N/mm}^2$$

Pour le câble métallique nous avons $D \geq 500d$. Dans le cas d'un diamètre de fil $d = 0,7$ mm, nous trouvons que diamètre de poulie doit être $D \geq 350$ mm, donc nous adopterons $D = 400$ mm.

La contrainte totale du câble, en cas de l'accélération et utilisant la poulie, est égale :

$$\sigma = \sigma_1 + \sigma_2 + \sigma_4 = 83,76 + 21,37 + 308 = 413,13\ \text{N/mm}^2$$

Pour $\sigma = 413,13\ \text{N/mm}^2$, c'est une valeur acceptable. (voir la remarque suivante)

Remarque : Les normes concernant le calcul des câbles imposent la condition de sécurité :

– $\sigma < 400\ \text{N/mm}^2$, cas de l'acier de résistance à la rupture $R = 1600\ \text{N/mm}^2$;

– $\sigma < 500\ \text{N/mm}^2$, cas de l'acier de résistance à la rupture $R = 1800\ \text{N/mm}^2$.

Traction – câble et influence du poids du câble

La longueur d'un câble en acier, 34 torons de chacun 7 fils de 2,2 mm, est 750 m. Quelle charge utile peut-il enlever à une profondeur de 750 m avec un coefficient de sécurité 8. Déterminer la masse que le câble peut supporter.

La masse du câble est 8 kg/m, donc son poids est : $8 \times 9,8 = 78,4$ N/m.

Le poids propre du câble lorsqu'il est entièrement déroulé :

$$P_1 = 78,4 \times 750 = 0,59 \times 10^5 \, \text{N}$$

La charge de rupture effective étant de 11×10^5 N, avec un coefficient de sécurité 8, le câble en service pourra supporter une charge égale à :

$$P = 11 \times 10^5 / 8 = 1,38 \times 10^5 \, \text{N}$$

Le poids de la charge utile supporté par le câble est égal à :

$$P_2 = (1,38 - 0,59) \times 10^5 = 0,79 \times 10^5 \, \text{N}$$

La masse, charge utile, supportée par le câble est égale à :

$$m = \frac{0,79}{9,8} \times 10^5 \approx 8\ 000 \text{ kg}$$

Traction – câble

Supposons que le câble a 34 torons, 7 fils par toron, chaque fil de diamètre 2,2 mm. Calculer la contrainte normale maximale dans la partie rectiligne du câble de l'exercice 2.11 et l'exercice 2.12 qui pourra supporter une charge de $P = 1,38 \times 10^5$ N.

La section nette du câble, avec (34×7) fils de diamètre $d = 2,2$ mm, est égale à :

$$A = 34 \times 7 \times \pi \times \left(\frac{2,2}{2}\right)^2 \approx 904 \text{ mm}^2$$

La contrainte maximale est égale à :

$$\sigma = \frac{P}{A} = \frac{1,38 \times 10^5}{904} \approx 162 \text{ N/mm}^2$$

2.1.4.4 Enveloppe cylindrique mince

La définition de l'enveloppe mince, implique la condition suivante : le rapport de l'épaisseur e de l'enveloppe et le diamètre d'enveloppe ne doit pas dépasser le 1/20. En général ces enveloppes minces sont soumises à une pression intérieure ou extérieure due à la présence de liquide ou de gaz.

Traction – Enveloppe cylindrique mince

Un réservoir cylindre clos, de diamètre intérieur d et de longueur L, soumis à une pression intérieure p du fluide. Calculer la poussée résultante d'un fluide sur la paroi du demi-cylindre. (Réf. 2)

Nous prenons une tranche de longueur infiniment petite ΔL et isolons un demi-cylindrique de cette tranche.

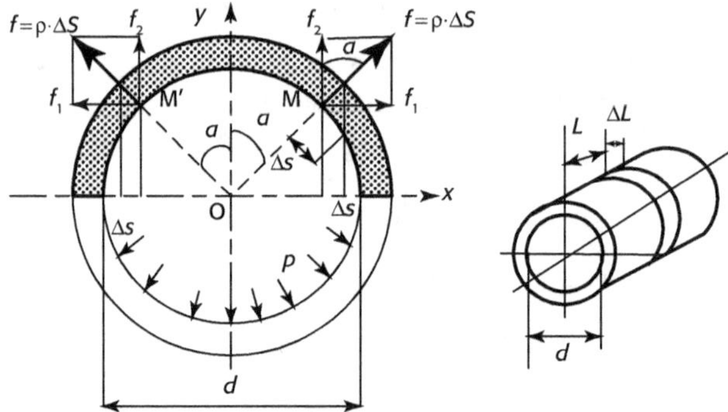

Sur deux éléments de surface ΔS, entourant deux points M et M' symétriques par rapport au plan de trace Oy, la force pressante est égale à :

$$f = \rho \cdot \Delta S$$

La résultante des projections de la force f sur Ox est nulle :

$$\sum f_{ox} = f_1 - f_1 = 0.$$

La résultante des projections de la force f sur Oy est égale à :

$$\sum f_{oy} = \sum f_2 = \sum f \cos\alpha = \sum \rho \cdot \Delta S \cdot \cos\alpha = \rho \sum \Delta S \cdot \cos\alpha$$

Ici : $\qquad \Delta S \cos\alpha = \Delta s \qquad$ et $\qquad \sum \Delta s = d \cdot L$

La résultante des forces sur un demi-cylindre de longueur L est égale à :

$$P = \sum \rho \cdot \Delta S \cdot \cos\alpha = \sum \rho \cdot \Delta s = \rho \sum \Delta s = \rho \cdot d \cdot L$$

Nous utilisons la même méthode pour calculer la pression sur une enveloppe demi-sphérique. La résultante des forces pressantes sur la demi-sphère de diamètre d est égale à :

$$P = \rho \cdot \frac{\pi \cdot d^2}{4}$$

Traction – Enveloppe cylindrique mince

Un réservoir cylindrique clos, renferme un fluide sous la pression p_i. La pression extérieure est p_e. Calculer la contrainte transversale et la contrainte longitudinale du réservoir cylindrique (réf. 2).

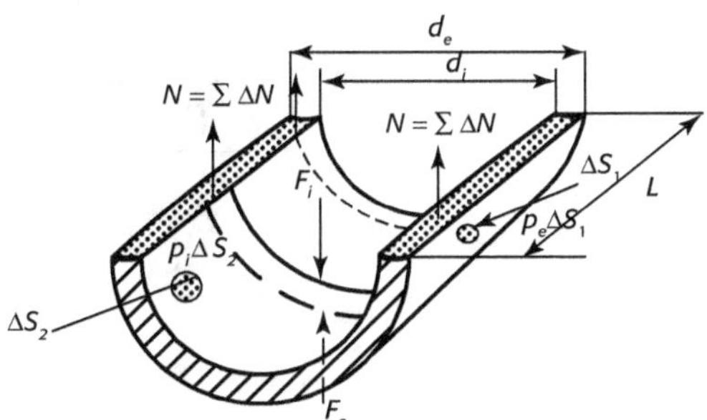

1. Calculer la contrainte transversale dans le réservoir cylindrique clos de diamètre intérieur d_i, de diamètre extérieur d_e, de longueur L et d'épaisseur e.

Isolons le demi-cylindre de longueur L et négligeons son poids. En utilisant le résultat de l'exercice 2.14 les forces pressantes élémentaires $p_i \cdot \Delta S_2$ exercées par le fluide sur la surface cylindrique intérieure ont une résultante :

$$F_i = p_i \cdot L \cdot d_i$$

Les forces pressantes élémentaires $p_e \cdot \Delta S_1$ et l'atmosphère sur la surface extérieure ont une résultante :

$$F_e = p_e \cdot L \cdot d_e$$

L'effort entre deux demi - tranches est :

$$N = \sum \Delta N$$

L'équation d'équilibre de cylindre est :

$$2N = F_i - F_e \quad \rightarrow \quad 2N = p_i \cdot L \cdot d_i - p_e \cdot L \cdot d_e$$

$$N = \frac{(P_i d_i - p_e d_e) \cdot L}{2} \tag{1}$$

Supposons que la contrainte normale soit la même dans toute l'épaisseur d'une tranche, dans ces conditions, nous avons :

$$N = \sigma_T \cdot L \cdot e \tag{2}$$

De l'équation (1) et (2) nous obtenons :

$$\sigma_T \cdot L \cdot e = \frac{(P_i d_i - p_e d_e) \cdot L}{2}$$

Supposons que l'épaisseur e soit faible, nous avons $d_e \approx d_i$. La contrainte transversale dans le réservoir cylindrique clos est égale à :

$$\sigma_T = \frac{(P_i - P_e) \cdot d_i}{2e} = \frac{\Delta p \cdot d_i}{2e} \tag{3}$$

2. Calculer la contrainte longitudinale dans le réservoir cylindrique clos.

Supposons que le réservoir cylindrique clos est divisé en deux parties A et B. Les deux parties sont liées par la résultante N des actions élémentaires exercées ΔN. Sur la partie B du réservoir cylindrique clos l'effort N, donné par la partie A, équilibre la différence de la pression du fluide sur l'intérieur du fond F'_i et la pression atmosphérique sur l'extérieur de ce fond F'_e.

$$F'_i = P_i \cdot \frac{\pi \cdot d_i^2}{4} \qquad F'_e = P_e \cdot \frac{\pi \cdot d_e^2}{4}$$

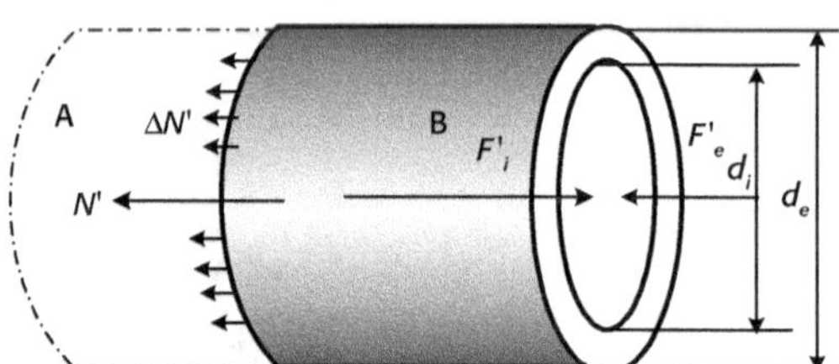

Donc :

$$N' = \left(P_i \cdot d_i^2 - P_e \cdot d_e^2 \right) \cdot \frac{\pi}{4}$$

Supposons que la contrainte normale σ' soit constante en tout point de la section. L'aire approximative étant $\pi \cdot d_i \cdot e$, nous obtenons la traction dans les fibres du cylindre :

$$N' = \sigma_L \cdot \pi \cdot d_i \cdot e$$

D'où :

$$\sigma_L = \frac{N'}{\pi \cdot d_i \cdot e} = \frac{p_i \cdot d_i^2 - p_e \cdot d_e^2}{4 \cdot d_i \cdot e}$$

Avec l'hypothèse $d_e \approx d_i$, la contrainte longitudinale dans le réservoir cylindrique clos est égale à :

$$\sigma_L = \frac{(P_i - P_e)\, d_i}{4e} = \frac{\Delta p \cdot d_i}{4e} \tag{4}$$

La contrainte longitudinale est donc la moitié de la contrainte transversale.

$$\sigma_L = (1/2) \cdot \sigma_T$$

Traction – Enveloppe cylindrique mince

Le diamètre intérieur du cylindre est $d_i = 0{,}65$ m. La pression d'air comprimé est $p = 0{,}45$ MPa. La contrainte admissible de la tôle du cylindre en acier extra-doux soudée est $[R_e] = 85$ MPa. Le coefficient de sécurité est $k = 1{,}5$. Calculer l'épaisseur de la paroi d'un réservoir cylindrique.

En utilisant le résultat de l'Ex 2.15 nous avons :

– contrainte transversale : $\sigma_T = \dfrac{\Delta p \cdot d_i}{2e}$;

– contrainte longitudinale : $\sigma'_L = \dfrac{\Delta p \cdot d_i}{4e}$.

La contrainte longitudinale est donc la moitié de la contrainte transversale. Donc nous utilisons la condition de résistance de la contrainte transversale pour calculer l'épaisseur de la paroi d'un réservoir cylindrique. Pour que le réservoir cylindrique soit en toute sécurité, la contrainte transversale ne doit pas dépasser la contrainte admissible du métal.

$$\frac{\Delta p \cdot d_i}{2e} \leq \left[R_e \right]$$

L'épaisseur de la paroi du réservoir cylindrique est égale à :

$$e = \frac{p \cdot d}{2 \cdot \left[R_e \right]} \cdot k$$

$$= \frac{0,45 \text{ N/mm}^2 \times 650 \text{ mm}}{2 \times 85 \text{ N/mm}^2} \times 1,5 = 2,5809 \text{ mm} \approx 2,6 \text{ mm}$$

Traction – Enveloppe cylindrique mince, demi-sphérique

Dans l'Ex 2.15, si l'enveloppe demi-sphère constitue le fond du cylindre de même diamètre d_i, déterminer l'épaisseur de l'enveloppe cylindrique demi-sphérique.

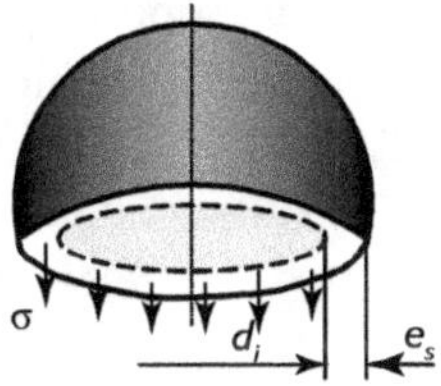

La contrainte supportée par l'enveloppe demi-sphère est la même que la contrainte longitudinale du cylindre. Donc elle est égale à :

$$\sigma = \frac{(P_i - P_e)\, d_i}{4e} = \frac{\Delta p \cdot d_i}{4e}$$

Si la contrainte admissible d'enveloppe demi-sphérique est $\left[R_p \right]$, nous avons l'épaisseur de la demi-sphère :

$$e_s = \frac{\Delta p \cdot d_i}{4 R_p}$$

Le résultat nous donne une conclusion : si la demi-sphère constitue le fond d'un cylindre de même diamètre d_i, l'épaisseur de la demi-sphère peut être la moitié de l'épaisseur du cylindre.

$$e_s = \frac{e_c}{2}$$

Même dans la pratique nous utilisons couramment la même épaisseur pour la demi-sphère et le cylindre.

2.1.4.5 Enveloppes cylindriques épaisses

Cas 1. La pression intérieure est supérieure à la pression extérieure : $P_i << P_e$. Nous utilisons la formule LAME. La contrainte du pot hydraulique est :

$$\sigma = p_i \frac{d_i^2 + d_e^2}{d_e^2 - d_i^2}$$

L'épaisseur de l'enveloppe cylindrique épaisse est égale à :

$$e = \frac{d_i}{2}\left(\sqrt{\frac{\left[R_p\right] + p_i}{\left[R_p\right] - p_i}} - 1 \right) \qquad \text{avec } \left[R_p\right] \text{ contrainte admissible}$$

Cas 2. La pression intérieure est inférieure à la pression extérieure $P_i << P_e$. L'épaisseur de l'enveloppe cylindrique épaisse est égale à :

$$e = \frac{d_e}{2}\left(1 - \sqrt{\frac{[R_e] - 2p_e}{[R_e]}} \right) \qquad \text{avec } \left[R_p\right] \text{ contrainte admissible}$$

Exercice 2.18

Traction – Enveloppe cylindrique épaisse

Soit un pot de presse hydraulique sollicité extérieurement par la pression atmosphérique et intérieurement par la pression du liquide $p_i = 12$ MPa qui pousse le piston. La pression externe p_e est négligeable par rapport à la pression interne p_i. Le diamètre intérieur du pot hydraulique est $d_i = 300$ mm. La contrainte admissible du pot en acier $\left[R_p\right] = 105$ MPa. Déterminer l'épaisseur du pot hydraulique.

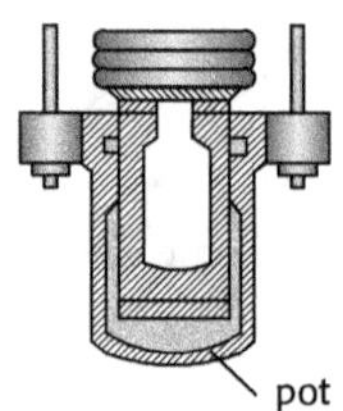

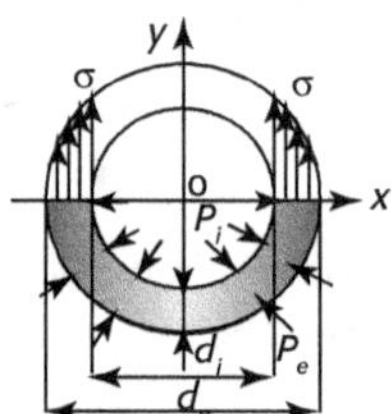

Le pot de presse hydraulique est considéré comme une enveloppe cylindrique épaisse. Dans le cas $P_i >> P_e$ nous pouvons utiliser la formule LAME. La contrainte du pot hydraulique est :

$$\sigma = p_i \frac{d_i^2 + d_e^2}{d_e^2 - d_i^2}$$

Donc l'épaisseur du pot hydraulique est égale à :

$$e = \frac{d_i}{2}\left(\sqrt{\frac{\left[R_p\right] + p_i}{\left[R_p\right] - p_i}} - 1 \right) = \frac{300}{2}\left(\sqrt{\frac{105 + 12}{105 - 12}} - 1 \right) = 18,245 \text{ mm} \approx 19 \text{ mm}$$

Le même pot hydraulique réalisé avec une fonte dont on choisit la contrainte admissible $[R_e] = 20$ N/mm^2 devrait avoir une épaisseur de 150 mm.

Exercice 2.19

Traction – Enveloppe cylindrique épaisse

Dans une presse hydraulique la pression du liquide s'exerce sur la paroi extérieure du piston. Le piston est généralement creux. La pression atmosphérique dans la partie creuse p_i est négligeable par rapport à la pression externe p_e. Pour le piston en acier, nous avons la contrainte admissible $\left[R_p\right] = 20$ N/mm^2. Le diamètre extérieur du piston est $d_e = 280$ mm. Déterminons l'épaisseur de piston.

Le piston est considéré comme une enveloppe cylindrique épaisse et la pression atmosphérique dans la partie creuse p_i est négligeable par rapport à la pression externe p_e. L'épaisseur du piston est égal à :

$$e = \frac{d_e}{2}\left(1 - \sqrt{\frac{[R_e] - 2p_e}{[R_e]}}\right) = \frac{280}{2}\left(1 - \sqrt{\frac{100 - 2 \times 12}{100}}\right) = 17{,}96 \text{ mm} \approx 18 \text{ mm}$$

2.1.4.6 Anneau en traction

Exercice 2.20

Traction – Anneau

Un anneau de section S tourne à vitesse angulaire constante $\omega = V : r$. Supposons que l'épaisseur de l'anneau soit faible par rapport à son diamètre et que la masse de l'anneau soit concentrée le long de la circonférence de rayon moyen r. La masse unitaire de l'anneau est ρ. Calculer la contrainte normale dans l'anneau.

Chaque élément Δm d'un demi-anneau isolé supporte la force d'inertie centrifuge $\Delta m \times \omega^2 r$. Le centre de gravité du demi-anneau isolé est G. La distance OG est égale à $OG = 2r / \pi$.

La résultante des forces d'inertie centrifuges du demi-anneau est égale à : $F_1 = m \cdot \omega^2 \frac{2r}{\pi}$.

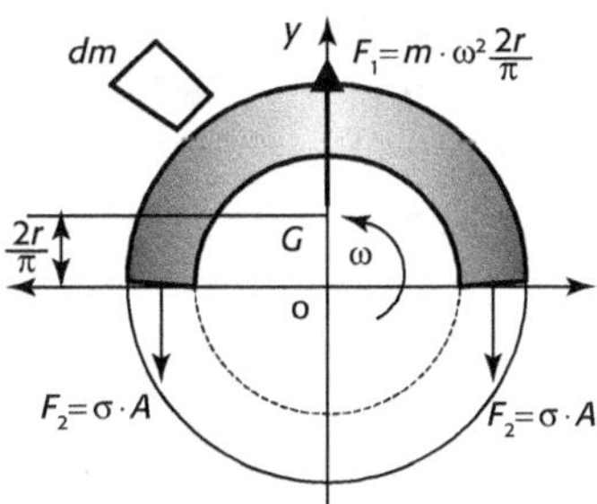

Pour l'équilibre nous ajoutons une force entre les deux coupures de l'anneau :

$$F_2 = \sigma \cdot A$$

A étant la surface de la section de la coupure, σ étant la contrainte de traction de l'anneau, l'équation d'équilibre suivant la direction y est :

$$F_1 - 2F_2 = 0 \quad \Rightarrow \quad m \cdot \omega^2 \frac{2r}{\pi} - 2\sigma \cdot A = 0$$

Le volume V de ce demi-anneau est :

$$V = \pi \cdot r \cdot A$$

La masse m de ce demi-anneau est égale à :

$$m = \rho.V = \rho \cdot \pi \cdot r \cdot A$$

L'équation d'équilibre devient :

$$2\sigma \cdot A = \rho \cdot \pi \cdot r \cdot A \cdot \omega^2 \frac{2r}{\pi}$$

Si la vitesse de l'anneau est v, la contrainte normale en traction dans l'anneau mince est égale à :

$$\sigma = \rho\omega^2 r^2 \qquad \text{ou} \qquad \sigma = \rho \cdot v^2$$

Nous vérifions les unités de la formule :

$$\sigma = \rho \left(\frac{kg}{m^3} \right) \times v^2 \left(\frac{m^2}{s^2} \right) = \rho v^2 \left(\frac{kg \cdot m^2}{m^3 s^2} \right) = \rho v^2 \left(\frac{kg \cdot m}{s^2} \right) \cdot \frac{1}{m^2}$$

Nous savons que une force F (N) produit d'une masse m (kg) par une accélération $a\,(\text{m/s}^2)$ s'exprime en $\text{kg} \times \text{m/s}^2$. Nous pouvons dire que par unité : $1\,\text{N} = 1\,\text{kg.m/s}^2$.

En utilisant l'unité de la masse unitaire en kg/m^3 et l'unité de la vitesse en m/s, nous avons la contrainte normale en traction dans l'anneau mince :

$$\sigma = \rho v^2 \qquad \text{en} \ \left(\text{N/m}^2 \right)$$

Exercice 2.21

Traction – Anneau mince tournant

Un volant de moteur, en fonte, tourne à la vitesse de $n = 3\ 000$ tr/mn. Le rayon moyen de la jante est $r = 150$ mm. Calculer la contrainte σ en traction dans la jante de ce volant.

La vitesse angulaire de la jante est égale à : $\qquad \omega = \dfrac{2\pi \cdot n}{60} = \dfrac{\pi \times 3\ 000}{30} \approx 314$ m/s

La vitesse de la jante est égale à :

$$v = \omega \cdot r = 314 \times 0,15 \ \text{m} = 47,1 \ \text{m/s}$$

La masse unitaire de la fonte est : $\qquad \rho = 7\ 200 \ \text{kg/m}^3$

En utilisant le résultat de l'Ex 2.20 nous avons :

$$\sigma = \rho \cdot \omega^2 r^2 = 7\ 200 \times 314^2 \times 0,15^2 = 4,45 \times 10^7 \ \text{N/m}^2 = 15,97 \text{N/mm}^2$$

$$\sigma = \rho \cdot v^2 = 7\ 200 \times 47,1^2 = 1,597 \times 10^7 \ \text{N/m}^2 = 15,97 \text{N/mm}$$

2.1.4.7   Structure des poutres en traction

2.1.4.7.1   Structure statique des poutres

Exercice 2.22

Traction – Structure statique des poutres

Soit une structure de poutres. La poutre AB est en bois, l'aire de la section AB est $A_{AB} = 10^4\ \text{mm}^2$; la contrainte admissible de AB est $[\sigma_{AB}] = 7$ MPa. La poutre BC est en acier, l'aire de la section BC est $A_{BC} = 600\ \text{mm}^2$; la contrainte admissible de BC est $[\sigma_{BC}] = 160$ MPa. Déterminer les charges maximales admissibles supportées par les poutres AB et BC et en B.

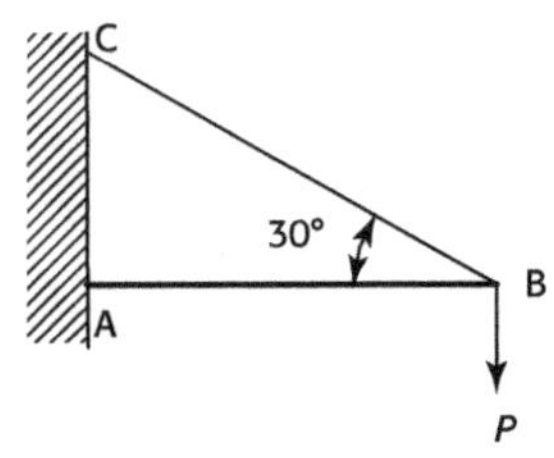

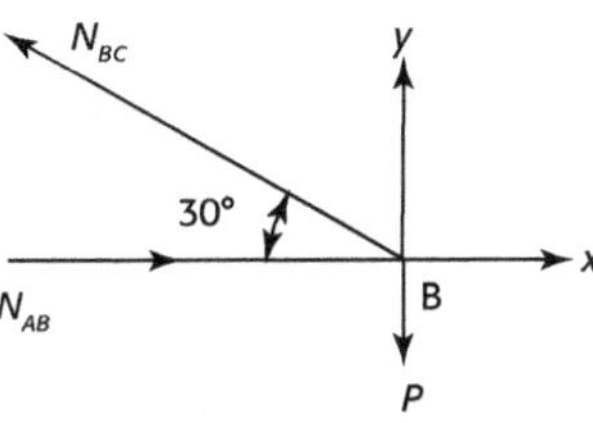

–   Calculer les efforts normaux des poutres AB et BC en utilisant les équations d'équilibre :

$$\sum Y = 0 \qquad\qquad N_{BC}\sin 30° - P = 0$$

$$N_{BC} = \frac{P}{\sin 30°} = 2P$$

$$\sum X = 0 \qquad\qquad N_{AB} - N_{BC}\cos 30° = 0$$

$$N_{AB} = N_{BC}\cos 30° = \sqrt{3}P$$

- Charge maximum admissible supportée par la poutre AB :

Nous avons par graphique : $N_{AB} = \sqrt{3}P_{AB}$ et $N_{AB} = \sigma_{AB}A_{AB}$

Donc :
$$P_{AB-\max} = \frac{\sigma_{AB}A_{AB}}{\sqrt{3}} = \frac{7\times 10^6 \times 10^4 \times 10^{-6}}{\sqrt{3}} = 40,41\ \text{kN}$$

- Charge maximum admissible pour la poutre BC :

Nous avons : $N_{BC} = 2P_{BC}$ et $2N_{BC} = \sigma_{BC}A_{BC}$

Donc : $P_{AB} \le \dfrac{\sigma_{BC}A_{BC}}{2} = \dfrac{600\times 10^6 \times 160 \times 10^{-6}}{2} = 48\ \text{kN}$

La charge maximum admissible du point B est égale à :

$$[P_B] = \min\{P_{AB}\ ;\ P_{BC}\} = 40,41\ \text{kN}$$

Traction – Structure hyperstatique des poutres

Une structure construite par trois poutres encastrées, supporte une charge F au point de l'assemblage A. Les modules d'élasticité longitudinale des trois poutres sont E_1, E_2 et E_3, Leurs surfaces de sections transversales sont A_1, A_2 et A_3. Nous avons $E_1 = E_2$, $A_1 = A_2$ et $L_1 = L_2$, $L_3 = L$.

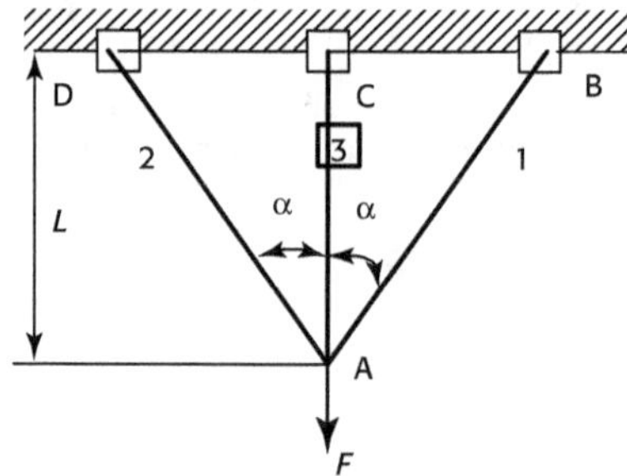

L'équation d'équilibre de structure est :

$$2N_1 \cos\alpha + N_3 = F$$

Nous avons l'équation de déformation :

$$\Delta L_1 = \Delta L_3 \cos\varepsilon$$

Les allongements de la poutre 1 et de la poutre 3 sont :

$$\Delta L_1 = \frac{N_1 L}{E_1 A_1 \cos\alpha} \qquad\qquad \Delta L_3 = \frac{N_3 L}{E_3 A_3}$$

Les efforts normaux entre la poutre 1 et la poutre 3 ont la relation géographique :

$$\frac{N_1 L}{E_1 A_1 \cos\alpha} = \frac{N_3 L}{E_3 A_3} \cos\alpha$$

Les efforts normaux de la poutre 1 et de la poutre 3 sont égaux à :

$$N_1 = \frac{F}{2\cos\alpha + \dfrac{E_3 A_3}{E_1 A_1 \cos^2\alpha}} \qquad\qquad N_3 = \frac{F}{1 + 2\dfrac{E_1 A_1}{E_3 A_3}\cos^3\alpha}$$

Si les trois poutres sont de même matériaux, les efforts normaux de la poutre 1 et 3 deviennent :

$$N_1 = \frac{F\cos^2\alpha}{1 + 2\cos^3\alpha} \qquad\qquad N_3 = \frac{F}{1 + 2\cos^3\alpha}$$

Traction – Structure statique des barres

Les deux barres sont articulées en A, B et C (Figure 1). Elles supportent un effort vertical $F = 7 \times 10^4\,\text{N}$. La barre prismatique BC est en acier avec la contrainte admissible $[R_e]_{BC} = 220\,\text{N/mm}^2$ et le module d'élasticité longitudinale $E_{BC} = 210\ 000\,\text{N/mm}^2$ (MPa).

Elle est percée de deux trous où se logent les axes d'articulation. $\dfrac{\varphi_{\text{trou}}}{\text{largeur barre}} = 0,2$. La barre cylindrique AC est en duralumin avec la contrainte admissible de $[R_e]_{AC} = 100\,\text{N/mm}^2$ et le module d'élasticité longitudinale $E_{AC} = 75\ 000\,\text{N/mm}^2$ (MPa). Elle est filetée à ses deux extrémités afin de recevoir les chapes nécessaires aux articulations. Le coefficient de concentration $k_c = 2,5$ au niveau du filetage. (1) Calculer les dimensions des sections droites des deux poutres AC et BC. (2) Donner les allongements de chacune des barres. (Réf. 4)

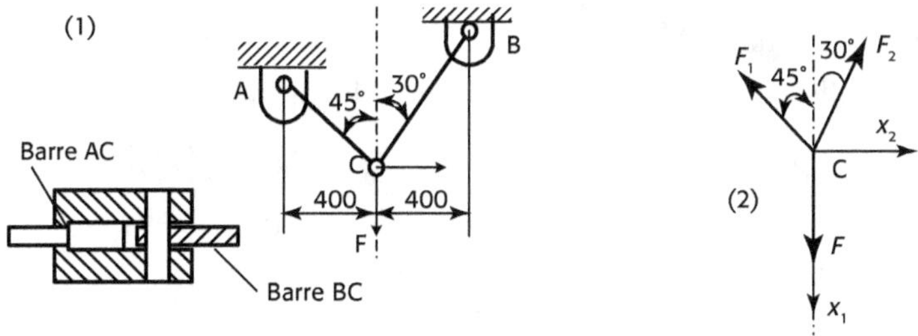

1. Recherche des efforts exercés sur les barres

L'effort F_1 de la poutre fait un angle de 45° avec la verticale. L'effort F_2 de BC fait un angle de 30° avec la verticale (Figure (2)). Les équations de l'équilibre de l'axe d'articulation C sont :

$$F_1 \cos 45° + F_2 \cos 30° + F = 0$$

$$F_1 \sin 45° + F_2 \sin 30° = 0$$

Les efforts sur l'axe d'articulation C sont :

$$F_1 = 36240\,\text{N} \qquad \text{Et} \qquad F_2 = 51\ 244\,\text{N}$$

2. Dimensionnement des barres

Nous choisirons un coefficient de sécurité $k_c = 2$, et le coefficient des concentrations de contrainte $k_c = 2,5$.

– Dimensionnement de AC

Avec la condition des concentrations de contrainte nous avons :

$$\sigma_{\max} = k_c \sigma_{moy} = k_c \frac{F_1}{A_{moy}}$$

La condition de résistance est :

$$\sigma_{\max} \leq [R]_{AC} \qquad \Rightarrow \qquad k_c \frac{F_1}{A_{moy}} \leq \frac{[R_e]_{AC}}{k}$$

Le surface minimale de AC est égale à :

$$A_{AC} = \frac{k_c \cdot k \cdot F_1}{[R_e]_{AC}} = \frac{2,5 \times 2 \times 36\ 240}{100} = 1\ 812 \text{ mm}^2$$

Le diamètre minimal de AC est égal à :

$$A_{AC} = \frac{\pi \cdot d_{AC}^2}{4}$$

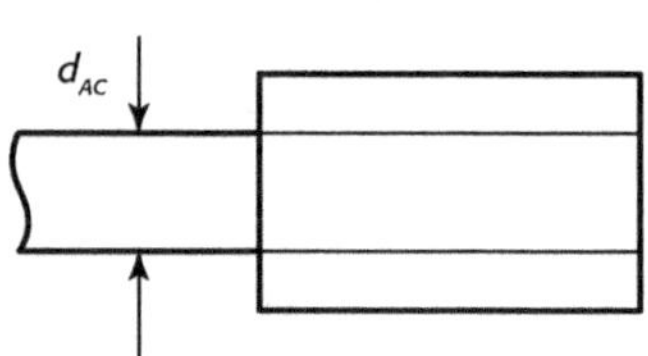

$$d_{AC} = \sqrt{\frac{4 A_{AC}}{\pi}} = \sqrt{\frac{4 \times 1\ 812}{3,1416}} = 48,04 \text{ mm}$$

Nous choisissons $d_{AC} = 50$ mm ; donc :

$$A_{AC} = \frac{\pi \cdot d_{AC}^2}{4} = 1963,6 \text{ mm}^2$$

– Dimensionnement de BC

Avec les coefficients $k_c = 2,5$ et $k_c = 2$, la condition de résistance donne :

$$\sigma_{max} \leq [R_e]_{BC} \qquad \Rightarrow \qquad k_c \frac{F_2}{A_{BC}} \leq \frac{[R_e]_{BC}}{k_s}$$

La surface minimale de BC au niveau de l'alésage est :

$$A_{BC} = \frac{k_c \cdot k \cdot F_2}{[R_e]_{BC}} = \frac{2,5 \times 2 \times 51\ 244}{220} = 1164,64 \text{ mm}^2$$

Avec un coefficient $k_c = 2, 5$, nous avons $b/a = 1$ et $b/d = 0, 2$.

Pour une épaisseur $h = 10$ mm nous avons :

$$b - d \geq 116,5 \text{ mm}$$

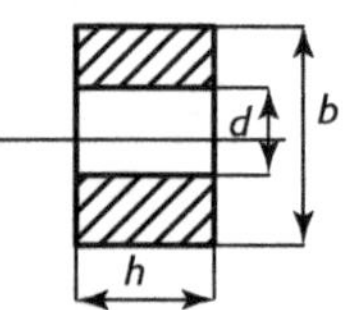

Nous choisirons :

$$d = 20 \text{ mm} \ ; \ b = 140 \text{ mm}$$

3. Allongement de chacune des barres

– Allongement de la barre AC

La longueur de la barre AC est : $L_{AC} = 400 \div \sin 45° = 400 \div \dfrac{\sqrt{2}}{2} = 565,68$ mm

En négligeant les variations des allongements dues aux concentrations de contrainte au niveau des articulations, nous avons l'allongement de la barre AC :

$$\Delta L_{AC} = \frac{F_1 \cdot L_{AC}}{A_{AC} \cdot E_{AC}} = \frac{36\ 240 \times 565,68}{1963,5 \times 75\ 000} = 0,139 \text{ mm}$$

– Allongement de la barre BC

La longueur de la barre BC est : $L_{BC} = 400 \div \sin 30° = 400 \div 0,5 = 800$ mm

L'allongement de la barre BC est égal à :

$$\Delta L_{BC} = \frac{F_2 \cdot L_{BC}}{A_{BC} \cdot E_{BC}} = \frac{51\ 244 \times 800}{1\ 164,6 \times 210\ 000} = 0,17 \text{ mm}$$

Traction – Structure des barres

Deux barres prismatiques de mêmes dimensions : longueur $L_0 = 200$ mm ; largeur $L_a = 20$ mm et épaisseur $e = 4$ mm, sont articulées en A, B et C. Les barres sont en acier, la contrainte admissible est $E = 210\,000$ N/mm^2. Calculer l'intensité de l'effort P pour obtenir une déflexion $\delta = 1$ mm.

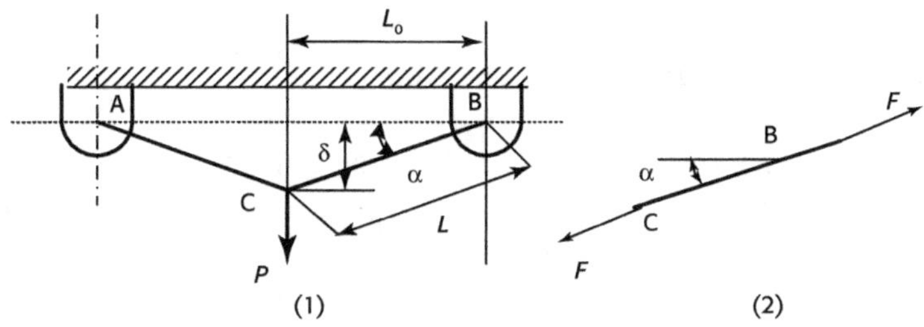

Soit L la longueur des barres après déformation. L'allongement de la barre est $\Delta L = L - L_0$. En équilibrant les barres AC et BC nous obtenons l'équation d'équilibre :

$$2F \sin\alpha + P = 0 \qquad \Rightarrow \qquad 2F \cdot \frac{\delta}{L_{CB}} + P = 0$$

Avec l'équation d'équilibre, nous obtenons la force P :

$$P = -2F \cdot \frac{\delta}{L_{CB}} \qquad\qquad (1)$$

Avec loi de Hooke nous avons la déformation de la poutre CB (Figure (2)) :

$$\Delta L_{CB} = \frac{F \cdot L_0}{A_{CB} \cdot E} \quad \text{et} \quad \Delta L_{CB} = L_{cB} - L_0$$

$$\Rightarrow \quad L_{cB} - L_0 = \frac{F \cdot L_0}{A_{CB} \cdot E} \quad \Rightarrow \quad F = \frac{L_{CB} - L_0}{L_0} A_{CB} \cdot E$$

La force P, d'après l'expression (1), devient :

$$P = -\frac{2 \cdot \left(L_{CB} - L_0\right)}{L_0} A_{CB} \cdot E \cdot \frac{\delta}{L_{CB}}$$

Remarquons que :

$$L_{CB} = \sqrt{L_0^2 + \delta^2}$$

La force P peut encore s'écrire :

$$P = -\frac{2 \cdot A_{CB} \cdot E \cdot \delta}{L_0} \cdot \left(1 - \frac{L_0}{\sqrt{L_0^2 + \delta^2}}\right)$$

La déflexion δ étant petite, nous allons effectuer des approximations afin de simplifier les calculs.

$$\sqrt{L_0^2 + \delta^2} = L_0 \left(1 + \frac{\delta^2}{L_0^2}\right)^{1/2} = L_0 \cdot \left(1 + \frac{1}{2} \cdot \frac{\delta^2}{L_0^2}\right) \text{ car } \left(\frac{\delta^2}{L_0^2}\right) << 1$$

$$\Rightarrow \quad 1 - \frac{L_0}{\sqrt{L_0^2 + \delta^2}} = 1 - \frac{L_0}{L_0 \cdot \left(1 - \frac{1}{2}\frac{\delta^2}{L_0^2}\right)} = 1 - \left(1 - \frac{1}{2}\frac{\delta^2}{L_0^2}\right) = \frac{1}{2}\frac{\delta^2}{L_0^2}$$

D'où la relation entre l'effort P et le déplacement du point C :

$$P = -2F \cdot \frac{\delta}{L_{CB}} = -\frac{2 \cdot A_{CB} \cdot E \cdot \delta}{L_0} \cdot \left(1 - \frac{L_0}{\sqrt{L_0^2 + \delta^2}}\right) = \frac{2 \cdot A_{CB} \cdot E \cdot \delta}{L_0} \cdot \frac{1}{2}\frac{\delta^2}{L_0^2}$$

$$= \frac{A_{CB} \cdot E \cdot \delta^3}{L_0^3} = \frac{20 \times 4 \times 210\ 000 \times 1^3}{200^3} = 2{,}1 \text{ N}$$

2.1.4.7.2 Structure statique des poutres en traction simple - contrainte thermique

La contrainte thermique est, produite par la différence de température dans le corps ou par le changement de température du corps.

Exercice 2.26

Traction – Contrainte thermique

Soit une structure de poutres. Le poids de OAB est négligeable. Les poutres AC et BD ont les mêmes dimensions et sont faites du même matériau. Calculer les contraintes thermiques de AC et BD quand la température augmente $\Delta T°$ C. Supposons que le coefficient d'allongement thermique de poutre est α.

1. Degré d'hyperstatique : $\qquad d_h = 1$

2. Équation de déformation : $\qquad \Delta L_{BD} = 2\Delta L_{AC}$ $\qquad\qquad$ (2)

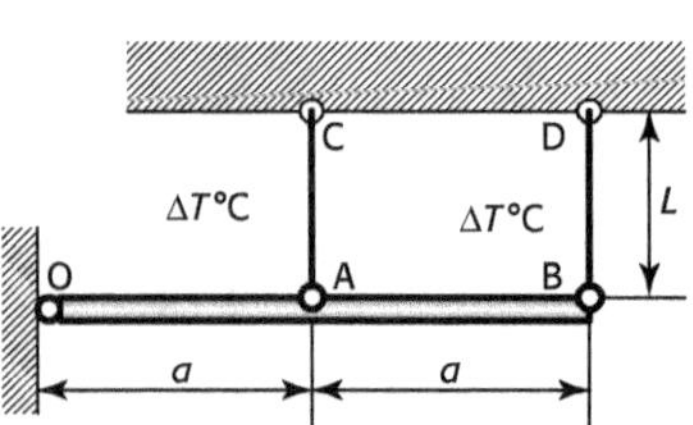

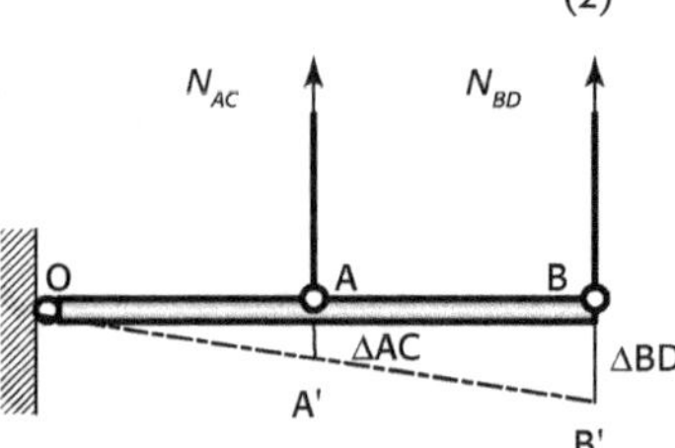

3. Déformation par le changement de température et les efforts normaux :

$$\Delta L_{BD} = \frac{N_{BD}L}{EA} + \alpha\,\Delta TL$$

$$\Delta L_{AC} = \frac{N_{AC}L}{EA} + \alpha\,\Delta TL$$

$\qquad\qquad$ (3)

Avec l'équation (2) et l'équation (3) nous obtenons :

$$N_{BD} - 2N_{AC} = EA\alpha\Delta T \qquad (4)$$

4. Équation d'équilibre :

$$\sum M_0 = 0 \qquad N_{AC}a + N_{BD}2a = 0 \qquad (5)$$

Avec l'équation (4) et l'équation (5) nous trouvons les efforts normaux des poutres AC et BD :

$$N_{AC} = -\frac{2}{5}EA\alpha\Delta T \qquad \text{(compression)}$$

$$N_{BD} = \frac{1}{5}EA\alpha\Delta T \qquad \text{(traction)}$$

5. Contraintes thermiques :

$$\sigma_{AC} = \frac{N_{AC}}{A} = -\frac{2}{5}E\alpha\Delta T \qquad \text{(compression)}$$

$$\sigma_{BD} = \frac{N_{BD}}{A} = \frac{1}{5}E\alpha\Delta T \qquad \text{(traction)}$$

2.1.4.7.3 Structure des poutres en traction simple - contrainte de montage

La contrainte de montage est produite par faux montage ou par les tolérances de dimensions de montage. Cela se produit souvent dans les structures hyperstatiques.

Exercice 2.27

Traction – Contrainte de montage

Soit une structure de cinq poutres. Il y a des erreurs d'installation, BC est plus court de δ que normal. Calculer les efforts intérieurs des poutres.

1. Équations d'équilibre de la structure :

$$N_{AD} = N_{AE} = N_{AB}$$
$$N_{BD} = N_{BE} \qquad \text{(a)}$$
$$2N_{BD}\cos 30° + N_{AB} = 0$$

2. Équations de déformation de la structure :

$$\Delta L_{AE} = u_A \sin 30°$$
$$\Delta L_{BD} = u_B \cos 30°$$
$$\Delta L_{BC} = \delta - u_A - u_B$$

Avec ces trois équations nous avons :

$$\Delta L_{BC} = \delta - 2\Delta L_{AE} - \frac{2\sqrt{3}}{3}\Delta L_{BD} \qquad \text{(b)}$$

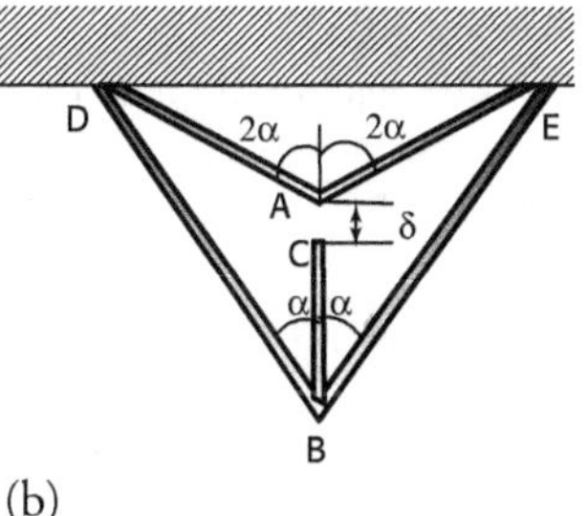

où :

u_A : déplacement du point A après l'installation ;
u_B : déplacement du point B après l'installation.

3. Équations entre les efforts et les déformations :

$$\Delta L_{BC} = \frac{N_{AB}L}{EA} \qquad \Delta L_{AE} = \frac{N_{AE}L}{EA} \qquad \Delta L_{BD} = -\frac{N_{BD}\,2L\cos 30^{\circ}}{EA}$$

Avec ces trois équations l'équation (b) devient :

$$N_{AB} + 2N_{AE} - 2N_{BD} = \frac{\delta}{L}EA \qquad (c)$$

4. Calculer les efforts de l'installation.

À partir de l'équation (*a*) et l'équation (*b*) :

$$N_{AD} = N_{AE} = N_{AB} = \frac{\sqrt{3}}{2+3\sqrt{3}} \cdot \frac{\delta}{L}EA$$

$$N_{BD} = N_{BE} = -\frac{1}{2+3\sqrt{3}} \cdot \frac{\delta}{L}EA$$

Efforts de l'installation :

$$\sigma_{AD} = \sigma_{AE} = \sigma_{AB} = \frac{\sqrt{3}}{2+3\sqrt{3}} \cdot \frac{\delta}{L}EA$$

$$\sigma_{BD} = \sigma_{BE} = -\frac{1}{2+3\sqrt{3}} \cdot \frac{\delta}{L}EA$$

2.1.4.8 Assemblage par boulons

Après serrage de l'écrou, de diamètre normal *d*, le boulon est soumis à la traction, que nous appelons tension de pose ou tension initiale.

Traction – Assemblage par boulon

Supposons un boulon, son diamètre $d = 14$ mm. Le couple du serrage maximal $C = 12\,000$ N.mm. Calculer la tension de pose et l'allongement du boulon.

L'effort de traction dans le corps du boulon est donné approximativement (filet triangulaire, surfaces graissées) par la relation :

$$C \approx 0,2F.d$$

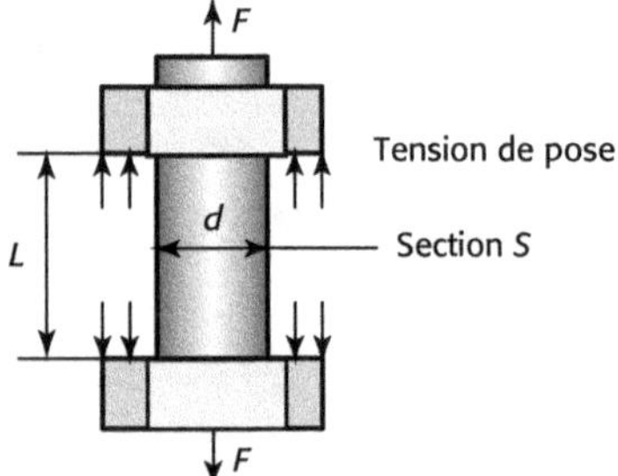

La force de traction de pose du boulon est égale à :

$$F = \frac{C}{0,2d}$$

Quand $d = 14$ mm, la tension de pose du boulon est égale à :

$$F = \frac{C}{0,2 \cdot d} = \frac{12,000 \text{ N.mm}}{0,2 \times 14 \text{ mm}} \approx 4\,285,7 \text{ N}$$

L'allongement du boulon est calculé par la formule :

$$\Delta L = \frac{F \cdot L}{E \cdot A}$$

Posons la longueur utilisée du boulon $L = 40$ mm. L'aire de la section transversale du boulon est $A = \pi \cdot d^2 / 4$. Le module d'élasticité longitudinale du boulon est $E = 2 \times 10^5\,\text{N/mm}^2$. L'allongement du boulon est égal à :

$$\Delta L = \frac{F \cdot L}{E \cdot A} = \frac{F \times L}{E \times \dfrac{\pi \times d^2}{4}} = \frac{4\,285{,}71 \times 40}{2 \times 10^5 \times \dfrac{\pi \times 14^2}{4}} \approx 0{,}0056\ \text{mm}$$

Exercice 2.29

Traction – Assemblage par boulon

Soit un assemblage boulonné. La vis est *M12* au diamètre intérieur $d_1 = 10{,}1$ mm, longueur $L = 80$ mm. Allongement $\Delta L = 0{,}03$ mm. Module d'élasticité longitudinale $E = 2 \times 10^5$ N/mm^2. Calculer la force de serrage.

La déformation unitaire est calculée à partir de la définition :

$$\varepsilon = \frac{\Delta L}{L} = \frac{0{,}03}{80} = 0{,}000375$$

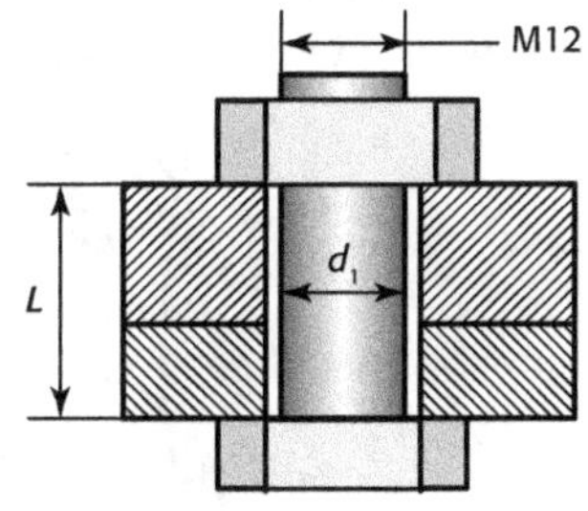

La contrainte de traction de vis est égale à :

$$\sigma = E \cdot \varepsilon = 2 \times 10^5 \times 0{,}000375 = 75\ \text{N/mm}^2$$

La précharge F est égale à :

$$F = A \cdot \sigma = \frac{\pi}{4} \times 10{,}1^2 \times 75 = 6\,009\ \text{N} = 6{,}009\ \text{kN}$$

Exercice 2.30

Traction – Assemblage par boulon

La vis est soumise à l'action N des pièces serrées et à l'action des filets de l'écrou, force égales et directement opposées aux forces f. Isolons la vis et analysons les efforts sur la vis.

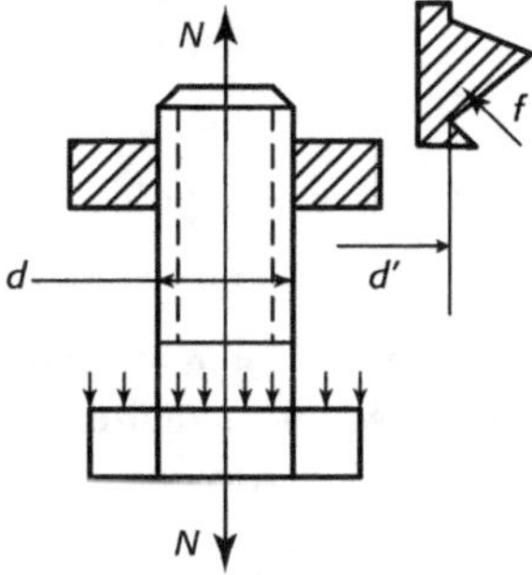

La contrainte de traction dans le corps du boulon est égale à :

$$\sigma = \frac{N}{\pi \cdot d^2 / 4} = \frac{4 \cdot N}{\pi \cdot d^2}$$

La contrainte de traction dans le noyau de la vis est égale à :

$$\sigma_1 = \frac{N}{\pi \cdot d_1^2 \, / \, 4} = \frac{4 \cdot N}{\pi \cdot d_1^2}$$

Comme $d \succ d_1$ donc $\sigma \prec \sigma_1$.

La contrainte de cisaillement dans le filet de la vis est égale à :

$$\tau_1 = \frac{N}{\pi \cdot d_1 \cdot h} \qquad \text{et} \qquad \tau_1 \succ \tau$$

Traction – Boulon de bielle

Déterminer la contrainte de traction. Diamètre normal : $d = 12$ mm. Diamètre du corps : 9,5 mm. Effort appliqué sur la bille : $P = 10\ 000$ N. Diamètre intérieur de bague : 12 mm. Diamètre extérieur de bague : 18 mm. Déterminer la contrainte normale de traction dans chaque boulon.

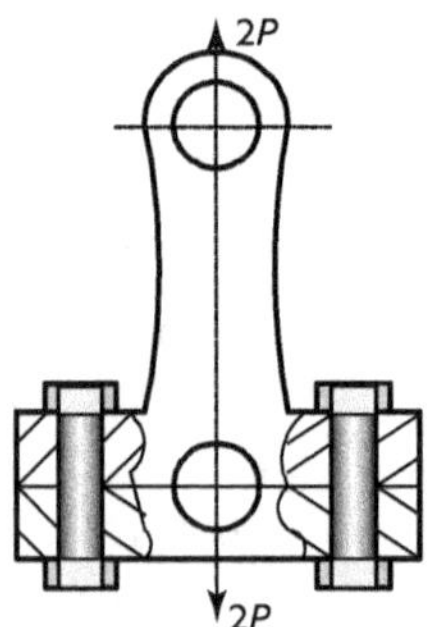

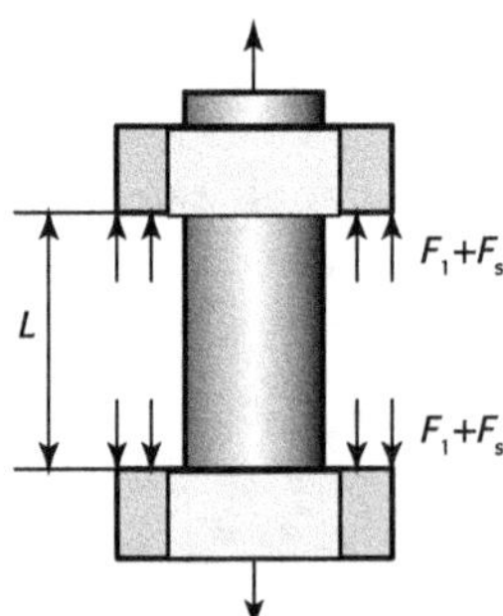

– Aire de la section de boulon : $\quad A_{bo} = 71$ mm

– Aire de la section de bague : $\quad A_{ba} = 142$ mm

La bielle est soumise à un effort $2P$. La bielle est assemblée par deux boulons. La valeur minimale de la tension de pose F_1 est égale à :

$$F_1 = P \frac{A_{ba}}{A_{ba} + A_{bo}} = 10\ 000 \times \frac{142}{142 + 71} = 6\ 660 \text{ N}$$

Le couple de serrage M_c :

$$M_c = 0,2 \cdot d = 0,2 \times 6\ 660 \times 12$$
$$= 19\ 200 \text{ N.mm} \approx 19 \text{ N.m}$$

Après la charge $2P$, les boulons, déjà soumis à la tension de pose F_1, vont subir un allongement supplémentaire. Cet allongement supplémentaire est produit par la force supplémentaire F_3 et est égal à :

$$\Delta L_s = \frac{1}{E} \times \frac{F_s \cdot L}{A_{bo}}$$

L'effort de traction dans chaque boulon devient :

$$F = F_1 + F_s$$

Le raccourcissement initial $\Delta L'$ des bagues serrées est mortifié, il diminue de la qualité ΔL_1 :

$$\Delta L'_1 = \Delta L' - \Delta L_1 = \frac{L}{E} \times \frac{F_1}{A_{ba}} - \frac{L}{E} \times \frac{F_s}{A_{bo}} = \frac{L}{E} \times \left(\frac{F_1}{A_{ba}} - \frac{F_s}{A_{bo}} \right)$$

Le raccourcissement unitaire des bagues serrées est égal à :

$$\varepsilon_1 = \frac{1}{E} \times \left(\frac{F_1}{A_{ba}} - \frac{F_s}{A_{bo}} \right)$$

L'ensemble chapeau de bielle et boulons est soumis à l'effort $2P$ et à l'effort de traction sur chacun des boulons et à l'action inconnue F_y. L'équation d'équilibre de l'ensemble est :

$$2P + 2F_y = 2(F_1 + F_s)$$

Avec l'équation d'équilibre, nous obtenons la deuxième expression du raccourcissement unitaire des pièces serrées :

$$\varepsilon_2 = \frac{1}{E} \times \frac{F_1 + F_s - P}{A_{ba}}$$

En écrivant $\varepsilon_1 = \varepsilon_2$, nous avons la relation :

$$\frac{1}{E} \times \left(\frac{F_1}{A_{ba}} - \frac{F_s}{A_{bo}} \right) = \frac{1}{E} \times \frac{F_1 + F_s - P}{A_{ba}}$$

qui nous donne :

$$F_s = P \frac{A_{bo}}{A_{ba} + A_{bo}} = 10\ 000 \times \frac{71}{142 + 71} = 3\ 330\ \text{N}$$

L'effort de traction dans chaque boulon est égal à :

$$F = F_1 + F_s = 6\ 660\ \text{N} + 3\ 330\ \text{N} = 11\ 330\ \text{N}.$$

La contrainte normale de traction dans chaque boulon est égale à :

$$\sigma = \frac{F + F_1}{A_{bo}} = \frac{11\ 330\ \text{N}}{71\ \text{mm}^2} = 160\ \text{N/mm}^2\,(\text{MPa})$$

Traction

Le schéma d'une liaison élastique comprend une tige en acier et la liaison tige-bâti de machine. La tige, de diamètre $d = 12$ mm et de longueur $L = 400$ mm, est susceptible d'être soumise à des efforts d'extension accidentelle importants. Son pas de filetage d'extrémité est $P = 1,5$ mm. La liaison tige-bâti est réalisée par un empilage de 8 rondelles Belleville. Les caractéristiques élastiques d'une rondelle, l'aplatissement ou flèche d'une rondelle, sous une charge F, sont données par la relation $f = k \cdot F$ avec $k = 10^{-4}$ mm/N.

Après 4 tours d'écrou quelle est la valeur de l'effort de traction F dans la tige ? Quelle est la valeur de la contrainte dans la tige ?

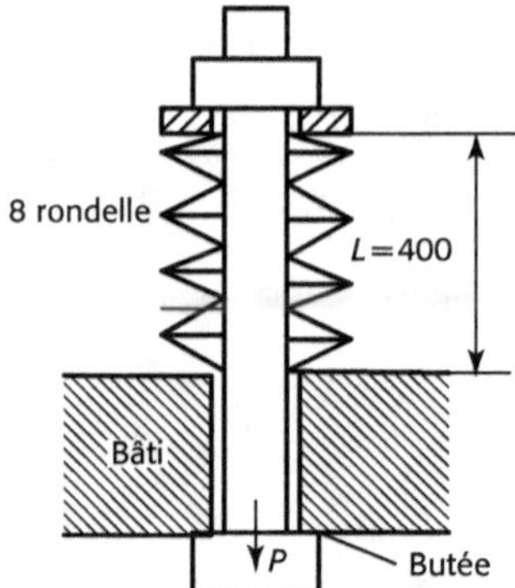

Après 4 tours d'écrou, le déplacement de l'écrou sur la tige est égal à :

$$\Delta L = 4\,p = 4 \times 1,5 \text{ mm} = 6 \text{ mm}$$

L'allongement subi par la tige est :

$$\Delta L_2 = \frac{FL}{EA} = \frac{400F}{2\times 10^5 \times \pi \times 12^2\,/\,4} = 1,77\times 10^{-5}\,F$$

L'aplatissement d'ensemble des rondelles sous l'effort de traction est égal au déplacement de l'écrou sur la tige moins l'allongement subi par la tige :

$$f = \Delta L - \Delta L_1 = 6 - 1,77\times 10^{-5}\,F$$

$$f = \frac{\Delta L}{8} = \frac{6}{8} = 0,75 \text{ mm}$$

La relation entre la flèche d'une rondelle et la charge F' est donnée par :

$$f = k \cdot F'$$

L'effort de traction F dans la tige est égal à la charge F' :

$$F = F' = \frac{f}{k} = \frac{0,75}{10^{-4}} = 7\,500 \text{ N}$$

La contrainte dans la tige est égale à :

$$\sigma = \frac{F}{A} = \frac{F}{\pi \cdot d^2\,/\,4} = \frac{4F}{\pi \cdot d^2} = \frac{4\times 7\,500}{3,1416\times 12^2} = 66,31 \text{ N/mm}^2$$

2.2   Compression

2.2.1   Définition de compression

Un corps est sollicité à la compression lorsqu'il est soumis à deux forces opposées qui tendent à le raccourcir. Ex : piliers de pont, mur de maçonnerie.

Figure 2.2 Compression de la poutre.

Remarquons que dans le cas des pièces élancées ou des pièces à voile mince, par exemple une poutre avec la largeur b faible par rapport aux autres dimensions (voir la figure ci-dessous), ces pièces soumises à deux forces opposées peuvent perdre l'équilibre, en se déformant entièrement ou partiellement par flambement. (Voir le chapitre 10).

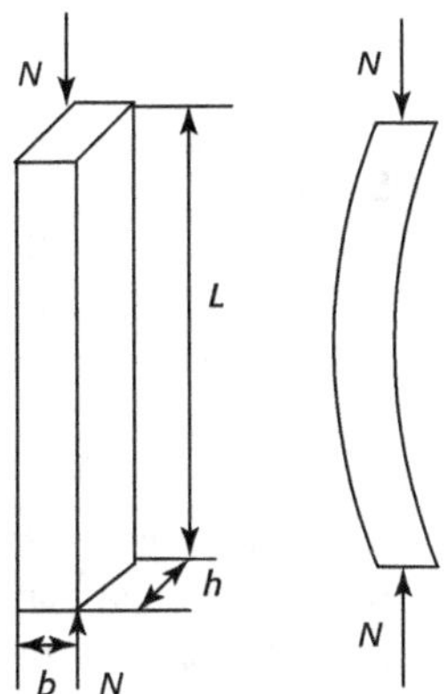

Figure 2.3 Flambage d'une poutre.

Le risque de flambement est écarté si les dimensions des poutres comprimées respectent approximativement les conditions suivantes :

– pour une poutre de section rectangulaire d'aire A et de longueur L :

$$L < A \cdot b \quad \text{avec} \quad L < A \cdot b$$

– pour une poutre cylindrique de diamètre d et de longueur L :

$$L < A \cdot d$$

Autrement dit, si la longueur de la poutre L est inférieure de 3 à 8 à la plus petite dimension transversale, c'est le phénomène de compression. Si la longueur de la poutre L est supérieure de 3 à 8 à la plus petite dimension transversale, c'est le phénomène de flambement. Si la longueur de la poutre L est entre 3 à 8 à la plus petite dimension transversale, un contrôle de compression et flambement est nécessaire.

2.2.2 Contrainte et déformation de compression

2.2.2.1 Contrainte moyenne et déformation d'une poutre comprimée

Une poutre, d'aire constante A, de longueur L et de module d'élasticité longitudinale E, supporte deux forces opposées N et se déforment en compression. Sa contrainte moyenne est égale à :

$$\sigma = \frac{N}{A}$$

La déformation de la poutre est égale à :

$$\Delta L = \frac{N \cdot L}{A \cdot E}$$

2.2.2.2 Condition de résistance des matériaux d'une pièce courte comprimée

Pour que la pièce courte résiste en toute sécurité, il faut que la contrainte normale soit au plus égale à la contrainte admissible $[R]$ en compression :

$$\frac{N}{A} \leq [R]$$

2.2.3 Exercices de compression

Compression simple

Nous remplaçons les quatre supports tubulaires en acier par des supports en fonte, pour diminuer l'amplitude des vibrations transmises au sol par une machine outil. La masse de la machine est de 200 tonnes, qui est également répartie sur les quatre supports. La contrainte admissible en compression de l'acier est $[R_e]_a = 400$ MPa , son module d'élasticité transversale $E_a = 210\ 000$ MPa. La caractéristique de la fonte est la contrainte admissible en compression $[R_e]_F = 220$ MPa, le module d'élasticité transversale $E_a = 80\ 000$ MPa. Le diamètre intérieur du tube en acier et en fonte est $d_i = 18$ mm. Le diamètre extérieur du tube en acier est $d_x = 45$ mm. La longueur du tube en acier avant chargement est $L_a = 180$ mm. (1) Déterminer le diamètre extérieur du tube en fonte. (2) Calculer la longueur initiale du support fonte pour que la machine ait la même position au 1/100 de mm près.

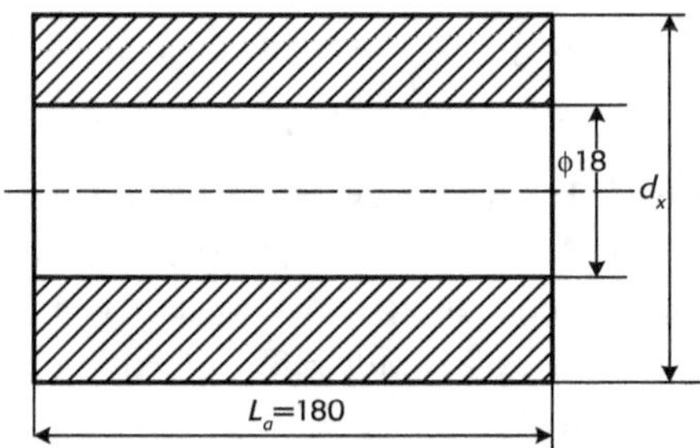

1. Calculer l'effort sur chaque support :

$$F = \frac{200\ 000 \times 9,81}{4} = 490\ 500 \text{ N}$$

La condition de résistance des matériaux est :

$$\frac{F}{A} \leq [R_e] \qquad \Rightarrow \qquad \frac{F}{\pi \cdot \left(r_{ext}^2 - r_{int}^2\right)} \leq [R_e]$$

Le diamètre extérieur minimum du tube en fonte est :

$$\left(r_{ext}\right) = \sqrt{\frac{F}{\pi \times [R_e]_F} + \left(r_{int}\right)^2} = \sqrt{\frac{490\ 500}{3,14 \times 220} + 18^2} = 32,16 \text{ mm}$$

$$\left(d_{ext}\right)_{min} = 2r_{ext} = 64,32 \text{ mm}$$

Nous choisirons un diamètre extérieur de 65 mm.

2. La loi de Hooke donne la déformation du barreau en acier :

$$\Delta L_a = \frac{F \times L'_a}{E_a \times A_a}$$

Ici $A_a = \dfrac{\pi \cdot \left(d_{ext}^2 - d_{int}^2\right)}{4}$ est l'aire de la section droite du tube en acier.

Donc la hauteur du support en acier après déformation est égale à la hauteur du support en fonte déformée :

$$L_a = L'_a - \Delta L_a = L_F$$

avec :

$$L_F = L'_F - \Delta L_F$$

L'_F est la longueur avant déformation du tube en fonte. Nous obtenons la relation :

$$L_F = L_a - \Delta L_a + \Delta L_F \quad \text{avec} \quad \Delta L_F = \frac{F \cdot L'_F}{E_F \cdot A_F}$$

Par cette relation nous pouvons, en première approximation, remplacer L'_F par L'_a car la différence $\left(L'_F - L'_a\right)$ sera de l'ordre du dixième de millimètre (les déformations sont infiniment petites.)

Nous obtenons donc :

$$L_F = L_a - F \cdot L'_a \left(\frac{1}{E_a \cdot A_a} - \frac{1}{E_F \cdot A_F} \right)$$

$$= 180 - 490\,500 \times 180 \times \left(\frac{1}{210\,000 \times \dfrac{\pi}{4} \times \left(45^2 - 18^2\right)} - \frac{1}{80\,000 \times \dfrac{\pi}{4} \times \left(65^2 - 18^2\right)} \right)$$

$$= 180 - 490\,500 \times 180 \times \left(3{,}56 \times 10^{-9} - 4{,}08 \times 10^{-9}\right) = 180{,}05 \text{ mm}$$

Exercice 2.34

Compression simple

Une butée de fin de course d'une machine-outil est maintenue en position à l'aide de la pièce 3 supposée indéformable qui est guidée en translation dans le bâti. L'effort de serrage $F_s = 250$ N de l'écrou 2 est appliqué en E. Lorsque le chariot arrive en fin de course il crée à l'extrémité A de la vis un effort $F = 650$ N, qui est transmis au bâti fixe en B. Le module d'élasticité longitudinale $E = 210\,000$ N/mm^2 (MPa). (1) Déterminer la contrainte moyenne en chaque point de la vis. (2) Calculer le déplacement du point A.

L'équilibre de la vis est réalisé en considérant les actions :

– du chariot sur l'extrémité A : $F = 650$ N ;

– de serrage de l'écrou appliqué en E : $F_s = 250$ N ;

– de la pièce 3 sur la tige 1 : F_c ;

– et du bâti à l'extrémité B : F_B.

Les conditions d'équilibre nous donnent les relations entre les intensités des actions :

$$F = F_B \qquad \text{et} \qquad F_C = F_S$$

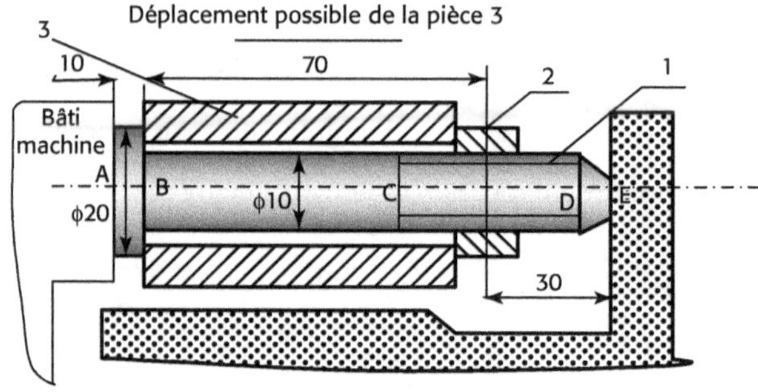

Les efforts normaux et les contraintes moyennes sont :

Pour AB $(x < 10 \text{ mm})$ $\qquad N_{AB} = F_B \qquad \Rightarrow \qquad N_{AB} = 650 \text{ N}$

$$\sigma_{AB} = \frac{N_{AB}}{A_{AB}} = \frac{650}{\pi \times 20^2 / 4} = 2,07 \text{ MPa}$$

Pour BC $(10 \text{ mm} < x < 80 \text{ mm})$:

$$N_{BC} = F_B + F_s$$

$$\Rightarrow N_{BC} = 650 \text{ N} - 250 \text{ N} = 400 \text{ N}$$

$$\sigma_{BC} = \frac{N_{BC}}{A_{BC}} = \frac{400}{\pi \times 10^2 / 4} = 5,09 \text{ MPa}$$

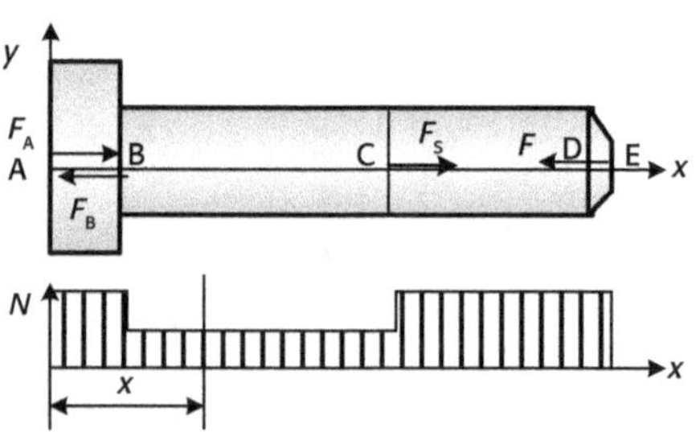

Pour CD $(80 \text{ mm} < x < 110 \text{ mm})$:

$$N_{CD} = F_A + F_B + F_s \quad \Rightarrow \quad N_{CD} = 650 \text{ N}$$

$$\sigma_{CD} = \frac{N_{CD}}{A_{CD}} = \frac{650}{\pi \times 10^2 / 4} = 8,27 \text{ MPa}$$

En appliquant la loi de Hooke nous avons les déformations partielles de la vis.

– Déformation de la partie comprise entre A et B :

$$\Delta L_{AB} = \frac{N_{AB} \cdot L_{AB}}{A_{AB} \cdot E} = \frac{650 \times 10}{(\pi / 4) \times 20^2 \times 210\ 000} = 0,98 \times 10^{-4} \text{ mm}$$

– Déformation de la partie comprise entre B et C :

$$\Delta L_{BC} = \frac{N_{BC} \cdot L_{BC}}{A_{BC} \cdot E} = \frac{400 \times 70}{(\pi / 4) \times 10^2 \times 210\ 000} = 16,98 \times 10^{-4} \text{ mm}$$

– Déformation de la partie comprise entre C et D :

$$\Delta L_{CD} = \frac{N_{CD} \cdot L_{CD}}{A_{CD} \cdot E} = \frac{650 \times 30}{(\pi/4) \times 10^2 \times 210\,000} = 11,82 \times 10^{-4}\,\text{mm}$$

D'où le déplacement du point A est égal à :

$$\Delta L = \Delta L_{AB} + \Delta L_{BC} + \Delta L_{CD} = 0,98 \times 10^{-4} + 16,98 \times 10^{-4} + 11,82 \times 10^{-4} = 29,78 \times 10^{-4}\,\text{mm}$$

Compression simple – Axe d'articulation

La charge supportée par l'axe est $F = 120\,00$ N. La longueur de la portée de l'axe dans le support est fixée à $L = 50$ mm. Calculer le diamètre d de l'axe. Le corps du support de l'axe en fonte est de section circulaire. Calculer le diamètre de la section circulaire.

1. Pour la condition de graissage, la pression P doit être :

$$P = \frac{N}{L \cdot d} \le 500 \text{ N/cm}^2$$

Le diamètre de l'axe doit être :

$$d = \frac{N}{L \cdot P} = \frac{120\,00 \text{ N}}{50 \times 500/100} \ge 48 \text{ mm}$$

Nous choisissons le diamètre de l'axe : $d = 50$ mm

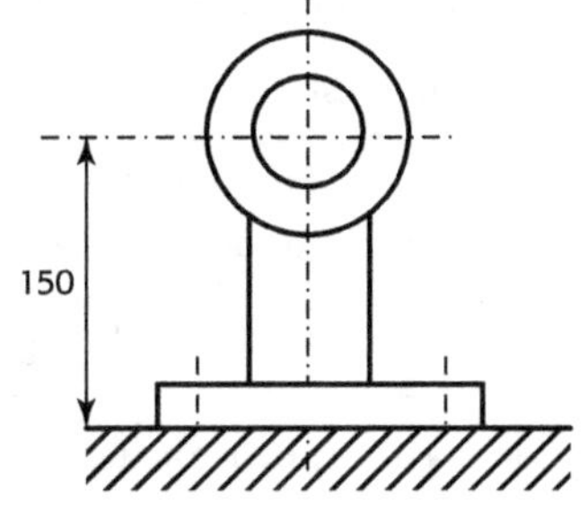

2. Supposons que le corps du support de l'axe en fonte est de section circulaire. Le corps du support de l'axe est une pièce courte. Pour que le support résiste en toute sécurité il faut que la contrainte du corps soit au plus égale à la résistance admissible de fonte à la compression $[R_e] = 100$ N/mm^2.

$$\sigma_p = \frac{N}{A} \le [R_e] \qquad \Rightarrow \qquad \sigma_p = \frac{N}{A} = \frac{12\,000}{\pi \times d^2/4}$$

$$d = \sqrt{\frac{4 \times N}{\pi \times \sigma_p}} = \sqrt{\frac{4 \times 12\,000}{\pi \times 100}} \approx 12,36 \text{ mm}$$

Si la section du corps est une forme jugée rationnelle, sa surface A peut être la même surface de section circulaire :

$$A = \frac{\pi \cdot d^2}{4} = \frac{\pi \times 12,36^2}{4} \approx 119,98 \approx 120 \text{ mm}^2$$

ou :
$$A = \frac{N}{[R_e]} = \frac{12\,000}{100} = 120 \text{ mm}^2.$$

Compression simple – Biellette

La biellette est découpée dans une tôle d'acier de 10 mm d'épaisseur et sa contrainte admissible est $[R_e] = 80$ N/mm^2. Son entraxe : $L = 80$ mm. Son diamètre et la portée des axes d'articulation sont imposés : $d = 20$ mm et $e = 10$ mm. L'action des axes d'articulation sur la biellette est un effort de compression, $N = 2\,000$ N. Déterminer la surface de la section 1 et la largeur minimum de la section 1.

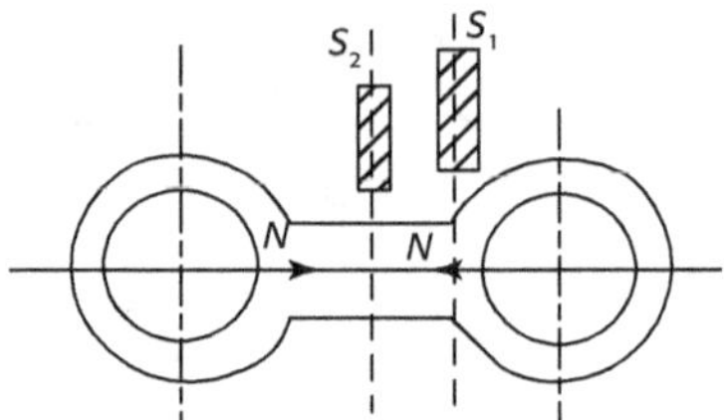

Les contraintes des sections de la biellette ne sont pas uniformément réparties. La contrainte de section *1* est $\sigma = \dfrac{N}{A}$.

La surface de la section *1* est le minimum des sections transversales de biellette. Elle est donnée par la condition de résistance des matériaux.

$$A \geq \frac{N}{[R_e]} \qquad \Rightarrow \qquad A \geq \frac{2\,000}{80} = 25 \text{ mm}$$

D'où la largeur de la biellette est :

$$x \geq \frac{A}{e} = \frac{25}{10} = 2,5 \text{ mm}$$

C'est une cote manifestement trop faible ; par contre une largeur de 20 mm permet un raccordement correct des têtes et du corps.

Dans la pratique pour éviter un travail inutile, nous devons nous assurer que la pièce comprimée est courte de $L = 3$ à 6 fois la plus petite dimension transversale. Donnons à la section une forme simple, proche de la section circulaire ou carrée. Nous remarquons que la biellette est une pièce courte, le rapport de L et e est égal à :

$$\frac{L}{e} = \frac{80}{10} = 8$$

Compression simple – Biellette

Un pivot d'arbre vertical supporte une charge axiale de 5000 N. Contrainte admissible à la compression $[R_e] = 90$ N/mm^2. Pression limite $p = 4$ N/mm^2 (MPa). Vitesse de rotation du pivot $n = 200$ tr/min. Coefficient de frottement $C_f = 0,05$. Puissance limite $P_u = 75\,000$ W/m^2

Déterminer le diamètre du pivot sous les conditions : (1) de résistance ; (2) de graissage ; (3) de limitation de température.

1. Calculer le diamètre d_r sous la condition de résistance.

$$A \geq \frac{F}{[R_e]} = \frac{5\ 000\,N}{90\ \text{N/mm}^2}$$

$$d_r = \sqrt{\frac{4F}{\pi \cdot [R_e]}} = \sqrt{\frac{4 \times 5\ 000\,N}{\pi \times 90\ \text{N/mm}^2}} = 8,41\ \text{mm}$$

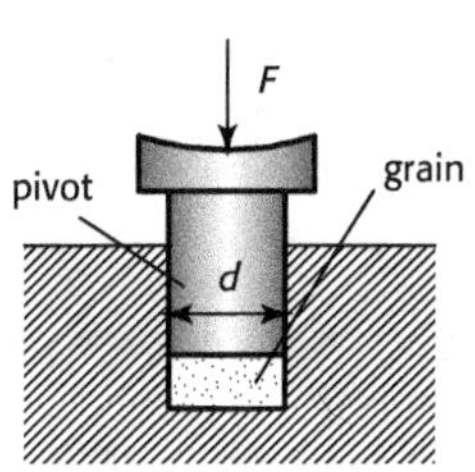

2. Calculer le diamètre d_g sous la condition de graissage.

Le pivot tourne en glissant sur le grain et par le graissage. Pour éviter le graissage, il faut que la contrainte soit inférieure à une valeur de p, qui dépend de la vitesse de rotation et aussi du mode de graissage. Pour les grandes vitesses et graissage libre $p = 200$ à $500\ \text{N/cm}^2$; Pour les vitesses lentes et graissage libre $p = 1\ 000$ à $1\ 500\ \text{N/cm}^2$. Pour cet exemple nous avons $p = 500\ \text{N/cm}^2 = 5\ \text{N/mm}^2$.

$$\frac{F}{A} \leq p$$

$$A \leq \frac{F}{p}\ ;\ p = 500\ \text{N/cm}^2 = 5\ \text{N/mm}^2\ ;\ A = \frac{\pi \cdot d^2}{4}$$

$$d_g = \sqrt{\frac{4F}{\pi \cdot p}} = \sqrt{\frac{4 \times 5\ 000\,N}{3,1416 \times 5\ \text{N/m}^2}} \approx 36,69\ \text{mm}$$

3. Calculer le diamètre d_u sous la condition de température :

– Vitesse angulaire de pivot : $\qquad \omega = \frac{\pi \cdot n}{30} = 21\ \text{rad/s}$

– Couple résistant dû au frottement : $M_c = \frac{2}{3} F \cdot \frac{d_t}{2} \cdot C_f = \frac{10\ 000 \times d_t \times 0,05}{3}$

– Puissance admissible absorbée par le frottement :

$$P_u = M_c \cdot \omega = \frac{5\ 000 \times d_t \times 0,05}{3} \times 21 = 1\ 750 d_t$$

– Condition de limitation de température :

$$A \geq \frac{P_u}{P_l} \qquad \begin{cases} \dfrac{P_u}{P_l} = \dfrac{1\ 750 \cdot d_t \cdot \text{W/m}^2}{75\ 000 \cdot \text{W/m}^2} \\[2mm] A = \dfrac{\pi \cdot d_t^2}{4} \end{cases}$$

$$\Rightarrow \quad \frac{\pi \cdot d_t^2}{4} \geq \frac{1\ 750 \cdot d_t}{75\ 000} \quad \Rightarrow \quad d_t \geq \frac{4 \times 1\ 750}{\pi \times 75\ 000}$$

Le diamètre de pivot pour condition de limitation de température est égal à :

$$d_t = \frac{4 \times 1\ 750}{\pi \times 75\ 000}\ \text{m} = 29,7\ \text{mm}$$

4. Nous choisissons la plus grande valeur des diamètres entre d_r, d_t et d_g :

$$d = \max\left\{ d_r\ d_g\ d_t \right\} = \max\left\{ 8,41\,\text{mm}\ ;\ 36,69\ \text{mm}\ ;\ 29,7\ \text{mm} \right\} = 36,69\ \text{mm} \approx 37\ \text{mm}$$

Compression – Poteau

Le compresseur de deux poteaux comprime les objets avec une pression de $P = 300 \times 10^3$ N. Le diamètre de sections des poteaux est $D_{min} = 42$ mm. La contrainte admissible des poteaux est $[R_e] = 140$ MPa. Contrôler la résistance des matériaux des poteaux.

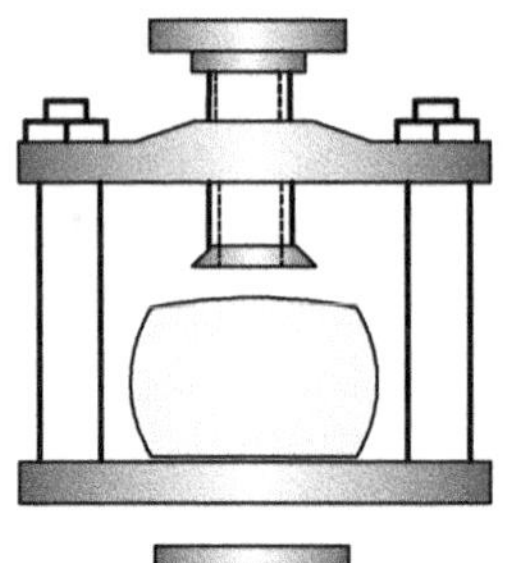

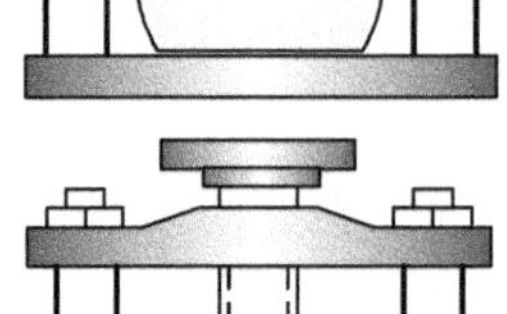

L'effort normal supporté par un poteau est égal à :

$$N = \frac{P}{2} = 150 \text{ kN}$$

La contrainte maximale suportée par un poteau est égale à

$$\sigma_{max} = \frac{N}{A} = \frac{N}{\pi \cdot D^2 / 4}$$

$$= \frac{150 \times 10^3 \times 4}{\pi \times (42 \times 10^{-3})^2} = 108,26 \text{ MPa}$$

La contrainte maximale supportée par un poteau est inférieure à la contrainte admissible en traction.

$$[R_e] > \sigma_{max}$$

Donc la résistance des matériaux est admissible.

Compression – ressorts en hélice

Soit un ressort. Charge $F = 800$ N. Rigidité $k = 10$ N/mm. Module d'élasticité transversale $G = 82\,000$ N/mm^2 (MPa). Résistance pratique au glissement $R_p = 300$ N/mm^2. $D = 80$ mm. Déterminer le pas de l'hélice à l'état libre.

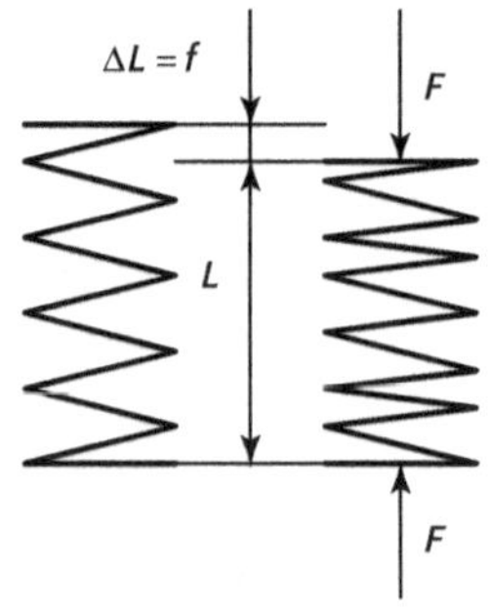

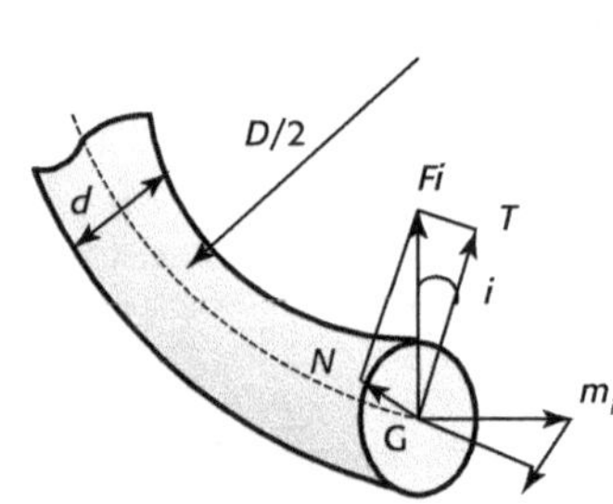

– Condition de résistance :

$$\frac{8 \cdot F \cdot D}{\pi \cdot d^3} \leq [R_e]$$

– Diamètre du fil :

$$d^3 = \frac{8 \cdot F \cdot D}{\pi \cdot R_p} = \frac{8 \times 800 \times 80}{3,1416 \times 300} \text{ mm} = 543,247 \text{ mm}^3$$

$$d \approx 8,16 \text{ mm} \approx 8,2 \text{ mm}$$

– Nombre de spires de ressort n :

À partir de $k = \dfrac{F}{f} = \dfrac{G \cdot d^4}{8 \cdot D^3 \cdot n}$ nous supposons $k = 10$. Le nombre réel de spires de ressort est :

$$n = \frac{G \cdot d^4}{8 \cdot D^3 \cdot k} = \frac{82\,000 \times 8{,}2^4}{8 \times 80^3 \times 10} \approx 9{,}05 \approx 9{,}5$$

– Avec le nombre réel de spires de ressort, nous recalculons la rigidité de ressort k :

$$k = \frac{F}{f} = \frac{G \cdot d^4}{8 \cdot D^3 \cdot n} = \frac{82\,000 \times 8{,}2^4}{8 \times 80^3 \times 9{,}5} \approx 9{,}53 \text{ N/mm}$$

– Flèche f sous la charge maximale F :

$$f = \frac{F}{k} = \frac{800N}{9{,}53 \text{ N/mm}} = 83{,}95 \text{ mm}$$

– Longueur L_1 du ressort sous la charge maximale F (Sous la charge, les spires ne doivent pas se toucher. Entre deux spires maintenir 1 mm de distance) :

$$L_1 = n \cdot (d+1) = 9{,}5 \cdot (8{,}2+1) = 87{,}4 \text{ mm}$$

– Longueur libre du ressort :

$$L = L_1 + f = 87{,}4 \text{ mm} + 83{,}95 \text{ mm} = 171{,}35 \text{ mm}$$

– Pas de l'hélice à l'état libre :

$$\text{Pas} = \frac{L}{n} = \frac{171{,}35}{9{,}5} = 18{,}04$$

En adoptant $\text{Pas} = 18$, on trouve :

$$L = \text{Pas} \times n = 18 \times 9{,}5 = 171 \text{ mm}$$

Exercice 2.40

Compression – Grue

Soit une grue. Le support AC est un type creux. Diamètre extérieur $D = 105$ mm. Diamètre intérieur $d = 95$ mm. Diamètre du câble AB : $d_1 = 25$ mm. La contrainte admissible est $[R_e] = 60 \times 10^6$ N/mm^2. Déterminer le poids maximal élevé.

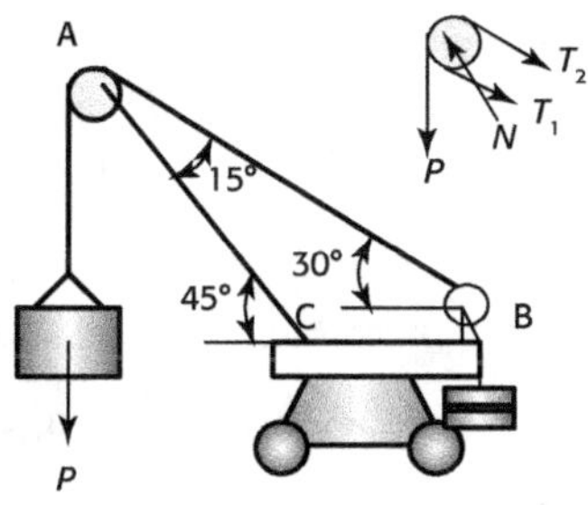

– Équation d'équilibre au point A :

$$T_1 + T_2 + P \cos 60° - N \cos 15° = 0$$

$$N \sin 15° - P \cos 30° = 0$$

$$N = P\frac{\cos 30°}{\sin 15°} = 3,35P$$

$$T_1 = N\cos 15° - P\cdot(1+\cos 60°) = 1,74P$$

– Condition de résistance de barre AC en compression :

$$\frac{N_{max}}{A_{AC}} \leq [R_e]$$

$$N_{max} = [R_e]\cdot A_{AC}$$

$$= 60\times 10^6 \times \frac{\pi}{4}\times(105^2 - 95^2)\times 10^{-6} = 94\,200 \text{ N} = 94,2 \text{ kN}$$

– Poids maximal élevé P_{max} :

$$P = P_{(AC)} = \frac{N_{max}}{3,35} \quad \Rightarrow \quad \frac{N_{max}}{3,35} \leq \frac{94,2}{3,35} \quad \Rightarrow \quad P_{(AC)} \leq 28,1 \text{ kN}$$

– Condition de résistance du câble AB en traction :

$$\frac{T_{1max}}{A_{AB}} \leq [R_e]$$

$$T_{1max} = [R_e]\cdot A_{AB} = 60\times 10^6 \times \frac{\pi}{4}\times 25^2 \times 10^{-6} = 29\,500 \text{ N} = 29,5 \text{ N}$$

– Poids maximal supporté pour le câble P_{AB} :

$$P_{(AB)} < \frac{T_{1max}}{1,74} \qquad \frac{T_{1max}}{1,74} = \frac{29,5}{1,74} = 17 \text{ kN}$$

$$P_{(AB)} < 17 \text{ kN}$$

– Poids maximal élevé de grue : nous choisissons la plus petite valeur des poids entre P_{AB} et P_{AC} :

$$P = 17 \text{ kN}$$

Compression – Support du poids

Soit un support. Barre BC à section circulaire : $d = 20$ mm. Section BD : $A_2 = 10,24$ cm^2. Contrainte admissible : $[R_e] = 160$ MN/mm^2. Module d'élasticité longitudinale : $E = 200$ DN/m^2. Contrôler la résistance des matériaux de support et calculer le déplacement du point B.

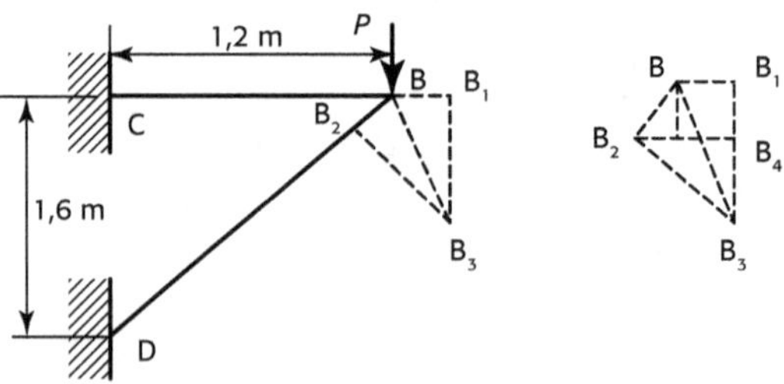

– Déterminer N_{BC} et N_{BD} à partir des conditions d'équilibre :

$$N_1 = N_{BC} = P \times \frac{3}{4} = 45 \text{ kN}$$

$$N_2 = N_{BD} = P \times \frac{5}{4} = 75 \text{ kN}$$

Les aires des sections de poutres BC et BD sont égales à :

$$A_1 = A_{BC} = \frac{\pi}{4} \times 20^2 \times 10^{-6} = 314 \times 10^{-6} \text{ m}^2$$

$$A_2 = A_{BD} = \frac{\pi}{4} \times 105^2 \times 10^6 = 1\,024 \times 10^{-6} \text{ m}^2$$

Les contraintes des barres BC et BD sont :

$$\sigma_1 = \sigma_{BC} = \frac{N_1}{A_1} = \frac{N_{BC}}{A_{BC}} = \frac{45 \times 10^3}{314 \times 10^{-6}} = 143,3 \text{ MN/m}^2$$

$$\sigma_2 = \sigma_{BD} = \frac{N_2}{A_2} = \frac{N_{BD}}{A_{BD}} = \frac{75 \times 10^3}{1\,024 \times 10^{-6}} = 73,2 \text{ MN/m}^2$$

Les déformations des barres :

$$\overline{BB_1} = \Delta L_1 = \frac{N_1 L_1}{E A_1} = \frac{45 \times 10^2 \times 1,2}{200 \times 10^9 \times 314 \times 10^{-6}} = 0,86 \times 10^{-3} \text{ m}$$

$$\overline{BB_2} = \Delta L_2 = \frac{N_2 L_2}{E A_2} = \frac{75 \times 10^2 \times 2}{200 \times 10^9 \times 1024 \times 10^{-6}} = 0,73 \times 10^{-3} \text{ m}$$

$$\overline{B_2 B_4} = \Delta L_2 \times \frac{3}{5} + \Delta L_1$$

$$\overline{B_1 B_3} = \overline{B_1 B_4} + \overline{B_4 B_3} = \overline{BB_2} \times \frac{4}{5} + \overline{B_2 B_4} \times \frac{3}{4}$$

$$= \Delta L_2 \times \frac{4}{5} + \left(\Delta L_2 \times \frac{3}{5} + \Delta L_1 \right) \times \frac{3}{4} = 1,56 \times 10^{-3} \text{ m}$$

$$\Delta L = \overline{BB_3} = \sqrt{(B_1 B_3)^2 + (BB_1)^2} = 1,78 \times 10^{-3} \text{ m}$$

2.2.4 Exercices de système précontrainte

Précontrainte – Enveloppe cylindrique mince

Afin de faciliter l'assemblage d'un cylindre en céramique sur un ensemble mécanique, nous réalisons le montage suivant :

Une bague en acier d'épaisseur 3 mm est frettée sur la céramique, le diamètre intérieur de cette bague en acier est de 199,98 mm avant montage. (Le module d'élasticité transversale de l'acier utilisé est $E = 210\,000$ MPa). Nous considérons que le cylindre en céramique ne se déforme pas. Calculer la contrainte dans la bague en acier après frettage.

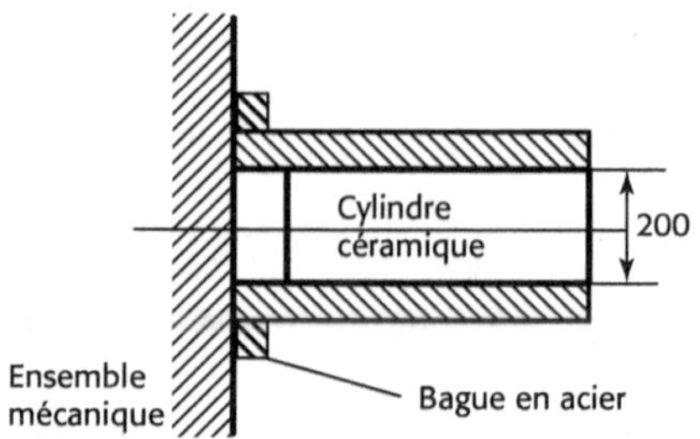

Le chauffage de la bague extérieure permet le montage. Lorsque l'ensemble monté est à la température ambiante, il apparait une pression inter-faciale p entre le cylindre en céramique et la surface intérieure de la bague en acier. Une coupure fictive par un plan diamétral de la bague (parties (1) et (2)) met en évidence les forces de cohésion $f_{i-1/2}$.

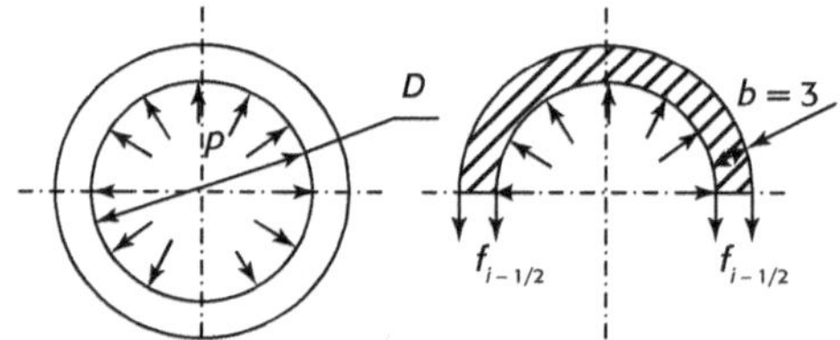

La pression engendre une déformation de la bague :

$$\Delta D = \frac{P \cdot D^2}{2 \cdot E \cdot b}$$

D'où la pression inter-faciale :

$$P = \frac{2 \cdot \Delta D \cdot E \cdot b}{D^2} = \frac{2 \times 0,02 \times 210\,000 \times 3}{(200)^2} = 0,63 \text{ MPa}$$

La contrainte en chaque point de la bague est :

$$\sigma_t = \frac{P \cdot D}{2b} = \frac{2 \cdot \Delta D \cdot E \cdot b \cdot D}{2 \cdot b \cdot D^2} = \frac{\Delta D \cdot E}{D} = \frac{0,02 \times 210\,000}{200} = 21 \text{ MPa}$$

Précontrainte après le serrage des écrous

La mise en pression est une opération de contrôle des tubes. Les extrémités du tube sont obturées par des plaques 1 assemblées au tube à l'aide de six boulons en acier avec la contrainte admissible $[R_e]_1 = 650$ MPa Un joint élastique 2 assure l'étanchéité. Son module d'élasticité transversale est $E_j = 8\,000$ MPa.

Sur la figure sont notées les dimensions avant le serrage des boulons. À l'aide d'une clé dynamométrique, on exerce un couple de serrage $C_s = 150$ Nm. Les caractéristiques des boulons sont : diamètre normal $d = 20$ mm, pas $= 2$ mm, diamètre moyen du filet $d_2 = d - 0,65 \times$ pas, coefficient de frottement écrou-rondelle $\mu = 0,15$ surface de contact $\varphi_{ext} = 30$ et $\varphi_{ext} = 30$, angle d'inclinaison des flancs du filet.

Supposons que les plaques 1 et les brides sont indéformables et le moment du couple de serrage est $M_s = 140$ N.m. Déterminer la déformation du joint et la contrainte dans la tige filetée d'un boulon après le serrage des écrous.

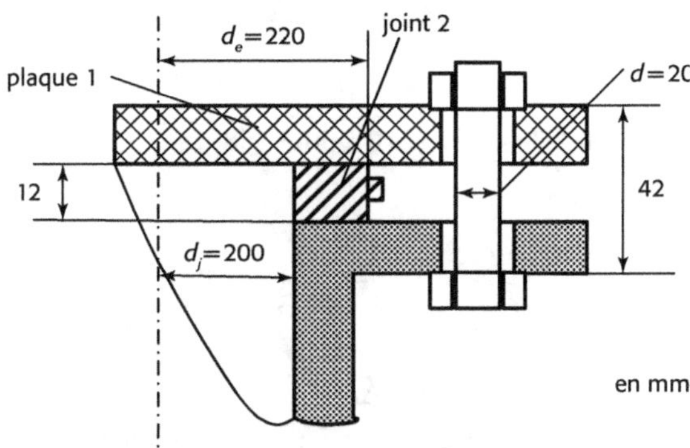

1. Calculer les efforts Q engendrés par le serrage des écrous.

Les caractéristiques des écrous sont : Pas $= 2$, $\mu = 0,15$,

$d_2 = 20 - 0,65 \times 2 = 18,7$ mm et $d_m = (30 + 20)/2 = 25$ mm.

L'effort Q engendré par le serrage de l'écrou est :

$$Q = \frac{M_s}{0,161 \cdot Pas + \mu \cdot \left(0,583 d_2 + \dfrac{d_m}{2}\right)} = \frac{140 \times 10^3}{0,161 \times 2 + 0,15 \times \left(0,583 \times 18,7 + \dfrac{25}{2}\right)} = 36\ 531 \text{ N}$$

La tangente de l'angle d'hélice du filet est :

$$\text{tg}\,\alpha = \frac{\text{pas}}{\pi \cdot d_2} = \frac{2}{3,14 \times 18,7} = 0,034 \quad \Rightarrow \quad \alpha = 1,947°$$

$$\text{tg}\,\varphi' = \frac{\text{tg}\,\varphi}{\cos\beta} = 0,1732 \quad \Rightarrow \quad \varphi' = 9,826°$$

La seconde formule permet également de calculer l'effort Q :

$$M_s = Q \cdot \left[\frac{d_2}{2}\,tg(\alpha + \varphi')\right] + Q \cdot \mu_1 \cdot d_m$$

$$\Rightarrow \quad Q = \frac{M_s}{\left[\dfrac{d_2}{2}\,tg(\alpha + \varphi')\right] + \mu_1 \cdot d_m} = \frac{140 \times 10^3}{\left[\dfrac{18,7}{2}\,tg(11,77°) + \dfrac{0,15}{2} \times 25\right]} = 36\ 618 \text{ N}$$

Les deux formules donnent des résultats comparables, nous prendrons $Q = 36\ 000$ N.

2. Déterminer la rigidité du boulon $\dfrac{1}{K_B}$ et du joint $\dfrac{1}{K_J}$.

– Boulon : $d = 20$ mm ; $d_2 = 20 - 0,65 \times 2 = 18,7$ mm ;

$d_3 = 20 - 1,22 - \times 2 = 17,5$ mm

La rigidité du boulon est :

$$\frac{1}{K_B} = \frac{L_1 + 0,4d}{E_B \cdot A} + \frac{L_2 + 0,4d}{E_B \cdot A_{eq}} = \frac{L_1 + 0,4d}{E_B \cdot \dfrac{\pi(d)^2}{4}} + \frac{L_2 + 0,4d}{E_B \cdot \dfrac{\pi}{4}\left(\dfrac{d_2 + d_3}{2}\right)^2}$$

$$= \frac{32 + 8}{210\,000 \times 314,16} + \frac{10 + 8}{210\,000 \times 258} = 9,4 \times 10^{-7}\ \text{mm/N}$$

La rigidité du joint est :

$$\frac{1}{K_J} = \frac{L_j}{E_j \cdot A_j} = \frac{12}{8\,000 \times 6\,597,3} = 2,34 \times 10^{-7}\ \text{mm/N}$$

3. Déformation du boulon ΔL_B et du joint ΔL_J

Après le serrage de l'écrou, la plaque 1 est en équilibre sous l'action des six axiaux Q. La résultante de ces forces F_J est :

$$F_J = 6 \cdot Q = 6 \times 36\,000 = 2,16 \times 10^5\ \text{N}$$

$$\Delta L_B = \frac{Q}{K_B} = 36\,000 \times 9,4 \times 10^{-7} = 0,034\ \text{mm}$$

$$\Delta L_j = \frac{F_j}{K_j} = 36\,000 \times 6 \times 2,34 \times 10^{-7} = 0,051\ \text{mm}$$

4. Calculer les contraintes de l'écrou et de la tige.

En supposant que les contraintes sont uniformément réparties dans le joint, nous avons la contrainte de l'écrou :

$$\sigma_J = \frac{F_J}{A_J} = \frac{2,16 \times 10^5}{\dfrac{\pi}{4} \times (220^2 - 200^2)} = 32,74\ \text{N/mm}^2$$

La contrainte dans la tige filetée du boulon est :

$$\sigma_t = \frac{Q}{A_{eq}} = \frac{36\,000}{\dfrac{\pi}{4}\left(\dfrac{d_2 + d_3}{2}\right)^2} = \frac{36\,000}{\dfrac{\pi}{4}\left(\dfrac{(20 - 0,65 \times 2) + (20 - 1,226 \times 2)}{2}\right)^2}$$

$$= \frac{36\,000}{\dfrac{\pi}{4}\left(\dfrac{18,7 + 17,5}{2}\right)^2} = \frac{36\,000}{257,3} = 140\ \text{N/mm}^2$$

CHAPITRE 3

Cisaillement

3.1 Définition

Un corps est sollicité au cisaillement lorsqu'il est soumis à deux forces opposées qui tendent à le séparer en deux tronçons glissant l'un par rapport à l'autre suivant le plan d'une section.

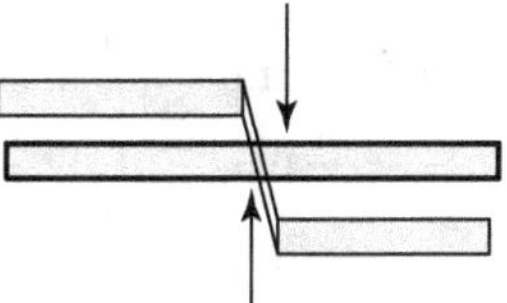

Figure 3.1 Cisaillement (1).

Exemple : Découpage d'une tôle

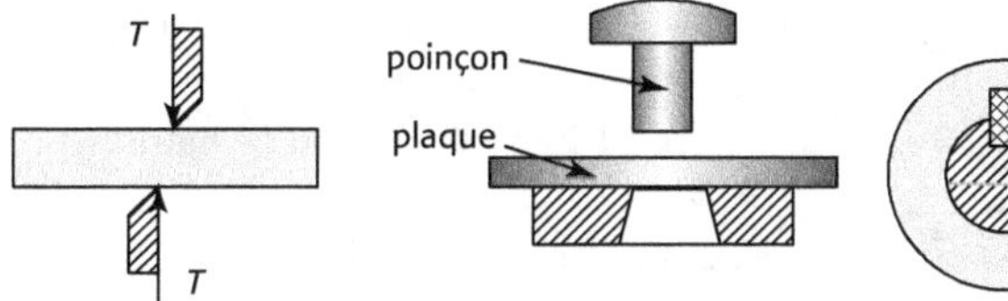

3.2 Hypothèse

1. Sur les forces extérieures :
L'effort tranchant agit dans le plan de la section droite aa' et est uniformément réparti sur la longueur aa'.

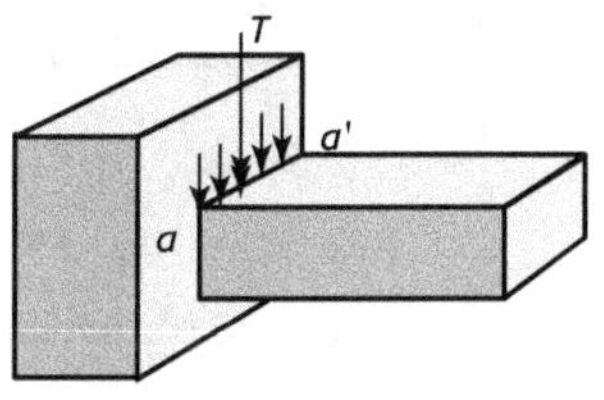

Figure 3.2 Cisaillement (2).

2. Sur les forces intérieures :

La répartition des forces intérieures est uniforme, ceci entraîne la répartition uniforme des contraintes.

3.3 Contrainte tangentielle de cisaillement

Nous appelons effort tranchant la somme algébrique des projections sur le plan de section des forces extérieures situées d'un même côté de la section.

La répartition uniforme des efforts tranchants s'appelle la contrainte tangentielle. La valeur moyenne de la contrainte tangentielle de cisaillement est :

$$\tau = \frac{T}{A} \qquad \text{en N/mm}^2 \text{ (MPa)}$$

Avec :

T : effort tranchant ;

A : aire de section transversale.

3.4 Déformation de cisaillement

Lorsqu'un effort tranchant produit une déformation élastique, la pièce parcourt la distance Δx suivant la direction longitudinale x et la distance Δy suivant la direction transversale y. Nous appellerons déviation le rapport $\dfrac{\Delta y}{\Delta x}$; l'angle γ peut servir à la caractériser.

$$\tan \gamma = \frac{\Delta y}{\Delta x} \qquad ; \qquad \tan \gamma \approx \gamma$$

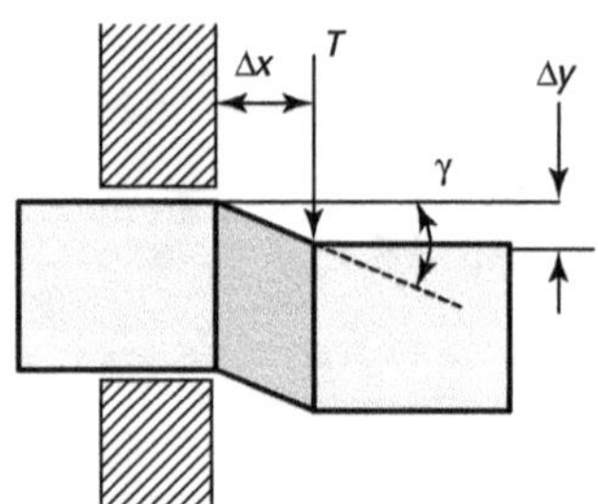

La déviation γ est directement proportionnelle à l'effort tranchant, inversement proportionnelle à la section A. Elle dépend de la nature du matériau considéré. Nous pouvons utiliser la relation ci-dessous pour déterminer la déviation.

$$\gamma = \frac{1}{G} \cdot \frac{T}{A}$$

où A : aire de la section transversale ; T : effort tranchant.

G : module d'élasticité transversale (module de cisaillement ou module de Coulomb) :

$$G \approx 0,4E$$

Acier : G = 80 000 N/mm^2 (MPa)
Fonte : G = 40 000 N/mm^2 (MPa)

La loi de Hooke pour le cisaillement s'écrit par la formule :

$$\tau = G \cdot \gamma$$

3.5   Condition de résistance au cisaillement

Pour qu'une pièce sollicitée au cisaillement résiste en toute sécurité, il faut que la contrainte de cisaillement soit au plus égale à la contrainte admissible de cisaillement.

$$\frac{T}{A} \leq \left[R_g \right]$$

La résistance pratique au cisaillement $\left[R_g \right]$ peut s'exprimer en fonction de la résistance pratique en traction R_p :

Pour acier doux, et mi-doux $\qquad \left[R_g \right] = \dfrac{R_p}{2}$

Pour acier très dur et fonte $\qquad \left[R_g \right] = R_p$

Remarque *:* Si une pièce doit céder au cisaillement (poinçonnage), il faut que la contrainte tangentielle atteigne une valeur au moins égale à la résistance à la rupture par cisaillement R_{rg}.

$$\frac{T}{A} \geq \left[R_{rg} \right]$$

3.6   Exercice de cisaillement

3.6.1   Cisaillement de l'écrou et des goujons

Cisaillement - Déterminer la hauteur d'un écrou

1. Isolons l'écrou et analysons les efforts sur l'écrou. L'écrou est soumis à l'action N des pièces serrées et à l'action des filets de la vis, la force f.

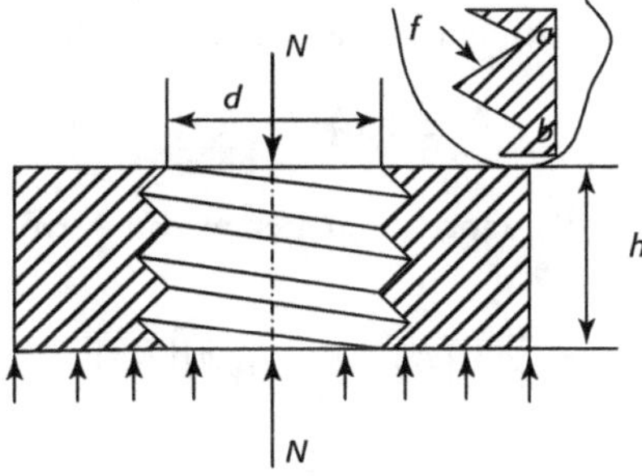

Les forces sont très proches de la section encastrée ab du solide constitué par le filet. Le filet de l'écrou est sollicité au cisaillement sous l'effort N. La section cisaillée est égale à la surface latérale du cylindre de diamètre d et de hauteur h.

$$A = \pi \cdot d \cdot h$$

La contrainte de cisaillement dans l'écrou est égale à :

$$\tau = \frac{N}{A} = \frac{N}{\pi \cdot d \cdot h}$$

2. Isolons la vis et analysons les efforts sur la vis. La vis est soumise à l'action N des pièces serrées et à l'action des filets de l'écrou, forces égales et directement opposées aux forces f. La contrainte en traction dans le corps du boulon est égale à :

$$\sigma = \frac{N}{\pi \cdot d^2 / 4} = \frac{4 \cdot N}{\pi \cdot d^2}$$

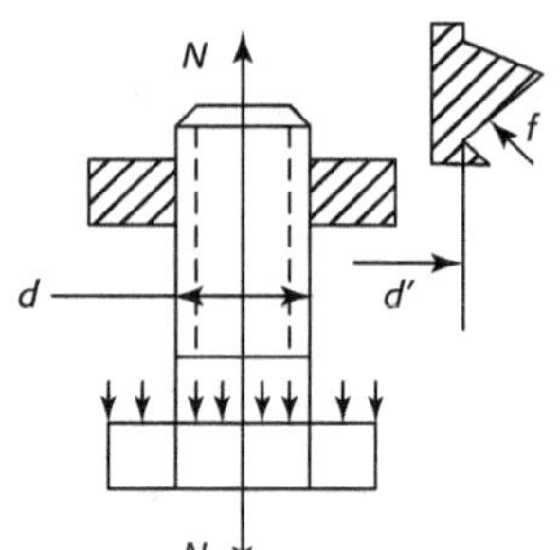

Si d_1 est le diamètre normal de la vis, la contrainte en traction dans le noyau de la vis est égale à :

$$\sigma_1 = \frac{N}{\pi \cdot d_1^2 / 4} = \frac{4 \cdot N}{\pi \cdot d_1^2}$$

Comme $d \succ d_1$ donc $\sigma \prec \sigma_1$.

La contrainte de cisaillement dans le filet de la vis est égale à :

$$\tau_1 = \frac{N}{\pi \cdot d_1 \cdot h} \quad \text{et} \quad \tau_1 \succ \tau$$

3. Supposons que la contrainte admissible de l'écrou en traction soit $\left[R_{et} \right]$ et que la contrainte admissible de l'écrou en cisaillement soit $\left[R_{ec} \right]$.

La valeur maximale de l'effort en traction, admissible par l'écrou, est égale à :

$$N = \frac{\pi \cdot d_1^2}{4} \cdot \left[R_{et} \right]$$

L'effort en cisaillement, supporté par les fils de l'écrou, est égale à :

$$N = \pi \cdot d_1 \cdot h \cdot \tau$$

Pour que la résistance au cisaillement des fils soit assurée en toute sécurité il faut que :

$$N \geq \pi \cdot d_1 \cdot h \cdot \left[R_{ec} \right]$$

Avec les deux conditions de résistance des matériaux nous avons :

$$\frac{\pi \cdot d_1^2}{4} \cdot \left[R_{et} \right] \leq \pi \cdot d_1 \cdot h \cdot \left[R_{ec} \right]$$

L'épaisseur de l'écrou est :

$$h \geq \frac{d_1}{4} \cdot \frac{R_{et}}{R_{ec}}$$

Si la vis et l'écrou sont en acier de même nuance, $R_{ec} = \dfrac{R_{et}}{2}$ nous obtenons :

$$h \geq \frac{d_1}{2}$$

En pratique, pour les filets triangulaires, $d_1 = 0,8d$. Il suffirait de prendre un écrou de hauteur telle que : $h \approx 0,4d$.

Pour $d_1 = 0,8\,d$ nous utilisons aussi la règle ci-dessous :

— La vis et l'écrou en acier de même nuance : $h > 0,5\,d$

— Un filet triangulaire : $h = 0,4\,d$

— En pratique (un écrou normal) : $h = 0,7\,d$

Cisaillement des goujons

Vérifier la résistance des matériaux de l'assemblage par goujon.

1. La surface du noyau du goujon en acier est $A = 98$ mm^2 avec le diamètre de $d = 14$ mm. Sa contrainte admissible est $R_p = 240$ N/mm^2 avec le coefficient de sécurité de $k_s = 4$.

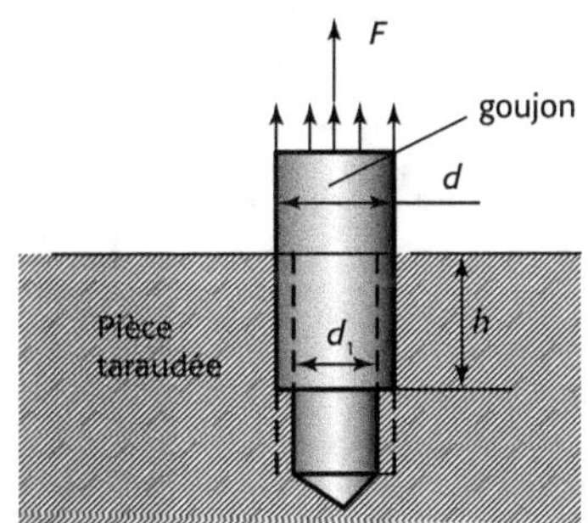

La valeur maximale admissible pour l'effort en traction F (extension dans le noyau du goujon) est :

$$F = \frac{\pi \cdot d_1^2}{4} \frac{R_p}{k_s} = A \cdot \frac{R_p}{k_s}$$

$$= 98 \text{ mm}^2 \times \frac{240}{4} \text{ N/mm}^2 = 5880 \text{ N}$$

2. La pièce taraudée est en alliage léger de limite d'élasticité $R_p = 100$ N/mm^2 avec un coefficient de sécurité 4. Par la condition de la résistance au cisaillement de la pièce taraudée, nous devons vérifier que :

$$F \leq \pi \cdot d \cdot h \cdot R_{pc}$$

Donc :

$$h \geq \frac{F}{\pi \cdot d \cdot R_{pc}}$$

$$h \geq \frac{5880}{3,1416 \times 14 \times 12} \approx 11,14 \text{ mm}$$

C'est une valeur faible, puisque les constructeurs recommandent $h \geq 2d$.

3.6.2   Cisaillement de poinçonnage

Cisaillement – Poinçonnage

Nous utilisons un poinçon pour le poinçonnage d'une tôle. Le poinçon en acier dur trempé a le diamètre d. Il reçoit une force F qui est transmise à la tôle, qui résiste. Le poinçon est sollicité à la compression. La contrainte en compression à la rupture est $2\,000$ N/mm^2 et la limite d'élasticité $R_p = 1000$ N/mm^2 Les tôles sont en acier doux de résistance de rupture en traction de $R_t = 400$ N/mm^2. Calculer le diamètre du poinçon. (Ref. 2)

1. Pour que le poinçon reste en toute sécurité la force de poinçon doit être :

$$F \leq \frac{\pi \cdot d^2}{4} \times R_p \qquad (1)$$

2. La résistance à la rupture R_c par cisaillement de la tôle est voisine de :

$$R_c = \frac{1}{2} R_t = \frac{1}{2} \times 400 \ \text{N/mm}^2 = 200 \ \text{N/mm}^2.$$

L'effort tranchant appliqué sur la tôle devra être :

$$F \geq \pi \cdot d \cdot e \cdot R_{pc} \qquad (2)$$

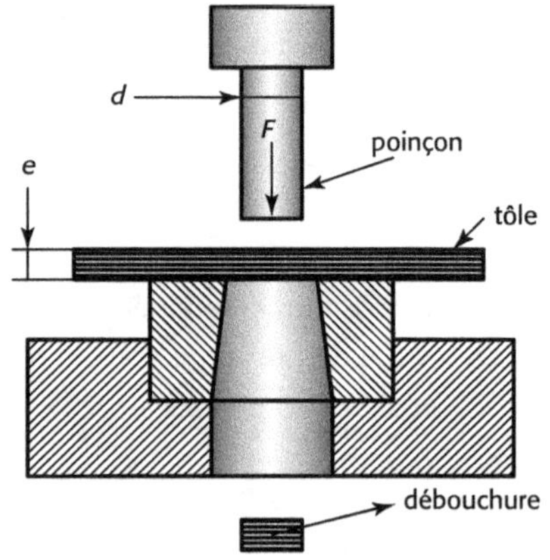

3. Combinant les deux relations (1) et (2) auxquelles doit satisfaire F nous obtenons :

$$\pi \cdot d \cdot e \cdot R_{pc} \leq \frac{\pi \cdot d^2}{4} \times R_p$$

Diamètre du poinçon :

$$d \geq 4e \cdot \frac{R_{pc}}{R_p}$$

$$d \geq 4e \cdot \frac{200}{1000\,/\,2} \quad \Rightarrow \quad d \geq 1,6e$$

e étant la plus grande des épaisseurs de tôle, le diamètre du poinçon est :

$$1,6 \cdot e \leq d \leq 2 \cdot e$$

(2) Déterminer l'effort de poinçonnage. La tôle est en acier. Épaisseur de tôle : $e = 10$ mm. Contrainte admissible : $\left[R_{pc} \right] = 300$ MN/m^2 (MPa). Diamètre du poinçon : $d = 25$ mm.

– Surface cylindrique du poinçon :

$$A = \pi \cdot d \cdot e = \pi \times 25 \times 10 = 785 \ \text{mm}$$

– Effort de poinçonnage :

$$F = A\,\left[R_{pc}\right] = 785\times10^{-6}\times300\times10^{6} = 236\times10^{3}\,\mathrm{N}$$

Cisaillement – Poinçonnage

La fabrication en série de petits transformateurs nécessite le découpage d'une tôle d'épaisseur $b = 1$ mm. La tôle est en acier. Sa résistance à la rupture par glissement est $R_r = 215$ MPa. À chaque déplacement des poinçons nous obtenons une pièce, 3 poinçons réalisent les évidements ; 1 poinçon assure le découpage de la tôle. Après le poinçonnage, la tôle se déplace d'un pas suivant la flèche a. Calculer l'intensité de la somme des efforts F nécessaires à la réalisation d'une pièce. (Réf. 4)

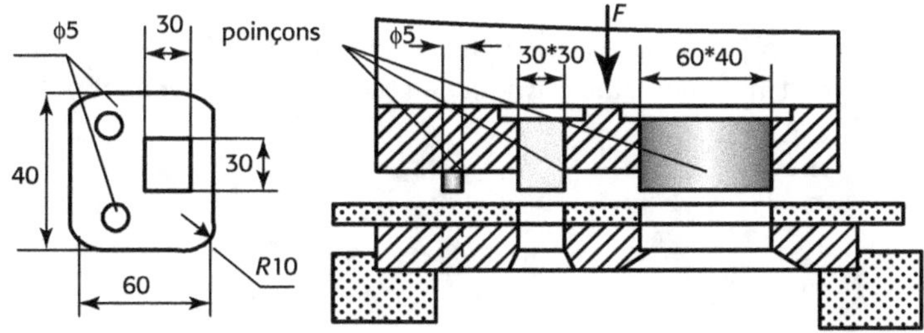

1. La somme des aires des sections à cisailler A est égale au produit du périmètre des évidements à réaliser par l'épaisseur de la tôle.

– Poinçonnage des évidements :

$$A_1 = 2(\pi\times5)\times1 + (10\times4 + 2\pi\times10)\times1 = 31{,}42 + 102{,}83 = 134{,}25 \text{ mm}$$

– Découpage :

$$A_2 = (2\times40 + 2\times20 + 2\pi\times10)\times1 = 182{,}83 \text{ mm}^2$$

– Section cisaillée :

$$A = A_1 + A_2 = 134{,}25 \text{ mm}^2 + 182{,}83 \text{ mm}^2 = 317{,}08 \text{ mm}^2$$

2. Condition de cisaillement : La contrainte du cisaillement doit être supérieure à la résistance à la rupture par glissement R de la tôle.

$$\frac{F}{A} \geq R$$

La force de cisaillement pour le poinçonnage est :

$$F = A\times[R] = 317\times215 = 68\ 155 \text{ N} \approx 68\ 200 \text{ N}$$

Nous devons utiliser une force plus grande que 68 200 N pour le poinçonnage.

Cisaillement – Poinçonnage

En ne tenant pas compte des concentrations de contrainte, les contraintes dues à la compression des poinçons sont réparties uniformément sur chaque section droite des poinçons. Sachant que les caractéristiques de la tôle peuvent varier, nous choisirons un coefficient de sécurité $k = 8$ et nous calculerons les caractéristiques mécaniques de l'outil réalisant le trou de diamètre $d = 5$ mm.

Supposons que l'épaisseur de tôle est $b = 1$ mm avec la résistance à la rupture par glissement $[R_g] = 215$ MPa, la somme des efforts de pression F appliquées sur le poinçon est donnée par la relation :

$$F \geq [R_g] \times \pi \times d \times b$$

Supposons que la limite élastique des matériaux constituant l'outil est $[R_0]$. Pour que l'outil soit toujours sollicité dans le domaine élastique, il faut respecter l'inéquation d'équarrissage.

$$\frac{F}{\dfrac{\pi \cdot d^2}{4}} \leq \frac{[R_0]}{k}$$

$$[R_0] \geq \frac{F}{\dfrac{\pi \cdot d^2}{4}} \cdot k = \frac{[R_g] \cdot \pi \cdot d \cdot b}{\dfrac{\pi \cdot d^2}{4}} \cdot k = \frac{[R_g] \cdot b \cdot 4 \cdot k}{d}$$

$$[R_0] \geq \frac{215 \times 1 \times 4 \times 8}{5} \implies [R_0] \geq 1\,376 \text{ MPa}$$

Les poinçons sont réalisés dans des aciers spéciaux à hautes caractéristiques mécaniques.

3.6.3 Cisaillement des rivets

Formules des calculs principaux de cisaillement des rivets. Les rivets servent à assembler les tôles et les profilés. Ils se font en acier extra-doux, en cuivre ou en aluminium. Leur formes et leurs dimensions sont normalisées (NF E 27.153).

1. Diamètre des rivets :

Le diamètre d doit être choisi en fonction de l'épaisseur la plus grande des tôles à assembler. Plusieurs formules ci-dessous peuvent être utilisées pour trouver les diamètres :

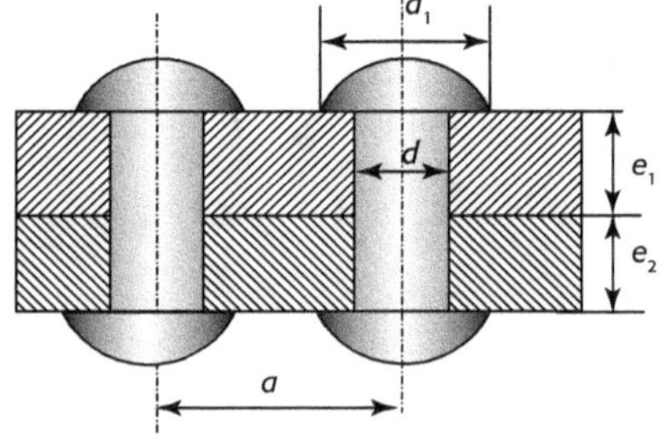

$$d = \frac{45e}{15 + e}$$

ou $\quad d = \sqrt{50e} - 4$ mm

ou $\quad d = 0,7e + 12$ mm

2. Dimension des têtes des rivets :

$$d_1 = 1,75d$$

3. Pour les tôles des réservoirs contenant des fluides sous pression, la rivure devant assurer l'étanchéité, nous prendrons la distance entre les rivets : $a = 4d$ à $5d$.

- d : diamètre des têtes de rivets en mm ;
- d_1 : diamètre des corps de rivets en mm ;
- a : distance entre les rivets en mm.

Pour les tôles des réservoirs concernant des fluides sous pression :

$$a = 2,5\, d \text{ à } 3,5\, d$$

4. Résistance des matériaux en cisaillement :

$$\tau = \frac{F_t}{A} \qquad \frac{F_t}{A} \le [\tau]$$

5. Résistance des matériaux en compression :

$$\sigma_c = \frac{F_{compression}}{e \cdot d} \qquad\qquad \sigma_c \le [\sigma_c]$$

Avec :

F_t : force de cisaillement ;

$F_{compression}$: force de compression ;

d : diamètre de rivet ;

e : épaisseur ;

A : aire de section de cisaillement de rivet.

Exercice 3.6

Cisaillement des rivets

Deux plaques en acier, assemblées par quatre rivets, supportent les charges opposées en traction $F = 80$ kN. Largeur de plaque $b = 80$ mm ; épaisseur de plaque $e = 10$ mm ; diamètre de rivet $d = 16$ mm. La contrainte normale admissible de rivet est $[R_{Gz}] = 300$ MPa. La contrainte de cisaillement admissible de rivet étant $[\tau] = 100$ MPa, vérifier la résistance des matériaux des rivets.

1. Vérifier la résistance de cisaillement.

$$F_c = \frac{F}{4} = \frac{80 \times 10^3}{4} = 2 \times 10^4\,\text{N}$$

$$\tau = \frac{4F_c}{\pi \cdot d^2} = \frac{4 \times 2 \times 10^4}{\pi \times 0,016^2} = 99,5\,\text{MPa}$$

$$\tau < [\tau]$$

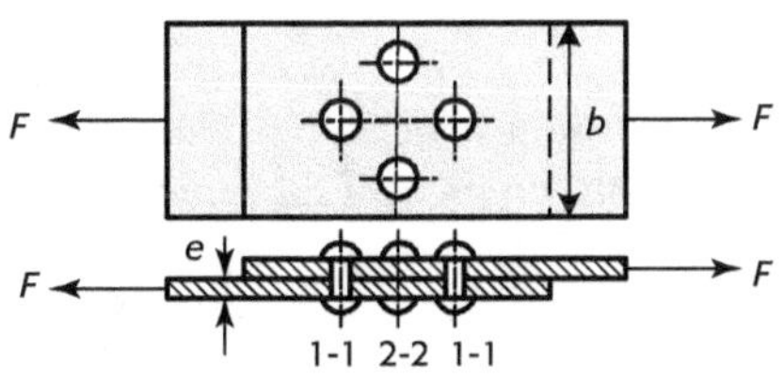

2. Vérifier la résistance de compression.

$$\sigma_c = \frac{F_{copression}}{e \cdot d} = \frac{F/4}{e \cdot d} = \frac{2 \times 10^4}{0,010 \times 0,016} = 1,25 \times 10^8 = 125 \text{ MPa}$$

$$\sigma_c < \left[R_{Gz} \right]$$

3. Vérifier la résistance en traction des rivets.

Pour la section 1 :

$$\sigma_1 = \frac{F_{N1}}{A_1} = \frac{F}{(b-d) \cdot e} = \frac{80 \times 10^3}{(0,080 - 0,016) \times 0,010} = 125 \text{ MPa}$$

Pour la section 2 :

$$\sigma_2 = \frac{F_{N2}}{A_2} = \frac{3F}{4 \cdot (b-2d) \cdot e} = \frac{3 \times 80 \times 10^3}{4(0,080 - 2 \times 0,016) \times 0,010} = 125 \text{ MPa}$$

Les contraintes en traction des rivets sont inférieures à la contrainte admissible.

$$\sigma_1 < \left[R_{Gz} \right] \qquad\qquad \sigma_2 < \left[R_{gz} \right]$$

Exercice 3.7

Cisaillement de la charpente métallique

Deux profilés plats de 150 mm de largeur sont réunis par deux couvre-joints assemblés par rivets. Les profilés sont soumis à une force en traction $F = 120\ 000$ N. La contrainte admissible des fers plats est $R_{e-p} = 240$ N/mm^2. La contrainte admissible des rivets est $R_{e-r} = 160$ N/mm^2.

Calculer :
1. l'épaisseur e des profilés et l'épaisseur des couvre-joints.
2. le diamètre, le nombre des rivets et préciser leur disposition.

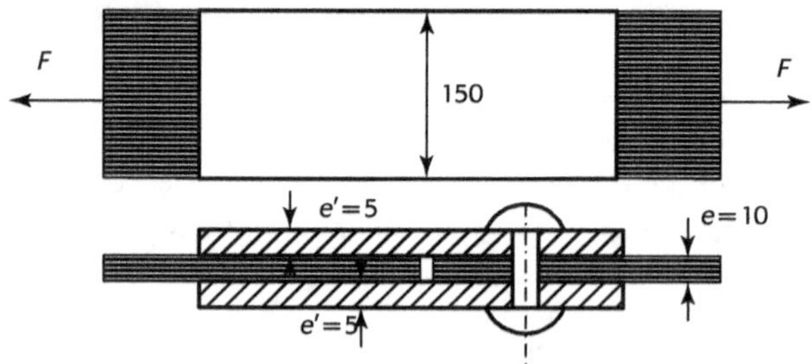

Les rivets sont sollicités au cisaillement. Les profilés plats et les couvre-joints sont sollicités à la traction. En prenant le coefficient $k = 2$, nous obtenons les contraintes admissibles :

$$R'_{e-p} = \frac{R_{e-p}}{k} = \frac{240}{2} = 120 \text{ N/mm}^2$$

$$R'_{e-r} = \frac{R_{e-r}}{k} = \frac{160}{2} = 80 \text{ N/mm}^2$$

1. Calculer les épaisseurs des profilés plats et des couvre-joints.

- Épaisseur e des profilés plats

  En utilisant la condition de résistance en traction, nous obtenons l'épaisseur des profilés plats :

$$A \geq \frac{F}{R_{e-p}} \quad \Rightarrow \quad 150 \times e \geq \frac{120\ 000}{120}$$

$$\Rightarrow \quad e \geq 6,67 \text{ mm}$$

  Prenons $e = 9$ mm pour tenir compte de la diminution de la section tendue au niveau des trous des rivets.

- Épaisseur e des couvre-joints

  Puisque deux sections supportent l'effort en traction F, donc nous avons :

$$e' = \frac{e}{2} = \frac{9 \text{ mm}}{2} = 4,5 \text{ mm}$$

2. Calculer le diamètre des rivets.

En utilisant la formule dans (NF E 27.153), nous obtenons :

$$d = \frac{45e}{15+e} = \frac{45 \times 9}{15+9} = 16,88 \text{ mm} \approx 17 \text{ mm}$$

Cette valeur figurant dans la norme, nous pouvons l'adopter.

3. Déterminer le nombre des rivets.

Chaque rivet a deux sections de cisaillement, il supporte un effort tranchant :

$$T = 2 \cdot S \cdot R_{e-r} = 2 \cdot \frac{\pi \cdot d^2}{4} \cdot R_{e-r}$$

La somme des efforts tranchant supportée par les rivets est égale à la force F :

$$F = nT = 2n \cdot \frac{\pi \cdot d^2}{4} \cdot R_{e-r}$$

Le nombre des rivets est :

$$n = \frac{F}{2 \cdot \dfrac{\pi \cdot d^2}{4} \cdot R'_{e-r}} = \frac{120\ 000}{2 \times \dfrac{3,1416 \times 17^2}{4} \times 80} = 3,3 \approx 4$$

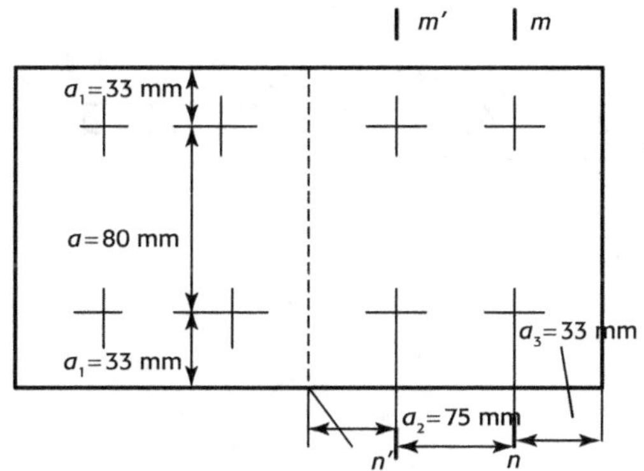

4. Distance entre les rivets

En utilisant la formule dans (NF E 27.153), nous avons le pas :

$$a = 4d \ \text{à} \ 5d \ = \ 68 \ \text{à} \ 85 \ \text{mm}$$

Dans la largeur 150 mm nous pouvons placer 2 rivets ; deux rangées sont nécessaires. En adoptant $a = 80$ mm nous vérifions que la distance a_1 entre l'axe d'un rivet et le bord de la tôle est compris entre $1,5d$ et $2d$. Nous obtenons $a_1 = 33$ mm, valeur acceptable.

Écartement des rangées : $0,75a < a_2 < a$ et $a_2 = 75$ mm

Il reste enfin à fixer la valeur de la pince : $1,5d < a_3 < 1,8d$ et $a_3 = 33$ mm.

5. Vérifier la contrainte en traction du profilé plat.

La surface utile de la section ou $m'n'$ du profilé plat est :

$$A = 150 \times e - 2 \times d \times e = 150 \times 9 - 2 \times 11 \times 9 = 1\ 350 - 198 = 1\ 152 \ \text{mm}^2$$

La contrainte en traction du profilé plat est :

$$\sigma = \frac{F}{A} = \frac{120\ 000}{1\ 152} = 104,17 \ \text{N/mm}^2$$

Cette valeur est acceptable puisqu'elle inférieure à la contrainte admissible des fers plats, $R_{e-p} = 240 \ \text{N/mm}^2$.

Cisaillement des rivures d'étanchéité

Un corps de chaudière à vapeur supporte une pression de $P = 130 \ \text{N/cm}^2 = 1,3 \ \text{N/mm}^2$. Le diamètre intérieur du corps est $d = 1\ 200$ mm. La contrainte admissible de la tôle est $[R_t] = 90 \ \text{N/mm}^2$. La contrainte admissible des rivets est $[R_r] = 55 \ \text{N/mm}^2$. L'emploi de deux couvre-joints est obligatoire.

1. Calculer l'épaisseur de la tôle, en supposant que le coefficient d'affaiblissement de la tôle est $\alpha = 0,70$.

$$e = \frac{P \cdot d}{2 \cdot \alpha \cdot R_t} + 1 \ \text{mm} \ = \frac{1,3 \times 1\ 200}{2 \times 0,7 \times 90} + 1 \ \text{mm} = 12,4 \ \text{mm} + 1 \ \text{mm} = 13,4 \ \text{mm} \approx 14 \ \text{mm}$$

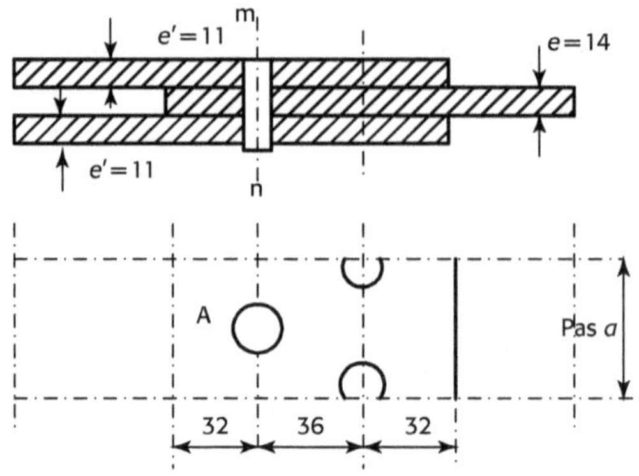

2. Calculer l'épaisseur des couvre-joints.

Elle est imposée $e' = 0,75e = 10,5$ mm ≈ 11 mm. L'épaisseur strictement nécessaire serait de 7,5 mm.

3. Calculer le diamètre des rivets en utilisant la formule dans (NF E 27.153).

$$d = 0,7e + 12 \text{ mm} = 0,7 \times 14 \text{ mm} + 12 \text{ mm} = 20,4 \text{ mm}$$

Nous choisissons les rivets avec le diamètre de $d = 21$ mm et la section de :

$$S = \frac{\pi \cdot d^2}{4} = \frac{3,1416 \times 21^2}{4} \approx 346 \text{ mm}^2$$

4. Pas de la rivure a

Considérons une largeur de rivure égale au pas a inconnu et supposons deux rangées de rivets.

Sur la section mn, la tôle supporte en toute sécurité en traction :

$$F = (a - d) \cdot e \cdot [R_t]$$

Les rivets pourraient supporter avec la même sécurité l'effort tranchant :

$$F = 4 \cdot \frac{\pi \cdot d^2}{4} [R_r]$$

Donc nous avons : $\qquad (a - d) \cdot e \cdot [R_t] = 4 \cdot \frac{\pi \cdot d^2}{4} [R_r]$

Le pas est égal à :

$$a = \frac{4 \cdot \dfrac{\pi \cdot d^2}{4} [R_r]}{e \cdot [R_t]} + d = \frac{\pi \cdot d^2 \cdot [R_r]}{e \cdot [R_t]} + d = \frac{3,1416 \times 21^2 \times 55}{14 \times 90} + 21 \approx 82 \text{ mm}$$

Les conditions d'étanchéité sont :

$$2,5d < a < 3,5d \text{ et } 55\,\text{mm} < a < 77\,\text{mm}$$

Le pas $a = 82$ mm est inadmissible. Pouvons-nous abaisser cette valeur jusqu'à 77 mm ? Calculons dans ce cas le coefficient d'affaiblissement de la tôle :

$$\alpha = \frac{a - d}{a} = \frac{77 - 21}{77} = 0,727$$

L'épaisseur de la tôle $e = 15$ mm, calculée avec le coefficient $\alpha = 0,727$, reste donc valable. Mais nous constatons ceci que, lorsque la tôle supporte en toute sécurité l'effort en traction, on a :

$$F = (a - d) \cdot e \cdot [R_t] = (77 - 21) \times 15 \times 90 = 75\ 600 \text{ N}$$

Les rivets pourraient supporter avec la même sécurité l'effort tranchant :

$$T = 4 \cdot \frac{\pi \cdot d^2}{4} R_r = 4 \times \frac{3,1416 \times 21^2}{4} \times 55 = 76\ 199 \text{ N}$$

Il s'agit là d'une qualité sans intérêt, mais rendue inévitable par la condition d'étanchéité. Nous constatons une fois de plus qu'une condition qui n'a rien à voir avec la résistance des matériaux, vient modifier la rigueur d'un calcul raisonné.

3.6.4 Cisaillement des rivets des clavettes longitudinales

Formulaires principaux des clavettes longitudinales

Un arbre de diamètre d est soumis à un couple C. La clavette est déformée en cisaillement et en compression.

1. Contrainte de cisaillement de la clavette

– Effort tranchant :

$$T = bL\tau$$

$$C = T \cdot \frac{d}{2}$$

– Surface de la section cisaillée de la clavette :

$$A = bL$$

– Contrainte tangentielle :

$$\tau = \frac{T}{A} = \frac{2C}{bLd}$$

2. Condition de résistance en pression de la clavette

– Effort total de pression sur une surface de $A_1 = h/2 \times L$ (à droite) :

$$P = \frac{h}{2} \cdot L \cdot \sigma_p \text{ en N}$$

– Contrainte en pression : $\sigma_c = \dfrac{2b\tau}{h}$ en N/mm^2 (MPa)

– Pression sur une surface $A_1 = h/2 \times L$:

$$p = \frac{T}{A_1} = \frac{2T}{hL} \quad \text{ou} \quad p = \frac{2}{hL}\frac{C}{d/2} \text{ en N/mm}^2 \text{ (MPa)}$$

– Condition de résistance en compression :

$$p \leq [p] \text{ en N/mm}^2 \text{ (MPa)}$$

– Valeurs de compression admissible de cisaillement $[p]$ (pression de Hertz) :

$$[p] \approx (1,7 \text{ à } 2)\ [\sigma] \quad \text{où } [\sigma] \text{ contrainte admissible en traction.}$$

– Clavetage fixe : $\qquad\qquad\qquad p = 60$ à $150 \qquad$ N/mm^2 (MPa)
– Clavetage glissant : $\qquad\qquad p = 30$ à $50 \qquad$ N/mm^2 (MPa)
– Clavetage glissant sous charge : $p = 3$ à $20 \qquad$ N/mm^2 (MPa)

Exercice 3.9

Cisaillement des clavettes longitudinales

Clavette longitudinale d'un arbre. Diamètre de l'arbre $d = 70$ mm. Largeur de clavette $b = 20$ mm. Hauteur de clavette $h = 12$ mm. Longueur de clavette $L = 100$ mm. Couple $C = 2$ kN.m. La contrainte admissible $[\tau] = 60$ MPa, $[R_{Gz}] = 100$ MPa. Vérifier la résistance des matériaux des clavettes longitudinales.

En utilisant les formules principales nous avons :

- effort de cisaillement :
$$T = A \cdot \tau = b \cdot L \cdot \tau$$

- contrainte de cisaillement :

$$\tau = \frac{2C}{b \cdot L \cdot d} = \frac{2 \times 2\,000}{20 \times 100 \times 70 \times 10^{-9}} = 28,6 \times 10^{-6}\,\text{N/m}^2 = 28,6\,\text{MN/m}^2\ (\text{MPa})$$

$$\tau < [\tau]$$

- Effort de pression entre les surfaces en contact P :

$$P = A \cdot \sigma = \frac{h}{2} \cdot L \cdot \sigma$$

- Contrainte de pression :

$$\sigma = \frac{2b\tau}{h} = \frac{2 \times 20 \times 28,6}{12} = 95,3\,\text{MN/m}^2\ (\text{MPa})$$

$$\sigma < [R_{Gz}]$$

Exercice 3.10

Cisaillement des clavettes longitudinales

Une poulie transmet à un arbre de diamètre 80 mm un couple moteur $C = 1\,200$ mN. Calculer la contrainte de cisaillement dans la section *ab* de la clavette et choisir le type de clavette longitudinale. Choisir les clavettes.

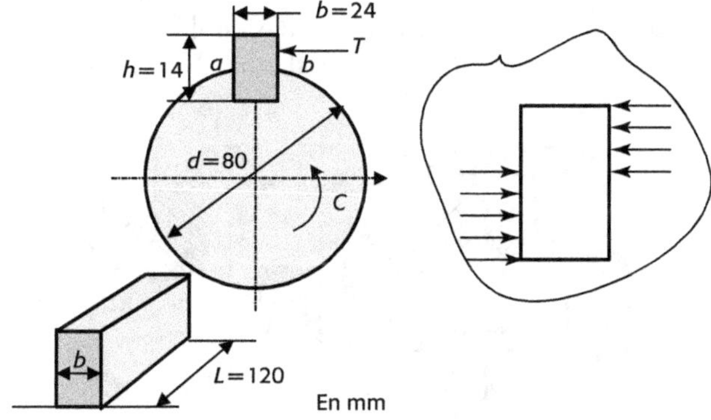

Le couple moteur C est transmis à l'arbre par l'effort T, action de la poulie sur la clavette. Le couple est :

$$C = T \cdot r = \frac{T \cdot d}{2}$$

L'effort T tangentiel est égal à :

$$T = \frac{2 \cdot C}{d} = \frac{2 \times 1\ 200\ \text{mN}}{80\ \text{mm}} = 30\ 000\ \text{N}$$

La section cisaillée de la clavette est :

$$S = b \times L = 24 \times 120 = 2\ 880\ \text{mm}^2$$

La contrainte tangentielle :

$$\tau = \frac{T}{S} = \frac{30\ 000}{2\ 880} = 10,42\ \text{N/mm}^2$$

C'est une valeur faible, nous devons contrôler la pression sur la clavette. La pression de la clavette sur une surface de $120 \times 7 = 840\ \text{mm}^2$, est :

$$\rho = \frac{T}{S_1} = \frac{30\ 000}{840} \approx 36\ \text{N/mm}^2$$

Nous choisirons le clavetage glissant sans charge avec la contrainte admissible de $p = 30\ à\ 50\ \text{N/mm}^2$ (MPa).

Cisaillement de la clavette

Un manchon d'accouplement est lié à un plateau par 4 boulons disposés sur un diamètre de 150 mm. La puissance motrice est transmise à l'arbre par l'intermédiaire d'une clavette parallèle à bouts droits. Nous savons que la puissance motrice est $P = 20$ kW. La vitesse de rotation du moteur est $\omega = 750$ tr/mn. La puissance se calcule par la formule : $P = C\omega$. La contrainte au cisaillement de la clavette est $[\tau] = 60$ MPa. La pression d'Hertz est $\left[p_H\right] = 125$ MPa. Le dimension de la clavette : $h = 8$ mm ; largeur $b = 10$ mm ; $J = 25$ mm. Calculer la longueur minimale de la clavette.

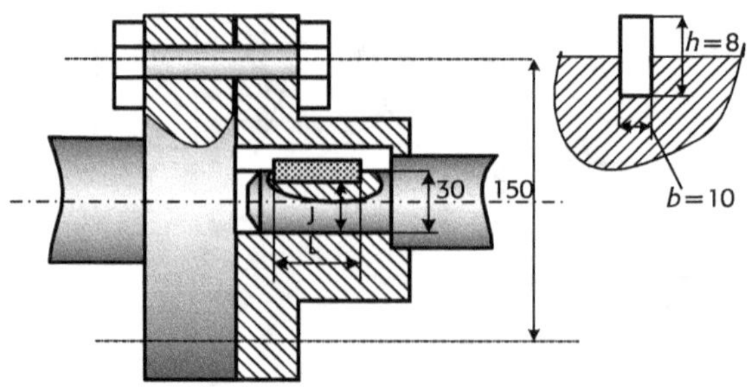

1. Moment de cisaillement :

$$C = \frac{P}{\omega} = \frac{20 \times 10^3}{750 \times \dfrac{2 \times \pi}{60}} = 254,65 \text{ N.m} \approx 2,55 \times 10^5 \text{ N.mm}$$

2. Dimensionner la clavette au cisaillement.

– Condition de résistance au cisaillement :

$$\frac{C}{\dfrac{d}{2}} \cdot \frac{1}{S} \leq [\tau] \quad \Rightarrow \quad \frac{C}{\dfrac{d}{2}} \cdot \frac{1}{L \cdot b} \leq [\tau]$$

– Longueur minimum de la clavette au cisaillement :

$$L = \frac{2 \times C}{[\tau] \cdot b \cdot d} = \frac{2 \times 2,55 \times 10^5}{60 \times 10 \times 30} = 28,33 \text{ mm} \approx 29 \text{ mm}$$

3. Respectant la règle établie par Hertz, nous vérifions que l'intensité des charges uniformément réparties sur surface de contact est inférieure à la pression de Hertz.

$$\frac{C}{\dfrac{d}{2}} \cdot \frac{2}{L \cdot h} \leq [P_H] \quad \Rightarrow \quad L \geq \frac{2}{[P_H] \cdot h} \cdot \frac{C}{\dfrac{d}{2}}$$

$$L = \frac{2 \times C}{[P_H] \cdot h \times d / 2} = \frac{2 \times 2,55 \times 10^5}{125 \times 8 \times 30 / 2} = 34 \text{ mm}$$

Réponse : la longueur minimale de la clavette est $L \geq 34$ mm.

3.6.5 Cisaillement des axes d'articulation

(Formulaires principaux des axes d'articulation.)

3.6.5.1 Condition de résistance en cisaillement

A est la surface de l'axe.

– Effort tranchant d'axe : $\quad T = \dfrac{F}{2}$

– Contrainte normale d'axe : $\quad \sigma = F / A$

– Contrainte tangentielle d'axe : $\quad \tau = \dfrac{F}{2A}$

– Relation entre σ et τ : $\quad \tau = \dfrac{\sigma}{2}$; en pratique $\tau = \dfrac{\sigma}{3}$

– Diamètre d'axe : $\quad d \geq \sqrt{\dfrac{4T}{\pi [\tau]}}$

3.6.5.2 Condition de résistance en compression

– Contrainte en compression :

$$\sigma_c = \frac{F}{A_c} = \frac{F}{2\,e\,d} \text{ en N/mm}^2 \text{ (MPa)}$$

où A_c est la surface de contact : $A_c = 2\,e\,d$.

– Condition de résistance :

$$\sigma_c \leq [\,p\,] \text{ en N/mm}^2 \text{ (MPa)}$$

– Pression admissible (construction en acier) :

$$p = 40 \text{ à } 60 \quad \text{en N/mm}^2 \text{ (MPa)}$$

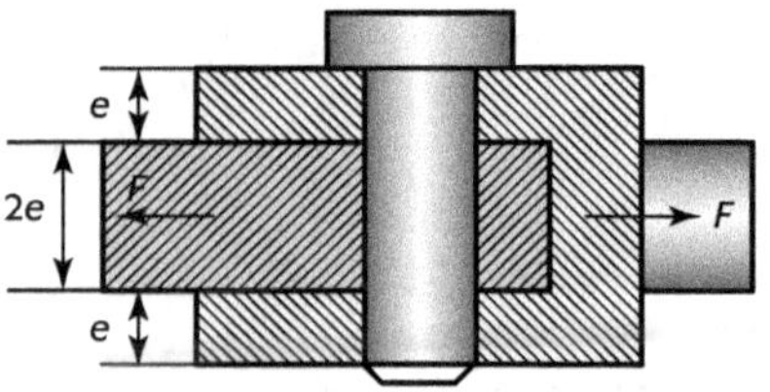

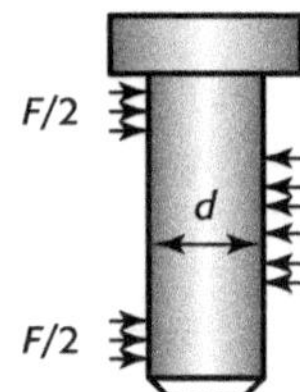

Cisaillement de l'axe d'articulation

L'axe d'articulation de l'épaisseur $e = 8$ mm. La force en traction sur l'arbre $F = 15$ kN. La contrainte admissible en traction de l'axe d'articulation $[\sigma] = 100$ MN/m^2 (MPa) et la contrainte admissible en cisaillement $[\tau] = 100$ MN/m^2 (MPa) Déterminer le diamètre de l'axe d'articulation.

– Efforts soumis à l'axe d'articulation :

$$T = \frac{F}{2} = \frac{15}{2} = 7,5 \text{ kN}$$

– Calcul de l'aire de l'axe :

$$A \geq \frac{T}{[\tau]} \quad \Rightarrow \quad A = \frac{T}{[\tau]} = \frac{7\,500}{30 \times 10^6} = 2,5 \times 10^{-4}\,\text{m}^2$$

– Calcul du diamètre de l'axe d'articulation :

$$A = \frac{\pi \cdot d^2}{4} \quad \Rightarrow \quad \frac{\pi \cdot d^2}{4} \geq 2,5 \times 10^{-4}\,\text{m}^2 \quad \Rightarrow \quad d \geq 0,0178 \text{ m} = 17,8 \text{ mm}$$

– Revérifier la condition de résistance en compression si $d = 17,8$ mm :

$$\sigma = \frac{P}{A_c} = \frac{P}{2\,e\,d} = \frac{15\,000}{2 \times 8 \times 17,8 \times 10^{-6}} = 52,7 \times 10^6 \,\text{N/m}^2 = 52,7\,\text{MN/m}^2 \text{ (MPa)}$$

$$\sigma \leq [\sigma]$$

Cisaillement de l'axe d'articulation

Les liaisons de pivot sont réalisées à l'aide d'une chape et d'un axe d'articulation (figure 1). Toutes les pièces constituant cette liaison sont en acier avec la contrainte admissible en traction de $[R_t] = 380$ MPa et la contrainte admissible en cisaillement de $[R_c] = 247$ MPa.

La pression de Hertz (non matage) est $P_H = 500$ MPa et un coefficient de sécurité de $k_s = 2$. La charge suivant l'axe du système vertical de l'ensemble est $F = 50\ 000$ N. Vérifier la résistance des matériaux d'un système avec axe d'articulation.

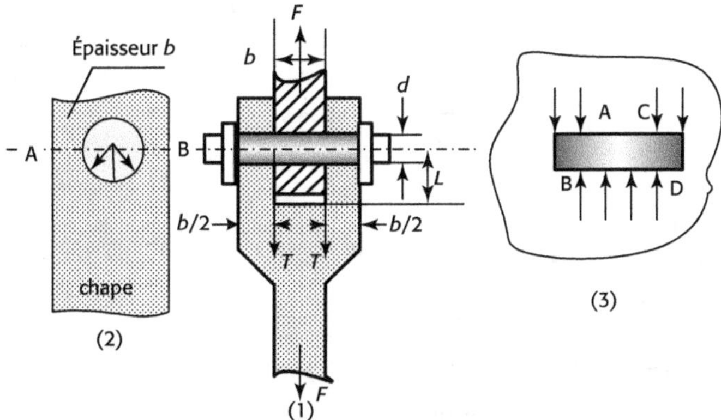

1. À partir de la condition de résistance du cisaillement, déterminer le diamètre de l'axe du pivot (figure 3).

Supposons que les charges réparties au niveau des surfaces de contact de l'axe avec les pièces voisines vont engendrer des efforts tranchants dans les sections AB et CD. Les efforts tranchants sur AB et CD sont égaux à :

$$T = \frac{F}{2} = \frac{45\ 000\ \text{N}}{2} = 22\ 500\ \text{N}$$

La condition de résistance des matériaux donne :

$$\frac{T}{A_{axe}} \leq \frac{R_c}{k} \text{ avec la surface d'axe } A_{axe} = \frac{\pi \cdot d^2}{4}$$

$$\Rightarrow \quad \frac{22\ 500}{\dfrac{\pi \cdot d^2}{4}} \leq \frac{247}{2}$$

Nous obtenons le diamètre d'axe d'articulation :

$$d = \sqrt{\frac{4 \times 22\ 500}{\pi} \div \frac{247}{2}} = \sqrt{\frac{4 \times 22\ 500}{3{,}1416} \times \frac{2}{247}} \approx 15{,}23 \text{ mm}$$

Nous prenons $d = 15{,}5$ mm.

2. Déterminer l'épaisseur b de la tôle. La condition de non matage va imposer l'épaisseur b de la chape, Si l'axe est ajusté dans ses alésages, nous pouvons supposer que l'effort F crée une pression sur une surface demi-cylindrique de l'alésage.

Nous admettons que la répartition de la pression sur cette surface est uniforme. Dans ce cas la pression uniforme répartie est :

$$p \geq \frac{F}{d \cdot b}$$

L'épaisseur b de la tôle est :

$$b \geq \frac{F}{d \cdot p} = \frac{45\ 000}{15{,}5 \times 500} \quad \Rightarrow \quad b \geq 6{,}2 \text{ mm}$$

Nous prenons $b = 8$ mm.

3. Déterminer la largeur L de la tôle.

Largeur de la plaque L est donnée par la résistance de la traction des plaques. La section droite la plus sollicitée se trouve suivant le plan AB. La variation de section due au trou provoque un phénomène de concentration, si nous prenons le coefficient de concentration de $k_c = 3,2$ et $k_s = 2$ pour le coefficient de sécurité. L'inéquation d'équarrissage s'écrit :

$$\frac{k_c F}{(L-d)\cdot b} \leq \frac{R_t}{k_s}$$

La largeur de la tôle est :

$$L \geq \frac{k_c F}{\dfrac{R_t}{k_s}\cdot b} + d = \frac{3,2 \times 45\,000}{\dfrac{380}{2}\times 8} + 16 \quad \Rightarrow \quad L \geq 110,73 \text{ mm}$$

Nous prenons $L = 112$ mm.

4. Vérifier le coefficient de concentration k_t (figure 2).

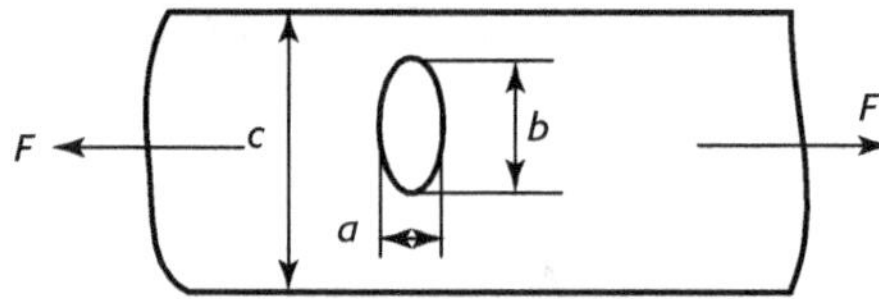

Pour un trou sur plaque nous utilisons la formule du CETIM pour calculer le coefficient de concentration k_t :

$$k_t = \frac{\left(2\cdot\dfrac{b}{a}+1\right)-\left(2\cdot\dfrac{b}{a}-1\right)\cdot\left(\dfrac{a}{c}\right)}{\left(0,3-0,08\dfrac{b}{c}-0,14\cdot\left(\dfrac{b}{c}\right)^2\right)\cdot\left(\dfrac{b}{a}\right)+\left(0,7+0,84\cdot\left(\dfrac{b}{c}\right)-\left(\dfrac{b}{c}\right)^2\right)}$$

Dans la formule nous avons :

$$a = b = d \quad \Rightarrow \quad \frac{b}{a} = \frac{d}{d} = 1$$

$$c = L \quad \Rightarrow \quad \frac{b}{c} = \frac{d}{L} = \frac{16}{122} = 0,1$$

Le coefficient de concentration k_c' est :

$$k_c' = \frac{(2\times 1+1)-(2\times 1-1)\times 0,1}{(0,3-0,08\times 0,1-0,14\times 0,1^2)\times 1+(0,7+0,84\times 0,1-0,7\times 0,1^2)}$$

$$= \frac{2,9}{0,290+0,777} \approx 2,72$$

Dans le calcul nous avons choisi le coefficient de concentration $k_c = 3,2$, qui est plus grand que $k_c' = 2,72$. Donc nous avons bien assuré.

3.6.6 Cisaillement de l'assemblage par soudure

Exercice 3.14

Cisaillement de l'assemblage par soudure

Deux fers plats sont assemblés par soudure à une plaque P. L'assemblage est sollicité à la traction $F = 9 \times 10^4$ N. La résistance admissible au cisaillement des cordons de soudure est $[R_c] = 80$ MPa. Calculer la longueur minimale des cordons de la soudure qui assurent la rigidité de l'assemblage.

Les cordons de soudure sont sollicités au cisaillement. Si l'épaisseur des fers plats est $e = 5$ mm, nous tirons la valeur minimale de 1 de l'inéquation d'équarrissage, le congé de la section cisaillée, est égal à :

$$A = a \times 1 = e \sin 45° \times 1$$

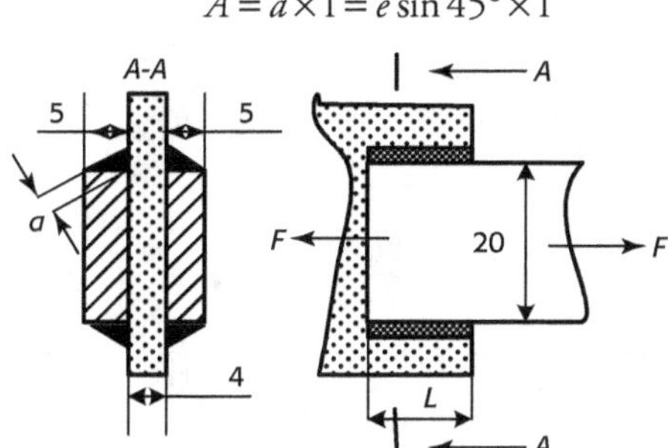

La condition de cisaillement nous donne :

$$[R] \geq \frac{F}{4 \cdot A} = \frac{F}{4e \cdot \sin 45° \cdot L}$$

La longueur minimale des cordons de soudure est égale à :

$$L \geq \frac{F}{4 \cdot e \cdot \sin 45° \cdot [R]} \quad \Rightarrow \quad L \geq \frac{9 \times 10^4}{4 \times 5 \times \sin 45° \times 80} \text{ mm} \quad \Rightarrow \quad L \geq 79,56 \text{ mm}$$

3.6.7 Cisaillement de la goupille

Exercice 3.15

Cisaillement de la goupille

Un ressort repose sur le bâti et sur un flasque goupillé sur un arbre. L'arbre est maintenu en position axiale dans son palier grâce à un ressort. La charge exercée $F = 450$ N par le ressort est uniformément répartie sur une circonférence de $\varphi 20$. La contrainte admissible au cisaillement de la goupille est $[R] = 80$ MPa. Calculer le diamètre de la goupille avec un coefficient de sécurité de $k_s = 3$.

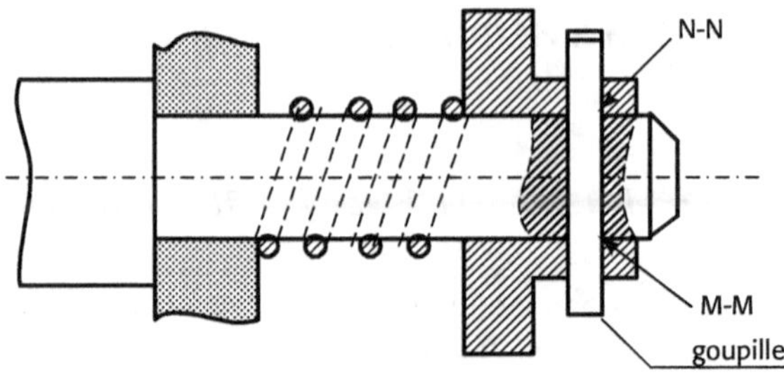

La goupille est sollicitée au cisaillement sur les sections N-N et M-M. Les aires des deux sections sont :

$$2A = 2 \times \frac{\pi \cdot d^2}{4}.$$

La condition de cisaillement nous donne :

$$\frac{F}{2 \times A} \geq \frac{[R]}{k_s} \quad \Rightarrow \quad \frac{F}{2 \times \dfrac{\pi \cdot d^2}{4}} \geq \frac{[R]}{k_s}$$

Le diamètre minimal de la goupille est égal à :

$$d = \sqrt{\frac{F \times k_s}{[R] \times 2 \times \dfrac{\pi}{4}}} = \sqrt{\frac{450 \times 3}{80 \times 2 \times \dfrac{3,1416}{4}}} \approx 3,28 \text{ mm}$$

Le diamètre minimal de la goupille est 3,28 mm. Nous choisirons $d = 3,5$ mm.

CHAPITRE 4

Torsion

4.1   Définition de torsion simple

Un corps est sollicité à la torsion lorsqu'il est soumis à deux couples opposés M_τ, dont les plans sont perpendiculaires à son axe géométrique. Exemple : arbre de transmission.

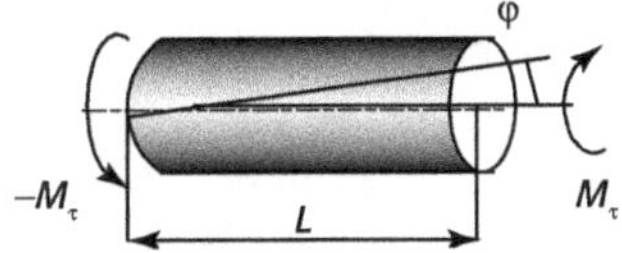

La déformation correspondante est caractérisée par un angle de torsion φ.

Considérons G le centre de gravité de la section transversale ; I_G le moment d'inertie de torsion.

— Angle de torsion par unitaire de longueur :

$$\theta = \frac{\varphi}{L} \; ; \; \theta = \frac{M_\tau}{GI_G}$$

4.2   Hypothèse de torsion simple

1. Le poids du corps est négligeable.
2. Pour la torsion idéale les axes des deux couples opposés sont situés sur l'axe principal du corps.

4.3   Caractéristiques de section en torsion simple

La déformation en torsion à la rupture des matériaux ne dépendra pas de l'aire de la section transversale. La rupture dépend du module de torsion. Autrement dit, la rupture en torsion dépend du moment d'inertie.

Dans le tableau 4.1 nous présentons les moments d'inertie et les modules de torsion pour les sections différentes.

Tableau 4.1 Caractéristiques de section en torsion simple.

	Section	Moment d'inertie I_k mm⁴	Module de torsion w_k mm³	
1		$I_\rho = I_k = \dfrac{\pi \cdot d^4}{32}$	$w_\rho = w_k = \dfrac{\pi \cdot d^3}{16}$	
2		$I_\rho = I_k = \dfrac{\pi \cdot D^4}{32}\left[1 - \left(\dfrac{d}{D}\right)^4\right]$	$w_\rho = w_k = \dfrac{\pi \cdot D^3}{16}\left[1 - \left(\dfrac{d}{D}\right)^4\right]$	
3		$I_k \approx \dfrac{\pi \cdot d^4}{32} - \dfrac{b \cdot t \cdot (d-t)^2}{4}$	$w_k \approx \dfrac{\pi \cdot d^3}{16} - \dfrac{b \cdot t \cdot (d-t)^2}{2d}$	
4		$I_k = \dfrac{\pi \cdot a^3 b^3}{a^2 + b^2}$	$w_k = \dfrac{\pi \cdot a \cdot b^2}{2}$	$\tau_{\max}$ se trouve aux points A et B $\tau_B = \dfrac{b}{a}\tau_{\max}$
5		$I_k = \beta \cdot a^3 b$	$w_k = \alpha \cdot a^2 b$	$\tau_{\max} = \gamma \cdot \tau_{\max}$

b/a	1	1,2	1,5	1,75	2	2,5	3
α	0,208	0,219	0,231	0,239	0,246	0,258	0,267
β	0,141	0,166	0,196	0,214	0,229	0,249	0,263
γ	1,0	0,930	0,860	0,820	0,795	0,766	0,753

b/a	4	5	6	8	10	∞
α	0,282	0,291	0,299	0,307	0,312	0,333
β	0,281	0,291	0,299	0,307	0,312	0,333
γ	4	0,744	0,743	0,742	0,742	0,742

4.4 Contrainte tangentielle et condition de résistance en torsion simple

4.4.1 Contrainte tangentielle engendrée par le moment de torsion

Une poutre supporte le moment de torsion M_τ. La contrainte tangentielle d'une section est calculée par les formules suivantes.

4.4.1.1 Contrainte tangentielle d'un point quelconque

$$\tau_c = \frac{M_t}{\dfrac{I_o}{\rho}} \qquad \text{en N/mm}^2 \text{ (MPa)}$$

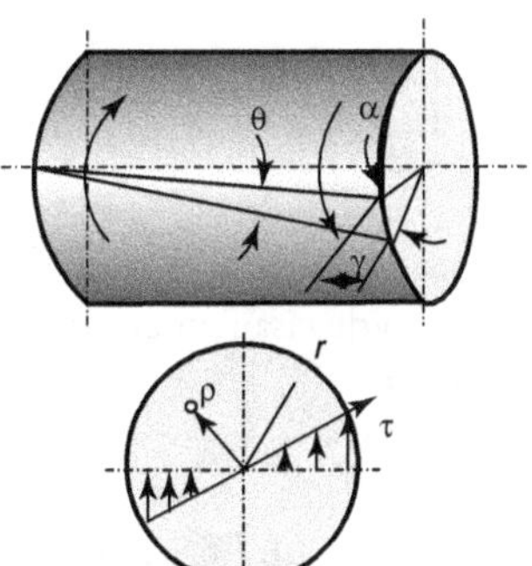

avec :

M_τ : moment de torsion ;

ρ : rayon d'un point quelconque de la section transversale ;

I_0 : moment d'inertie centrale et principale de la section.

4.4.1.2 Contrainte tangentielle maximale

$$\tau_{\max} = \frac{M_t}{\dfrac{I_0}{r}} = \frac{M_t}{w_\rho} \qquad \text{en N/mm}^2 \text{ (MPa)}$$

avec :

r : rayon de giration, en mm ;

I_0 : moment d'inertie centrale et principale, en mm^4 ;

w_ρ : module de résistance élastique en torsion, en mm^3.

4.4.2 Contrainte de cisaillement pour les sections différentes de poutre

4.4.2.1 Section circulaire

Nous supposons que R est le rayon d'une section circulaire de la poutre.

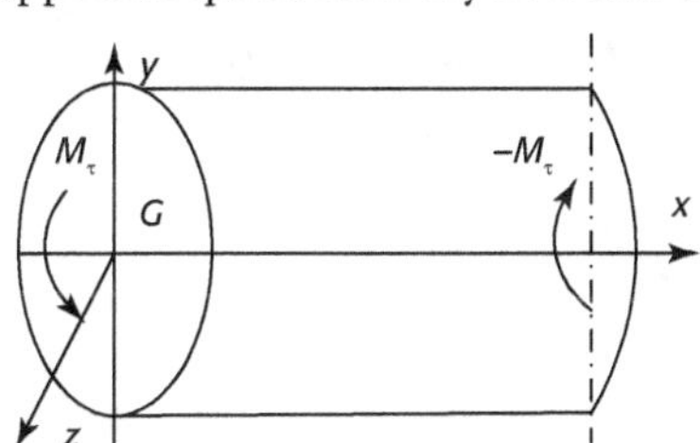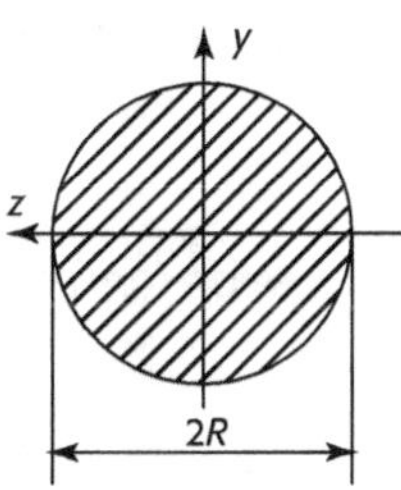

Les contraintes de cisaillement sont calculées suivant l'axe z et x sont obtenues par les équations suivantes :

$$\tau_z = -2 \cdot \frac{M_{t-z}}{\pi \cdot R^4} \qquad ; \qquad \tau_y = -2 \cdot \frac{M_{t-y}}{\pi \cdot R^4}$$

4.4.2.2 Section elliptique

La poutre avec une section elliptique supporte un couple M_t et se déforme en torsion.

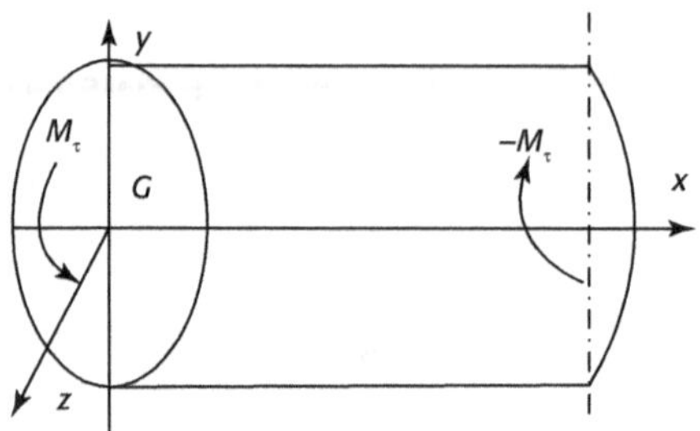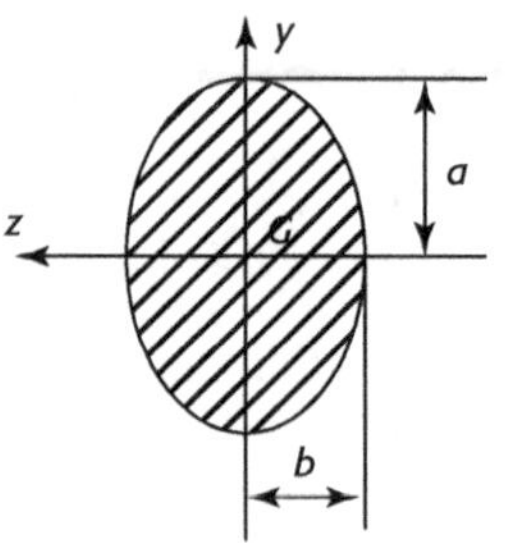

Supposons que a et b sont les rayons de la section elliptique d'une poutre. La contrainte maximum de cisaillement (voir la figure) de la section elliptique est :

$$\tau_{\max} = \frac{M_t}{\pi\, ab^2}$$

4.4.2.3 Section rectangulaire

Le corps avec une section transversale rectangulaire supporte un couple M_t et se déforme en torsion. Sur le côté long et sur le côté court les contraintes maximales se calculent par les équations suivantes.

4.4.2.3.1 *Contrainte tangentielle maximale de torsion sur le côté long*

La contrainte tangentielle maximale de torsion sur le côté long se calcule par l'équation :

$$\tau_{\max} = \frac{M_t}{\alpha \cdot h \cdot b^2}$$

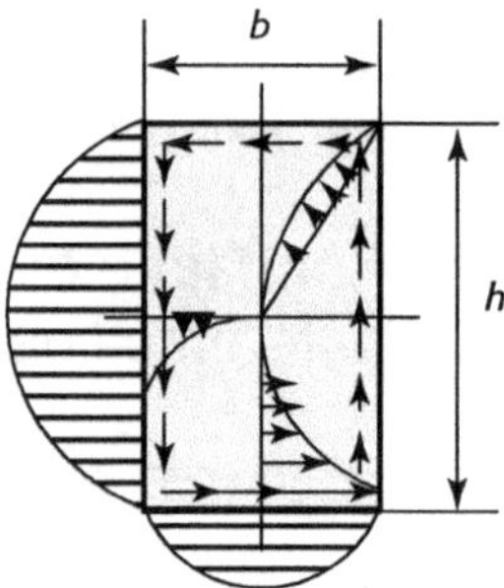

avec :

b : côté court de la section transversale en mm ;

h : côté long de la section transversale en mm ;

M_t : moment de torsion en N.mm ;

α : coefficient (voir le tableau 4-02).

4.4.2.3.2 *Contrainte tangentielle maximale de torsion sur le côté court*

$$\tau_1 = \gamma \cdot \tau_{\max} \qquad \text{en N/mm}^2 \text{ (MPa)}$$

4.4.2.3.3 *Angle de torsion φ de la section rectangulaire*

$$\varphi = \frac{M_c L}{G \cdot \beta \cdot h \cdot b^3} = \frac{M_c L}{G I_k} \qquad \text{en Rad}$$

avec :

I_k : module d'inertie, en mm^4 ;

G : module d'élasticité transversale, en N/mm^2 (MPa).

Tableau 4.2 Coefficient α, β, γ de la section rectangulaire.

h/b	1,0	1,2	1,5	2,0	2,5	3,0	4,0	6,0	8,0	10,0	∞
α	0,208	0,219	0,231	0,246	0,258	0,267	0,282	0,299	0,307	0,313	0,333
β	0,141	0,166	0,196	0,229	0,249	0,263	0,281	0,299	0,307	0,313	0,333
γ	1,00	0,930	0,858	0,796	0,767	0,753	0,745	0,743	0,743	0,743	0,743

Remarque : Pour les sections, par exemple les sections V, T et U, les problèmes de la torsion seront plus compliqués nous pouvons les trouver dans le chapitre 7, §7.5.

4.5 Condition de résistance des matériaux en torsion simple

4.5.1 Condition de résistance en torsion simple

Pour que le corps résiste en toute sécurité en torsion il faut que la contrainte maximale de cisaillement τ_{max} au plus égale à la contrainte admissible $[\tau]$.

$$\tau_{max} \leq [\tau] \qquad \text{en N/mm}^2 \text{ (MPa)}$$

Pour les matériaux plastiques : $[\tau] = (0,5 \text{ à } 0,6) \cdot [\sigma]$.
Pour les matériaux comme l'acier très dur, le béton et le bois : $[\tau] = (0,8 \text{ à } 1) \cdot [\sigma]$.

4.5.2 Condition de rigidité en torsion simple

– Angle unitaire de torsion simple θ :

$$\theta = \frac{M_t}{GI_0}$$

– Condition de rigidité en torsion simple :

$$\theta \leq \theta_{max} \qquad \text{soit} \qquad \frac{M_t}{GI_0} \leq \theta_{max}$$

4.6 Exercices de torsion simple

Exercice 4.1

Torsion simple de poutres cylindriques

Une poutre à section circulaire supporte les couples des torsions $M_A = 180$ N.m, $M_B = 320$ kN.m et $M_C = 140$ N.m. Ses caractéristiques sont : $I_P = 3,0 \times 10^5$ mm^4, $L = 2$ m, $G = 80$ GPa. L'angle unitaire admissible en torsion de la poutre est : $[\theta] = 0{,}5°$/m. Calculer l'angle de torsion φ_{CA} et vérifier la résistance des matériaux de la poutre en torsion.

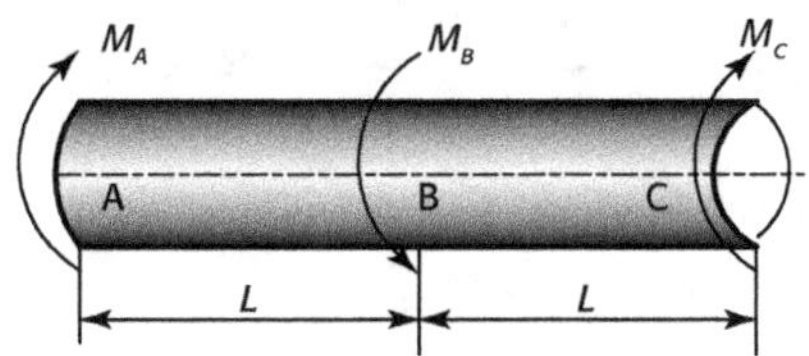

1. Angle de déplacement en torsion de la poutre AC :

$$\varphi_{AB} = \frac{M_A L}{GI_\rho} = \frac{180 \times 2}{(80 \times 10^9)(3,0 \times 10^5 10^{-12})} = 1,5 \times 10^{-2} \text{ rad}$$

$$\varphi_{BC} = \frac{M_C L}{GI_\rho} = \frac{-140 \times 2}{(80 \times 10^9)(3,0 \times 10^5 10^{-12})} = -1,17 \times 10^{-2} \text{ rad}$$

$$\varphi_{AC} = \varphi_{AB} + \varphi_{BC} = 1,5 \times 10^{-2} - 1,17 \times 10^{-2} = 0,33 \times 10^{-2} \text{ rad}$$

2. Angle unitaire admissible de déplacement :

$$\theta = \frac{d\varphi}{dx} = \frac{180}{(80 \times 10^9) \times (3,0 \times 10^5 \times 10^{-12})} \times \frac{180°}{\pi} = 0,43°/\text{m}$$

$$\theta < [\theta]$$

Exercice 4.2

Torsion simple de poutres cylindriques

L'axe AB de transmission de camion est un cylindre creux. L'épaisseur de l'axe AB est $e = 2,5$ mm. Son rayon extérieur est $D = 90$ mm. Son moment maximal en torsion est $M_t = 1,5$ kN.m. La contrainte maximale admissible de l'axe est $[\tau] = 60$ MN/m². Vérifier la résistance des matériaux de l'axe AB.

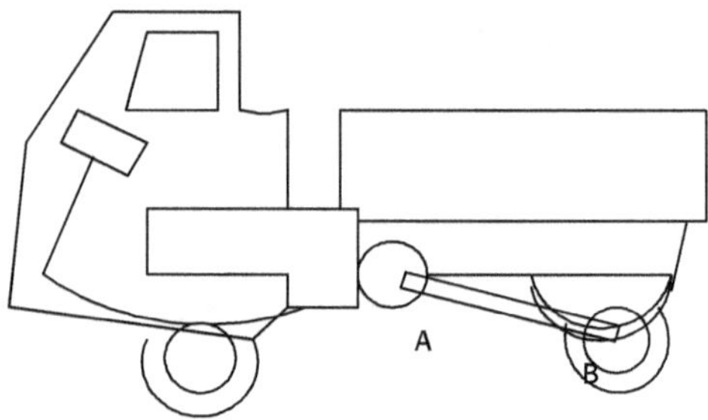

1. Calculer le module de résistance (module de torsion) de l'axe AB.

$$\frac{b}{D} = \frac{90 - 2 \times 2,5}{90} = 0,944$$

$$W_t = \frac{\pi D^3}{16}\left[1 - \left(\frac{b}{D}\right)^4\right] = \frac{\pi \times 90^3}{16}(1 - 0,944^4) = 29\ 400 \text{ mm}^3$$

2. Contrainte maximale de l'axe AB :

$$\tau_{\max} = \frac{M_t}{W_t} = \frac{1\ 500}{29\ 400 \times 10^{-9}} = 51 \times 10^6 \text{ N/m}^2$$

3. Condition de résistance des matériaux de l'axe :

$$\tau_{\max} < [\tau]$$

Exercice 4.3

Torsion simple de poutres cylindriques

Changer l'axe creux de transmission AB de l'exercice 4.2 pour un axe plein de transmission.

1. Contrainte maximale de cisaillement avec la même résistance que le cylindre creux :

$$\tau_{max} = \frac{M_t}{W_t} = \frac{1\,500}{\dfrac{\pi}{16}D_p^3} = 51 \times 10^6 \ \text{N/m}^2$$

2. Déterminer le rayon de cylindre plein avec la même résistance que le cylindre creux.

$$D_p = \sqrt[3]{\frac{1\,500 \times 16}{\pi \times 51 \times 10^6}} = 0,0531 \ \text{m}$$

3. Comparer les surfaces du cylindre creux et du cylindre plein.

– Surface du cylindre plein :

$$A_p = \frac{\pi D_p^2}{4} = \frac{\pi \times 0,0531^2}{4} = 22,2 \times 10^{-4} \ \text{m}^2$$

– Surface du cylindre creux :

$$A_c = \frac{\pi(D^2 - d^2)}{4} = \frac{\pi}{4}(90^2 - 85^2) \times 10^{-6} = 6,87 \times 10^{-4} \ \text{m}^2$$

Remarque : Pour la même résistance, le poids de matière du cylindre creux est 31 % du poids du cylindre plein.

Exercice 4.4

Torsion simple de poutres cylindriques

Soit un ressort de moteur. Rayon moyen de ressort $R = 59.5$ mm ; diamètre de fil $d = 14$ mm ; nombre de tours $n = 5$; Contrainte admissible $[\tau] = 350$ MN/m^2 ; $G = 80$ GN/m^2 ; déplacement total $\lambda = 55$ mm. Déterminer la contrainte tangentielle maximale.

$$\lambda = \frac{64 P R^3 n}{G d^4}$$

$$P = \frac{\lambda G d^4}{64 R^3 n} = \frac{55 \times 10^{-3} \times 80 \times 10^9 (14 \times 10^{-3})^4}{64(59,9 \times 10^{-3})^3 \times 5} = 2\,510 \ \text{N}$$

Rapport de diamètre : $D/d = 2R/d = 2 \times 59,5 \div 14 = 8,5$

$$\tau_{max} = k\frac{8PD}{\pi d^3} = 1,17\frac{8 \times 2\,510 \times 59,5 \times 2 \times 10^{-3}}{\pi(14 \times 10^{-2})^3} = 325 \ \text{MPa}$$

Torsion simple

Soit un arbre coudé du moteur. La section *A-A* est rectangulaire, $b = 23$ mm, $h = 102$ mm. Moment de torsion $M_t = 263$ N.m.

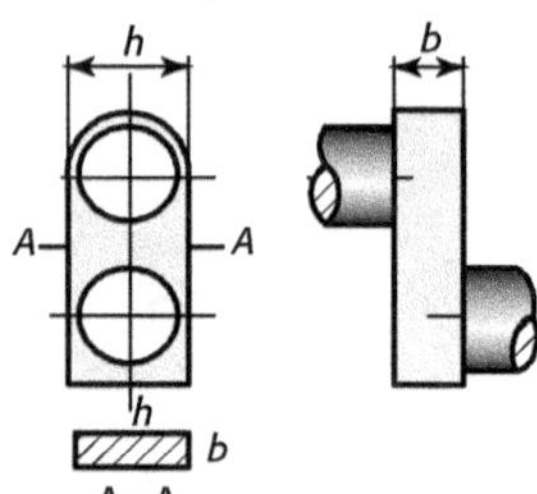

Rapport de longueur h/b : $\dfrac{h}{b} = 4,43$

Trouver le coefficient α dans le tableau 4-06 avec le rapport h/b :

$$\alpha = 0,286$$

Contrainte tangentielle :

$$\tau_{max} = \frac{M_c}{ahb^2} = \frac{263}{0,286 \times 102 \times 10^{-3} \times \left(23 \times 10^{-3}\right)^2}$$

$$= 17,1 \times 10^6 \, \text{N/m}^2 = 17,1 \, \text{MN/m}^2$$

Torsion simple d'une poutre

Considérons le cas d'une poutre à un moment de torsion $M_\tau = 180$ N.m, dont la résistance au glissement est $[\tau] = 40$ N/mm². (1) Déterminer son diamètre minimal. (2) Calculer l'angle de torsion unitaire correspondant, si $G = 8 \times 10^4$ N/mm².

1. Déterminer le diamètre minimal.

La contrainte tangentielle en un point exprimée par la relation :

$$\tau = \frac{M_t}{\dfrac{I_0}{r}}$$

La contrainte maximale est : $\quad \tau = \dfrac{M_t}{\dfrac{I_0}{R}} = \dfrac{M_t}{\dfrac{\pi \cdot d^4}{32}} \cdot \dfrac{d}{2} = \dfrac{16 M_\tau}{\pi \cdot d^3}$

La condition de résistance des matériaux est : $\tau_{max\,i} = \dfrac{16 M_t}{\pi \cdot d^3} \leq [\tau]$

Le diamètre minimal de la poutre est :

$$d^3 \geq \frac{16 M_t}{\pi \cdot [\tau]} \quad \Rightarrow \quad d^3 \geq \frac{16 \times 180 \times 10^3}{\pi \times 40} = 22,91 \times 10^3 \, \text{mm}^3$$

$$d \geq 28,4 \, \text{mm}$$

Nous choisirons $d = 29$ mm.

2. Calculer l'angle de torsion unitaire.

Pour le diamètre $d = 29$ mm et $G = 8 \times 10^4$ N/mm^2, l'angle de torsion unitaire est :

$$\theta = \frac{M_t}{GI_0} = \frac{M_t}{G \cdot \dfrac{\pi \cdot d^4}{32}} = \frac{32 M_c}{G \cdot \pi \cdot d^4}$$

$$= \frac{32 \times 180}{8 \times 10^4 \times \pi \times 29^4} = 3,24 \ \text{rad/mm} = 3,24 \times 10^{-3} \ \text{rad/m}$$

Torsion simple d'un arbre

Lorsque les arbres sollicités à la torsion sont très longs, l'angle de torsion total d'une extrémité par rapport à l'autre peut atteindre des valeurs importantes. L'expérience peut imposer un angle de torsion unitaire θ_{max} à ne pas dépasser pour une marche correcte de l'installation.

Un arbre plein commandant la rotation d'un mécanisme doit transmettre une puissance de 1000 kW à la vitesse de rotation de $\omega = 80$ tr/mn. La contrainte admissible au glissement des matériaux est de $[\tau] = 70$ N/mm^2 et l'angle de torsion unitaire maximal de $\theta_{max} = 0{,}25°/$m.

Si le module d'élasticité transversale est $G = 8 \times 10^4$ N/mm^2, calculer le diamètre minimal de cet arbre.

Nous devons vérifier deux conditions des résistances des matériaux : la condition de résistance $\tau_{max} \leq [\tau]$ et la condition de rigidité $\theta \leq \theta_{max}$

1. Détermination de l'arbre pour satisfaire la condition de résistance

– Calcul du moment de torsion :

$$M_t = \frac{P}{\omega} = \frac{10^3 \times 10^3}{80 \times \dfrac{2 \times \pi}{60}} = 11,9 \times 10^4 \ \text{N.m}$$

– Condition de résistance :

$$[\tau] \geq \tau_{max} \quad \text{et} \quad \tau_{max} = \frac{M_t}{\dfrac{I_0}{r}}$$

– Diamètre de l'arbre :

$$d^3 \geq \frac{16 M_t}{\pi [\tau]} \quad \Rightarrow \quad \frac{16 M_t}{\pi [\tau]} = \frac{16 \times 11,9 \times 10^4 \times 10^3}{3,1416 \times 70} = 8,66 \times 10^6$$

$$d \geq 206 \ \text{mm}$$

2. Détermination de l'arbre pour satisfaire la condition de rigidité

  – L'angle de torsion unitaire est :

$$\theta = \frac{M_t}{G \cdot I_0}$$

  – La condition de rigidité est :

$$\theta \le \frac{M_t}{G \cdot I_0} \le \theta_{max}$$

Donc nous avons :

$$I_0 = \frac{M_t}{G \cdot \theta_{max}} \qquad \text{et} \qquad I_0 = \frac{\pi \cdot d^4}{32}$$

$$\Rightarrow \quad \frac{\pi \cdot d^4}{32} \ge \frac{M_t}{G \cdot \theta_{max}}$$

Diamètre de l'arbre :

$$d^4 = \frac{32 \cdot M_t}{\pi \cdot G \cdot \theta_{max}} = \frac{32 \times 11,9 \times 10^4 \times 10^3}{\pi \times 8 \times 10^4 \times 0,25 \times \dfrac{2\pi}{360} \times 10^{-3}} = 3,472 \times 10^9$$

$$\Rightarrow \quad d \ge 242,75 \text{ mm}$$

Nous adoptons un diamètre $d \ge 243$ mm.

Torsion simple et intérêt de la section tubulaire

Considérons un arbre soumis à un moment de torsion $M_t = 10^4$ N.m. La résistance au glissement de l'arbre est $[R_g] = 50$ N/mm². Deux solutions sont envisagées : 1°) l'utilisation d'un arbre plein, de diamètre D ; 2°) l'utilisation d'un arbre creux, de diamètre extérieur D et de diamètre intérieur d, tel que : $D/d = 12$.

(1) Déterminer les diamètres D des deux cas. (2) Comparer les deux solutions en fonction de la quantité de matière utilisée.

1. Dans le cas de l'arbre plein, la contrainte tangentielle maximale est :

$$\tau_{max} \le [\tau] \quad \text{et} \quad \tau_{max} = \frac{M_t}{\dfrac{I_0}{R}} = \frac{M_t \cdot R}{I_0} = \frac{M_t \cdot D/2}{\dfrac{\pi \cdot D^4}{32}} = \frac{16 \cdot M_t}{\pi \cdot D^3}$$

La condition de résistance de l'arbre est : $\tau_{max} \leq [R_g]$
Soit :

$$D^3 \geq \frac{16 \cdot M_t}{\pi \cdot [R_g]} \qquad \Rightarrow \qquad \frac{16 \cdot M_t}{\pi \cdot [R_g]} = \frac{16 \times 10^4 \times 10^3}{\pi \times 50} = 1,19 \times 10^6 \, \text{mm}^3$$

$$D \geq 100,62 \, \text{mm}$$

2. Dans le cas de l'arbre creux, le moment d'inertie de torsion est :

$$I_0 = \frac{\pi \cdot D^4}{32}\left(1 - \frac{d^4}{D^4}\right) = \frac{\pi \cdot D^4}{32}\left(1 - \left(\frac{d}{D}\right)^4\right)$$

$$= \frac{\pi \cdot D^4}{32}\left(1 - \left(\frac{1}{1,2}\right)^4\right) = \frac{\pi \cdot D^4}{32}(1 - 0,482) = 0,518\frac{\pi \cdot D^4}{32}$$

La contrainte tangentielle maximale est :

$$\tau_{max} \leq [\tau] \quad \text{et}$$

$$\tau_{max} = \frac{M_t}{\dfrac{I_0}{R}} = \frac{M_t \cdot R}{I_0} = \frac{M_t \cdot D/2}{\dfrac{\pi \cdot D^4}{32}\left(1 - \dfrac{d^4}{D^4}\right)} = \frac{M_t \cdot D/2}{0,518\dfrac{\pi \cdot D^4}{32}} = \frac{16 \cdot M_t}{0,518 \times \pi \cdot D^3}$$

Le diamètre extérieur de l'arbre creux est :

$$D^3 \geq \frac{16 \cdot M_t}{0,518 \times \pi \cdot [\tau]} \Rightarrow \frac{16 \cdot M_t}{0,518 \times \pi \cdot [\tau]} = \frac{16 \times 10^4 \times 10^3}{0,518 \times \pi \times 50} = 1,967 \times 10^6$$

$$D^3 \geq 1,967 \times 10^6 \, \text{mm}^3 \Rightarrow D \geq 125,3 \, \text{mm}$$

Le diamètre intérieur de l'arbre creux est : $d = 104$ mm.

3. Comparaison des deux solutions
La surface de la section de l'arbre plein est :

$$S = \frac{\pi \cdot D^2}{4} = 0,785 \, \text{dm}^2$$

La surface de la section de l'arbre creux est :

$$S = \frac{\pi \cdot D^2}{4}\left(1 - \frac{d^2}{D^2}\right) = 1,27 \times (1 - 0,695) = 0,388 \, \text{dm}^2$$

Dans le cas de l'arbre, les masses utilisées sur la longueur sont :
– arbre plein : $m = 61,3$ kg/m ;
– arbre creux : $m = 30,2$ kg/m.

Exercice 4.9

Torsion simple

Un arbre plein est sollicité en torsion par un mécanisme de puissance P, à la vitesse angulaire ω. La contrainte admissible au glissement est $[R_g]$. Établir une relation qui lie le diamètre minimal de l'arbre, la puissance, la vitesse angulaire et la contrainte admissible au glissement :

$$M_t = \frac{P}{\omega}$$

La condition de résistance est :

$$[\tau] \geq \frac{M_t}{\dfrac{I_0}{R}} = \frac{\dfrac{P}{\omega}}{\dfrac{I_0}{R}} = \frac{P \cdot R}{\omega \cdot I_0} = \frac{P \cdot D/2}{\omega \cdot \dfrac{\pi \cdot D^4}{32}} = \frac{16 \cdot P}{\omega \cdot \pi \cdot D^3}$$

Le diamètre minimal de l'arbre est :

$$D \leq \sqrt[3]{\frac{16 \cdot P}{\pi \cdot \omega \cdot [R_g]}}$$

Ici P en watts, ω en rad/m ; $[R_g]$ en N/m^2 ; D en m.

Exercice 4.10

Torsion simple

Un éprouvette cylindrique, de $D = 10$ mm, est sollicité en torsion par une valeur du moment de torsion $M_t = 30$ N.m. La rotation de deux sections distantes de 10 mm est de 0,22 degrés. Déterminer la contrainte admissible au glissement $[R_g]$ et la valeur du module d'élasticité transversale G de l'éprouvette cylindrique.

Réponse : $[R_g] = 153$ N/mm^2 ; $G = 7,95 \times 10^4$ N/mm^2

Exercice 4.11

Torsion simple

Un tube, de diamètre extérieur $D = 60$ mm et d'épaisseur $e = 5$ mm, est sollicité en torsion. Sa contrainte admissible au glissement est $[R_g] = 100$ N/mm^2, L'angle de torsion maximale est $\theta_{max} = 0{,}25°/$m. Le module d'élasticité transversale est $G = 8 \times 10^4$ N/mm^2. Déterminer le moment de torsion maximale.

Réponse : $I_0 = 65.9 \times 10^{-8}$ m^4.

Avec la condition $\tau_{max} \leq [R_g]$ $\Rightarrow$ $M_t \leq 2\,200$ N.m

Avec la condition $\theta_{max} \leq \theta$ $\Rightarrow$ $M_t \leq 230$ N.m

Nous prenons $M_t \leq 230$ N.m.

Exercice 4.12

Torsion simple des arbres de transmission

Soit une installation de pompage. Un moteur (1) de puissance $P = 9$ kW entraine une pompe centrifuge (2) par l'intermédiaire d'un accouplement élastique (3). La vitesse de rotation est $n = 1\,500$ tr/mn. La contrainte admissible de l'arbre de transmission est $[R_g] = 70$ N/mm². Son module d'élasticité transversale est $G = 8 \times 10^4$ N/mm². (Réf.4)

1. Calculer le diamètre minimal de l'arbre de transmission, sans tenir compte des concentrations de contraintes.

2. L'arbre de sortie du moteur dont le diamètre est $D = 50$ mm possède une rainure de clavetage. Le coefficient de concentration des contraintes est $k_t = 5$. Vérifier que la contrainte maximale est inférieure à la contrainte admissible au glissement en tout point de l'arbre.

3. Le diamètre intérieur du manchon d'accouplement est pris égal au diamètre de sortie $d = 50$ mm. Calculer le diamètre extérieur minimal de ce manchon, en supposant que le coefficient de concentration de contraintes a la même valeur que récemment.

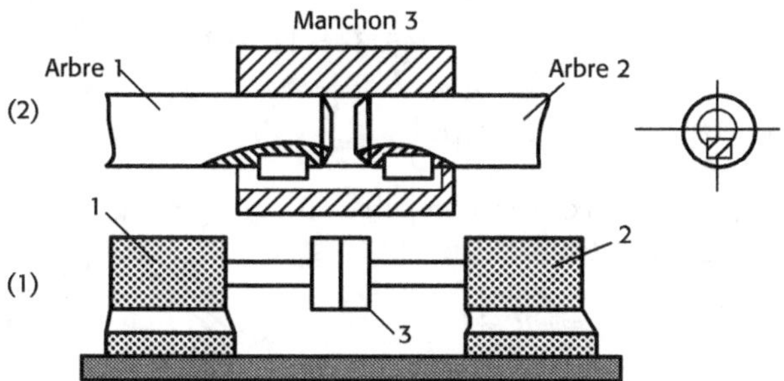

1. Moment de torsion de l'arbre de pompe centrifuge :

$$M_t = \frac{P}{\omega} = \frac{9 \times 10^3}{\dfrac{1\,500 \times 2 \times \pi}{60}} = 57,30 \text{ N.m}$$

La contrainte tangentielle maximale de l'arbre est :

$$\tau_{max} = \frac{M_t}{\dfrac{I_0}{R}} = \frac{16 \cdot M_t}{\pi \cdot d^3}$$

La condition de résistance des matériaux : la contrainte tangentielle maximale de l'arbre doit inférieur à la contrainte admissible au glissement.

$$\tau_{max} \leq [R_g] \qquad \Rightarrow \qquad \frac{16 \cdot M_t}{\pi \cdot d^3} \leq [R_g]$$

Nous obtenons le diamètre de l'arbre, sans tenir compte des concentrations de contraintes :

$$d^3 \geq \frac{16 \cdot M_t}{\pi \cdot \left[R_g \right]}$$

$$\Rightarrow \quad d_{\min}^3 = \frac{16 \cdot M_t}{\pi \cdot \left[R_g \right]} = \frac{16 \times 57,30}{3,1416 \times 70 \times 10^6} = 4,17 \times 10^{-6}\,\text{m}^3 = 4,17 \times 10^3\,\text{mm}^3$$

$$\Rightarrow \quad d \geq 16,1\ \text{mm}$$

2. En tenant compte des concentrations de contraintes de la rainure clavette, nous devons prendre le diamètre normalisé supérieur.

La contrainte tangentielle nominale est :

$$\tau_{nom} = \frac{16 \cdot M_t}{\pi \cdot d^3} = \frac{16 \times 57,3 \times 10^3}{\pi \times 50^3} = 2,33\ \text{N/mm}^2$$

Compte tenu du coefficient de concentration de contraintes, la contrainte tangentielle maximale est :

$$\tau_{\max} = k_t \cdot \tau_{nom} = 5 \times 2,33 = 11,65\ \text{N/mm}^2$$

Nous avons $\left[R_g \right] = 70$ N/mm^2, $\tau_{\max} = \left[R_g \right]$

3. La contrainte tangentielle maximale admissible du manchon d'accouplement à l'allure est :

$$\tau_{\max} = k_t \cdot \tau_{nom} = \left[R_g \right]$$

La contrainte nominale maximale est :

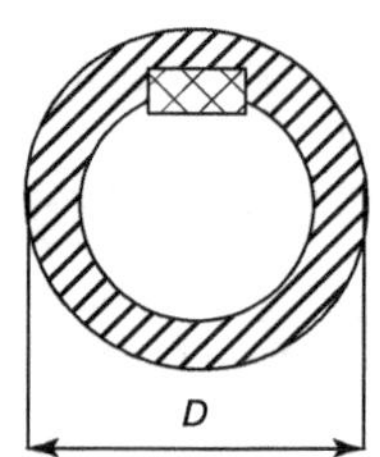

$$\left(\tau_{nom} \right)_{\max} = \frac{\left[R_g \right]}{k_t} = \frac{70}{5} = 14\ \text{N/mm}^2$$

Elle peut aussi être calculée en fonction du moment de torsion et des dimensions transversales de l'arbre :

$$\left(\tau_{nom} \right)_{\max} = \frac{M_t}{\left(\dfrac{\pi \cdot D^4}{32} - \dfrac{\pi \cdot d^4}{32} \right) \cdot \dfrac{1}{R}} = \frac{16 \cdot M_t}{\dfrac{\pi}{D} \left(D^4 - d^4 \right)}$$

$$\Rightarrow \quad \frac{16 \cdot M_t}{\dfrac{\pi}{D} \left(D^4 - d^4 \right)} = \frac{\left[R_g \right]}{k_t}$$

$$\Rightarrow \quad \frac{\left(D^4 - d^4 \right)}{D} = \frac{16 \cdot M_t \cdot k_t}{\pi \cdot \left[R_g \right]} = \frac{16 \times 57,3 \times 5 \times 10^3}{3,1416 \times 70} = 2,08 \times 10^4\,\text{mm}^3$$

Connaissant le diamètre intérieur du manchon, $d = 50$ mm, nous obtenons l'équation :

$$D^4 - 2,08 \times 10^4 D - 50^2 = 0$$

Sur le graphe, portons l'allure de variation de la fonction :

$$y = D^4 - 2,08 \times 10^4 D - 50^2$$

En fonction de D : un tracé point par point est rapide à effectuer.

Cette valeur est très proche de $D = 50$. Pratiquement, la valeur de D ne sera certainement pas inférieure de 60 mm. Dans ce cas, le manchon d'accouplement ne risque pas d'être détruit par dépassement en un point de la contrainte tangentielle admissible.

Exercice 4.13

Torsion simple des arbres de transmission

L'arbre 2 est l'arbre de sortie d'un réducteur de vitesse. Il est entrainé par un arbre-moteur 1 à l'aide d'un engrenage. Il transmet le mouvement à un mécanisme par l'intermédiaire de trois courroies. Supposons que chaque courroie transmette le tiers du moment de torsion total. Nous négligeons les phénomènes de concentration des contraintes. Nous ne considérons que la sollicitation de torsion en ne tenant pas compte de la flexion.

Calculer le diamètre minimal de l'arbre en chaque point pour que la contrainte y soit égale à $\tau_{\max} = 45$ N/mm², si le moment de torsion est $M_t = 90$ N.m au niveau de l'engrenage.

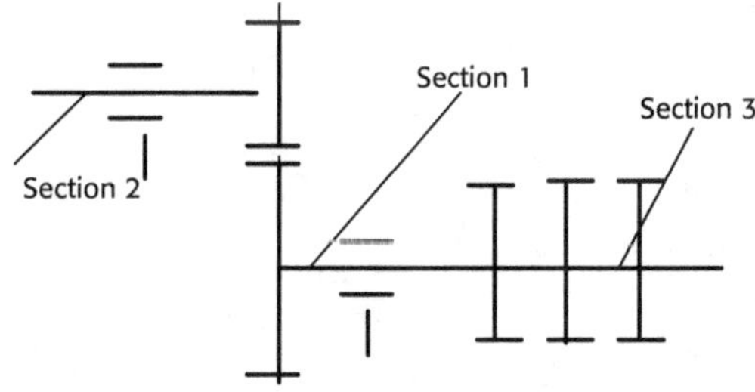

En chacune de ces sections, le moment de torsion a pour valeur :

$$M_t : \frac{M_t}{2} \Big/ \frac{M_t}{3}$$

La contrainte maximale est :

$$\tau_{\max} = \frac{M_t \cdot D/2}{\dfrac{\pi \cdot D^4}{32}} = \frac{16 \cdot M_t}{\pi \cdot D^3}$$

Les diamètres correspondants peuvent être calculés par :

$$D^3 = \frac{16 \cdot M_t}{\pi \cdot \tau_{\max}}$$

Pour la section 1 :

$$D_1^3 = \frac{16 \cdot M_t}{\pi \cdot \tau_{max}} = \frac{16 \times 90 \times 10^3}{3,1416 \times 45} = 10,18 \times 10^3 \, mm^3 \qquad \Rightarrow \qquad D_1 = 21,67 \ mm$$

Pour la section 2 :

$$D_2^3 = \frac{16 \cdot M_t}{\pi \cdot \tau_{max}} = \frac{16 \times 90 \times \dfrac{1}{2} \times 10^3}{3,1416 \times 45} = 5\,092 \ mm^3 \qquad \Rightarrow \qquad D_2 = 17,16 \ mm$$

Pour la section 3 :

$$D_3^3 = \frac{16 \cdot M_t}{\pi \cdot \tau_{max}} = \frac{16 \times 90 \times \dfrac{1}{3} \times 10^3}{3,1416 \times 45} = 0,3396 \times 10^3 \, mm^3 \qquad \Rightarrow \qquad D_3 = 15,03 \ mm$$

Exercice 4.14

Torsion simple des arbres de transmission - avec la réponse

Une grue de levage de port doit pouvoir soulever une charge de $P = 4 \times 10^4$ N. L'arbre 1, actionné par deux manivelles 3, entraine l'arbre 2 par l'intermédiaire de deux engrenages identiques (rapport de réduction 1/20). Le diamètre d'enroulement du câble sur le tambour est de $\varphi = 200$ mm. Les manivelles ont une longueur $L = 400$ mm.

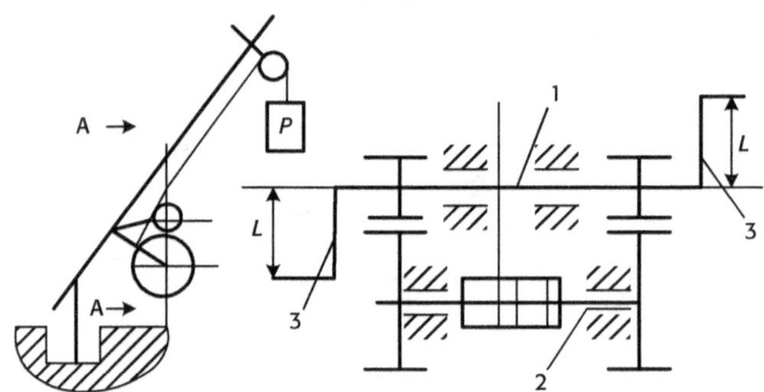

(1) Calculer l'effort tangentiel T à exercer sur chaque manivelle pour soulever la charge. En déduire la répartition des moments de torsion le long de deux arbres. Tracer les diagrammes correspondants. (2) Déterminer les diamètres minimaux des deux arbres si la contrainte admissible au glissement égale à $R_g = 60$ N/mm².

Réponse : (1) $\|T\| = 250$ N ; $\|M_t\| = 100$ N.m ; $\|M_t\| = 2\,000$ N.m

(2) $d_1 \geq 20,4$ mm ; $d_2 \geq 55,4$ mm

CHAPITRE 5

Poutres droites isostatiques

5.1   Définition

5.1.1   Définition de la flexion simple

Un corps est sollicité à la flexion simple lorsqu'il est soumis à des forces coplanaires normales aux génératrices. La déformation correspondante est appelée flèche. Exemple : poutre de bâtiment. Dans ce chapitre nous n'étudions que les flexions simples.

5.1.2   Définition des systèmes isostatiques

Un système est isostatique, si nous pouvons déterminer les réactions d'appuis en utilisant seulement les équations d'équilibre statique.

Dans cet ouvrage, nous étudions trois cas de poutres isostatiques :

– la poutre console ;

la poutre sur deux appuis simples ;

– la poutre sur deux appuis et une extrémité en porte-à-faux.

5.2   Efforts tranchants et moments de flexion

5.2.1   Effort tranchant T

Nous appelons effort tranchant la somme algébrique des projections sur le plan de section des forces extérieures situées d'un même côté de la section.

L'effort tranchant est égal, par définition, à la somme algébrique de toutes les forces situées à gauche de la section. Nous définissons les signes des efforts tranchants indiqués dans le tableau 5.1.

Tableau 5.1 Signes des efforts tranchants

Signes	Effort tranchant	
Signe positif **+**	sens dextrorsum (sens de la rotation des aiguilles d'une montre)	
Signe négatif **–**	sens sénestrorsum	

5.2.2 Moment fléchissant (moment de flexion)

Nous appelons moment fléchissant la somme algébrique des moments, par rapport à l'axe neutre de la section, des forces extérieures situées d'un même côté de la section.

$$M_f = \sum_{i=1}^{n} (F_i x_i + M_i) \qquad \text{(F 5.1)}$$

Une poutre droite supporte les charges et se déforme en flexion. Dans une section de la poutre, où n'agit pas de charge concentrée ou de couple extérieur, le moment fléchissant peut se déterminer par l'effort tranchant T, en utilisant la formule ci-dessous.

$$\frac{dM_f}{dx} = -T \qquad \text{(F 5.2)}$$

Le signe du moment fléchissant est indiqué dans le tableau 5.2.

Tableau 5.2 Signe du moment fléchissant

Signes	Moment de flexion	
Signe positif **+**	La côte en haut de la poutre est comprimée par le moment de flexion	
Signe négatif **–**	La côte en bas de la poutre est comprimée par le moment de flexion	

Exercice 5.1

Efforts tranchants

Une poutre, sur deux appuis de même niveau, supporte une charge concentrée. Déterminer les efforts tranchants.

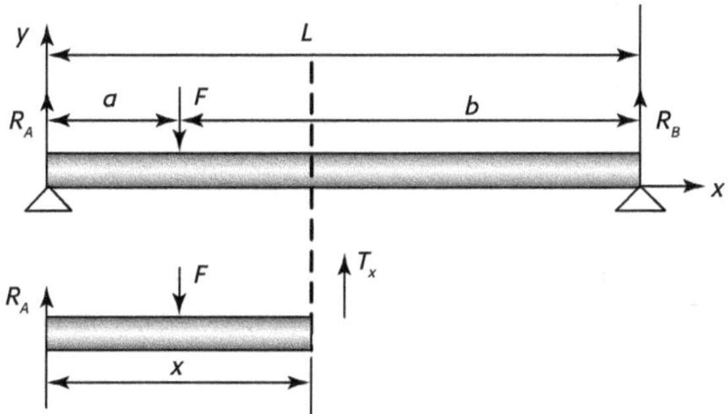

Nous avons :

$$T_x = \sum F - R_A$$

- Réactions des appuis

  En utilisant les équations des équilibres nous trouvons les réactions des appuis :

$$\sum M_B = 0 \qquad\qquad F \cdot b - R_A L = 0$$

$$\sum M_A = 0 \qquad\qquad R_B \cdot L - F \cdot a = 0$$

$$R_A = \frac{F \cdot b}{L} \qquad\qquad R_B = \frac{F \cdot a}{L}$$

- Calculer les efforts tranchants en deux parties de la poutre.

  $0 < x < a$ et $a < x < L$

  – Si $\quad 0 < x < a$: $\qquad T(x) = \dfrac{F \cdot b}{L}$

  – Si $\quad a < x < L$: $\qquad T(x) = \dfrac{F \cdot b}{L} - F = -\dfrac{F \cdot a}{L}$

- Déterminer le diagramme des efforts.

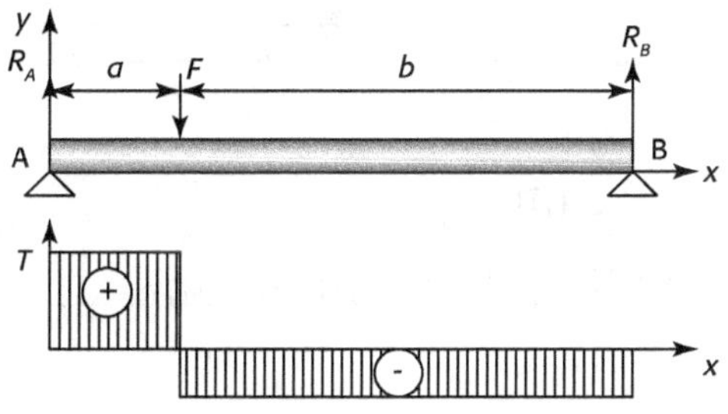

Moment de flexion

Une poutre, sur deux appuis de même niveau, supporte une charge concentrée. Calculer le moment de flexion de la poutre.

Déterminer les réactions des appuis en utilisant les équations d'équilibre.

$$\sum M_A = 0 \qquad\qquad R_B\,L - F\,a = 0$$

$$\sum M_B = 0 \qquad\qquad F\,b - R_A L = 0$$

$$R_A = \frac{F\,b}{L} \qquad\qquad R_B = \frac{F\,a}{L}$$

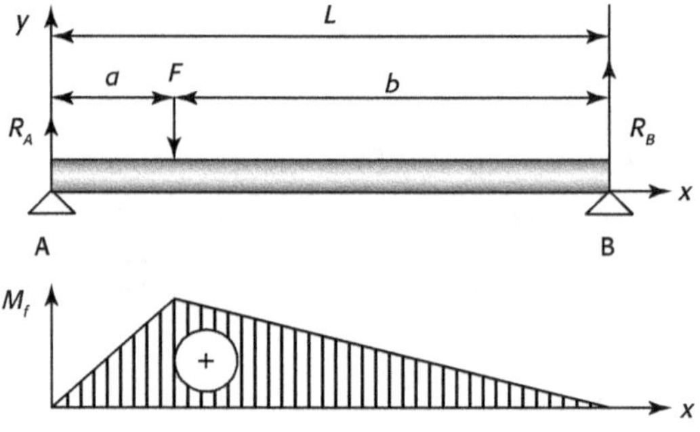

- Moment de flexion M_f

$$\text{Si} \quad 0 \le x \le a \qquad M_f(x) = \frac{F\,b}{L}\,x$$

$$\text{Si} \quad a \le x \le L \qquad M_f(x) = \frac{F\,b}{L}\,x - F(x-a) = \frac{F\,a}{L}(L-x)$$

- Diagramme de moment de flexion

Moment de flexion

Une poutre, sur deux appuis de même niveau, supporte une charge concentrée F et un couple M_c. Calculer le moment de flexion de la poutre.

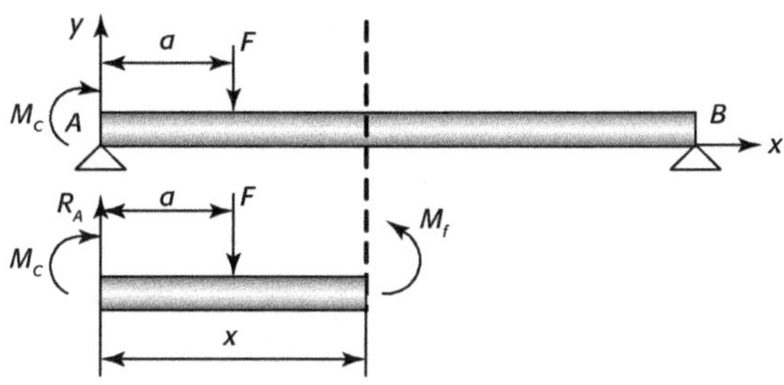

- Moment de flexion M_f :

$$M_f = M_C + R_A x - F(x - a)$$

Moment de flexion

Une poutre, sur deux appuis de même niveau, supporte une charge uniformément répartie. Calculer le moment de flexion de la poutre.

Trouver les réactions des appuis en utilisant les équations d'équilibre.

$$R_A = R_B = \frac{q\,L}{2}$$

– Effort tranchant :

$$T(x) = R_A - q\,x = \frac{q\,L}{2} - q\,x$$

– Moment de flexion :

$$M(x) = R_A x - qx\ \frac{x}{2} = \frac{qL}{2}x - \frac{q}{2}x^2$$

– Effort tranchant maximal (si $x = 0$ ou $x = L$) :

$$T_{\max} = \frac{q\,L}{2}$$

– Moment de flexion maximale (si $x = L/2$) :

$$M_{\max} = \frac{q\,L^2}{8}$$

Exercice 5.5

Moment de flexion

Une poutre, sur deux appuis de même niveau, supporte une charge uniformément répartie. Calculer le moment de flexion de la poutre.

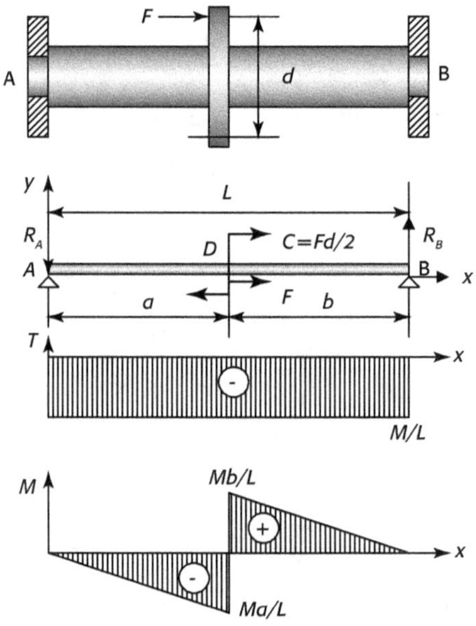

– En utilisant les équations d'équilibre trouvons les réactions des appuis :

$$\sum M_B = 0 \qquad\qquad R_A\,L - C = 0$$
$$\sum M_A = 0 \qquad\qquad R_B\,L - C = 0$$

$$R_A = \frac{C}{L} \qquad\qquad R_B = \frac{C}{L}$$

– Calculer l'effort tranchant :

$$T(x) = -\frac{C}{L}$$

– Calculer le moment de flexion :

$$M_f(x) = -\frac{C}{L}x \qquad\qquad (0 < x < a)$$

$$M_f(x) = \frac{C}{L}(L - x) \qquad\qquad (a < x < L)$$

– Déterminer le moment maximal (si $a < b$) :

$$M_{\max} = \frac{C\,b}{L}$$

5.2.3 Assemblage des diagrammes

Si une pièce supporte plusieurs forces, nous utilisons la méthode de superposition pour assembler les diagrammes des efforts tranchants et des moments de flexion.

Dans l'exercice 5.6, une poutre sur deux appuis simples supporte deux charges : une force concentrée et une charge répartie. Nous avons d'abord trouvé le diagramme des efforts tranchants (2) pour la charge répartie et le diagramme (3) pour la force concentrée. Par la suite nous superposons ces deux diagrammes et obtenons le diagramme (1).

5.2.3.1 Assemblage des diagrammes des efforts tranchants

Exercice 5.6

Assemblage des diagrammes des efforts tranchants

Faire l'assemblage des diagrammes des efforts tranchants.

5.2.3.2 Assemblage des diagrammes des moments de flexion

Exercice 5.7

Assemblage des diagrammes des moments de flexion

Faire l'assemblage des diagrammes de moment de flexion.

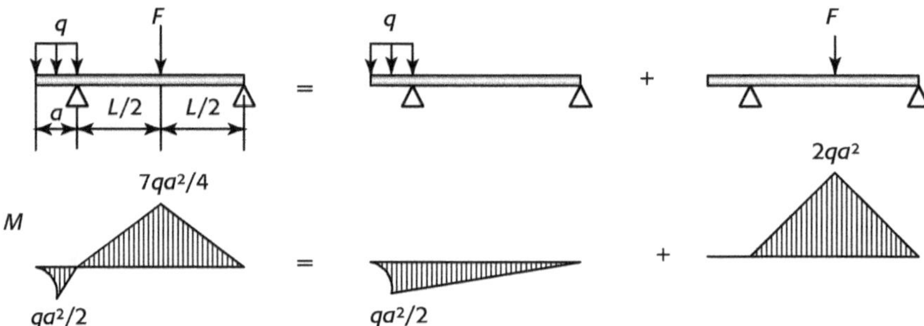

Exercice 5.8

Assemblage des diagrammes des moments de flexion

Faire l'assemblage des diagrammes des moments de flexion.

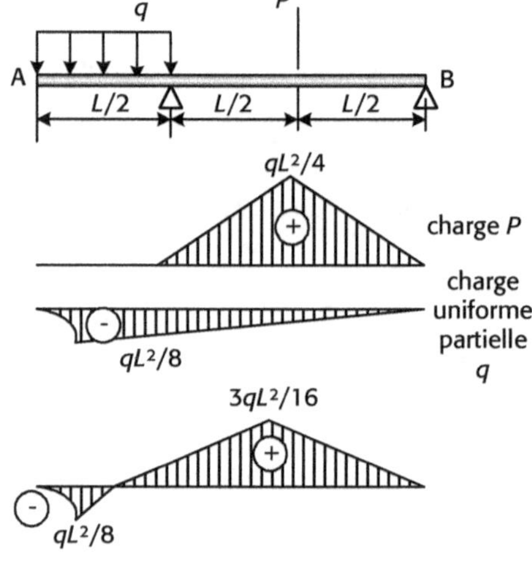

Assemblage des diagrammes des moments de flexion

Faire l'assemblage des diagrammes des moments de flexion.

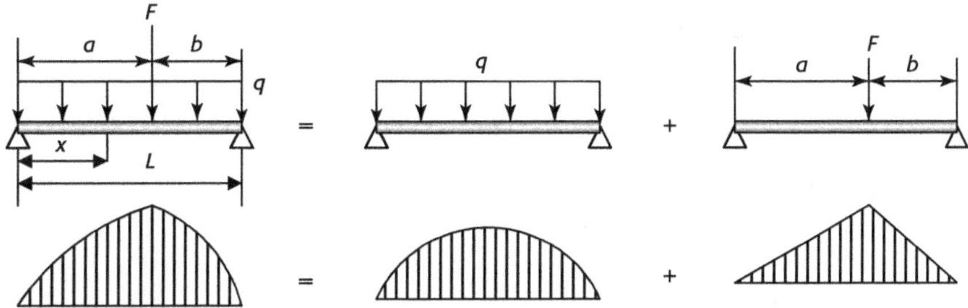

5.3 Contraintes et flèches

5.3.1 Contrainte normale σ d'une section transversale de la poutre

Considérons un élément de poutre limité par deux sections transversales $S(AA'BB')$ et $S_1(CC'DD')$ distantes de dx (voir figure 5.1). Après application de la charge extérieure F, supposons la section S restant à sa place et la section $S_1(CC'DD')$ en rotation de l'angle de $d\alpha$ par rapport $S(AA'BB')$.

OO' est la ligne neutre, passant par le centre de gravité. Un point M, d'ordonnée y, est situé au-dessus de OO'. Après la charge, le déplacement du point M suivant la direction x est :

$$du = -yd\alpha$$

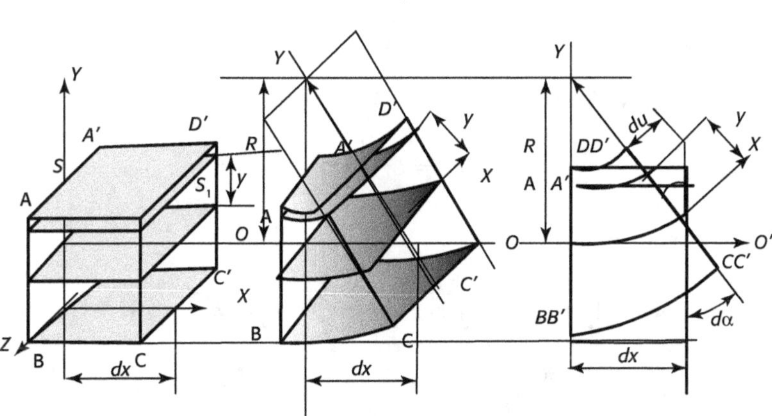

Figure 5.1 Contrainte normale en flexion.

L'allongement unitaire du point M est égal à :

$$\varepsilon = \frac{\partial u}{\partial x} = \frac{du}{dx} = -y\frac{d\alpha}{dx}$$

Remarquons que $\dfrac{d\alpha}{dx} = R$, R étant le rayon de courbure au point O.

L'allongement unitaire du point M est devenu :

$$\varepsilon = -y\frac{d\alpha}{dx} = -\frac{y}{R}$$

En utilisant la loi de Hooke $\sigma = E\varepsilon$, nous obtenons la contrainte négative (en compression) (voir figure 5.2) :

$$\sigma = E\varepsilon = -Ey\frac{d\alpha}{dx} = -E\frac{y}{R}$$

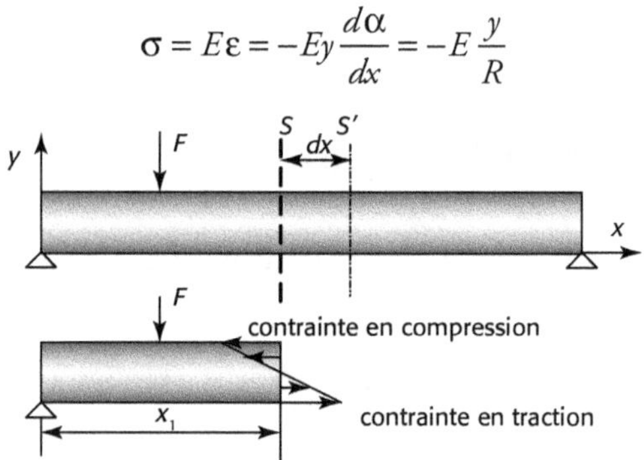

Figure 5.2 Contrainte normale en flexion.

Si le point M est situé au-dessous de OO', en utilisant la même méthode, l'allongement unitaire du point M est égal à :

$$\varepsilon = y\frac{d\alpha}{dx} = \frac{y}{R}$$

La contrainte est positive (en traction) et égale à :

$$\sigma = E\varepsilon = Ey\frac{d\alpha}{dx} = E\frac{y}{R}$$

Par définition, le moment de flexion est :

$$M_f = \iint_S y\sigma_x\,ds = \iint_S y\left(-Ey\frac{d\alpha}{dx}\right)ds = \iint_S -E\frac{d\alpha}{dx}y^2\,ds$$

$$M_f = -E\frac{d\alpha}{dx}\iint_S y^2\,ds$$

Remarquons que :

$$\iint_S y^2\,ds = I_{Gz} \quad \text{en mm}^4$$

L'expression de la courbure est :

$$\frac{d\alpha}{dx} = -\frac{M_f}{EI_{Gz}}$$

La contrainte normale est :

$$\sigma = -Ey\frac{d\alpha}{dx} = -Ey\frac{M_f}{EI_{Gz}} = -\frac{M_f \cdot y}{I_{Gz}}$$

En définitive, la contrainte normale d'une section droite transversale de la poutre est égale à :

$$\sigma = \frac{M_f y_x}{I_{GZ}} = \frac{M_f}{\dfrac{I_{GZ}}{y_x}} \qquad \text{(F 5.3)}$$

Supposons que $v = y_{\max}$ est la distance de la fibre la plus éloignée de l'axe Gz, la contrainte normale maximale dans une section transversale $\sigma_{\max}$ est égale à :

$$\sigma_{\max} = \frac{M_f y_{\max}}{I_{GZ}} = \frac{M_f}{\dfrac{I_{GZ}}{v}} \quad \text{en N/mm}^2\,(\text{MPa}) \qquad \text{(F 5.4)}$$

Dans la formule de calcul de la contrainte, la partie $\dfrac{I_{GZ}}{v}$ s'appelle le module de résistance en flexion et noté W_{GZ}. Donc nous avons :

$$W_{GZ} = \frac{I_{GZ}}{y_{\max}} = \frac{I_{GZ}}{v} \quad \text{en mm}^3 \qquad \text{(F 5.5)}$$

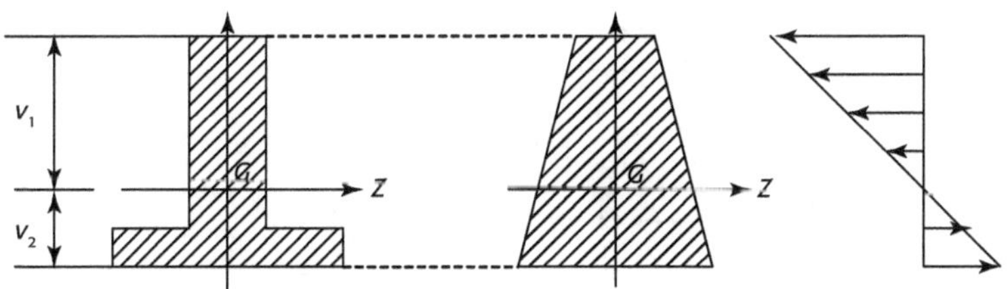

Figure 5.3 Contrainte normale pour les sections non symétriques.

Si la section est non symétrique, les modules de résistance en flexion W_1 et W_2 sont égales à :

$$W_1 = \frac{I_{GZ}}{v_1}; \qquad W_2 = \frac{I_{GZ}}{v_2} \quad \text{en mm}^3 \qquad \text{(F 5.6)}$$

Les contraintes maximales, dans une section transversale, σ_1 et σ_2 en cas de section non symétrique (figure 5.3) sont égales à :

$$\sigma_1 = \frac{M_f}{W_1}; \qquad \sigma_2 = \frac{M_f}{W_2} \quad \text{en N/mm}^2(\text{MPa}) \qquad \text{(F 5.7)}$$

5.3.2 Contrainte de cisaillement produit par l'effort tranchant

Considérons un élément de poutre limité par deux sections transversales *ac* et *a'c'* distantes de *dx*. La section longitudinale *bb'* située à la côte y_1 du plan neutre et la face supérieure *aa'*.

Chaque surface *ds* de section *ac* supporte une contrainte normale σ_x et une contrainte tangentielle τ_x. Chaque surface *ds'* de section *a'c'* supporte une contrainte normale σ'_x et une contrainte tangentielle τ'_x. Sur *bb'* il existe la contrainte tangentielle τ_x considérée comme constante. Si la surface de *cc'* est *b.dx*, l'équation d'équilibre donne :

$$\iint_S \sigma_x \, ds - \iint_S \sigma'_x \, ds + \tau_x b dx = 0$$

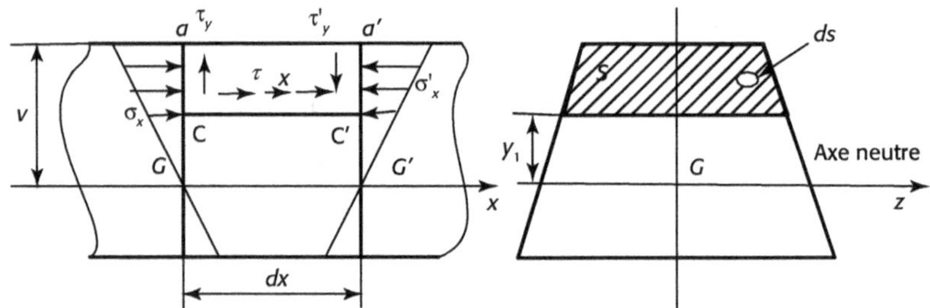

Figure 5.4 Contrainte de cisaillement produit par l'effort tranchant.

En utilisant la formule (F 5.7), l'équation d'équilibre devient :

$$\iint_S \frac{M_f}{I_{Gz}} \, y ds - \iint_S \frac{M_f + dM_f}{I_{Gz}} \, y ds + \tau_x b dx = 0$$

$$\tau_x b dx = \iint_S \frac{dM_f}{I_{Gz}} \, y ds$$

$$\tau_x b dx = \frac{dM_f}{I_{Gz}} \iint_S y ds$$

$$\tau_x b = \frac{dM_f}{dx} \cdot \frac{1}{I_{Gz}} \iint_S y ds$$

Dans cette formule, nous avons : $\dfrac{dM_f}{dx} = -T$ (*T* effort tranchant dans la section d'abscisse *x*) et $A = \iint_S y ds$.

Enfin, la contrainte tangentielle longitudinale est égale à :

$$\tau = -\frac{TA}{bI_{GZ}}$$

Par le principe de réciprocité des contraintes tangentielles, la contrainte tangentielle transversale est égale à la contrainte tangentielle longitudinale :

$$\left|T_x\right| = \left|T_y\right| \quad ; \quad \left|T_y\right| = \left|T_{y'}\right|$$

En définitive, la contrainte de cisaillement dans la section d'abscisse x en un point de côte y est égale à :

$$\tau = -\frac{TA}{bI_{GZ}} \qquad \text{(F 5.8)}$$

La contrainte de cisaillement maximale pour la flexion plane simple est égale à :

$$\tau_{\max} = \frac{T_{\max} M_{s\,\max}}{bI_{GZ}} \qquad \text{(F 5.9)}$$

Exercice 5.10

Déterminer la contrainte de cisaillement

Un anneau supporte un effort tranchant T. Son épaisseur est e ; son rayon extérieur est R_0 et $e << R_0$. Calculer la contrainte de cisaillement maximal sur la section transversale.

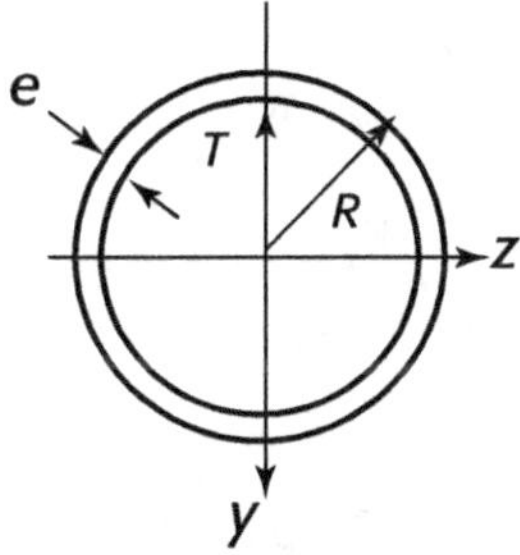

— Moment statique :

$$M_s = \int_A y\,dA = 2\int_0^{\pi/2} R\,e\,\cos\theta\,d\theta = 2R_0^2 e$$

— Moment d'inertie par rapport à z :

$$I_z = \int_A y^2\,dA = 2\int_0^{2\pi} R^2\,\cos^2\theta\,e\,R\,d\theta = \pi\,R_0^3 e$$

— $b = 2e$

— Contrainte tangentielle maximale :

$$\tau_{\max} = \frac{T \cdot M_s}{I_z \cdot b} = 2 \cdot \frac{T}{2\pi\,R_0 e} = \frac{T}{\pi\,R_0 e}$$

$$\tau_{moy} = \frac{T}{S} = \frac{T}{2\pi\,R_0 e}$$

Remarques :

a. Dans le cas de l'anneau sa contrainte tangentielle maximale est deux fois plus grande que la contrainte tangentielle moyenne.

b. Nous utilisons la même méthode et trouvons la contrainte maximum de section transversale circulaire $\tau_{\max} = \dfrac{4}{3}\dfrac{T}{\pi\,\mathrm{Re}}$. Elle est 4/3 plus grande que la contrainte moyenne.

Déterminer la contrainte de cisaillement

Déterminer les contraintes tangentielles d'une poutre à section transversale rectangulaire.

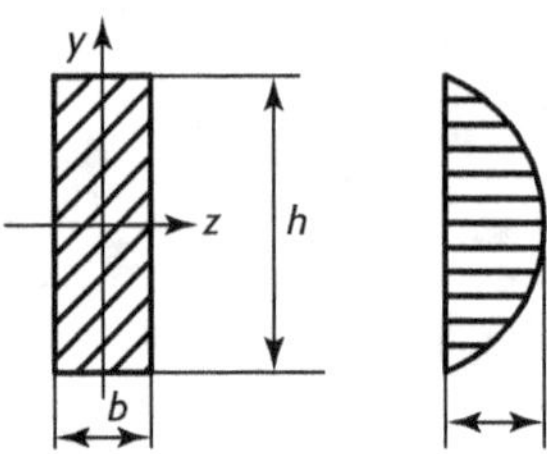

– Moment statique M_s :

$$M_s = \int_{A_1} y_1\, dA = \int_{y}^{\frac{h}{2}} by_1\, dy_1 = \frac{b}{2}\left(\frac{h^2}{4} - y^2\right)$$

– Contrainte tangentielle de cisaillement τ :

$$\tau = \frac{TM_s}{I_z b} = \frac{T}{2I_z}\left(\frac{h^2}{4} - y^2\right)$$

– Contrainte tangentielle maximale de cisaillement τ_{max} :

$$\tau_{max} = \frac{Th^2}{8I_z} \xrightarrow{\;I_z = bh^3/12\;} \tau_{max} = \frac{3T}{2bh}$$

– Déplacement de cisaillement γ :

$$\gamma = \frac{1}{G}\tau = \frac{T}{2GI_G}\left(\frac{h^2}{4} - y^2\right)$$

Déterminer les contraintes de cisaillement d'une poutre à section transversale

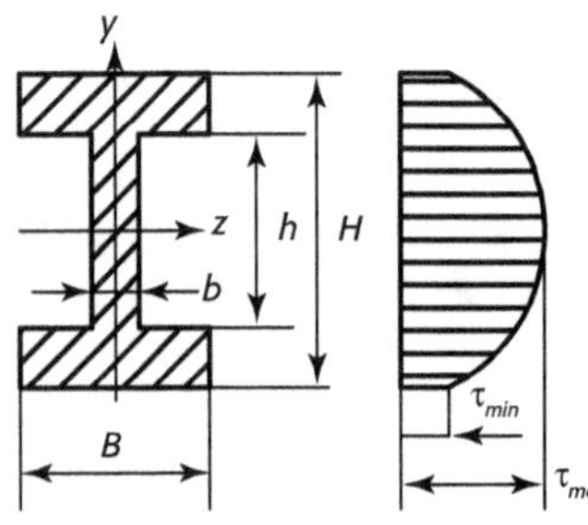

– Moment statique :

$$M_s = B\cdot\left(\frac{H}{2} - \frac{h}{2}\right)\cdot\left[\frac{h}{2} + \frac{1}{2}\cdot\left(\frac{H}{2} - \frac{h}{2}\right)\right]$$

$$+\, b\cdot\left(\frac{h}{2} - y\right)\cdot\left[y + \frac{1}{2}\left(\frac{h}{2} - y\right)\right]$$

$$= \frac{B}{8}\left(H^2 - h^2\right) + \frac{b}{2}\cdot\left(\frac{h^2}{4} - y^2\right)$$

– Contrainte tangentielle de cisaillement τ :

$$\tau = \frac{T}{I_z \cdot b}\left[\frac{B}{8}(H^2 - h^2) + \frac{b}{2}\cdot\left(\frac{h^2}{4} - y^2\right)\right]$$

– Contrainte tangentielle maximale de cisaillement τ_{max} :

$$\tau_{max} = \frac{T}{I_z b}\left[\frac{BH^2}{8} - (B-b)\frac{h^2}{8}\right]$$

– Contrainte tangentielle minimale de cisaillement τ_{min} :

$$\tau_{min} = \frac{T}{I_z b}\left[\frac{BH^2}{8} - \frac{B\,h^2}{8}\right]$$

5.3.3   Déformation des poutres en flexion

5.3.3.1   Ligne d'influence des déformations et flèche

Une poutre supporte les charges et se déforme en flexion. La ligne neutre de la poutre déformée par l'application des charges est appelée ligne d'influence de flexion. Si l'équation $y = f(x)$ est connue, il est alors possible de calculer la flèche en chaque point d'abscisse x.

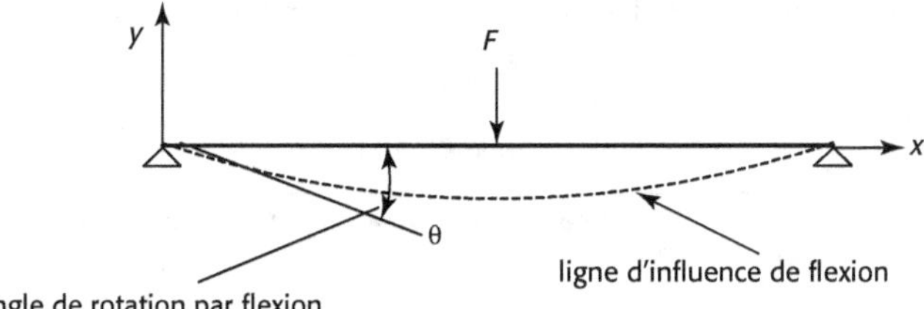

Figure 5.5 Ligne d'influence de flexion.

Supposons que l'équation de la ligne d'influence de flexion est $y = f(x)$. En utilisant cette équation, nous pouvons calculer la flèche en chaque point M d'abscisse x. L'expression de la courbure en un point de la ligne élastique est :

$$\frac{d\theta}{dx} = -\frac{M_f}{EI_{Gz}}$$

avec

$$tg\theta = \frac{dy}{dx} = y' \tag{F 5.10}$$

Or, α petit (courbure faible) implique $d\theta \approx dy'$, donc $\dfrac{dy'}{dx} = y''$. En définitive, nous obtenons :

$$y'' = -\frac{M_f}{EI_{Gz}} \ \ ou \ \ \frac{d^2 y}{dx^2} = -\frac{M_f}{EI} \tag{F 5.11}$$

Pour la charge uniformément répartie $q(x)$ nous avons :

$$\frac{d^4 y}{dx^4} = -\frac{q(x)}{EI} \ \ ou \ \ \frac{d^2 M_f}{dx^2} = -\frac{q(x)}{EI} \tag{F 5.12}$$

L'angle de rotation par la flexion est égal à :

$$\theta \approx \tan\theta = \frac{dy}{dx} \ ; \qquad\qquad \text{(F 5.13)}$$

La flèche de la flexion est calculée par :

$$y' = \frac{dy}{dx} = \int \frac{M_f}{EI}\,dx + c_1 \qquad\qquad \text{(F 5.14)}$$

$$y = \iint \left(\frac{M_f}{EI}\,dx \right)\,dx + c_2 \qquad\qquad \text{(F 5.15)}$$

Les constantes d'intégration c_1 et c_2 sont déterminées par des conditions limites.

5.3.3.2 Angle de flexion θ

La pente de la tangente à la ligne élastique est la dérivée première de y (ou une première intégration de y'') :

$$y'_x = -f_x{}'(x) \qquad\qquad \text{(F 5.16)}$$
$$y'_x = \tan\theta$$

L'angle de flexion θ représente le déplacement en rotation par la flexion :

$$\theta \approx \tan\theta \qquad\qquad \text{(F 5.17)}$$

Tableau 5.4 Relation entre moment fléchissant et effort tranchant

		Couple M_c en N.mm	Charge concentrée P en N	Charge unitaire q en N/mm	Charge triangulaire $q(x)$ en N/mm
	Charge	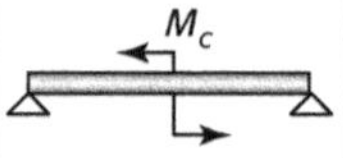	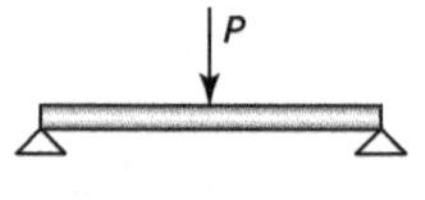	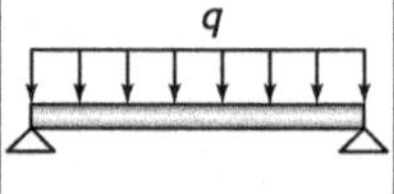	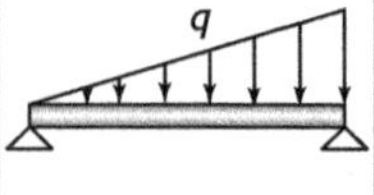
T	**Effort tranchant** $\dfrac{dT}{dx} = q$	$T=0$	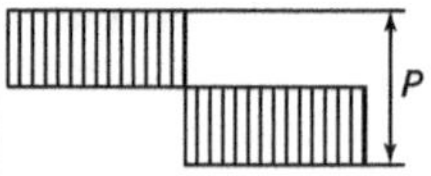		
M_f	**Moment de flexion** $\dfrac{dM}{dx} = T$	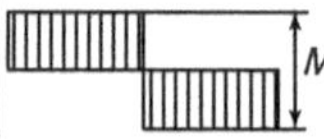	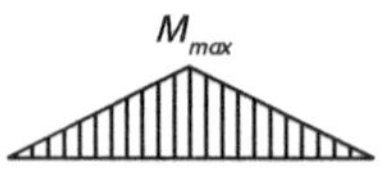		

5.3.3.3 Flèche de la poutre f_x

Une deuxième intégration donne l'équation de la courbe, déformation de l'axe de la poutre :

$$y_x = -f(x)$$

De la formule (F 5.15), nous obtenons la formule de flèche :

$$f_x = \iint \left[-\frac{M_f}{E \cdot I_{GZ}}\,dx \right] \cdot dx + D \qquad\qquad \text{(F 5.18)}$$

avec :

    E : module d'élasticité longitudinale, en N/mm^2 (MPa) ;

    I_{GZ} : moment d'inertie au centre de gravité (voir chapitre 1, §1.3.4), en mm^4 ;

    M_f : moment de flexion, en N.m ;

    θ : angle de flexion (déplacement en rotation de la poutre par la flexion).

5.3.4 Conditions de résistance des matériaux

5.3.4.1 Condition des déformations maximales

La flèche de flexion ne doit pas dépasser la flèche admissible :

$$f \leq \left[f_a\right] \tag{F 5.19}$$

$\left[f_a\right]$ est la flèche admissible. Pour les matériaux normaux $\left[f_a\right]$ = 2 mm/M (norme Eurocode)

5.3.4.2 Condition des contraintes normales élastiques maximales

$$\sigma \leq \left[\sigma_p\right] \text{ et } \sigma_p = \frac{\sigma_e}{K_s} \tag{F 5.20}$$

avec :

    σ_e : résistance élastique limite ;

    σ_p : contrainte pratique ;

    K_s : coefficient de sécurité.

5.4 Exemples des poutres consoles

Une console est une poutre encastrée à une extrémité et libre à l'autre extrémité.

Exercice 5.13

Poutre isostatique-console

Une poutre droite – console AB, une extrémité encastrée A et une extrémité libre B, supporte une force P = 200 N. Les dimensions de la poutre sont : d = 20 mm et L = 100 mm. Le module d'élasticité longitudinale de la poutre est E = 210 GN/m^2 (GPa). Déterminer la flèche maximale.

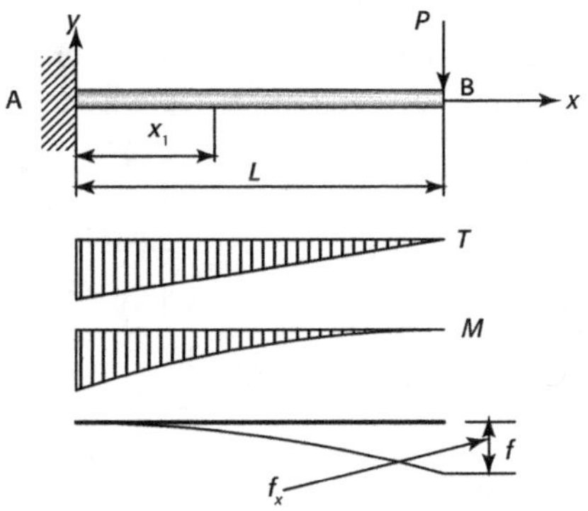

1. Équation de flexion : f_x

$$M_x = -P\,(L - x_1)$$

$$E\,I\,y'' = M_x = -P\,(L - x_1)$$

$$E\,I\,y' = \frac{P}{2}x_1^2 - P\,Lx_1 + C$$

$$E\,I\,y = \frac{P}{6}x_1^3 - \frac{P\,L}{2}x_1^2 + Cx_1 + D$$

2. Conditions aux limites :

$$y'_A \approx \theta_A = 0 \qquad\qquad y_A = 0$$

3. Constantes d'intégration :

$$C = EI\theta_A = 0 \qquad\qquad D = EI\,y_A = 0$$

4. Équation de déplacement de déformation :

$$EI\,y' = \frac{P}{2}x_1^2 - PLx_1 \qquad\qquad EI\,y = \frac{P}{6}x_1^3 - \frac{PL}{2}x_1^2$$

Si $x_1 = L$, l'angle de flexion en B est égal à :

$$\theta_B = y'_B = -\frac{PL^2}{2EI} = -\frac{200 \times 100^2}{2 \times 2{,}10 \times 10^5 \times \dfrac{\pi \times 10^4}{64}} = -0{,}00970 \ \text{rad}$$

La flèche maximale en B est égale à :

$$f_B = y_B = -\frac{PL^3}{3EI} = -\frac{200 \times 100^3}{3 \times 2{,}10 \times 10^5 \times \dfrac{\pi \times 10^4}{64}}$$

$$= -0{,}6467 \ \text{mm} \ \ (\downarrow)$$

Poutre isostatique – Console (méthode de Mohr)

Une poutre encastrée sur une extrémité supporte une force concentrée (voir figure). Déterminer la flèche f_b et l'angle de rotation θ_b (méthode de Mohr, voir chapitre 6, §6.2.1).

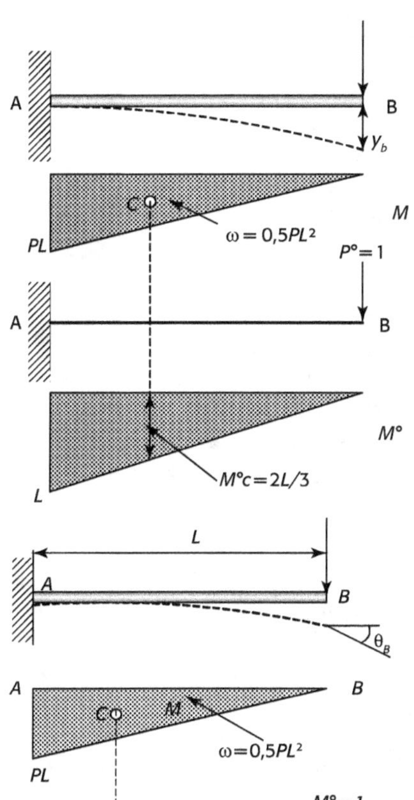

1. Déterminer la flèche f_b au point B :

$$\omega = -\frac{1}{2}PL \cdot L = -\frac{1}{2}PL^2$$

$$M_c^0 = -\frac{2}{3}L$$

$$y_b = f_y = \frac{\omega \cdot M_c^0}{EI} = \frac{-\dfrac{1}{2}PL^2 \cdot \dfrac{2}{3}L}{EI} = -\frac{1}{2} \cdot \frac{PL^3}{EI}$$

2. Déterminer l'angle θ_b au point B :

$$\omega = -\frac{1}{2}PL \cdot L = -\frac{1}{2}PL^2$$

$$M_c^0 = -1$$

$$\theta_b = \frac{\omega \cdot M_c^0}{EI} = \frac{-\dfrac{1}{2}PL^2 \cdot (-1)}{EI} = \frac{1}{2} \cdot \frac{PL^2}{EI}$$

Poutre isostatique – console (détermination de la flèche)

Une poutre droite – console, de poids négligeable, supporte une charge uniformément répartie. Déterminer la flèche maximale.

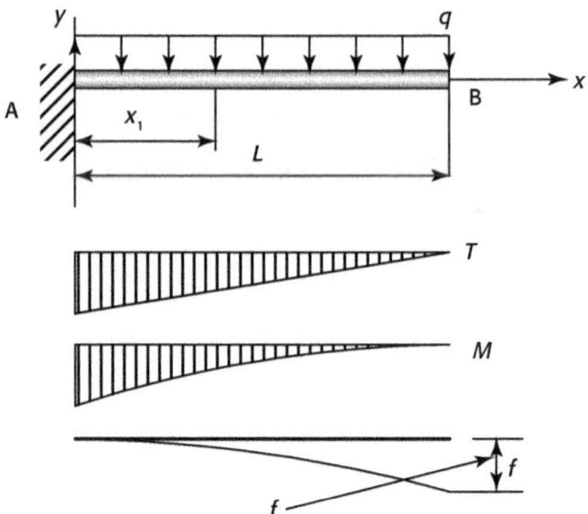

De A à B le moment de flexion est :

$$M_f = \frac{qx^2}{2} - qLx + \frac{qL^2}{2}$$

$$ELy'' = -M_f = -\frac{qx^2}{2} + qLx - \frac{qL^2}{2}$$

Intégrons une première fois :

$$ELy' = -\frac{qx^3}{6} + \frac{qLx^2}{2} - \frac{qL^2}{2}x + C_1$$

Pour la condition limite, $x = 0$, $y' = 0$, donc $C_1 = 0$.

$$ELy' = -\frac{qx^3}{6} + \frac{qLx^2}{2} - \frac{qL^2}{2}x$$

Intégrons une seconde fois :

$$ELy = -\frac{qx^4}{24} + \frac{qLx^3}{6} - \frac{qL^2x^2}{4} + C_2$$

Pour la condition limite, $x = 0$, $y = 0$, donc $C_2 = 0$.

$$y = -\frac{qx^4}{24EL} + \frac{qLx^3}{6EL} - \frac{qL^2x^2}{4EL}$$

La flèche maximum est obtenue pour $x = L$:

$$\left| y_{\max} \right| = \frac{qL^4}{24EL}$$

Poutre isostatique- console

Choisir la poutrelle. La poutrelle AB de longueur $L = 1,5$ m est encastrée dans un mur. Elle supporte une charge uniformément répartie $q = 4500$ N/m. La contrainte admissible de la poutrelle en acier est imposée $R_p = 100$ N/mm^2. Choisir la poutrelle IPN.

– Réaction de l'encastrement en A :

$$R_A = qL \quad ; \qquad M_A = \frac{qL^2}{2}$$

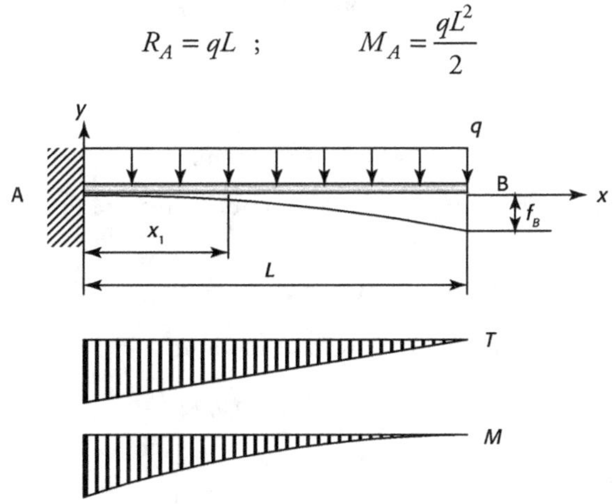

– Diagramme des T entre A et B :

$$T = R_A - qx = qL - qx$$

– Diagramme des M_f entre A et B :

$$M_f = \frac{qL^2}{2} - R_A x + \frac{qx^2}{2} = \frac{qL^2}{2} - qLx + \frac{qx^2}{2} = \frac{q \cdot (L-x)^2}{2}$$

La valeur maximum est obtenue pour $x = 0$:

$$M_{f-\max} = \frac{qL^2}{2} = \frac{45 \times 150^2}{2} = 5 \times 10^5 \, \text{N.cm}$$

Le module de flexion est :

$$W_f = \frac{I_{Gz}}{v}$$

Le module de flexion de la section dangereuse doit satisfaire à la relation :

$$W_f \geq \frac{M_{f-\max}}{R_p}$$

Donc nous avons :

$$\frac{I_{Gz}}{v} \geq \frac{M_{f-\max}}{R_p} \quad \text{et} \quad \frac{M_{f-\max}}{R_p} = \frac{5 \times 10^4}{10^5} = 50 \, \text{cm}^3$$

Nous obtenons :

$$W_f \geq 50 \text{ cm}^3$$

Nous trouvons pour le profilé IPN 12 la valeur $54,5 \text{ cm}^3$ dans le tableau Annexe 4.1.1 Poutrelles IPN.

Vérification des calculs

1. Contrainte de cisaillement

L'épaisseur de l'âme de la section de profil IPN12 est égale à :

$$e = 5,1 \text{ mm}$$

La surface de l'âme de profil IPN12 est égale à :

$$S \approx 5,1 \times 100 \approx 500 \text{ mm}^2$$

Supposons que l'âme seule supporte la pression de la totalité de l'effort tranchant. Cet effort tranchant est maximal à l'encastrement :

$$T_{\max} = qL = 4\ 500 \times 1,5 = 6\ 750 \text{ N}$$

La contrainte tangentielle moyenne dans l'âme est donc :

$$\frac{T_{\max}}{S} = \frac{6\ 750}{500} = 13,5 \text{ N}$$

2. Flèche maximale

$$y'' = \frac{M(x)}{EI} = \frac{q \cdot (L-x)^2}{2EI}$$

$$y = \frac{q}{24EI}\left[(L-x)^4 + 4L^3 x - L^4\right]$$

$$f = -\frac{qL^2}{8EI} = -\frac{45 \times 150^2}{8 \times 2 \times 10^7 \times 327} = -0,43 \text{ cm} = -43 \text{ mm}$$

3. Module de flexion maximum

Le poids propre de la poutrelle est $p_p = 111 \text{ N/m} = 1,11 \text{ N/cm}$.

Le moment de flexion maximal par le poids propre, pour une charge uniformément répartie, est égal à :

$$M'_{f-\max} = \frac{p_p L^2}{2} = \frac{1,11 \times 150^2}{2} = 0,12 \times 10^5 \text{ N.cm}$$

Le moment de flexion maximum total est égal à :

$$\sum M_f = M_{f-\max} + M'_{f-\max} = (5+0,2) \times 10^5 = 5,2 \times 10^5 \text{ N.cm}$$

Le module de flexion maximum :

$$\frac{I_{Gz}}{v} \geq \frac{M_{f-\max}}{R_p}$$

$$W_f = \frac{\sum M_f}{R_p} = \frac{5,12 \times 10^5}{10^4} = 51,2 \text{ cm} \quad \prec 54,5 \text{ cm}$$

Poutre isostatique – Console (méthode de Mohr)

Une poutre isostatique- console, une extrémité encastrée et une extrémité libre, supporte une charge uniformément répartie q (méthode de Mohr, voir chapitre 6, §6.2.1).

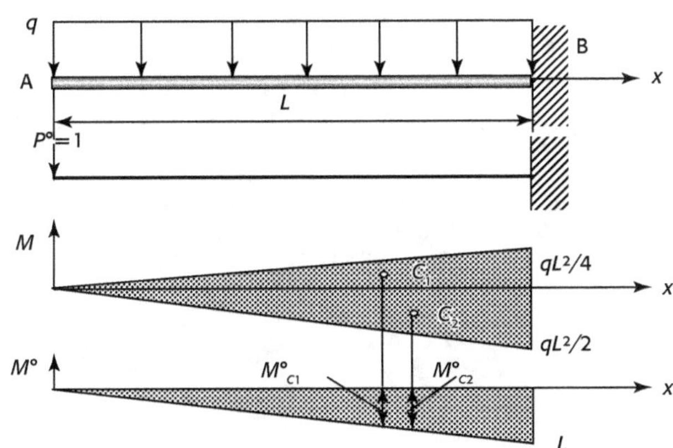

1. Aire de diagramme de M de charge q :

$$\omega_1 = \frac{1}{2} \cdot \frac{qL^2}{4} = \frac{qL^3}{8} \qquad \omega_2 = -\frac{1}{3} \cdot L \cdot \frac{qL^2}{2} = -\frac{qL^3}{6}$$

2. Hauteurs de $M°(x)$ correspondantes aux centres C1 et C2 de diagramme de M :

$$M°_{C1} = -\frac{2L}{3} \qquad\qquad M°_{C2} = -\frac{3L}{4}$$

3. Flèche au point A :

$$f_A = \frac{1}{EI}\left[\frac{qL^3}{8}\left(-\frac{2L}{3}\right) + \left(-\frac{qL^3}{6}\right)\left(-\frac{3L}{4}\right) \right] = \frac{qL^4}{24EI} \quad (\downarrow)$$

Poutre isostatique- console

Une poutre droite AB – console encastrée à une extrémité B, de poids négligeable, supporte une charge uniforme partielle. Déterminer l'équation de déformation.

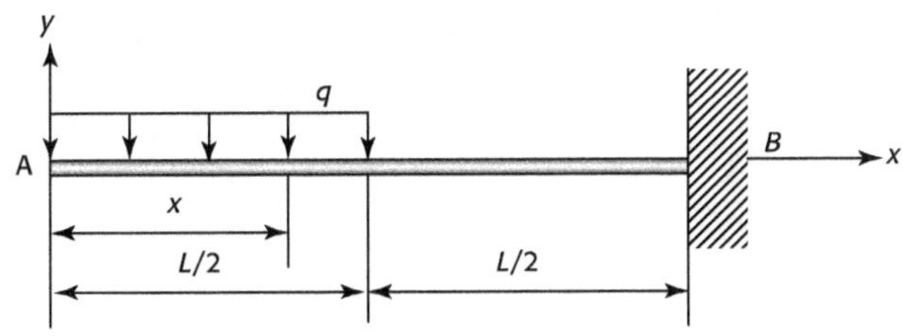

1. Moment de flexion :

$$M(x) = -\frac{q}{2}x^2 + \frac{q}{2}\left(x - \frac{L}{2}\right)^2$$

2. Équation de déformation :

$$EI\frac{d^2y}{dx^2} = -\frac{q}{2}x^2 + \frac{q}{2}\left(x - \frac{L}{2}\right)^2$$

$$EI\frac{dy}{dx} = -\frac{q}{6}x^3 + \frac{q}{6}\left(x - \frac{L}{2}\right)^3 + C$$

$$EI\,y = -\frac{q}{24}x^4 + \frac{q}{24}\left(x - \frac{L}{2}\right)^4 + Cx + D$$

3. Conditions aux limites :

- Si $x = L$: $\dfrac{dy}{dx} = 0$.
- Si $x = 0$: $y = L$.

4. Déterminer les constantes des équations.

$$C = \frac{7qL^3}{48} \quad D = -\frac{41qL^4}{384}$$

5. Équation de déformation :

$$y = \frac{1}{EI}\left[-\frac{q}{24}x^4 + \frac{q}{24}\left(x - \frac{L}{2}\right)^4 + \frac{7qL^3}{48}x - \frac{41qL^4}{384} \right]$$

6. Équation de déformation de AB et BC :

$$y_{AB}(x) = \frac{1}{EI}\left[-\frac{q}{24}x^4 + \frac{7qL^3}{48}x - \frac{41qL^4}{384} \right]$$

$$y_{BC}(x) = \frac{1}{EI}\left[-\frac{q}{24}x^4 + \frac{q}{24}\left(x - \frac{L}{2}\right)^4 + \frac{7qL^3}{48}x - \frac{41qL^4}{384} \right]$$

Remarque : En utilisant l'équation de déformation nous pouvons calculer les déformations d'un point quelconque de la poutre.

Poutre isostatique - console

Une poutre avec une extrémité encastrée A et l'autre extrémité B en appui, supporte une charge – couple. Déterminer la réaction en B (utiliser la méthode de force, voir chapitre 6, §6.2.2).

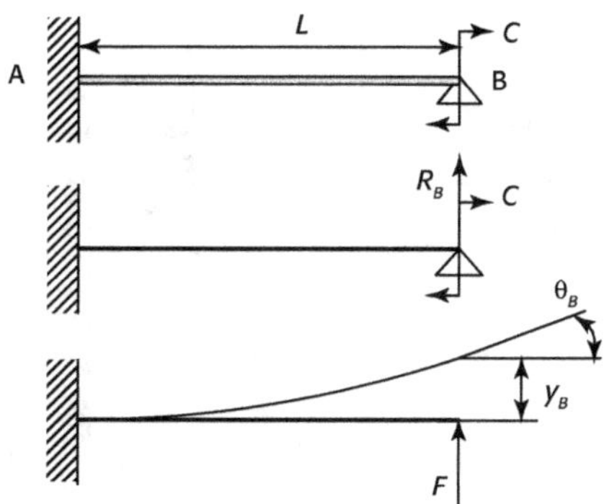

1. Appliquer une force virtuelle F sur l'appui B et supprimer l'appui B :

$$\theta_B = \frac{FL^2}{2EI} \quad ; \quad y_B = \frac{FL^3}{3EI}$$

2. État S_0 isostatique par suppression de l'appui B :

$$\Delta_B = \theta_B L + y_B$$

3. Travail de la charge extérieure par le couple C et la réaction de l'appui B :

$$W_e = -C\theta_B + R_{y-B} y_B$$

4. Travail de la force virtuelle F :

$$W_F = F\Delta_B = 0$$

5. Le travail W_e égal au travail W_F :

$$W_e = W_F$$
$$-C\theta_B + R_{y-A} y_B = 0$$

La réaction d'appui est égale à :

$$R_B = C\frac{\theta_B}{y_B} = C \cdot \frac{FL^2}{2EI} \cdot \frac{3EI}{FL^3} = \frac{3C}{2L}$$

Poutre isostatique - console

Une poutre droite AB - console en T, encastrée à une extrémité A, supporte une charge horizontale $F = 6$ kN à l'autre extrémité B. Son poids est négligeable. La longueur de poutre est $L = 1,2$ m. La contrainte admissible de la poutre en acier est $[\sigma] = 160$ MPa. Contrôler la résistance des matériaux de la poutre.

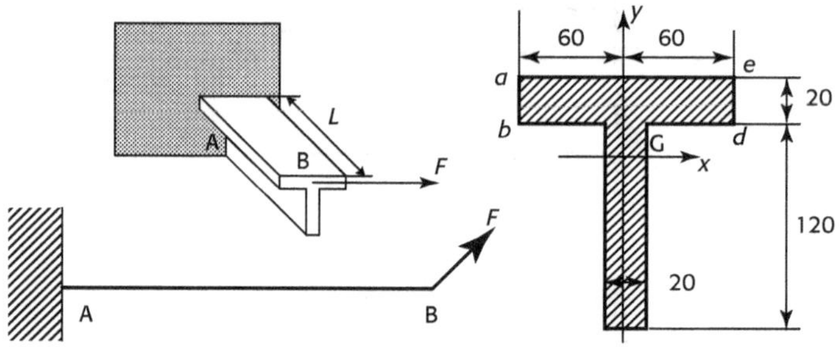

La section A est une section danger. Calculer le moment de flexion de section A :

$$M_A = FL = (6 \times 10^3) \times 1,2 = 7,2 \times 10^3 \ \text{N.m}$$

L'axe y est l'axe symétrique. Le maximum de la contrainte se trouve à $a\,b$ et $d\,e$:

$$\sigma_{max} = \frac{M_A x_{max}}{I_y} = \frac{12 \times (7,2 \times 10^3) \times 0,060}{0,020 \times (0,120)^3 + 0,120 \times 0,020^3}$$

$$= 1,46 \times 10^8 \text{Pa} = 146 \ \text{MPa}$$

$$\sigma_{max} < [\sigma]$$

Poutre isostatique - console

La poutre droite encastrée à une extrémité est positionnée suivant un angle imposé $\alpha = 28° \ 30'$. Son poids est négligeable. La charge, concentrée verticale supportée par la poutre au point B, est $F = 5$ kN. Sa longueur de poutre est $L = 1$ m. Le moment d'inertie principal est $I_{y_1} = 0,385 \times 10^{-6} \text{m}^4$; $I_{x_1} = 3,60 \times 10^{-6} \text{m}^4$. Déterminer la contrainte maximale.

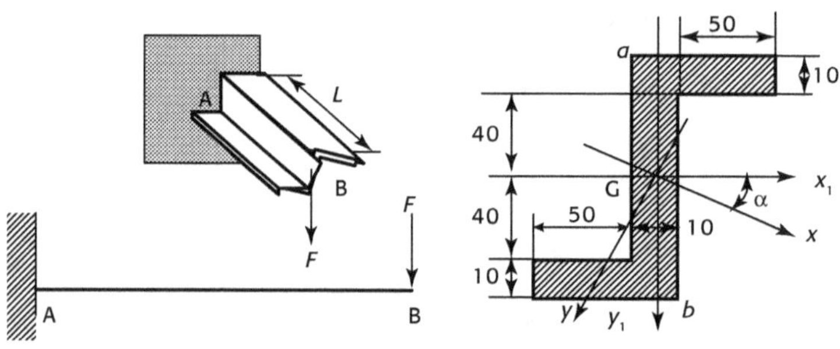

1. Moment de flexion de la section dangereuse A :

$$M_A = FL = 5 \times 10^3 \, \text{N} \times 1 \, \text{m} = 5 \times 10^3 \, \text{N} \times \text{m}$$

Moment de flexion suivant le repère principal $(x - y)$:

$$M_y = -5 \times 10^3 \sin 28°30' = -2,39 \times 10^3 \, \text{N} \times \text{m}$$

$$M_x = 5 \times 10^3 \cos 28°30' = 4,39 \times 10^3 \, \text{N} \times \text{m}$$

2. Déterminer la position du point a de la section A.
 – Position du point a dans le repère $(x_1 - y_1)$:

$$y_{1-a} = -0,050 \, \text{m} \quad ; \quad x_{1-a} = -0,005 \, \text{m}$$

 – Position du point a dans le repère principal $(x - y)$:

$$y_a = y_{1-a} \cos\alpha + x_{1-a} \sin\alpha$$
$$= -0,050 \times \cos(-28°30') + (-0,005)\sin(-28°30') = -0,0416 \, \text{m}$$
$$x_a = x_{1-a} \cos\alpha - y_{1-a} \sin\alpha$$
$$= -0,005 \times \cos(-28°30') - (-0,050)\sin(-28°30') = -0,0283 \, \text{m}$$

3. Contrainte maximale :

$$\sigma_a = \sigma_{\max} = \frac{M_y x_a}{I_{y1}} - \frac{M_x y_a}{I_{x1}} = \frac{(-2,39 \times 10^3)(-0,0283)}{0,385 \times 10^{-6}} - \frac{(4,39 \times 10^3) \times (-0,0416)}{3,60 \times 10^{-6}}$$

$$= 2,26 \times 10^8 = 226 \, \text{MPa}$$

$$\sigma_b = \sigma_{\max} = 226 \, \text{MPa}$$

Poutre isostatique - console

Une poutre droite AB de section rectangulaire - console, une extrémité encastrée B et une extrémité libre A. La poutre est en matériau plastique. La relation entre la contrainte et l'allongement est $\sigma = C\sqrt{\varepsilon}$. C est une constante. Calculer la déformation de point A (utiliser la méthode de la « formule de Mohr »).

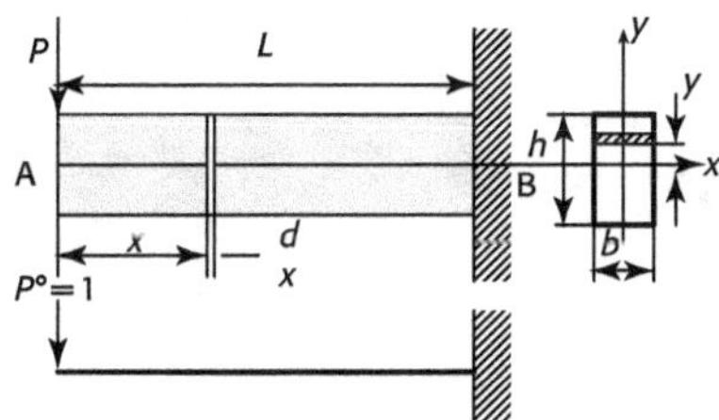

 – Allongement unitaire de poutre (ρ rayon de courbure) :

$$\varepsilon = -\frac{y}{\rho}$$

– Contrainte normale :

$$\sigma = C\sqrt{\varepsilon} = C\sqrt{-\frac{y}{\rho}}$$

– Moment de flexion :

$$M = -\int_A y\sigma \cdot dA = -C \cdot \left(-\frac{1}{\rho}\right)^{\frac{1}{2}} \int_A y^{\frac{3}{2}}\, dA$$

Supposons $I_x^* = \int_A y^{\frac{3}{2}}\, dA$:

$$\sqrt{-\frac{1}{\rho}} = -\frac{M}{CI_x^*} \qquad\qquad \frac{1}{\rho} = -\frac{M^2}{\left(CI_x^*\right)^2}$$

Comme $M(x) = -Px$:

$$\frac{1}{\rho} = -\frac{P^2 x^2}{\left(CI_x^*\right)^2}$$

L'angle de flexion est :

$$d\theta = \frac{dx}{\rho} = -\frac{P^2 x^2\, dx}{\left(CI_x^*\right)^2}$$

En appliquant une force unitaire $P° = 1$, le moment de flexion de $P°$ est :

$$M_x = -x$$

La déformation de la poutre au point A est :

$$f_A = \int_1 M_x\, d\theta = \int_0^L (-x)\left(-\frac{P^2 x^2\, dx}{\left(CI_x^*\right)^2}\right) = \frac{P^2 L^4}{4 \cdot \left(CI_x^*\right)^2}$$

$$I_x^* = \int_A y^{\frac{3}{2}}\, dA = 2\int_0^{\frac{h}{2}} y^{\frac{3}{2}} b\, dy = \frac{bh^{\frac{5}{2}}}{5\sqrt{2}}$$

$$f_A = \frac{25 P^2 L^4}{2C^2 b^2 h^5}$$

Poutre isostatique - console

Une poutre ABC - console, une extrémité encastrée A et une extrémité libre C, supporte une charge verticale P à l'extrémité C. Calculer le déplacement vertical du point C (utiliser la méthode de force).

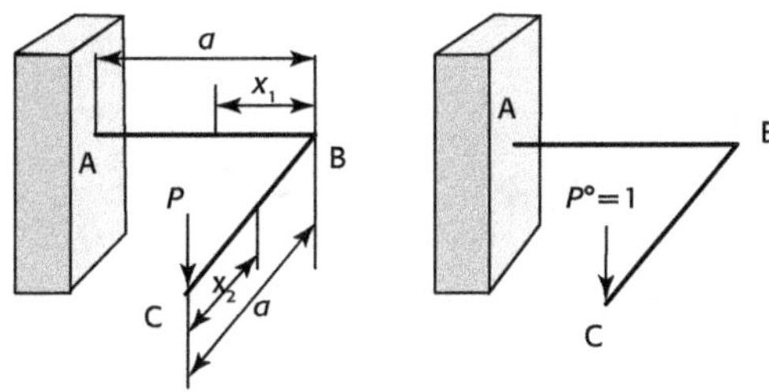

1. Moment de flexion par la charge P :

$$M_{AB}(x_1) = -Px_1 \qquad T_{AB}(x_1) = Pa$$
$$M_{BC}(x_2) = -Px_2 \qquad T_{BC}(x_2) = 0$$

2. Appliquer au point C une charge unitaire $P° = 1$.
Moment de flexion par la charge $P°$:

$$M°_{AB}(x_1) = -x_1 \qquad T°_{AB}(x_1) = a$$
$$M°_{BC}(x_2) = -x_2 \qquad T°_{BC}(x_2) = 0$$

3. Déplacement du point C :

$$f_c = \int_0^a \frac{M(x_1)M°(x_1)}{EI}dx_1 + \int_0^a \frac{T(x_1)T°(x_1)}{GI_p} dx_1 + \int_0^a \frac{M(x_2)M°(x_2)}{EI} dx_2 + \int_0^a \frac{T(x_2)T°(x_2)}{GI_p} dx_2$$

$$= \frac{1}{EI}\left[\int_0^a (-Px_1)(-x_1)\,dx_1 + \int_0^a (-Px_2)(-x_2)\,dx_2\right] + \frac{1}{GI_P}\int_0^a Pa \cdot a\,dx_1$$

$$= \frac{2Pa^3}{3EI} + \frac{Pa^3}{GI_P} \quad (\downarrow)$$

Poutre isostatique - console

Une poutre - console, une extrémité encastrée et une extrémité libre, supporte une charge répartie en fonction $q(x)$. Calculer le déplacement vertical du point B.

$$q(x) = q_0 \cos\frac{\pi\,x}{2L}$$

1. Appliquer une charge $q(x)\,dx$ à la section x. La flèche du point B par cette charge est :

$$dy_B = \frac{q(x)dx \cdot x^2}{6EI}(3L - x) = \frac{q_0 \cos\dfrac{\pi x}{2L}dx \cdot x^2}{6EI}(3L - x)$$

$$= \frac{q_0 x^2(3L - x)}{6EI}\cos\frac{\pi x}{2L}dx$$

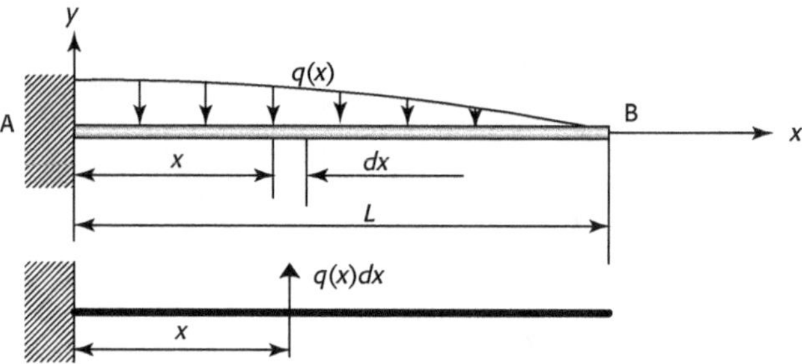

2. La flèche totale au point B est égale à :

$$f_B = -y_B = -\frac{q_0}{6EI}\int_0^L x^2(3L - x)\cos\frac{\pi x}{2L}dx = \frac{2q_0 L^4(\pi^3 - 24)}{3\pi^4 EI}\quad(\downarrow)$$

Poutre isostatique - console - engrenage

L'engrenage à denture droite transmet une puissance P (W). Il tourne à n tr/mn ; la largeur de denture est égale à k fois le module m : $b = k \cdot m$, avec généralement $6 \leq k \leq 12$. Calculer le module m d'une dent d'engrenage.

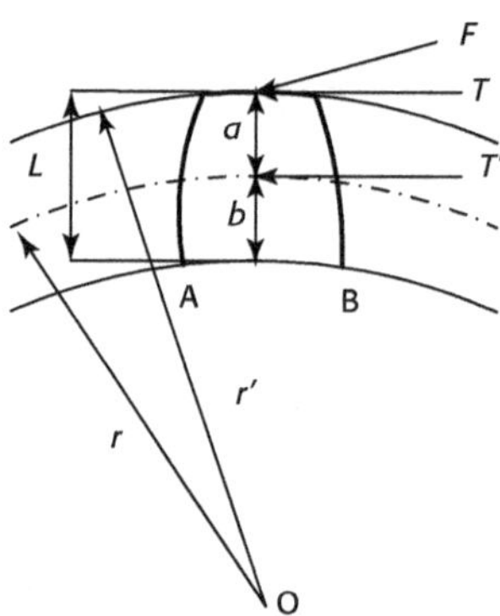

La vitesse angulaire d'engrenage est égale à :

$$\omega = \frac{n}{60}\cdot 2\pi = \frac{\pi \cdot n}{30}\,\text{rd/s}$$

Supposons qu'un seul couple de dents est en prise. Le couple transmis par l'engrenage est :

$$M_c = \frac{P}{\omega}$$

L'effort tranchant T au rayon primitif est :

$$T = \frac{M_c}{r}$$

Lorsque la dent de la roue menant entre en contact avec la dent de la roue menée, son action sur celle-ci est représentée par F. Si nous négligeons le frottement entre dents en prise, l'angle φ est égal à l'angle de pression. La composante tangentielle T de F est appliquée au sommet de la dent. Nous savons que : $T \cdot r \approx T' \cdot r'$ et $T \approx T'$. Donc la composante tangentielle T est assimilée à une poutre encastrée à une extrémité en AB. Le moment de flexion est égal à :

$$M_f = T \cdot L$$

avec :
$$L = a + b = m + 1,25m = 2,25m$$

Le module de flexion est égal à :

$$W_{Gz} = \frac{I_{GZ}}{v} = \frac{bh^2}{6} \qquad \text{avec :} \ b = k \cdot m \ \text{et} \ h = \frac{\pi \cdot m}{2}$$

$$W_{Gz} = \frac{I_{GZ}}{v} = \frac{bh^2}{6} = \frac{k \cdot m}{6} \cdot \left(\frac{\pi \cdot m}{2} \right)^2$$

Supposons la contrainte admissible est R_p. La condition de résistance des matériaux nous donne :

$$\frac{M_{f-\max}}{\left(\dfrac{I_{GZ}}{v} \right)} \leq R_p$$

Le module d'engrenage est sous la condition de :

$$m \geq 2,34 \sqrt{\frac{T}{k \cdot R_p}}$$

Poutre isostatique - console - engrenage

Soit un engrenage de 40 dents, de module $m = 3$ mm et de largeur $b = 30$ mm, tournant à la vitesse $n = 1\,500$ tr/min. L'engrenage est en acier XC32 de contrainte admissible $R_p = 60$ N/mm^2. En utilisant le résultat de l'exercice 5.25, déterminer la puissance transmise par l'engrenage.

Nous négligeons le frottement entre dents en prise et considérons qu'une dent est comme une poutre encastrée à une extrémité.

La largeur de denture de l'engrenage est égale à k fois le module m, donc :

$$k = \frac{b}{m} = \frac{30}{3} = 10$$

En utilisant le résultat de l'exercice 5.25, nous avons :

$$m = 2,34\sqrt{\frac{T}{k \cdot R_p}} \qquad m^2 = 5,47\frac{T}{k \cdot R_p}$$

L'effort tangentiel T est égal à :

$$T = \frac{m^2 \times k \times R_p}{5,47} = \frac{3^2 \times 10 \times 60}{5,47} = 987,20\,\text{N} \approx 1\,000\ \text{N}$$

Le rayon primitif de l'engrenage est égal à :

$$r = \frac{m \cdot z}{2} = \frac{3 \times 40}{2} = 60\ \text{mm}$$

Le couple transmis est :

$$M_c = T \cdot r = T \cdot \frac{m \cdot z}{2} = 1\,000\ \text{N} \times 60\ \text{mm} = 1\,000\ \text{N} \times 0,06\text{m} = 60\ \text{N} \times \text{m}$$

La vitesse angulaire de l'engrenage est égale à :

$$\omega = \frac{\pi \cdot n}{30} = \frac{\pi \cdot 1\,500}{30} = 50\pi\ \text{rd/s}$$

Nous obtenons la puissance transmise par l'engrenage :

$$P = M_c \cdot \omega = M_c \cdot \frac{\pi \cdot n}{30} = 60 \times 50\pi\ \text{rd/s} = 9424,78\ \text{W} \approx 9\ \text{kW}$$

Poutre isostatique - console

Soit une poutre encastrée à une extrémité, de section carrée $a \times a$ et de contrainte admissible $R_e = 600$ MPa. L'autre extrémité de la poutre supporte un couple de forces extérieures $F_y = 50\,000$ N. Le coefficient de sécurité est $k_s = 2$. (1) Déterminer les efforts tranchants et les moments de flexion. (2) Calculer la dimension de la section transversale de la poutre.

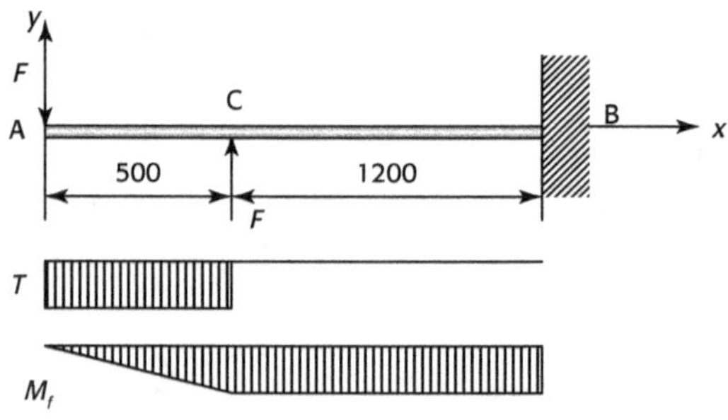

La poutre de section carrée présente quatre plans de symétrie dont les traces sur une section droite sont les segments *ac* et *bd*, *eh* et *mn*.

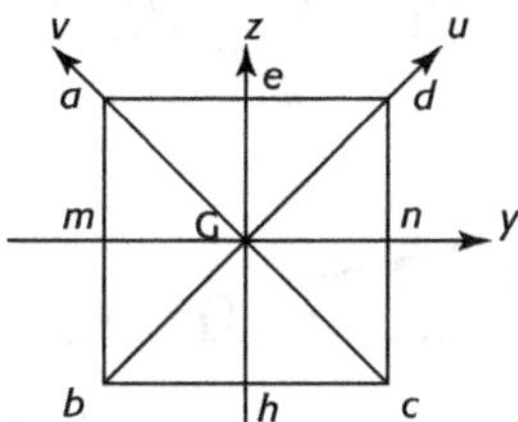

Nous avons : $I_{Gu} + I_{Gv} = I_{Gy} + I_{Gz}$

Par les symétries, nous avons : $I_{Gy} = I_{Gz} = \dfrac{a^4}{12}$; $I_{Gy} = I_{Gz} = \dfrac{I_{Gu} + I_{Gv}}{2}$

$$I_{Gu} = I_{Gv} = \dfrac{a^4}{12}$$

Quand $y_{\max}$ sera le plus grand, le module de flexion sera minimal. Nous choisirons le plan de charge matérialisé par l'axe Gy, dans le cas où le module de flexion est maximal.

$$\dfrac{I_{Gz}}{y_{\max}} = \dfrac{a^3}{6} \quad \text{tandis que} \quad \dfrac{I_{Gu}}{y_{\max}} = \dfrac{a^3}{6\cdot\sqrt{2}}$$

Les efforts tranchants de la poutre sont : $T_{AC} = -50\ 000$ N ; $T_{CB} = 0$.

Les moments de flexion de la poutre : $M_{f-AC} = 50\ 000 \cdot x$; $M_{f-CB} = 25\ 000$.

La condition de résistance des matériaux nous donne :

$$\dfrac{I_{Gz}}{v} \geq \dfrac{M_{f-\max}}{R_p} \;\Rightarrow\; \dfrac{I_{Gz}}{y_{\max}} \leq \dfrac{M_f}{\dfrac{\left[R_e\right]}{k_s}} \;\Rightarrow\; \dfrac{\left[R_e\right]}{k_s} \geq \dfrac{25\ 000 \times 10^3}{\dfrac{a^3}{6}}$$

D'où nous obtenons :

$$a = \sqrt[3]{\dfrac{25\ 000 \times 10^3 \times 6}{600/2}} \approx 79,2 \text{ mm}$$

Nous choisirons la longueur du côté de la section carrée de la poutre $a = 80$ mm.

Poutre isostatique - console

Un profil IPE de longueur de $L = 2,5$ m, avec la contrainte admissible de $\left[R_e\right] = 350$ MPa, encastré sur une extrémité, supporte des forces : $p = 8\ 000$ N et $F = 14\ 000$ N. (1) Déterminer les dimensions du profilé. (2) Déterminer la répartition des contraintes tangentielles dans la section droite où l'effort tranchant est maximal.

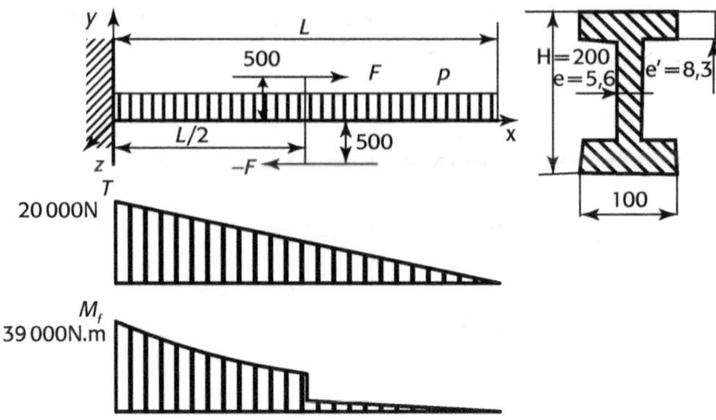

1. Équations d'équilibre de la poutre :

$$\sum F_x = R_{A-x} = 0$$

$$\sum F_y = R_{A-y} - p \cdot L = 0$$

$$\sum F_z = R_{A-z} = 0$$

$$\sum M_x = M_{A-x} = 0$$

$$\sum M_y = M_{A-y} = 0$$

$$\sum M_z = M_{A-z} - \frac{1}{2}pL^2 - C = 0$$

2. Déterminer les réactions en A en utilisant les conditions d'équilibre de la poutre.

$$R_{A-y} = pL = 8\ 000\ \text{N/m} \times 2,5\ \text{m} = 20\ 000\ \text{N}$$

$$M_{A-z} = \frac{1}{2}pL^2 + C$$

$$= \frac{1}{2}8\ 000\ \text{N/m} \times (2,5\ \text{m})^2 + 14\ 000\ \text{N.m}$$

$$= 25\ 000\ \text{N.m} + 14\ 000\ \text{N.m} = 39\ 000\ \text{N.m}$$

$$M_{C-z(F)} = M_{C-z(-F)} = 14\ 000\,N.m$$

3. Efforts tranchants :

$$T_{y(A-C)} = R_{Ay} - px = 20\ 000 - 8\ 000x$$

$$T_{y(C-B)} = R_{Ay} - px = 20\ 000 - 8\ 000x$$

4. Moment de flexion :

$$M_{z(A-C)} = 39\ 000 - 20\ 000x + \frac{8\ 000}{2}x^2$$

$$M_{z(C-B)} = 39\ 000 - 20\ 000x + 8\ 000x^2 - 14\ 000$$

5. Contrainte tangentielle dans les semelles

La section la plus sollicitée est la section d'abscisse $x = 0$. Le profilé standard est déterminé par l'inéquation d'équarrissage :

$$\frac{I_{Gz}}{v} \geq \frac{M_{f-\max}}{R_p} \Rightarrow \frac{I_{Gz}}{v} \geq \frac{39000 \times 10^3}{350} = 1,11 \times 10^5 \, \text{mm}^3$$

Le module de flexion du profilé standard immédiatement supérieur est $194 \, \text{cm}^3$, il correspond au profilé IPE 200.

Le moment statique par rapport à Gz est :

$$M_{s-Gz} = \int_{y}^{100} 100 - y \, dy = 50 \times (100^2 - y^2)$$

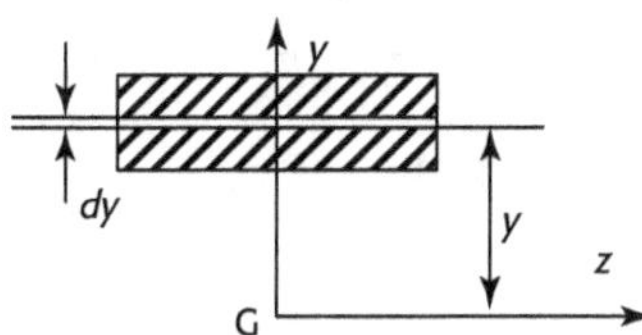

Le moment d'inertie de la section transversale est :

$$I_{Gz} = \frac{5,3 \times 193^3}{12} + 2 \times \left[\frac{100 \times 8,5^3}{12} + 100 \times 8,5 \times 95,75^2 \right]$$

$$= 3,175 \times 10^6 + 2 \times (0,051 + 7,773) \times 10^6 = 1,882 \times 10^7 \, \text{mm}^4$$

La contrainte tangentielle se calcule par la formule :

$$\tau_{xy} = \frac{T \cdot M_{s-Gz}}{b \cdot I_{Gz}} = \frac{20000 \times 50 \times (100 - y^2)}{100 \times 1,882 \times 10^7}$$

– Contrainte tangentielle maximale de la semelle

Nous avons la contrainte tangentielle maximale lorsque nous passons de la semelle à l'âme $y = 91,5$ mm et largeur de $b = 5,6$ mm.

La contrainte tangentielle maximale de la semelle est égale à :

$$\tau_{xy-\max} = \frac{T \cdot M_{s-Gz}}{b \cdot I_{Gz}} = \frac{20\,000 \times 50 \times (100^2 - 91,5^2)}{5,6 \times 1,882 \times 10^7} \approx 15,445 \, \text{MPa}$$

6. Contrainte tangentielle dans l'âme :

La distance du centre de gravité G de la surface de la semelle est :

$$h_1 = 100 - 4,25 = 95,75 \, \text{mm}$$

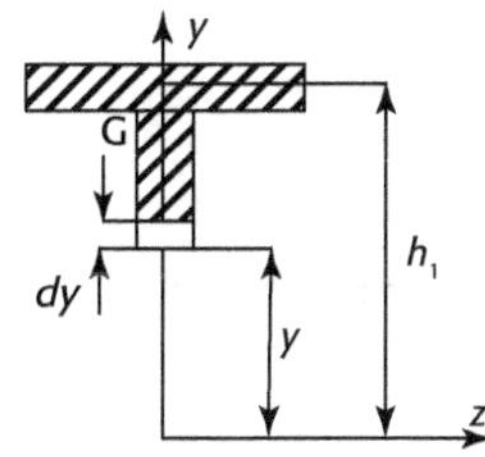

Le moment statique par rapport à Gz est :

$$M_{s-Gz} = 100 \times 8,5 \times 95,75 + \int_{y}^{91,5} 5,6 \, y \, dy$$

$$= 81\,387,5 + \frac{5,6}{2} \times (91,5^2 - y^2)$$

En prenant $b = 5{,}6$ mm la contrainte tangentielle dans l'âme est :

$$\tau_{xy} = \frac{T \cdot M_{s-Gz}}{b \cdot I_{Gz}} = \frac{20\ 000}{5{,}6 \times 1{,}882 \times 10^7} \times \left[81\ 387{,}5 + \frac{5{,}6}{2} \times (91{,}5^2 - y^2) \right]$$

– Contrainte tangentielle maximale dans l'âme pour $y = 0$:

$$\tau_{xy-\max} = \frac{T \cdot M_{s-Gz}}{b \cdot I_{Gz}}$$

$$= \frac{20\ 000}{5{,}6 \times 1{,}882 \times 10^7} \times \left[81387{,}5 + \frac{5{,}6}{2} \times (91{,}5^2 - y^2) \right]$$

$$= 19{,}89 \text{ MPa}$$

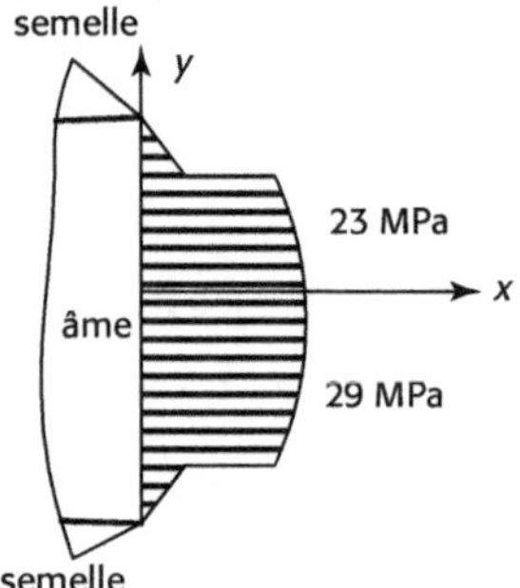

Poutre isostatique – console

Une poutre encastrée à une extrémité, de longueur $L = 0{,}5$ m, avec EI_{Gz} constante, supporte une charge répartie de $p = 60da$ N/m. Déterminer la rigidité de la poutre pour que la flèche en B ne dépasse pas $L / 500$.

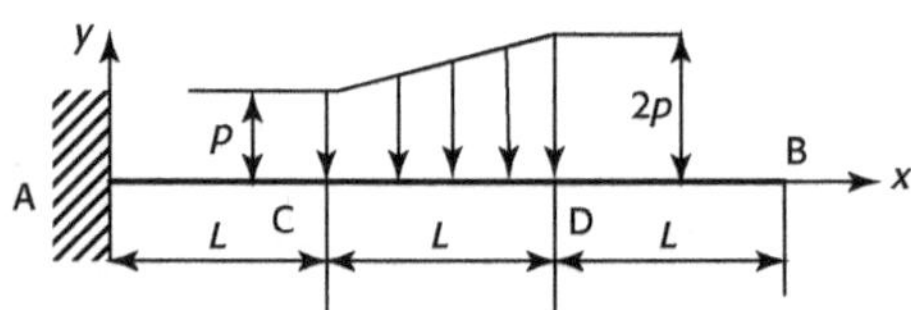

1. Équations d'équilibre de la poutre :

$$\sum F_x = R_{A-x} = 0$$

$$\sum F_y = R_{A-y} - \frac{3}{2} pL = 0$$

$$\sum F_z = R_{A-z} = 0$$

$$\sum M_x = M_{A-x} = 0$$

$$\sum M_y = M_{A-y} = 0$$

$$\sum M_z = M_{A-z} - \frac{5}{2} pL^2 = 0$$

2. Déterminer les réactions en A en utilisant les conditions d'équilibre de la poutre.

$$R_{A-y} = \frac{3}{2} pL \quad \text{et} \quad M_{A-z} = \frac{5}{2} pL^2$$

3. L'équation de la charge répartie en fonction de x, $L < x < 2L$, est :

$$P(x) = -\frac{px}{L}$$

4. Moment de flexion en divisant la poutre en trois parties

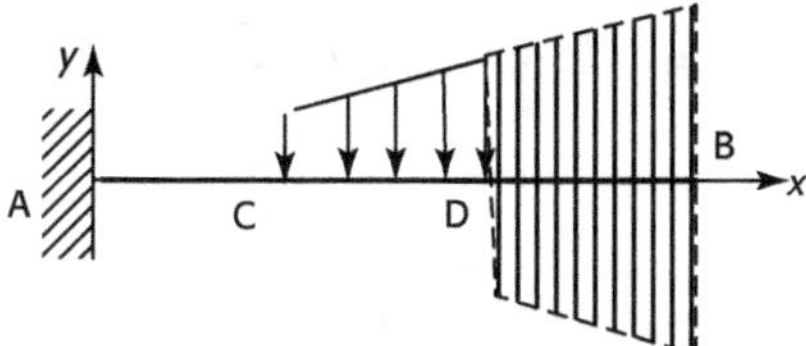

Pour la partie AC, le moment de flexion est :

$$M_{f-z-AC} = \frac{5}{2}\left(pL^2\right) - \frac{3}{2}\left(pL\right) \cdot x$$

Pour la partie CD, le moment de flexion est :

$$M_{f-z-CD} = \frac{5}{2}\left(pL^2\right) - \frac{3}{2}\left(pL\right) \cdot x + \frac{px}{L} \cdot \frac{(x-L)^2}{2}$$

Pour la partie DB, nous considérons qu'il supporte deux charges uniformes opposées et la somme de deux charges est nulle. Donc le moment de flexion est :

$$M_{f-z-CD} = \frac{5}{2}\left(pL^2\right) - \frac{3}{2}\left(pL\right) \cdot x + \frac{px}{L} \cdot \frac{(x-L)^2}{2} - \frac{px}{L} \cdot \frac{(x-2L)^2}{2}$$

5. Retenons cette dernière expression pour le tronçon DB comme moment de flexion valable à toute distance de AB, à condition que :

– les termes en $(x - L)$ et $(x - 2L)$ deviennent nuls si $x < L$;

– les termes en $(x - 2L)$ deviennent nuls si $x < 2L$.

6. Équation différentielle de la ligne élastique :

$$-EI_{Gz}\,y''' = \frac{5}{2}\left(pL^2\right) - \frac{3}{2}\left(pL\right) \cdot x + \frac{px}{L} \cdot \frac{(x-L)^2}{2} - \frac{px}{L} \cdot \frac{(x-2L)^2}{2} \tag{1}$$

Intégrons une première fois :

$$EI_{Gz}\,y' = -\frac{5}{2}\left(pL^2\right) \cdot x + \frac{3}{4}\left(pL\right) \cdot x^2 - \frac{p}{2L}\left(\frac{x^4}{4} - \frac{2Lx^3}{3} + \frac{L^2x^2}{2}\right)$$

$$+ \frac{p}{2L} \cdot \left(\frac{x^4}{4} - \frac{4Lx^3}{3} + \frac{4L^2x^2}{2}\right) + C_1 \tag{2}$$

Intégrons une seconde fois pour déterminer l'équation de la ligne élastique :

$$EI_{Gz}\,y = -\frac{5}{4}\left(pL^2\right) \cdot x^2 + \frac{3}{12}\left(pL\right) \cdot x^3 - \frac{p}{2L}\left(\frac{x^5}{20} - \frac{2Lx^4}{12} + \frac{L^2x^3}{6}\right)$$

$$+ \frac{p}{2L} \cdot \left(\frac{x^5}{20} - \frac{4Lx^4}{12} + \frac{4L^2x^3}{6}\right) + C_1 x + C_2 \tag{3}$$

7. Déterminer les constantes C_1 et C_2, en utilisant les conditions limites.

Quand $x = 0$, avec l'expression (3) nous avons $C_2 = 0$

Quand $x = 0$, $y = 0$, avec l'expression (2) nous avons $y' = 0$, $C_1 = 0$

D'où l'équation de la ligne élastique est :

$$EI_{Gz}\,y = -\frac{5}{4}\left(pL^2\right)\cdot x^2 + \frac{3}{12}\left(pL\right)\cdot x^3 - \frac{p}{2L}\left(\frac{x^5}{20} - \frac{2Lx^4}{12} + \frac{L^2x^3}{6}\right)$$

$$+ \frac{p}{2L}\cdot\left(\frac{x^5}{20} - \frac{4Lx^4}{12} + \frac{4L^2x^3}{6}\right)$$

$$= -\frac{5pL^2x^2}{4} - \frac{PLx^3}{2} - \frac{px^4}{12}$$

8. Déterminer le déplacement du point B en prenant $x = 3L$:

$$EI_{Gz}\,y_B = -\frac{5pL^2x^2}{4} - \frac{PLx^3}{2} - \frac{px^4}{12} = -\frac{5pL^2(3L)^2}{4} - \frac{PL(3L)^3}{2} - \frac{p(3L)^4}{12} = -\frac{63}{2}pL^4$$

9. Nous fixons la contrainte : $y_B < L\,/\,500$. Avec cette condition nous obtenons :

$$EI_{Gz} = \frac{63}{2}pL^4 \cdot \frac{1}{y_B} = \frac{63p\cdot L^4}{2}\cdot\frac{500}{L} = \frac{63\times 600\times 0,5^3\times 500}{2} = 1181250 \approx 1,2\times 10^6\,\text{Nm}^2$$

$$EI_{Gz} \geq 1,2\times 10^6\ \text{Nm}^2$$

Poutre isostatique - console

Une poutre, de section et de rigidité constante, encastrée à une extrémité A, supporte une charge uniforme partielle (voir la figure). Déterminer le déplacement de l'extrémité B (méthode de l'aire de moment de flexion).

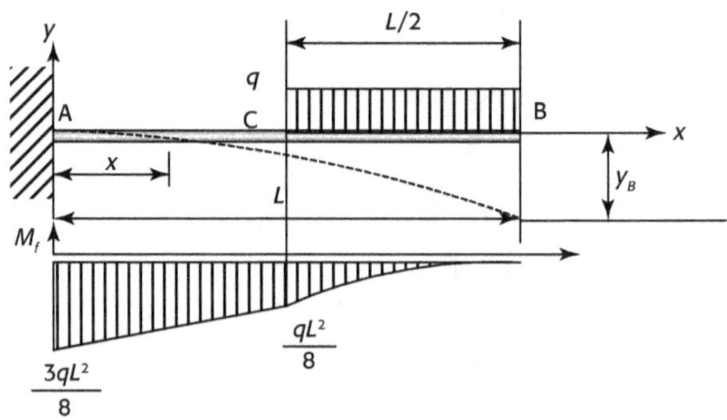

Les moments de flexion sont : $M_A = \dfrac{3qL^2}{8}$ en A; et $M_C = \dfrac{qL^2}{8}$ en C.

1. Cas $0 < x < L/2$

Le diagramme est représenté par un trapèze. Son aire est :

$$A_1 = \left(\frac{3qL^2}{8} + \frac{qL^2}{8}\right) \cdot \frac{1}{2} \cdot \frac{L}{2}$$

Pour calculer le moment de l'aire trapézoïdale, nous pouvons décomposer celui-ci en un rectangle et un triangle. Le moment de l'aire A_1 par rapport à B est :

$$M_1 = -\left(\frac{qL^2}{8} \cdot \frac{L}{2}\right)\left(\frac{L}{2} + \frac{L}{4}\right) - \left(\frac{1}{2} \cdot \frac{qL^2}{4} \cdot \frac{L}{2}\right)\left(\frac{L}{2} + \frac{L}{3}\right) = -\frac{38qL^4}{384}$$

2. Cas $L/2 < x < L$

Le diagramme est représenté par un parabolique. Son aire est égale à :

$$A_2 = \frac{1}{3} \frac{qL^2}{8} \cdot \frac{L}{2}$$

Le moment de l'aire A_2 par rapport à B est :

$$M_2 = -\frac{3}{4} \cdot \frac{L}{2} \cdot A_2 = -\frac{3}{4} \cdot \frac{L}{2} \cdot \frac{1}{3} \cdot \frac{qL^2}{8} \cdot \frac{L}{2} = -\frac{3qL^4}{384}$$

3. Finalement, nous obtenons :

$$EIy_B = EI(M_1 + M_2) = EI\left(-\frac{38qL^3}{384} - \frac{3qL^3}{384}\right) = -\frac{41qL^4}{384}$$

$$\Rightarrow y_B = -\frac{41}{384} \cdot \frac{qL^4}{EI}$$

Poutre isostatique - console

Charges roulantes. Une poutre, encastrée à une extrémité, supportant une seule charge roulante P. Considérons la charge roulante dans la position définie par l'abscisse x_1. Étudier les moments de flexion de charge roulante.

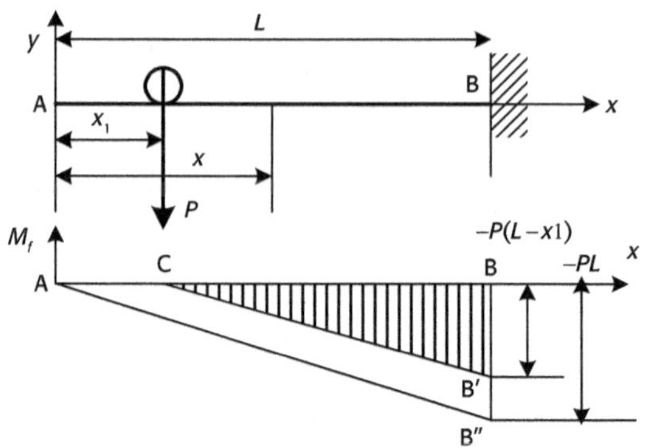

Le moment de flexion est :

$$M_f = -P(x - x_1)$$

Le maximum du moment de flexion se trouve à $x = L$ et sa valeur est égale à :

$$M_{f-\max} = -P(L - x_1)$$

La courbe représentative des variations de M_f, lorsque la charge est en C, est la droite CB'. Quand la charge étant en A, à l'extrémité libre de la poutre ($x_1 = 0$), elle devient l'équation d'une droite parallèle à CB':

$$M_f = -P \cdot x$$

Le triangle *ABB″* constitue le plus grand des diagrammes que l'on puisse obtenir, avec la valeur la plus élevée de moment de flexion dû à la charge roulante.

$$M_{f-\max} = -P \cdot L$$

Exercice 5.32

Poutre isostatique – console
Poutre d'égale résistance à la flexion

Une poutre, encastrée à une extrémité, est supportée par une force concentrée P à l'autre extrémité. La contrainte admissible est $[R]$. Supposons que les sections de la poutre sont rectangulaires. Déterminer les fonctions des dimensions de la poutre pour que la poutre soit une poutre d'égale résistance à la flexion.

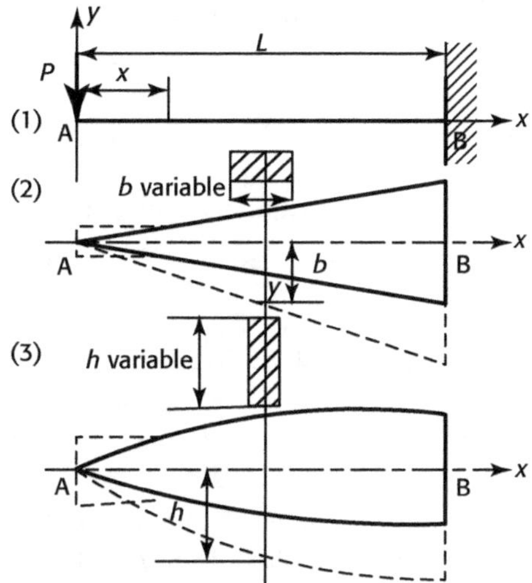

Moments de flexion d'abscisse x : $M_f = -Px$ (voir la figure (1) ci-dessus).

La contrainte maximale est :

$$\sigma_{max} = \frac{M_{f-x}}{\left(\dfrac{I_{G-z}}{v}\right)} = [R]$$

D'où nous avons :
$$\frac{I_{G-z}}{v} = -\frac{M_{f-x}}{[R]} = -\frac{Px}{[R]}$$

Ce qui nous intéresse ici, c'est la valeur absolue du module de flexion. Écrivons :

$$\frac{I_{G-z}}{v} = \frac{P \cdot x}{[R]}$$

Si les sections de la poutre sont rectangulaires :

$$\frac{I_{G-z}}{v} = \frac{bh^2}{6} \qquad \Rightarrow \qquad \frac{bh^2}{6} = \frac{P \cdot x}{[R]}$$

1. La hauteur h reste constante, la largeur b varie (voir la figure (2) ci-dessus).

$$b = \frac{6}{h^2}\frac{P}{[R]} \cdot x = k_1 x \qquad \Rightarrow \qquad k_1 = \text{Constante}$$

La largeur b des sections varie donc suivant une loi linéaire.

2. La hauteur h varie, la largeur b reste constante (voir la figure (3) ci-dessus).

$$h^2 = \frac{6}{b}\frac{P}{[R]} \cdot x = k_2 x \qquad \Rightarrow \qquad h = \sqrt{\frac{6}{b}\frac{P}{[R]} \cdot x} = \sqrt{k_2 \cdot x}$$

k_2 = Constante, la hauteur h varie suivant un parabolique : $h = \sqrt{k_2 \cdot x}$.

Poutre isostatique – console avec réponse

Une poutre, de section et de rigidité constante, encastrée à une extrémité A, supporte deux charges concentrées P et Q.

(1) Déterminer le déplacement de l'extrémité B. (2) Supposons que la poutre en I (250 × 150) a une longueur de 3 m et un moment d'inertie de $I_x = 8000$ cm^2. Le module d'élasticité longitudinale est $E = 19{,}2 \times 10^4$ N/mm^2 et la contrainte admissible est $\sigma = 96$ N/mm^2. Déterminer :

1. la flèche maximale.

2. les charges P et Q pour que la flèche maximale soit $f_{\max} = 6{,}35$ mm.

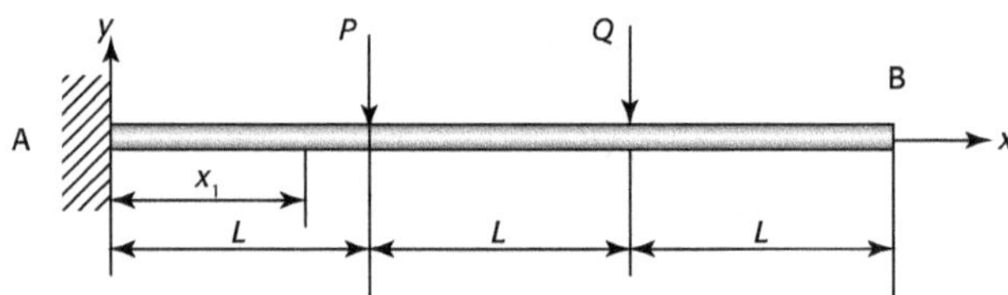

Réponses : **1.** $f_{\max} = \dfrac{2L^3}{3EI}\left(2P + 7Q\right)$; **2.** $P = 45\ 800$ N ; $Q = 7\ 800$ N

Poutre isostatique – console avec réponse

Une poutre, de section et de rigidité constante, encastrée à une extrémité B, supporte un couple de moment M_C. Déterminer la flèche maximale.

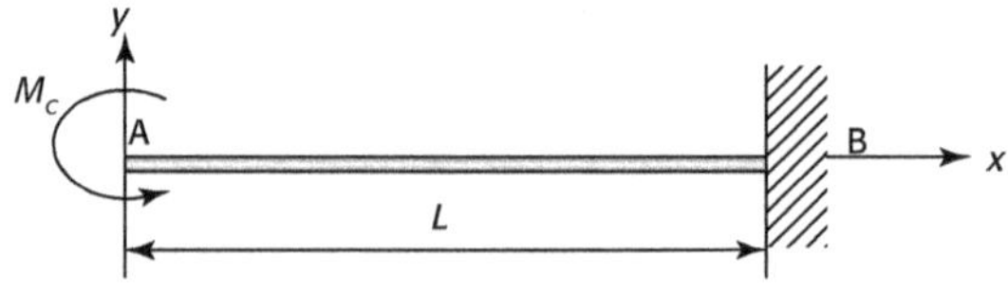

Réponse : La flèche maximale se trouve au point A et sa valeur est $y_A = -\dfrac{M_C L^2}{2EI_{Gz}}$.

Exercice 5.35

Poutre isostatique – console avec réponse

Une poutre, de section et de rigidité constante, encastrée à une extrémité supporte une charge uniformément variable de forme triangulaire, croissante de l'extrémité libre vers l'extrémité encastrée. Déterminer la flèche maximale.

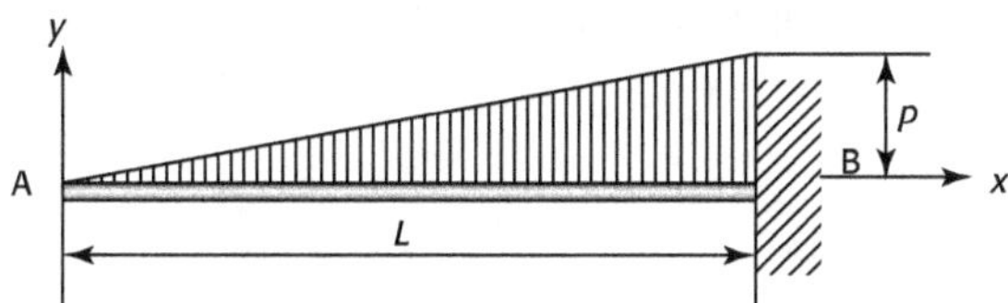

Réponse : La flèche maximale se trouve en A et sa valeur est $y_A = -\dfrac{pL^4}{30EI_{Gz}}$.

Exercice 5.36

Poutre isostatique – console avec réponse

Une poutre, de section et de rigidité constante, encastrée à une extrémité supporte une charge uniformément variable de forme triangulaire, croissante de l'extrémité libre vers l'extrémité encastrée. Déterminer la flèche maximale.

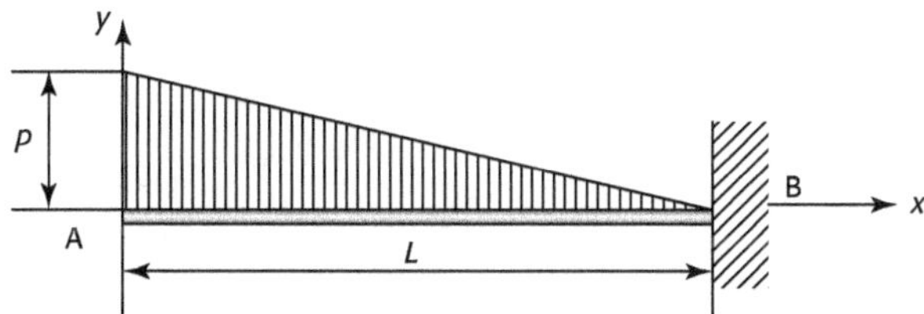

Réponse : La flèche maximale se trouve en A et sa valeur est $y_A = -\dfrac{11pL^4}{120EI_{Gz}}$.

Exercice 5.37

Poutre isostatique – console avec réponse

Une poutre, de section et de rigidité constante, encastrée à une extrémité supporte une charge uniformément variable de forme triangulaire, croissante de l'extrémité libre vers l'extrémité encastrée. Déterminer la flèche maximale.

Réponse : La flèche maximale se trouve en A et sa valeur est

$$y_A = -\frac{(11p_1 + 4p_2)L^4}{120EI_{Gz}}.$$

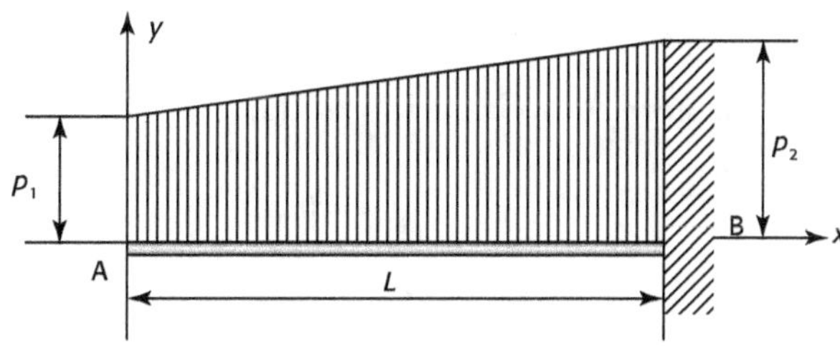

5.5 Exemples des poutres sur deux appuis simples

Exercice 5.38

Poutre isostatique sur deux appuis simples

Une poutre droite sur deux appuis simples, supporte un couple M_C. Calculer l'angle de déformation au point B (utiliser la méthode principale - l'équation différentielle de la ligne élastique).

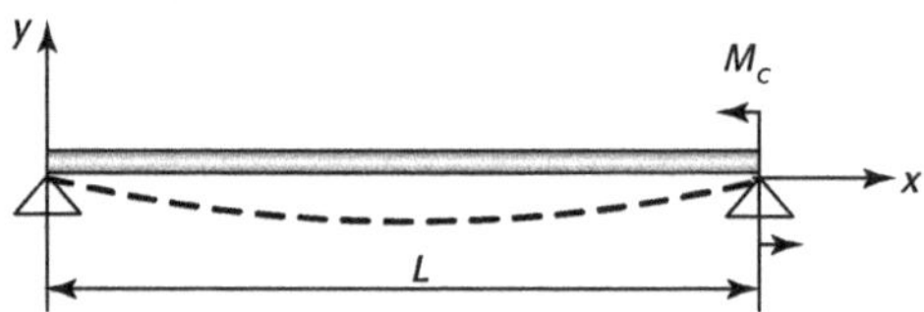

1. Réaction des appuis :

$$R_{y-A} = R_{y-B} = \frac{M_C}{L}$$

2. Moment de déformation :

$$M_x = \frac{M_C}{L}\,x$$

3. Équation différentielle de la ligne élastique :

$$EI\,\frac{d^2 y}{dx^2} = \frac{M_C}{L}\,x$$

$$\frac{dy}{dx} = \frac{1}{2}\frac{M_C}{EIL}\,x^2 + C_1$$

$$y = \frac{M_C}{6EIL}\,x^3 + C_1 x + C_2$$

4. Conditions limite d'équation de déformation :

Pour $x = 0$: $y = 0$.

Pour $x = L$: $y = 0$.

5. Constantes d'équation de déformation :

$$C_2 = 0 \qquad C_1 = -\frac{M_C L}{6EI}$$

Équation d'angle de déformation et équation de flexion :

$$\theta(x) = -\frac{M_C}{6EI}(3x^2 - L^2)$$

$$y_x = -f(x) = \frac{M_C}{6EI}(x^3 - L^2 x)$$

6. Angle de déformation du point A :

$$\theta_A = \theta_{x=0} = -\frac{M_C}{6EI}(3x^2 - L^2) = \frac{M_C L}{6EI}$$

Poutre isostatique sur deux appuis simples

Une poutre à section rectangulaire appuyée sur deux appuis simples supporte une charge concentrée au centre.

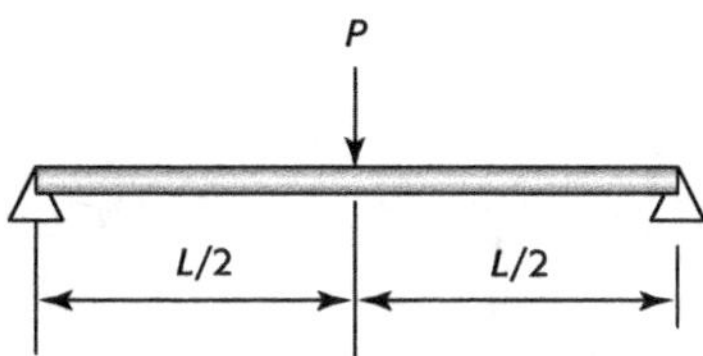

1. Moment de flexion :

$$M_f = \frac{P}{2}x \qquad\qquad \frac{\delta M_f(x)}{\delta P} = \frac{x}{2}$$

2. Effort tranchant :

$$T(x) = \frac{P}{2} \qquad\qquad \frac{\delta \cdot T(x)}{\delta \cdot P} = \frac{1}{2}$$

3. Flèchve au centre de la poutre :

$$f = \frac{PL^3}{48EI} + \frac{3PL}{10GA} = \frac{PL^3}{48EI}\left(1 + \frac{75}{5}\frac{EI}{L^2 GA}\right)$$

Si :

$$\frac{I}{A} = i^2 = \frac{h^2}{12} \qquad\qquad \frac{E}{G} = 2(1+\nu)$$

avec :

I : moment d'inertie, en mm^4 ;

i : rayon de gravité, en mm ;

E : module d'élasticité longitudinale, en N/mm^2 (MPa) ;

G : module d'élasticité transversale, en N/mm^2 (MPa).

La flèche au centre de la poutre devient :

$$f = f_1 + f_2 = \frac{PL^3}{48EI}\left(1 + \frac{12}{5}\frac{h^2}{L^2}(1+\nu)\right)$$

Remarque :

$f_2 = \dfrac{PL^3}{48EI}\left(\dfrac{12}{5}\dfrac{h^2}{L^2}(1+\nu)\right)$ est la déformation par action d'effort tranchant.

Si le coefficient de Poisson $\nu = 0,3$ et $\dfrac{h}{L} = \dfrac{1}{5}$: $\left(\dfrac{12}{5}\dfrac{h^2}{L^2}(1+\nu)\right) = 0,125$.

Si le coefficient de Poisson $\nu = 0,3$ et $\dfrac{h}{L} = \dfrac{1}{10}$: $\left(\dfrac{12}{5}\dfrac{h^2}{L^2}(1+\nu)\right) = 0,0312 \ll 1$.

Quand la longueur de la poutre est supérieure à 10 fois la hauteur de la poutre, l'action d'effort tranchant est négligeable.

Exercice 5.40

Poutre isostatique sur deux appuis simples

Une poutre droite sur deux appuis simples supporte une charge concentrée. Calculer la déformation du centre C de la poutre (utiliser la méthode de l'énergie).

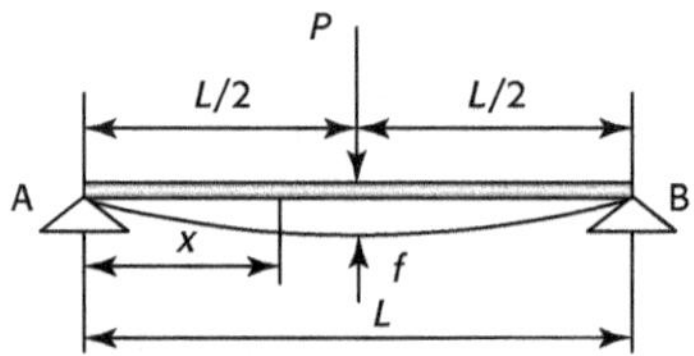

– Moment de flexion :

$$M_{x-AC} = \frac{1}{2}Px$$

– Énergie de déformation :

$$W = \int_L \frac{N^2(x)}{2 \cdot E \cdot S}dx + \int_L \frac{M_\rho^2}{2 \cdot G \cdot I_\rho}dx + \int_L \frac{M_f^2}{2 \cdot E \cdot I}dx + \int_L \frac{T^2}{G \cdot S_r}dx$$

$$= 0 + 0 + \int_L \frac{M_f^2}{2 \cdot E \cdot I}dx + 0 = \int_L \frac{M_f^2}{2 \cdot E \cdot I_x}dx = 2\int_0^{L/2} \frac{M_x^2}{2EI_x}dx$$

$$= 2\int_0^{L/2} \frac{\left(\frac{1}{2}Px\right)^2}{2EI_x}dx = \frac{P^2L^3}{96EI_x}$$

– Travail de P (f_C est la flèche du point C) :

$$W_P = \frac{1}{2} P \cdot f_C$$

Comme l'énergie de déformation égale le travail de charge P, $W_P = W$, nous avons :

$$\frac{P^2 L^3}{96 EI_x} = \frac{1}{2} P \cdot f_C$$

La flèche du point C est égale à :

$$f_C = \frac{PL^3}{48 EI_x}$$

Exercice 5.41

Poutre isostatique sur deux appuis simples

Une poutre, appuyée sur deux appuis simples, supporte une force concentrée. Calculer la flèche maximum de la poutre. (Utiliser la méthode principale - l'équation différentielle de la ligne élastique.)

1. Réaction des appuis :

$$R_A = \frac{Pb}{L} \qquad R_B = \frac{Pa}{L}$$

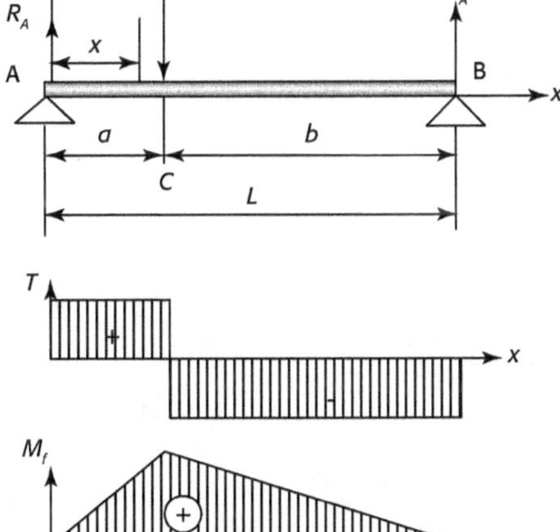

2. Moment de la flexion :

– entre A et C : $M_f = R_A x$

– en A : $M_f = 0$

– en B : $M_f = 0$

– en C : $M_f = \dfrac{P\,a\,b}{L}$

– entre C et B : $M_f = R_A\, x - P\,(x - a)$

3. Flèche maximale :

– pour AC :

$$EI\, y'' = \frac{Pb}{L} x$$

$$EI\, y' = \frac{Pb}{L} \frac{x^2}{2} + C_1 x$$

$$EI\, y = \frac{Pb}{6L} x^3 + C_1 x + D_1$$

– pour CB :

$$EI\,y'' = -\frac{Pa}{L}x + Pa$$

$$EI\,y' = \frac{Pa}{L}\frac{x^2}{2} + Pax + C_2$$

$$EI\,y = -\frac{Pa}{L}\frac{x^3}{6} + Pa\frac{x^2}{2} + C_2 x + D_2$$

4. Conditions limites :

– En C, les deux courbes se raccordent parfaitement.

– Pour $x = a$: $y'_{AC} = y'_{CB}$, $y_{AC} = y_{CB}$

– Pour $x = L$ (en B) : $y_{CB} = 0$

Ces conditions limites se traduisent par les trois équations :

$$\begin{cases} \dfrac{Pba^2}{2L} + C_1 = -\dfrac{Pa^3}{2L} + Pa^2 + C_2 \\[2mm] \dfrac{Pba^3}{6L} + C_1 a = -\dfrac{Pa^4}{6L} + \dfrac{Pa^3}{2} + C_2 a + D_2 \\[2mm] -\dfrac{Pal^3}{6L} + \dfrac{PaL^2}{2} + C_2 L + D_2 = 0 \end{cases}$$

Nous obtenons les constantes :

$$C_1 = -\frac{Pb}{6L}(L^2 - b^2) \quad ; \quad C_2 = -\frac{Pa}{6L}(2L^2 + a^2)$$

Pour $x = 0$ et $y = 0$, $D_1 = 0$: $D_2 = \dfrac{Pa^3}{6}$

5. En définitive nous obtenons :

– angle de rotation par la flexion :

$$0 \le x \le a \qquad \theta \approx \tan\theta = y' = \frac{Pb}{EI}\frac{x^2}{2L} - \frac{Pb}{EI}\frac{(L^2 - b^2)}{6L}$$

$$a \le x \le L \qquad \theta \approx \tan\theta = y' = -\frac{Pa}{EI}\frac{x^2}{2L} + \frac{Pa}{EI}x - \frac{Pa}{EI}\frac{(2L^2 + a^2)}{6L}$$

– flexion :

$$0 \le x \le a \qquad y = \frac{Pb}{EI}\frac{x^3}{6L} - \frac{Pb}{EI}\frac{(L^2 - b^2)\cdot x}{6L}$$

$$a \le x \le L \qquad y = -\frac{Pa}{EI}\frac{x^3}{6L} + \frac{Pa}{EI}\frac{x^2}{2} - \frac{Pa}{EI}\frac{(2L^2 + a^2)\cdot x}{6L} + \frac{Pa^3}{6}$$

– flèche maximale :

Pour la valeur de x qui annule, soit $x = \sqrt{\dfrac{L^2 - b^2}{3}}$

$$\frac{Pb}{EI}\frac{x^2}{2L} - \frac{Pb}{EI}\frac{(L^2 - b^2)}{6L} = 0$$

La flèche maximale est :

$$\left|y\right|_{\max} = f = \frac{Pb \cdot (L^2 - b^2)^{\frac{3}{2}}}{9\sqrt{3}EI\ L} = \frac{Pb}{9EI\ L} \cdot \sqrt{\frac{(a^2 + 2ab)^3}{3}}$$

Exercice 5.42

Poutre isostatique sur deux appuis simples

Une poutre droite sur deux appuis simples supporte une charge concentrée F. Calculer l'énergie de déformation et la flèche du point C. (Utiliser la méthode de déplacement virtuel.)

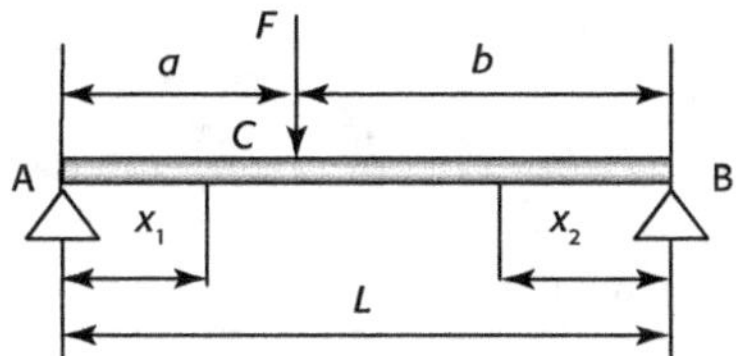

1. Réaction des appuis :

$$R_{y-A} = \frac{F \cdot b}{L} \qquad\qquad R_{y-B} = \frac{F \cdot a}{L}$$

2. Moment de déformation :

$$M(x_1) = \frac{F \cdot b}{L} x_1 \qquad\qquad M(x_2) = \frac{F \cdot a}{L} x_2$$

3. Énergie de déformation :

$$W_e = \frac{1}{2EI}\left[\int_0^a M^2(x_1)\, dx_1 + \int_0^b M^2(x_2)\, dx_2\right]$$

$$W_e = \frac{1}{2EI}\left[\int_0^a \left(\frac{F \cdot b \cdot x_1}{L}\right)^2 dx_1 + \int_0^b \left(\frac{F \cdot a \cdot x_2}{L}\right)^2 dx_2\right] = \frac{F^2 a^2 b^2}{6EIL}$$

4. Flèche du point C :

$$\frac{F \cdot f_C}{2} = \frac{F^2 a^2 b^2}{6EIL} \qquad \Rightarrow \qquad f_C = \frac{Fa^2 b^2}{3EIL} \quad (\downarrow)$$

Poutre isostatique sur deux appuis simples

Une poutre droite sur deux appuis simples supporte une charge uniformément répartie. Calculer la flèche de déformation au point B. (Utiliser la méthode principale - l'équation différentielle de la ligne élastique.)

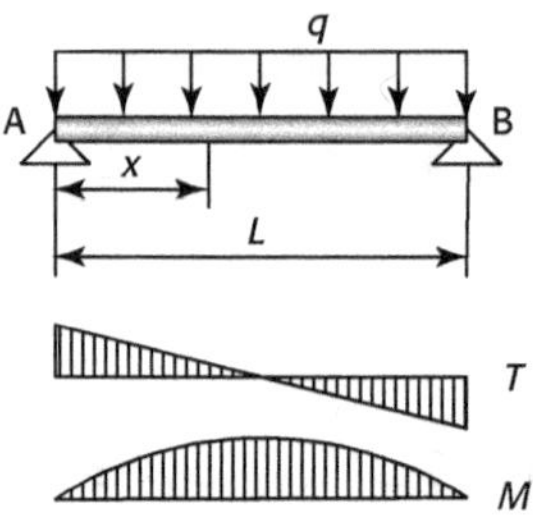

1. Réaction des appuis :

$$R_A = R_B = \frac{qL}{2}$$

2. Effort tangentiel :

$$T_x = \frac{qL}{2}L - qx$$

3. Moment de déformation :

$$M_x = \frac{qL}{2}x - \frac{qx^2}{2}$$

4. Maximum de moment de déformation :

Comme $\dfrac{M_x}{dx} = \dfrac{qL}{2} - qx = 0$; donc le maximum du moment de déformation se trouve à la section $x = L/2$.

$$M_{max} = \frac{qL^2}{8}$$

5. Équation de déformation :

$$\frac{d^2y}{dx^2} = \frac{qL}{2}x - \frac{qx^2}{2}$$

$$\frac{dy}{dx} = \frac{qL}{4}x^2 - \frac{qx^3}{6} + C_1$$

$$y = \frac{qL}{12}x^3 - \frac{q}{24}x^4 + C_1x + C_2$$

6. Conditions limites et constantes d'intégration :

Pour $x = 0$, nous avons $y = 0$. En utilisant l'équation de déformation, nous trouvons la constante C_2 :

$$y = \frac{qL}{12}x^3 - \frac{q}{24}x^4 + C_1 x + C_2$$

$$0 = 0 - 0 + 0 + C_2$$

$$C_2 = 0$$

Pour $x = L$, nous avons $y = 0$ et $C_2 = 0$. En utilisant l'équation de déformation, nous trouvons la constante C_1 :

$$y = \frac{qL}{12}x^3 - \frac{q}{24}x^4 + C_1 x + C_2$$

$$0 = \frac{qL}{12}L^3 - \frac{q}{24}L^4 + C_1 \cdot L + 0$$

$$C_1 = -\frac{2qL^3}{24} + \frac{qL^3}{24} = -\frac{qL^3}{24}$$

7. Flexion maximum au centre de la poutre $x = L/2$:

$$y_C = \frac{qL}{12}x^3 - \frac{q}{24}x^4 + C_1 x + C_2 = \frac{qL}{12}\cdot\left(\frac{L}{2}\right)^3 - \frac{q}{24}\cdot\left(\frac{L}{2}\right)^4 - \frac{qL^3}{24}\cdot\frac{L}{2}$$

$$= \frac{qL^4}{96} - \frac{qL^4}{384} - \frac{qL^4}{48} = \frac{(4-1-8)qL^4}{384} = -\frac{5qL^4}{384}$$

Poutre isostatique sur deux appuis simples

Dans l'exercice 5.43 nous trouvons le moment maximum $M_{\max} = \dfrac{qL^2}{8}$. Si la section de la poutre est rectangulaire, déterminer les contraintes maximales.

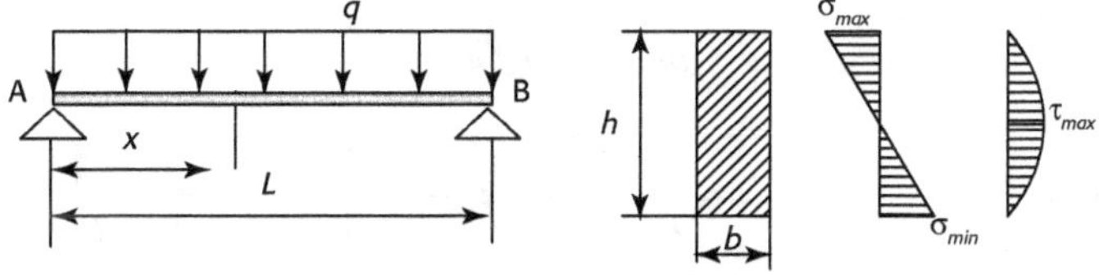

– Contrainte normale maximale :

$$\sigma_{\max} = \frac{M_{\max}}{W_z} = \left(\frac{qL^2}{8}\right) \div \left(\frac{bh^2}{6}\right) = \frac{3qL^2}{4bh^2}$$

– Contrainte tangentielle maximale :

$$\tau_{\max} = \frac{3}{2}\frac{T_{\max}}{A} = \frac{3}{2}\frac{qL/2}{bh} = \frac{3qL}{4bh}$$

Nous avons :

$$\frac{\sigma_{\max}}{\tau_{\max}} = \left(\frac{3qL^2}{4bh^2}\right) \div \left(\frac{3qL}{4bh}\right) = \frac{L}{h}$$

Remarque : Si la longueur de la poutre est plus importante que sa hauteur ($L \gg h$), nous avons simplement besoin de contrôler la contrainte normale.

Exercice 5.45

Poutre isostatique sur deux appuis simples

Une poutre droite sur deux appuis simples supporte une charge uniformément répartie. Calculer l'angle de déformation au point B. Utiliser la méthode de la « formule de Mohr ».

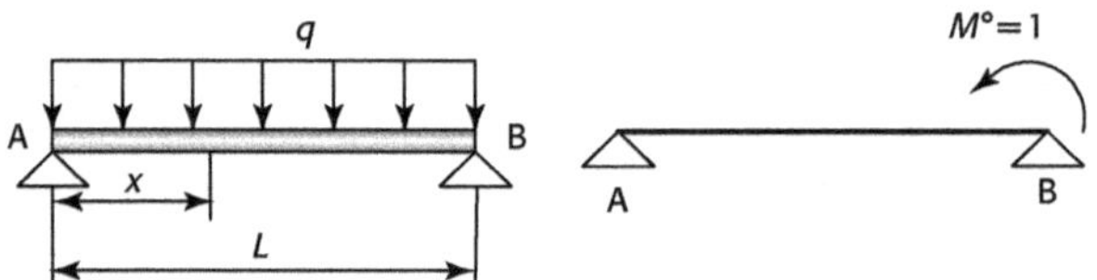

– Moment de flexion de charge q :

$$M(x) = \frac{qL}{2}x - \frac{qx^2}{2}$$

Appliquer un couple unitaire $M° = 1$, trouver le moment de flexion de $M°$:

$$M°(x) = \frac{x}{L}$$

En utilisant la méthode de la « formule de Mohr » :

$$\theta_B = \int_0^L \frac{M(x)M°(x)}{EI_\rho}dx = \frac{1}{EI_\rho}\int_0^L\left(\frac{qL}{2}x - \frac{qx^2}{2}\right)\cdot\left(\frac{x}{L}\right)\cdot dx = \frac{qL^3}{24EI_\rho}$$

Poutre isostatique sur deux appuis simples – Déterminer les réactions par une méthode graphique

Une poutre droite sur deux appuis simples supporte trois charges comme dans la ci-après. Déterminer les réactions, les efforts tranchants et les moments de flexion.

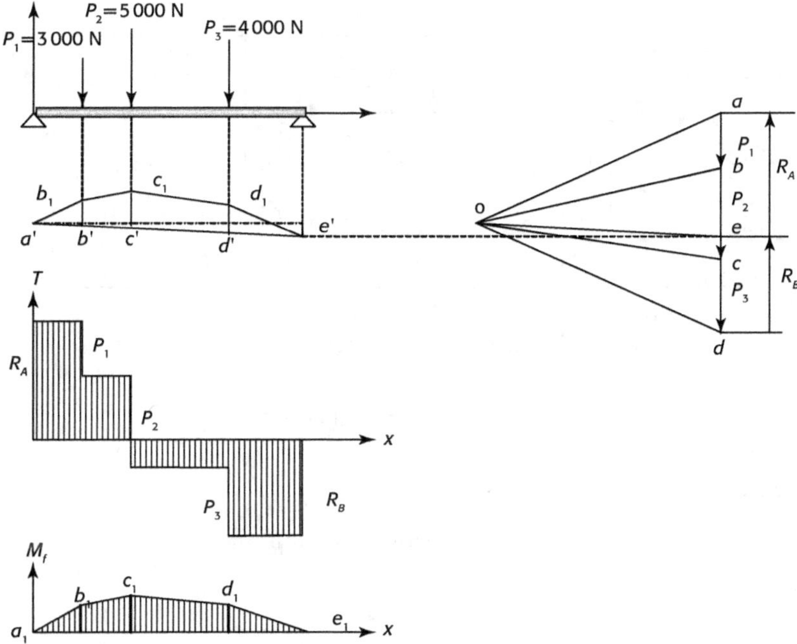

1. Déterminer les réactions des appuis A et B :

   1.1. Choisir un point quelconque O.

   1.2. À partir d'un point a choisi, tracer P_1, P_2 et P_3 en respectant la proportion.

   1.3. À partir d'un point a' choisi, obtenir les points b_1, c_1, d_1, et e' de telle sorte que les droites $(a'b_1)$, (b_1c_1), (c_1d_1) et (d_1e') soient respectivement parallèles aux droites (oa), (ob), (oc) et (od).

   1.4. En traçant une droite horizontale à partir du point e', on obtient le point e. La valeur de de est l'action de l'appui R_B, La valeur de ea est l'action de l'appui R_A.

2. Diagramme des efforts tranchants T :

   Les réactions des appuis R_A et R_B étant déterminées, il est alors facile de tracer le diagramme des efforts tranchants en menant des lignes de rappel.

3. Diagramme des moments de flexion M_f :

   Le diagramme des moments de flexion est représenté par le contour $a'b'c'd'e'd_1c_1b_1$. Le diagramme de M_f - x est obtenu en prenant comme axe horizontal $(a'e')$. Les valeurs de moment de flexion sont déterminées en mesurant les distances b_1b', c_1c', d_1d' avec une échelle choisie.

Poutre isostatique sur deux appuis simples

Une poutre droite AB, avec l'appui B à plan de glissement vertical, supporte deux charges uniformément réparties $q_1 = 5$ kN/m et $q_2 = 4$ kN/m (figure (1)). Déterminer les diagrammes des efforts et de moment de flexion de la poutre.

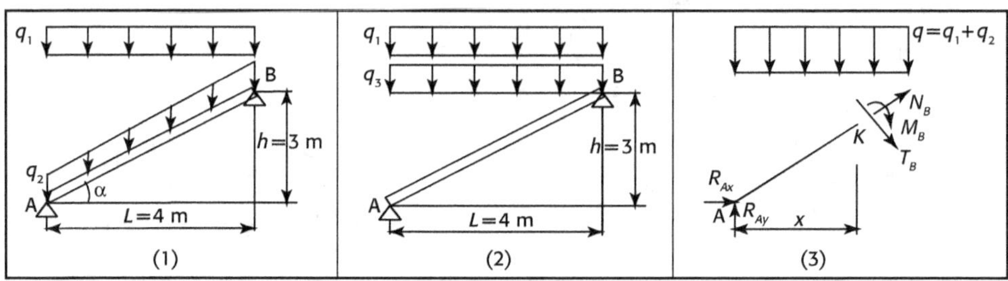

1. Calculer la composante horizontale q_3 de la charge q_2 (voir la figure (2)) :

$$q_3 = \frac{q_2}{\cos\alpha} = \frac{4}{4/5} = 5 \text{ kN/m}$$

2. Résultante des charges horizontales q :

$$q = q_1 + q_3 = 5 + 5 = 10 \text{ kN/m}$$

3. Réaction des appuis :

$$\sum X = 0 \qquad R_{Ax} = 0$$

$$\sum M_A = 0 \qquad R_{By} = \frac{1}{2}qL = 20 \text{ kN} \ (\ \uparrow\ )$$

$$\sum Y = 0 \qquad R_{Ay} = \frac{1}{2}qL = 20 kN \ (\ \uparrow\ )$$

4. Supposons K est un point quelconque de la poutre, isolons AK. Écrivons les expressions des efforts du point K (voir la figure(3)) :

$$M_x = M_k = \frac{1}{2}qLx - \frac{1}{2}qx^2 = 20x - 5x^2$$

$$T_x = T_k = \frac{1}{2}qL \cdot \cos\alpha - qx \cdot \cos\alpha = 16 - 8x$$

$$N_x = N_k = qx \cdot \sin\alpha - \frac{1}{2}qL \cdot \sin\alpha = 6x - 12$$

5. Diagrammes des efforts et de moment de flexion de la poutre :

M	T	N
40 kN	16 kN 16 kN	12 kN 12 kN
$M_{\max} = \dfrac{1}{8} qL^2$	$T_{\max} = \dfrac{1}{2} qL \cos\alpha$	$N_{\max} = \dfrac{1}{2} qL \sin\alpha$
$= 40$ kN	$= 16$ kN	$= 12$ kN

Exercice 5.48

Poutre isostatique sur deux appuis simples. Charges roulantes

La poutre sur deux appuis supporte deux charges roulantes. Elle représente schématisée l'une des poutres principales d'un pont roulant. Elle constitue le chemin de roulement de deux roues du chariot. Celles-ci supportent les charges P_1 et P_1 de résultante P. Nous avons : $p_1 \cdot i_1 = p_2 \cdot i_2$ ou $P \cdot i_2 = p_1 \cdot i$; $P \cdot i_1 = p_2 \cdot i$ Déterminer le moment de flexion maximale et l'effort tranchant maximal. (Réf. 2).

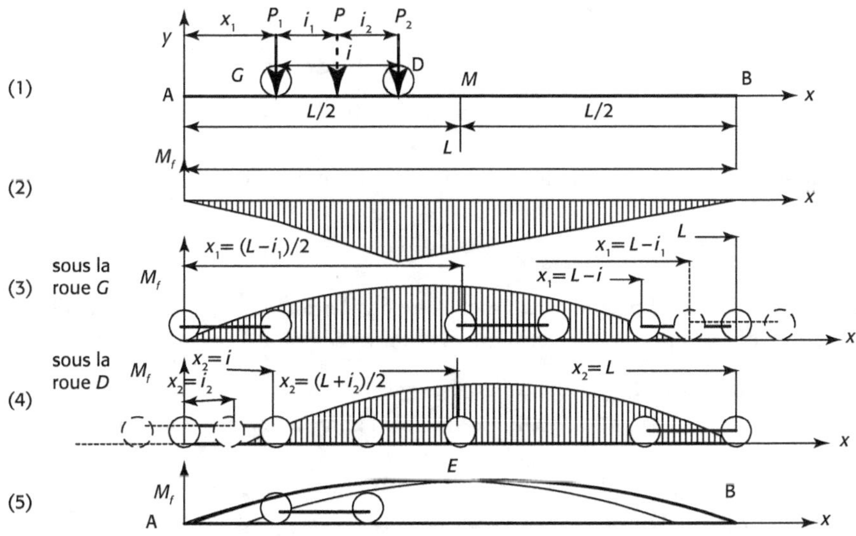

Considérons le chariot dans la position définie par l'abscisse x_1.

1. Action des appuis

Les équations de l'équilibre nous donnent :

$$\sum F_y = 0 \quad R_A + R_B = p_1 + p_2 = P$$

$$\sum M_{A-z} = 0 \quad R_B L = p_1 x_1 + p_2 (x_1 + i)$$

Tenant compte de la relation $p_1 \cdot i_1 = p_2 \cdot i_2$, nous obtenons :

$$R_A = \frac{P}{L}\left(L - x_1 - i_1\right) \qquad \text{et} \qquad R_B = \frac{P}{L}\left(x_1 + i_1\right)$$

2. Moment de flexion M_f (voir la figure (2) ci-dessus)

Le tracé du diagramme, résultat du calcul ou d'une épure de stique graphique, est facile.
Nous obtenons le moment de flexion en G, roue de gauche :

$$M_{f-G} = -R_A \cdot x_1 = P\frac{x_1}{L}\left(L - x_1 - i_1\right) \tag{F 2.1}$$

Le moment de flexion en D, roue de droite, est :

$$\begin{aligned} M_{f-D} &= -R_A \cdot (x_1 + i) - p_1 \cdot i \\ &= R_A \cdot (x_1 + i) - p \cdot i_2 \end{aligned} \tag{F 2.2}$$

3. Moment de flexion M_{f-G} (voir la figure (3) ci-dessus)

Lorsque le chariot se déplace sur la poutre, la variation du moment de flexion est :

$$M_{f-G} = \frac{P}{L} \cdot x_1(-x_1 + L - i_1)$$

La courbe représentant cette fonction est une parabole et nous trouvons :

$$M_{f-G} = 0 \qquad \text{pour } x_1 = 0 \text{ et } x_1 = L - i_1$$

Le sommet de la parabole est situé à $x_1 = \left(L - i_1\right)/2$ et le moment de flexion est :

$$M_{f-G} = \frac{P}{4L} \cdot (L - i_1)^2$$

Remarquons ici que la position extrême droite du chariot est telle que la roue D va en B.
La partie utile de la parabole précédente est au limitée point d'abscisse : $x_1 = L - i$.

4. Moment de flexion M_{f-D} (voir la figure (4) ci-dessus)

Il est plus commode de prendre comme variable l'abscisse $x_2 = x_1 + i$ de la roue D.
Nous avons écrit :

$$R_A = \frac{P}{L}(L - x_1 - i_1) \quad \text{avec} \quad x_1 = x_2 - i \text{ et } i_1 = i - i_2$$

Il devient : $R_A = \frac{P}{L}(L - x_2 + i_2)$

L'expression (F 2.2) devient :

$$M_{f-D} = R_A \cdot (x_1 + i) - P \cdot i_2 = \frac{P}{L}(L - x_2 + i_2) \cdot (x_1 + i) - P \cdot i_2$$

$$= \frac{P}{L}(L - x_2) \cdot (x_2 - i_2)$$

Nous constatons donc que :

$$M_{f-D} = 0 \quad \text{pour} \quad x_2 = L \ \text{et} \ x_2 = i_2$$

Le sommet de la parabole se trouve à $x_2 = (L + i_2)/2$, le moment de flexion est :

$$M_{f-D-\max} = \frac{P}{4L}(L - i_2)^2$$

Remarquons encore que la partie utile de la parabole est limitée au point d'abscisse :

$$x_2 = i$$

5. Traçons les deux paraboles sur un même diagramme (voir la figure (5) ci-dessus). La courbe formée par les parties AE et EB représente l'enveloppe des diagrammes des moments de flexion lorsque le chariot se déplace sur la poutre.

Ainsi, pour la position GD du chariot indiquée sur la figure (5), les moments de flexion au droit des roues G et D sont représentés respectivement par les segments GG1 et DD1.

La valeur la plus élevée de ces moments a lieu au droit de la roue G, lorsque le chariot occupe la position $x_1 = (L - i_1)/2$

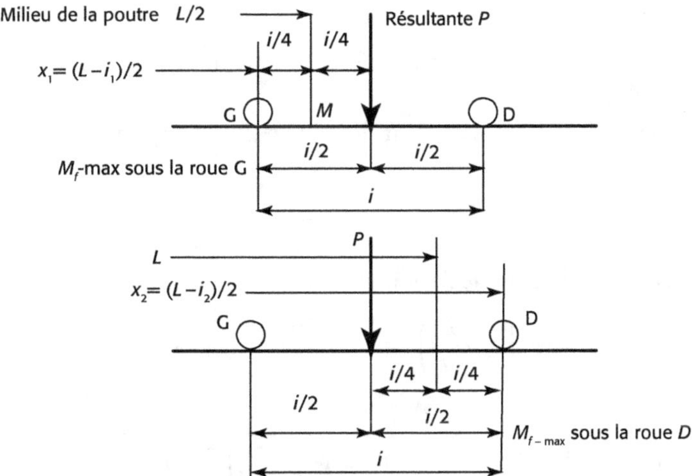

6. Remarquons que M_f est maximal au droit de la roue G lorsque le point milieu de la poutre et le point milieu de l'intervalle entre cette roue et la résultante P sont confondus. La même règle est valable pour le moment de flexion au droit de roue D. (voir la figure ci-dessus).

Poutre isostatique sur deux appuis – Charges roulantes

Soit une poutre principale de pont roulant de 15 000 kg, portée 20 m. Deux des quatre roues du chariot roulent sur la poutre que nous étudions. Le poids du chariot est $Q_C = 40\,000$ N. La section de poutre est donnée par la figure. Nous considérons la poutre constituée seulement par les semelles et les cornières. Déterminer la contrainte maximale de la poutre.

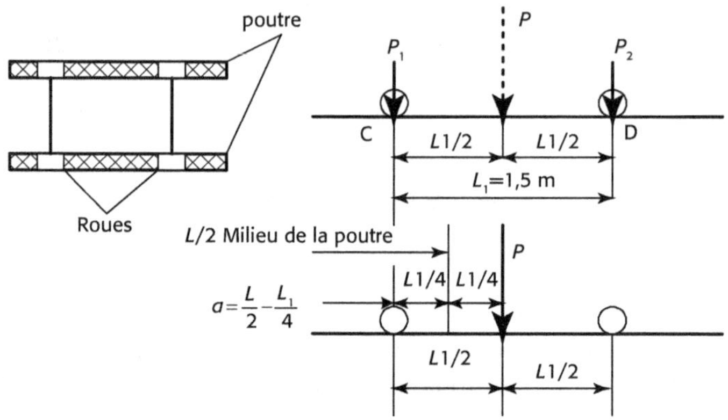

Première méthode

1. Poids de charge : $Q = 15\,000 \text{ kg} \approx 1,5 \times 10^5 \text{ N}$

Poids du chariot chargé : $P = Q + Q_C = 150\,000 + 50\,000 = 200\,000$ N

2. La charge sur chaque poutre est 100 000 N. Elle est répartie également sur deux roues, donc chaque roue supporte la charge de :

$$P_1 = P_2 = 5 \times 10^4 \text{ N} \quad \text{par roue}$$

3. Moment de flexion maximale

Chacune des roues a la même valeur de charge. Étudions donc la seule roue gauche du chariot, dans la position telle que :

$$a = \frac{L}{2} - \frac{L_1}{4}$$

Nous obtenons le moment de flexion maximale :

$$M_{f-\max} = \frac{P}{4L}\left(L - \frac{L_1}{2}\right)^2 = \frac{10\,0000}{4 \times 20}(20 - 0,75)^2 = 46\,3203 \text{ N.m}$$

4. Effort F

Le moment de flexion $M_{f-\max}$ positif détermine l'effort F de compression dans la membrure supérieure et l'effort F de traction dans la membrure inférieure. Nous avons :

$$M_{f-\max} = F \cdot h$$

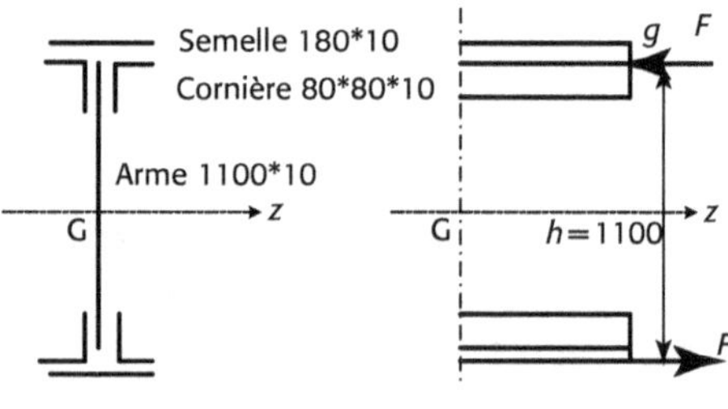

h représente ici la distance entre les centres de gravité des membrures, que nous évaluons approximativement à 1,1m. Donc l'effort de compression est :

$$F = \frac{463\ 203}{1,1} \approx 421\ 000\ \text{N}$$

Aire de la section de semelle :

$$A_s = 180 \times 10 = 1800\ \text{mm}^2$$

Aire de la section de cornière :

$$A_c = 80 \times 10 + 70 \times 10 = 1500\ \text{mm}^2$$

Aire de la section d'une membrure (semelle + deux cornières)

$$A = A_s + A_c = 1800 + 2 \times 1500 = 4800\ \text{mm}^2$$

Contrainte normale de traction ou compression :

$$\sigma_{\max} = \frac{F}{A} = \frac{421100}{4800} = 87,73\ \text{N/mm}^2$$

Valeur parfaitement acceptable pour une charpente d'appareil de levage.

Seconde méthode

Nous pouvons calculer directement avec la méthode suivante.

Le moment d'inertie des membrures par rapport à l'axe Gz est (théorème de Huygens) :

$$I_{G-z} = 2S \cdot \left(\frac{h}{2}\right)^2 + 2I_{g-z}$$

Comme $h \gg$ aux dimensions de semelle et des cornières, nous pouvons négliger I_{g-z}. Le moment d'inertie des membrures devient :

$$I_{G-z} = 2S \cdot \left(\frac{h}{2}\right)^2 = \frac{Sh^2}{2}$$

Module de flexion : $W_{\max} = \dfrac{I_{G-z}}{v} = \dfrac{Sh^2}{2} \cdot \dfrac{2}{h} = S \cdot h$

Nous trouvons la même contrainte maximale en traction ou en compression que par la première méthode :

$$\sigma_{\max} = \frac{M_{f-\max}}{W_{G-z}} = \frac{M_{f-\max}}{\left(\dfrac{I_{G-z}}{v}\right)} = \frac{M_{f-\max}}{S \cdot h} = \frac{463203}{4800 \times 1,1} = 87,73\ \text{N/mm}^2$$

Poutre isostatique sur deux appuis simples – Charge mobile

Un chariot de pont roulant doit permettre de soulever et déplacer une charge de masse maximale $P = 30$ tonnes. Il roule sur deux poutres parallèles par l'intermédiaire de quatre galettes (deux galettes sur chaque poutre). Le chariot étant symétrique, les actions exercées par les galets seront supposées égales. La longueur de la poutre est $L = 12$ m. L'entraxe des galets est $d = 2$ m. Le poids propre de la poutre est $P_r = 2$

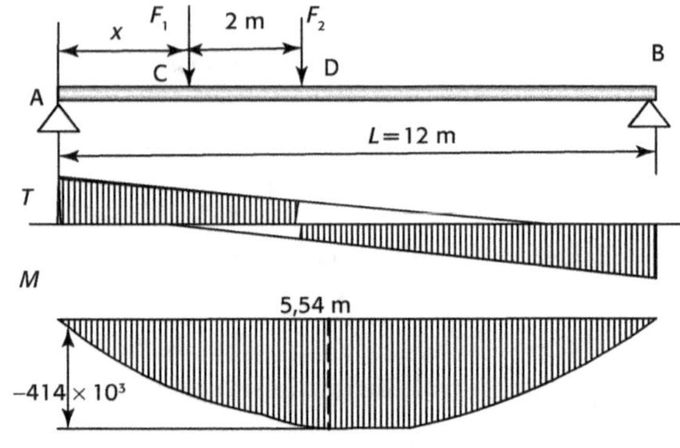

000 N/m. Déterminer le moment de flexion maximale et l'effort tranchant maximal. (Réf. 4)

1. En prenant $g = 9,8$ m/s^2, chaque galet exerce sur la poutre une charge d :

$$F = \frac{30 \times 10^3 \times 10}{4} = 7,5 \times 10^4\,\text{N} \qquad \text{et} \qquad F = F_1 = F_2$$

2. Effort tranchant et moment de flexion dus aux charges mobiles

Le système est symétrique puisque les deux charges mobiles sont égales. L'effort tranchant à gauche de la charge F_1 est :

$$T_y = \frac{2 \times 7,5 \times 10^4}{12}\left(12 - \frac{2}{2} - x\right) = 1,25 \times 10^4\,(11 - x)$$

Lorsque la charge F_1 est à droite de l'appui A, l'effort tranchant est maximal.

Le moment de flexion sous la charge F_1 est :

$$M_{f-y} = -\frac{2 \times 7,5 \times 10^4}{12}\left(12 - \frac{2}{2} - x\right) \cdot x = -1,25 \times 10^4\,(11 - x) \cdot x$$

Quand $x = \dfrac{11}{2} = 5,5$ m, le moment de flexion est maximal.

3. Effort tranchant et moment de flexion imposés par le poids propre de la poutre

– Effort tranchant sous le poids propre de la poutre :

$$T_y = 2 \times 10^3 \times \left(\frac{12}{2} - x\right) = 2 \times 10^3\,(6 - x)$$

– Moment de la flexion sous le poids propre de la poutre :

$$M_{f-y} = -2 \times 10^3 \times \frac{x}{2} \times (12 - x) = -(12 - x) \cdot x \cdot 10^3$$

4. Effort tranchant maximal et moment de flexion maximal :

En utilisant la méthode de superposition nous obtenons l'effort tranchant :

$$T_{y-\max} = 1,25 \times 10^4 \times (11 - x) + 2 \times 10^3 \times (6 - x) = 149,5 \times 10^3 - 14,5 \times 10^3 x$$

Le moment de flexion est :

$$M_y = -1,25 \times 10^4 \times (11 - x) \cdot x - 2 \times 10^3 \times \frac{x}{2} \times (12 - x) = -149,5 \times 10^3 x + 13,5 \times 10^3 x^2$$

Le moment de flexion est obtenu pour :

$$\frac{dM_y}{dx} = 0 \qquad \Rightarrow \qquad -149,5 \times 10^3 + 2 \times 13,5 \times 10^3 x = 0$$
$$\Rightarrow \qquad x = 5,54 \text{ m}$$

Le moment de flexion maximal est :

$$M_{y-\max} = -149,5 \times 10^3 x + 13,5 \times 10^3 x^2$$
$$= -149,5 \times 10^3 \times 5,54 + 13,5 \times 10^3 \times 5,54^2$$
$$= -828,23 \times 10^3 + 414,34 \times 10^3$$
$$\approx -414 \times 10^3 \text{ N.m}$$

L'effort tranchant maximal est obtenu lorsqu'une des deux charges est au droit d'un appui :

$$T_{y-\max} = 149,5 \times 10^4 N$$

Poutre isostatique sur deux appuis simples – Poutre d'égale résistance à la flexion

Une poutre droite AB appuyée sur deux appuis supporte une charge uniformément répartie q. La contrainte admissible de la poutre est $[R]$. Déterminer les dimensions des sections de la poutre pour qu'elle soit une poutre d'égale résistance.

Considérons, à la section d'abscisse x, que le moment de flexion est égal à :

$$M_f = \frac{qL}{2} x - qx \cdot \frac{x}{2} = \frac{qx}{2}(L - x)$$

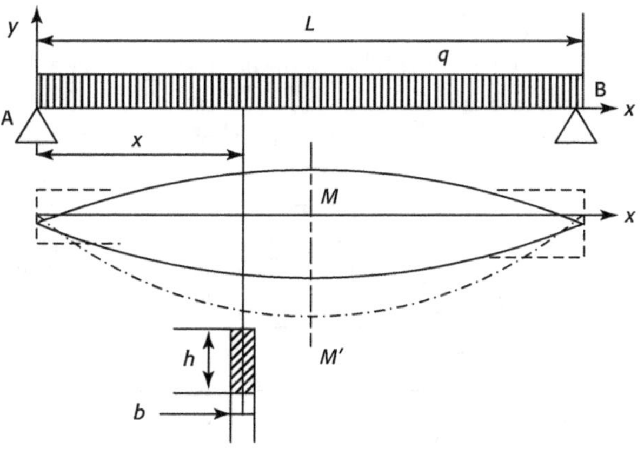

Donc nous obtenons une contrainte normale maximale de :

$$\sigma_{\max} = \frac{M_{f-x}}{\left(\dfrac{I_{G-z}}{v}\right)} = [R]$$

Donc les dimensions de la poutre doivent suivre la règle de :

$$\frac{I_{G-z}}{v} = \frac{M_{f-x}}{[R]} = \frac{q \cdot x}{2 \cdot [R]}(L - x)$$

Dans le cas d'une poutre de section rectangulaire, la règle des dimensions sera :

$$\frac{I_{G-z}}{v} = \frac{bh^2}{6} \qquad \Rightarrow \qquad \frac{bh^2}{6} = \frac{q}{2 \cdot [R]} x \cdot (L - x)$$

Nous considérons que la largeur b est une constante. La hauteur h est variable :

$$h^2 = \frac{3 \cdot q}{b \cdot [R]} \cdot x \cdot (L - x)$$

Nous obtenons :

- en A $(x = 0)$: $(h = 0)$

- en M' $(x = L / 2)$: $h^2 = \dfrac{3 \cdot q \cdot L^2}{4 \cdot b \cdot [R]}$

La tangente de la poutre en M' $(x = L / 2)$ est horizontale $\dfrac{dh}{dx} = 0$. La poutre est symétrique par rapport à l'axe vertical MM'.

Exercice 5.52

Poutre isostatique sur deux appuis simples – Poutre d'égale résistance à la flexion– Cas d'une poutre composée

Une poutre droite AB appuyée sur deux appuis, supporte une charge uniformément répartie q. La contrainte admissible de la poutre est $[R]$. Déterminer les dimensions des sections de la poutre composée pour qu'elle soit une poutre d'égale résistance.

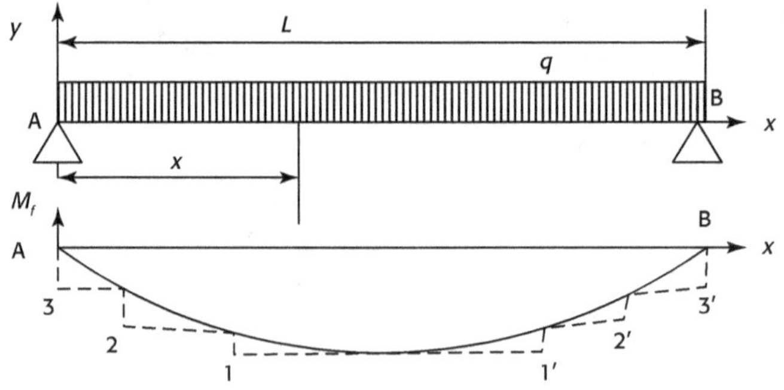

Des équations d'équilibre, nous obtenons les réactions des appuis :

$$R_A = \frac{qL}{2} \;\; ; \qquad\qquad R_B = \frac{qL}{2}$$

À la section d'abscisse x, le moment de flexion est :

$$M_f = \frac{qL}{2}x - qx \cdot \frac{x}{2} = \frac{qx}{2}(L - x)$$

Nous voulons obtenir une contrainte normale maximale de :

$$\sigma_{\max} = \frac{M_{f-x}}{\left(\dfrac{I_{G-z}}{v}\right)} = [R]$$

Dans ce cas les dimensions de la poutre doivent être dans la condition proposée de :

$$\frac{I_{G-z}}{v} = \frac{M_{f-x}}{[R]} = \frac{q \cdot x}{2 \cdot [R]}(L - x)$$

La poutre composée est représentée dans la figure ci-dessous.

Ici une approximation valable consiste à négliger l'âme de la poutre et à ne considérer que les membrures supérieures et inférieures. Celles-ci ont une section A et un centre de gravité G. Le moment d'inertie de section est :

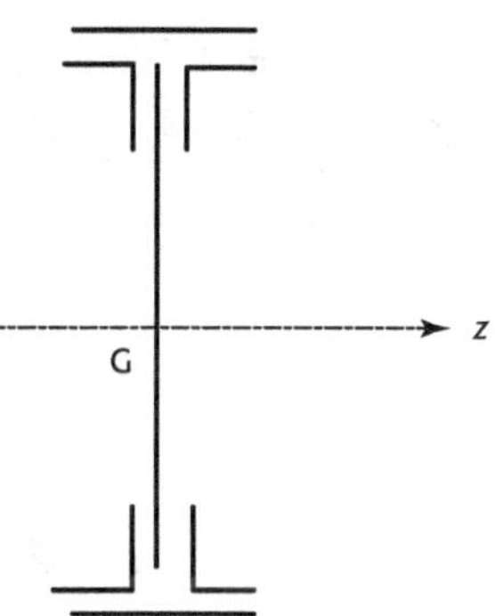
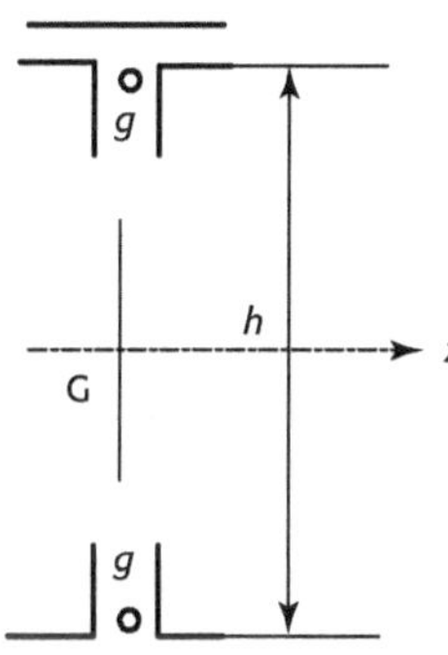

$$I_{G-z} = 2 \cdot A \cdot \left(\frac{h}{2}\right)^2 = \frac{A \cdot h^2}{2}$$

Module de résistance de section :

$$\frac{I_{G-z}}{v} = \frac{A \cdot h^2}{2} \cdot \frac{h}{2} = A \cdot h$$

La condition de résistance des matériaux devient :

$$A \cdot h = \frac{M_f}{[R]} \qquad \Rightarrow \qquad A = \frac{M_f}{h \cdot [R]}$$

Avec cette formule nous pouvons déterminer l'aire de la section des membrures, fonction de M_f donc de x. Le problème est résolu de façon très simple.

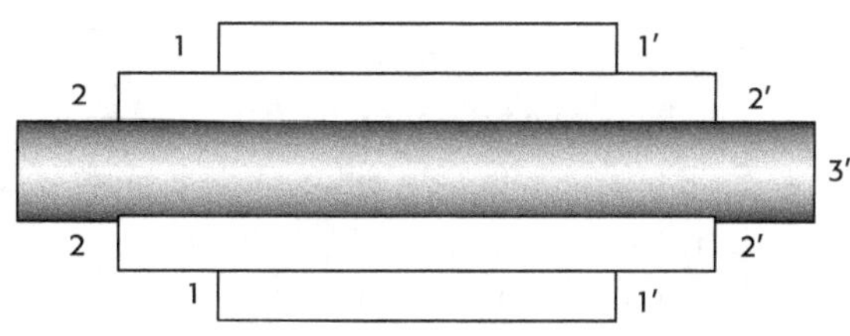

Poutre isostatique sur deux appuis simples

L'arbre de transmission AB (voir figure ci-dessous). Nous le considérons comme une poutre sur deux appuis simples, supportant deux charges concentrées P_1 et P_1. Déterminer la flèche au point C et l'angle de rotation en flexion au point B (méthode de Mohr).

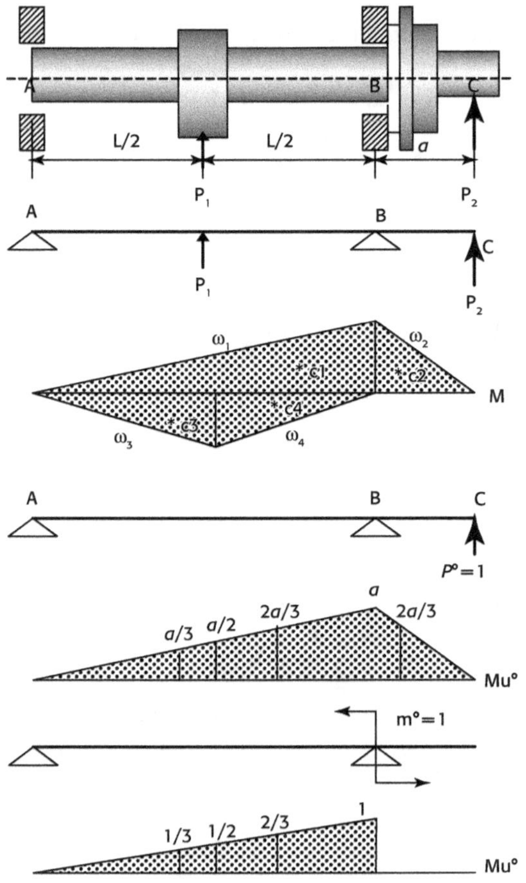

1. Aire de surface de diagramme de M_f:

$$\omega_1 = \frac{P_1 a L}{2} \qquad \omega_2 = \frac{P_1 a^2}{2}$$

$$\omega_3 = -\frac{P_2 L^2}{16} \qquad \omega_4 = -\frac{P_2 L^2}{16}$$

2. Flèche f_C au point C

- Appliquer une force unitaire $P° = 1$ au point C.
- Faire le diagramme du moment de flexion $M_u°$.
- Déterminer l'ordonnée $M_{Cy}°$ du centre de la surface du diagramme du moment de flexion par la charge unitaire $P°$.

$$M_{cy1}{}^{\circ} = \frac{2}{3}a \qquad\qquad M_{cy2}{}^{\circ} = \frac{2}{3}a$$

$$M_{cy3}{}^{\circ} = \frac{a}{3} \qquad\qquad M_{cy4}{}^{\circ} = \frac{2}{3}a$$

- Flèche au point C :

$$f = y_c = \sum \frac{\omega\, M_{cy}{}^{\circ}}{EI}$$

$$= \frac{1}{EI}\left[\frac{P_1 aL}{2}\frac{2a}{3} - \frac{P_1 a^2}{2}\frac{2a}{3} - \frac{P_2 L^2}{16}\frac{a}{3} - \frac{P_2 L^2}{16}\frac{2a}{3}\right]$$

$$= \frac{P_1 a^2 L}{3EI} + \frac{P_1 a^3}{3EI} - \frac{P_2 aL^2}{16EI}$$

3. Angle de rotation en flexion θ au point B

- Appliquer un couple unitaire $m^{\circ} = 1$ au point C.
- Faire le diagramme du moment de flexion M_u.
- Déterminer l'ordonnée $M_{Cy}{}^{\circ}$ du centre de la surface du diagramme du moment de flexion par le couple unitaire $m^{\circ} = 1$.

$$M_{Cy1}{}^{\circ} = \frac{2}{3} \qquad M_{Cy2}{}^{\circ} = 0 \qquad M_{Cy3}{}^{\circ} = \frac{1}{3} \qquad M_{Cy4}{}^{\circ} = \frac{2}{3}$$

- Déterminer l'angle de rotation en flexion :

$$\theta = \sum \frac{\omega\, M_{cy}}{EI} = \frac{1}{EF}\left[\frac{P_1 aL}{2}\frac{2}{3} + 0 - \frac{P_2 L^2}{16}\frac{1}{3} - \frac{P_2 aL}{16}\frac{2}{3}\right] = \frac{P_1 aL}{3EI} - \frac{P_2 L^2}{16}$$

Poutre isostatique sur deux appuis avec réponse

Soit une poutre droite AB parcourue par un convoi de quatre charges mobiles inégales $F_1 = 2\times10^5\,\text{N}$, $F_2 = 5\times10^5\,\text{N}$, $F_3 = 4\times10^5\,\text{N}$, $F_4 = 10^5\,\text{N}$.

1. Déterminer les moments de flexion aux droits des charges et le moment de flexion maximal.

2. Déterminer le moment de flexion maximal sous la charge F_3, lorsque la charge F_4 dépasse l'appui B.

3. Déterminer le moment de flexion sous la charge F_2 lorsque la charge F_1 dépasse l'appui A.

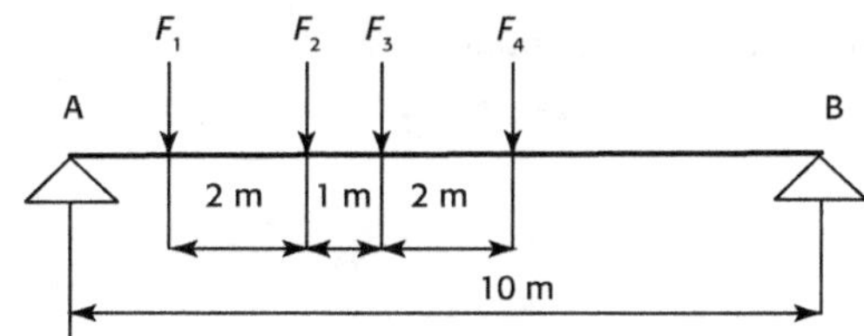

Réponses :

1. (1) Sous la charge F_1 le moment de flexion est: $M_{f-1} = -18 \times 10^5 \, \text{N.m}$

(2) Sous la charge F_2 le moment de flexion est $M_{f-2} = -28,5 \times 10^5 \, \text{N.m}$

(3) Sous la charge F_3 le moment de flexion est $M_{f-3} = -25,7 \times 10^5 \, \text{N.m}$

(4) Sous la charge F_4 le moment de flexion est $M_{f-4} = -15,8 \times 10^5 \, \text{N.m}$

2. Le moment de flexion maximal sous la charge F_3, lorsque la charge F_4 dépasse l'appui B, est :

$$M_{f-3} = -22,3 \times 10^5 \, \text{N.m}$$

3. Le moment de flexion maximal sous la charge F_2, lorsque la charge F_1 dépasse l'appui A, est :

$$M_{f-2} = -21,6 \times 10^5 \, \text{N.m}$$

Exercice 5.55

Poutre isostatique sur deux appuis avec réponse

Une poutre droite AB de rigidité constante, reposant sur deux appuis de même niveau est soumise à une charge uniformément variable de forme triangulaire. Déterminer la flèche maximale de la poutre.

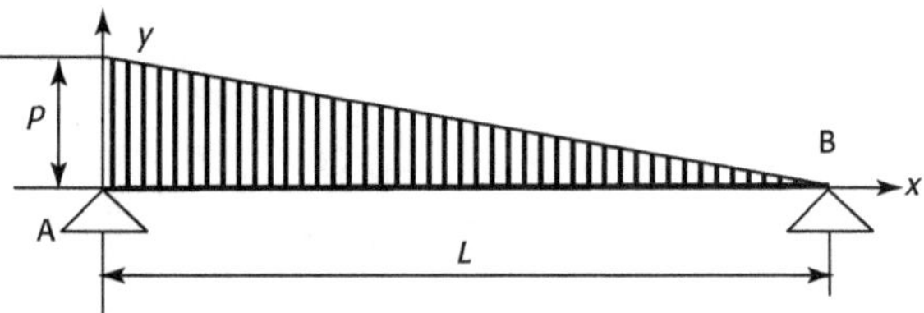

Réponses : La flèche maximale de la poutre est $f_{\max} = 0,00632 \dfrac{pl^4}{EI_{G-z}}$ pour $x = 0,48078L$.

Exercice 5.56

Poutre isostatique sur deux appuis avec réponse

Une poutre droite AB de rigidité constante et appuyée sur deux appuis de même niveau est soumise à un couple de moment M_c tel que $b > a$. Déterminer la flèche maximale de la poutre.

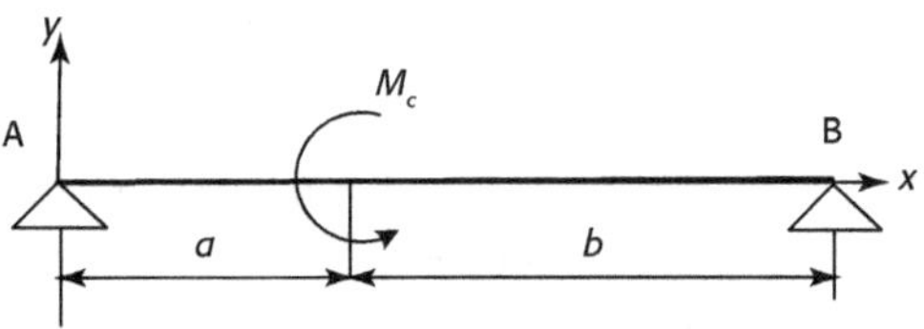

Réponses : La flèche maximale de la poutre est $f_{\max} = \dfrac{M_C}{3L \cdot EI_{G-z}} \sqrt{\left(\dfrac{L^2}{3} - b^2\right)^3}$ pour

$x = L - \dfrac{\sqrt{12L^2 - 3a^2}}{6}$.

Poutre isostatique sur deux appuis avec réponse

Une poutre droite AB de rigidité constante et appuyée sur deux appuis de même niveau est soumise à deux charges égales et symétriques. Déterminer la flèche maximale de la poutre.

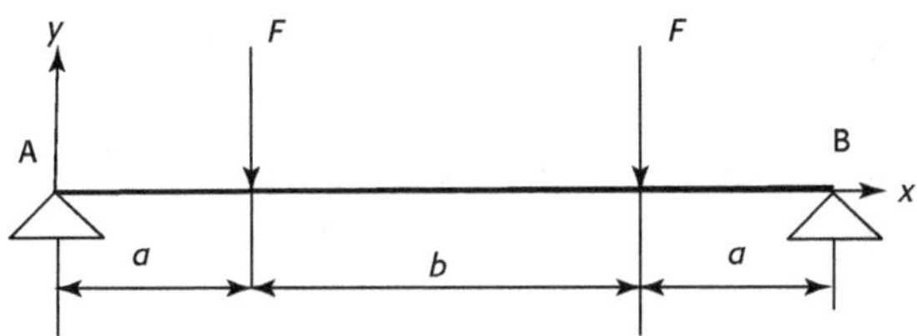

Réponses : La flèche maximale de la poutre est $f_{\max} = -\dfrac{Fa}{24EI_{G-z}}\left(3L^2 - 4a^2\right)$ pour $x = \dfrac{L}{2}$.

Poutre isostatique sur deux appuis avec réponse

Une poutre droite AB de rigidité constante et reposant sur deux appuis de même niveau est soumise à une charge trapézoïdale, et à des couples de moments donnés aux appuis. Écrire l'équation de la ligne élastique de cette poutre.

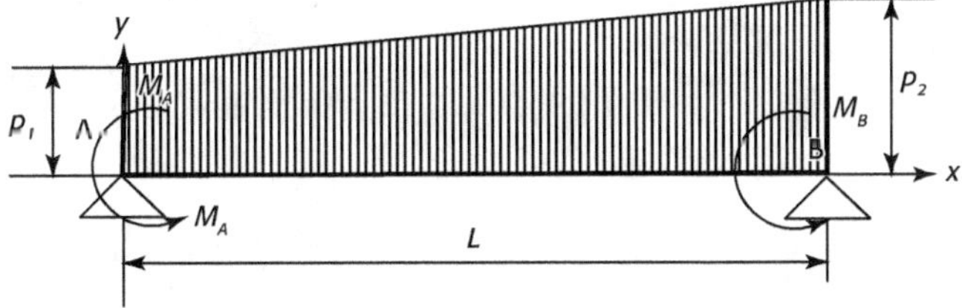

Réponse : L'équation de la ligne élastique de cette poutre est :

$$EIy = \frac{p_i x}{24}\left(L^3 - 2Lx^2 + x^3\right) + \frac{p_1 - p_2}{360L}\times\left(7L^4 - 10L^2x^2 + 3x^4\right)$$
$$+ x(x-L)\left[\frac{M_A}{2} + \frac{M_B - M_A}{6}(x+L)\right]$$

5.6 Exemples des poutres sur deux appuis simples avec une extrémité en porte-à-faux

Poutre isostatique sur deux appuis simples et une extrémité en porte-à-faux

Une poutre droite reposant sur deux appuis simples, supporte une charge en porte-à-faux. Déterminer la déformation de la poutre et la flèche maximale.

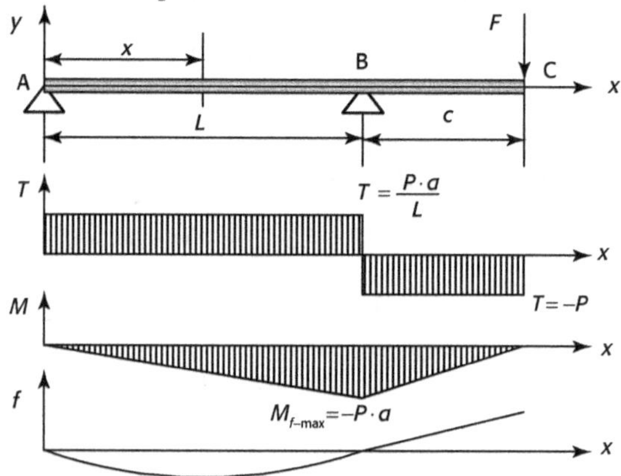

1. Réaction des appuis simples

Les équations de l'équilibre nous donnent :

$$\sum M_{f-A} = 0 \qquad P \cdot a + R_A \cdot L = 0 \qquad R_A = -\frac{P \cdot a}{L}$$
$$\Rightarrow \qquad\qquad \Rightarrow$$
$$\sum M_{f-B} = 0 \qquad P \cdot (L+a) - R_B \cdot L = 0 \qquad R_B = \frac{(L+a)}{L} P$$

2. Effort tranchant

– De A à B : $\quad T = \dfrac{P \cdot a}{L}$

– De B à C : $\quad T = \dfrac{P \cdot a}{L} - \dfrac{P(L+a)}{L} = -P \quad \Rightarrow \quad T = -P$

3. Moment de flexion

– De A à B : $\quad M_f = -\dfrac{P \cdot a}{L}$

– De B à C : $\quad M_f = -\dfrac{P \cdot a \cdot x}{L} - \dfrac{P(L+a)}{L}(x-L) \quad \Rightarrow \quad M_f = -P(L+a-x)$

4. Le moment de flexion maximal se trouve au droit de l'appui B (($x = L$)

$$M_{f-max} = -P \cdot a$$

5. Déformation de la poutre

5.1. Partie AB de la poutre :

$$EIy'' = EI\frac{d\varphi}{dx} = -M_f \quad \text{avec} \quad M_f = -\frac{P \cdot a}{L} \cdot x$$

$$EIy'' = \frac{Pa}{L}x$$

Première intégration : $EIy' = \dfrac{Pa}{2L}x^2 + C_1$

Deuxième intégration : $EIy = \dfrac{Pa}{6L}x^3 + C_1 x + C_2$

Détermination des constantes :

- Pour $x = 0$, la flèche $y = 0$. Nous obtenons $C_2 = 0$.

- Pour $x = 0$, la flèche $y = 0$. Nous obtenons $0 = \dfrac{Pa}{6L}L^3 + C_1 L \quad \Rightarrow \quad C_1 = -\dfrac{PaL}{6}$

Nous pouvons donc écrire :

$$EIy' = EL\theta = \frac{Pa}{2L}x^2 - \frac{PaL}{6}$$

$$EIy = \frac{Pa}{6L}x^3 - \frac{PaL}{6}x$$

Résultats de la partie AB de la poutre

- Angle de flexion

$$\text{À l'appui A}\,(x = 0): \qquad \theta_A = -\frac{PLa}{6EI}$$

$$\text{À l'appui B}\,(x = L): \qquad \theta_B = \frac{PL^2 a}{2LEI} - \frac{PLa}{6EI} = \frac{PLa}{3EI}$$

L'angle de flexion θ_B est ainsi égal à deux fois la valeur absolue de θ_A.

- Flèche maximale entre A et B

La dérivée y' de la déformée y s'annule pour :

$$\frac{Pa}{2L}x^2 - \frac{PaL}{6} = 0 \qquad \text{soit pour :}\ x^2 = \frac{L^2}{3} \quad \Rightarrow \quad x = \frac{\sqrt{3}}{3}L$$

Nous obtenons alors la flèche f :

$$EI \cdot f = \frac{Pa}{6L} \cdot \frac{L^2}{3} \cdot \frac{\sqrt{3}L}{3} - \frac{PaL}{6} \cdot \frac{\sqrt{3}L}{3}$$

$$\Rightarrow \quad y_{\max} = f = -\frac{\sqrt{3}}{27}\frac{PL^2 a}{EI}$$

2. La partie BC de la poutre peut être considérée comme encastrée en B.

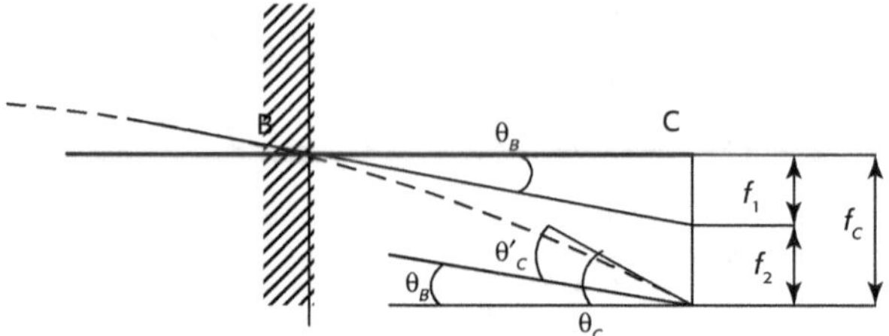

Nous avons :

$$f_1 = a \tan \theta_B \approx a\theta_B = a \cdot \frac{PLa}{3EI} = \frac{PLa^2}{3EI}$$

$$f_2 = \frac{Pa^3}{3EI}$$

$$f_C = f_1 + f_2 = \frac{PLa^2}{3EI} + \frac{Pa^3}{3EI} = \frac{Pa^2(L+a)}{3EI}$$

L'angle θ_C est égale à :

$$\theta_C = \theta_B + \theta'_C \qquad \text{avec :} \quad \theta'_C = \frac{Pa^2}{2EI}$$

$$\theta_C = \frac{PLa}{3EI} + \frac{Pa^2}{2EI} \qquad \text{ou} \qquad \theta_C = \frac{Pa}{6EI}(2L+3a)$$

Poutre isostatique sur deux appuis simples et une extrémité en porte-à-faux

Une poutre droite reposant sur deux appuis simples, supporte deux charges égales en porte-à-faux, à distance égale des appuis. Étudier la déformation de la poutre et déterminer la flèche maximale de la poutre.

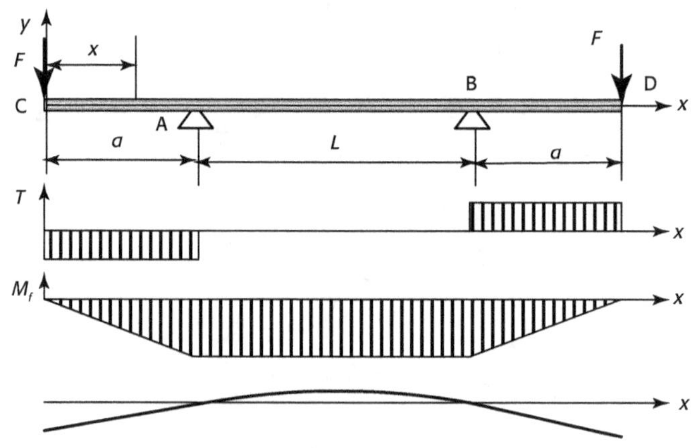

1. Réaction des appuis :

$$R_A = P \qquad \text{et} \qquad R_B = P$$

2. Effort tranchant
- De C à A : $\qquad T = P$
- De A à B : $\qquad T = 0$
- De B à D : $\qquad T = -P$

3. Moment de flexion

- De C à A : $\qquad M_{f-CA} = -Px$

- De A à B : $\qquad M_{f-AB} = -Pa = C^{te} = M_{f-\max}$

- De B à D : $\qquad M_{f-BD} = -Px + R_A(x-a) + R_B(x-L) = -P(L + 2a - x)$

4. Déformation ou ligne élastique

Écrivons les relations intéressant la déformation de la poutre :

$$\frac{d\theta}{dx} = \frac{1}{r} = -\frac{M_f}{EI_{Gz}}$$

ou :
$$EIy'' = EI\frac{d\theta}{dx} = \frac{EI}{r} = -M_f$$

1. Pour la partie AB de la poutre, le moment de flexion M_{f-AB} est constant, donc le rayon de courbure r est constant ; la déformée est une circonférence.

Après avoir calculé r, il est alors facile de déterminer la flèche :

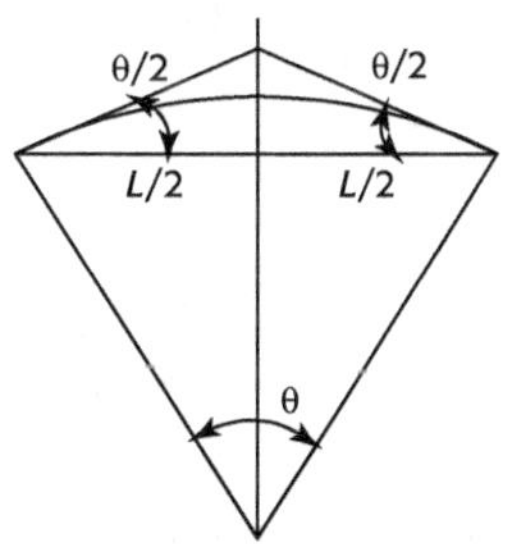

$$r^2 = (r - f)^2 + \frac{L^2}{4}$$

$$f^2 + 2r \cdot f + \frac{L^2}{4} = 0$$

$$f = r \pm \sqrt{r^2 - \frac{L^2}{4}}$$

La quantité $L/2$ est très faible par rapport à r, nous pouvons écrire :

$$\sqrt{\left(r^2 - \frac{L^2}{4}\right)} = r \cdot \sqrt{\left(1 - \frac{L^2}{4r^2}\right)} = r\left(1 - \frac{L^2}{8r^2} - \ldots\ldots\right) \approx r - \frac{L^2}{8r}$$

d'où :
$$f = \frac{L^2}{8r} \qquad \text{avec } \frac{1}{r} = \frac{Pa}{EI} \text{ (en valeur absolue).}$$

La flèche maximale de la partie AB est :

$$f = \frac{PL^2 a}{8EI}$$

2. Par rapport à la section A de la poutre, la section a tourné de l'angle θ, dont la valeur absolue est donnée par la relation géométrique simple :

$$\frac{L}{2} = r \sin \frac{\theta}{2}$$

Comme cet angle est très petit, $\sin \theta \approx \theta$. Il vient :

$$L = r \cdot \theta \qquad \text{d'où} : \theta = \frac{L}{r} \text{ radians}$$

Remarquons encore que la section A est tournée de $-\theta / 2$, suivant notre convention de signe de $\theta_A = -\dfrac{L}{2r}$.

3. Pour la partie AC de la poutre, nous avons :

$$EIy'' = EI \frac{d\theta}{dx} = -M_f \qquad \text{avec } M_f = -Px$$

$$EIy'' = EI \frac{d\theta}{dx} = Px$$

— Première intégration : $EIy' = EI\theta = \dfrac{Px^2}{2} + C_1$

En A $(x = 0)$, nous savons que la section A est tournée de l'angle θ_A calculée ci-dessous :

$$\theta_A = -\frac{L}{2r}$$

Calcul en A : $\qquad \dfrac{1}{r} = -\dfrac{M_f}{EI} \qquad \text{avec } M_f = -Pa$

Donc $\qquad \dfrac{1}{r} = -\dfrac{Pa}{EI} \qquad \Rightarrow \qquad r = -\dfrac{EI}{Pa}$

L'angle en A est : $\qquad \theta_A = -\dfrac{PLa}{2EI}$

Nous avons : $\qquad EI\theta_A = \dfrac{Pa^2}{2} + C_1 \qquad \text{et} \qquad EI\theta_A = -\dfrac{PLa}{2}$

La première constante est : $\qquad C_1 = -\dfrac{Pa}{2}(L + a)$

La première intégration devient :

$$EIy' = EI\theta = \frac{Px^2}{2} - \frac{Pa}{2}(L + a)$$

En C, extrémité de la poutre $(x = 0)$ l'angle de flexion est :

$$\theta_C = -\frac{Pa^2}{2EI} - \frac{PLa}{2EI}$$

– Deuxième intégration :

$$EIy = \frac{Px^3}{6} - \frac{Pa}{2}(L+a)x + C_2$$

En A ($x = 0$), nous avons ($y' = 0$) donc :

$$0 = \frac{Pa^3}{6} - \frac{Pa^2}{2}(L+a) + C_2 \qquad \Rightarrow \qquad C_2 = \frac{Pa^3}{3} + \frac{PLa^2}{2}$$

Équation de la déformée de C à A :

$$EIy = \frac{Px^3}{6} - \frac{Pa}{2}(L+a)x + \frac{Pa^3}{3} + \frac{PLa^2}{2}$$

Pour AC la flèche maximale se trouve en C, extrémité de la poutre ($x = 0$), elle est :

$$EI \cdot f_C = \frac{Pa^3}{3} + \frac{PLa^2}{2} \qquad \Rightarrow \qquad f_C = \frac{Pa^3}{3EI} + \frac{PLa^2}{2EI}$$

Par symétrie la flèche en D est égale à la flèche en C.

Pour la vérification de résistance des matériaux, nous devons vérifier les flèches en C, en D et au milieu de AB.

Poutre isostatique sur deux appuis simples et une extrémité en porte-à-faux

Une poutre droite reposant sur deux appuis simples, une extrémité avec porte-à-faux, supporte une charge uniformément répartie. Calculer l'angle de déformation au point A. Utiliser la méthode de la « formule de Mohr ».

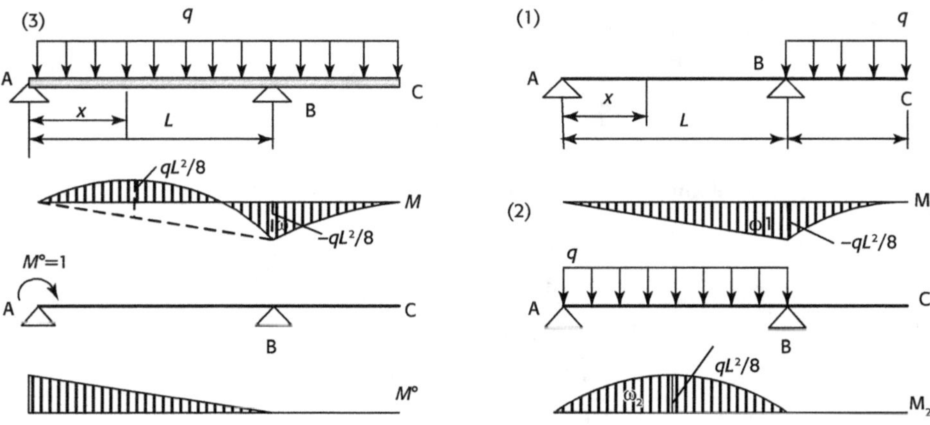

Pour faciliter le calcul de l'aire du diagramme du moment de flexion de la poutre nous séparons l'action de la charge en deux parties sur la comme figure de gauche.

1. Première partie : charge uniformément répartie entre BC (voir figure (1))

– Moment de flexion par charge uniformément répartie entre BC :

$$M_C = -\frac{q}{2L}\left(\frac{L}{2}\right)^2 L = \frac{qL^2}{8}$$

– Aire ω_1 de diagramme de flexion M_1 :

$$\omega_1 = -\frac{1}{2}L \cdot M_C = \frac{1}{2}L \cdot \frac{qL^2}{8} = -\frac{qL^3}{16}$$

– Moment de flexion pour un couple uniforme :

$$M^\circ{}_{C1} = \frac{1}{3}\times 1 = \frac{1}{3}$$

2. Deuxième partie : charge uniformément répartie entre AB (voir figure (2))

– Moment de flexion pour une charge uniformément répartie entre AB.

$$M_{\max} = \frac{qL^2}{8} \quad \text{au centre de AB}$$

– Aire ω_2 de diagramme de flexion M_2 :

$$\omega_2 = -\frac{2}{3}L \cdot M_{\max} = -\frac{2}{3}L \cdot \frac{qL^2}{8} = -\frac{qL^3}{12}$$

– Moment de flexion pour un couple uniforme :

$$M^\circ{}_{C2} = \frac{1}{2}\times 1 = \frac{1}{2}$$

3. Déterminer la résultante de l'angle de déformation du point A (voir figure (3)).

$$\theta_A = \frac{\omega_1 M^\circ{}_{C1}}{EI} + \frac{\omega_2 M^\circ{}_{C2}}{EI}$$

$$= \frac{1}{EI}\left(\frac{-qL^3}{16}\times\frac{1}{3} + \frac{qL^3}{12}\times\frac{1}{2}\right) = \frac{qL^3}{48EI}$$

Poutre isostatique sur deux appuis et une extrémité en porte-à-faux

Une poutre droite reposant sur deux appuis simples, est uniformément chargée avec deux porte-à-faux égaux. Déterminer le moment de flexion maximale.

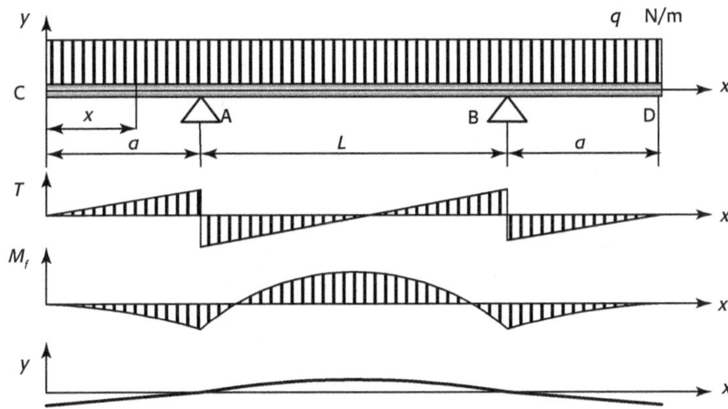

La symétrie de la poutre et des charges nous permet de limiter l'étude à la moitié gauche de la poutre.

1. Réaction des appuis :

$$R_A = R_B = \frac{q(L+2a)}{2}$$

2. Effort tranchant

– De C à A : $\qquad T = qx$; $\qquad$ en A : $T = qa$

– De A à B : $\qquad T = qx - \dfrac{q}{2}(L+2a)$

– En A $(x = a)$: $\qquad T = -\dfrac{qL}{2}$; $\qquad$ en B $(x = a+b)$: $T = \dfrac{qL}{2}$

3. Moment de flexion

– De C à A : $\qquad M_{f-CA} = -qx \cdot \dfrac{x}{2} = -\dfrac{qx^2}{2}$ $\qquad$ En A$(x = a)$: $M_{f-A} = -\dfrac{qa^2}{2}$

– De A à B : $\qquad M_{f-AB} = R_A(x-a) - \dfrac{qx^2}{2} = -\dfrac{q}{2}x^2 + \dfrac{q(L+2a)}{2}x - \dfrac{q(L+2a)a}{2}$

4. Pour $x = \dfrac{L+2a - \sqrt{L^2 - 4a^2}}{2}$ avec la condition : $L^2 - 4a^2 > 0$, soit $a < \dfrac{L}{2}$, le moment de flexion est :

$$M_f = 0$$

5. Pour $x = a + \dfrac{L}{2}$, au point milieu de la poutre, nous avons le moment de flexion maximal :

$$M_{f-\max} = \frac{q}{8}\left(L^2 - 4a^2\right)$$

Remarques :

1. La valeur du moment maximal permet de déterminer la section de la poutre. L'économie de matière sera maximale si les moments fléchissants en A et au point milieu de la poutre sont égaux en valeur absolue, c'est-à-dire pour :

$$\frac{qa^2}{2} = \frac{q}{8}\left(L^2 - 4a^2\right) \qquad \text{soit} \qquad L^2 = 8 \cdot a^2$$

$$L = 2a\sqrt{2} = 2,828a \qquad \Rightarrow \qquad a = \frac{\sqrt{2}L}{4} = 0,353L$$

2. Examinons le cas suivant : $a = \dfrac{L}{2}$ (voir la figure ci-dessous).

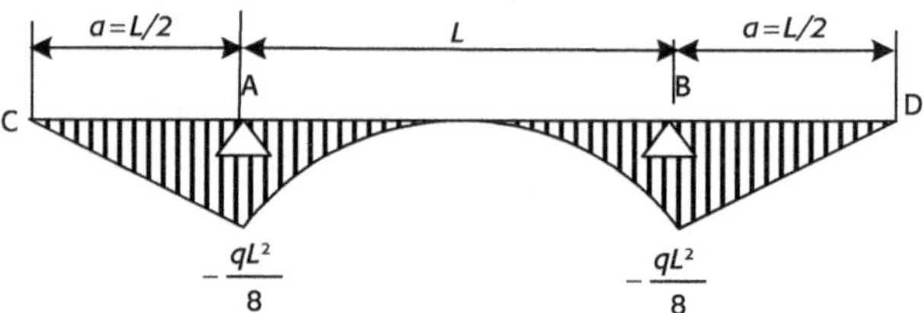

— Charge totale : $\qquad P = 2qL$

— Action des appuis : $\qquad R_A = R_B = qL$

— Entre les appuis A et B, le moment de flexion :

$$M_{f-AB} = R_A(x - a) - qx \cdot \frac{x}{2} = \frac{-qx^2}{2} + qLx - \frac{qL^2}{2}$$

Ce moment s'annule pour $x = L$, c'est-à-dire au milieu de la poutre ; il est maximal au droit des appuis :

$$M_{f-\max} = -\frac{qa^2}{2} = -\frac{qL^2}{8}$$

Poutre isostatique sur deux appuis et une extrémité en porte-à-faux

Une poutre droite sur deux appuis simples, une extrémité en porte-à-faux, supporte un couple concentré C. Déterminer la flexion maximale.

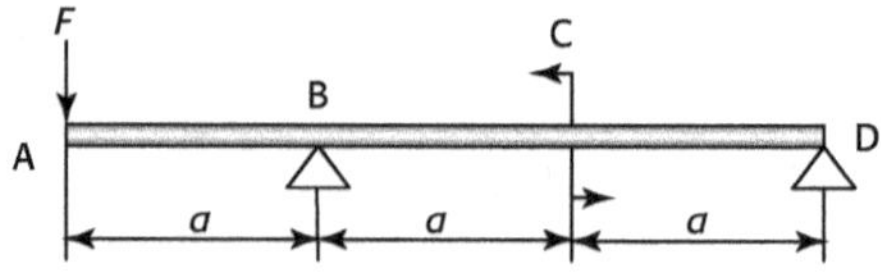

1. Réaction des appuis :

$$R_{y-B} = 2F \qquad\qquad R_{y-D} = F$$

2. Moment de flexion :

$$M(x) = -Fx + 2F(x-a) - Fa(x-2a)^0$$

$$EI\frac{d^2y}{dx^2} = -Fx + 2F(x-a) - Fa(x-2a)^0$$

3. Équation différentielle de la ligne élastique :

$$EI\frac{dy}{dx} = -\frac{F}{2}x^2 + F(x-a)^2 - Fa(x-2a) + C_1$$

$$EI\,y = -\frac{F}{6}x^3 + \frac{F}{3}(x-a)^3 - \frac{Fa}{2}(x-2a)^2 + C_1x + C_2$$

- Pour $x = a$: $\quad y = 0$
- Pour $x = 3a$: $\quad y = 0$

Donc les constantes d'équation de la déformation sont :

$$C_1 = \frac{13Fa^2}{12} \qquad\qquad C_2 = -\frac{11Fa^3}{12}$$

4. En utilisant l'équation de déformation, nous obtenons la flexion au point A :

$$f_A = -y_A = -\frac{11Fa^3}{12EI} \qquad (\downarrow)$$

Poutre isostatique sur deux appuis et une extrémité en porte-à-faux

Une poutre droite sur deux appuis simples, une extrémité en porte-à-faux, supporte une charge uniformément répartie et une charge concentrée. Déterminer l'angle de déformation au point A en utilisant la méthode de Mohr.

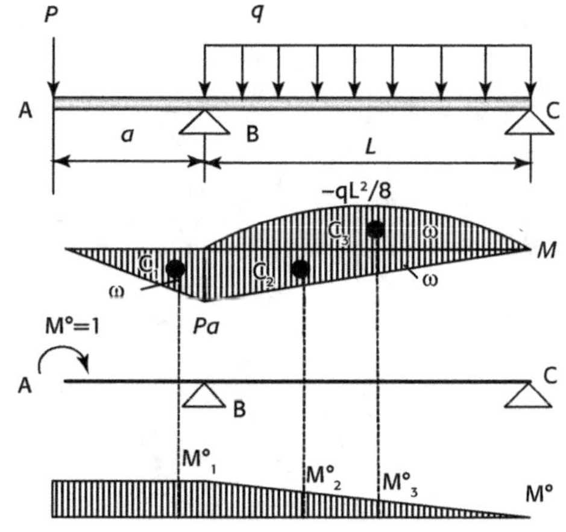

1. Faire le diagramme de moment de flexion par la charge P et par la charge uniformément répartie q.

2. Faire le diagramme de moment de la flexion par un couple unitaire $M° = 1$.

3. En utilisant la méthode de Mohr, nous avons :

$$\theta_A = \int_L \frac{M(x)M°(x)}{EI}\,dx = \frac{M°_1(x)\omega_1}{EI} + \frac{M°_2(x)\omega_2}{EI} + \frac{M°_3(x)\omega_3}{EI}$$

$$= \frac{1}{EI}\left(-\frac{1}{2}Pa \times a \times 1 - \frac{1}{2} \times Pa \times L \times \frac{2}{3} + \frac{2}{3} \times \frac{qL^2}{8} \times L \times \frac{L}{2}\right)$$

$$= -\frac{Pa^2}{EI}\left(\frac{1}{2} + \frac{L}{3a}\right) + \frac{qL^3}{24EI}$$

Poutre isostatique sur deux appuis et une extrémité en porte-à-faux

Une poutre droite sur deux appuis simples, une extrémité en porte-à-faux, supporte un couple concentré et une charge concentrée. Déterminer la flèche au point D en utilisant le théorème de Castigliano.

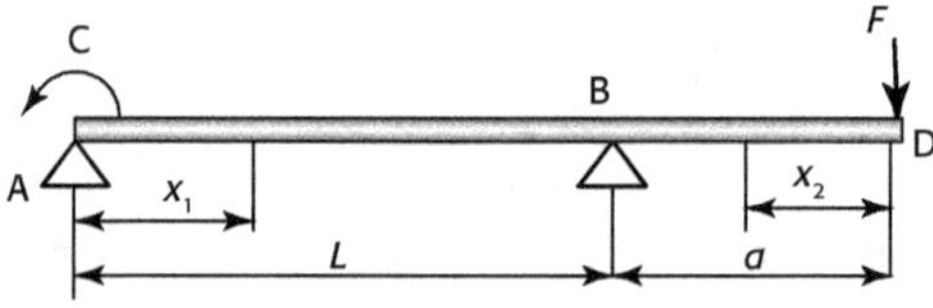

1. Moment de flexion en AB :

$$M_{x_1 - AB} = R_A x_1 - C = \left(\frac{C}{L} - \frac{Pa}{L}\right)x_1 - C$$

$$\frac{\partial M_{x_1 - BD}}{\partial P} = -\frac{a}{L}x_1 \; ; \qquad \frac{\partial M_{x_1 - BD}}{\partial C} = \frac{x_1}{L} - 1$$

2. Moment de flexion en AD :

$$M_{x_2 - BD} = -Px_2 \; ; \qquad \frac{\partial M_{x_2 - BD}}{\partial P} = -x_2 \; ; \qquad \frac{\partial M_{x_2 - BD}}{\partial C} = 0$$

3. Flèche au point D :

$$f_D = \frac{\partial W_e}{\partial P} = \int_0^L \frac{M_{x_1-AB}}{EI}\frac{\partial M_{x_1-AB}}{\partial P}\,dx_1 + \int_0^a \frac{M_{x_2-BD}}{EI}\frac{\partial M_{x_2-BD}}{\partial P}\,dx_2$$

$$= \frac{1}{EI}\int_0^L \left[\left(\frac{C}{L}-\frac{Pa}{L}\right)x_1 - C\right]\left(-\frac{a}{L}\right)x_1\,dx_1 + \frac{1}{EI}\int_0^L (-Pa)\,(-x_2)\,dx_2$$

$$= \frac{1}{EI}\left(\frac{Pa^2 L}{3}+\frac{CaL}{6}+\frac{Pa^3}{3}\right)$$

Poutre isostatique sur deux appuis et une extrémité en porte-à-faux

Une poutre uniforme, de longueur $4L$, est simplement appuyée sur une travée de longueur $2L$. Elle supporte une charge F_1 à chaque extrémité, et une charge F_2 à mi-travée soit égale à celle de chaque extrémité. Déterminer le rapport entre F_1 et F_2 pour qu'il en soit ainsi (fig. ci-dessous). (Réf. 4)

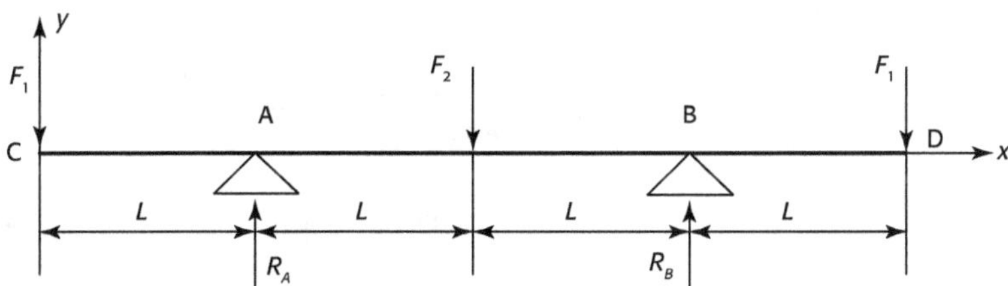

1. Les équations de l'équilibre sont :

$$\sum F_y = 0 \quad : \quad 2F_1 - F_2 = R_A + R_B$$
$$\sum M_A = 0 \quad : \quad F_1 \cdot L + 2R_B \cdot L - F_2 . L - 3F_1 \cdot L = 0$$

Les réactions d'appuis sont :

$$R_B = \left(F_2 + 2F_1\right)/2 = F_1 + F_2/2$$
$$R_A = F_1 + F_2/2$$

2. Décomposons ce système en deux systèmes symétriques.

– Pour la charge F_2 nous avons le moment indiqué dans la figure ci-après.

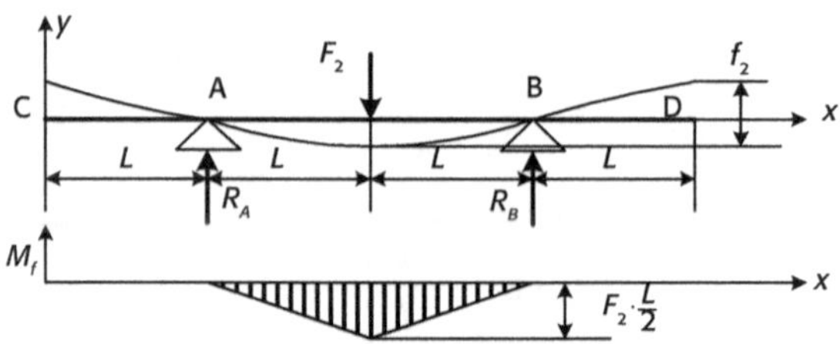

Le déplacement est :

$$f_2 = \left(\frac{1}{2}F_2 \cdot \frac{L}{2} \cdot L\right) \cdot \left(2L - \frac{L}{3}\right) \cdot \frac{1}{EI}$$

— Pour la charge F_1 nous avons le moment indiqué dans la figure ci-dessous.

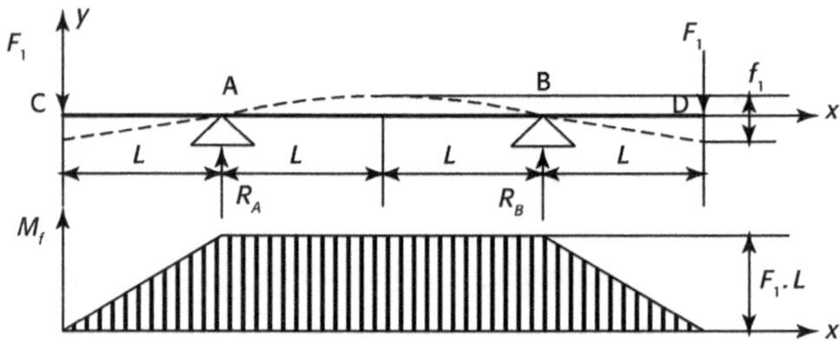

Le déplacement est :

$$f_1 = \left[\left(F_1 \cdot L \cdot L\right) \cdot \left(2L - \frac{L}{2}\right) - \left(F_1 \cdot L \cdot \frac{L}{2}\right) \cdot \frac{2L}{3}\right] \cdot \frac{1}{EI}$$

3. Par superposition, et en respectant les conditions du problème, le déplacement total est nul :

$$f_1 + f_2 = 0 \qquad \Rightarrow \left(F_1 \cdot L^2\right) \cdot \frac{3L}{2} - \left(F_1 \frac{L^3}{3} + \left(F_2 \frac{L^2}{4}\right) \cdot \frac{5L}{3}\right) = 0$$

$$\Rightarrow \left(\frac{3}{2} + \frac{1}{3}\right) \cdot F_1 + \frac{5}{12}F_2 = 0$$

$$\Rightarrow \frac{F_1}{F_2} = \frac{5}{22}$$

Poutre isostatique sur deux appuis (avec réponse)

Une poutre droite, sur deux appuis simples, supporte une charge triangulaire (voir figure (a)). Le maximum de la charge triangulaire est q_0. Considérons que la résistance de la poutre est une constante EI. Calculer l'angle de déformation au point A.

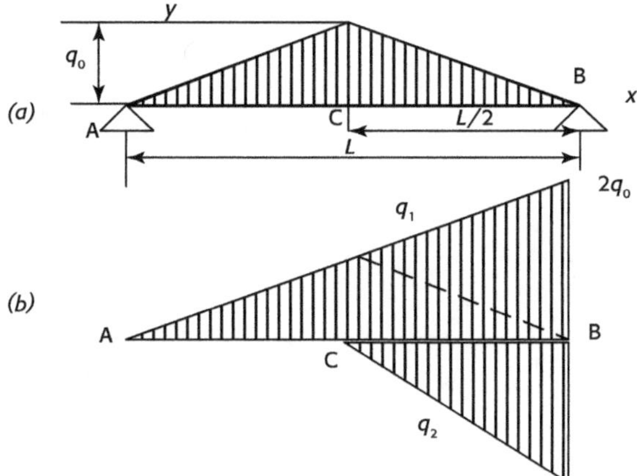

Réponse : $\theta_A = -\dfrac{5q_0 L^3}{192EI}$

Indication : Les réactions aux appuis A et B sont $R_{A-y} = R_{B-y} = \dfrac{1}{2}\dfrac{q_0 L}{2} = \dfrac{q_0 L}{4}$

Considérons la charge triangulaire construit par deux composants de charges angulaires indiquées dans la figure (b). Leurs changement des charges suivirent les coefficients k_1 et k_2.

$$k_1 = \frac{-2q_0 - 0}{L} = \frac{-2q_0}{L}$$

$$k_2 = \frac{2q_0 - 0}{\dfrac{L}{2}} = \frac{4q_0}{L}$$

Pour la section x, nous avons les charges :

$$q_1(x) = k_1 x$$

$$q_2(x) = k_2\left(x - \frac{L}{2}\right)$$

L'équation de moment de flexion est :

$$M_f(x) = R_{A-y} + \frac{k_1}{6}x^3 + \frac{k_2}{6}\left(x - \frac{L}{2}\right)^3 = \frac{q_0 L}{4}x - \frac{q_0}{3L}x^3 + \frac{2q_0}{3L}\left(x - \frac{L}{2}\right)^3$$

CHAPITRE 6

Poutres droites hyperstatiques

6.1 Poutres droites hyperstatiques

Un système hyperstatique est un système dans lequel nous ne pouvons pas déterminer les réactions d'appuis en utilisant seulement les équations d'équilibre statique.

Lorsque nous utilisons ces équations, il reste une ou plusieurs réactions d'appuis inconnues. Un tel système est appelé système hyperstatique du premier degré ou système hyperstatique du $n^{\text{ième}}$ degré suivant le nombre des inconnues.

Dans ce chapitre nous étudions trois cas de poutres hyperstatiques et uniquement les flexions simples :

— les poutres encastrées à une extrémité, sur appui simple à l'autre ;

— les poutres encastrées à leurs deux extrémités ;

— les poutres continues.

6.2 Méthode pour les systèmes hyperstatiques

Il existe beaucoup de méthodes pour les systèmes hyperstatiques. Dans ce chapitre nous présentons les trois méthodes :

— méthode de la formule de Mohr ;

— méthode de force ;

— méthode des moments de réaction. (voir *Résistance des matériaux,* J. C. Doubrère).

Pour les poutres continues, nous présentons la méthode des "trois moments".

6.2.1 Méthode de la formule de Mohr (expression analytique des déplacements)

1. Formule principale de Mohr

La formule de Mohr donne le déplacement sous les charges extérieures. Le déplacement se calcule par la formule principale de Mohr :

$$\lambda = \sum \int_L \frac{M_f \, M_u^\circ}{EI} \, dx \qquad \text{(F-6-1)}$$

avec :

M_f : moment de flexion dans la section d'abscisse x par les charges extérieures ;

M_u° : moment de flexion dans la même section d'abscisse x par une force (ou un couple) unitaire ;

E : module d'élasticité longitudinale ;

I : moment d'inertie ;

λ : déplacement (il peut être une flèche f ou un angle de rotation θ).

2. Formulaire générale de Mohr

Soit le moment de flexion M_{f-x}, l'effort normal N_x et l'effort tranchant T_x dans la section d'abscisse x, produits par une force extérieure F ou un couple. Soit le moment de flexion M_u°, l'effort normal N_u^0 et l'effort tranchant T_u^0 dans la même section d'abscisse x, produits par la force extérieure unitaire suivant la même direction.

La formule de Mohr donne le déplacement, ou la rotation, sous l'effort du système F dans la section d'abscisse x suivant la direction i :

$$\lambda = \sum \int_L \frac{M_f M_u^\circ}{EI} \, dx + \sum \int_L \frac{N_f N_u^\circ}{EA_N} \, dx + \sum \int_L \frac{T_f T_u^\circ}{EA_T} \, dx \qquad \text{(F-6-2)}$$

λ est le déplacement, il peut être aussi une flèche f ou un angle de rotation θ, suivant nos besoins. A_N est la surface de section concernée par la traction et la compression. A_T est la surface de section concernée par le cisaillement.

3. Processus de la méthode de Mohr

1. Trouver les moments de flexion M_f.
2. Dans la section d'abscisse x, appliquer une charge unitaire :
   - pour le calcul d'une flèche f, appliquer une force unitaire $p^\circ = 1$;
   - pour le calcul d'un angle de rotation θ, appliquer un couple unitaire $m^\circ = 1$.
3. Calculer le moment de flexion M_u° produit par la charge unitaire P° ou le couple unitaire m°.
4. Utiliser la formule ci-dessus pour obtenir la flèche ou l'angle de rotation. Si le signe du résultat est positif, alors la flèche est dans le même sens que la charge unitaire, sinon la flèche est dans le sens opposé.

Poutres hyperstatiques – Méthode de Mohr

Une poutre ABC, reposant sur deux appuis simples A et B de même niveau, supporte une charge en porte-à-faux C. Déterminer la flèche et l'angle de rotation en flexion en point C.

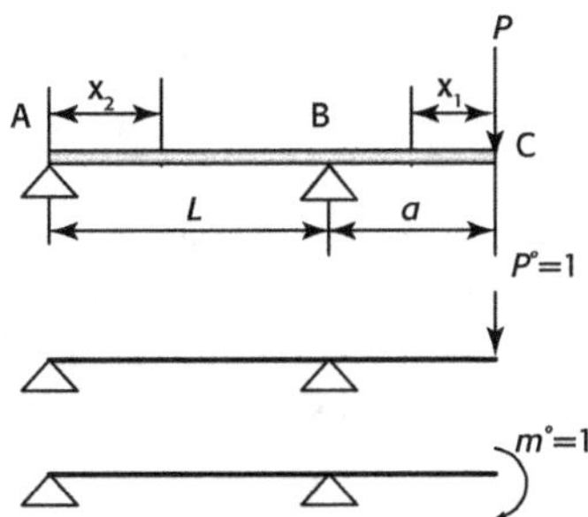

La poutre est un système isostatique, mais nous pouvons aussi utiliser la méthode de Mohr.

1. À partir des équations d'équilibre de la poutre ABC, nous trouvons les réactions des appuis simples A et B :

$$R_A = \frac{Pa}{L} \qquad\qquad R_B = \frac{P(a+L)}{L}$$

2. Moments de la flexion :

   – pour la partie AB à l'abscisse x_1 : $\quad M_{f_1} = -\frac{Pa}{L} \cdot x_1$;

   – pour la partie CB à l'abscisse x_2 : $\quad M_{f_2} = -P \cdot x_2$.

3. Flèche f au point C :

Les moments de flexion par la force unitaire $p° = 1$ sont :

   – pour la partie AB à l'abscisse x_1 : $\quad M^0_{u\,1}(p°) = -\frac{a}{L} x_1$;

   – pour la partie CB à l'abscisse x_2 : $\quad M^0_{u\,2}(p°) = -x$.

En utilisant la formule de Mohr nous obtenons la flèche en C :

$$y_c = \sum \int_L \frac{M_f \cdot M^0_{u1}(p°)}{EI} dx = \frac{1}{EI}\left[\int_0^L M_{f-x_1} \cdot M^0_{u1}(p°) \cdot dx_1 + \int_0^a M_{f-x_2} \cdot M^0_{u2}(p°) \cdot dx_2 \right]$$

$$= \frac{1}{EI}\left[\int_0^L \left(-\frac{Pa}{L} x_1\right)\left(-\frac{a}{L} x_1\right) \cdot dx_1 + \int_0^a (-Px_2) \cdot (-x_2) \cdot dx_2 \right] = \frac{Pa^2}{3EI}(a+L)$$

Comme y_c est positif, la flèche est dans le même sens que la force unitaire.

4. Angle de rotation en flexion θ en C

Le moment de flexion par le couple unitaire $m° = 1$ est :

$$M^0_{u1}(m°) = -\frac{x_1}{L} \qquad\qquad M^0_{u2}(m°) = -1$$

En utilisant la formule de Mohr nous obtenons l'angle de rotation en flexion en point C :

$$\theta_C = \sum \int_L \frac{M_f \cdot M^0_{u1}(m°)}{EI} dx = \frac{1}{EI}\left[\int_0^L M_{f-x_1} \cdot M^0_{u1}(m°) \cdot dx_1 + \int_0^a M_{f-x_2} \cdot M^0_{u2}(m°) \cdot dx_2 \right]$$

$$= \frac{1}{EI}\left[\int_0^L \left(-\frac{Pa}{L} x_1\right)\left(-\frac{x_1}{L}\right) \cdot dx_1 + \int_0^a (-Px_2) \cdot (-1) \cdot dx_2 \right] = \frac{Pa}{6EI}(3a+2L)$$

Comme θ_C est positif, l'angle de rotation en flexion est dans le même sens que le couple unitaire.

4. La formule pratique de Mohr

Soit ω l'aire de la surface du diagramme du moment de la flexion M_f par les charges extérieures. M_{Cy}° est l'ordonnée du centre de la surface du diagramme de moment de flexion, par la charge unitaire appliquée dans la section i suivant la direction i. Le déplacement (ou la rotation) λ de section i peut s'écrire sous une autre forme plus simple que (F-6-1).

$$\lambda_i = \sum \int_L \frac{\omega_i \cdot M_{Cy}^\circ}{EI}\, dx \quad \text{(F-6-3)}$$

Processus de l'utilisation :

1. Déterminer les moments de flexion M_{f-i} et ses aires des diagrammes ω_i.

2. Dans la section d'abscisse x, appliquer une charge unitaire :
   - pour le calcul d'une flèche, appliquer une force unitaire $p^\circ = 1$;
   - pour le calcul d'un angle de rotation, appliquer un couple unitaire $m^\circ = 1$.

3. Déterminer le diagramme de moment de flexion M_u^0 produit par la charge unitaire et l'ordonnée M_{Cy}^0 du centre de la surface de ce diagramme.

4. Déterminer le déplacement par la formule (F-6-3).

Le tableau 6.1 donne les valeurs de $\omega_i \cdot M_{Cy}^0$ des cas courants. Dans le tableau, ω est l'aire de la surface du diagramme de moment de la flexion M_{f-i} produite par les charges extérieures. M_{Cy}^0 est l'ordonnée du centre de la surface du diagramme du moment de flexion produit par la charge unitaire.

Poutres hyperstatiques – Formule pratique de Mohr

Une poutre AB, appuyée sur deux appuis simples A et B, supporte une charge uniformément répartie q. Déterminer la flèche au centre de la poutre.

C'est un système isostatique, mais nous pouvons aussi utiliser la méthode de Mohr.

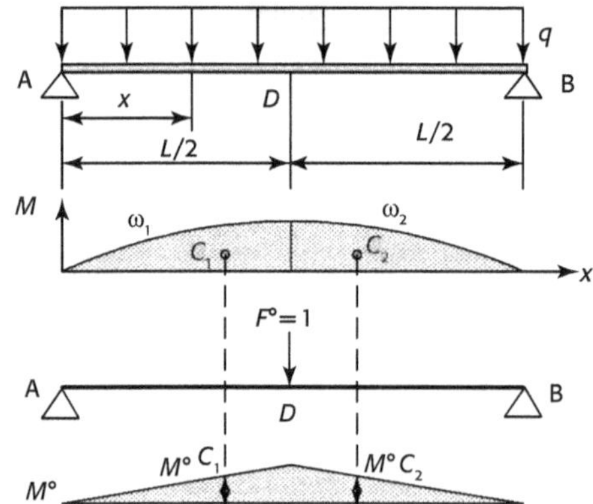

1. Couper la poutre AB en deux parties et calculer les aires des diagrammes des moments de la flexion M par la charge q.

   - Partie AD : $\omega_1 = \dfrac{2}{3} \times \dfrac{L}{2} \times \dfrac{1}{8} qL^2 = \dfrac{qL^3}{24}$

   - Partie DB : $\omega_2 = \omega_1 = \dfrac{qL^3}{24}$

2. Appliquer une force unitaire $p^\circ = 1$ pour calculer une flèche.

Tableau 6.1 Valeurs des $\omega\, M_{Cy}^{\circ}$

	M_f **Moments de la flexion par les charges**	M_u° **Moments de la flexion par une force unitaire ou un couple unitaire**		
1	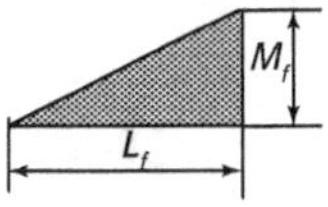	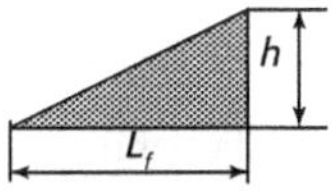 $\omega\, M_{Cy}^{\circ} = \dfrac{1}{3} L_f M_f h$	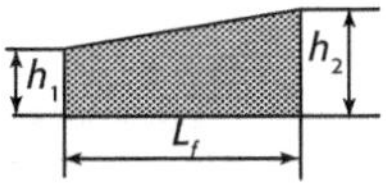 $\omega\, M_{Cy}^{\circ}$ $= \dfrac{L_f}{6} M_f (2h_2 + h_1)$	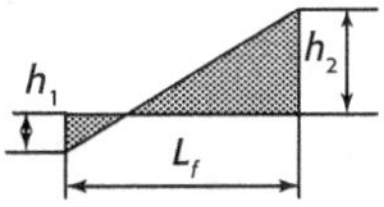 $\omega\, M_{Cy}^{\circ}$ $= \dfrac{L_f}{6} M_f (2h_2 - h_1)$
2	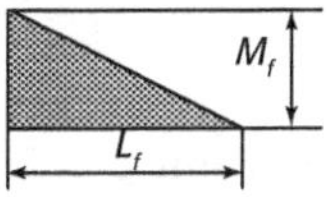	$\omega\, M_{Cy}^{\circ} = \dfrac{1}{6} L_f M_f h$	$\omega\, M_{Cy}^{\circ}$ $= \dfrac{L_f}{6} M_f (2h_1 + h_2)$	$\omega\, M_{Cy}^{\circ}$ $= \dfrac{L_f}{6} M_f (h_2 - 2h_1)$
3	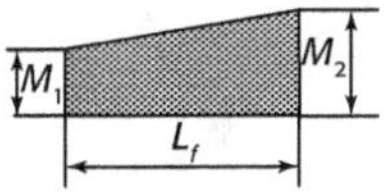	$\omega\, M_{Cy}^{\circ}$ $= \dfrac{1}{6} L_f h (2M_2 + M_1)$	$\omega\, M_{Cy}^{\circ}$ $= \dfrac{L_f}{6}[2(M_1 h_1 + M_2 \cdot h_2) + M_1 \cdot h_2 + M_2 \cdot h_1]$	$\omega\, M_{Cy}^{\circ}$ $= \dfrac{L_f}{6}[-2\,(M_1 \cdot h_1 - M_2 \cdot h_2) + M_1 \cdot h_2 - M_2 \cdot h_1]$
4	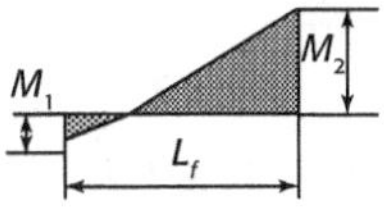	$\omega\, M_{Cy}^{\circ}$ $= \dfrac{1}{6} L_f h (2M_2 - M_1)$	$\omega\, M_{Cy}^{\circ}$ $= \dfrac{L_f}{6}[2\,(-M_1 \cdot h_1 + M_2 \cdot h_2) - M_1 \cdot h_2 + M_2 \cdot h_1]$	$\omega\, M_{Cy}^{\circ}$ $= \dfrac{L_f}{6}[2\,(M_1 \cdot h_1 + M_2 \cdot h_2) - M_1 \cdot h_2 - M_2 \cdot h_1]$
5	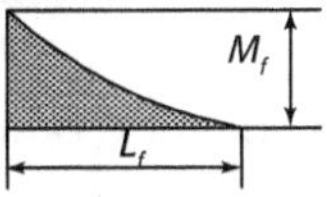 Parabole du 2ᵉ degré	$\omega\, M_{Cy}^{\circ} = \dfrac{1}{12} L_f M_f h$	$\omega\, M_{Cy}^{\circ}$ $= \dfrac{L_f}{12} M_f (3 \cdot h_1 + h_2)$	$\omega\, M_{Cy}^{\circ}$ $= \dfrac{L_f}{12} M_f (-3 \cdot h_1 + h_2)$
6	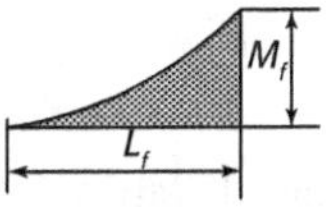 Parabole du 2ᵉ degré	$\omega\, M_{Cy}^{\circ} = \dfrac{1}{4} L_f M_f h$	$\omega\, M_{Cy}^{\circ}$ $= \dfrac{L_f}{12} M_f (3h_2 + h_1)$	$\omega\, M_{Cy}^{\circ}$ $= \dfrac{L_f}{12} M_f (3h_2 - h_1)$
7	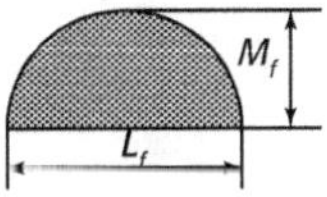 Parabole du 2ᵉ degré	$\omega\, M_{Cy}^{\circ} = \dfrac{1}{3} L_f M_f h$	$\omega\, M_{Cy}^{\circ}$ $= \dfrac{L_f}{3} M_f (h_1 + h_2)$	$\omega\, M_{Cy}^{\circ}$ $= \dfrac{L_f}{3} M_f (h_2 - h_1)$
8	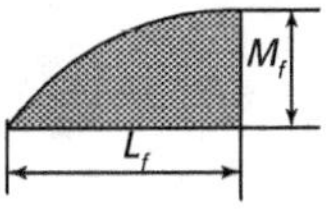 Parabole du 2ᵉ degré	$\omega\, M_{Cy}^{\circ} = \dfrac{5}{12} L_f M_f h$	$\omega\, M_{Cy}^{\circ}$ $= \dfrac{L_f}{12} M_f (3h_1 + 5h_2)$	$\omega\, M_{Cy}^{\circ}$ $= \dfrac{L_f}{12} M_f (5h_2 - 3h_1)$

3. Déterminer le diagramme du moment de flexion $M°$ par la force unitaire $P°$ et trouver les valeurs des moments $M_{C_1}^0$ et $M_{C_2}^0$ par les forces unitaires, correspondantes aux centres C_1 et C_2 des surfaces ω_1 et ω_2 des diagrammes des moments de la flexion par la charge q.

$$M_{C_1}^0 = M_{C_2}^0 = \frac{5}{8} \times \frac{L}{4} = \frac{5}{32} L$$

4. Utiliser la formule pratique Mohr pour obtenir la flèche :

$$f = -y_c = \sum \frac{\omega\, M_C^0}{EI} = \frac{\omega_1 M_{C_1}^0}{EI} + \frac{\omega_2 M_{C_2}^0}{EI} = \frac{\dfrac{qL^3}{24} \times \dfrac{5L}{32}}{EI} + \frac{\dfrac{qL^3}{24} \times \dfrac{5L}{32}}{EI} = \frac{5qL^4}{384EI} \quad (\downarrow)$$

6.2.2 Méthode des forces

La méthode des forces consiste à remplacer la réaction d'appui surabondante étudiée par un déplacement (ou un angle de rotation de déformation) sous la charge unitaire pour déterminer cette réaction d'appuis. Cette méthode ne s'applique qu'aux structures hyperstatiques et suppose de suivre le processus ci-dessous.

1. Déterminer le degré d'hyperstaticité d_h de la structure.

2. Supprimer les liaisons surabondantes pour obtenir une structure isostatique associée S_0. Appliquer la charge de la structure réelle sur la structure isostatique.

3. Pour supprimer chaque liaison surabondante i, créer une coupure S_j. Considérer n_h états de charge unitaire S_i soumis à un couple d'efforts unitaires et opposés appliqués aux lèvres de la coupure i.

4. Déplacements relatifs $\Delta_{i0}\ \Delta_{ij}$ – Calculer les déplacements relatifs des lèvres de chaque coupure :

    Δ_{10} : déplacement produit par le chargement appliqué sur la structure isostatique associée suivant la direction X_1 dans l'état S_{10} ;

    Δ_{i0} : déplacement produit par le chargement appliqué sur la structure isostatique associée suivant la direction X_i dans l'état S_{i0} ;

    Δ_{11} : déplacement par la charge $X_1 = 1$ suivant la direction X_1 dans l'état S_1 ;

    Δ_{12} : déplacement par la charge $X_2 = 1$ suivant la direction X_1 dans l'état S_1 ;

    ....

    Δ_{21} : déplacement par la charge $X_1 = 1$ suivant la direction X_2 dans l'état S_2 ;

    ....

    Δ_{ij} : déplacement relatif des lèvres de la coupure i sous l'action du couple d'efforts unitaires ;

    $X_i = 1$ appliqués à la coupure j de l'état S_j.

5. Fermeture des coupures S : Écrire l'équation de continuité des déplacements ou de fermeture des coupures.

À chaque état unitaire S_i on associe une variable X_j, sollicitation supprimée par la coupure i. X_i est le vecteur des inconnues hyperstatiques.

$$S \equiv S_0 + X_1 S_1 + ... + X_n S_n$$

Cette relation fondamentale peut s'appliquer à toute grandeur G de la structure (composantes de liaison, N, T, M, déplacement, rotation…) :

$$G \equiv G_0 + X_1 G_1 + \ldots + X_n G_n$$

- **Coupure i :**

$$\Delta_i = \Delta_{i0} + \Delta_{i1} X_1 + \Delta_{i2} X_2 \ldots + \Delta_{in} X_n = 0$$

Écrivons sous forme de matrice :

$$\begin{bmatrix} \Delta_{11} & .. & \Delta_{in} \\ .. & .. & .. \\ \Delta_{n1} & .. & \Delta_{nn} \end{bmatrix} \cdot \begin{bmatrix} X_1 \\ .. \\ X_n \end{bmatrix} = \begin{bmatrix} \Delta_1 \\ .. \\ \Delta_{n0} \end{bmatrix}$$

La matrice de souplesse Δ_{ij} de dimension $n \times n$ est caractéristique de la structure et des coupures choisies :

$$\Delta_{ij} = \frac{L}{EI} \int_0^L M_i m_j \, dx \qquad \text{(F-6-4)}$$

Cette matrice est indépendante des charges appliquées.

6. En appliquant le théorème de Muller-Breslau, nous obtenons :

$$\vec{1} \cdot \vec{\Delta}_{ij} = \int_s \frac{M_i m_j}{EI} \, ds \qquad \text{(F-6-5)}$$

M_i et m_j se trouvent dans les tableaux 6-2.

La formule peut présenter la forme suivante, avec l'effort normal N, l'effort tranchant, le moment de flexion et le moment d'inertie de torsion.

$$\vec{1} \cdot \vec{\Delta}_{ij} = \int_s \frac{N_i N_j}{EI} \, ds + \int_s \frac{T_i T_j}{GI} \, ds + \int_s \frac{M_{f-i} M_{f-j}}{EI} \, ds + \int_s \frac{M_{t-i} M_{t-j}}{GI} \, ds \qquad \text{(F-6-6)}$$

Tableau 6.2 Valeurs de $\Delta_{ij} = \dfrac{L}{EI}\displaystyle\int_0^L M_i m_j\, dx$

M_i	m_j (m, L)	m_j (m_g, m_d)	m_j (m_g, m_g)	m_j (m_g, $-m_g$)	m_j (m_g, L)	m_j (m_d, L)	m_j (m, αL, βL)	m_j (m, L)
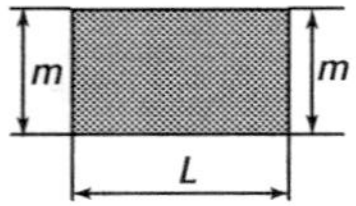 (m, m, L)	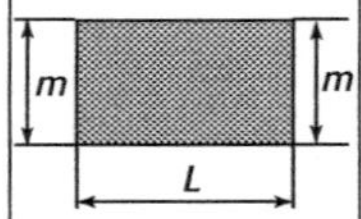 $\Delta_{ij} = \dfrac{L}{EI} Mm$	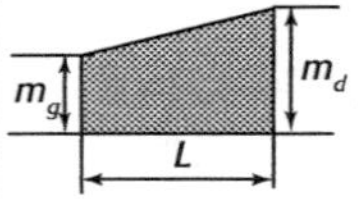 $\Delta_{ij} = \dfrac{L}{2EI}\cdot M(m_g + m_d)$	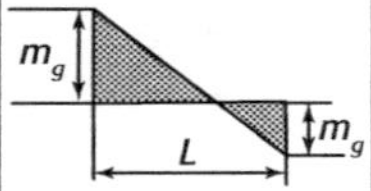 $\Delta_{ij} = \dfrac{L}{2EI}\cdot M(m_g + m_d)$	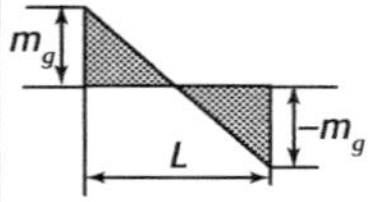 0	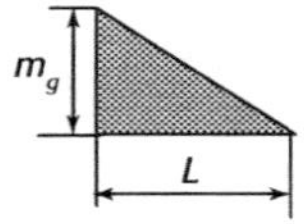 $\Delta_{ij} = \dfrac{L}{2EI} Mm_g$	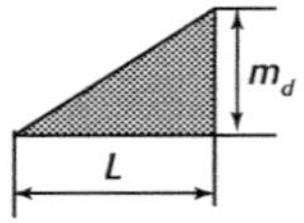 $\Delta_{ij} = \dfrac{L}{2EI} Mm_d$	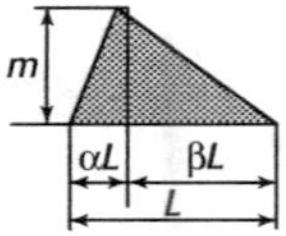 $\Delta_{ij} = \dfrac{L}{2EI} Mm$	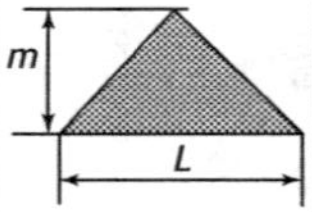 $\Delta_{ij} = \dfrac{L}{2EI} Mm$
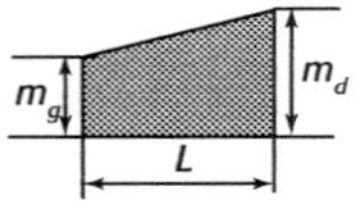 (m_g, m_d, L)	$\Delta_{ij} = \dfrac{L}{2EI}\cdot (M_g + M_d)m$	$\Delta_{ij} = \dfrac{L}{6EI}(2M_g m_g + M_g m_d + M_d m_g + 2M_d m_d)$	$\Delta_{ij} = \dfrac{L}{6EI}(2M_g m_g + M_g m_d + M_d m_g + 2M_d m_d)$	$\Delta_{ij} = \dfrac{L}{6EI}(M_g - M_d)m$	$\Delta_{ij} = \dfrac{L}{6EI} m_g (2M_g + M_d)$	$\Delta_{ij} = \dfrac{L}{6EI} m_d (M_g + 2M_d)$	$\Delta_{ij} = \dfrac{L}{6EI}\cdot [(M_g(1+\beta) + M_d(1+\alpha)]m$	$\Delta_{ij} = \dfrac{L}{4EI} m (M_g + m_d)$
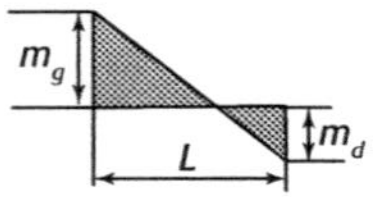 (m_g, m_d, L)	$\Delta_{ij} = \dfrac{L}{2EI}\cdot (M_g + M_d)m$	$\Delta_{ij} = \dfrac{L}{6EI}(2M_g m_g + M_g m_d + M_d m_g + 2M_d m_d)$	$\Delta_{ij} = \dfrac{L}{6EI}(2M_g m_g + M_g m_d + M_d m_g + 2M_d m_d)$	$\Delta_{ij} = \dfrac{L}{6EI}(M_g - M_d)m$	$\Delta_{ij} = \dfrac{L}{6EI} m_g (2M_g + M_d)$	$\Delta_{ij} = \dfrac{L}{6EI} m_d (M_g + 2M_d)$	$\Delta_{ij} = \dfrac{L}{6EI}\cdot [(M_g(1+\beta) + M_d(1+\alpha)]m$	$\Delta_{ij} = \dfrac{L}{4EI} m (M_g + m_d)$
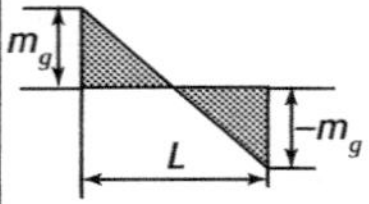 (m_g, $-m_g$, L)	0	$\Delta_{ij} = \dfrac{L}{6EI} M_g (m_g - m_d)$	$\Delta_{ij} = \dfrac{L}{6EI} M_g (m_g - m_d)$	$\Delta_{ij} = \dfrac{L}{3EI} M_g m$	$\Delta_{ij} = \dfrac{L}{6EI} M_g m$	$\Delta_{ij} = \dfrac{-L}{6EI} M_g m_d$	$\Delta_{ij} = \dfrac{L}{6EI} M_g m \cdot (1 - 2\alpha)$	0

Tableau 6.2 (Suite)

M_i	m_j							
	$m,\ m,\ L$	$m_g,\ m_d,\ L$	$m_g,\ m_g,\ L$	$m_g,\ -m_g,\ L$	$m_g,\ L$	$m_d,\ L$	$m,\ \alpha L,\ \beta L,\ L$	$m,\ L$
$m_g,\ L$	$\Delta_{ij}=\dfrac{L}{2EI}M_g m$	$\Delta_{ij}=\dfrac{L}{6EI}M_g(2m_g+m_d)$	$\Delta_{ij}=\dfrac{L}{6EI}M_g(2m_g+m_d)$	$\Delta_{ij}=\dfrac{L}{6EI}M_g m$	$\Delta_{ij}=\dfrac{L}{3EI}M_g m_g$	$\Delta_{ij}=\dfrac{L}{6EI}M_g m_d$	$\Delta_{ij}=\dfrac{L}{6EI}M_g m\cdot(1+\beta)$	$\Delta_{ij}=\dfrac{L}{4EI}M_g m$
$m_d,\ L$	$\Delta_{ij}=\dfrac{L}{2EI}M_d m$	$\Delta_{ij}=\dfrac{L}{6EI}M_d(m_g+2m_d)$	$\Delta_{ij}=\dfrac{L}{6EI}M_d(m_g+2m_d)$	$\Delta_{ij}=\dfrac{-L}{6EI}M_d m$	$\Delta_{ij}=\dfrac{L}{6EI}M_d m_g$	$\Delta_{ij}=\dfrac{L}{3EI}M_d m_d$	$\Delta_{ij}=\dfrac{L}{6EI}M_d m\cdot(1+\alpha)$	$\Delta_{ij}=\dfrac{L}{4EI}M_d m$
$m,\ \alpha L,\ \beta L,\ L$	$\Delta_{ij}=\dfrac{L}{2EI}Mm$	$\Delta_{ij}=\dfrac{L}{6EI}M\cdot[m_g(1+\beta)+m_d(1+\alpha)]$	$\Delta_{ij}=\dfrac{L}{6EI}M\cdot[m_g(1+\beta)+m_d(1+\alpha)]$	$\Delta_{ij}=\dfrac{L}{6EI}Mm(1-2\alpha)$	$\Delta_{ij}=\dfrac{L}{6EI}Mm_g(1+\beta)$	$\Delta_{ij}=\dfrac{L}{6EI}Mm_d(1+\alpha)$	$\alpha<\beta$ $\Delta_{ij}=\dfrac{L}{12EI}Mm\cdot\dfrac{3-4\alpha^2}{\beta}$	$\Delta_{ij}=\dfrac{L}{3EI}Mm$
$m,\ L$	$\Delta_{ij}=\dfrac{L}{2EI}Mm$	$\Delta_{ij}=\dfrac{L}{4EI}M(m_g+m_d)$	$\Delta_{ij}=\dfrac{L}{4EI}M(m_g+m_d)$	0	$\Delta_{ij}=\dfrac{L}{4EI}Mm_g$	$\Delta_{ij}=\dfrac{L}{4EI}Mm_d$	$\Delta_{ij}=\dfrac{L}{12EI}Mm\cdot\dfrac{3-4\alpha^2}{\beta}$	$\Delta_{ij}=\dfrac{L}{3EI}Mm$
$M,\ L$	$\Delta_{ij}=\dfrac{L}{3EI}M_g m$	$\Delta_{ij}=\dfrac{L}{12EI}M_g(3m_g+m_d)$	$\Delta_{ij}=\dfrac{L}{12EI}M_g(3m_g+m_d)$	$\Delta_{ij}=\dfrac{L}{6EI}M_g m$	$\Delta_{ij}=\dfrac{L}{4EI}M_g m_g$	$\Delta_{ij}=\dfrac{L}{12EI}\cdot M_g m_d$	$\Delta_{ij}=\dfrac{L}{12EI}M_g\cdot m(1+\beta+\beta^2)$	$\Delta_{ij}=\dfrac{7L}{48EI}\cdot M_g m$

Tableau 6.2 (Suite)

M_i	m_j							
M_d	$\Delta_{ij} = \frac{L}{3EI} M_d m$	$\Delta_{ij} = \frac{L}{12EI} M_d (m_g + 3m_d)$	$\Delta_{ij} = \frac{L}{12EI} M_d (m_g + 3m_d)$	$\Delta_{ij} = \frac{-L}{6EI} M_d m$	$\Delta_{ij} = \frac{L}{12EI} \cdot M_d m_g$	$\Delta_{ij} = \frac{L}{4EI} M_d m_d$	$\Delta_{ij} = \frac{L}{12EI} M_d \cdot m(1+\alpha+\alpha^2)$	$\Delta_{ij} = \frac{7L}{48EI} \cdot M_d m$
M	$\Delta_{ij} = \frac{2L}{3EI} Mm$	$\Delta_{ij} = \frac{L}{3EI} M (m_g + m_d)$	$\Delta_{ij} = \frac{L}{3EI} M (m_g + m_d)$	0	$\Delta_{ij} = \frac{L}{3EI} Mm_g$	$\Delta_{ij} = \frac{L}{3EI} Mm_d$	$\Delta_{ij} = \frac{L}{3EI} Mm \cdot (1+\alpha\beta)$	$\Delta_{ij} = \frac{5L}{12EI} Mm$
M_g	$\Delta_{ij} = \frac{2L}{3EI} M_g m$	$\Delta_{ij} = \frac{L}{12EI} M_g (5m_g + 3m_d)$	$\Delta_{ij} = \frac{L}{12EI} M_g (5m_g + 3m_d)$	$\Delta_{ij} = \frac{L}{6EI} M_g m$	$\Delta_{ij} = \frac{5L}{12EI} \cdot M_g m_g$	$\Delta_{ij} = \frac{L}{4EI} M_g m_d$	$\Delta_{ij} = \frac{L}{12EI} \cdot M_g m \cdot (5-\alpha-\alpha^2)$	$\Delta_{ij} = \frac{17L}{48EI} \cdot M_g m$
M_d	$\Delta_{ij} = \frac{2L}{3EI} M_d m$	$\Delta_{ij} = \frac{L}{12EI} M_d (3m_g + 5m_d)$	$\Delta_{ij} = \frac{L}{12EI} M_d (3m_g + 5m_d)$	$\Delta_{ij} = \frac{-L}{6EI} M_d m$	$\Delta_{ij} = \frac{L}{4EI} M_d m$	$\Delta_{ij} = \frac{5L}{12EI} \cdot M_d m_d$	$\Delta_{ij} = \frac{L}{12EI} \cdot M_d m \cdot (5-\beta-\beta^2)$	$\Delta_{ij} = \frac{17L}{48EI} \cdot M_d m$

Exercice 6.3

Poutres hyperstatiques – Méthode des forces

Une poutre AB avec une extrémité encastrée B et l'autre extrémité A en appui, supporte une charge uniformément répartie. Déterminer le déplacement en A.

1. État S_0 isostatique par suppression de l'appui surabondante A :

$$\Delta_0 = -\frac{qL^4}{8EI}$$

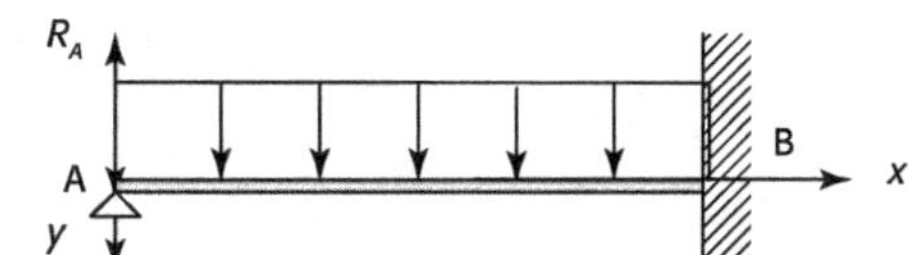

2. État S_1 : appliquons la charge unitaire au point étudié A.

$$\Delta_{11} = \frac{R_A L^3}{3EI} \cdot 1$$

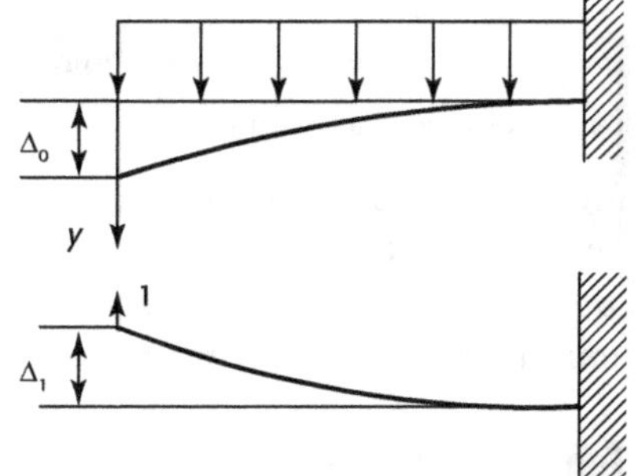

3. Fermeture des coupures : écrire l'équation de continuité des déplacements.

$$\Delta_0 + \Delta_{11} X_1 = 0$$

$$R_A = X_1 = -\frac{\Delta_0}{\Delta_{11}} = \frac{3}{8}qL$$

4. Effort tranchant du point quelconque de la poutre à l'abscisse x :

$$T_x = -R_A + qx = -\frac{3qL}{8} + qx$$

5. Moment de flexion du point quelconque de la poutre à l'abscisse x :

$$M_f = R_A \cdot x - qx \cdot \frac{x}{2} = \frac{qx}{2}\left(\frac{3L}{4} - x\right)$$

6. Écrivons l'équation de la déformation :

$$EIy'' = \frac{qx^2}{2} - \frac{3qLx}{8}$$

Après une première intégration, nous obtenons :

$$EIy' = \frac{qx^3}{6} - \frac{3qLx^2}{16} + c_1$$

En $B(x = L)$ la tangente de la déformation est horizontale, donc nous avons :

$$y' = 0 = \frac{qL^3}{6} - \frac{3qL^3}{16} + c_1$$

$$c_1 = \frac{qL^3}{48}$$

Faisant la deuxième intégration, nous obtenons :

$$EIy = \frac{qx^4}{24} - \frac{3qLx^3}{48} + \frac{qL^3x}{48} + c_2$$

Avec la condition limite, en $A(x = 0)$, $y = 0$, nous avons la constante : $c_2 = 0$.
La flexion en A est :

$$y = \frac{qx^4}{24EI} - \frac{3qLx^3}{48EI} + \frac{qL^3x}{48EI}$$

6.2.3   Méthode des moments de réaction

(Voir *Résistance des matériaux*, J. C. Doubrère.)

Dans cette méthode nous raisonnerons par superposition de deux parties.

1. La poutre AB ne supporte aucune charge, mais elle est soumise à ses extrémités A et B à des moments de réaction M_A et M_B.

2. La poutre recevant le système de charges est considérée comme étant sur appuis simples. Nous trouvons le moment de flexion $m_f(x)$ et l'effort tranchant $t(x)$ correspondant.

6.2.3.1   Formule principale

Considérons une poutre de longueur L avec les deux extrémités de A et B. Ses moments de flexion aux extrémités sont M_A et M_B. Ses réactions aux extrémités sont R_A et R_B.

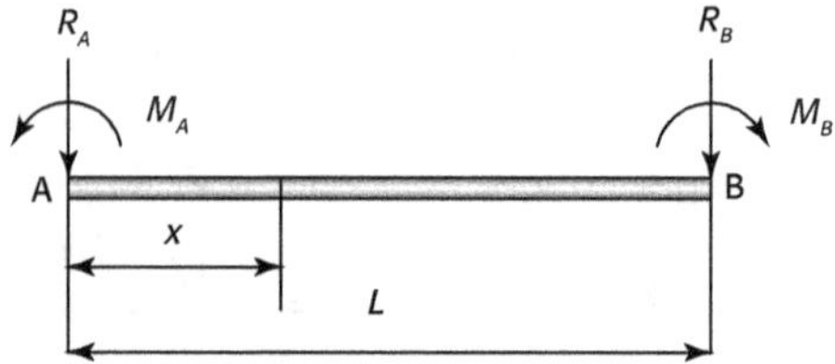

1. Supposons que la poutre ne soit soumise à aucune force.
Dans ce cas nous avons les équations d'équilibre :

$$\sum F_y = 0 \qquad \qquad R_A + R_B = 0$$
$$\sum M_{z-1} = 0 \quad \Rightarrow \quad M_A + R_A L - M_B = 0$$

Nous obtenons la réaction de l'extrémité A :

$$R_A = \frac{M_B - M_A}{L}$$

Le moment de flexion à l'abscisse x est :

$$M_f(x) = M_A + R_A x = M_A + \frac{M_B - M_A}{L} = M_A\left(1 - \frac{x}{L}\right) + M_B\frac{x}{L}$$

Nous trouvons :

– pour $x = 0$: $M_f = M_A$

– pour $x = L$: $M_f = M_B$

2. La poutre recevant un système de charges quelconques, est considérée comme une poutre sur deux appuis simples.

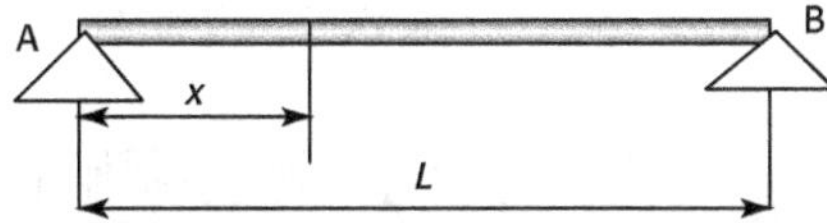

Le moment de flexion fléchissant à l'abscisse x est : $m(x)$.

L'effort tranchant à l'abscisse x est : $t(x)$.

Nous considérons que la poutre ne supporte aucune charge, mais qu'elle est soumise à des moments de réaction M_A et M_B à ses extrémités. Par superposition nous obtenons :

– le moment de flexion à l'abscisse x est :

$$M_f(x) = m_f(x) + M_A\left(1 - \frac{x}{L}\right) + M_B\,\frac{x}{L} \qquad \text{(F-6-7)}$$

– l'effort tranchant à l'abscisse x est :

$$T(x) = t(x) + \frac{M_B - M_A}{L} \qquad \text{(F-6-8)}$$

Comme $m(x)$ est nul aux extrémités, nous trouvons :

$$M_f(0) = M_A \qquad \text{et} \qquad M_f(L) = M_B$$

6.2.3.2 Poutres encastrées aux deux extrémités

En utilisant les formules (F-6-7) et (F-6-8) nous pouvons déterminer le moment de flexion et l'effort tranchant. Mais le moment de flexion et l'effort tranchant, pour la poutre encastrée aux deux extrémités, dépendent des deux inconnues M_0 et M_1. Pour déterminer ces inconnues il faut ajouter une autre équation de déformation de la poutre.

L'équation de ligne élastique est :

$$y'' = \frac{M(x)}{EI} \qquad \text{(F-6-9)}$$

En intégrant cette équation nous obtenons successivement y', dérivée première de y. Ensuite nous pouvons obtenir la flèche à l'abscisse x suite à la deuxième intégration.

Supposons que la poutre soit encastrée parfaitement sur ses extrémités. Donc nous avons :

$$y'_A = 0 \qquad \text{et} \qquad y'_B = 0$$

Ces deux équations permettront de déterminer les deux inconnues M_0 et M_1. Ensuite nous pouvons enfin déterminer le moment de flexion et l'effort tranchant avec les formules (F-6-7) et (F-6-8).

Poutres hyperstatique – Méthode des moments de réaction

Une poutre AB encastrée à deux extrémités A et B, supporte une charge uniformément répartie de densité *p*. Déterminer le moment de flexion (réf. 1).

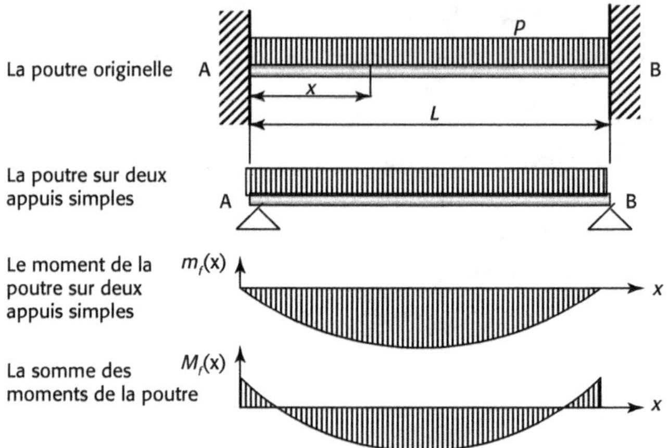

1. La poutre supposée sur deux appuis simples, supporte la charge uniformément repartie. Son moment de flexion à l'abscisse *x* est :

$$m_f(x) = p \cdot \frac{x(L-x)}{2}$$

2. En utilisant la méthode des moments des réactions, le moment de flexion de la poutre origine (F-6-7) est :

$$M_f(x) = m_f(x) + M_A\left(1 - \frac{x}{L}\right) + M_B\frac{x}{L}$$

Par symétrie, nous avons :

$$M_A = M_B$$

Le moment de flexion de la poutre d'origine devient :

$$M_f(x) = m_f(x) + M_A\left(1 - \frac{x}{L}\right) + M_B\frac{x}{L}$$

$$= p \cdot \frac{x(L-x)}{2} + M_A$$

Déformée de ligne élastique :

$$y'' = \frac{M(x)}{EI} = \frac{1}{EI}\left[p \cdot \frac{x(L-x)}{2} + M_A\right]$$

Première intégration :

$$y' = y'_A + \frac{1}{EI}\left[\frac{p}{2}\cdot\left(\frac{Lx^2}{2} - \frac{x^3}{3}\right) + M_A\right]$$

La tangente à la déformée reste horizontale au voisinage des deux encastrements. Donc quand $x = 0$ et $x = L$, nous avons $y_A' = 0$ et $y_B' = 0$.

Quand $x = L$, nous obtenons :

$$\frac{1}{EI}\left[\frac{p}{2}\cdot\left(\frac{L^3}{2} - \frac{L^3}{3}\right) + M_A\right] = y'_B = 0$$

Les moments des réactions aux extrémités sont :

$$M_A = M_B = -\frac{pL^2}{12}$$

Le moment de flexion à l'abscisse x est :

$$M_f(x) = p\cdot\frac{x(L-x)}{2} + M_A = p\cdot\frac{x(L-x)}{2} - \frac{pL^2}{12}$$

6.2.3.3 Poutres encastrées à une extrémité, sur appui simple à l'autre

Une poutre AB encastrée à une extrémité A et l'autre extrémité B sur appui simple. Déterminer les moments de flexion.

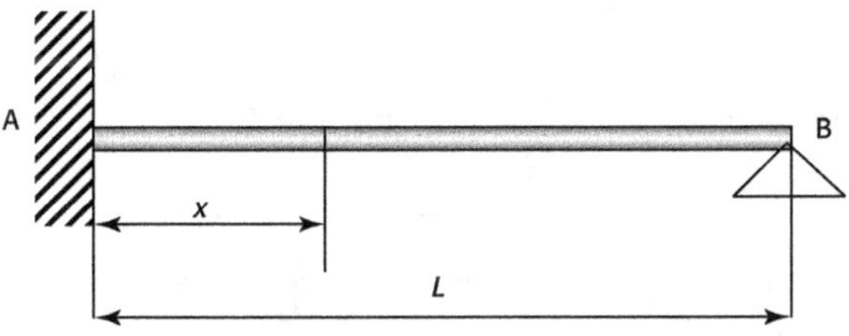

En utilisant les formules (F-6-7) et (F-6-8) nous pouvons déterminer le moment de flexion et l'effort tranchant. Mais le moment de flexion et l'effort tranchant, pour la poutre encastrée à une extrémité et sur appui à l'autre, dépendent des inconnues M_0 et $M_1 = 0$. Pour déterminer ces inconnues, il faut ajouter une autre équation de déformation de la poutre.

$$y'' = \frac{M(x)}{EI}$$

En intégrant cette équation nous obtenons successivement y', dérivée première de y. Ensuite nous pouvons obtenir la flèche à l'abscisse x suite à la deuxième intégration.

Supposons que la poutre soit encastrée parfaitement sur l'extrémité A et la poutre reste horizontale à ses extrémités. Donc nous avons :

$$y'_A = 0 \qquad \text{et} \qquad y'_B = 0$$

Ces deux équations permettront de déterminer les inconnues M_A et M_B. Ensuite nous pouvons enfin déterminer le moment de flexion et l'effort tranchant avec les formules (F-6-7) et (F-6-8). Nous montrons les calculs à l'exercice 6.5.

Poutres hyperstatique – Méthode des moments de réaction

Une poutre AB encastrée à une extrémité A et sur appui simple à l'extrémité B, supporte une charge uniformément répartie de densité p. Déterminer le moment de flexion (réf. 1).

En utilisant la méthode des moments des réactions, nous avons le moment de flexion à l'abscisse x par la formule (F-6-7) :

$$M_f(x) = m_f(x) + M_A\left(1 - \frac{x}{L}\right) + M_B\frac{x}{L}$$

Comme $M_B = 0$, le moment de flexion à l'abscisse x devient :

$$M_f(x) = m_f(x) + M_A\left(1 - \frac{x}{L}\right)$$

En utilisant une poutre sur deux appuis simples, supportant une charge uniformément répartie, nous trouvons son moment de flexion à l'abscisse x de cette poutre :

$$m_f(x) = p \cdot \frac{x(L-x)}{2}$$

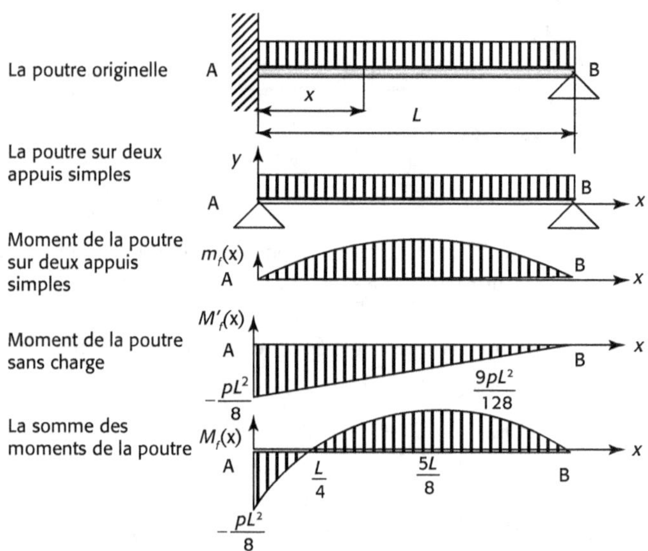

En définitive le moment de flexion à l'abscisse x de la poutre origine devient :

$$M_f(x) = m_f(x) + M_A\left(1 - \frac{x}{L}\right) = p \cdot \frac{x(L-x)}{2} + M_A\left(1 - \frac{x}{L}\right)$$

Déformée de ligne élastique :

$$y'' = \frac{M(x)}{EI} = \frac{1}{EI}\left[p \cdot \frac{x(L-x)}{2} + M_A\left(1 - \frac{x}{L}\right)\right]$$

Première intégration :

$$y' = y'_A + \frac{1}{EI}\left[\frac{p}{2} \cdot \left(\frac{Lx^2}{2} - \frac{x^3}{3}\right) + M_A\left(x - \frac{x^2}{L}\right)\right]$$

En supposant un encastrement parfait à l'origine, la tangente à la déformée est horizontale à l'appui, d'où $y'_0 = 0$.

Deuxième intégration :

$$y = y_A + \frac{1}{EI}\left[\frac{p}{2} \cdot \left(\frac{Lx^3}{6} - \frac{x^4}{12}\right) + M_A\left(\frac{x^2}{2} - \frac{x^3}{6L}\right)\right]$$

Conditions limites : $y_A = 0$ et $y_B = 0$. Déterminer M_B avec $y(L) = 0$:

$$y(L) = y_A + \frac{1}{EI}\left[\frac{p}{2} \cdot \left(\frac{Lx^3}{6} - \frac{x^4}{12}\right) + M_A\left(\frac{x^2}{2} - \frac{x^3}{6L}\right)\right]$$

$$= 0 + \frac{1}{EI}\left[\frac{p}{2} \cdot \left(\frac{L \cdot L^3}{6} - \frac{L^4}{12}\right) + M_A\left(\frac{L^2}{2} - \frac{L^3}{6L}\right)\right]$$

$$y(L) = \frac{1}{EI}\left[\frac{p}{2} \cdot \left(\frac{L^4}{6} - \frac{L^4}{12}\right) + M_A\left(\frac{L^2}{2} - \frac{L^2}{6}\right)\right] \quad \Rightarrow \quad M_A = -\frac{pL^2}{8}$$

Au final, le moment de flexion à l'abscisse x est :

$$M_f(x) = p \cdot \frac{x(L-x)}{2} - \frac{pL^2}{8}\left(1 - \frac{x}{L}\right)$$

Le moment de flexion est la somme des moments de la poutre sur deux appuis simples (représentation parabolique) et du moment de flexion de la poutre sans charge (représentation linéaire).

Quand $x = 0$: $M_{f-\max} = -\dfrac{pL^2}{8}$

Quand $x = L/4$: $M_f = 0$

6.2.3.4 Poutres continues

Ici nous présenterons seule la solution relative à deux travées égales, supportant une charge uniformément répartie de densité p.

Poutres hyperstatique - Méthode des moments de réaction

Une poutre horizontale à deux travées égales supporte une charge uniformément répartie de densité p. Déterminer les flexions des deux travées (réf1).

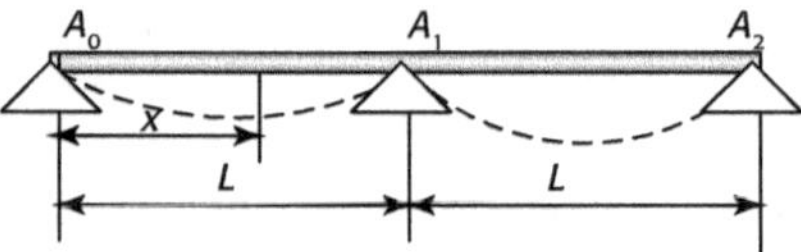

1. Degré d'hyperstaticité d_h :

$$d_h = 1$$

Pour la poutre à deux travées égales, il y a une inconnue hyperstatique M_{A_1} d'appui A_1.

2. En utilisant la méthode des moments de réaction, le moment de flexion de la poutre origine (F-6-3) est :

$$M_f(x) = m_f(x) + M_0\left(1 - \frac{x}{L}\right) + M_1\frac{x}{L}$$

— Pour la travée $A_0 A_1$, le moment de flexion fléchissant à l'abscisse x sur l'appui libre est $M_0(x) = 0$. Pour une poutre dont la charge est uniformément répartie sur deux appuis simples, le moment de flexion est :

$$m_f(x) = p\frac{x(L-x)}{2}$$

Donc nous avons :

$$M_{f-1}(x) = p\frac{x(L-x)}{2} + M_1\frac{x}{L}$$

Pour la travée $A_1 A_2$, nous avons :

$$M_1(x) = 0 \ \text{ et } \ m_{f-2}(x) = p\frac{x(L-x)}{2} :$$

D'où nous obtenons :

$$M_{f-2}(x) = p\frac{x(L-x)}{2} + M_1\left(1 - \frac{x}{L}\right)$$

Nous vérifierons que :

$$M_{f-1}(L) = M_1 = M_{f-2}(0)$$

3. Déterminer M_1

Considérons la continuité de la fibre moyenne sur l'appui A. La tangente est la même à gauche et à droite, nous avons :

$$y'_1(L) = y'_2(0)$$

Nous avons aussi : $y''' = M(x) \,/\, EI$, d'où :

$$y'_1 = y'_1(0) + p \cdot \left(\frac{L \cdot x^2}{4} - \frac{x^3}{6} \right) + M_1 \frac{x^2}{2L}$$

$y'_1(0)$ est la constante d'intégration. En utilisant la même méthode, nous obtenons :

$$y'_2 = y'_2(0) + p \cdot \left(\frac{L \cdot x^2}{4} - \frac{x^3}{6} \right) + M_1(x) - M_1 \frac{x^2}{2L}$$

La symétrie des charges et des poutres donne la déformée symétrique. Donc nous avons :

$$y'_1(0) = -y'_2(L) \quad \text{et} \quad y'_1(L) = y'_2(0) = 0$$

Nous obtenons :

$$y'_1 = p \cdot \left(\frac{L \cdot x^2}{4} - \frac{x^3}{6} - \frac{L^3}{12} \right) + M_1 \frac{x^2 - L^2}{2}$$

$$y'_2 = p \cdot \left(\frac{L \cdot x^2}{4} - \frac{x^3}{6} \right) + M_1 \left(x - \frac{x^2}{2L} \right)$$

Les flexions des deux travées sont :

$$y_1 = y_1(0) + p \cdot \left(\frac{L \cdot x^3}{12} - \frac{x^4}{24} - \frac{L^3 x}{12} \right) + M_1 \frac{x^2 - L^2}{2}$$

$$y_2 = + y_2(0) + p \cdot \left(\frac{L \cdot x^3}{12} - \frac{x^4}{24} \right) + M_1 \cdot \left(\frac{x^2}{2} - \frac{x^3}{6L} \right)$$

Puisque $y_1(0) = 0$, $y_2(0) = 0$ et $y_1(L) = 0$ nous obtenons :

$$p \cdot \left(\frac{L^4}{12} - \frac{L^4}{24} - \frac{L^3 x}{12} \right) + M_1 \left(\frac{L^3}{6L} - \frac{L^3}{2L} \right) = 0 \quad \Rightarrow \quad M_1 = \frac{-pL^2}{8}$$

6.3 Exercices avec des poutres encastrées à une extrémité, l'autre extrémité sur appui simple

Poutres encastrées à une extrémité, l'autre extrémité sur appui simple – Méthode des forces

Une poutre AB, encastrée à une extrémité B, appuyée à l'autre extrémité A, supporte une charge concentrée. Déterminer la réaction sur l'appui A.

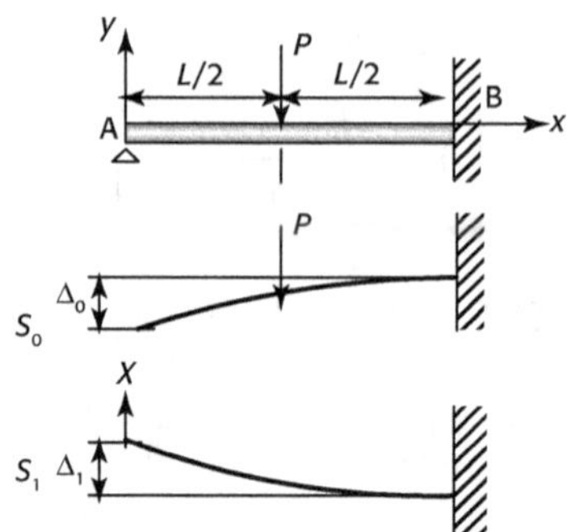

État S_0 : C'est un état isostatique par suppression de l'appui surabondant A et crée en A un déplacement. Une poutre encastrée à une extrémité supporte une charge extérieure P.

$$\Delta_0 = -\frac{5}{48}\frac{PL^3}{EI}$$

État S_1 : Une poutre encastrée à une extrémité, supporte une charge X, crée en A un déplacement :

$$\Delta_1 = \frac{XL^3}{3EI}$$

Écrivons l'équation de continuité :

$$S = S_0 + S_1$$

En appui A la somme de déplacement est nulle :

$$\Delta_0 + \Delta_1 = 0 \quad \Rightarrow \quad -\frac{5}{48}\frac{PL^3}{EI} = -\left(\frac{XL^3}{3EI}\right)$$

Nous obtenons la réaction en A :

$$X = \frac{5}{16}F$$

Exercice 6.8

Poutres encastrées à une extrémité, l'autre extrémité sur appui simple

Une poutre AB, encastrée à une extrémité B, appuyée à l'autre extrémité A, supporte une charge concentrée P. Déterminer la réaction en A et le moment de flexion à l'abscisse x.

1. Équations d'équilibre de la poutre :

Projection sur la direction y : $\qquad R_A + R_B = P$

Moment par rapport à B : $\qquad R_A \cdot L - P \cdot (L - a) + M_B = 0$

2. Dans les équations d'équilibre, au total nous avons trois inconnues R_A, R_B et M_A, mais il n'y a que deux équations indépendantes. Donc le degré d'hyperstaticité d_h est égal à $d_h = 1$.

Nous devons trouver une autre équation de calcul, par exemple R_A, réaction de l'appui A. Si R_A est connue, il sera alors possible de déterminer R_B et M_B.

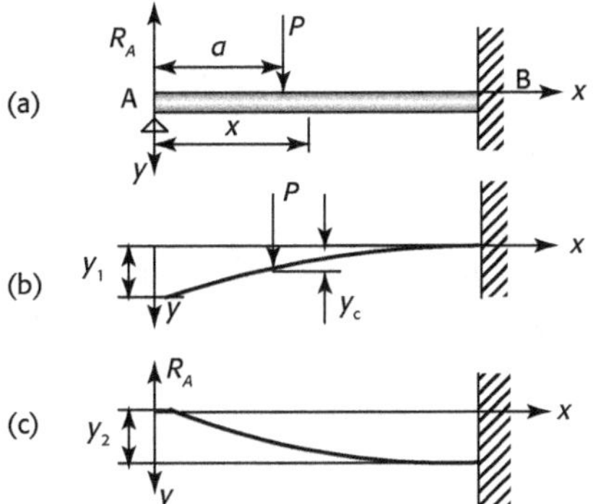

3. En supprimant l'appui surabondant A, nous obtenons un système isostatique : une poutre, encastrée en B et supportée en C $(x = a)$ avec une charge P (figure b).

— Flèche en C, extrémité d'une poutre encastrée de portée $(L - a)$

$$y_c = \frac{P(L-a)^3}{3EI}$$

— Angle de rotation de flexion :

$$\phi = -\frac{P(L-a)^2}{2EI}$$

— En identifiant la tangente à l'angle en flexion, ϕ étant petit, nous obtenons la flèche en A :

$$y_1 = y_c + A'C' \cdot \left|\tan \phi\right| = y_c + a \cdot \left|\theta\right|$$

D'où :

$$y_1 = \frac{P(L-a)^3}{3EI} + \frac{P \cdot a \cdot (L-a)^2}{2EI} = \frac{P}{6EI}(L-a)^2(2L+a)$$

4. Supposons le deuxième système isostatique, une poutre, encastrée en B, supporte à l'extrémité libre A la force R_A, en supprimant l'appui A (figure c). La valeur absolue de la flèche en A est :

$$y_2 = \frac{R_A L^3}{3EI}$$

5. L'effort de l'ensemble des forces P et R_A sur la poutre réelle est évidemment nul en A, où se trouve l'appui supprimé. Écrivons donc :

$$y_1 = y_2 \quad \Rightarrow \quad \frac{P}{6EI}(L-a)^2(2L+a) = \frac{R_A L^3}{3EI}$$

D'où la réaction d'appui A est :

$$R_A = \frac{P}{2L^3}(L-a)^2(2L+a)$$

6. Nous obtenons le moment de flexion à l'abscisse x :

$$M_f = R_x \cdot x - P \cdot (x-a)$$

Poutres encastrée à une extrémité, l'autre extrémité sur appui simple

Considérons l'axe d'aléseuse comme une poutre AB, encastrée à une extrémité A, appuyée à l'autre extrémité B. La poutre supporte une charge concentrée P. Déterminer la flèche maximale.

1. Degré d'hyperstaticité d_h :

$$d_h = 1$$

2. Déterminer la réaction en B en utilisant la méthode de force.

Supposons une poutre console équivalente A'B', qui supporte deux forces P et R_B, et produit les déplacements y_{0p} et y_{CR} :

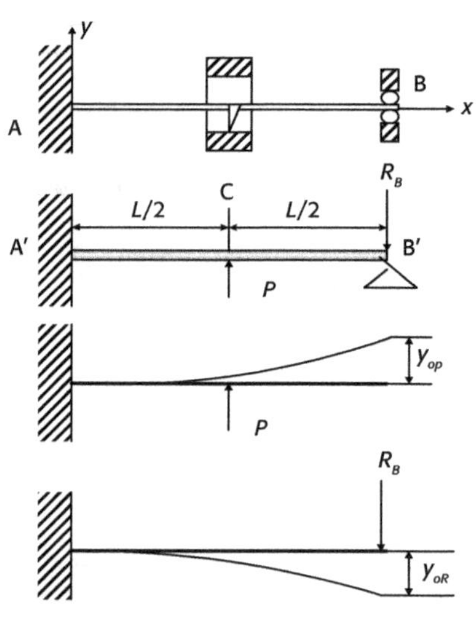

$$y_{cp} = \frac{Pa^3}{6EI}(3L - a)$$

$$y_{cR} = -\frac{R_B L^3}{3EI}$$

$$y_B = y_{0p} + y_{0R} = 0$$

D'où nous obtenons la réaction d'appui B :

$$R_B = \frac{P}{2} \cdot \left(3\frac{a^2}{L^2} - \frac{a^3}{b^3} \right)$$

3. Calculer la flèche en $C\,(x = L/2)$:

$$y_{cp} = \frac{P\,a^3}{3EI}$$

$$y_{cR} = -\frac{R_B a^2}{6EI}(3L - a)$$

$$y_c = y_{cp} + y_{cR} = \frac{Pa^3}{12EI}\left(4 - 9\frac{a}{L} + 6\frac{a^2}{L^2} - \frac{a^3}{L^3} \right)$$

4. Quand $x = 0{,}58$, nous avons la flèche maximum :

$$f_{\max} = 0{,}0098\,\frac{PL^3}{EI}$$

Exercice 6.10

Poutres encastrées à une extrémité, l'autre extrémité sur appui simple

Une poutre AB avec une extrémité encastrée A et l'autre extrémité B en appui simple, supporte une charge concentrée P (voir la figure a). Déterminer le déplacement du point C, au milieu de la poutre. (Utiliser la méthode de force).

1. Déterminer les réactions des appuis par deux méthodes différentes.

Méthode 1 : (voir figure b)

a. Remplacer l'appui B par une force - la réaction $R_{y\text{-}B}$ de l'appui. Obtenir une poutre isostatique, encastrée à une extrémité et supportant les charges F et $R_{y\text{-}B}$.

b. Utiliser les formules de console et déterminer le déplacement du point :

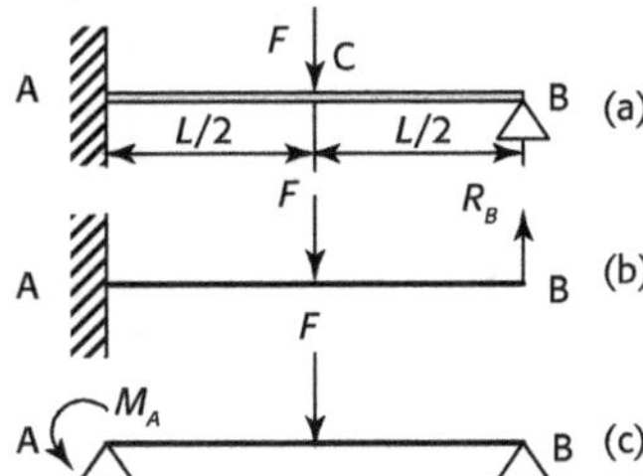

— par la force F :

$$f_{B1} = -\frac{5FL^3}{48EI}$$

— par la force $R_{y\text{-}B}$:

$$f_{B2} = \frac{R_{y-B}L^3}{3EI}$$

c. Comme le déplacement réel du point B est zéro.

$$f_B = f_{B1} + f_{B2} \quad ; \quad f_B = -\frac{5FL^3}{48EI} + \frac{R_{y-B}L^3}{3EI} = 0$$

d. Réaction du point B : $\quad R_{y-B} = \dfrac{5F}{16}$

e. Réaction du point A : $\quad R_{y-A} = \dfrac{11F}{16} \qquad M_A = \dfrac{3FL}{16}$

Méthode 2 : (voir la figure c)

a. Remplacer l'extrémité encastrée A par un appui et la réaction M_A de l'appui. Obtenir une poutre sur deux appuis qui supporte les charges F et M_A.

b. Utiliser les formules de poutre pour déterminer l'angle de déformation du point A.

— par la force F : $\qquad \theta_{A_1} = \dfrac{FL^2}{16EI}$

— par le couple M_A : $\qquad \theta_{A_2} = \dfrac{M_A L}{3EI}$

c. Comme le déplacement réel du point B est zéro :

$$\theta_A = \theta_{A_1} + \theta_{A_2} \quad ; \quad \theta_A = \frac{FL^2}{16EI} + \frac{M_A L}{3EI} = 0$$

d. Réaction du point A : $\qquad M_A = \dfrac{3FL}{16}$

e. Réaction du point A et B :
$$R_{y-A} = \frac{11F}{16} \qquad R_{y-B} = \frac{5F}{16}$$

2. Moment de flexion :
$$M_{x-AC} = -\frac{11}{16}Fx + \frac{3FL}{16}$$

$$M_{x-CB} = \frac{5}{16}Fx - \frac{5FL}{16}$$

3. La déformée de la poutre est :

Pour AC
$$E\,I\,y' = \frac{11}{32}Fx^2 - \frac{3FL}{16}x$$

Pour CB
$$E\,I\,y' = \frac{11}{32}Fx^2 - \frac{F}{2}\left(x - \frac{L}{2}\right) - \frac{3FL}{16}x$$

$$E\,I\,y = -\frac{\sqrt{5}}{240}FL^3 \qquad \Rightarrow \qquad y = f = \frac{\sqrt{5}L^3}{240EI}$$

4. La flèche en C est égale à :
$$f_C = \frac{7FL^3}{768EI}$$

Exercice 6.11

Poutres encastrées à une extrémité, l'autre extrémité sur appui simple

Une poutre AB, encastrée à une extrémité B et l'autre extrémité A sur appui, supporte une charge uniformément répartie q (figure a). Déterminer l'effort tranchant, le moment de flexion et l'équation de déformée.

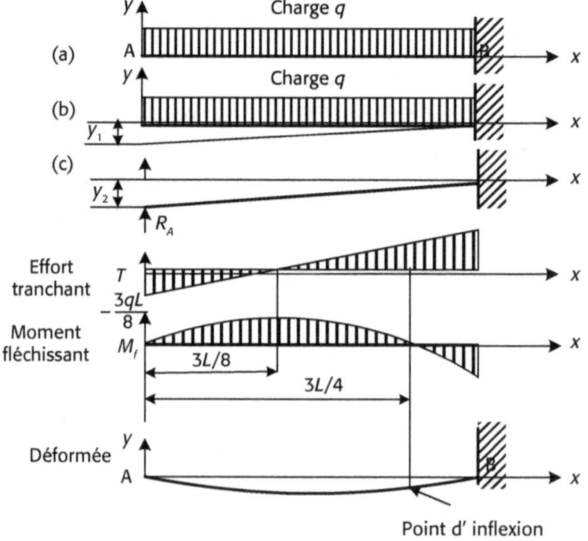

1. Il y a 3 inconnues : la réaction R_A sur l'appui simple A, les réactions R_B et M_A sur l'encastrement B.

2. Étudions les équations d'équilibre de la poutre. Il n'y a que deux équations indépendantes ci-dessous :

– projection sur la direction y :
$$R_A + R_B = q \cdot L$$

– moment par rapport à l'extrémité B :
$$R_A \cdot L - \frac{q \cdot L^2}{2} + M_B = 0$$

Donc le degré d'hyperstaticité est $d_h = 1$. Supposons R_A comme l'inconnue surabondante.

3. Déterminer la réaction R_A.

3.1. En supprimant l'appui A, créons le premier système isostatique. Une poutre, encastrée en B, supporte une charge uniformément répartie (figure b). La flèche en A, à l'extrémité d'une poutre encastrée, est égale à :

$$y_1 = \frac{q \cdot L^4}{8EI}$$

3.2. En supprimant l'appui A, supposons le deuxième système isostatique ; une poutre, encastrée en B, supporte une charge R_A (figure c). La flèche en A, à l'extrémité d'une poutre encastrée, est égale à :

$$y_2 = \frac{R_A \cdot L^3}{3EI}$$

3.3. La flèche de l'appui A est nulle, donc nous avons :

$$y_1 = y_2 \;\; \Rightarrow \;\; \frac{q \cdot L^4}{8EI} = \frac{R_A \cdot L^3}{3EI}$$

D'où la réaction R_A est égale à :

$$R_A = \frac{3qL}{8}$$

4. Déterminer l'effort tranchant et le moment de flexion de la poutre réelle.

– L'effort tranchant à l'abscisse x :

$$T = -R_A + qx = -\frac{3qL}{8} + qx$$

$$T = q \cdot \left(x - \frac{3L}{8} \right)$$

– Le moment de flexion à l'abscisse x est :

$$M_f = R_A x - qx \cdot \frac{x}{2} = \frac{3qLx}{8} - \frac{qx^2}{2}$$

$$M_f = \frac{qx}{2} \cdot \left(\frac{3L}{4} - x \right)$$

5. Déterminer la déformée de la poutre réelle.

- Équation de la déformée :

$$EIy'' = \frac{qx^2}{2} - \frac{3qLx}{8}$$

- Première intégration avec la constante d'intégration C_1 :

$$EIy' = \frac{qx^3}{6} - \frac{3qLx^2}{16} + C_1$$

En B ($x = L$), la tangente à la déformée est horizontale, donc :

$$y' = 0 = \frac{qL^3}{6} - \frac{3qL^3}{16} + C_1 \qquad \Rightarrow \qquad C_1 = \frac{qL^3}{48}$$

D'où :
$$EIy' = \frac{qx^3}{6} - \frac{3qLx^2}{16} + \frac{qL^3}{48}$$

- Deuxième intégration avec la constante d'intégration C_2 :

$$EIy' = \frac{qx^4}{24} - \frac{qLx^3}{16} + \frac{qL^3}{48}x + C_2$$

En A ($x = 0$), nous avons $y = 0$ donc $C_2 = 0$.

- Équation de déformée à l'abscisse x est :

$$y' = \frac{qx^4}{24EI} - \frac{qLx^3}{16EI} + \frac{qL^3}{48EI}x$$

Poutres encastrées à une extrémité, l'autre extrémité sur appui simple

Considérons la poutre AB de la figure 1, encastrée à une extrémité A, appuyée au point B. La poutre supporte une charge uniformément répartie q. (figure 1). Déterminer la flèche maximale de AB et la flèche en C. (Utiliser la méthode graphique de Mohr) (réf.4).

1. Équation d'équilibre :

$$R_A + R_B - q.L = 0 \tag{1}$$

$$M_A - \frac{qL^2}{2} + R_B a = 0 \tag{2}$$

2. Dans le plan x-y le degré d'hyperstaticité d_h : $d_h = 1$

3. Les diagrammes des moments de flexion sont schématisés ci-contre.

   (2) moment de flexion dû à M_A

   (3) moment de flexion dû à R_A

   (4) moment de flexion dû à R_B

   (5) moment de flexion dû à qL

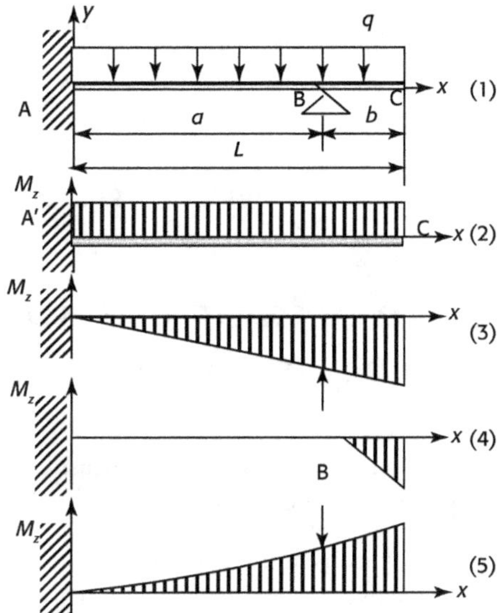

4. La déformation au point B est nulle.

$$\Delta_B = \int_A^B \frac{M_z . x . dx}{I_{GI}} = 0$$

$$\Rightarrow \quad (M_A \cdot a) \cdot \frac{a}{2} = \frac{1}{2}(R_A \cdot a^2) \cdot \frac{a}{3} + 0 - \left(\frac{1}{3} \frac{|q| \cdot a^2}{2} \cdot a \cdot \frac{a}{4} \right)$$

$$\Rightarrow \quad -\frac{M_A}{2} + \frac{R_A a}{2} - \frac{|q| \cdot a^2}{24} = 0$$

$$\Rightarrow \quad -12 M_A + 4a \cdot R_A - |q| \cdot a^2 = 0 \tag{3}$$

5. Résolvons les équations (1), (2) et (3). Nous obtenons les réactions de la poutre AB :

$$R_A = \frac{|q|}{8a}(12aL - 6L^2 - a^2), \qquad R_B = \frac{|q|}{8a}(-4aL + 6L^2 + a^2) \ ;$$

$$M_A = \frac{|q|}{8}(4aL - 2L^2 - a^2)$$

6. Déterminer la flexion en C.

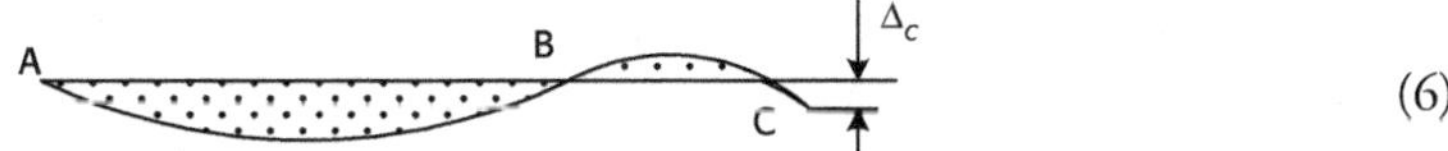

En utilisant le diagramme de la déformation (figure 6), nous calculons la flèche en C qui est égale au moment par rapport au point C de la surface du moment de flexion ;

$$\Delta_C = \int_A^C \frac{M_{f-z} \cdot x}{I_{Gz}} dx$$

$$\Rightarrow \quad EI_{Gz} \cdot \Delta_C = (M_A \cdot L)\frac{L}{2} + \left(\frac{1}{2} R_A \cdot a \cdot L\right) \cdot \frac{1}{3} + \left(\frac{1}{2} R_B \cdot b \cdot b\right)\frac{b}{3} - \left(\frac{1}{3} \cdot \frac{|q| \cdot L^2}{2} \cdot L\right) \cdot \frac{L}{4}$$

$$\Rightarrow \quad \Delta_C = \frac{|q| a^3 b}{48 EI_{Gz}} - \frac{|q| a^2 b^2}{2 EI_{Gz}} - \frac{|q| ab^3}{8 EI_{Gz}} - \frac{|q| \cdot b^4}{6 EI_{Gz}}$$

Exercice 6.13

Poutres encastrées à une extrémité, l'autre extrémité sur appui simple

Une poutre AB avec une extrémité encastrée B et l'autre extrémité A en appui sur un ressort, supporte une charge concentrée P. Étudier le déplacement de l'extrémité A de la poutre.

1. Nous supposons que si la poutre n'est pas chargée, le ressort n'exerce aucune action sur la poutre, mais il y a contact entre poutre et ressort. Sous une charge F' le ressort prend une flèche telle que : $F' = k \cdot f$. Ici k, en N/mm, c'est la rigidité du ressort.

2. En remplaçant le ressort par une force F, l'action inconnue du ressort, nous créons un système isostatique (figure b) qui est constitué par une poutre encastrée à une extrémité B et sur appui à l'autre extrémité A. Cette poutre supporte deux charges : la charge P et l'action F du ressort, dirigée vers le haut. La flèche de cette poutre en A est :

$$y_1 = \frac{(P-F)L^3}{3EI}$$

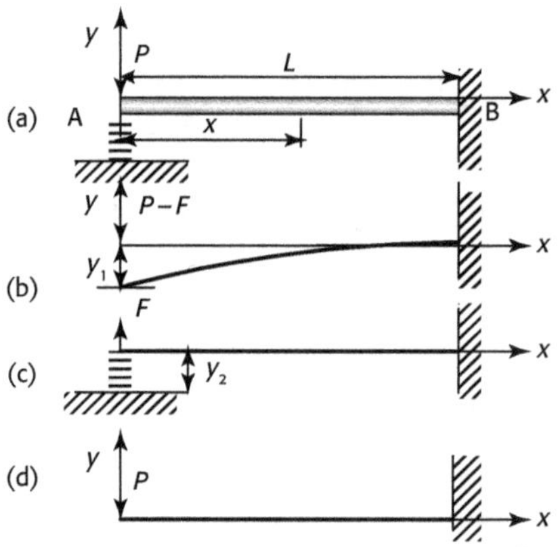

3. Supposons que le système isostatique ne supporte qu'une action du ressort à l'extrémité libre A (voir la figure c). La flèche de la poutre en A est :

$$y_2 = \frac{F}{k}$$

4. Déterminer la force inconnue F. La déformation au point A est nulle. $y_2 - y_1 = 0$, donc :

$$y_1 = y_2 \quad \Rightarrow \quad \frac{(P-F)L^3}{3EI} = \frac{F}{k}$$

D'où nous obtenons la force F :

$$F = \frac{P}{1 + \dfrac{3EI}{k \cdot L^3}}$$

La force F est inférieure à la charge P. Avec la force F nous pouvons trouver le moment de flexion et la déformation de la poutre.

5. Créons une poutre isostatique, encastrée à une extrémité et libérée à l'autre extrémité. Elle supporte une charge P et une force de ressort F. La résultante des deux forces est :

$$P + (-F) = P - \frac{P}{1 + \dfrac{3EI}{k \cdot L^3}} = \frac{P \cdot \left(1 + \dfrac{3EI}{k \cdot L^3}\right) - P}{1 + \dfrac{3EI}{k \cdot L^3}} = \frac{3EIP}{k \cdot L^3 + 3EI} = \frac{P}{1 + \dfrac{k \cdot L^3}{3EI}}$$

Sous l'application de la charge P et de la force de ressort F, la flèche en A est égale à :

$$y_A = \frac{PL^3}{3EI + kL^3}$$

Remarquons que, sans ressort, la flèche serait égale à :

$$y_{A1} = \frac{PL^3}{3EI}$$

Exercice 6.14

Poutres encastrées à une extrémité, l'autre extrémité sur appui simple

Soient deux barres identiques encastrées et une tige qui relie par une articulation cylindrique les extrémités libres. À l'extrémité libre de la barre A'B' est suspendue une charge P. Déterminer la réaction surabondante R_A. (figure a) (réf. 2).

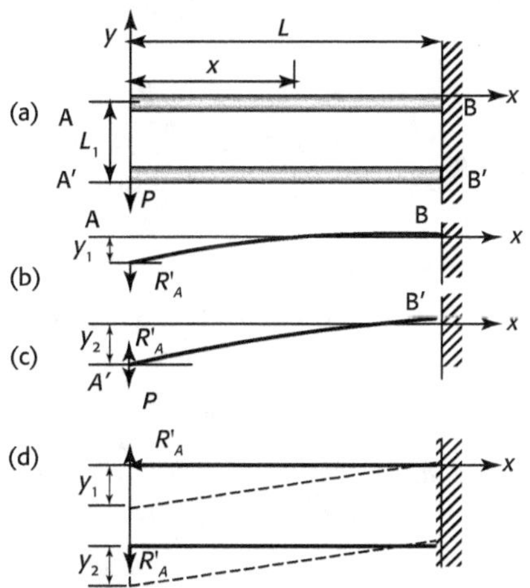

1. Nous supposons que, en l'absence de la charge P, la tige AA' ne supporte aucun effort de traction ou de compression. Les barres et la tige sont faites du même matériau, donc elles ont le même module d'élasticité longitudinale E.

2. Étude de la barre AB seule (figure b). Elle est soumise en A à la seule action inconnue R_A de la tige AA'. Dans ce cas la flèche en A de la poutre AB est :

$$y_{A-1} = \frac{R_A L^3}{3EI}$$

3. Étude de la barre A'B' seule (figure c). Elle est soumise en A à la charge P et à l'action R_A de la tige, dirigée vers le haut. Dans ce cas la flèche en A de la poutre AB est :

$$y_{A-2} = \frac{\left(P - R_A\right) \cdot L^3}{3EI}$$

4. Étude de la tige AA' (figure d). La tige est soumise aux forces R_A et $R_{A'}$ et s'est allongée de $\left(y_2 - y_1\right)$. Soit S_t la surface de section de la tige, nous obtenons :

$$\frac{y_{A-2} - y_{A-1}}{L_1} = \frac{R_A}{S_t} \cdot \frac{1}{E}$$

d'où :
$$y_{A-2} - y_{A-1} = \frac{R_A}{S_t} \cdot \frac{L_1}{E} \tag{1}$$

Nous avons aussi :

$$y_{A-2} - y_{A-1} = \frac{\left(P - R_A\right) \cdot L^3}{3EI} - \frac{R_A L^3}{3EI} = \frac{L^3}{3EI}\left(P - 2R_A\right) \tag{2}$$

Égalons les deux valeurs de $(y_2 - y_1)$:
$$\frac{L^3}{3EI}\left(P - 2R_A\right) = \frac{R_A}{S_t} \cdot \frac{L_1}{E}$$

Enfin nous trouvons la réaction surabondante R_A :

$$R_A = \frac{P}{2 + \dfrac{3 \cdot I \cdot L_1}{S_t L^3}}$$

6.4 Exercice avec des poutres encastrées aux deux extrémités

La poutre encastrée à ses deux extrémités est à deux degrés d'hyperstatique, c'est-à-dire que dans ses équations d'équilibre nous avons deux inconnues à déterminer.

Poutres encastrées aux deux extrémités-méthodes de forces

Une poutre, encastrée AB à ses deux extrémités, supporte une charge concentrée au milieu de la poutre. Déterminer le moment d'encastrement et la réaction d'appuis en A.

Dans cet exemple nous présentons trois méthodes pour bien comprendre la méthode des forces.

Méthode 1   Supprimons l'appui B et obtenons deux coupures :
- Coupure S1 : coupure d'effort tranchant ;
- Coupure S2 : coupure de moment.

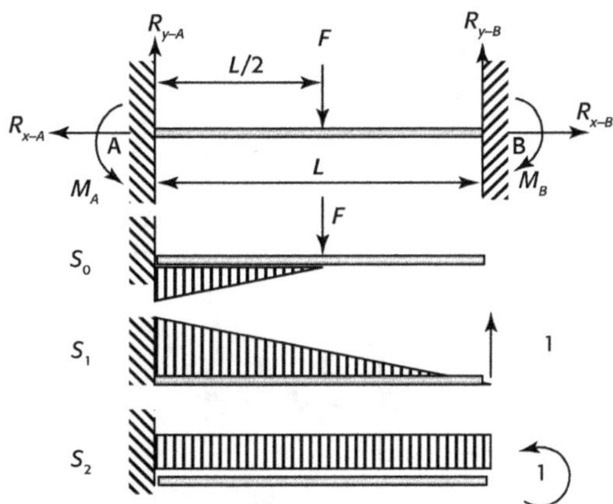

Les déplacements relatifs des lèvres de chaque coupure sont :

$$\Delta_{11} = \int \frac{M_1 M_1}{EI} ds = \frac{L}{EI} \frac{1}{3} (+L)^2 = \frac{L^3}{3EI}$$

$$\Delta_{12} = \int \frac{M_1 M_2}{EI} ds = \frac{L}{EI} \frac{1}{2} (+L) = \frac{L^2}{2EI}$$

$$\Delta_{22} = \int \frac{M_2 M_2}{EI} ds = \frac{L}{EI} \cdot 1 = \frac{L}{EI}$$

$$\Delta_{10} = \int \frac{M_1 M_0}{EI} ds = \frac{L}{2EI} \cdot \frac{1}{6} \cdot \left(-\frac{PL}{2}\right) \cdot \left(\frac{L}{2} + 2L\right) = -\frac{5PL^3}{48EI}$$

$$\Delta_{12} = \int \frac{M_2 M_0}{EI} ds = \frac{L}{2EI} \cdot \frac{1}{2} \cdot \left(-\frac{PL}{2}\right) \cdot (+1) = -\frac{PL^2}{8EI}$$

La fermeture des coupures donne :

$$\begin{cases} \Delta_1 = \Delta_{10} + \Delta_{11} X_1 + \Delta_{12} X_2 = 0 \\ \Delta_2 = \Delta_{20} + \Delta_{21} X_1 + \Delta_{22} X_2 = 0 \end{cases}$$

$$\Rightarrow \begin{cases} \dfrac{L^3}{3} X_1 + \dfrac{L^2}{2} X_2 = \dfrac{5FL^3}{48} \\ \dfrac{L^2}{2} X_1 + L X_2 = \dfrac{FL^3}{8} \end{cases} \Rightarrow \begin{cases} 2L X_1 + 3 X_2 = \dfrac{5}{8} FL \\ L X_1 + 2 X_2 = \dfrac{1}{4} FL \end{cases}$$

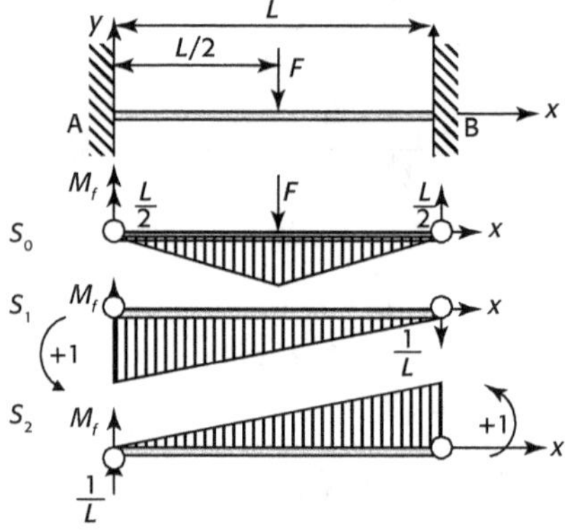

Nous obtenons :

$$\mathrm{X}_1 = \frac{F}{2} \quad ; \quad \mathrm{X}_2 = -\frac{FL}{8}$$

La réaction d'appuis en A est :

$$R_A = \mathrm{X}_1 = \frac{F}{2}$$

Le moment d'encastrement en A est :

$$M_A = \mathrm{X}_2 = -\frac{FL}{8}$$

Le moment fléchissant en I milieu de poutre AB s'obtient par :

$$M_I = M_{I-0} + \mathrm{X}_1 M_{I-1} + \mathrm{X}_2 M_{I-\acute{e}} = 0 + \frac{F}{2}\left(+\frac{L}{2}\right) + \left(-\frac{FL}{8}\right)\cdot 1 = \frac{FL}{8}$$

Méthode 2   La structure de poutre et le chargement étant symétrique il *y* a avantage à ne pas détruire cette symétrie : deux coupures de moment en A et B.

Les déplacements relatifs des lèvres de chaque coupure sont :

$$\Delta_{11} = \frac{L}{3EI}(-1)^2 = \frac{L}{3EI}$$

$$\Delta_{12} = \left(\frac{L}{EI}\right)\cdot\frac{1}{6}\cdot(-1)\cdot 1 = -\frac{L}{6EI}$$

$$\Delta_{10} = \left(\frac{L}{4EI}\right)\cdot\left(\frac{FL}{4}\right)\cdot(-1) = -\frac{FL^2}{16EI}$$

La fermeture des coupures donne :

$$\begin{cases} \Delta_{10} + \Delta_{11}X_1 + \Delta_{12}X_2 = 0 \\ \Delta_{20} + \Delta_{21}X_1 + \Delta_{22}X_2 = 0 \end{cases}$$

Nous remarquons que $X_1 = -X_2$, d'où

$$X_1\left(\Delta_{11} - \Delta_{12}\right) = -\Delta_{10} \quad \Rightarrow \quad X_1\left(\frac{L}{3} + \frac{L}{6}\right) = \frac{FL^2}{16}$$

Nous obtenons le moment d'encastrement en A :

$$X_1 = \frac{FL}{8} = M_A$$

La réaction d'appuis R_A est :

$$R_A = R_{A-0} + X_1 R_{A-1} + X_2 R_{A-2}$$
$$= \frac{F}{2} + \left(\frac{FL}{8}\right)\cdot\left(\frac{1}{L}\right) - \left(\frac{FL}{8}\right)\cdot\left(\frac{1}{L}\right) = \frac{F}{2}$$

Méthode 3 Choisissons une coupure, coupure totale au milieu I de la barre, dans une section où certaines inconnues hyperstatiques sont a priori déterminées par raison de symétrie. L'inconnue de réaction verticale en I est nulle.

Les déplacements relatifs des lèvres de chaque coupure sont :

$$\Delta_{11} = \frac{L}{EI} \qquad \Delta_{10} = 2\cdot\left(\frac{L}{2EI}\right)\cdot\frac{1}{2}\cdot\left(-\frac{FL}{4}\right) = -\frac{FL^2}{8}$$

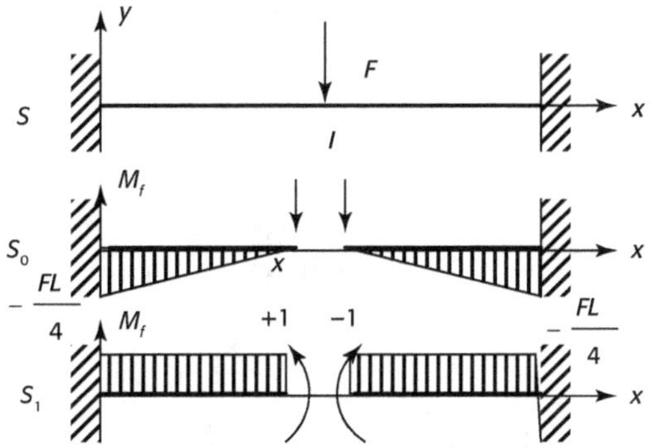

La fermeture des coupures donne :

$$\Delta_{10} + \Delta_{11}X_I = 0$$

Le moment de flexion en I est :

$$X_I = \frac{FL}{8} \quad \Rightarrow \quad M_A = X_I = \frac{FL}{8}$$

Exercice 6.16

Poutres encastrées aux deux extrémités – Méthode de la fonction échelon unité

Une poutre, encastrée aux deux extrémités, supporte une charge concentrée. Déterminer les réactions des extrémités de la poutre.

Méthode de la fonction échelon unité $u\,(x-a)$
(G. Buhot) :

Supposons une fonction échelon unité qui est :

- si $x < a$ $u(x-a) = 0$;
- si $x > a$ $u(x-a) = 1$;
- si $x = a$ $u(x-a)$ n'est pas déterminée.

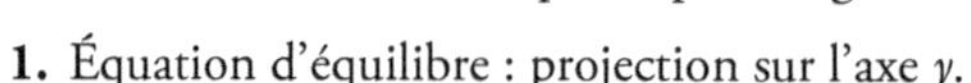

Enfin déterminons les efforts tranchants et les moments de flexion, sans passer par intégrations.

1. Équation d'équilibre : projection sur l'axe y.

$$R_A + R_B = P$$

2. Effort tranchant : $T = R_A u_{(x)} - P u_{(x-a)}$

3. Moment de flexion :

$$M_f = -R_A x u_{(x)} + F(x-a)u_{(x-a)} + M_A u_{(x)}$$

4. Déformée :

$$EIy'' = R_A x u_{(x)} - P(x-a)u_{(x-a)} - M_A u_{(x)}$$

$$EIy' = R_A \frac{x^2}{2} u_{(x)} - \frac{P}{2}(x-a)^2 u_{(x-a)} - M_A x u_{(x)}$$

$$EIy = R_A \frac{x^3}{6} u_{(x)} - \frac{P}{6}(x-a)^3 u_{(x-a)} - M_A \frac{x^2}{2} u_{(x)}$$

5. Condition limite :

Pour $x = L$ nous avons $y' = 0$ et $y = 0$. Avec cette condition limite et la condition de la continuité de y', les équations de déformation deviennent :

$$\begin{cases} R_A \dfrac{L^2}{2} - M_A L - \dfrac{P}{2} b^2 = 0 \\[2ex] R_A \dfrac{L^3}{6} - M_A \dfrac{L^2}{2} - \dfrac{P}{2} b^3 = 0 \end{cases}$$

6. Nous avons les réactions d'appuis :

$$R_A = \frac{Pb^2}{L^3}(L+2a) \qquad\qquad R_B = \frac{Pa^2}{L^3}(L+2b)$$

$$M_A = \frac{Pab^2}{L^2} \qquad\qquad\qquad M_B = \frac{Pa^2 b}{L^2}$$

Poutres encastrées aux deux extrémités – Méthode de la fonction échelon unité

Une poutre de poids négligeable, encastrée aux deux extrémités, supporte une charge uniformément répartie. Déterminer la flèche maximale, le diagramme d'effort tranchant et le diagramme de moment de flexion. (réf5.)

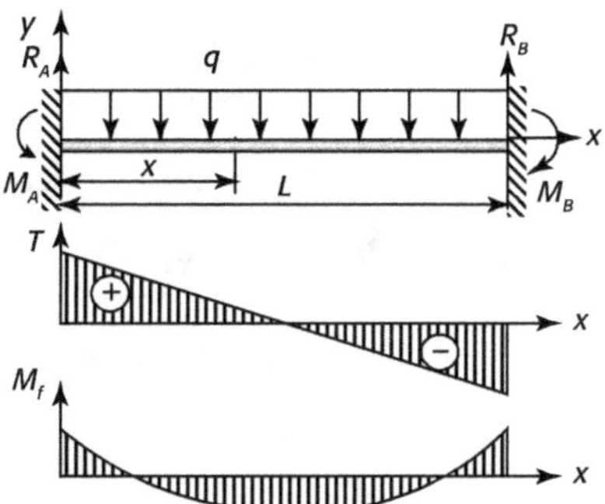

1. Équations d'équilibre :

$$R_A + R_B = qL \qquad\qquad M_A - \frac{qL^2}{2} + R_B L - M_B = 0$$

$$R_A = R_B = \frac{qL}{2} \qquad\qquad M_A = M_B$$

2. Effort tranchant :

$$T = R_A u(x) - qx u(x)$$

3. Moment de flexion :

$$M_f = -R_A x u(x) + q\frac{x^2}{2} u(x) + M_A u(x)$$

4. Déformation :

$$EIy'' = R_A x u(x) - q\frac{x^2}{2} u(x) - M_A u(x)$$

$$EIy' = \frac{qL}{2}\frac{x^2}{2} u(x) - q\frac{x^3}{6} u(x) - M_A x u(x)$$

$$EIy = \frac{qLx^3}{12} u(x) - \frac{qx^4}{24} u(x) - M_A \frac{x^2}{2} u(x)$$

5. Pour $x = L$, nous avons $y' = 0$. Le moment de flexion en A est :

$$M_A = \frac{qL^2}{12}$$

6. L'équation de déformation est :

$$EIy'' = q\frac{L}{2} x u(x) - q\frac{x^2}{2} u(x) - q\frac{L^2}{12} u(x)$$

Première intégration et deuxième intégration :

$$EIy' = \frac{qLx^2}{4}u(x) - q\frac{x^3}{6}u(x) - q\frac{L^2}{12}xu(x)$$

$$EIy = \frac{qLx^3}{12}u(x) - \frac{qx^4}{24}u(x) - q\frac{L^2}{24}x^2u(x)$$

La flèche en $x = L/2$ est égale à :

$$f_{x=L/2} = -\frac{qL^4}{384EI}$$

7. Effort tranchant T :

$$T = q\frac{L}{2}u(x) - qxu(x)$$

$$T = 0 \qquad \text{pour } x = L/2$$

8. Moment de flexion M_f :

$$M_f = -q\frac{L}{2}xu(x) + q\frac{x^2}{2}u(x) + q\frac{L^2}{12}u(x)$$

$$M_f(x = \frac{L}{2}) = -\frac{qL^2}{24}$$

$$M_{\max} = \frac{qL^2}{12}$$

Poutre encastrée aux deux extrémités

Une poutre de poids négligeable, encastrée aux deux extrémités, supporte une charge uniforme partielle. En utilisant la «méthode principale», déterminer les réactions des extrémités.

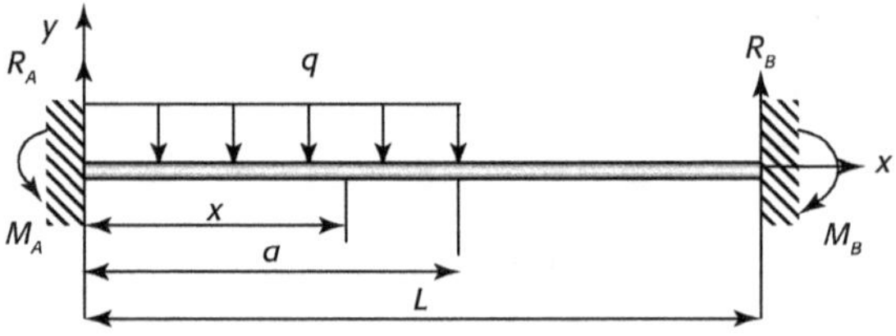

1. Moment M_A à l'extrémité A :

$$dM_A = \frac{qx(L-x)^2\,dx}{L^2}$$

$$M_A = \int dM_A = \frac{q}{L^3}\int_0^a x(L-x)^2\,dx = \frac{qa^2}{12L^2}(6L^3 - 8aL + 3a^2)$$

2. Moment M_B à l'extrémité B :

$$dM_B = \frac{qx^2(L-x)dx}{L^2}$$

$$M_B = \int dM_B = \frac{q}{L^2}\int_0^a x^2(L-x)\,dx = \frac{qa^3}{12L^2}(4L-3a)$$

3. Réaction des appuis R_A et R_B :

$$R_A = \frac{q}{L^3}\int_0^a (L-x)^2(L+2x)\,dx = \frac{qa}{2L^3}(2L^3 - 2a^2L + a^3)$$

$$R_B = \frac{q}{L^3}\int_0^a x^2(3L-2x)\,dx = \frac{qa^3}{2L^3}(2L-a)$$

Exercice 6.19

Poutres encastrées aux deux extrémités

Soit poutre AB de section circulaire, de diamètre d et de longueur L, encastrée aux deux extrémités, avec appui dénivelé de δ.

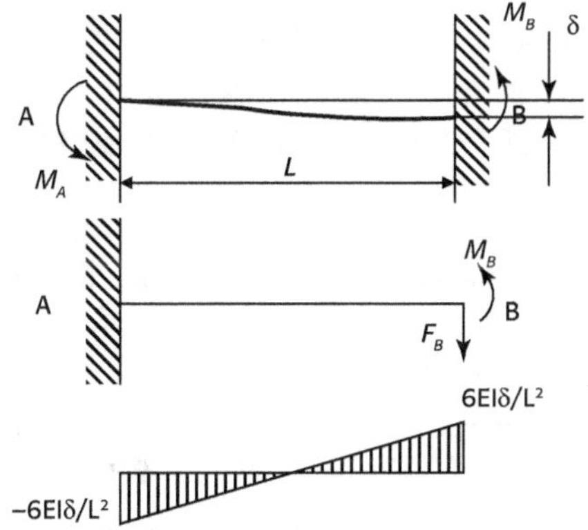

1. Supprimer l'extrémité encastrée B et remplacer par les réactions M_B et F_B au point B. La poutre AB devient une poutre encastrée à une extrémité.

2. Déformation par M_B au point B de la poutre encastrée à une extrémité :

$$y_{1_B} = \frac{L^2}{2EI}M_B \qquad\qquad \theta_{1_B} = \frac{L}{EI}M_B$$

3. Déformation par F_B au point B de la poutre encastrée à une extrémité :

$$y_{1_B} = -\frac{L^3}{3EI}F_{y-B} \qquad\qquad \theta_{1_B} = -\frac{L^2}{2EI}F_{y-B}$$

4. Déformation par M_B et F_B au point B de la poutre encastrée à une extrémité :

$$\theta_B = \frac{1}{2EI}\left(2M_B - F_{y-B}L\right) \qquad y_B = \frac{L^2}{6EI}\left(3M_B - 2F_{y-B}L\right)$$

5. Condition limite de l'extrémité B :

$$\theta_B = 0 \qquad\qquad y_B = -\delta$$

6. Réaction de la poutre avec deux extrémités encastrées :

$$R_{y-B} = \frac{12EI\delta}{L^3} \qquad\qquad M_B = \frac{6EI\delta}{L^2}$$

7. Moment maximum :

$$M_{max}\frac{6EI\delta}{L^2}$$

8. Contrainte maximum de flexion :

$$\sigma_{max} = \frac{6EI\delta}{L^2} \cdot \frac{d}{2I} = \frac{3Ed\delta}{L^2}$$

6.5   Poutres continues

6.5.1   Équations des trois moments

1. Définition

- L'équation de flexion de poutre continue est appelée **l'équation des trois moments**, lorsque chaque équation de méthode de force a **trois inconnues**.

- L'équation des trois moments donne directement les moments d'appuis.

- L'équation des trois moments est utilisée pour les poutres continues fixées sur des appuis simples. L'équation des cinq moments est utilisée pour les poutres continues sur appuis élastiques

2. Équations des trois moments

Les équations des trois moments viennent de la méthode de force.

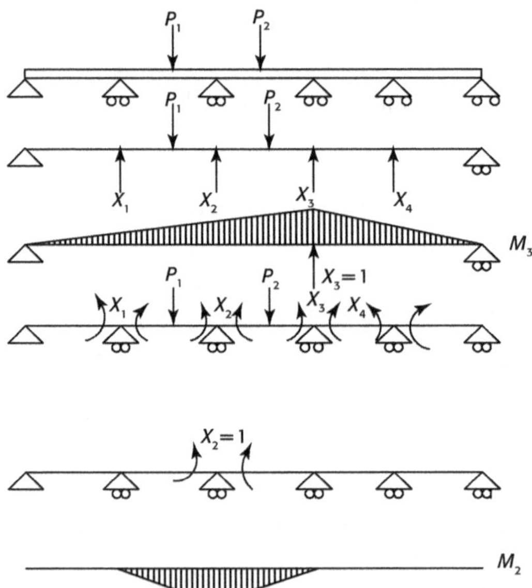

– Pour le n^e appui de la poutre continue quelconque en utilisant la méthode de force nous avons l'équation des coupures S_n (voir le chapitre 5.3.1.4). Supposons que X est le moment de flexion.

$$\Delta_{n,n-1}X_{n-1} + \Delta n,nX_n + \Delta_{n,n+1}X_{n+1} + \Delta_{n0} = 0$$

– Pour la poutre dans l'exemple ci- dessus, nous avons :

$$
\begin{aligned}
n &= 1, & \Delta_{11}X_1 + \Delta_{12}X_2 + \Delta_{10} &= 0 \\
n &= 2, & \Delta_{21}X_1 + \Delta_{22}X_2 + \Delta_{23}X_3 + \Delta_{20} &= 0 \\
n &= 3, & \Delta_{32}X_2 + \Delta_{33}X_3 + \Delta_{34}X_4 + \Delta_{30} &= 0 \\
n &= 4, & \Delta_{43}X_1 + \Delta_{44}X_4 + \Delta_{40} &= 0
\end{aligned}
$$

– Pour la poutre continue quelconque, nous avons :

$$\Delta_{n,n-1} = \sum \int \frac{M_n{}^{\circ}M_{n-1}{}^{\circ}}{EI}\, ds = \frac{L_n}{6E_nI_n}$$

$$\Delta_{n,n} = \sum \int \frac{M_n{}^{\circ}M_n{}^{\circ}}{EI}\, ds = \frac{L_n}{3E_nI_n} + \frac{L_{n+1}}{3E_{n+1}I_{n+1}}$$

$$\Delta_{n,n+1} = \sum \int \frac{M_n{}^{\circ}M_{n+1}{}^{\circ}}{EI}\, ds = \frac{L_{n+1}}{6E_{n+1}I_{n+1}}$$

$$\Delta_{n0} = \sum \int \frac{M_n{}^{\circ}M_P}{EI}\, ds = \frac{\omega_n y_n}{E_nI_n} + \frac{\omega_{n+1}y_{n+1}}{E_{n+1}I_{n+1}}$$

avec:

ω : aire de diagramme de moment de flexion ;

ω_n : aire de diagramme de moment de flexion entre n^e appui et $(n+1)^e$ appui ;

M° : moment de flexion de la charge unitaire au point étudié ;

N : numéro de la travée ;

I_n : moment d'inertie de la n^e travée ;

y_n : coordonnée verticale du centre géométrique de diagramme du moment M_n.

$$y_n = \frac{a_n}{L_n} \qquad\qquad y_{n+1} = \frac{b_{n+1}}{L_{n+1}}$$

$$\Delta_{n0} = \frac{\omega_n a_n}{L_n} \cdot \frac{1}{E_nI_n} + \frac{\omega_{n+1}b_{n+1}}{L_{n+1}} \cdot \frac{1}{E_{n+1}I_{n+1}}$$

Supposons :
$$B_n = \omega_n\frac{a_n}{L_n} \qquad\qquad A_{n+1} = \omega_{n+1}\frac{b_{n+1}}{L_{n+1}}$$

$$\frac{1}{6}\frac{L_n}{E_nI_n}X_{n-1} + \frac{1}{3}\left(\frac{L_n}{E_nI_n} + \frac{L_{n+1}}{E_{n+1}I_{n+1}}\right) \cdot X_n + \frac{1}{6} \cdot \frac{L_{n+1}}{E_{n+1}I_{n+1}} \cdot X_{n+1} + \frac{B_n}{E_nI_n} + \frac{A_{n+1}}{E_{n+1}I_{n+1}} = 0$$

$$\frac{L_n}{E_nI_n}X_{n-1} + 2 \cdot \left(\frac{L_n}{E_nI_n} + \frac{L_{n+1}}{E_{n+1}I_{n+1}}\right) \cdot X_n + \frac{L_{n+1}}{E_{n+1}I_{n+1}} \cdot X_{n+1} + \frac{6B_n}{E_nI_n} + \frac{6A_{n+1}}{E_{n+1}I_{n+1}} = 0$$

Supposons que le module d'élasticité est constant pour la poutre continue. L'équation des trois moments peut s'écrire :

$$L_n^* X_{n-1} + 2(L_n^* + L_{n+1}^*)X_n + L_{n+1}^* X_{n+1} + 6 \cdot \left(\frac{I_0}{I_n} B_n + \frac{I_0}{I_{n+1}} A_{n+1} \right) = 0 \qquad \text{(F-6-7)}$$

avec: n, numéro de la travée ; I_n, moment d'inertie de la n^e travée.

$$L_n^* = \frac{L_n I_0}{I_n} \qquad\qquad\qquad L_{n+1}^* = \frac{L_{n+1} I_0}{I_{n+1}}$$

Nous obtenons **l'équation définitive de trois moments :**

$$L_n^* X_{n-1} + 2(L_n^* + L_{n+1}^*)X_n + L_{n+1}^* X_{n+1} + \left(\frac{I_0}{I_n}\left(6B_n\right) + \frac{I_0}{I_{n+1}}\left(6A_{n+1}\right) \right) = 0 \qquad \text{(F-6-8)}$$

Tableau 6.3 Valeur de 6*A* et 6*B*

Charge	6A	6B
a/ Charge concentrée $(u+v)\%.\,L = 100\%.\,L$	$6A = PL^2 \cdot u\% \cdot v\% \cdot (1+v\%)$	$6B = PL^2 \cdot u\% \cdot v\% \cdot (1+u\%)$
b/ Charge uniformément répartie	$6A = \dfrac{qL^3}{4}$	$6B = \dfrac{qL^3}{4}$
c/ Charge uniforme $(u+v)\%.\,L = 100\%.\,L$	$6A = \dfrac{qL^3}{4}(v\%)^2[2-(v\%)^2]$	$6B = \dfrac{qL^3}{4}(v\%)^2[2-(v\%)]^2$
d/ Charge uniforme triangulaire	$6A = \dfrac{5}{32}qL^3$	$6B = \dfrac{5}{32}qL^3$
e/ Couple $(u+v)\%.\,L = 100\%.\,L$	$6A = -ML\,(1-3\,v^2\%)$	$6B = ML\,(1-3\,u^2\%)$
	$u=0,\quad v=100\%$ $6A = 2ML$	$u=0,\quad v=100\%$ $6B = ML$
	$u=100\%, v=0$ $6A = -ML$	$u=100\%,\ v=0$ $6B = -2ML$

3. Les équations des trois moments pour les poutres des sections constantes peuvent s'écrire sous une forme plus simple :

$$M_{n-1}L_n + 2M_n(L_n + L_{n+1}) + M_{n+1}L_{n+1} = -6 \cdot \left(\frac{\omega_n a_n}{L_n} + \frac{\omega_{n+1} b_{n+1}}{L_{n+1}} \right)$$

(F-6-9)

$$= -6 \cdot (C_1 + C_2)$$

avec :

M_n : moment de flexion à l'appui A_n ;

L_n : longueur de poutre entre les appuis A_{n-1} et A_n ;

ω_n, ω_{n+1} : l'aire de moment fléchissant.

$C1 = \dfrac{\omega_n a_n}{L_n}$ et $C2 = \dfrac{\omega_{n+1} b_{n+1}}{L_{n+1}}$ s'appellent souplesse. Leurs valeurs se trouvent dans le tableau 6-4.

4. Pour les poutres avec une section constante, des appuis intérieurs simples et des extrémités encastrées, l'équation des trois moments est :

$$2M_0 L_1 + M_1 L_1 = -6 \frac{\omega_1 b_1}{L_1}$$

(F-6-10)

$$M_{m-1}L_m - 2M_m L_m = -6 \frac{\omega_m a_m}{L_m}$$

L'appui encastré est remplacé par une travée virtuelle. Dans l'exemple ci-dessous l'appui encastré gauche est remplacé par L_0, l'appui encastré droit est remplacé par L_{m+1}.

Quand les équations des trois moments sont déterminées, reprenons $L_0 = 0$ et $L_{m+1} = 0$.

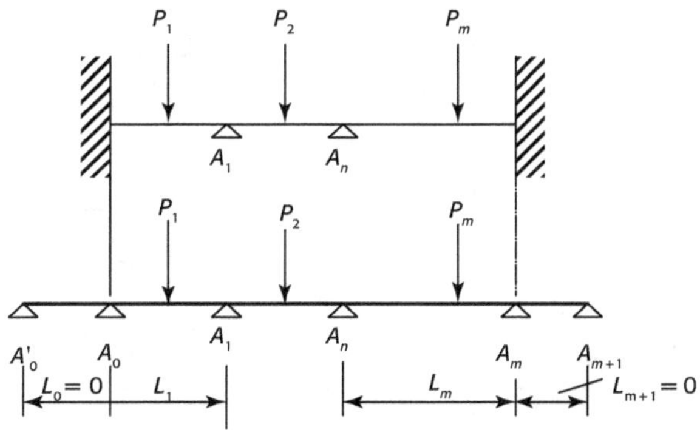

5. Poutre avec l'extrémité en porte-à-faux sur appuis simples

Une poutre droite continue à l'extrémité en porte-à-faux repose sur des appuis simples. Pour écrire les équations des trois moments, on remplace l'extrémité en porte-à-faux par un appui simple virtuel avec un moment M_n et une force concentrée, appliqués sur cet appui virtuel.

$$M_n = P_n L$$

Le moment M_n est le moment de flexion de l'extrémité en porte-à-faux.

Tableau 6.4 Coefficients d'équation des trois moments –

Valeurs de $C_1 = \dfrac{\omega_n \alpha_n}{L_n}$ et $C_2 = \dfrac{\omega_{n+1}b_{n+1}}{L_{n+1}}$

		Aire de moment fléchissant ω_n	Coefficient $C_1 = \dfrac{\omega_n \alpha_n}{L_n}$	Coefficient $C_2 = \dfrac{\omega_{n+1}b_{n+1}}{L_{n+1}}$
1	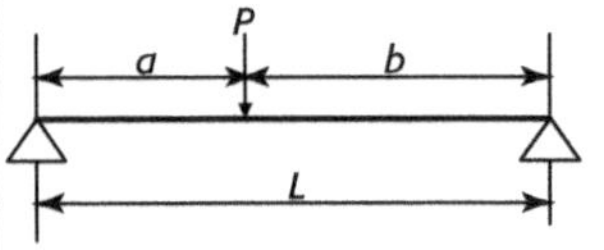 P, a, b, L	$\omega_n = \dfrac{1}{2}Pab$	$C_1 = \dfrac{\omega_n \alpha_n}{L_n} = \dfrac{Pab}{6L}(L+a)$	$C_2 = \dfrac{\omega_{n+1}b_{n+1}}{L_{n+1}} = \dfrac{Pab}{6L}(L+b)$
2	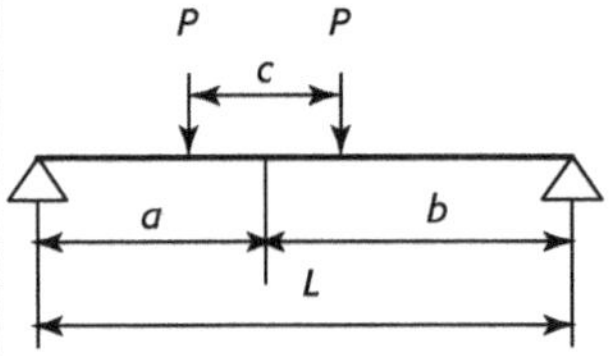 P, P, c, a, b, L	$\omega_n = P\left(ab - \dfrac{c^2}{4}\right)$	$C_1 = \dfrac{\omega_n \alpha_n}{L_n} = \dfrac{Pa}{6L}\left[2b\cdot(L+c) - \dfrac{3c^2}{2}\right]$	$C_2 = \dfrac{\omega_{n+1}b_{n+1}}{L_{n+1}} = \dfrac{Pb}{6L}\left[2a\cdot(L+b) - \dfrac{3c^2}{2}\right]$
3	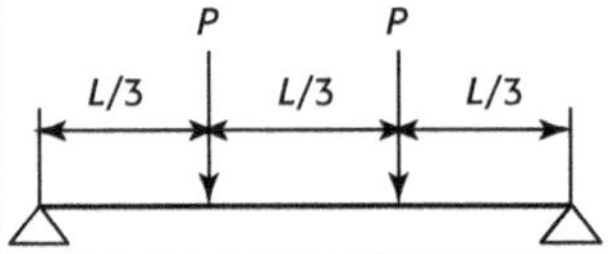 P, P, $L/3$, $L/3$, $L/3$	$\omega_n = \dfrac{2}{9}PL^2$	$C_1 = \dfrac{\omega_n \alpha_n}{L_n} = \dfrac{1}{9}PL^2$	$C_2 = \dfrac{\omega_{n+1}b_{n+1}}{L_{n+1}} = \dfrac{1}{9}PL^2$
4	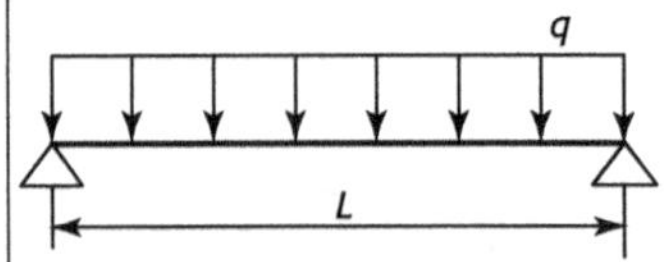 q, L	$\omega_n = \dfrac{1}{12}qL^3$	$C_1 = \dfrac{\omega_n \alpha_n}{L_n} = \dfrac{1}{24}qL^3$	$C_2 = \dfrac{\omega_{n+1}b_{n+1}}{L_{n+1}} = \dfrac{1}{24L}qL^3$
5	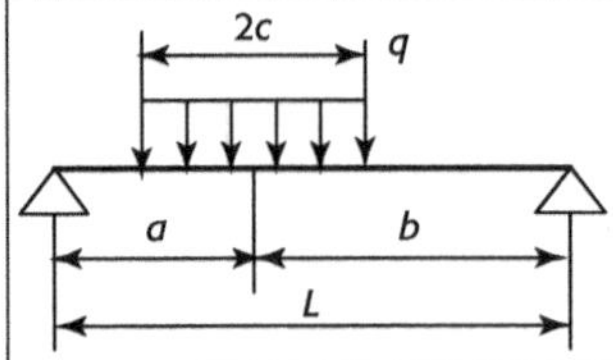 $2c$, q, a, b, L	$\omega_n = \dfrac{qc}{3}(3ab - c^2)$	$C_1 = \dfrac{\omega_n \alpha_n}{L_n} = \dfrac{qac}{3L}(L^2 - a^2 - c^2)$	$C_2 = \dfrac{\omega_{n+1}b_{n+1}}{L_{n+1}} = \dfrac{qbc}{3L}(L^2 - a^2 - c^2)$
6	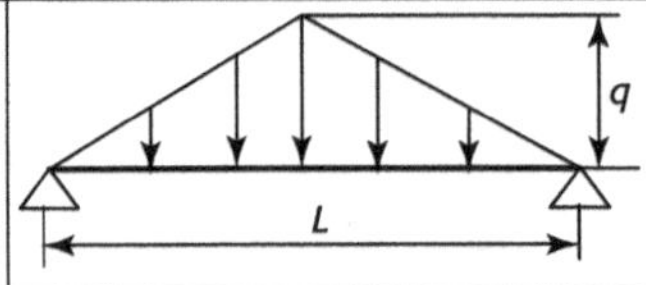 q, L	$\omega_n = \dfrac{5}{96}qL^3$	$C_1 = \dfrac{\omega_n \alpha_n}{L_n} = \dfrac{5}{192}qL^3$	$C_2 = \dfrac{\omega_{n+1}b_{n+1}}{L_{n+1}} = \dfrac{5}{192}qL^3$
7	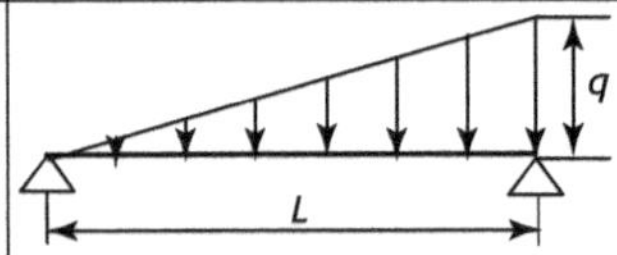 q, L	$\omega_n = \dfrac{1}{24}qL^3$	$C_1 = \dfrac{\omega_n \alpha_n}{L_n} = \dfrac{8}{360}qL^3$	$C_2 = \dfrac{\omega_{n+1}b_{n+1}}{L_{n+1}} = \dfrac{7}{360}qL^3$
8	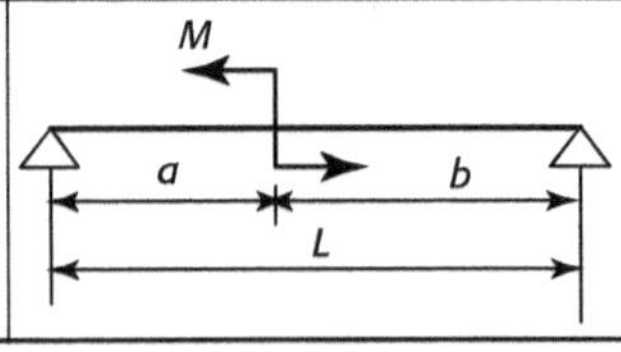 M, a, b, L	$\omega_n = \dfrac{1}{2}M(a-b)$	$C_1 = \dfrac{\omega_n \alpha_n}{L_n} = \dfrac{M}{6L}(3a^2 - L^2)$	$C_2 = \dfrac{\omega_{n+1}b_{n+1}}{L_{n+1}} = \dfrac{M}{6L}(L^2 - 3b^2)$

6.5.2   Exercices avec des poutres continues (méthode des trois moments)

Poutres continues

Une poutre droite continue sur trois appuis équidistants supporte une charge uniformément répartie q (en N/m) (figure a). Déterminer les réactions des appuis : R_A, R_B et R_C, le moment de flexion dans la travée AC et le moment de flexion à l'appui C.

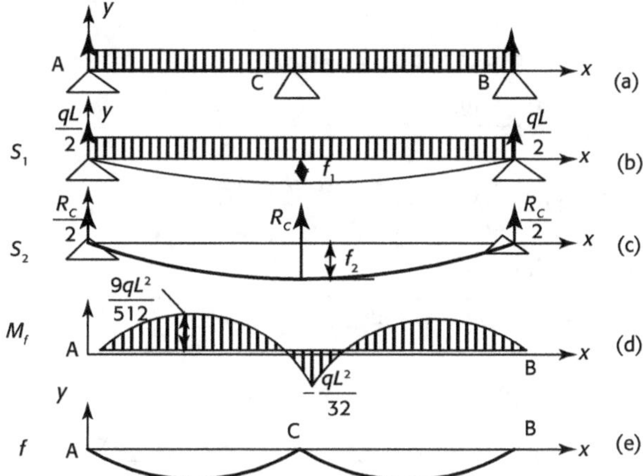

1. Équations d'équilibre :

- projection sur la direction y : $\qquad R_A + R_B + R_C = qL$

- moments par rapport à B : $\qquad R_A \cdot L + R_C \cdot \dfrac{L}{2} - qL \cdot \dfrac{L}{2} = 0$

2. Soit deux équations et trois inconnues, donc le degré d'hyperstaticité d_h est :

$$d_h = 1$$

3. Premier système isostatique S_1. Une poutre appuyée sur deux appuis A et B, supporte une charge uniformément répartie q (figure b).

La flèche, maximale en C est :

$$f_1 = \frac{5qL^4}{384EI}$$

4. Deuxième système isostatique S_2. Une poutre appuyée sur deux appuis A et B, supporte une charge inconnue R en son milieu, en supprimant l'action de l'appui C (figure c).

La flèche, maximale en C est :

$$f_2 = \frac{R_C \cdot L^3}{48EI}$$

5. La poutre réelle a une flèche nulle au droit de l'appui C (figure e) :

$$f_C = -f_1 + f_2 = -\frac{5qL^4}{384EI} + \frac{R_C \cdot L^3}{48EI} = 0$$

Donc, nous avons :

$$f_1 = f_2 \quad \Rightarrow \quad \frac{5qL^4}{384EI} = \frac{R_C \cdot L^3}{48EI}$$

d'où :

$$R_C = \frac{10qL}{16}$$

Résolvons les équations d'équilibre :

$$\begin{cases} R_A + R_B + R_C = qL \\ R_A \cdot L + R_C \cdot \dfrac{L}{2} - qL \cdot \dfrac{L}{2} = 0 \end{cases} \quad \Rightarrow \quad \begin{cases} R_A + R_B + \dfrac{10qL}{16} = qL \\ R_A \cdot L + \dfrac{10qL}{16} \cdot \dfrac{L}{2} - qL \cdot \dfrac{L}{2} = 0 \end{cases}$$

Nous obtenons les réactions des appuis R_A et R_B :

$$R_A = \frac{qL}{2} - \frac{5qL}{16} = \frac{8qL - 5qL}{16} = \frac{3qL}{16}$$

$$R_B = qL - R_A - \frac{10qL}{16} = \frac{16qL - 3qL - 10qL}{16} = \frac{3qL}{16}$$

Les réactions des trois appuis sont :

$$R_A = R_B = \frac{3qL}{16} \ : \ R_C = \frac{10qL}{16}$$

6. Déterminer le moment de flexion dans la travée AC.

$$M_{f-AC} = R_A \cdot x - qx \cdot \frac{x}{2} = -\frac{qx^2}{2} + \frac{3qLx}{16}$$

Nous remarquons que le moment de flexion dans la travée CB est symétrique à la travée AC (figure d) :

7. Remarquons que :
   a. pour $x = 0$ et $x = \dfrac{3L}{8}$, le moment de flexion est : $M_f = 0$;
   b. pour $x = \dfrac{3L}{16}$, le moment de flexion est : $M_f = \dfrac{9qL^2}{512}$;
   c. à l'appui C $\left(x = \dfrac{L}{2} \right)$, le moment maximal de flexion est : $M_{f-\max} = -\dfrac{qL^2}{32}$.

Poutres continues – Méthode des trois moments

Une poutre droite continue à trois travées égales, supporte une charge concentrée P appliquée au milieu de la première travée. Déterminer les moments de flexion aux droits des appuis.

1. Isolons les deux travées (1) et (2) et appliquons le théorème des trois moments (figure a et figure b) :

$$M_0 + 4M_1 + M_2 = -\frac{6}{L^2}\left(X_G^{(1)} + X_D^{(2)} \right)$$

$X_G^{(1)}$ est le moment par rapport à A_0 du diagramme des moments de flexion :

$$X_G^{(1)} = -\frac{P \cdot L}{4} \cdot \frac{L}{2} \cdot \frac{L}{2}$$

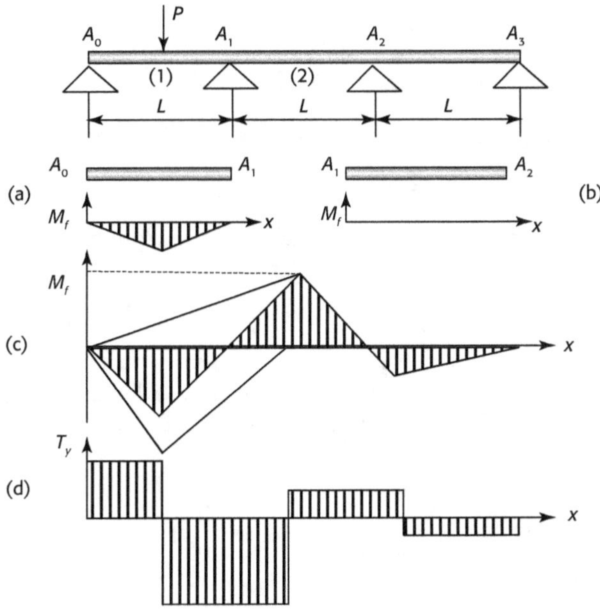

$X_D^{(2)}$ est le moment par rapport à A_2 du diagramme des moments de flexion :

$$X_D^{(2)} = 0$$

Reportons ces valeurs dans l'équation des trois moments, et compte tenu du fait que $M_0 = 0$, nous obtenons :

$$4M_1 + M_2 = -\frac{6}{L^2}\left(X_G^{(1)} + X_D^{(2)}\right) = -\frac{6}{L^2}\left(-\frac{P \cdot L^3}{16}\right) = \frac{3 \cdot P \cdot L}{8}$$

M_i est le moment de l'appui i.

2. Isolons les deux travées (2) et (3) et appliquons le théorème des trois moments (figure a et figure b). Nous avons :

$$M_1 + 4M_2 + M_3 = -\frac{6}{L^2}\left(X_G^{(2)} + X_D^{(3)}\right)$$

Or, $X_G^{(2)}$ et $X_G^{(2)}$ sont nuls puisqu'aucune charge n'est appliquée à ces deux travées. De plus, $M_3 = 0$ puisque l'appui A_3 est simple.

Nous obtenons la relation :

$$M_1 + 4M_2 = 0$$

3. Nous avons à résoudre un système de deux équations à deux inconnues :

$$\begin{cases} 4M_1 + M_2 = \dfrac{3 \cdot P \cdot L}{8} \\[2mm] M_1 + 4M_2 = 0 \end{cases}$$

Nous obtenons :

$$M_1 = \frac{P \cdot L}{10} \qquad \text{et} \qquad M_2 = -\frac{P \cdot L}{40}$$

Nous nous rappelons que :

$$M_0 = 0 \qquad \text{et} \qquad M_3 = 0$$

4. Le moment de flexion maximale est trouvé au milieu de la première travée (figure c) :

$$M_{\max} = -\frac{P \cdot L}{6}$$

5. Nous pouvons déterminer les moments de flexion dans les trois travées par application du théorème des deux moments. Nous pouvons aussi obtenir l'effort tranchant dans chaque travée par dérivation du moment de flexion (figure d).

Les réactions des appuis sont :

$$R_0 = \frac{2}{5}|P| \;\; ; \;\; R_1 = \frac{29}{40}|P| \;\; ; \;\; R_2 = -\frac{3}{5}|P| \;\; ; \;\; R_3 = \frac{1}{40}|P|$$

Poutres continues – Méthode des trois moments

Une poutre a quatre travées égales. Les longueurs des travées sont : $L_1 = L_4 = 3$ m, $L_2 = L_3 = 4$ m. Déterminer les moments de flexion aux droits des appuis.

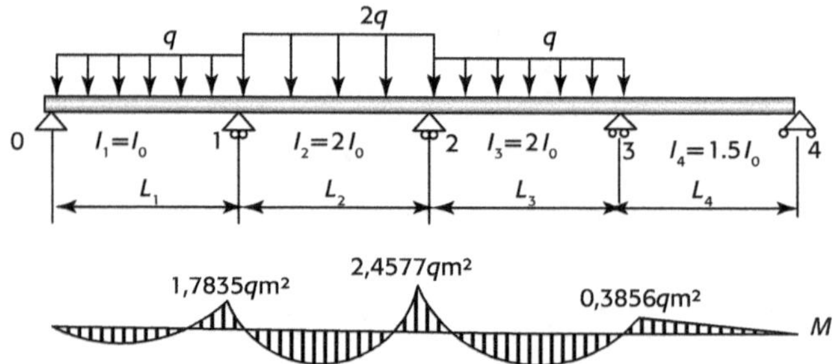

— Soit X le moment de flexion. L'équation de trois moments est :

$$n = 1, \quad \overset{*}{L_1}X_0 + 2\,(\overset{*}{L_1} + \overset{*}{L_2})X_1 + \overset{*}{L_2}X_2 + \left(\frac{I_0}{I_1}(6B_1) + \frac{I_0}{I_2}(6A_2) \right) = 0$$

$$n = 2, \quad \overset{*}{L_2}X_1 + 2\,(\overset{*}{L_2} + \overset{*}{L_3})X_2 + \overset{*}{L_3}X_3 + \left(\frac{I_0}{I_2}(6B_2) + \frac{I_0}{I_3}(6A_3) \right) = 0$$

$$n = 3, \quad \overset{*}{L_3} X_2 + 2\,(\overset{*}{L_3} + \overset{*}{L_4}) X_3 + \overset{*}{L_4} X_4 + \left(\frac{I_0}{I_3}\big(6B_3\big) + \frac{I_0}{I_4}\big(6A_4\big) \right) = 0$$

– Déterminer $\overset{*}{L}_n$:

$$\overset{*}{L_1} = L_1 \frac{I_0}{I_1} = L_1 \frac{I_0}{I_0} = 3 \;; \qquad \overset{*}{L_2} = L_2 \frac{I_0}{I_2} = L_1 \frac{I_0}{2I_0} = 2$$

$$\overset{*}{L_3} = L_3 \frac{I_0}{I_3} = L_3 \frac{I_0}{2I_0} = 2 \;; \qquad \overset{*}{L_4} = L_4 \frac{I_0}{I_4} = L_4 \frac{I_0}{1,5I_0} = 2$$

– Déterminer $6A_n$ et $6B_n$ avec les conditions connues $X_0 = 0$, $X_4 = 0$ (voir le tableau 6.3) :

$$6B_1 = \frac{q}{4} L_1^3 = \frac{27q}{4}$$

$$6A_2 = \frac{2q}{4} L_2^3 = 32q \;; \qquad 6B_2 = \frac{2q}{4} L_2^3 = 32q$$

$$6A_3 = \frac{q}{4} L_3^3 = 16q \;; \qquad 6B_3 = \frac{2q}{4} L_3^3 = 16q$$

$$6A_4 = 0$$

– Moments de flexion X_1, X_2 et X_3 :

$$M_{f-1} = X_1 = 1{,}738q\text{m}^2; \quad M_{f-2} = X_2 = 2{,}4577q\text{m}^2;$$

$$M_{f-3} = X_3 = 0{,}3856q\text{m}^2$$

Poutres continues– Méthode des trois moments

Une poutre à trois travées égales supporte une charge uniforme partielle. Déterminer les moments de flexion aux droits des appuis.

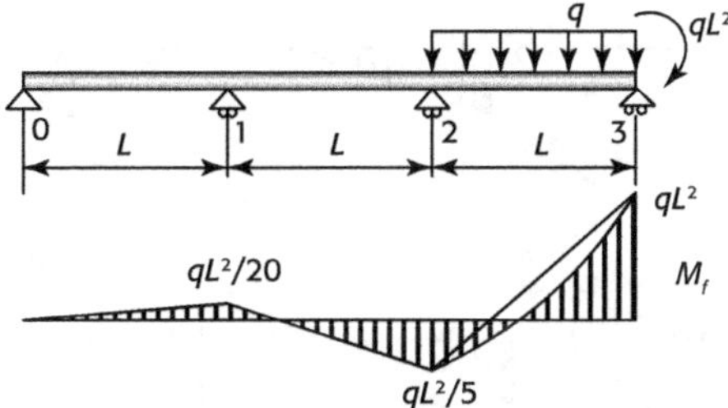

– Soit X le moment de flexion, l'équation de trois moments est :

$$n = 1, \quad \overset{*}{L_1} X_0 + 2\,(\overset{*}{L_1} + \overset{*}{L_2}) X_1 + \overset{*}{L_2} X_2 + \left(\frac{I_0}{I}\big(6B_1\big) + \frac{I_0}{I}\big(6A_2\big) \right) = 0$$

$$n = 2, \quad \overset{*}{L_2} X_1 + 2\,(\overset{*}{L_2} + \overset{*}{L_3}) X_2 + \overset{*}{L_3} X_3 + \left(\frac{I_0}{I}\big(6B_2\big) + \frac{I_0}{I}\big(6A_3\big) \right) = 0$$

– Déterminons L_n^* en utilisant la condition connue $I_0 = I_1 = I_2 = I$.

$$L_1^* = L\frac{I_0}{I}L \; ; \qquad L_2^* = L_3^* = L_1^* = L$$

– Déterminons $6A_n$ et $6B_n$ avec les conditions connues $X_0 = 0$, $X_3 = -qL^2$, $B_1 = A_2 = B_2 = 0$. En utilisant l'expression du $6A_3$ dans le tableau 6.3, nous obtenons :

$$6A_3 = \frac{q}{4}L^3$$

– Les équations des trois moments s'écrit :

$$\begin{cases} 4LX_1 + LX_2 = 0 \\ LX_1 + 4LX_2 + L\,(-qL^2) + \dfrac{q}{4}L^3 = 0 \end{cases}$$

– Les moments de flexion X_1 et X_2 sont :

$$M_{f-1} = X_1 = -\frac{qL^2}{20} \; ; \qquad M_{f-2} = X_2 = \frac{qL^2}{5}$$

Poutres continues – Méthode des trois moments

Une poutre droite continue à trois travées égales supporte un couple C (Voir la figure ci-dessous). Déterminer les moments de flexion aux appuis 1 et 2.

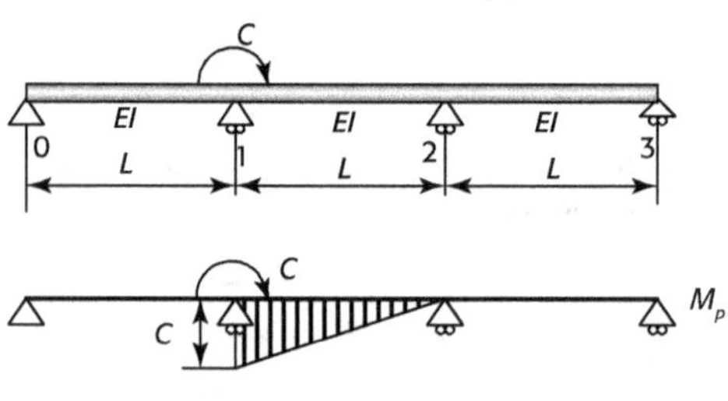

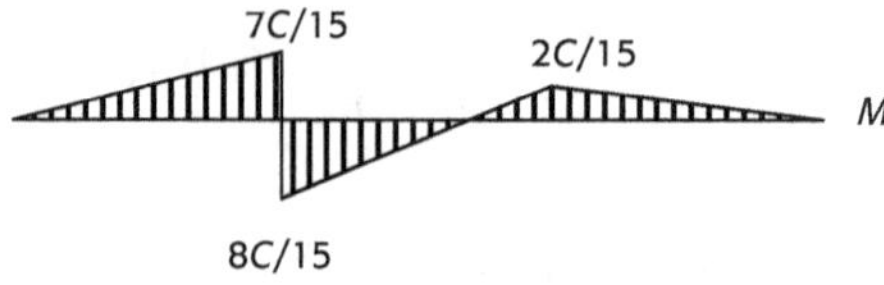

– Soit X_i le moment de flexion à l'appui i, l'équation des trois moments est ($I_0 = I$).

$$n = 1, \qquad 4LX_1 + LX_2 + \big[(6B_1) + (6A_2)\big] = 0$$

$$n = 2, \qquad LX_1 + 4LX_2 + \big[(6B_2) + (6A_3)\big] = 0$$

- Déterminer $6A_n$ et $6B_n$ (voir le tableau 6.3) :

$$6B_1 = 0, \quad 6A_2 = 2ML, \quad 6B_2 = ML, \quad 6A_3 = 0$$

- Les équations de trois moments deviennent :

$$\begin{cases} 4LX_1 + LX_2 + 2CL = 0 \\ LX_1 + 4LX_2 + CL = 0 \end{cases}$$

- Moments de flexion aux appuis 1 et 2 :

$$M_{f-1} = X_1 = -\frac{7}{12}C, \qquad M_{f-2} = X_2 = -\frac{2}{15}C$$

Exercice 6.25

Poutres continues – Méthode des trois moments

Une poutre continue droite à trois travées, sur quatre appuis équidistants, supporte une charge uniformément répartie et une charge concentrée (voir figure ci-dessous). Déterminer les réactions des appuis.

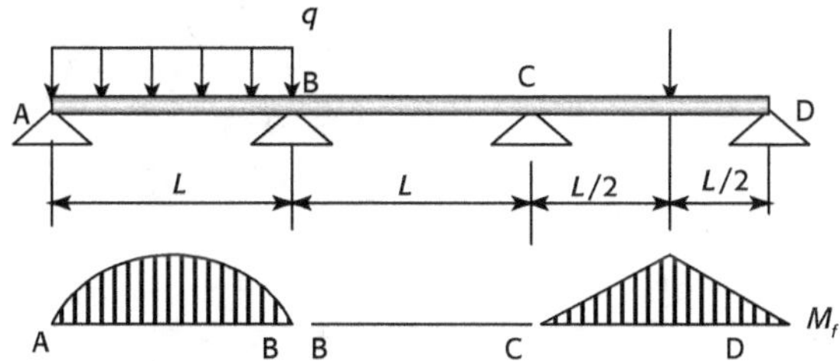

1. Degré d'hyperstaticité d_h :

$$d_h = 2$$

2. Faire les diagrammes des moments de flexion pour chaque travée.

3. Équation des trois moments pour les travées égales (voir le tableau 6.4) :

$$M_{n-1}L_n + 2M_n(L_n + L_{n+1}) + M_{n+1}L_{n+1} = -6 \cdot \left(\frac{\omega_n a_n}{L_n} + \frac{\omega_{n+1} b_{n+1}}{L_{n+1}}\right)$$

L'équation des trois moments pour l'appui B est :

$$M_A L_1 + 2M_B(L_1 + L_2) + M_C L_2 = -6 \cdot \left(\frac{\omega_1 \alpha_1}{L_1} + \frac{\omega_2 \alpha_2}{L_2}\right) \tag{a}$$

L'équation des trois moments pour l'appui C est :

$$M_B L_2 + 2M_C(L_2 + L_3) + M_D L_2 = -6 \cdot \left(\frac{\omega_2 \alpha_2}{L_2} + \frac{\omega_3 \alpha_3}{L_3}\right) \tag{b}$$

4. En utilisant les diagrammes des moments de flexion pour chaque travée, nous avons :

$$M_A = 0 \; ; \qquad M_C = 0$$

$$\omega_1 = \frac{2}{3} \cdot L \cdot \frac{qL^2}{8} = \frac{qL^3}{12} \quad ; \qquad a_1 = \frac{L}{2}$$

$$\omega_2 = 0$$

$$\omega_3 = \frac{1}{2} \cdot L \cdot \frac{qL^2}{4} = \frac{qL^3}{8} \quad ; \qquad b_3 = \frac{L}{2}$$

5. À partir des équations (a) et (b) nous obtenons les moments de flexion des appuis B et C :

$$\begin{cases} 4M_B + M_C = -\dfrac{qL^2}{4} \\[2em] M_B + 4M_C = -\dfrac{3qL^2}{8} \end{cases}$$

$$M_B = -\frac{qL^2}{24} \quad ; \quad M_C = -\frac{qL^2}{12}$$

6. Réactions des appuis :

$$R_{y-A} = \frac{11qL}{24} \;\; (\uparrow) \; ; \qquad\qquad R_{y-B} = \frac{13qL}{24} - \frac{qL}{24} = \frac{qL}{2} \quad (\uparrow)$$

$$R_{y-C} = \frac{qL}{24} - \frac{7qL}{12} = \frac{15qL}{2} \;\; (\uparrow) \; ; \qquad R_{y-D} = \frac{5qL}{24} \;\; (\uparrow)$$

Poutres continues – Méthode des trois moments

Une poutre continue droite à trois travées, sur quatre appuis équidistants, supporte une charge triangulaire et un couple C (voir figure). Déterminer les moments de flexion des appuis B et C.

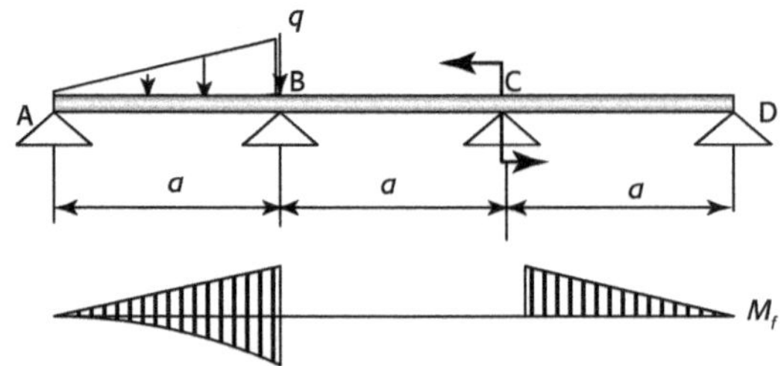

1. Degré d'hyperstaticité d_h :

$$d_h = 2$$

2. Faire les diagrammes des moments de flexion pour chaque travée.

3. Équation des trois moments pour les travées égales (voir le tableau 6.4) :

$$M_{n-1}L_n + 2M_n(L_n + L_{n+1}) + M_{n+1}L_{n+1} = -6 \cdot \left(\frac{\omega_n a_n}{L_n} + \frac{\omega_{n+1}b_{n+1}}{L_{n+1}} \right)$$

L'équation des trois moments pour l'appui B est :

$$2M_B(a+a) + M_{C-}a = -\frac{6}{a} \cdot \left(\frac{a}{2} \cdot \frac{qa^2}{6} \cdot \frac{2a}{3} - \frac{a}{4} \cdot \frac{qa^2}{6} \cdot \frac{4a}{5} \right) \qquad \text{(a)}$$

$$4M_B + M_{C-} = -\frac{2qa^2}{15}$$

L'équation des trois moments pour l'appui C est :

$$M_B \cdot a + a + M_{C-}(a+a) = -\frac{6}{a} \cdot \left(\frac{a}{2} \cdot qa^2 \cdot \frac{2a}{3} \right) \qquad \text{(b)}$$

$$M_B + 4M_{C-} = -2qa^2$$

4. À partir des équations (a) et (b) nous obtenons les moments de flexion des appuis B et C :

$$M_B = \frac{22qa^2}{225} \; ; \quad M_C = -\frac{118qa^2}{225}$$

Poutres continues avec les extrémités en porte-à-faux sur les appuis simples

Une poutre droite continue, à une extrémité en porte-à-faux, repose sur des appuis simples. Déterminer les réactions des appuis.

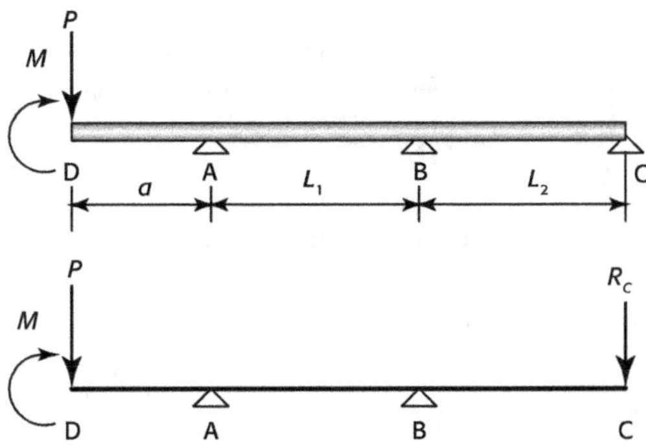

- Supprimer les liaisons surabondantes - l'appui C. Obtenir une structure isostatique. Appliquer la même charge.
- Flèche du point C produite par la force *F* et le moment *M* :

$$(f_c)_P + (f_c)_M = -\frac{PaL_1L_2}{6EI} + \frac{ML_1L_2}{6EI} = \frac{L_1L_2}{6EI}(M - Pa)$$

– Flèche du point C produite par la réaction R_c seulement.

– Condition de limite : $(f_c)_{R_c} = \dfrac{R_c L_2^2}{3EI}(L_1 + L_2)$

$$f_c = (f_c)_P + (f_c)_M + (f_c)_{R_c} = 0$$

– Équation de déformation :

$$(f_c)_P + (f_c)_M + (f_c)_{R_c} = -\frac{PaL_1L_2}{6EI} + \frac{ML_1L_2}{6EI} - \frac{R_cL_2^2}{3EI}(L_1 + L_2)$$

$$= \frac{L_1L_2}{6EI}(M - Pa) - \frac{R_cL_2^2}{3EI}(L_1 + L_2) = 0$$

– Réaction d'appui C :

$$R_c = \frac{(M - Pa)L_1}{2(L_1 + L_2)L_2}$$

– Avec les équations d'équilibre de la poutre nous pouvons facilement trouver R_A et R_B.

Poutres continues avec les extrémités encastrées – Méthode des trois moments

Soit une poutre continue, avec une extrémité encastrée, supporte une charge uniformément répartie. Déterminer les réactions des appuis.

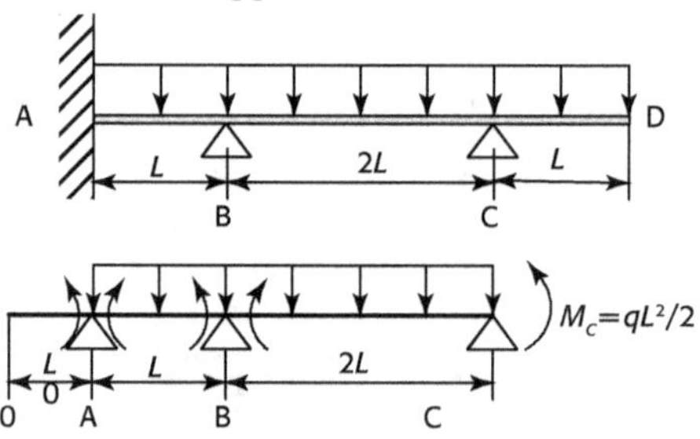

1. Remplacer la poutre encastrée ABCD par un couple $M_C = qL^2/2$ et une poutre virtuelle 0ABC ;

2. Équation des trois moments pour 0A et AB :

$$M_0 L_0 + 2M_A(L_0 + L) + M_B L = -0 - b\,\frac{\omega_{n+1} b_{n+1}}{L_{n+1}}$$

$$2M_A + M_B = -\frac{qL^2}{4}$$

avec : $M_0 = 0$ et $L_0 = 0$

$$\frac{\omega_{n+1} b_{n+1}}{L_{n+1}} = \frac{2}{3} \cdot L \cdot \frac{qL^2}{8} \cdot \frac{L}{2} \cdot \frac{1}{L} = \frac{qL^3}{24}$$

3. Équation des trois moments pour AB et BC :

$$M_A L + 2M_B(L + 2L) + \left(-\frac{8L^2}{2}\right) = -\frac{qL^3}{4} - \frac{q(2L)^3}{4}$$

$$M_A + 6M_B = -\frac{5}{4}qL^2$$

4. Moment de flexion :

$$M_A = -\frac{1}{44}qL^2 \qquad\qquad M_B = -\frac{9}{44}qL^2$$

5. Réaction d'appui B :

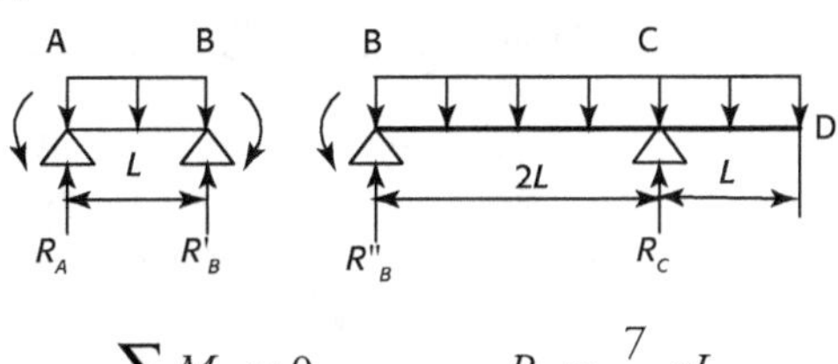

Entre AB :
$$\sum M_B = 0 \qquad R_A = \frac{7}{22}qL$$
$$\sum y = 0 \qquad R'_B = \frac{15}{22}qL$$

Entre BC :
$$\sum M_C = 0 \qquad R'_B = \frac{75}{88}qL$$
$$\sum y = 0 \qquad R_C = \frac{189}{88}qL$$

À l'appui B : $$R_B = R'_B + R''_B = \frac{75}{88}qL + \frac{15}{22}qL = \frac{135}{88}qL$$

Exercice 6.29

Poutres continues avec les extrémités encastrées – Méthode des trois moments

Soit une poutre droite continue à l'extrémité en porte-à-faux encastrée sur une extrémité. Déterminer les réactions des appuis et les moments de flexion.

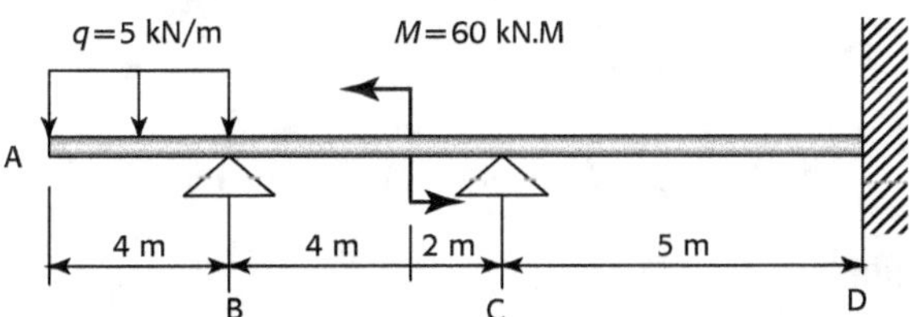

1. Moment de flexion sur l'appui B :

$$M_B = -\frac{1}{2} \times 5 \times 4^2 = -40 \text{ kN.m}$$

2. Première poutre similaire en remplaçant l'extrémité encastrée D par une travée virtuelle L_0.

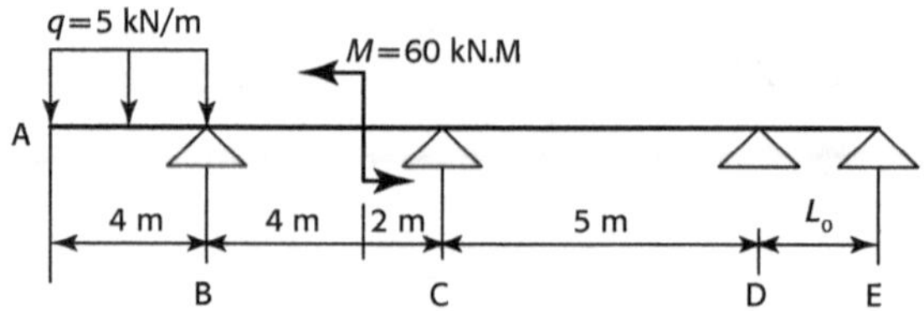

3. Déterminer le moment de flexion entre B et C avec la méthode classique.

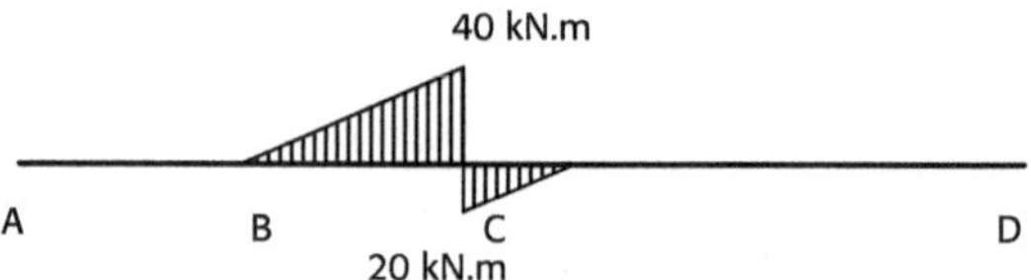

4. À partir de la travée BCD et le tableau 6.3 nous résoudrons l'équation des trois moments pour la travée BCD.

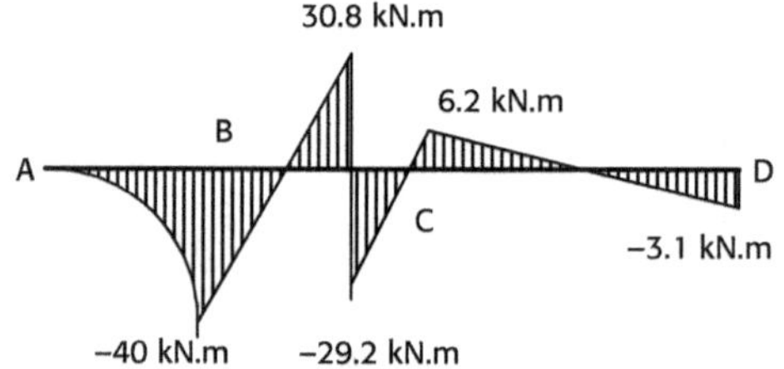

$$M_{n-1}L_n + 2M_n(L_n + L_{n+1}) + M_{n+1}L_{n+1} = -6 \cdot \left(\frac{S_n a_n}{L_n} + \frac{S_{n+1}b_{n+1}}{L_{n+1}} \right) \qquad \text{(a)}$$

$$M_B \times 6 + 2M_C(6+5) + M_D \times 5 = -6 \times \frac{60 \times (3 \times 4^2 - 6^2)}{6 \times 6}$$

5. À partir de la travée CDE et le tableau 6.3 nous résoudrons l'équation des trois moments pour la travée CDE :

$$M_{n-1}L_n + 2M_n(L_n + L_{n+1}) + M_{n+1}L_{n+1} = -6 \cdot \left(\frac{S_n a_n}{L_n} + \frac{S_{n+1}b_{n+1}}{L_{n+1}} \right) \qquad \text{(b)}$$

$$Mc \times 5 + 2M_D \times 5 = 0$$

6. En résolvant les équations (a) et (b) nous obtenons

$$M_C = 6,2 \text{ kN.m} \quad \text{et} \quad M_D = -3,1 \text{ kN.m}$$

7. Réactions des appuis

$$R_B = 37,7 \text{ kN}$$
$$R_C = 19,6 \text{ kN}$$
$$R_D = 1,9 \text{ kN}$$

8. Effort tranchant (voir la figure ci-dessous)

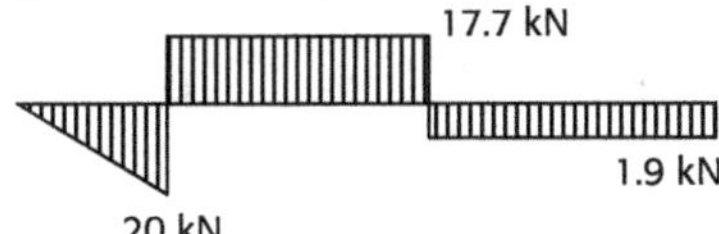

Poutres continues avec un défaut d'installation – Méthode des trois moments

Une poutre avec un défaut d'installation, repose sur trois appuis. Déterminer la contrainte maximum de flexion.

1. Réaction des appuis :

$$M_0 = M_2 = 0$$

$$\gamma_1 = \frac{\delta - 0}{L} = \frac{\delta}{L}$$

$$\gamma_2 = \frac{0 - \delta}{L} = -\frac{\delta}{L}$$

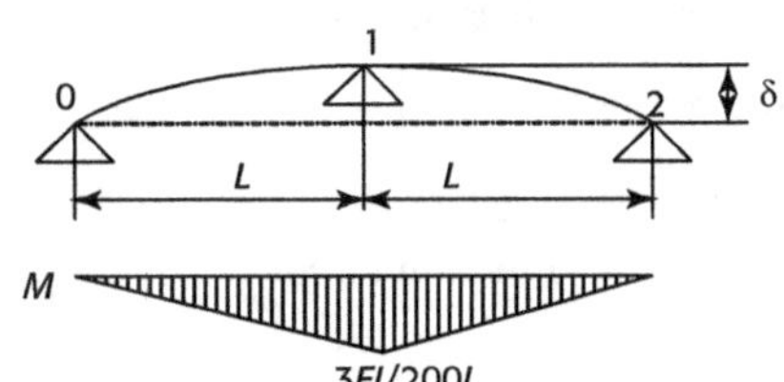

2. Équation des trois moments :

$$M_{n-1}L_n + 2M_n(L_n + L_{n+1}) + M_{n+1}L_{n+1} = -6EI(\gamma_n - \gamma_{n+1})$$

$$2M_1(L + L) = -6EI\left(\frac{\delta}{L} + \frac{\delta}{L}\right)$$

3. Moment de réaction des appuis au point 1 :

$$M_1 = -\frac{3EI\delta}{L^2} = -\frac{3EI}{L^2}\frac{L}{200} = -\frac{3EI}{200L}$$

4. Contrainte maximum de flexion :

$$\sigma_{max} = \frac{|M_{max}|}{W} = \frac{3EI}{200L} \cdot \frac{y_{max}}{I} = \frac{3E \cdot y_{max}}{200L}$$

Poutres continues avec un défaut d'installation – Méthode des trois moments

Une poutre de section circulaire repose sur trois appuis. Calculer la contrainte produite par le défaut δ d'installation.

1. Angle incliné :

$$\gamma_1 = -\frac{\delta}{L} \qquad \gamma_2 = \frac{\delta}{L}$$

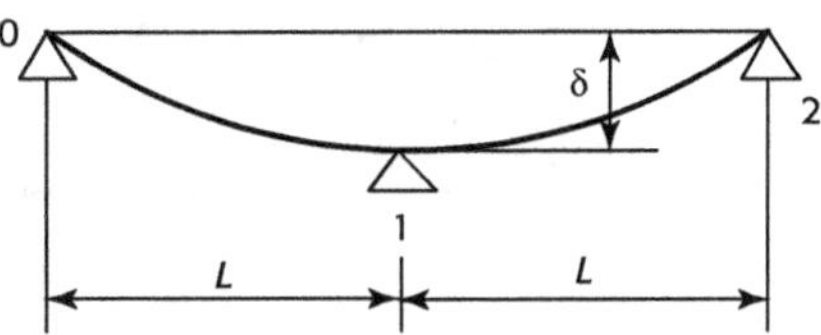

2. Condition de charge : $M_0 = M_2 = 0$

3. Équation des trois moments :

$$L_n M_{n-1} + 2(L_n + L_{n+1})M_n + L_{n+1}M_{n+1} = -6EI(\gamma_n - \gamma_{n+1})$$

D'où nous obtenons : $2M_1(L+L) = -6EI\left(-\dfrac{\delta}{L} - \dfrac{\delta}{L}\right)$

4. Moment de flexion :

$$M_1 = \frac{3EI\delta}{L^2}$$

5. Contrainte produite par le défaut d'installation :

$$\sigma = \frac{M_1}{W} = \frac{3EI\delta}{L^2} \cdot \frac{1}{W} = \frac{3E\delta \cdot d}{2L^2}$$

avec d : diamètre de la section circulaire.

6. Les dimensions de la poutre sont :

- longueur : $L = 300$ mm ;
- diamètre de la section circulaire de la poutre : $d = 90$ mm ;
- défaut δ d'installation : $\delta = L\,/\,1\,000 = 0,3$ mm ;
- module d'élasticité longitudinale : $E = 2\,000G$ N/m^2 (MPa)

  La contrainte de l'installation est :

$$\sigma = \frac{3 \times 200 \times 10^3 \times 0,3 \times 10^{-3} \times 90 \times 10^{-3}}{2 \times 300^2 \times 10^{-6}} = 90 \text{ MN/m}^2 \ (MPa)$$

Poutres continues avec un défaut d'installation – Méthode des trois moments

Une poutre continue ABC repose sur trois appuis. La résistance de la poutre est $i = EI$. Calculer le déplacement angulaire en B par le défaut d'installation et les moments de flexion de la poutre.

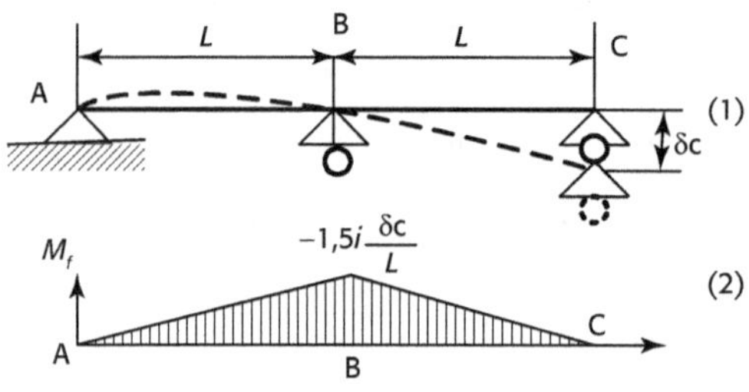

1. Les équations des moments de flexion sont :

$$M_{BA} = 3i\theta_D$$

$$M_{BC} = 3i\theta_D - 3i\frac{\Delta_C}{L}$$

La partie $\left(-3i\dfrac{\Delta_C}{L}\right)$ est produite par le défaut δ d'installation.

2. L'équation de la méthode des déplacements s'écrit :

$$M_{BA} + M_{BC} = 0$$

$$\Rightarrow 3i\theta_B + 3i\theta_B - 3i\frac{\delta_C}{L} = 0$$

D'où nous obtenons le déplacement angulaire en B par le défaut δ d'installation :

$$\theta_B = \frac{1}{2}\frac{\delta_C}{L}$$

3. À partir des équations des moments de flexion, nous obtenons :

$$M_{BA} = 3i\theta_D = 3i \cdot \left(\frac{1}{2}\frac{\delta_C}{L}\right)$$

$$M_{BC} = 3i\theta_D - 3i\frac{\delta_C}{L} = 3I \cdot \left(\frac{1}{2}\frac{\delta_C}{L}\right) - 3i\frac{\delta_C}{L} = -1,5i\frac{\delta_C}{L}$$

Exercice 6.33

Poutre encastrée à une extrémité, l'autre extrémité sur appui simple (avec réponse)

Deux poutres AC et CB sont liées par une articulation C. La poutre CB supporte une charge uniformément répartie q et la poutre AC supporte une charge concentrée F. Entre les deux charges il existe une relation : $F = qL$. Calculer la flèche au point C et l'angle de déformation au point A.

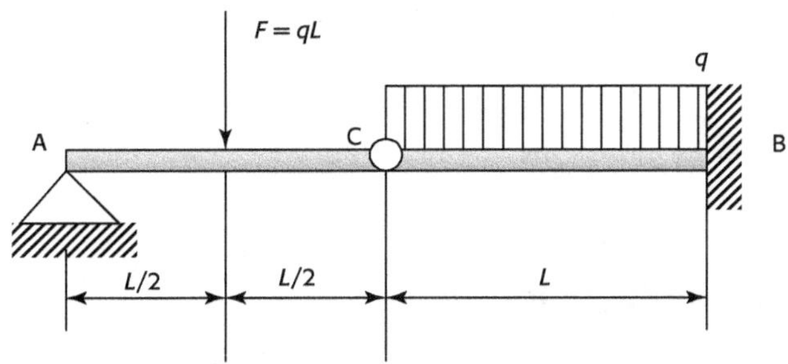

Réponse : $f_C = -\dfrac{7qL^4}{24EI}$ $(\downarrow)$; $\theta_A = \dfrac{17qL^3}{48EF}$

Exercice 6.34

Poutre encastrée aux deux extrémités

Une poutre avec *EI* constante supporte un couple C. Calculer les réactions des deux extrémités.

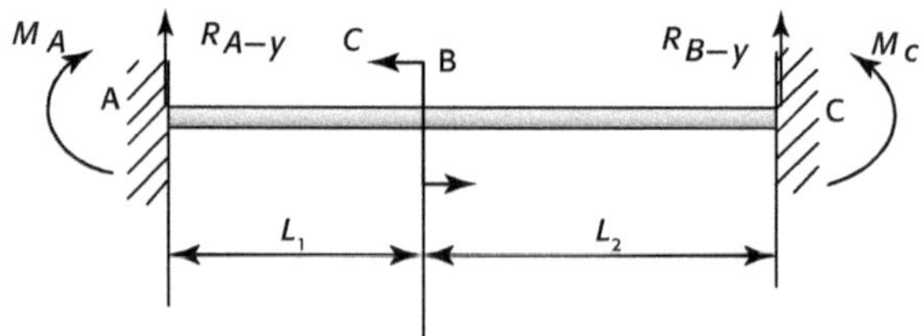

Réponse : $R_{A-y} = R_{C-y} = \dfrac{3M_C}{2L}$; $M_A = M_C = \dfrac{M_C}{4}$

Exercice 6.35

Poutre continue avec deux travées

Une poutre continue ABC repose sur trois appuis. La partie BC de la poutre supporte une charge uniformément répartie. Calculer les réactions des trois appuis.

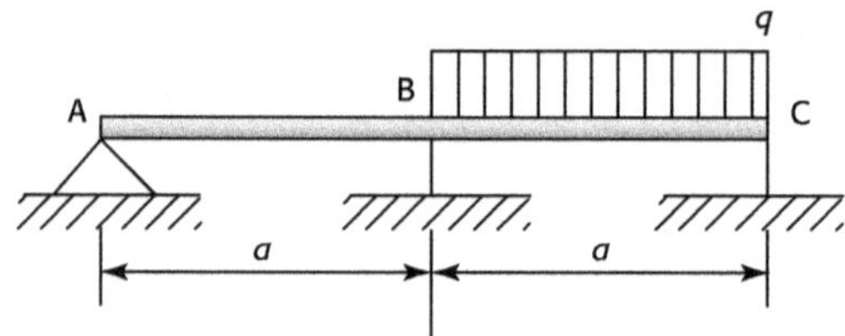

Réponse : $R_{A-y} = \dfrac{qa}{16}$; $R_{B-y} = \dfrac{5qa}{8}$; $R_{C-y} = \dfrac{7qa}{16}$.

6.5.3 Méthode des déplacements

Dans la méthode des déplacements, nous bloquons les libertés des déplacements inconnus des extrémités du nœud. Les inconnues peuvent être les déplacements linéaires ou les déplacements angulaires des nœuds. Dans le cas où il n'y a pas de déplacement linéaire, la méthode de déplacement s'appelle aussi méthode de rotation. (Voir 8.2.3.4 et le tableau 8.1)

Dans la méthode de rotation, nous supposons que le sens positif, de déplacement angulaire et des moments de flexion, est le sens horaire.

Processus de la méthode de déplacement

1. Déterminer le nombre des inconnues principales **n.**

2. En bloquant les déplacements inconnus, chaque travée devient une barre. Construire l'équation d'équilibre de chaque barre.

    À partir de ces équations d'équilibre des barres, en utilisant le tableau 8.1 ou les équations d'équilibre des barres, déterminer les moments d'encastrement parfait M_j^P des extrémités j des barres en fonction des charges.

3. En utilisant la méthode de force, déterminer les moments de blocage M_j^* aux extrémités de la barre, produits par les efforts $k_j \cdot \Delta_j$.

    Nous présentons quelques formules pratiques pour déterminer les moments de flexion de blocage. Pour une barre AB de la structure, les moments de flexion de blocage M_A et M_B des extrémités A et B de la barre AB sont produits par le blocage des déplacements. $\Delta_1 = \theta_A$ et $\Delta_2 = \theta_B$ sont les déplacements angulaires des nœuds A et B. $\Delta_3 = \Delta$ est le déplacement linéaire de la barre AB. $k = i = \dfrac{EI}{L}$ est la rigidité unitaire de la barre AB en flexion.

    – Pour une barre AB, encastrée à deux extrémités A et B, les moments de blocage aux extrémités sont : (voir le tableau 6.4, cas 1 et cas 2)

$$M_A^* = 4i\theta_A + 2i\theta_B - 6i\frac{\Delta}{L}$$
$$M_B^* = 2i\theta_A + 4i\theta_B - 6i\frac{\Delta}{L}$$

    (F6.5.3.1)

    – Pour une barre AB, encastrée en A et articulée en B, les moments de blocage aux extrémités sont : (voir le tableau 6.4, cas 3)

$$M_A^* = 3i\theta_A - 3i\frac{\Delta}{L}$$
$$M_B^* = 0$$

    (F6.5.3.2)

    – Pour une barre AB, encastrée en A et en appui simple en B, les moments de blocage aux extrémités sont : (voir le tableau 6.4, cas 5)

$$M_A^* = i\theta_A$$
$$M_B^* = -i\theta_A$$

    (F6.5.3.3)

    Pour les cas différents des fixations des nœuds A et B, les coefficients des moments et des efforts tranchants aux extrémités de la barre sont donnés dans le tableau 6.4.

4. Déterminer les déplacements angulaires inconnus en utilisant les équations d'équilibre des moments aux nœuds bloqués.

    Nous avons n déplacements inconnus, y compris les déplacements angulaires. Pour chaque blocage de déplacement du nœud, nous avons une équation d'équilibre du nœud.

    Soit j barres assemblées à la même extrémité, au nœud A. L'équation d'équilibre de moments de blocage du nœud i s'écrit :

$$\sum_j M_{Aj} = 0 \quad \Rightarrow \quad M_{A1} + M_{A2} + \dots + M_{AJ} = 0$$

Tableau 6.4 Coefficients des moments et des efforts tranchants des barres

	Figures $\left(i = \dfrac{EI}{L}\right)$	Moment des extrémités de la barre		Effort tranchant des extrémités de la barre	
		M_{AB}	M_{BA}	T_{AB}	T_{BA}
1		$4i$	$2i$	$-\dfrac{6i}{L}$	$-\dfrac{6i}{L}$
2		$-\dfrac{6i}{L}$	$-\dfrac{6i}{L}$	$\dfrac{12i}{L^2}$	$\dfrac{12i}{L^2}$
3		$3i$	0	$-\dfrac{3i}{L}$	$-\dfrac{3i}{L}$
4		$-\dfrac{3i}{L}$	0	$\dfrac{3i}{L^2}$	$\dfrac{3i}{L^2}$
5		i	0	0	0
6		i	$-i$	0	0

Pour n déplacements inconnus, nous avons n équations indépendantes d'équilibre de moments de blocage des nœuds :

$$M_{11} + M_{12} + ... + M_{1J} = 0$$
$$M_{n1} + M_{n2} + ... + M_{nJ} = 0 \tag{F6.5.3.8}$$

Dans le cas des déplacements horizontaux, isoler certaines parties de structure et utiliser les équations d'équilibre $\sum F_x = 0$ ou $\sum F_y = 0$ pour déterminer les efforts tranchants ou les efforts normaux.

À partir de ces équations d'équilibre (F6.5.3.8) et de la formule de relation entre les inconnues et les moments des extrémités (F6.5.3.4), déterminer les inconnues (les déplacements, linéaux ou angulaires des nœuds).

5. Déterminer les moments de flexion aux extrémités des barres.

$$M_A = M_A^* + M_A^P$$
$$M_B = M_B^* + M_B^P$$

(F6.5.3.4)

– Pour une barre AB, encastrée à deux extrémités A et B, les moments de flexion aux extrémités sont :

$$M_A = M_A^* + M_A^P = 4i\theta_A + 2i\theta_B - 6i\frac{\Delta}{L} + M_A^P$$
$$M_B = M_B^* + M_B^P = 2i\theta_A + 4i\theta_B - 6i\frac{\Delta}{L} + M_B^P$$

(F6.5.3.5)

– Pour une barre AB, encastrée en A et articulée en B, les moments aux extrémités sont :

$$M_A = M_A^* + M_A^P = 3i\theta_A - 3i\frac{\Delta}{L} + M_A^P$$
$$M_B = 0$$

(F6.5.3.6)

– Pour une barre AB, encastrée en A et simplement appuyée en B, les moments aux extrémités sont :

$$M_A = M_A^* + M_A^P = i\theta_A + M_A^P$$
$$M_B = M_B^* + M_B^P = -i\theta_A + M_B^P$$

(F6.5.3.7)

Déterminer les efforts tranchants à partir des moments de flexion.

Poutre continue (méthode de déplacement, méthode de rotation)

Soit une poutre continue ABC d'une résistance i = constante (voir ci-dessous). Déterminer les moments de flexions des nœuds de la poutre continue.

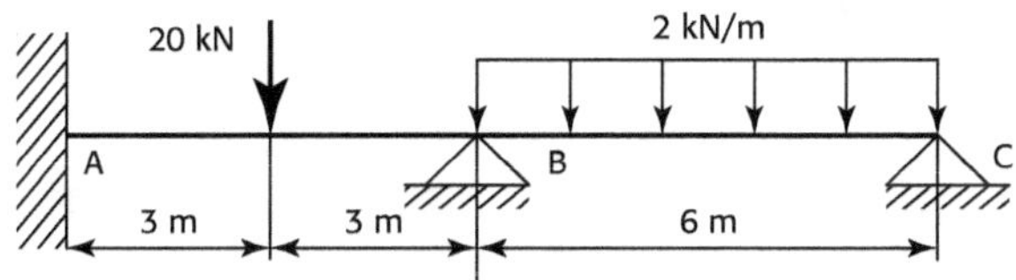

1. Les inconnues sont θ_B et θ_C. Nous choisissons θ_B comme inconnue principale.

2. En bloquant le déplacement inconnu du nœud B, nous supposons que chaque travée devient une poutre. En utilisant le tableau 8.1 ou les équations d'équilibre des poutres, déterminer les moments d'encastrement parfait en fonction des charges.

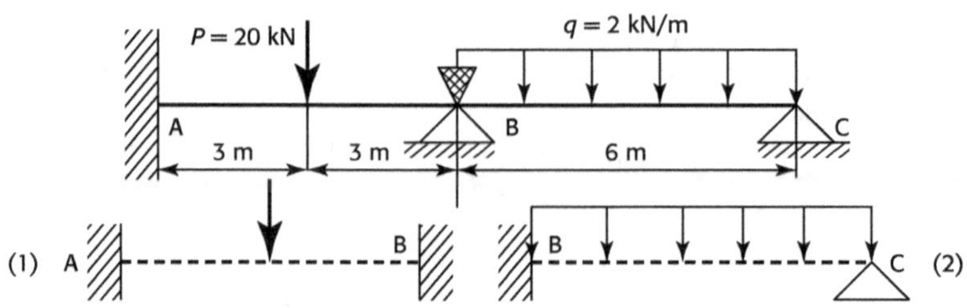

		Figure des poutres	**Moments d'encastrement parfait en fonction des charges**
(1)	En bloquant le nœud B, la travée AB devient une poutre à deux extrémités encastrées.		$-M^P_{A-AB} = M^P_{B-BA} = \dfrac{P \cdot L}{8}$ $= \dfrac{20\ \text{kN} \times 6\ \text{m}}{8}$ $= 15\ \text{kN.m} \qquad \text{(a1)}$
(2)	En bloquant le nœud B, la travée AB devient une poutre à une extrémité encastrée et l'autre sur un appui simple.		$M^P_{B-BC} = -\dfrac{q \cdot L^2}{8}$ $= -\dfrac{20\ \text{kN/m} \times (6\ \text{m})^2}{8}$ $= -9\ \text{kN.m} \qquad \text{(a2)}$

3. Nous avons le déplacement linéaire $\Delta = 0$. En utilisant les formules (F6.5.3.9) et (F6.5.3.10), nous obtenons les expressions avec une inconnue θ_B.

$$\begin{cases} M^*_{A-AB} = 2i\theta_B \\ M^*_{B-BA} = 4i\theta_B \\ M^*_{B-BC} = 3i\theta_B \end{cases}$$

$$\Rightarrow \begin{cases} M_{A-AB} = M^*_{A-AB} + M^P_{A-AB} = 2i\theta_B - 15\ \text{kN.m} \\ M_{B-BA} = M^*_{B-BA} + M^P_{B-BA} = 4i\theta_B + 15\ \text{kN.m} \\ M_{B-BC} = M^P_{B-BC} + M^P_{B-BC} = 3i\theta_B - 9\ \text{kN.m} \end{cases} \qquad \text{(b)}$$

4. Construire l'équation d'équilibre au nœud B, déterminer l'inconnue θ_B et déterminer l'angle θ_B de la rotation à l'extrémité B.

$$\sum M_B = 0,$$

$$M_{B-BA} + M_{B-BC} = 0$$

$$(4i\theta_B + 15\ \text{kN.m}) + (3i\theta_B - 9\ \text{kN.m}) = 0$$

$$7i\theta_B + 6\ \text{kN.m} = 0 \qquad \text{(c)}$$

$$\theta_B = -\dfrac{6\ \text{kN.m}}{7i}$$

5. En substituant les expressions de rotation θ_B dans les expressions (b), nous obtenons les moments de flexion :

$$M_{A-AB} = 2i\theta_B + M^P_{A-AB} = 2i \times \left(-\frac{6\ \text{kN.m}}{7i}\right) - 15\ \text{kN.m} = -16,72\ \text{kN.m}$$

$$M_{B-BA} = 4i\theta_B + M^P_{B-BA} = 4i \times \left(-\frac{6\ \text{kN.m}}{7i}\right) + 15\ \text{kN.m} = 11,57\ \text{kN.m}$$

$$M_{B-BC} = 3i\theta_B + M^P_{B-BC} = 3i \times \left(-\frac{6\ \text{kN.m}}{7i}\right) - 9\ \text{kN.m} = -11,57\ \text{kN.m}$$

6. Le diagramme des moments de flexion de la poutre ABC est le suivant :

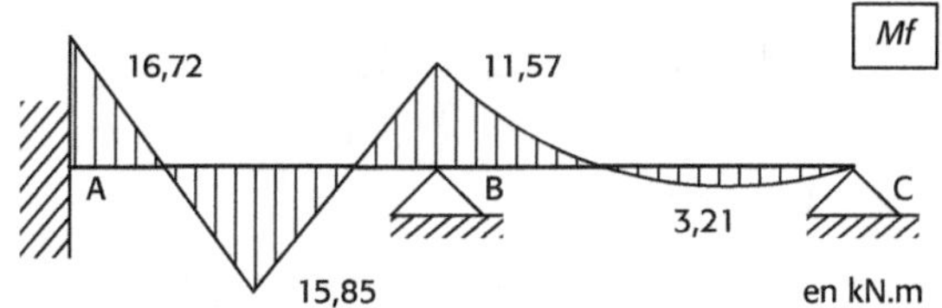

Poutre continue (Méthode de déplacement)

Soit une poutre continue d'une résistance $EI = 1,4 \times 10^6$ kN.m $=$ constante, avec $i = \dfrac{EI}{L}$ (voir ci-dessous). Une faute de l'installation produit un déplacement vertical de $\Delta_C = -1$ cm au nœud C.

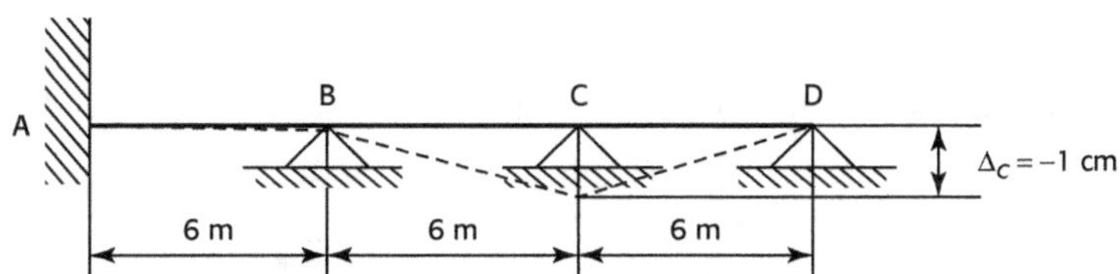

1. Il y a deux déplacements angulaires : les inconnues principales θ_B et θ_C.

2. Déterminer les moments d'encastrement parfait.

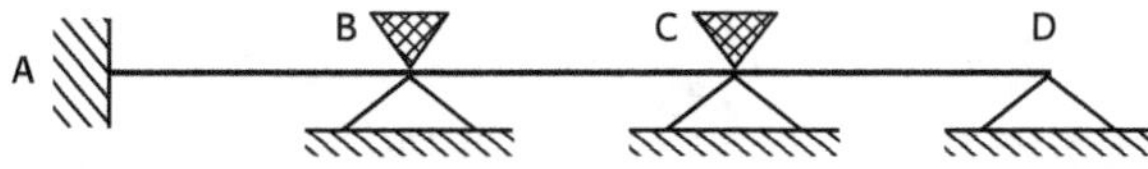

Le déplacement vertical : $\Delta_C = -1$ cm du nœud C produit une force à la poutre continue. Pour calculer les moments de flexion des nœuds, nous supposons que les nœuds B et C sont encastrés. Chaque travée devient une barre.

En utilisant le tableau 6.4, cas 4, le moment d'encastrement de la barre CD est :

$$M^P_{CD} = -3i\frac{\Delta_C}{L} = -3i \times \frac{-0,01}{6} = 0,005i$$

En utilisant le tableau 6.4, cas 2, les moments d'encastrement de CB et BC sont :

$$M^P_{CB} = -6i\frac{\Delta_C}{L} = -0,01i$$

$$M^P_{BC} = -6i\frac{\Delta_C}{L} = -0,01i$$

3. Construire les expressions des moments des extrémités des barres en utilisant les formules (F6.5.3.5) et (F6.5.3.6).

$$M_{BA} = 3i\theta_B$$
$$M_{AB} = 0$$
$$M_{BC} = 4i\theta_B + 2i\theta_C + M^P_{BC} = 4i\theta_B + 2i\theta_C - 0,01i$$
$$M_{CB} = 2i\theta_B + 4i\theta_C + M^P_{CB} = 2i\theta_B + 4i\theta_C - 0,01i \qquad (3)$$
$$M_{CD} = 3i\theta_C + M^P_{CD} = 3i\theta_C + 0,005i$$
$$M_{DC} = 0$$

4. Construire les équations d'équilibre aux nœuds encastrés B et C.

$$\begin{cases} \sum M_B = 0 \\ \sum M_C = 0 \end{cases} \Rightarrow \begin{cases} M_{BA} + M_{BC} = 0 \\ M_{CB} + M_{CD} = 0 \end{cases}$$

$$\Rightarrow \begin{cases} 7i\theta_B + 2i\theta_C - 0,01i = 0 \\ 2i\theta_B + 7i\theta_C - 0,005i = 0 \end{cases} \qquad (4)$$

5. À partir des expressions du point 4, déterminer les déplacements angulaires inconnus.

$$\theta_B = \frac{2}{15}\times 10^{-2}$$

$$\theta_C = \frac{1}{30}\times 10^{-2}$$

6. En utilisant les expressions du point 3, déterminer les moments de flexion des extrémités des barres.

$$M_{BA} = 3i\theta_B = 3\times \frac{1,4\times 10^5}{6}\times \frac{2}{15}\times 10^{-2} = 93,3 \text{ kN.m}$$
$$M_{AB} = 0$$
$$M_{BC} = 4i\theta_B + 2i\theta_C + M^P_{BC} = 4i\theta_B + 2i\theta_C - 0,01i = -93 \text{ kN.m}$$
$$M_{CB} = 2i\theta_B + 4i\theta_C + M^P_{CB} = 2i\theta_B + 4i\theta_C - 0,01i = -140 \text{ kN.m}$$
$$M_{CD} = 3i\theta_C + M^P_{CD} = 3i\theta_C + 0,005i = 140 \text{ kN.m}$$
$$M_{DC} = 0$$

7. Le diagramme des moments de flexion est le suivant :

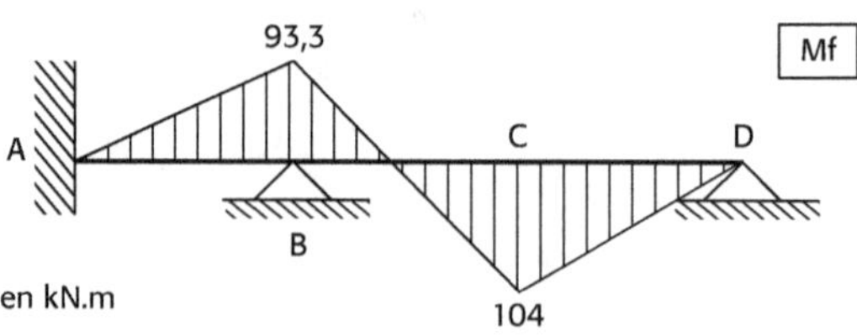

6.5.4 Méthode de distribution des moments

Voir aussi 8.2.5.

6.5.4.1 Quelques définitions

1. Extrémité proche et extrémité éloignée de la poutre

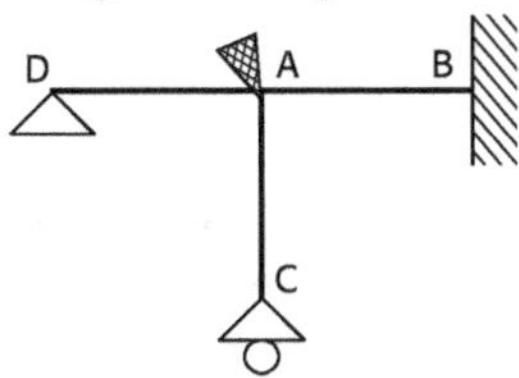

Dans la figure ci-dessus, pour utiliser la méthode de distribution et déterminer les moments de flexion, nous avons besoin d'encastrer le nœud A. L'extrémité A s'appelle l'extrémité proche et les autres extrémités B, C et D de la barre sans rotation d'appui s'appellent les extrémités éloignées.

2. Rigidité en rotation S_{AB} de la poutre

La rigidité en rotation au nœud A est notée S_{AB}. Sa valeur dépend de $i = \dfrac{EI}{L}$ de la poutre et de la façon dont est fixée l'extrémité éloignée B.

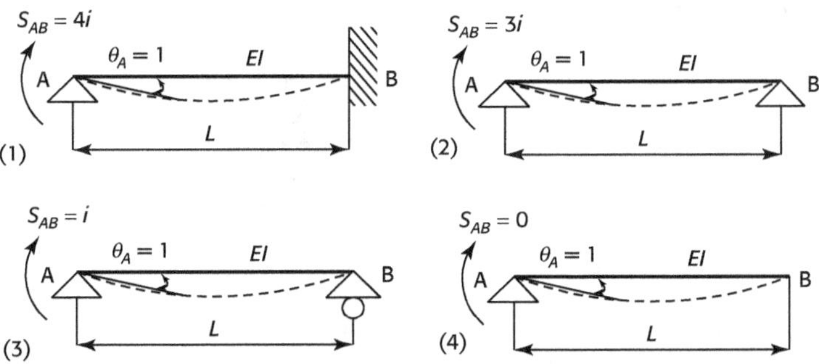

En utilisant la méthode de force, nous définissons les rigidités en rotation dans les cas différents (voir ci-dessous) :

– quand l'extrémité éloignée B est fixée (figure 1), $S_{AB} = 4i$;

– quand l'extrémité éloignée B est un appui simple, (figure 2), $S_{AB} = 3i$;

– quand l'extrémité éloignée B est un appui avec articulation cylindrique (figure 3), $S_{AB} = i$;

– quand l'extrémité éloignée B est libre (figure 4), $S_{AB} = 0$.

3. Coefficient de distribution (coefficient de répartition) μ

Dans la figure ci-dessous, nous supposons que trois barres AB, AC et AD sont assemblées au nœud A. Pour montrer les coefficients dans les cas différents, nous supposons que l'extrémité D est un appui simple, que l'extrémité C est une articulation cylindrique et que l'extrémité B est un encastrement.

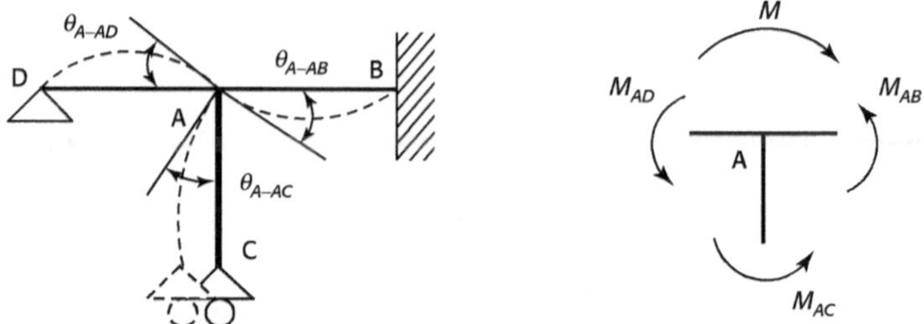

Le moment d'encastrement parfait M_A^P, appliqué sur le nœud A (l'extrémité proche), produit l'angle de rotation θ_A. Les moments à l'extrémité proche A sont calculés par la définition de la résistance de rotation :

$$\begin{aligned}
M_{AB}^P &= S_{AB}\theta_{A-AB} = 4i_{AB}\theta_{A-AB} \\
M_{AC}^P &= S_{AC}\theta_{A-AC} = i_{AC}\theta_{A-AC} \\
M_{AD}^P &= S_{AD}\theta_{A-AD} = 3i_{AD}\theta_{A-AD}
\end{aligned} \qquad \text{(F6.5.4.1)}$$

Supposons $\theta_{A-AB} = \theta_{A-AC} = \theta_{A-AD} = \theta_A$ et l'équation d'équilibre au nœud A :

$$M_A^P = S_{AB}\theta_A + S_{AC}\theta_A + S_{AD}\theta_A$$

L'angle de rotation au nœud A est :

$$\theta_A = \frac{M_A^P}{S_{AB} + S_{AC} + S_{AD}} = \frac{M_A^P}{\sum_A S} \qquad \text{(F6.5.4.2)}$$

$\sum_A S$ est la somme de résistance de rotation des barres au nœud A. Avec le résultat de θ_A la formule (F6.5.4.1) devient :

$$\begin{cases}
M_{AB}^P = \dfrac{S_{AB}}{\sum_A S} M_A^P \\[2ex]
M_{AC}^P = \dfrac{S_{AC}}{\sum_A S} M_A^P \\[2ex]
M_{AD}^P = \dfrac{S_{AD}}{\sum_A S} M_A^P
\end{cases}
\Rightarrow
\begin{cases}
M_{Aj}^P = \mu_{Aj} M_A^P \\[2ex]
\mu_{Aj} = \dfrac{S_{Aj}}{\sum_A S}
\end{cases}
\qquad \text{(F6.5.4.3)}$$

Ici $\mu_{Aj} = \dfrac{S_{Aj}}{\sum_A S}$ s'appelle le coefficient de répartition des moments.

Il existe la relation suivante sur le nœud A :

$$\sum_A \mu_{Aj} = \mu_{AB} + \mu_{AC} + \mu_{AD} = 1 \qquad \text{(F6.5.4.4)}$$

Nous imaginons que le moment d'encastrement M_A^P du nœud A est distribué sur l'extrémité A des barres AB, AC et AD en fonction des coefficients μ_{Aj} de répartition des moments (ou les coefficients μ_{Aj} de distribution des moments).

4. Coefficient de transmission λ

    4.1. Définition du coefficient de transmission λ

Pour l'équilibre du moment M_A^P, nous ajoutons un moment $-M_A^P$. Nous imaginons que le moment $-M_A^P$ est distribué aux barres AB, AC et AD, assemblées au nœud A, en fonction des coefficients de distribution μ. Puis les moments de distribution M_{Aj}^μ sont transmis aux autres extrémités éloignées C, B et D des barres AB, AC et AD, en fonction de la transmission λ.

Dans la méthode de déplacement, la formule (F6.5.3.1) peut être développée dans notre cas. Nous obtenons :

$$\begin{cases} M_{AB} = 4i_{AB}\theta_A & M_{BA} = 2i_{AB}\theta_A \\ M_{AC} = i_{AC}\theta_A & M_{CA} = -i_{AC}\theta_A \\ M_{AD} = 3i_{AD}\theta_A & M_{DA} = 0 \end{cases} \qquad \text{(F6.5.4.5)}$$

Nous remarquons que :

$$\frac{M_{BA}}{M_{AB}} = \lambda_{AB} = \frac{1}{2} \qquad \text{(F6.5.4.6)}$$

Ce coefficient λ_{AB}, de l'extrémité proche à l'extrémité éloignée, s'appelle le coefficient de transmission. Il dépend du type de fixation de l'extrémité éloignée de la barre.

    4.2. Valeur du coefficient de transmission λ

Pour une poutre à sections constantes :

— quand l'extrémité éloignée est encastrée : $\lambda = \dfrac{1}{2}$;

— quand l'extrémité éloignée est un appui avec articulation cylindrique : $\lambda = 1$;

— quand l'extrémité éloignée est un appui simple ou libre : $\lambda = 0$.

6.5.4.2 Processus de la méthode de distribution des moments

En utilisant la poutre continue ABC, nous montrons le processus de la méthode de distribution des moments.

1. Analyser les inconnues principales, par exemple θ_B. (Voir la figure ci-dessous)

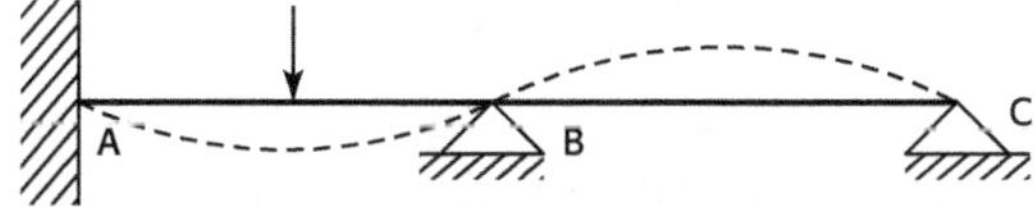

2. Encastrer les inconnues principales, par exemple le nœud B, et déterminer les moments d'encastrement parfait M_B^P. (Voir l'exercice 6.38)

    2.1. Supposons que chaque barre rassemblée au nœud B est une poutre à une seule travée. Écrire les équations d'équilibre pour chaque poutre.

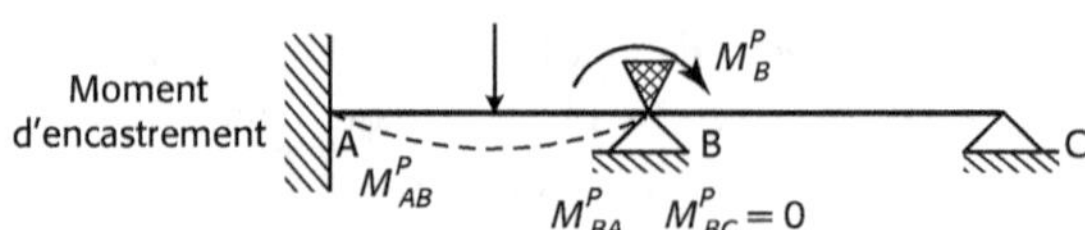

2.2. Déterminer les moments d'encastrement parfait des extrémités proches B des poutres à une seule travée.

Le moment au nœud B de la poutre hyperstatique BA est (voir Y. Xiong, *Formulaire de résistance des matériaux*, Eyrolles, 2002) :

$$M^P_{BA} = -M^P_{AB} = \frac{PL}{8}$$

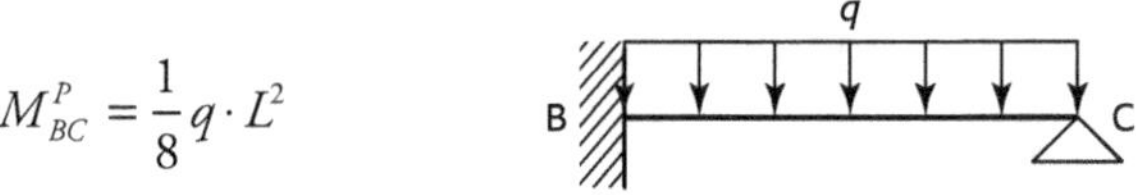

Le moment au nœud B de la poutre hyperstatique BC est (voir Y. Xiong, *Formulaire de résistance des matériaux*, Eyrolles, 2002) :

$$M^P_{BC} = \frac{1}{8} q \cdot L^2$$

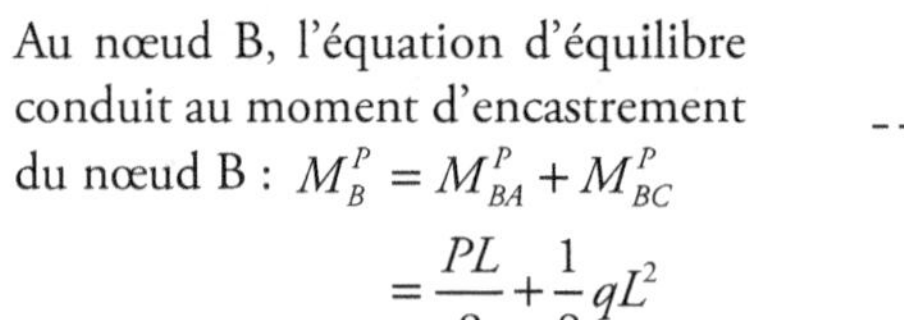

2.3. Déterminer les moments d'encastrement parfait au nœud B.

Au nœud B, l'équation d'équilibre conduit au moment d'encastrement du nœud B : $M^P_B = M^P_{BA} + M^P_{BC}$

$$= \frac{PL}{8} + \frac{1}{8} qL^2$$

3. Libérer l'encastrement parfait et déterminer les moments des distributions M^μ_{Bj} des extrémités proches B des barres

Nous libérons l'encastrement du nœud B. Mais la libération de l'encastrement ne donne pas une structure d'équilibre, donc nous devons ajouter une partie des moments pour que la structure arrive à l'équilibre. Cette partie de moment manquant est égale à $-M^P_B$. Supposons que le moment $-M^P_B$ est distribué à chaque barre assemblée au nœud B.

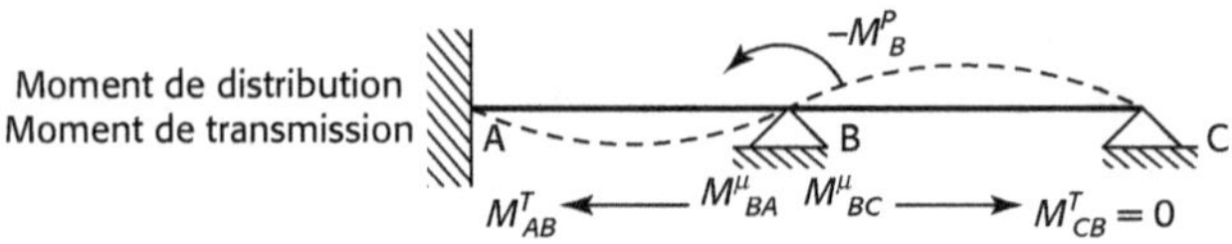

3.1. Déterminer les rigidités en rotation S (voir l'exercice 6.39).

Les rigidités en rotation dépendent des fixations des extrémités éloignées :

- pour l'extrémité éloignée d'un appui simple $S = 3i$
- pour l'extrémité éloignée d'une articulation cylindrique $S = i$
- pour l'extrémité éloignée d'un appui à encastrement $S = 4i$

3.2. Calculer les coefficients de distribution des moments μ_{Bj} (voir l'exercice 6.39).

$$\mu_{Bj} = \frac{S_{Bj}}{\displaystyle\sum_B S} \qquad\qquad (F6.5.4.7)$$

Nous avons aussi une relation de $\displaystyle\sum \mu_B = \mu_{BA} + \mu_{BC} = 1$ pour contrôler les résultats de μ_{Bj}.

3.3. Déterminer les moments de distribution M^{μ}_{Bj} (voir l'exercice 6.39).

En libérant l'encastrement du nœud B, nous ajoutons un nouveau moment $-M^P_B$ au nœud B. La valeur du moment ajouté est égale à M^P_B, mais à contresens. Le nouveau moment $-M^P_B$ est distribué aux extrémités proches éloignées B des barres BA et BC en fonction des coefficients de distribution. Ces moments s'appellent les moments de distribution. Ils sont égaux à :

$$M^{\mu}_{BA} = -\mu_{BA} M^P_B$$
$$M^{\mu}_{BC} = -\mu_{BC} M^P_B \qquad\qquad (F6.5.4.8)$$

4. Déterminer les moments de transmission M^T_{Bj}.

Nous imaginons que les moments de distribution des extrémités proches B des barres sont transmis aux extrémités éloignées A et C des barres en fonction du coefficient de transmission.

$$M^T_{BA} = \lambda_{BA} M^{\mu}_{BA}$$
$$M^T_{BC} = \lambda_{BC} M^{\mu}_{BC} \qquad\qquad (F6.5.4.9)$$

La valeur de coefficient de transmission λ est déterminée par les fixations de l'extrémité éloignée. Pour une poutre à sections constantes, nous avons :

- quand l'extrémité éloignée est encastrée : $\lambda = \dfrac{1}{2}$;

- quand l'extrémité éloignée est un appui avec articulation cylindrique : $\lambda = 1$;

- quand l'extrémité éloignée est un appui simple ou libre : $\lambda = 0$.

5. Déterminer les moments de flexion M_{f-Bj} des extrémités.

Le moment de flexion des extrémités éloignées j des barres Bj comprend deux parties : le moment d'encastrement parfait M^P_{BJ} et le moment de transmission M^T_{BJ}.

$$M_{f-BJ} = M^P_{BJ} + M^T_{BJ} \qquad\qquad (F6.5.4.10)$$

Poutre continue (méthode de distribution des moments)

Soit une poutre continue ABC d'une résistance $i_{AB} = i_{BC} = i = EI =$ constante (voir ci-dessous). Déterminer les moments de flexions.

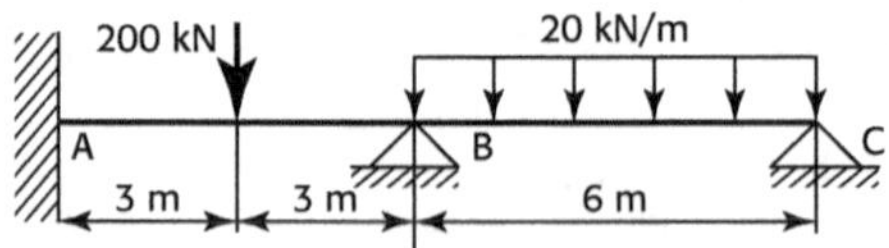

1. Dans la poutre continue ABC nous choisissons la rotation du nœud B comme l'inconnue principale, notée θ_B.

2. En encastrant le nœud B, nous supposons que chaque barre rassemblée au nœud B est une poutre à une seule travée. Calculons les moments d'encastrement parfait des extrémités.

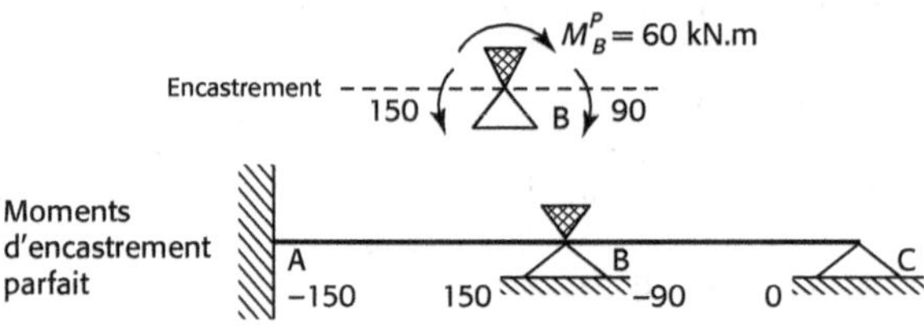

Les moments d'encastrement des extrémités de poutre hyperstatique AB sont (voir Y. Xiong, *Formulaire de résistance des matériaux*, Eyrolles, 2002) :

$$-M_{AB}^P = M_{BA}^P = \frac{PL}{8}$$

$$M_{AB}^P = -\frac{200 \times 6}{8} = -150 \text{ kN.m}$$

$$M_{BA}^P = \frac{200 \times 6}{8} = 150 \text{ kN.m}$$

Les moments d'encastrement des extrémités de poutre hyperstatique BC sont (voir Y. Xiong, *Formulaire de résistance des matériaux*, Eyrolles, 2002) :

$$M_{BC}^P = \frac{1}{8} q \cdot L^2$$

$$M_{BC}^P = -\frac{20 \times 6^2}{8} = -90 \text{ kN.m}$$

Au nœud B, la somme des moments d'encastrement parfait est :

$$M_B^P = M_{BA}^P + M_{BC}^P = \frac{PL}{8} + \frac{1}{8} q L^2$$

$$M_B^P = M_{BA}^P + M_{BC}^P = 150 - 90 = 60 \text{ kN.m}$$

En utilisant l'équation d'équilibre de la poutre BC nous obtenons le moment d'encastrement du nœud C :

$$M_C^P = M_B^P - \frac{1}{2} q L = 60 - \frac{1}{2} 20 \times 6 = 0$$

3. Déterminer les moments de distribution.

En libérant l'encastrement parfait de B, nous ajoutons un moment $-M_B^P = -60$ kN.m au nœud B pour équilibrer le nœud B. Ce moment $-M_B^P$ est distribué à chaque barre, rassemblée au nœud B en fonction du coefficient de distribution.

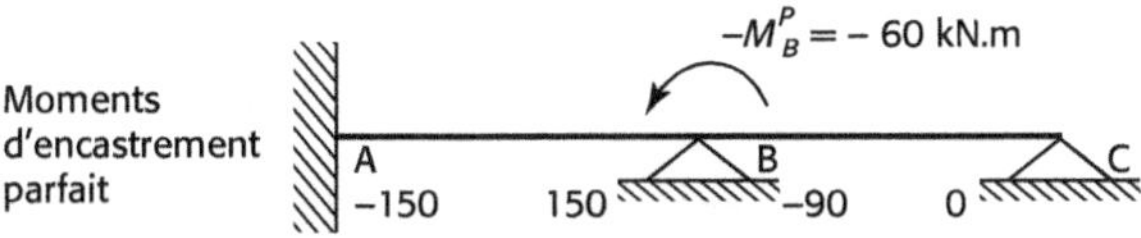

3.1. Calculer les coefficients de distribution des moments.

- Déterminer les rigidités en rotation S.

  L'extrémité éloignée BA est un appui en encastrement, donc $S_{BA} = 4i$.

  L'extrémité éloignée BC est un appui simple, donc $S_{BC} = 3i$.

- Les coefficients de distribution des moments sont :

$$\mu_{BA} = \frac{S_{AB}}{\sum_B S} = \frac{4i}{4i + 3i} = 0,571$$

$$\mu_{BC} = \frac{S_{BC}}{\sum_B S} = \frac{3i}{4i + 3i} = 0,429$$

$$\mu_{BA} + \mu_{BC} = 1$$

3.2. Calculer les moments de distribution.

Le moment d'encastrement parfait du nœud B est distribué à la barre BA et BC en fonction des coefficients de distribution. Nous obtenons les moments de distribution :

$$M_{BA}^\mu = \mu_{BA} \cdot M_B^P$$
$$= \mu_{BA} \cdot (-60 \text{ kN.m}) = 0,571 \times (-60 \text{ kN.m}) = -34,3 \text{ kN.m}$$
$$M_{BC}^\mu = \mu_{BC} \cdot M_B^P$$
$$= \mu_{BC} \cdot (-60 \text{ kN.m}) = 0,429 \times (-60 \text{ kN.m}) = -25,7 \text{ kN.m}$$

4. Déterminer les moments de transmission.

4.1. Déterminer les coefficients de transmission en fonction des fixations des extrémités éloignées.

L'extrémité éloignée C de la barre BC est un appui simple, donc $\lambda_{BC} = 0$.

L'extrémité éloignée A de la barre BA est un appui en encastrement, donc $\lambda_{BA} = \dfrac{1}{2}$.

4.2. Calculer les moments de transmission.

Les moments de distribution M^μ sont transmis aux extrémités éloignées des barres. Les moments de transmission des extrémités sont déterminés par les moments de distribution avec les coefficients de transmission.

$$M_{AB}^{T} = \lambda_{BA} M_{BA}^{\mu} = \frac{1}{2} \times (-34,3 \text{ kN.m}) = 17,2 \text{ kN.m}$$

$$M_{CB}^{T} = \lambda_{BC} M_{BC}^{\mu} = 0$$

5. En utilisant la méthode de distribution, déterminer les moments des extrémités.

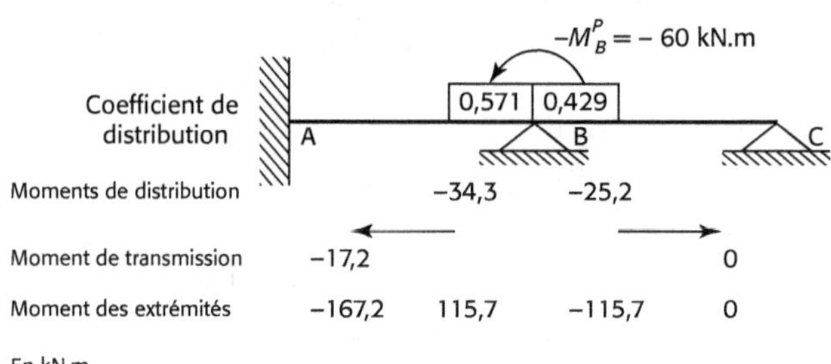

À la fin du calcul, la somme des moments au nœud B devrait être de zéro.

$$\sum M_B = M_{BA} + M_{BC} = 115,7 - 115,7 = 0$$

Les moments de flexion des extrémités sont :

$$M_A = M_{AB}^{P} + M_{AB}^{T} = -150 - 17,2 = -167,2 \text{ kN.m}$$

$$M_C = 0$$

6. Le diagramme des moments de flexion des extrémités éloignées des barres est le suivant :

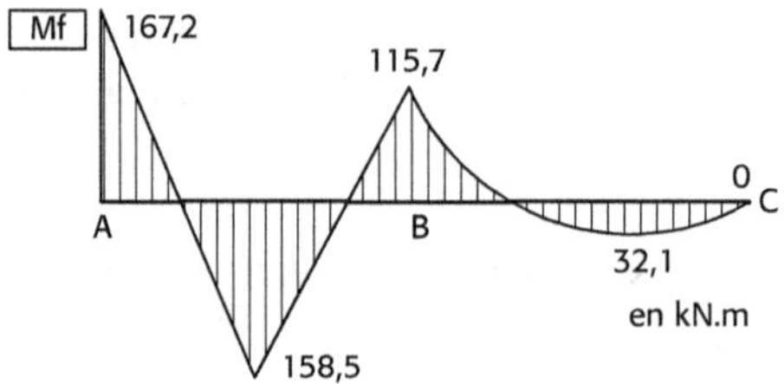

Poutre continue (méthode de distribution des moments)

Soit une poutre continue ABCDE, qui supporte une charge uniformément répartie. Déterminer les moments de flexion des nœuds de la poutre continue.

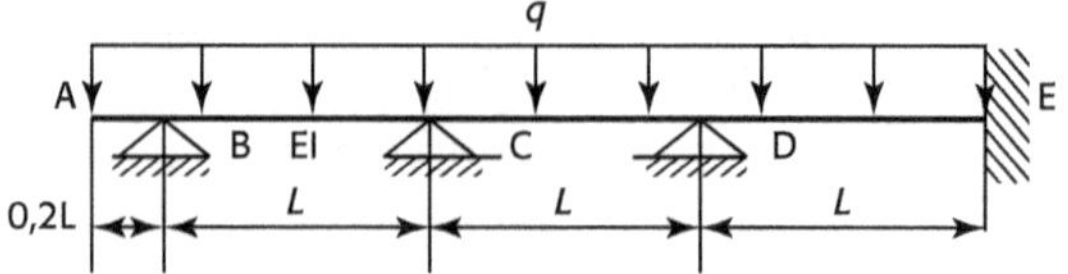

1. Pour la poutre continue ABCDE, il y a deux déplacements angulaires : les inconnues principales θ_C et θ_D.

2. En supprimant la travée AB, nous ajoutons un moment (un couple) $M = 0,02qL^2$ sur B.

3. En encastrant les nœuds C et D, chaque travée devient une barre. Nous utilisons l'équation d'équilibre de chaque barre et écrivons les moments d'encastrement de chaque barre.

Les moments d'encastrement des extrémités de la poutre hyperstatique BC sont (voir Y. Xiong, *Formulaire de résistance des matériaux*, Eyrolles, 2002) :

$$M_{BC}^{P} = -0,02qL^2$$

$$M_{CB}^{P} = \frac{1}{8}qL^2 - 0,01qL^2 = 0,115qL^2$$

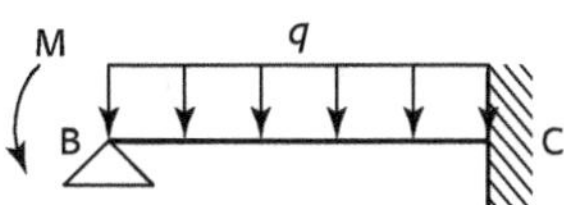

Les moments d'encastrement des extrémités de la poutre hyperstatique CD sont (voir Y. Xiong, *Formulaire de résistance des matériaux*, Eyrolles, 2002) :

$$M_{CD}^{P} = -\frac{1}{12}qL^2 = -0,0833qL^2$$

$$M_{DC}^{P} = \frac{1}{12}qL = 0,0833qL^2$$

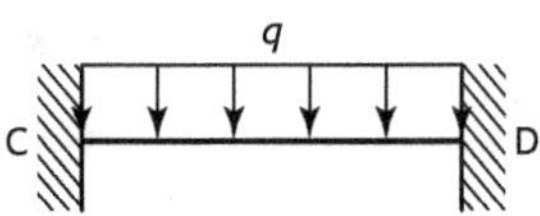

Les moments d'encastrement des extrémités de la poutre hyperstatique DE sont (voir Y. Xiong, *Formulaire de résistance des matériaux*, Eyrolles, 2002) :

$$M_{DE}^{P} = -\frac{1}{12}qL = -0,0833qL$$

$$M_{ED}^{P} = \frac{1}{12}qL = 0,0833qL$$

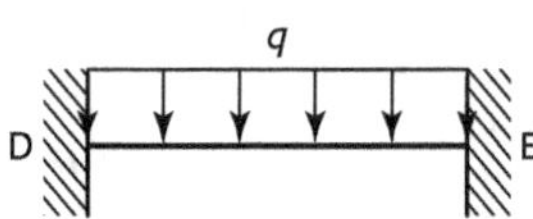

4. Déterminer les coefficients de distribution du nœud C.

    4.1. Déterminer les résistances de rotation S.

        L'extrémité éloignée CB est un appui simple, donc $S_{CB} = 3i$.

        L'extrémité éloignée CD est un appui à encastrement, donc $S_{CD} = 4i$.

    4.2. Les coefficients de répartition des moments sont :

$$\mu_{CB} = \frac{S_{CB}}{\sum_{C} S} = \frac{3i}{4i + 3i} = \frac{3}{7} = 0,43$$

$$\mu_{CD} = \frac{S_{CD}}{\sum_{C} S} = \frac{4i}{4i + 3i} = \frac{4}{7} = 0,57$$

$$\mu_{CB} + \mu_{CD} = 1$$

5. Déterminer les coefficients de distribution du nœud D.

    5.1. Déterminer les rigidités en rotation S.

        L'extrémité éloignée DC est un appui à encastrement, donc $S_{DC} = 4i$.

        L'extrémité éloignée DE est un appui à encastrement, donc $S_{DE} = 4i$.

5.2. Les coefficients de répartition des moments sont :

$$\mu_{DC} = \frac{S_{DC}}{\sum\limits_{D} S} = \frac{4i}{4i + 4i} = \frac{4}{8} = 0,5$$

$$\mu_{DE} = \frac{S_{DE}}{\sum\limits_{D} S} = \frac{4i}{4i + 4i} = \frac{4}{8} = 0,5$$

$$\mu_{DC} + \mu_{DE} = 1$$

6. En utilisant la méthode de distribution, déterminer les moments de flexion des extrémités des barres.

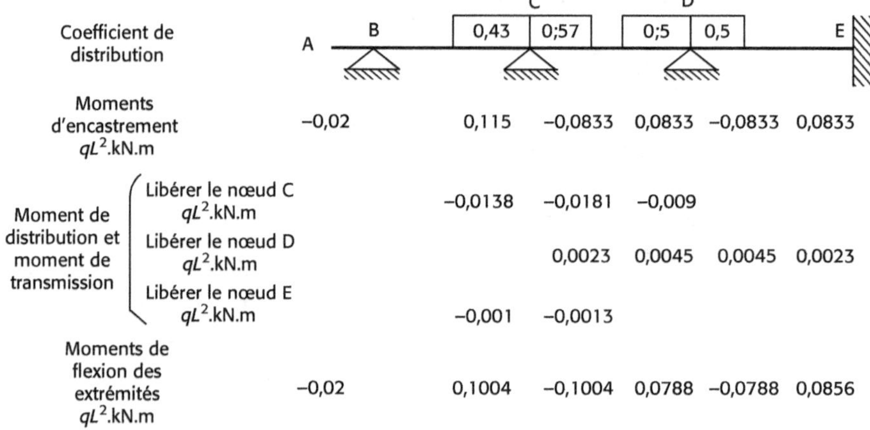

		C		D		
Coefficient de distribution	B	0,43	0;57	0;5	0,5	E
Moments d'encastrement qL^2.kN.m	−0,02	0,115	−0,0833	0,0833	−0,0833	0,0833
Moment de distribution et moment de transmission — Libérer le nœud C qL^2.kN.m		−0,0138	−0,0181	−0,009		
Libérer le nœud D qL^2.kN.m			0,0023	0,0045	0,0045	0,0023
Libérer le nœud E qL^2.kN.m		−0,001	−0,0013			
Moments de flexion des extrémités qL^2.kN.m	−0,02	0,1004	−0,1004	0,0788	−0,0788	0,0856

7. Le diagramme des moments de flexion est le suivant :

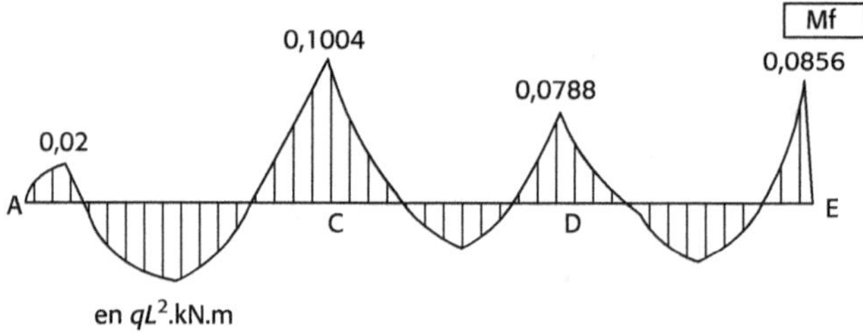

8. Le diagramme des efforts tranchants est le suivant :

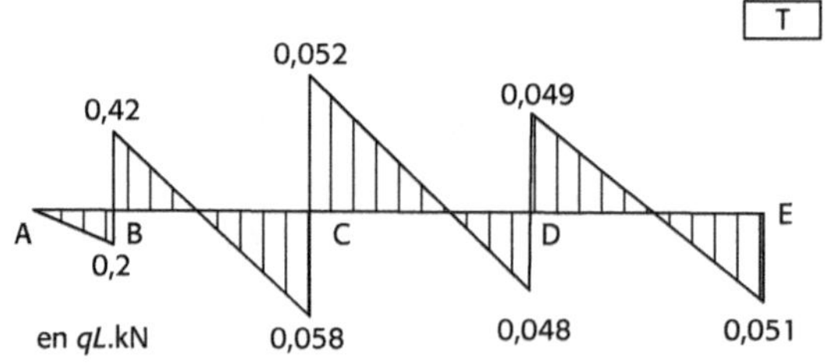

Poutre continue (méthode de distribution des moments)

Soit une poutre continue ABC d'une résistance EI constante. (Voir la figure ci-dessous)

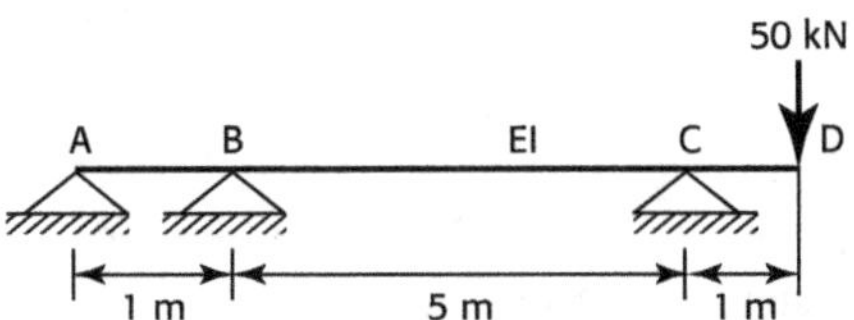

1. Dans l'étude de la poutre continue ABCD, nous choisissons les rotations des nœuds B et C comme les inconnues principales, notées θ_B et θ_C.

2. En encastrant les nœuds B et C, nous obtenons une poutre statique CD avec les extrémités encastrées. Le moment d'encastrement parfait est :

$$M_{CD}^P = -50 \text{ kN} \times 1 \text{ m} = -50 \text{ kN.m}$$

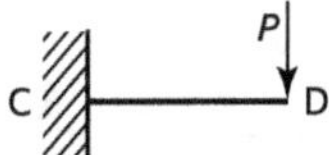

Avec l'équation d'équilibre du nœud C, nous obtenons :

$$M_{CB}^P = -M_{CD}^P = 50 \text{ kN} \times 1 \text{ m} = 50 \text{ kN.m}$$

3. Libérons le nœud C, le nœud B restant comme appui simple.

   3.1. Déterminer les résistances de rotation.

   L'extrémité éloignée CB est un appui en encastrement, la rigidité en rotation est donc :

$$S_{CD} = 4i \implies S_{CB} = 4\frac{EI}{5}$$

   L'extrémité éloignée CD est libre, la résistance de rotation est donc :

$$S_{CD} = 0$$

   3.2. Les coefficients de distribution sont :

$$\mu_{CB} = \frac{S_{CB}}{\displaystyle\sum_C S} = \frac{S_{CB}}{S_{CB} + 0} = 1$$

$$\mu_{CD} = \frac{S_{BC}}{\displaystyle\sum_C S} = \frac{0}{\displaystyle\sum_C S} = 0$$

3.3. Les moments de distribution et les moments de transmission sont :

    — moments de distribution :

$$M_{CB}^{\mu} = \mu_{CB} M_{CB}^{P} = 1 \times 50 \text{ kN.m} = 50 \text{ kN.m}$$

$$M_{CD}^{\mu} = \mu_{CD} M_{CD}^{P} = 0$$

    — moments de transmission :

$$M_{CB}^{T} = \lambda_{CB} M_{CB}^{\mu} = \frac{1}{2} \times 50 \text{ kN.m} = 25 \text{ kN.m}$$

$$M_{CD}^{T} = \lambda_{CD} M_{CD}^{\mu} = 0$$

4. Libérons le nœud B, le nœud C restant comme appui simple.

4.1. Déterminer les résistances de rotation.

L'extrémité éloignée BA est un appui simple, la rigidité en rotation est donc :

$$S_{BA} = 3 i_{BA} = 3 \frac{EI}{1}$$

L'extrémité éloignée BC est un appui simple, la rigidité en rotation est donc :

$$S_{BC} = 3 i_{BC} = 3 \frac{EI}{5}$$

4.2. Les coefficients de distribution sont :

$$\mu_{BA} = \frac{S_{BA}}{\displaystyle\sum_{B} S} = \frac{3 \dfrac{EI}{1}}{3 \dfrac{EI}{1} + 3 \dfrac{EI}{5}} = \frac{5}{6}$$

$$\mu_{BC} = \frac{S_{BC}}{\displaystyle\sum_{B} S} = \frac{3 \dfrac{EI}{5}}{3 \dfrac{EI}{1} + 3 \dfrac{EI}{5}} = \frac{1}{6}$$

4.3. Déterminer les moments de redistribution.

En libérant le nœud B, le nœud C restant comme appui simple, nous considérons que la transmission M_{CB}^{T} du moment au nœud B continue de redistribuer aux barres BA et BC. Les moments de redistribution sont donc :

$$M_{BA}^{\mu} = \mu_{BA}\left(-M_{CB}^{T}\right) = \frac{5}{6} \times \left(-25 \text{ kN.m}\right) = -20,8 \text{ kN.m}$$

$$M_{BC}^{\mu} = \mu_{BC}\left(-M_{CB}^{T}\right) = \frac{1}{6} \times \left(-25 \text{ kN.m}\right) = -4,2 \text{ kN.m}$$

5. Déterminer la somme des moments de flexion des nœuds A et B.

Au nœud B, la somme des moments est nulle et les moments sont à l'équilibre. Alors le moment s'arrête de distribuer et de transmettre.

$$\sum_{B} M = M_{CB}^{T} + M_{BA}^{\mu} + M_{BC}^{\mu} = 25 - 20,8 - 4,2 = 0$$

De même au nœud C, la somme des moments est nulle et les moments sont équilibrés. Le calcul du cycle est fini. Le résultat est le suivant :

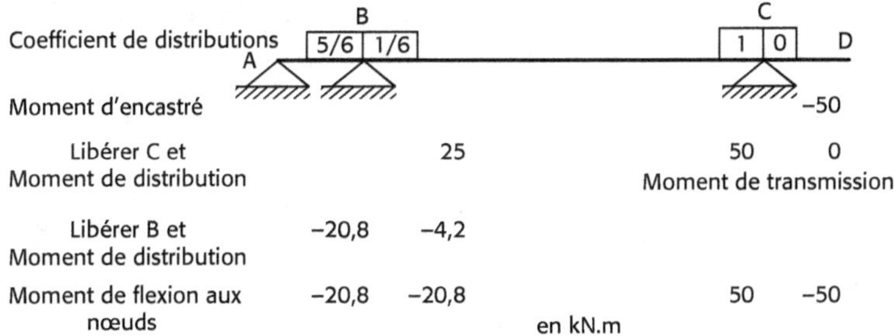

		B			C		
Coefficient de distributions		5/6	1/6		1	0	D
Moment d'encastré							−50
Libérer C et Moment de distribution			25		50	0	
					Moment de transmission		
Libérer B et Moment de distribution		−20,8	−4,2				
Moment de flexion aux nœuds		−20,8	−20,8		50	−50	

en kN.m

6. Le diagramme des moments de flexion des nœuds est le suivant :

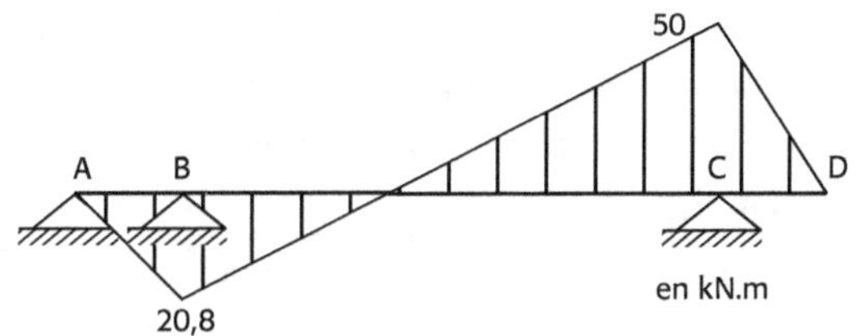

en kN.m

Exercice 6.41

Poutre continue (méthode de distribution des moments)

Soit une poutre continue ABCD (voir la figure ci-dessous). Dans la figure, les résistances $E_j I_j$ sont des chiffres relatifs entre les travées différentes de la poutre, donc nous ne notons pas les unités.

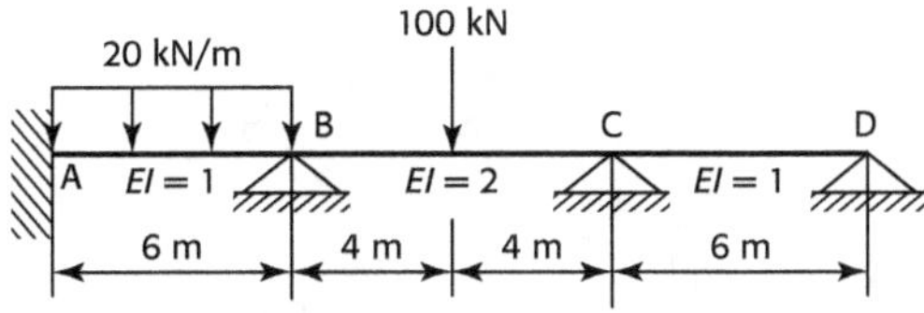

1. Dans l'étude de la poutre continue ABCD, nous choisissons la rotation des nœuds B et C comme les inconnues principales, notées θ_B et θ_C.

2. En encastrant les nœuds B et C, chaque travée devient une barre. Déterminer les moments d'encastrement parfait en utilisant les équations d'équilibre de chaque barre.

Les moments d'encastrement des extrémités de la poutre hyperstatique AB sont (voir Y. Xiong, *Formulaire de résistance des matériaux*, Eyrolles, 2002) :

$$M_{AB}^P = -\frac{qL^2}{12}$$

$$= -\frac{20 \text{ kN/m} \times (6 \text{ m})^2}{12} = -60,0 \text{ kN.m}$$

$$M_{BA}^P = 60,0 \text{ kN.m}$$

Les moments d'encastrement des extrémités de la poutre hyperstatique BC sont (voir Y. Xiong, *Formulaire de résistance des matériaux*, Eyrolles, 2002) :

$$M_{BC}^P = -\frac{PL}{8}$$

$$= -\frac{100\ \text{kN} \times 8\ \text{m}}{8} = -100,0\ \text{kN.m}$$

$$M_{CB}^P = 100\ \text{kN.m}$$

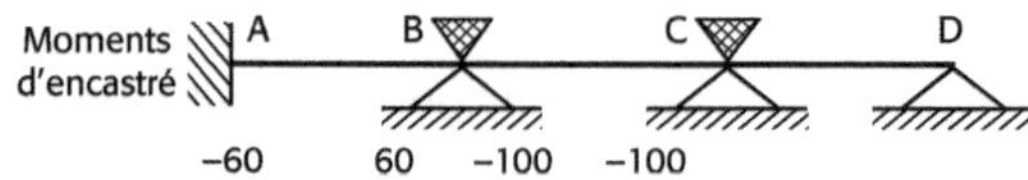

3. Déterminer les résistances de rotation et les coefficients de distribution des nœuds B et C.

    3.1. Déterminer les rigidités en rotation et les coefficients de répartition au nœud B.

      – Calculer les rigidités en rotation.

L'extrémité éloignée BA est un appui en encastrement, la rigidité en rotation est donc :

$$S_{BA} = 4i_{BA} = 4 \times \frac{1}{6} = 0,667$$

L'extrémité éloignée BC est un appui en encastrement, la rigidité en rotation est donc :

$$S_{BC} = 4i_{BC} = 4 \times \frac{2}{8} = 1$$

    – Les coefficients de répartition sont :

$$\mu_{BA} = \frac{S_{BA}}{\sum_B S} = \frac{0,667}{1+0,667}$$

$$= 0,4$$

$$\mu_{BC} = \frac{S_{BC}}{\sum_B S} = \frac{1}{1+0,667}$$

$$= 0,6$$

    3.2. Déterminer les rigidités en rotation et les coefficients de répartition au nœud C.

      – Calculer les rigidités en rotation.

L'extrémité éloignée CB est un appui en encastrement, la rigidité en rotation est donc :

$$S_{CB} = 4i_{CB} = 4 \times \frac{2}{8} = 1$$

L'extrémité éloignée CD est un appui en encastrement, la rigidité en rotation est donc :

$$S_{CD} = 4i_{CD} = 3 \times \frac{1}{6} = 0,5$$

    – Les coefficients de répartition sont :

$$\mu_{CB} = \frac{S_{CB}}{\sum_C S} = \frac{1}{1+0,5} = 0,667$$

$$\mu_{CD} = \frac{S_{CD}}{\sum_C S} = \frac{0,5}{1+0,5} = 0,333$$

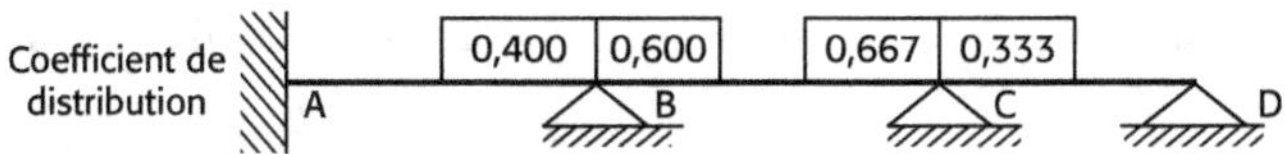

4. Libérons le nœud C et faisons l'équilibre des moments au nœud C.

    4.1. Le moment d'encastrement parfait au nœud C est :

$$M_C^P = 100 \text{ kN.m}$$

    4.2. En libérant le nœud C, le nœud B restant encastré, nous ajoutons un moment $-M_C = -100$ kN.m sur le nœud C. Les moments de distribution sont :

$$M_{CB}^{\mu} = \mu_{CB} M_C^P = 0,667 \times (-100) \text{ kN.m} = -66,7 \text{ kN.m}$$

$$M_{CD}^{\mu} = \mu_{CD} M_C^P = 0,333 \times (-100) \text{ kN.m} = -33,3 \text{ kN.m}$$

    4.3. Le nœud C reste libre en libérant le nœud B. Déterminer les moments de transmission.

$$M_{CB}^{T} = \lambda_{CB} M_{CB}^{\mu} = \frac{1}{2}(-66,7) \text{ kN.m} = -33,4 \text{ kN.m}$$

    4.4. Après la transmission, les moments au nœud C passent à l'équilibre.

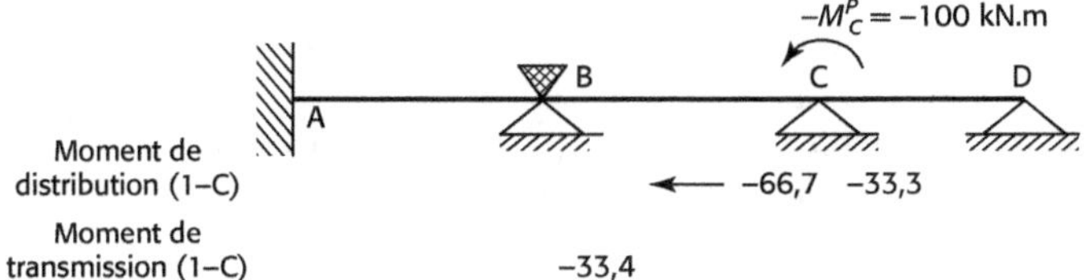

5. Faisons l'équilibre des moments au nœud B.

    5.1. En encastrant le nœud C à nouveau, nous libérons le nœud B. Le moment d'encastrement parfait au nœud B était :

$$M_B^P = 60 \text{ kN.m} - 100 \text{ kN.m} - 33,4 \text{ kN.m} = -73,4 \text{ kN.m}$$

    5.2. En libérant le nœud B, le nœud C restant encastré, nous ajoutons un moment $-M_B^P = 73,4$ kN.m sur le nœud B pour l'équilibre.

    Les coefficients de répartition sont :

$$\mu_{BA} = 0,4 \;\; ; \;\; \mu_{BC} = 0,6$$

    Les moments de distribution sont :

$$M_{BA}^{\mu} = \mu_{BA} M_B^P = 0,4 \times 73,4 \text{ kN.m} = 29,4 \text{ kN.m}$$

$$M_{BC}^{\mu} = \mu_{BC} M_B^P = 0,6 \times 73,4 \text{ kN.m} = 44,0 \text{ kN.m}$$

    5.3. Le nœud B restant libre, nous libérons le nœud C. Remarquons que les extrémités éloignées des barres BA et CB sont encastrées. Le coefficient de transmission est :

$$\lambda = \frac{1}{2}$$

    Les moments de transmission sont :

$$M_{BA}^{T} = \lambda_{BA} M_{BA}^{\mu} = \frac{1}{2} \times 29,4 \text{ kN.m} = 14,7 \text{ kN.m}$$

$$M_{CB}^{T} = \lambda_{BC} M_{BC}^{\mu} = \frac{1}{2} \times 44,0 \text{ kN.m} = 22,0 \text{ kN.m}$$

5.4. Après la transmission, les moments au nœud B sont à l'équilibre. Mais les moments au nœud C sont non équilibrés.

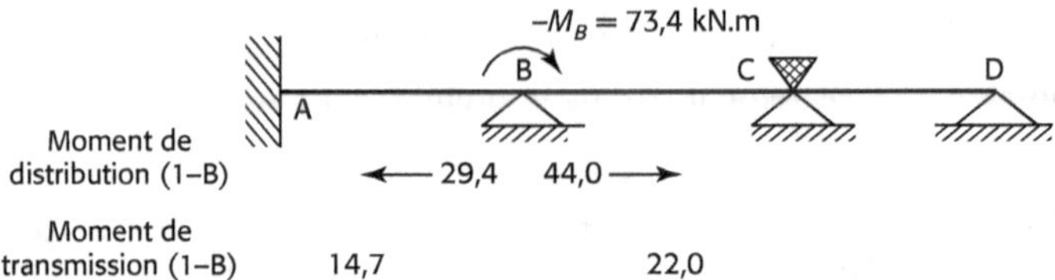

6. Pour que les moments au nœud B et au nœud C soient à l'équilibre, nous reprendrons les calculs des points 4 et 5, jusqu'à ce que les moments s'appliquant sur les nœuds B et C arrivent à l'équilibre.

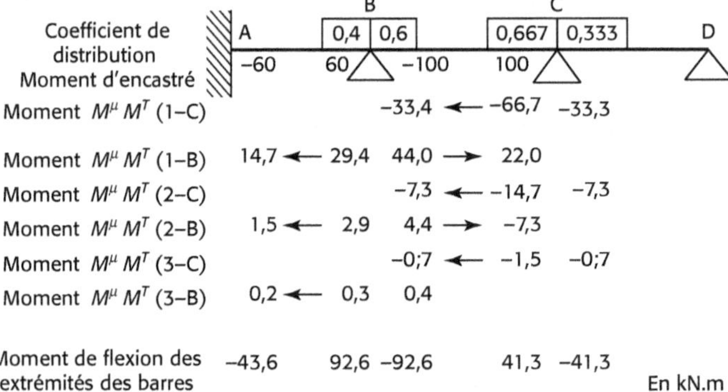

7. Les moments de flexion du nœud sont égaux à la somme des moments, qui comprend le moment d'encastrement, le moment de distribution et le moment de transmission.

$$M_{A-AB} = -60 + 14{,}7 + 1{,}5 + 0{,}2 = -43{,}6$$

$$M_{B-BA} = 60 + 29{,}4 + 2{,}9 + 0{,}3 = 92{,}6$$

$$M_{B-BC} = -100 - 33{,}4 + 44{,}0 - 7{,}3 + 4{,}4 - 0{,}7 + 0{,}4 = -92{,}6$$

$$M_{C-CB} = 100 - 66{,}7 + 22{,}0 - 14{,}7 + 2{,}2 - 1{,}5 = 41{,}3$$

$$M_{C-CD} = -33{,}3 - 7{,}3 - 0{,}7 = -41{,}3$$

Après les trois cycles de calculs, la somme des moments de flexion aux nœuds B et C est nulle. Les moments s'appliquant sur les nœuds B et C arrivent à l'équilibre.

$$\sum_B M_{f-B} = 92{,}6 - 92{,}6 = 0$$

$$\sum_C M_{f-C} = 41{,}3 - 41{,}3 = 0$$

8. Le diagramme des moments de flexion est le suivant :

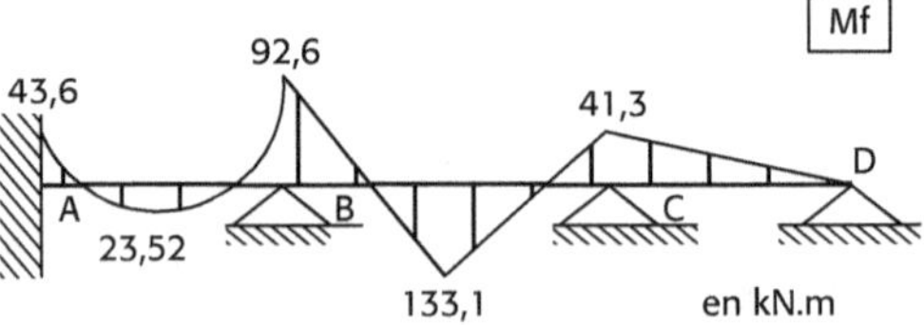

6.5.5   Méthode des matrices

6.5.5.1   Équation principale de méthode des matrices

Soit une poutre avec une travée simple 12 d'une résistance EI constante. Sa longueur L et la section sont constantes. En utilisant la méthode de déplacement nous obtenons une équation matricielle (voir Y. Xiong, *Éléments finis*, Shu-book, 2012) :

$$
\begin{Bmatrix} F_{1x} \\ F_{1y} \\ F_{1z} \\ M_{2x} \\ M_{2y} \\ M_{2z} \end{Bmatrix} = \begin{bmatrix} \dfrac{EA}{L} & 0 & 0 & -\dfrac{EA}{L} & 0 & 0 \\[2mm] 0 & \dfrac{12EI}{L^3} & \dfrac{6EI}{L^2} & 0 & -\dfrac{12EI}{L^3} & \dfrac{6EI}{L^2} \\[2mm] 0 & \dfrac{6EI}{L^2} & \dfrac{4EI}{L} & 0 & -\dfrac{6EI}{L^2} & \dfrac{2EI}{L} \\[2mm] -\dfrac{EA}{L} & 0 & 0 & \dfrac{EA}{L} & 0 & 0 \\[2mm] 0 & -\dfrac{12EI}{L^3} & -\dfrac{6EI}{L^2} & 0 & \dfrac{12EI}{L^3} & -\dfrac{6EI}{L^2} \\[2mm] 0 & \dfrac{6EI}{L^2} & \dfrac{2EI}{L} & 0 & -\dfrac{6EI}{L^2} & \dfrac{4EI}{L} \end{bmatrix} \cdot \begin{Bmatrix} u_{1x} \\ v_{1y} \\ \theta_{1z} \\ u_{2x} \\ v_{2y} \\ \theta_{z2} \end{Bmatrix} \qquad \text{(F6.5.5.1)}
$$

$$
\Rightarrow \quad \begin{Bmatrix} F_A^{(n)} \\ F_B^{(n)} \end{Bmatrix} = \begin{bmatrix} k_{AA}^{(n)} & k_{AB}^{(n)} \\ k_{BA}^{(n)} & k_{BB}^{(n)} \end{bmatrix} \cdot \begin{Bmatrix} u_A^{(n)} \\ u_B^{(n)} \end{Bmatrix}
$$

$$
\Rightarrow \quad \{F\} = [K] \cdot \{u\}
$$

avec :

$\{F\}$ vecteur des forces des nœuds 1 et 2

$[K]$ matrice de rigidité de la poutre 12

$\{U\}$ vecteur des déplacements des nœuds 1 et 2

n numéro de l'élément

Dans la pratique, nous n'avons pas besoin d'utiliser la matrice de rigidité complète de la formule (F6.5.5.1). Nous pouvons utiliser la méthode de force pour déterminer la matrice de rigidité de l'élément. (Voir le tableau 6.4)

1. Pour les problèmes des poutres continues, la matrice de rigidité de l'élément n, sans les termes correspondant au déplacement linéaire, est :

$$
\left[k^{(n)} \right] = \begin{bmatrix} \dfrac{4E_n I_n}{L_n} & \dfrac{2E_n I_n}{L_n} \\[3mm] \dfrac{2E_n I_n}{L_n} & \dfrac{4E_n I_n}{L_n} \end{bmatrix} \qquad \text{(F6.5.5.2)}
$$

2. Pour les problèmes des poutres à treillis, la matrice de rigidité de l'élément n, sans les termes correspondant au déplacement angulaire, est :

$$\left[k^{(n)} \right] = \begin{bmatrix} \dfrac{E_n A_n}{L_n} & -\dfrac{E_n A_n}{L_n} \\[2ex] -\dfrac{E_n A_n}{L_n} & \dfrac{E_n A_n}{L_n} \end{bmatrix} \tag{F6.5.5.3}$$

3. Pour les problèmes des portiques, nous utilisons la matrice de rigidité complète :

$$\left[K_n \right] = \begin{bmatrix} \dfrac{E_n A_n}{L_n} & 0 & 0 & -\dfrac{E_n A_n}{L_n} & 0 & 0 \\[2ex] 0 & \dfrac{12E_n I_n}{L_n^3} & \dfrac{6E_n I_n}{L_n^2} & 0 & -\dfrac{12E_n I_n}{L_n^3} & \dfrac{6E_n I_n}{L_n^2} \\[2ex] 0 & \dfrac{6E_n I_n}{L_n^2} & \dfrac{4E_n I_n}{L_n} & 0 & -\dfrac{6E_n I_n}{L_n^2} & \dfrac{2E_n I_n}{L_n} \\[2ex] -\dfrac{E_n A_n}{L_n} & 0 & 0 & \dfrac{E_n A_n}{L_n} & 0 & 0 \\[2ex] 0 & -\dfrac{12E_n I_n}{L_n^3} & -\dfrac{6E_n I_n}{L_n^2} & 0 & \dfrac{12E_n I_n}{L_n^3} & -\dfrac{6E_n I_n}{L_n^2} \\[2ex] 0 & \dfrac{6E_n I_n}{L_n^2} & \dfrac{2E_n I_n}{L_n} & 0 & -\dfrac{6E_n I_n}{L_n^2} & \dfrac{4E_n I_n}{L_n} \end{bmatrix}$$

Dans le cas où le déplacement de portique suivant la direction normale est ignoré, la matrice de rigidité sera :

$$\left[K_n \right] = \begin{bmatrix} \dfrac{12E_n I_n}{L_n^3} & \dfrac{6E_n I_n}{L_n^2} & -\dfrac{12E_n I_n}{L_n^3} & \dfrac{6E_n I_n}{L_n^2} \\[2ex] \dfrac{6E_n I_n}{L_n^2} & \dfrac{4E_n I_n}{L} & -\dfrac{6E_n I_n}{L_n^2} & \dfrac{2E_n I_n}{L} \\[2ex] -\dfrac{12E_n I_n}{L_n^3} & -\dfrac{6E_n I_n}{L_n^2} & \dfrac{12E_n I_n}{L_n^3} & -\dfrac{6E_n I_n}{L_n^2} \\[2ex] \dfrac{6E_n I_n}{L_n^2} & \dfrac{2E_n I_n}{L} & -\dfrac{6E_n I_n}{L_n^2} & \dfrac{4E_n I_n}{L} \end{bmatrix} \tag{F6.5.5.4}$$

6.5.5.2 Processus de la méthode de matrice et méthode de déplacement

1. Déterminer les déplacements principaux inconnus.

2. Encastrer les déplacements principaux inconnus. Nous déterminons les matrices de rigidité des éléments et notons les numéros de ligne et de colonne dans la matrice globale.

3. En assemblant les matrices des éléments, nous obtenons la matrice globale (dans la matrice nous écrivons seulement les termes qui correspondent aux déplacements angulaires inconnus).

4. Écrire le vecteur des charges et le vecteur des déplacements. Construire l'équation matricielle d'équilibre.

5. Déterminer les déplacements principaux inconnus.

6. Déterminer les moments d'encastrement.

7. Déterminer les moments des nœuds.

6.5.5.3   Exercices de méthode des matrices

Poutre continue (méthode de matrice et méthode de déplacement)

Soit une poutre continue 012 d'une rigidité constante *EI*, qui supporte un couple $M_1 = 50$ kN.m au nœud 1.

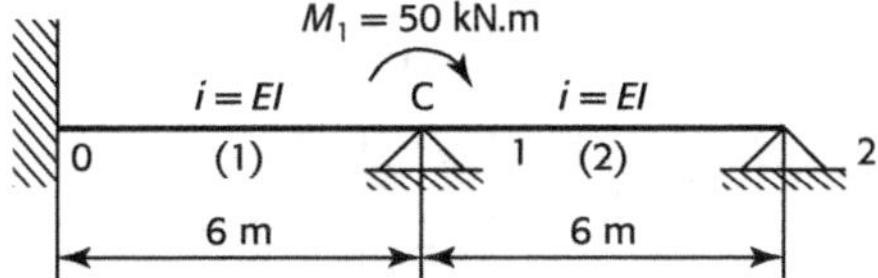

1. Les inconnues principales de la poutre sont θ_1 et θ_2 .

2. Il y a deux éléments : la barre 01 notée N°(1) ; la barre 12 notée N°(2). Les matrices de rigidités des éléments (1) et (2) sont les suivantes.

$$
\begin{array}{cc} 0 & 1 \end{array} \qquad\qquad\qquad \begin{array}{cc} 1 & 2 \end{array}
$$

$$
\left[k^{(1)}\right] = \begin{bmatrix} 4i & 2i \\ 2i & 4i \end{bmatrix} \begin{array}{c} 0 \\ 1 \end{array} \qquad \left[k^{(2)}\right] = \begin{bmatrix} 4i & 2i \\ 2i & 4i \end{bmatrix} \begin{array}{c} 1 \\ 2 \end{array}
$$

Les numéros 0, 1 et 2 autour de la matrice sont les numéros des nœuds. Ils correspondent aussi à la ligne ou la colonne dans la matrice globale.

3. En utilisant la méthode de déplacement, nous encastrons les nœuds 1 et 2. En assemblant les matrices des éléments, nous obtenons la matrice globale ci-dessous. Nous écrivons seulement les termes correspondant aux nœuds encastrés, donc les termes du nœud 0 n'ont pas été écrits dans la matrice globale. Dans la matrice globale il n'y a que les termes qui correspondent aux nœuds 1 et 2.

$$
\begin{array}{cc} 1 & 2 \end{array}
$$

$$
[K] = \begin{bmatrix} 4i+4i & 2i \\ 2i & 4i \end{bmatrix} \begin{array}{c} 1 \\ 2 \end{array} = \begin{bmatrix} 8i & 2i \\ 2i & 4i \end{bmatrix}
$$

4. Le vecteur des charges aux nœuds est :

$$
\{M\} = \begin{Bmatrix} 50 \\ 0 \end{Bmatrix}
$$

Le vecteur des déplacements angulaires inconnus des nœuds est :

$$
\{u\} = \begin{Bmatrix} \theta_1 \\ \theta_2 \end{Bmatrix}
$$

5. L'équation d'équilibre est donc :

$$
\{M\} = [K] \cdot \{u\}
$$

$$
\Rightarrow \begin{bmatrix} 8i & 2i \\ 2i & 4i \end{bmatrix} \begin{Bmatrix} \theta_1 \\ \theta_2 \end{Bmatrix} = \begin{Bmatrix} 50 \\ 0 \end{Bmatrix}
$$

6. À partir de l'équation d'équilibre, nous obtenons le vecteur des déplacements angulaires inconnus et les vecteurs de déplacement des éléments (1) et (2).

$$\begin{Bmatrix} \theta_1 \\ \theta_2 \end{Bmatrix} = \begin{Bmatrix} \dfrac{50}{7i} \\ -\dfrac{25}{7i} \end{Bmatrix}$$

- Pour l'élément (1) : $\{u^{(1)}\} = \begin{Bmatrix} 0 \\ \theta_1 \end{Bmatrix} = \begin{Bmatrix} 0 \\ \dfrac{50}{7i} \end{Bmatrix}$

- Pour l'élément (2) : $\{u^{(2)}\} = \begin{Bmatrix} \theta_1 \\ \theta_2 \end{Bmatrix} = \begin{Bmatrix} \dfrac{50}{7i} \\ -\dfrac{25}{7i} \end{Bmatrix}$

7. Les vecteurs des moments des extrémités des barres sont :

- pour l'élément (1) : $\{M^{(1)}\} = \begin{bmatrix} 4i & 2i \\ 2i & 4i \end{bmatrix} \begin{Bmatrix} 0 \\ \dfrac{50}{7i} \end{Bmatrix} = \begin{Bmatrix} \dfrac{100}{7} \\ \dfrac{200}{7} \end{Bmatrix} = \begin{Bmatrix} 14,286 \\ 28,571 \end{Bmatrix}$

- pour l'élément (2) : $\{M^{(2)}\} = \begin{bmatrix} 4i & 2i \\ 2i & 4i \end{bmatrix} \begin{Bmatrix} \dfrac{50}{7i} \\ -\dfrac{25}{7i} \end{Bmatrix}$

$$= \begin{Bmatrix} 21,43 \\ 0 \end{Bmatrix}$$

8. Le diagramme des moments de flexion des nœuds est le suivant :

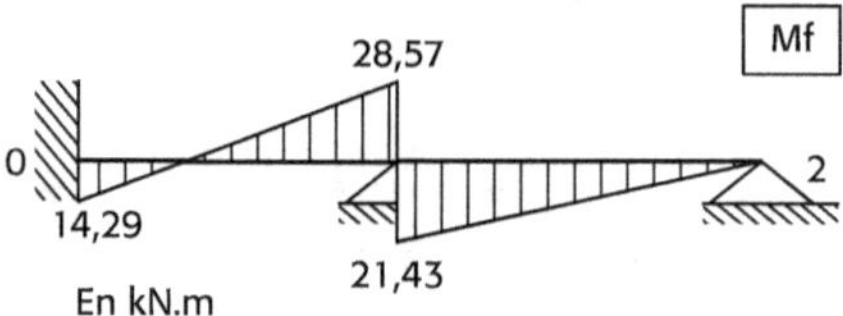

Poutre continue (méthode de matrice et méthode de déplacement)

Soit une poutre continue 012 d'une rigidité constante $i = i_1 = i_2 = \dfrac{EI}{L}$, qui supporte une charge partielle $q = 10 \text{ kN/m}$.

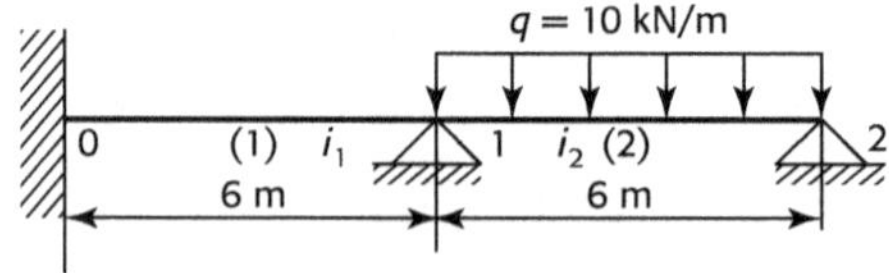

1. Les déplacements angulaires inconnus principaux de la poutre sont θ_1 et θ_2.

2. Il y a deux éléments : la barre 01 notée N°(1) ; la barre 12 notée N°(2). Les matrices de rigidités des éléments (1) et (2) sont les suivantes :

$$\begin{array}{cc} 0 & 1 \end{array}$$
$$\left[k^{(1)}\right] = \begin{bmatrix} 4i & 2i \\ 2i & 4i \end{bmatrix} \begin{array}{c} 0 \\ 1 \end{array} \qquad \left[k^{(2)}\right] = \begin{bmatrix} 4i & 2i \\ 2i & 4i \end{bmatrix} \begin{array}{c} 1 \\ 2 \end{array}$$

Les numéros 0, 1 et 2 autour de la matrice sont les numéros des nœuds. Ils correspondent aussi à la ligne ou à la colonne dans la matrice globale.

3. En utilisant la méthode de déplacement, encastrer les nœuds 1 et 2. En assemblant les matrices des éléments, nous obtenons la matrice globale ci-dessous. Nous écrivons seulement les termes correspondants aux nœuds encastrés, donc les termes du nœud 0 ne sont pas écrits dans la matrice globale. Dans la matrice globale, il n'y a que les termes qui correspondent aux nœuds 1 et 2.

$$\begin{array}{cc} 1 & 2 \end{array}$$
$$[K] = \begin{bmatrix} 4i + 4i & 2i \\ 2i & 4i \end{bmatrix} \begin{array}{c} 1 \\ 2 \end{array} = \begin{bmatrix} 8i & 2i \\ 2i & 4i \end{bmatrix}$$

4. Si la charge ne s'applique pas au nœud, nous devons utiliser la charge équivalente. Dans cet exercice, les vecteurs des charges équivalentes aux nœuds sont les suivants :

– pour l'élément (1) : $\left\{\overline{M}^{(1)}\right\} = \left\{\begin{array}{c} 0 \\ 0 \end{array}\right\}$

– pour l'élément (2) : $\left\{\overline{M}^{(2)}\right\} = \left\{\begin{array}{c} 30 \\ -30 \end{array}\right\} \begin{array}{c} 1 \\ 2 \end{array}$

L'élément (1) est un élément non chargé, donc nous n'avons pas besoin du vecteur des charges équivalentes de l'élément (1). Le vecteur des charges équivalentes de l'élément (2) est :

$$\{M\} = \left\{\overline{M}^{(2)}\right\} = \left\{\begin{array}{c} 30 \\ -30 \end{array}\right\}$$

5. L'équation d'équilibre est :

$$\{M\} = [K] \cdot \{u\}$$

$$\Rightarrow \begin{bmatrix} 8i & 2i \\ 2i & 4i \end{bmatrix} \left\{\begin{array}{c} \theta_1 \\ \theta_2 \end{array}\right\} = \left\{\begin{array}{c} 30 \\ -30 \end{array}\right\}$$

6. À partir de l'équation d'équilibre, nous obtenons les déplacements angulaires inconnus et les vecteurs de déplacement des éléments (1) et (2).

$$\left\{\begin{array}{c} \theta_1 \\ \theta_2 \end{array}\right\} = \left\{\begin{array}{c} \dfrac{45}{7i} \\ -\dfrac{75}{7i} \end{array}\right\}$$

– Pour l'élément (1) : $\left\{u^{(1)}\right\} = \left\{\begin{array}{c} 0 \\ \theta_1 \end{array}\right\} = \left\{\begin{array}{c} 0 \\ \dfrac{45}{7i} \end{array}\right\}$

– Pour l'élément (2) : $\left\{u^{(2)}\right\} = \left\{\begin{array}{c} \theta_1 \\ \theta_2 \end{array}\right\} = \left\{\begin{array}{c} \dfrac{45}{7i} \\ -\dfrac{75}{7i} \end{array}\right\}$

7. Les vecteurs des moments de flexion des extrémités des barres sont :

- pour l'élément (1) : $\left\{M^{(1)}\right\} = \begin{bmatrix} 4i & 2i \\ 2i & 4i \end{bmatrix} \left\{ \begin{array}{c} 0 \\ \dfrac{45}{7i} \end{array} \right\} = \left\{ \begin{array}{c} 12,86 \\ 25,71 \end{array} \right\}$

- pour l'élément (2) : $\left\{M^{(2)}\right\} = \begin{bmatrix} 4i & 2i \\ 2i & 4i \end{bmatrix} \left\{ \begin{array}{c} \dfrac{45}{7i} \\ -\dfrac{75}{7i} \end{array} \right\} + \left\{ \begin{array}{c} -30 \\ 30 \end{array} \right\} = \left\{ \begin{array}{c} -25,71 \\ 0 \end{array} \right\}$

8. Le diagramme des moments de flexion des nœuds est le suivant :

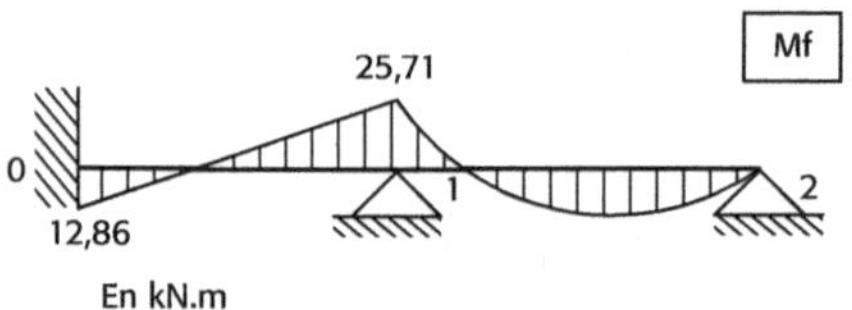

Poutre continue (méthode de matrice et méthode de déplacement)

Soit une poutre continue ABCD d'une rigidité constante $i = i_{AB} = i_{BC} = i_{CD} = \dfrac{EI}{L}$ et d'une longueur de : $L = 4$ m, qui supporte une charge uniformément partielle de $q = 5$ kN/m.

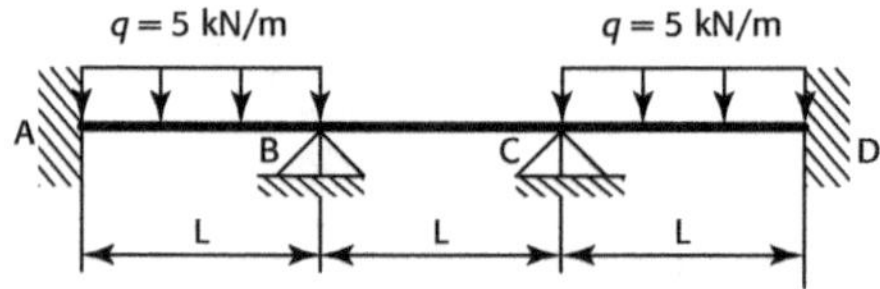

1. Les inconnues principales de la poutre sont θ_B et θ_C.
2. Nous numérotons les nœuds pour faciliter le calcul. Au nœud D, il n'y a pas de déplacement principal inconnu, nous indiquons donc le numéro 0.

3. Il y a trois éléments : la barre AB notée N°(1) ; la barre BC notée N°(2) et la barre CD notée (3). Les matrices de rigidité des éléments (1), (2) et (3) sont les suivantes :

$$\begin{array}{cc} 0 & 1 \end{array}$$
$$\left[k^{(1)}\right] = \begin{bmatrix} 4i & 2i \\ 2i & 4i \end{bmatrix} \begin{array}{c} 0 \\ 1 \end{array} \quad \begin{array}{cc} 1 & 2 \end{array} \quad \left[k^{(2)}\right] = \begin{bmatrix} 4i & 2i \\ 2i & 4i \end{bmatrix} \begin{array}{c} 1 \\ 2 \end{array} \quad \begin{array}{cc} 2 & 0 \end{array} \quad \left[k^{(3)}\right] = \begin{bmatrix} 4i & 2i \\ 2i & 4i \end{bmatrix} \begin{array}{c} 2 \\ 0 \end{array}$$

Les numéros 0, 1 et 2 autour de la matrice correspondent aux numéros des nœuds A, B, C. Nous considérons qu'au nœud D, il n'y a pas de déplacement principal, le numéro du nœud est noté 0. Ces numéros correspondent aussi à la ligne ou à la colonne dans la matrice globale.

4. En utilisant la méthode de déplacement, nous encastrons les nœuds B et C. En assemblant les matrices des éléments, nous obtenons la matrice globale ci-dessous. Nous écrivons seulement les termes correspondants aux nœuds encastrés B et C, les termes du nœud 0 ne sont pas écrits dans la matrice globale.

$$[K] = \begin{matrix} 1 & \ \ 2 \end{matrix} \begin{bmatrix} 4i + 4i & 2i \\ 2i & 4i + 4i \end{bmatrix} \begin{matrix} 1 \\ 2 \end{matrix} = \begin{bmatrix} 8i & 2i \\ 2i & 8i \end{bmatrix}$$

5. En encastrant les nœuds B et C, les vecteurs des moments d'encastrement des éléments sont :

- pour l'élément (1) : $\{M^{P(1)}\} = \left\{ \begin{array}{c} -\dfrac{20}{3} \\ \dfrac{20}{3} \end{array} \right\}$

- pour l'élément (2) : $\{M^{P(2)}\} = \left\{ \begin{array}{c} 0 \\ 0 \end{array} \right\}$

- pour l'élément (3) : $\{M^{P(3)}\} = \left\{ \begin{array}{c} -\dfrac{20}{3} \\ \dfrac{20}{3} \end{array} \right\}$

6. Si la charge ne s'applique pas au nœud, utiliser la charge équivalente. Dans cet exercice les vecteurs des charges équivalentes (moments équivalents) aux nœuds sont les suivants :

- pour l'élément (1) : $\{\overline{M}^{(1)}\} = \left\{ \begin{array}{c} \dfrac{20}{3} \\ -\dfrac{20}{3} \end{array} \right\} \begin{array}{c} 0 \\ 1 \end{array}$

- pour l'élément (2) : $\{\overline{M}^{(2)}\} = \left\{ \begin{array}{c} 0 \\ 0 \end{array} \right\} \begin{array}{c} 1 \\ 2 \end{array}$

- pour l'élément (3) : $\{\overline{M}^{(3)}\} = \left\{ \begin{array}{c} \dfrac{20}{3} \\ -\dfrac{20}{3} \end{array} \right\} \begin{array}{c} 2 \\ 0 \end{array}$

Assembler les termes des moments équivalents correspondant aux déplacements inconnus. Nous avons :

$$\{\overline{M}\} = \left\{ \begin{array}{c} -\dfrac{20}{3} + 0 \\ 0 + \dfrac{20}{3} \end{array} \right\} \begin{array}{c} 1 \\ 2 \end{array} = \left\{ \begin{array}{c} -\dfrac{20}{3} \\ \dfrac{20}{3} \end{array} \right\}$$

7. L'équation d'équilibre est :

$$\{\overline{M}\} = [K] \cdot \{u\}$$

$$\Rightarrow \begin{bmatrix} 8i & 2i \\ 2i & 8i \end{bmatrix} \begin{Bmatrix} \theta_1 \\ \theta_2 \end{Bmatrix} = \begin{Bmatrix} -\dfrac{20}{3} \\[2mm] \dfrac{20}{3} \end{Bmatrix}$$

8. À partir de l'équation d'équilibre, nous obtenons les déplacements angulaires inconnus et les vecteurs matrices de déplacement des éléments (1), (2) et (3).

$$\begin{Bmatrix} \theta_1 \\ \theta_2 \end{Bmatrix} = \begin{Bmatrix} -\dfrac{10}{9i} \\[2mm] \dfrac{10}{9i} \end{Bmatrix}$$

– Pour l'élément (1) : $\{u^{(1)}\} = \begin{Bmatrix} 0 \\ \theta_1 \end{Bmatrix} = \begin{Bmatrix} 0 \\[2mm] -\dfrac{10}{9i} \end{Bmatrix}$

– Pour l'élément (2) : $\{u^{(2)}\} = \begin{Bmatrix} \theta_1 \\ \theta_2 \end{Bmatrix} = \begin{Bmatrix} -\dfrac{10}{9i} \\[2mm] \dfrac{10}{9i} \end{Bmatrix}$

– Pour l'élément (3) : $\{u^{(3)}\} = \begin{Bmatrix} \theta_2 \\ 0 \end{Bmatrix} = \begin{Bmatrix} \dfrac{10}{9i} \\[2mm] 0 \end{Bmatrix}$

9. Les vecteurs des moments de flexion des extrémités des éléments sont :

– pour l'élément (1) :

$$\{M^{(1)}\} = [k^{(1)}]\{u^{(1)}\} + \{M^{P(1)}\} = \begin{bmatrix} 4i & 2i \\ 2i & 4i \end{bmatrix} \begin{Bmatrix} 0 \\[2mm] -\dfrac{10}{9i} \end{Bmatrix} + \begin{Bmatrix} -\dfrac{20}{3} \\[2mm] \dfrac{20}{3} \end{Bmatrix} = \begin{Bmatrix} -8,89 \\ 2,22 \end{Bmatrix}$$

– pour l'élément (2) :

$$\{M^{(2)}\} = [k^{(2)}]\{u^{(2)}\} + \{M^{P(2)}\} = \begin{bmatrix} 4i & 2i \\ 2i & 4i \end{bmatrix} \begin{Bmatrix} -\dfrac{10}{9i} \\[2mm] \dfrac{10}{9i} \end{Bmatrix} + \begin{Bmatrix} 0 \\ 0 \end{Bmatrix} = \begin{Bmatrix} -2,22 \\ 2,22 \end{Bmatrix}$$

– pour l'élément (3) :

$$\{M^{(3)}\} = [k^{(3)}]\{u^{(3)}\} + \{M^{P(3)}\} = \begin{bmatrix} 4i & 2i \\ 2i & 4i \end{bmatrix} \begin{Bmatrix} \dfrac{10}{9i} \\[2mm] 0 \end{Bmatrix} + \begin{Bmatrix} -\dfrac{20}{3} \\[2mm] \dfrac{20}{3} \end{Bmatrix} = \begin{Bmatrix} -2,22 \\ 8,89 \end{Bmatrix}$$

10. Le diagramme des moments de flexion des nœuds est le suivant :

Poutre continue (méthode de matrice et méthode de déplacement)

Soit une poutre continue ABCD d'une rigidité constante $i_1 = 1,5\,i_2 = \dfrac{EI}{L}$, avec $E = 3 \times 10^4$ MPa et $I = \dfrac{1}{24}$ m^4. Le nœud C est descendu à une distance verticale de $\Delta_C = 0,005L$.

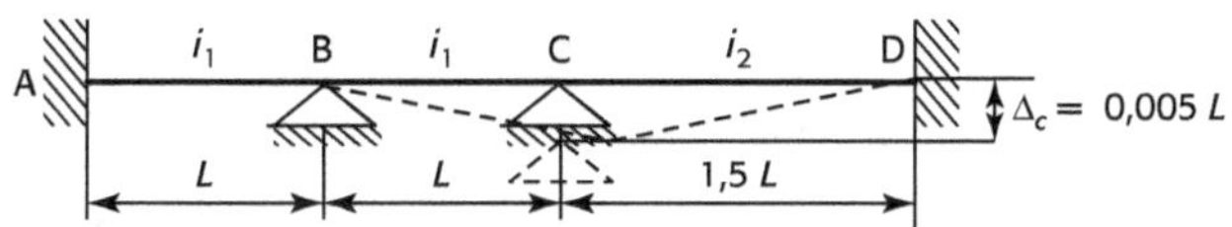

1. Les inconnues principales de la poutre sont θ_B et θ_C.

2. Nous numérotons les nœuds pour faciliter le calcul. Il n'y a pas de déplacement principal inconnu sur le nœud D, donc nous notons le numéro 0. Il y a trois éléments : la barre AB notée (1) ; la barre BC notée (2) et la barre CD notée (3).

3. Les matrices de rigidité des éléments (1), (2) et (3) sont les suivantes :

$$
\begin{array}{cc} 0 & 1 \end{array} \qquad\qquad \begin{array}{cc} 0 & 1 \end{array} \qquad\qquad \begin{array}{cc} 2 & 0 \end{array}
$$

$$
\left[k^{(1)}\right] = \begin{bmatrix} 4i_1 & 2i_1 \\ 2i_1 & 4i_1 \end{bmatrix} \begin{matrix} 0 \\ 1 \end{matrix}
\qquad
\left[k^{(2)}\right] = \begin{bmatrix} 4i_1 & 2i_1 \\ 2i_1 & 4i_1 \end{bmatrix} \begin{matrix} 0 \\ 1 \end{matrix}
\qquad
\left[k^{(3)}\right] = \begin{bmatrix} 4i_2 & 2i_2 \\ 2i_2 & 4i_2 \end{bmatrix} \begin{matrix} 2 \\ 0 \end{matrix}
$$

Les numéros 0, 1 et 2 autour de la matrice sont les numéros des nœuds. Ils correspondent aussi à la ligne ou la colonne dans la matrice globale.

4. En utilisant la méthode de déplacement, encastrer les nœuds B et C. En assemblant les matrices des éléments, nous obtenons la matrice globale ci-dessous. Nous écrivons seulement les termes correspondants aux nœuds encastrés, mais les termes du nœud 0 ne sont pas écrits dans la matrice globale. Nous remarquons que dans la matrice globale, il n'y a que les termes correspondants aux nœuds 1 et 2 et que la relation de résistance est $i_1 = 1,5\,i_2$.

$$
\begin{array}{cc} 1 & 2 \end{array}
$$

$$
[K] = \begin{bmatrix} 4i_1 + 4i_1 & 2i_1 \\ 2i_1 & 4i_1 + 4i_2 \end{bmatrix} \begin{matrix} 1 \\ 2 \end{matrix} \xrightarrow{\;i_1 = 1,5\,i_2\;} [K] = \begin{bmatrix} 12i_2 & 3i_2 \\ 3i_2 & 10i_2 \end{bmatrix}
$$

5. Encastrons les nœuds B et C. Les vecteurs des moments d'encastrement parfait des éléments sont :

   – pour l'élément (1) : $\left\{ M^{P(1)} \right\} = \left\{ \begin{array}{c} 0 \\ 0 \end{array} \right\}$

   – pour l'élément (2) : $\left\{ M^{P(2)} \right\} = \left\{ \begin{array}{c} -0,03i_1 \\ -0,03i_1 \end{array} \right\}$

   – pour l'élément (3) : $\left\{ M^{P(2)} \right\} = \left\{ \begin{array}{c} 0,02i_2 \\ 0,02i_2 \end{array} \right\}$

6. Les vecteurs des charges équivalant aux nœuds sont les suivants :

   – pour l'élément (1) : $\left\{ \overline{M}^{(1)} \right\} = \left\{ \begin{array}{c} 0 \\ 0 \end{array} \right\} \begin{array}{c} 0 \\ 1 \end{array}$

   – pour l'élément (2) : $\left\{ \overline{M}^{(2)} \right\} = \left\{ \begin{array}{c} 0,03i_1 \\ 0,03i_1 \end{array} \right\} \begin{array}{c} 1 \\ 2 \end{array}$

   – pour l'élément (3) : $\left\{ \overline{M}^{(3)} \right\} = \left\{ \begin{array}{c} -0,02i_2 \\ -0,02i_2 \end{array} \right\} \begin{array}{c} 2 \\ 0 \end{array}$

En assemblant les termes des moments correspondants aux déplacements inconnus et en notant : $i_1 = 1,5i_2$, nous avons :

7. L'équation d'équilibre est :

$$\left\{ \overline{M} \right\} = [K] \cdot \{u\}$$

$$\Rightarrow \quad \begin{bmatrix} 12i_2 & 3i_2 \\ 3i_2 & 10i_2 \end{bmatrix} \begin{Bmatrix} \theta_1 \\ \theta_2 \end{Bmatrix} = \begin{Bmatrix} 0,045i_2 \\ 0,025i_2 \end{Bmatrix}$$

8. À partir de l'équation d'équilibre, nous obtenons les déplacements angulaires inconnus et les vecteurs de déplacement des éléments (1), (2) et (3).

$$\begin{Bmatrix} \theta_1 \\ \theta_2 \end{Bmatrix} = \begin{Bmatrix} 3,38 \times 10^{-3} \\ 1,49 \times 10^{-3} \end{Bmatrix}$$

   – Pour l'élément (1) : $\left\{ u^{(1)} \right\} = \begin{Bmatrix} 0 \\ \theta_1 \end{Bmatrix} = \begin{Bmatrix} 0 \\ 3,38 \times 10^{-3} \end{Bmatrix}$

   – Pour l'élément (2) : $\left\{ u^{(2)} \right\} = \begin{Bmatrix} \theta_1 \\ \theta_2 \end{Bmatrix} = \begin{Bmatrix} 3,38 \times 10^{-3} \\ 1,49 \times 10^{-3} \end{Bmatrix}$

   – Pour l'élément (3) : $\left\{ u^{(3)} \right\} = \begin{Bmatrix} \theta_2 \\ 0 \end{Bmatrix} = \begin{Bmatrix} 1,49 \times 10^{-3} \\ 0 \end{Bmatrix}$

9. Les vecteurs des moments des extrémités des éléments sont :

$$\{M^{(1)}\} = \left[k^{(1)}\right]\{u^{(1)}\} + \{M^{P(1)}\}$$

$$= \begin{bmatrix} 4i_1 & 2i_1 \\ 2i_1 & 4i_1 \end{bmatrix} \left\{ \begin{matrix} 0 \\ 3,38\times10^{-3} \end{matrix} \right\} + \left\{ \begin{matrix} 0 \\ 0 \end{matrix} \right\} = 10^{-3}\, i_1 \left\{ \begin{matrix} 6,67 \\ 13,51 \end{matrix} \right\} = \frac{10^4}{L} \left\{ \begin{matrix} 0,845 \\ 1,690 \end{matrix} \right\}$$

$$\{M^{(2)}\} = \left[k^{(2)}\right]\{u^{(2)}\} + \{M^{P(2)}\}$$

$$= \begin{bmatrix} 4i_1 & 2i_1 \\ 2i_1 & 4i_1 \end{bmatrix} \left\{ \begin{matrix} 3,38\times10^{-3} \\ 1,49\times10^{-3} \end{matrix} \right\} + \left\{ \begin{matrix} -0,03i_1 \\ -0,03i_1 \end{matrix} \right\}$$

$$= \frac{10^4}{L} \left\{ \begin{matrix} -1,690 \\ -2,16 \end{matrix} \right\}$$

$$\{M^{(3)}\} = \left[k^{(3)}\right]\{u^{(3)}\} + \{M^{P(3)}\}$$

$$= \begin{bmatrix} 4i_2 & 2i_2 \\ 2i_2 & 4i_2 \end{bmatrix} \left\{ \begin{matrix} 1,49\times10^{-3} \\ 0 \end{matrix} \right\} + \left\{ \begin{matrix} 0,02i_2 \\ 0,02i_2 \end{matrix} \right\} = \frac{10^4}{L} \left\{ \begin{matrix} 2,16 \\ 1,92 \end{matrix} \right\}$$

10. Le diagramme des moments de flexion des nœuds est le suivant :

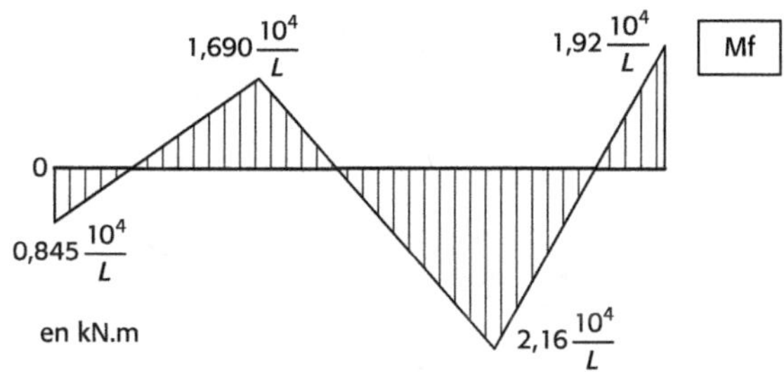

CHAPITRE 7

Sollicitations composées

7.1 Flexion composée

7.1.1 Flexion plane composée

Soit une poutre AB de section circulaire, chargée à son extrémité B par une force $F(F_x, F_y, 0)$ dans un plan principal (x, y) (figure 7.1). Nous pouvons calculer l'effort normal $N(x_1)$, l'effort tangentiel $T_y(x_1)$ et le moment de flexion $M_z(x_1)$ en toute section d'abscisse x_1.

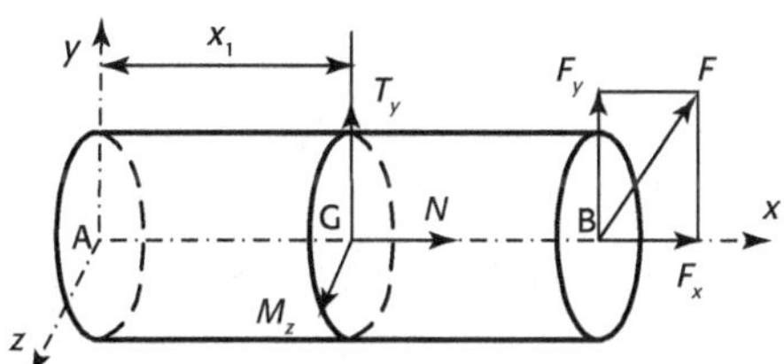

Figure 7.1 Poutre AB.

Si nous notons la surface de section en A, le moment d'inertie de la poutre en I_z nous obtenons les contraintes suivantes de la poutre.

1. La contrainte normale de la poutre comprend deux parties :

– contrainte normale produite par l'effort normal : $\sigma = \dfrac{N}{A}$;

– contrainte normale produite par le moment de flexion : $\sigma = -\dfrac{M_z y}{I_z}$.

Par superposition la contrainte normale résultante est : $\sigma = \dfrac{N}{A} - \dfrac{M_z y}{I_z}$.

Si $y = \pm \dfrac{h}{2}$ la contrainte normale maximale est :

$$(\sigma)_{\substack{\max \\ \min}} = \frac{N}{A} \pm \frac{M_{f-z}}{w_z} \qquad \text{et} \qquad w_z = \frac{I_z}{\dfrac{h}{2}}$$

2. Contrainte de cisaillement

Soit e la distance entre le centre de giration et l'effort tranchant, la contrainte tangentielle τ produit par l'effort tranchant T est :

$$\tau = \frac{T_y \cdot M_{f-y}}{e \cdot I_z}$$

Pour $y = \pm \dfrac{h}{2}$, la contrainte tangentielle est nulle, alors que la contrainte normale est extrême. Dans la pratique on se contente de vérifier que : $\tau_{\max} \leq \tau$.

7.1.2 Flexion simple composée par plusieurs charges différentes dans même plan

Soit une poutre supportant plusieurs charges différentes dans le même plan. Le moment de flexion résultant ou la flèche résultante de la poutre sont égaux aux sommes des moments de flexion ou des flèches de chaque charge.

– Moment de flexion résultant :

$$\overrightarrow{M}_x = \overrightarrow{M}_C + \overrightarrow{M}_P + \overrightarrow{M}_q$$

avec :

– M_C : moment de flexion par le couple C ;
– Mp : moment de flexion par la charge concentrée P ;
– M_q : moment de flexion par la charge uniformément répartie q.

– Flèche résultante :

$$\vec{f}_x = \vec{f}_C + \vec{f}_P + \vec{f}_q$$

avec :

– f_c : flèche par le couple C ;
– f_p : flexion par la charge concentrée ;
– f_q : flexion par la charge uniformément répartie q ;
– Poutre avec une articulation au milieu.

Soit une poutre, avec une articulation au milieu de la poutre, supportant des charges. Pour calculer la réaction de l'articulation ou le moment de flexion, nous divisons la poutre en plusieurs parties (voir exercice 7.2).

7.1.3 Flexions simples composées par les charges situées dans des plans différents

Pour une poutre supportant les charges situées dans des plans différents, nous avons besoin simplement de projeter ces charges dans les plans du repère principal xyz. Ayant obtenu les projections des charges sur les axes principaux x, y et z, nous pouvons calculer les flexions produites par les projections de ces charges dans chaque direction et composer les résultantes des flexions.

Soit une poutre AB supportant des groupes de charges F et P situées dans deux plans différents.

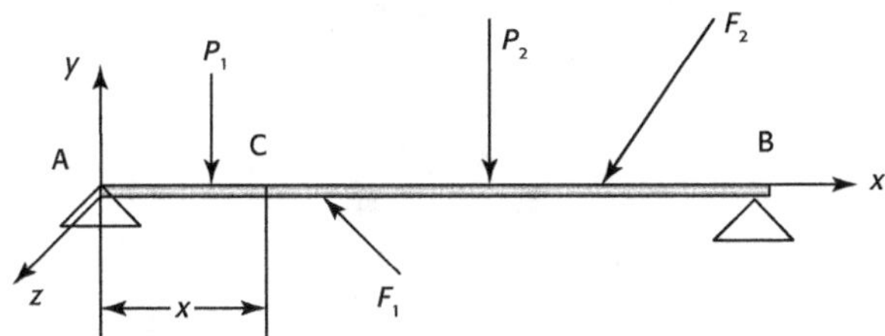

Figure 7.2 Poutre supportant des charges situées dans des plans différents.

Nous déterminons les composants des charges sur les axes principaux x et y.

– Groupe des charges verticales suivant l'axe y : $-P_1 - P_2 + F_1 \sin\alpha_1 - F_2 \sin\alpha_2$

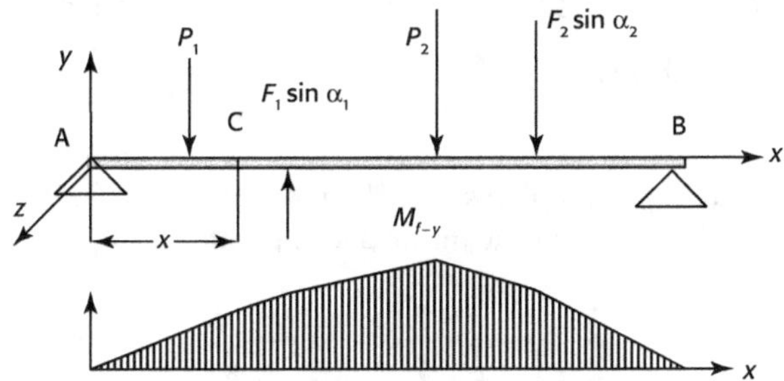

Figure 7.3 Groupe des charges verticales

Au point C d'abscisse x, M_{f-y} est le moment de flexion suivant la direction y. La contrainte normale est :

$$\sigma_{C-1} = \frac{y \cdot M_{f-y}}{I_x}$$

– Groupe des charges horizontales suivant l'axe x : $-F_1 \cos\alpha_1 + F_2 \sin\alpha_2$

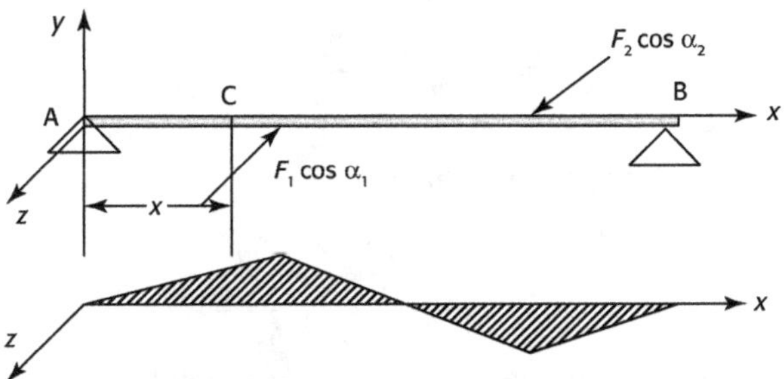

Figure 7.4 Groupe des charges horizontales

Au même point C d'abscisse x, M_{f-x} est le moment de flexion suivant la direction x. La contrainte normale est :

$$\sigma_{C-2} = \frac{z \cdot M_{f-z}}{I_y}$$

Équation de l'axe neutre :

$$\frac{y \cdot M_{f-y}}{I_x} + \frac{z \cdot M_{f-z}}{I_y} = 0$$

7.1.4   Exercices des flexions simples composées

Exercice 7.1

Flexions simples composées par plusieurs charges différentes

Une poutre AC, sur deux appuis, supporte une charge uniformément répartie q et une charge concentrée $P = qL / 4$. Calculer la flèche maximale au point C.

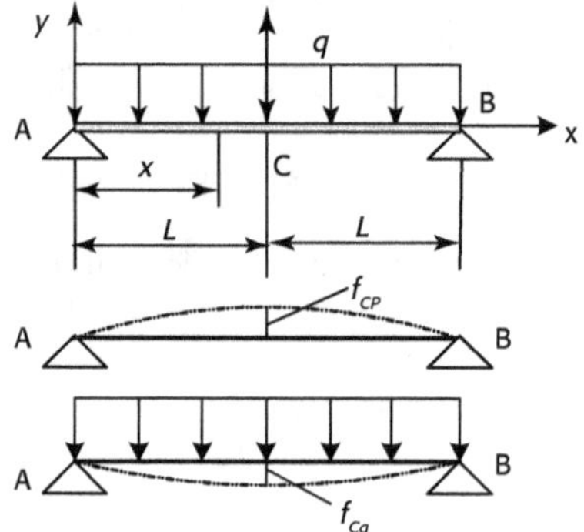

1. Flèche produite par la force P :

$$f_{C-P} = \frac{P(2L)^3}{48EI_z} = \frac{PL^3}{6EI_z} = \frac{qL^4}{24EI}$$

2. Flèche produite par la charge uniformément répartie q :

$$f_{C-q} = -\frac{5q(2L)^4}{384EI_z} = -\frac{5qL^4}{24EI_z}$$

La flèche totale est égale à la somme des deux flèches produites par P et q.

$$f = f_{C-P} + f_{C-q} = \frac{qL^4}{24EI_z} - \frac{5qL^4}{24EI_z} = -\frac{qL^4}{6EI_z}$$

Flexions simples composées – Poutre avec une articulation au milieu

Une poutre AC articulée au milieu B, encastrée à une extrémité et appuyée sur l'autre, supporte une charge uniforme partielle q et une charge concentrée $P = q \cdot a$. Au milieu de la poutre, il y a une articulation B. Calculer la flèche en B et l'angle de flexion en A.

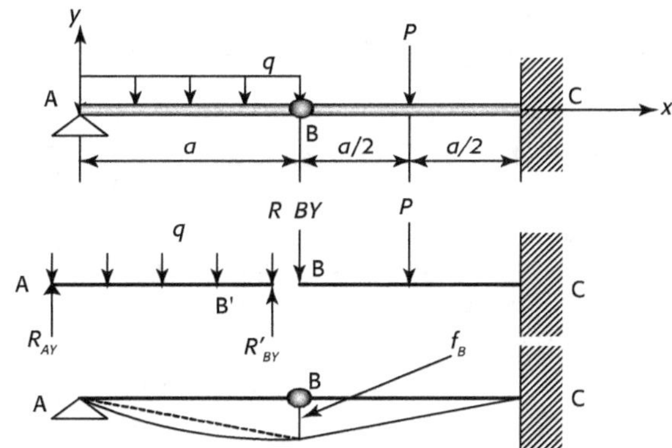

1. Divisons la poutre en deux parties AB' et BC. Considérons la partie BC comme une poutre encastrée à une extrémité, et la partie AB comme une autre poutre articulée aux deux extrémités.

2. En utilisant la partie AB', déterminons la réaction sur l'articulation B. Les moments par rapport à A sont :

$$-R'_{B'y} + \frac{qa^2}{2} = 0$$

Donc, nous obtenons :

$$R'_{B'y} = \frac{qa}{2}, \qquad R_{By} = R'_{B'y}$$

En utilisant la même méthode, nous obtenons :

$$R_{Ay} = \frac{qa}{2}$$

3. Dans la partie BC la flèche en B est égale à la somme des flèches produites par l'effort R_{B-y} et la charge P.

$$f_B = f_{BR_{B-Y}} + f_{B-P} = \frac{qa}{2}\frac{a^3}{3EI} + \frac{P\left(\dfrac{a}{2}\right)^2}{6EI}\left(3a - \frac{a}{2}\right) = \frac{13qa^4}{48EI}$$

4. Dans la partie AB', l'angle de flexion en A est égal à la somme des angles de flexion produits par l'effort $R_{B'-y}$ et la charge uniforme q :

$$\theta_A = \frac{f_B}{a} + \theta_{A-q} = \frac{13qa^3}{48EI} + \frac{qa^3}{24EI} = \frac{5qa^3}{16EI}$$

7.2 Flexion déviée

Une poutre droite est soumise à une flexion déviée (ou flexion oblique) lorsque le plan de symétrie d'application des charges contient le centre de gravité de la section droite, mais ne contient ni un axe de symétrie ni un axe principal de cette section.

7.2.1 Hypothèse

Les charges, perpendiculaires à l'axe longitudinal de la poutre comme dans la flexion simple, sont situées dans un plan non confondu avec l'un des plans de symétrie.

7.2.2 Flexion déviée par une force passée au centre gravité de section

1. Contrainte normale

Soit une poutre de section rectangulaire. Le plan d'application des charges fait l'angle α avec l'axe de symétrie Gy de la section (figure 7.5).

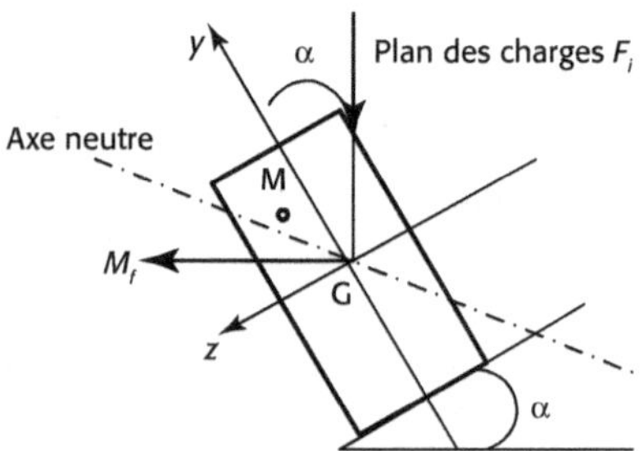

Figure 7.5 Flexion déviée.

Soit F_i une force de l'ensemble, ses composantes sont :

$$F_{i-y} = -F_i \cos\alpha \ \text{ sur } Gy \quad \text{et} \quad F_{i-z} = -F_i \sin\alpha \ \text{ sur } Gz$$

Soit M_f le moment de flexion et ses composants sont :

$$M_{f-y} = M_f \sin\alpha \qquad \text{et} \qquad M_{f-z} = M_f \cos\alpha$$

La contrainte normale en M, de coordonnées (x, y), due au moment de flexion M_f a pour expression :

$$\sigma_y = \frac{M_{f-x}}{\dfrac{I_z}{y}} \qquad \text{et} \qquad \sigma_z = \frac{M_{f-y}}{\dfrac{I_y}{z}}$$

La contrainte normale résultante est :

$$\sigma = \sigma_y + \sigma_z = \frac{M_{f-x}}{\dfrac{I_z}{y}} + \frac{M_{f-y}}{\dfrac{I_y}{z}}$$

2. Axe neutre

L'axe neutre est l'ensemble des points de la section pour lesquels la contrainte normale est nulle.

$$\sigma = 0 \quad \Rightarrow \quad M_f \cdot \left[\frac{y \cos \alpha}{I_z} + \frac{z \sin \alpha}{I_y} \right] = 0$$

L'équation de l'axe neutre est :

$$\frac{y}{z} = -\frac{I_z}{I_y \tan \alpha}$$

Si l'on désigne par θ l'angle formé par l'axe neutre et Gz :

$$\frac{y}{z} = \tan \theta = -\frac{I_z}{I_y \tan \alpha}$$

L'axe neutre étant déterminé, il est alors plus facile de calculer les contraintes normales maximales en considérant les points les plus éloignés de l'axe neutre, ainsi que le moment de flexion maximal.

7.2.3 Flexion déviée d'un arbre par les charges situées dans des plans différents (réf. 2)

Considérons un arbre de transmission supportant des charges situées dans des plans différents. Les charges F sont décomposées en trois composants F_x, F_y et F_z suivant x, y, z.

Le signe de la contrainte normale axiale F_x résultante nous importe peu ; un point quelconque de la section droite est, par tour de l'arbre, successivement tendu et comprimé.

Dans la section x, les composantes, verticales F_y et horizontales F_z, déterminent les moments de flexion M_{f-y} et M_{f-z}. Nous supposons M_{f-y} et M_{f-Z} positifs, les axes Gy et Gz ont le sens indiqué sur la figure 7.6.

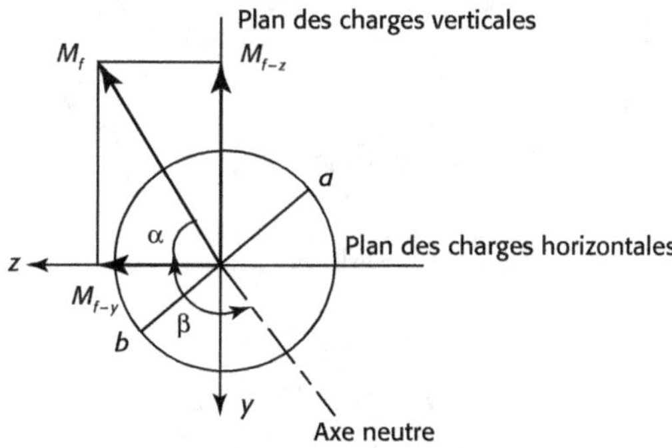

Figure 7.6 Composants des charges horizontales et verticales de l'arbre.

La contrainte en un point de coordonnées (x, y) est :

$$\sigma = \sigma_y + \sigma_z = \frac{y \cdot M_{f-y}}{I_z} + \frac{z \cdot M_{f-z}}{I_y}$$

avec : $\quad I_z = I_y = \dfrac{\pi \cdot d^4}{64}$

Équation de l'axe neutre :

$$y = -\dfrac{M_z}{M_y} \cdot z \quad \text{de coefficient angulaire :} \quad \tan\beta = -\dfrac{M_z}{M_y}$$

Or $M_z = M_y \tan\alpha$, donc : $\tan\beta = -\tan\alpha \quad \Rightarrow \quad \beta = \pi - \alpha$

L'axe neutre est confondu avec la droite support de M_f.

La contrainte maximale se trouve sur les points a et b, dont la valeur est :

$$\sigma_{max} = \dfrac{M_f}{\dfrac{I}{v}} \quad \text{avec} \quad \dfrac{I}{v} = \dfrac{\pi \cdot d^3}{32}$$

7.2.4   Exercices de flexions composées : flexions déviées

Flexions composées – Flexions déviées

Soit une poutre de ponts routiers sur deux appuis, supportant une charge roulante de poids $P = 30$ kN. L'angle entre la charge P et la direction verticale est $\phi = 15°$. La longueur de la poutre est $L = 4$ m. La contrainte admissible de la poutre $[\sigma] = 160$ MPa. Les modules de résistance de la poutre. Le poids de la poutre est négligeable.

Contrôler la résistance des matériaux de la poutre.

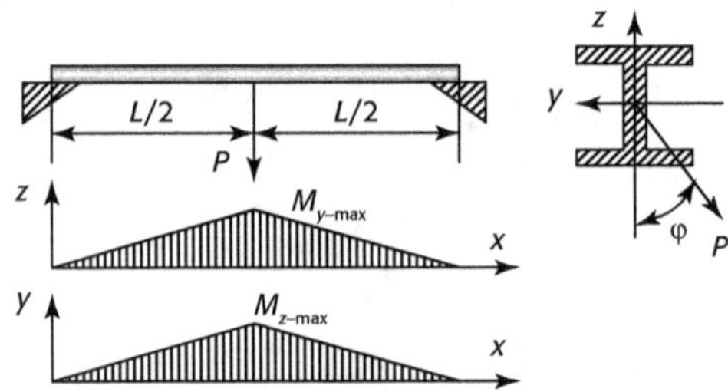

1. Calculer les composants de la charge P :

$$P_y = P \sin\phi = 30 \sin 15° = 7,76\,\text{kN}$$
$$P_z = P \cos\phi = 30 \cos 15° = 29\,\text{kN}$$

2. Moment maximum produit par le composant P_z :

$$M_{y\,max} = \dfrac{P_z L}{4} = \dfrac{29 \times 4}{4} = 29\,\text{kNm}$$

3. Moment maximum produit par le composant P_y :

$$M_{z\,max} = \frac{P_y L}{4} = \frac{7,76 \times 4}{4} = 7,76\,\text{kN.m}$$

4. Contrainte maximale :

$$\sigma_{max} = \frac{M_{y\,max}}{w_y} + \frac{M_{z\,max}}{w_z} = \frac{29 \times 10^3}{692,2 \times 10^{-6}} + \frac{7,76 \times 10^3}{70,8 \times 10^{-6}}$$

$$= 41,9 \times 10^6 + 109,5 \times 10^6 = 151,4\ \text{MN/m(MPa)}$$

5. Vérifier la contrainte maximale.

$$[\sigma] = 160\ \text{MPa et}\ \sigma_{max} < [\sigma]$$

Remarque : Pour $\phi = 0$, la contrainte maximale devient :

$$\sigma_{max} = \frac{M_{max}}{w_y} = \frac{\dfrac{1}{4} \times 30 \times 10^3 \times 4}{692,2 \times 10^{-6}} = 43,4 \times 10^6\ \text{N/m}^2 = 43,4\ \text{MPa}$$

Flexions composées - Flexions déviées

La section de la poutre ne présente aucun axe de symétrique. Le centre de gravité est G. Les moments d'inertie sont $I_x = 764\ \text{cm}^4$ et $I_y = 179\ \text{cm}^4$. Le moment de produit est $I_{xy} = -201,6\ \text{cm}^4$. La poutre subit un moment maximal de flexion $M_f = 5000\ \text{mN}$.

Déterminer la position de l'axe neutre et les contraintes normales maximales.

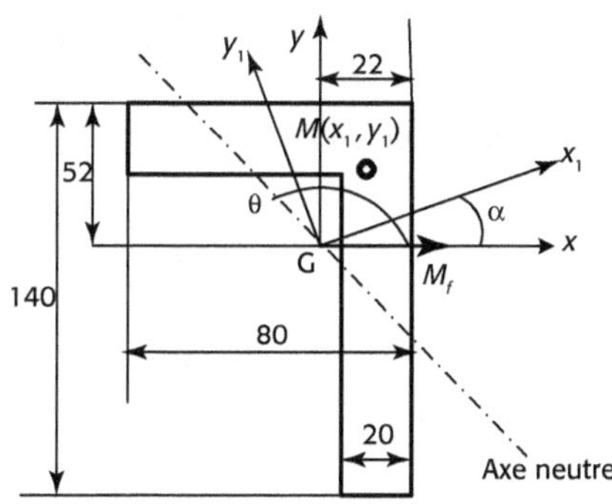

Les composants de moment de flexion $M_f = 5000\ \text{mN}$ sont :

$$M_{f-x} = M_f \cos\alpha \qquad \text{et} \qquad M_{f-y} = M_f \sin\alpha$$

Les contraintes normales relatives aux deux composants du moment de flexion M_f, au point $M(x_1, y_1)$, sont :

$$\sigma_{x_1} = \frac{M_f \cos\alpha}{\dfrac{I_{x_1}}{y_1}} \qquad \text{et} \qquad \sigma_{y_1} = \frac{M_f \sin\alpha}{\dfrac{I_{y_1}}{x_1}}$$

La contrainte résultante est :

$$\sigma = M_f\left[\frac{y_1\cos\alpha}{I_{x_1}} + \frac{x_1\sin\alpha}{I_{y_1}}\right] = \frac{M_f}{I_{x_1}I_{y_1}}\left(I_{x_1}y_1\cos\alpha + I_{y_1}x_1\sin\alpha\right)$$

Transformation de cette relation :

$$x_1 = x\cos\alpha + y\sin\alpha$$
$$y_1 = -x\sin\alpha + y\cos\alpha$$

Par ailleurs, nous obtenons les moments d'inertie dans le repère (x_1, y_1) :

$$I_{x_1} = \frac{I_x + I_y}{2} + \frac{I_x - I_y}{2\cos 2\alpha}$$

$$I_{y_1} = \frac{I_x + I_y}{2} - \frac{I_x - I_y}{2\cos 2\alpha}$$

La contrainte normale résultante devient :

$$\sigma = M_f\frac{y\cdot I_y - x\cdot I_{xy}}{I_xI_y - I_{xy}^2}$$

Au point A(22, 52), la contrainte normale est égale à :

$$\sigma_A = M_f\frac{y\cdot I_y - x\cdot I_{xy}}{I_xI_y - I_{xy}^2}$$

$$= 4\,000\times 10^3\times\frac{52\times 179\times 10^4 + 22\times 201,6\times 10^4}{764\times 179\times 10^8 - 201,6^2\times 10^8} = 56\text{ N/mm}^2\text{ (MPa)}$$

Au point B(2, –88), la contrainte normale est égale à :

$$\sigma_B = M_f\frac{y\cdot I_y - x\cdot I_{xy}}{I_xI_y - I_{xy}^2}$$

$$= 4\,000\times 10^3\times\frac{-88\times 179\times 10^4 + 2\times 201,6\times 10^4}{764\times 179\times 10^8 - 201,6^2\times 10^8} = 44,8\text{ N/mm}^2\text{ (MPa)}$$

– Position de l'axe neutre

L'équation de la ligne neutre est :
$$\frac{y}{x} = \frac{I_{xy}}{I_y}$$

$$\Rightarrow \quad \frac{y}{x} = \frac{I_{xy}}{I_y} = -\frac{201,6}{179} = -1,126$$

Soit :
$$\tan\theta = \frac{y}{x} \quad \Rightarrow \quad \theta = 138°$$

7.3 Flexion et traction ou compression

7.3.1 Flexion et traction ou compression par une force excentrée

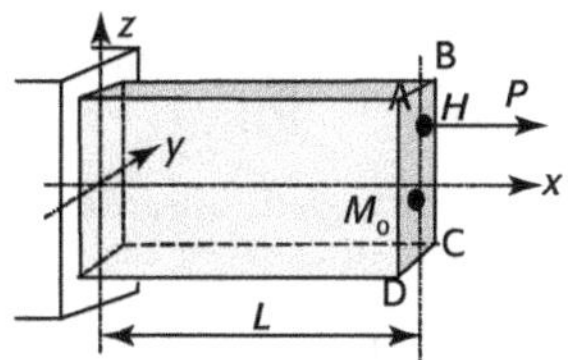 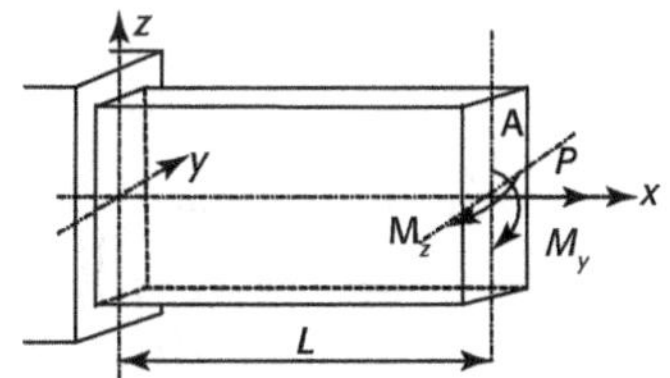

Soit une poutre à section rectangulaire soumise à une charge excentrée en H, les efforts intérieurs de la poutre sont :

$$N = P_x = P$$

$$M_y = P \cdot z_A$$

$$M_Z = P \cdot y_A$$

– Contrainte normale

La contrainte normale du point quelconque $M_0(x, y, z)$ de la section ABCD comprend trois parties :

- contrainte normale σ_1, supposée uniformément répartie sur la section, produit par l'effort normal N (si $N > 0$, $\sigma_1 > 0$, ce sera en traction. Si $N < 0$, $\sigma_1 < 0$ ce sera en compression.)

$$\sigma_1 = \frac{N}{A} = \frac{P}{A}$$

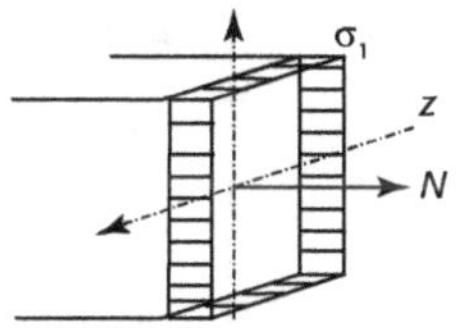 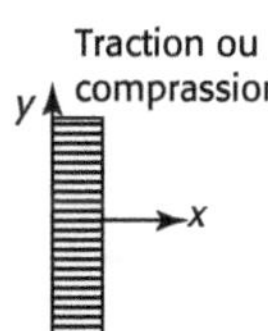

- contrainte normale σ_2 produite par le moment de flexion M_{f-z}

$$\sigma = \frac{M_{f-z}\, y}{I_z} = \frac{P \cdot y_H\, y}{I_z}$$

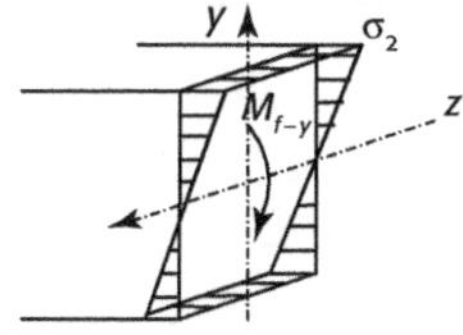 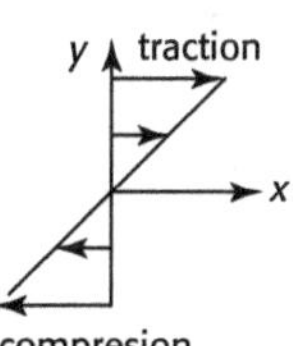

- contrainte normale σ_3 produite par le moment de flexion M_{f-y}

$$\sigma_3 = \frac{M_{f-y}\, z}{I_y} = \frac{P \cdot z_H\, z}{I_y}$$

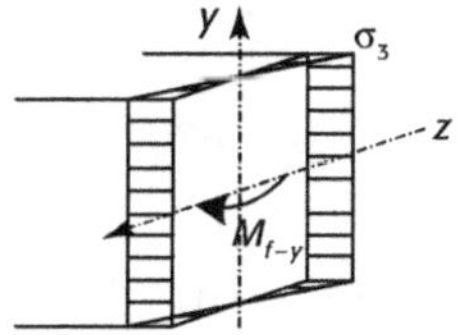 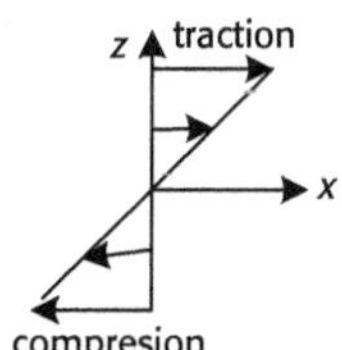

La contrainte normale résultante σ au point $M_0(x, y, z)$ est la somme des contraintes normales de ces trois parties.

$$\sigma = \sigma_1 \pm \sigma_2 + \sigma_3$$

$$= P \cdot \left(\frac{1}{A} \pm \frac{y_H y}{I_z} + \frac{z_H z}{I_y} \right)$$

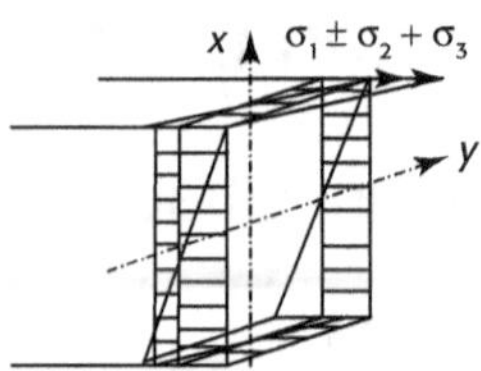

- Axe neutre

Nous appelons l'axe neutre l'axe sur lequel la contrainte normale résultante est égale à zéro :

$$\sigma = P \cdot \left(\frac{1}{A} + \frac{y_H y}{I_z} + \frac{z_H z}{I_y} \right) = 0$$

Équation de l'axe neutre :

$$\frac{1}{A} + \frac{y_H y}{I_z} + \frac{z_H z}{I_y} = 0$$

• Contrainte normale maximale

La contrainte maximale se trouve aux points les plus éloignés de l'axe neutre. Dans la section rectangulaire ABCD de la poutre, les contraintes maximales de σ_2 et σ_2 se trouvent aux points A, B, C, D. Considérons que les dimensions de la section rectangulaire ABCD sont :

$$AB = DC = a \ ; \ AD = BC = b$$

Donc, nous avons les contraintes résultantes aux points A, B, C et D de la section rectangulaire.

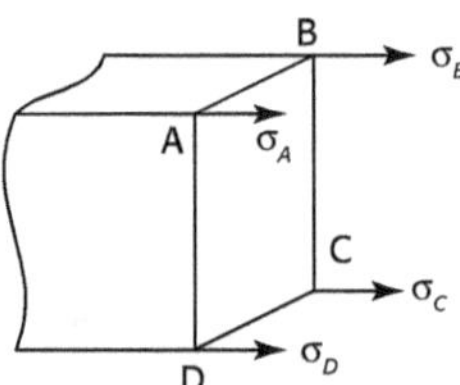

Points dangereux	Contrainte normale résultante	Figure
au point A	$\sigma_A = \sigma_1 + \sigma_{2-max} - \sigma_{3-max}$ $= P \cdot \left(\dfrac{1}{A} + \dfrac{y_H(a/2)}{I_z} - \dfrac{z_H(b/2)}{I_y} \right)$	
au point B	$\sigma_B = \sigma_1 + \sigma_{2-max} + \sigma_{3-max}$ $= P \cdot \left(\dfrac{1}{A} + \dfrac{y_H(a/2)}{I_z} + \dfrac{z_H(b/2)}{I_y} \right)$	
au point C	$\sigma_C = \sigma_1 - \sigma_{2-max} + \sigma_{3-max}$ $= P \cdot \left(\dfrac{1}{A} - \dfrac{y_H(a/2)}{I_z} + \dfrac{z_H(b/2)}{I_y} \right)$	
au point D	$\sigma_D = \sigma_1 + \sigma_{2-max} + \sigma_{3-max}$ $= P \cdot \left(\dfrac{1}{A} - \dfrac{y_H(a/2)}{I_z} - \dfrac{z_H(b/2)}{I_y} \right)$	

Dans le tableau la contrainte normale maximale en traction se trouve en B et la contrainte normale maximale en compression se trouve en D.

7.3.2 Flexion composée par une force excentrée

Si les sections la poutre de (figure 7.1) sont rectangulaires, dans une section le torseur des forces intérieures est équivalent à une force unique $N = F_1$ appliquée en un point D appelé centre de pression. Nous avons :

- moment de flexion :

$$M_3 = M = N \cdot e.$$

- contrainte normale :

$$\sigma = \frac{N}{A} - \frac{N \cdot e \cdot y}{I_z} = \frac{N}{A} \cdot \left(1 - e \cdot y \cdot \frac{A}{I_z}\right)$$

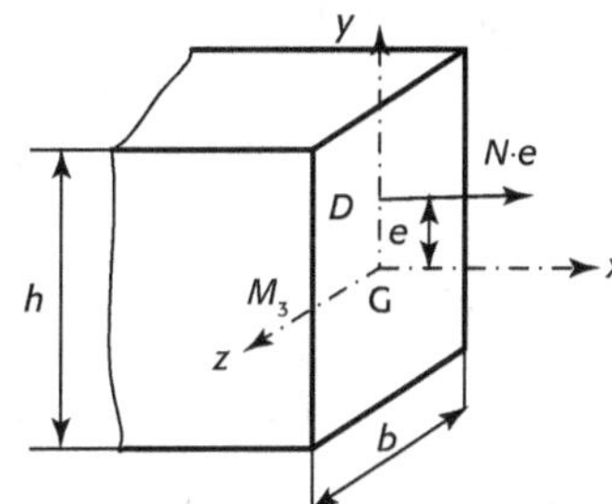

Figure 7.7 Force excentrée.

Par définition, nous avons : $I_z = A \cdot i^2$. i est le rayon de giration par rapport à l'axe z. La contrainte normale est devenue :

$$\sigma = \frac{N}{A} \cdot \left(1 - \frac{e}{i^2} \cdot y\right)$$

L'axe neutre est défini par $\sigma = 0$, soit $y = \dfrac{i^2}{e}$. Nous constatons que y diminue si l'excentricité de la force e croît.

Pour une section rectangulaire nous avons $I_z = \dfrac{bh^3}{12}$ et $i^2 = \dfrac{h^2}{12}$. Avec $y = \pm \dfrac{h}{2}$, nous obtenons :

$$\sigma_{\min} = \frac{N}{bh}\left(1 - \frac{6 \cdot e}{h}\right) \quad ; \quad \sigma_{\max} = \frac{N}{bh}\left(1 + \frac{6 \cdot e}{h}\right)$$

Pour $-\dfrac{h}{6} < e < \dfrac{h}{6}$, la contrainte normale reste de signe constant : c'est le noyau central.

- Noyau central

  Nous appelons noyau central l'ensemble des points pour lequel la contrainte normale σ garde un signe constant dans la section.

7.3.3 Flexion et compression pour les sections à ailes minces

Attention : Une poutre supporte une charge excentrée. Si la poutre a une section à ailes minces, ou si la charge excentrée F est importante, le moment de couple (double moment), produit par la charge F, peut provoquer un phénomène de torsion entravée. La contrainte normale dans la section devient plus importante que la contrainte normale de flexion composée. Dans ce cas, il faut vérifier aussi la contrainte normale de torsion entravée σ_t (voir le § 7.5).

7.3.4　Exercices de flexion composée : flexion et traction ou compression

Flexion composée – Flexion et compression

Une poutre creuse supporte une charge P (voir la figure ci-dessous).

Calculer la charge maximale admissible pour que la contrainte de l'extrémité encastrée AB soit inférieure à 140 MPa.

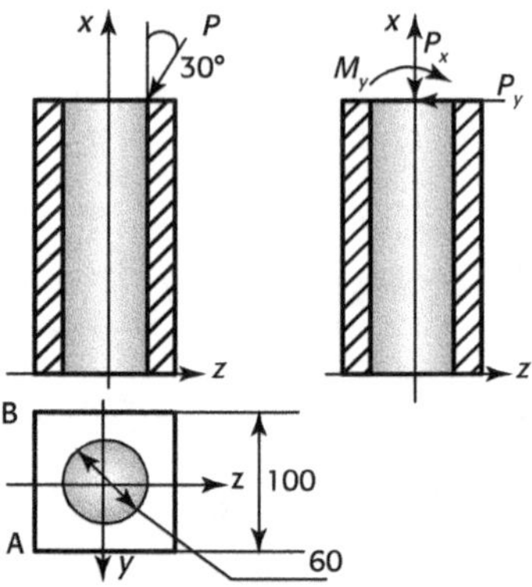

1. Déterminer les composants de la charge P en déplaçant P au centre de la poutre.

$$P_x = P\cos 30° = 0,866P$$

$$P_y = P\sin 30° = 0,5P$$

$$M_y = P_x \times 50 \times 10^{-3} = 43,3 \times 10^{-3} P$$

2. Surface de la poutre :

$$A = 100 \times 100 \times 10^{-6} - \frac{\pi}{4} \times 50^2 \times 10^{-6} = 8 \times 10^{-3} \ \text{m}^2$$

3. Moment d'inertie de la poutre :

$$I_y = \frac{1}{12} \times 100^4 \times 10^{-12} - \frac{1}{64} \times \pi \times 50^4 \times 10^{-12} = 8 \times 10^{-6} \ \text{m}^4$$

4. Module de résistance de la poutre :

$$w_y = \frac{I_y}{y_{\max}} = \frac{8 \times 10^{-6}}{50 \times 10^{-3}} = 16 \times 10^{-5} \ \text{m}^3$$

5. Contrainte de l'extrémité encastrée AB :

$$\sigma_{AB} = -\frac{P_x}{A} - \frac{P_x \times 0,4}{w_y} + \frac{M_y}{w_y}$$

$$= -\frac{0,866P}{8 \times 10^{-3}} - \frac{0,2P}{16 \times 10^{-3}} + \frac{43,3 \times 10^{-3} P}{16 \times 10^{-5}}$$

$$= -1\,088P \ \text{N/m}^2 = -1\,088P \ \text{(Pa)}$$

6. Charge maximale sous la condition de $\left[\sigma_{AB}\right] \geq 140 \times 10^6$ N/m^2 (Pa)

$$1088P \leq 140 \times 10^6 \text{ N/m}^2 \quad \Rightarrow \quad P \leq 129 \text{ kN}$$

Flexion composée - Flexion et traction

Soit une poutre avec une extrémité encastrée et une extrémité libre. Longueur $L = 2$ m, charge $F = 10$ kN, angle d'application $\alpha = 30°$. La distance de l'axe au point d'application de la force est $e = L/10$.

Choisir le profil I, soit la contrainte admissible $[\sigma] = 160$ Mpa.

1. Transférons la force F au centre de la section B. Les composantes de la force F deviennent :

$$F_x = F\cos\alpha \qquad F_y = F\sin\alpha \qquad M_z = F_x \cdot e$$

2. Contrainte maximale à la section A :

$$\sigma_{\max} = \sigma_N + \sigma_{M-\max} = \frac{F_x}{S} + \frac{M_A}{w_z}$$

3. Condition de résistance des matériaux :

$$\sigma_{\max} \leq [\sigma]$$

$$\frac{F_x}{S} + \frac{M_A}{w_z} \leq [\sigma]$$

4. Choisir le profil I.

La contrainte de flexion est plus importante que la contrainte de traction. Dans un premier temps, nous choisirons le profil avec la contrainte de flexion.

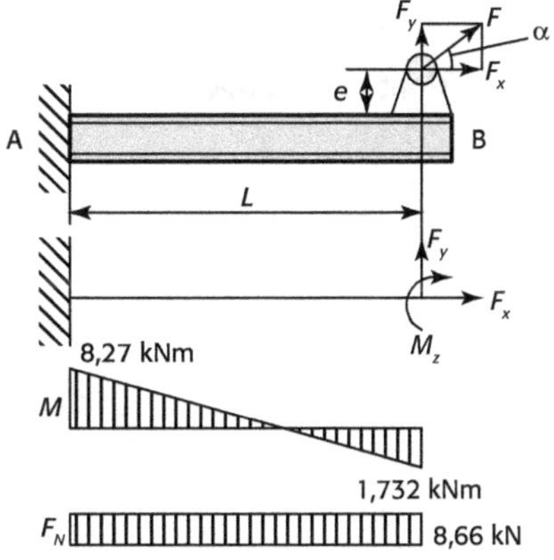

$$\frac{M_A}{w_z} \leq [\sigma]$$

$$w_z = \frac{M_A}{[\sigma]} = \frac{8,27 \times 10^3 \text{ N.m}}{160 \times 10^6 \text{ Pa}} = 5,17 \times 10^5 \text{ m}^3 = 51,7 \text{ cm}^3$$

Dans l'annexe 2.1 « Poutrelles IPN », nous choisirons le profil 140×66 avec un module de résistance $W_z = 81,9$ cm^3 et une surface $S = 18,3$ cm^2.

— Vérification de notre choix :

$$\sigma_{\max} = \frac{F_x}{S} + \frac{M_A}{w_z} = \frac{8,66 \times 10^3 \, N}{18,3 \times 10^{-4}} + \frac{8,27 \times 10^3}{81,9 \times 10^{-6}}$$

$$= 4,73 \times 10^6 + 1,01 \times 10^8 = 1,06 \times 10^8 \text{ Pa} = 106 \text{ MPa}$$

$$\sigma_{\max} < [\sigma]$$

7.4 Flexion et torsion

7.4.1 Méthode des contraintes résultantes

Une poutre AB supporte une charge F, perpendiculaire à son axe à une distance d. Supposons que la charge F remplace par ses composants un effort F_0 et un moment M_τ. Sous la charge, la poutre va se déformer, en flexion par l'effort F_0, et en torsion par le moment M_τ.

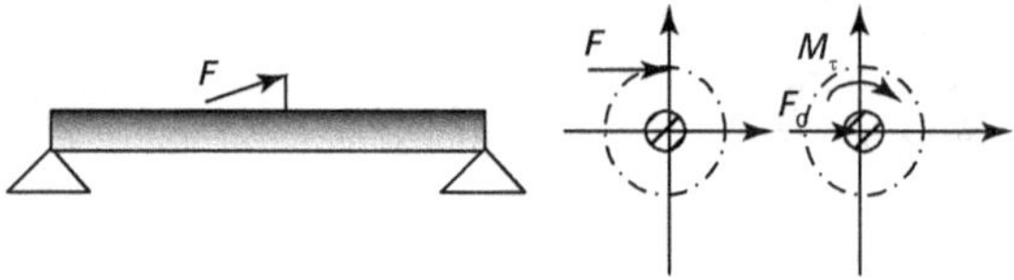

Figure 7.8 Flexion et torsion.

7.4.1.1 Contrainte normale

$$\sigma = \frac{M_f}{w_f} \qquad \text{et} \qquad M_f = \sqrt{M_{fx}^2 + M_{fy}^2}$$

avec :

M_f : moment de flexion, en N.mm ;

w_f : module de résistance en flexion, en mm^3.

7.4.1.2 Contrainte tangentielle

$$\tau_{xz} = \frac{M_\tau}{w_\rho}$$

avec :

M_τ : moment de torsion, en N.mm ;

w_ρ : module de résistance, en torsion, en mm^3.

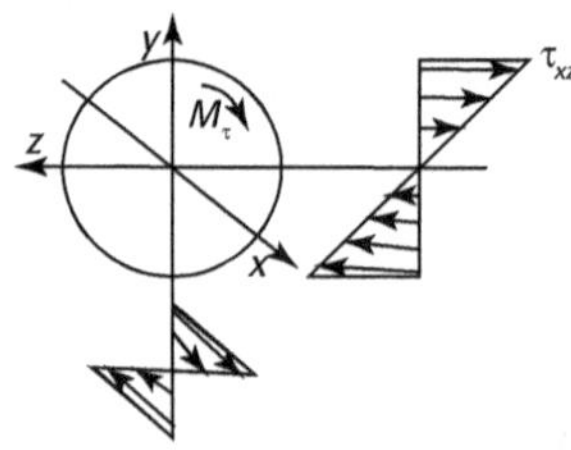

Figure 7.9 Contraintes d'une section.

7.4.1.3 Contrainte résultante et condition de résistance

Nous utilisons les contraintes σ_1 et σ_3 représentant les contraintes normales résultantes suivant les axes x et y, et la contrainte $\sigma_2 = \tau_2$ représentant la contrainte tangentielle résultante. Les relations de σ_1, $\sigma_2 = \tau_2$, et σ_3 sont représentées par le cercle de Mohr.

• Critère de Tresca (théorie du glissement) pour acier et cuivre

La contrainte normale résultante σ_1 est :

$$\sigma_1 = \sqrt{\sigma^2 + 4\tau^2} \qquad \text{ou} \qquad \sigma_1 = \frac{\sqrt{M_f^2 + M_\tau^2}}{W_f}$$

Soit la contrainte admissible $[R]$, la condition de résistance est :

$$\sigma_{max} = \sigma_1 \leq [R]$$

— Pour la fonte, le verre et le bois la contrainte normale résultante est :

$$\left.\begin{array}{c}\sigma_1 \\ \sigma_3\end{array}\right\} = \frac{1}{2}\left[\sigma \pm \sqrt{\sigma^2 + 4\tau^2}\right] \quad ; \qquad \sigma_2 = 0 \quad (\tau_2 = 0)$$

Soit la contrainte admissible $[R]$, la condition de résistance est :

$$[R] \geq \sigma_{1-max} \qquad ; \qquad [R] \geq \sigma_{3-max}$$

- Critères de Von Mises (théorie d'énergie de déformation)
  La contrainte normale résultante est :

$$\sigma_1 = \sqrt{\sigma^2 + 3\tau^2} \qquad \text{ou} \qquad \sigma_1 = \frac{\sqrt{M_f^2 + 0,75 M_\tau^2}}{W_\rho}$$

$$\sigma_1 \leq [\sigma_e]$$

7.4.1.4 Flexion et torsion des arbres circulaires

- **Hypothèse :** Les contraintes dues à l'effort normal sont petites devant celles dues au moment de flexion.
  - **Contraintes :**
    1. Contrainte tangentielle de torsion :

$$\tau = \frac{M_\tau}{I_0}\rho \qquad \text{et} \qquad \tau_{max} = \frac{16 \cdot M_\tau}{\pi \cdot d^3}$$

  2. Contrainte normale de la flexion :

$$\sigma = \frac{M_f}{I_0}x_1 \qquad \text{et} \qquad \sigma_{max} = \frac{32.\left|M_f\right|}{\pi \cdot d^3}$$

7.4.2 Méthode de moment idéal de flexion

7.4.2.1 Moment idéal de flexion

Nous considérons les deux contraintes : la contrainte normale σ produite par le moment de flexion M_f, et la contrainte tangentielle produite par le moment de torsion M_τ. Ces deux moments sont déterminés dans le matériau, suivant une certaine direction. Une seule contrainte normale résulte du seul moment de flexion :

$$M_{f\tau} = \frac{1}{2}M_f + \frac{1}{2}\sqrt{M_f^2 + M_\tau^2}$$

Ce dernier est appelé moment idéal de flexion.

En utilisant le moment idéal de flexion, la contrainte normale maximale est égale à :

$$\sigma_{max} = \frac{M_{fi}}{\left(\dfrac{I_{Gz}}{v}\right)}$$

Nous vérifierons la résistance en glissement ou en cisailleme t de l'arbre. La contrainte normale maximale doit être inférieure à la contrainte admissible en glissement ou cisaillement, notée $\left[R_g \right]$, dont la valeur est : $\left[R_g \right] = \dfrac{[R]}{2}$.

$$\sigma_{max} = \dfrac{M_{fi}}{\left(\dfrac{I_{Gz}}{v} \right)} \leq \left[R_g \right]$$

7.4.2.2 Moment idéal de torsion

Nous considérons les deux contraintes : la contrainte normale σ produite par le moment de flexion M_f, et la contrainte tangentielle produite par le moment de torsion M_τ. Ces deux moments sont déterminés dans le matériau suivant une certaine direction, une tangentielle maximale qui résulte du moment de torsion :

$$M\tau_i = \sqrt{M_f^2 + M_\tau^2}$$

Ce dernier est appelé moment idéal de torsion.

En utilisant le moment idéal de torsion, la contrainte tangentielle est égale à :

$$\tau_{max} = \dfrac{M_{\tau_i}}{\left(\dfrac{I_0}{v} \right)}$$

Nous vérifierons, par la condition en glissement ou cisaillement de l'arbre, la contrainte tangentielle maximale qui doit être inferieure à la contrainte admissible en glissement ou au cisaillement, notée $\left[R_g \right]$ et dont la valeur est : $\left[R_g \right] = \dfrac{[R]}{2}$.

$$\tau_{max} = \dfrac{M_{\tau_i}}{\left(\dfrac{I_0}{v} \right)} < \left[R_g \right]$$

7.4.3 Exercices de « flexion et torsion »

Exercice 7.7

Flexion composée. Flexion et torsion. Méthode de contrainte résultante

Soit un axe avec deux poulies, appuyé sur deux appuis simples (voir figure). La contrainte admissible est $[R] = 80$ MPa. Vérifier la résistance des matériaux de l'axe.

1. Simplifier la poutre. Considérons que l'axe est une poutre AD sur deux appuis simples, supportant une force verticale $P = 750$ N au point C, une force horizontale $F = 600$ N au point B, deux couples opposés aux points B et C.

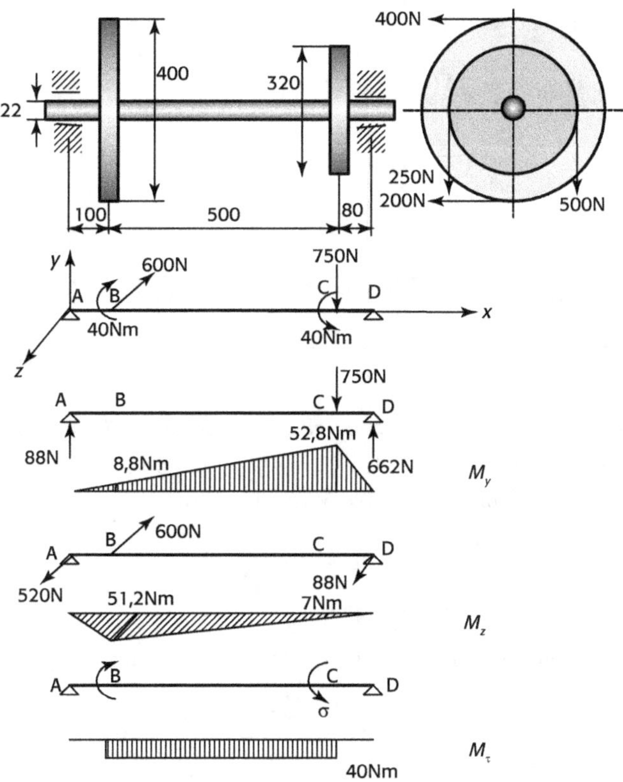

2. Réaction des appuis A et B par la force $P = 750$ N :

$$R_A = 88 \text{ N} \qquad\qquad R_D = 662 \text{ N}$$

$$M_{y-B} = 88 \times 0,1 = 8,8 \text{ N.m} \qquad\qquad M_{y-C} = 88 \times 0,6 = 52,8 \text{ N.m}$$

3. Réaction des appuis A et B par la force $F = 600$ N :

$$R_A = 512 \text{ N} \qquad\qquad R_D = 88 \text{ N}$$

$$M_{z-B} = 512 \times 0,1 = 51,2 \text{ N.m} \qquad\qquad M_{z-C} = 88 \times 0,08 = 7 \text{ N.m}$$

4. Moment de torsion par deux couples opposés (voir la figure) :

$$M_\tau = (400 - 200) \times 0,2 = 40 \text{ N.m}$$

5. Moment de flexion :

$$M_{f-B} = \sqrt{8,8^2 + 51,2^2} = 51,95 \text{ N.m} \quad ; \qquad\qquad M_{f-C} = \sqrt{52,8^2 + 7^2} = 53,26 \text{ N.m}$$

6. Contrainte résultante maximale

Le moment de flexion maximal se trouve en C,

donc $M_{f-\max} = M_{f-C} = 53,26$ N.m. w est le module de résistance de l'axe.

La contrainte maximale résultante est :

$$\sigma_{max} = \frac{1}{w}\sqrt{M_{f_{max}}^2 + M_\tau^2}$$

$$= \frac{32}{\pi \times 0,022^3}\sqrt{53,26^2 + 40^2} = 64,1\ \text{MPa} < [R]$$

Flexion composée. Flexion et torsion. Méthode de contrainte résultante

Soit une poutre en fonderie avec une section circulaire, encastrée à une extrémité A et libre à l'autre extrémité B. La poutre supporte l'effort normal $F_1 = 30$ kN.

La charge verticale $F_2 = 1,2$ kN et le couple $M_1 = 700$ N.m.

La longueur de la poutre $L = 800$ mm.

Le diamètre de la poutre $d = 80$ mm.

La contrainte admissible $[\sigma] = 35$ MPa.

Déterminer la contrainte résultante et vérifier la résistance des matériaux de la poutre.

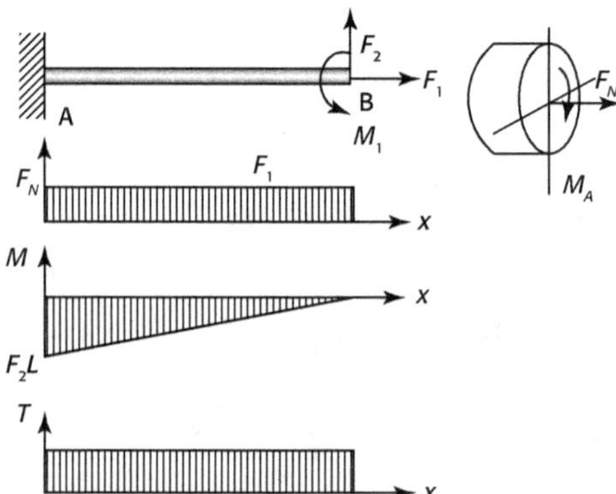

Pour une poutre console, encastrée à une extrémité, en général la section dangereuse se trouve à l'extrémité encastrée. Donc nous vérifierons la résistance des matériaux de cette section, la section A de la poutre AB.

1. Contrainte normale maximale par le composant F_N de la force F_1 au point A :

$$\sigma_N = \frac{F_N}{A_A} = \frac{F_1}{A_A} = \frac{4 \times (30 \times 10^3\ N)}{\pi \times (0,080)^2} = 0,597 \times 10^7\ \text{Pa}$$

2. Contrainte normale maximale produit par le moment de flexion M_A au point A :

$$\sigma_M = \frac{M_A}{w_z} = \frac{32 F_2 L}{\pi\, d^4}$$

$$= \frac{32 \times (1,2 \times 10^3\ N) \times 0,800\ \text{m}}{\pi \times (0,080\ \text{m})^3} = 1,91 \times 10^7\ \text{Pa}$$

3. Contrainte normale résultante maximale au point A :

$$\sigma_{max} = \sigma_N + \sigma_M = \frac{F_N}{A} + \frac{M_A}{W_z}$$

$$= 0,597 \times 10^7 + 1,91 \times 10^7 = 2,51 \times 10^7 \text{ Pa} = 25,1 \text{ MPa}$$

4. Contrainte tangentielle maximale au point A :

$$\tau = \frac{T}{W_\rho} = \frac{16 M_1}{\pi\, d^3} = \frac{16 \times (700 \text{ N.m})}{\pi \times (0,080 \text{ m})^3}$$

$$= 6,96 \times 10^6 \text{ P}a = 6,96 \text{ MPa}$$

5. Détermination de la contrainte résultante et vérification de la résistance de matériaux de la section A :

$$\left. \begin{array}{c} \sigma_1 \\ \\ \sigma_3 \end{array} \right\} = \frac{1}{2}\left[\sigma \pm \sqrt{\sigma^2 + 4\tau^2} \right] = \frac{1}{2}\left[\sigma \pm \sqrt{\left(\sigma_N + \sigma_M\right)^2 + 4\tau^2} \right]$$

$$= \frac{1}{2}[25,1] \text{ MP}a \pm \sqrt{(25,1 \text{ MPa})^2 + 4 \times (6,96 \text{ MPa})^2} \quad = \left\{ \begin{array}{c} 26,9 \text{ MPa} \\ -1,8 \text{ MPa} \end{array} \right.$$

$$[\sigma] > \sigma_1 \quad \text{et} \quad [\sigma] > \sigma_3$$

Sollicitation composée - Flexion et torsion d'un arbre. Méthode de moment idéal

Les deux roues dentées clavetées sur un arbre, supportent l'effort $F = 50\,000$ N tangentiel au pignon C. Les diamètres de pignon et roue sont $d_p = 234$ mm et $d_r = 793$ mm. Les dimensions d'arbre sont indiquées dans la figure. Déterminer la contrainte maximale.

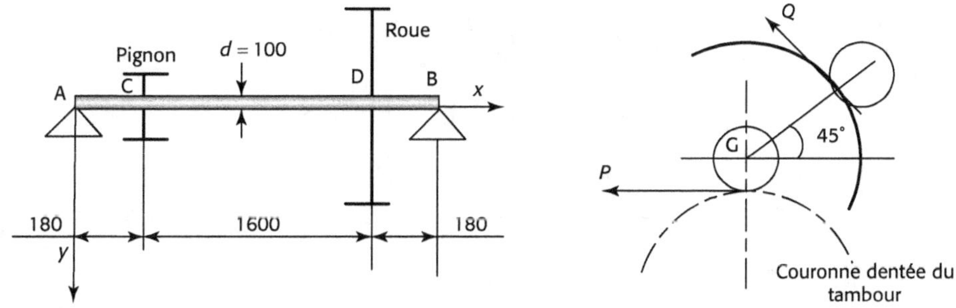

Charge de l'arbre : $d = 100$

L'arbre est soumis entre C et D au moment de torsion : $M_\tau = F \cdot \dfrac{d_p}{2}$.

L'effort tangentiel du moteur à la roue D par rapport à l'axe x est,

$$Q \cdot \frac{d_r}{2} = F \cdot \frac{d_p}{2} \quad \Rightarrow \quad Q = F \cdot \frac{d_p}{d_r} = 50\,000 \times \frac{234}{793} = 14\,754 \text{ N}$$

Les composants de la force Q sont :

$$Q_y = Q \cdot \sin 45° = 14\,754 \times \frac{\sqrt{2}}{2} = 10\,433 \text{ N}$$

$$Q_z = Q_y = 10\,433 \text{ N}$$

1. Flexion dans le plan vertical x-y

– Les équations d'équilibre dans le plan vertical sont :

$$\sum F_y = 0 \; ; \; \sum M_{B-y} = 0$$

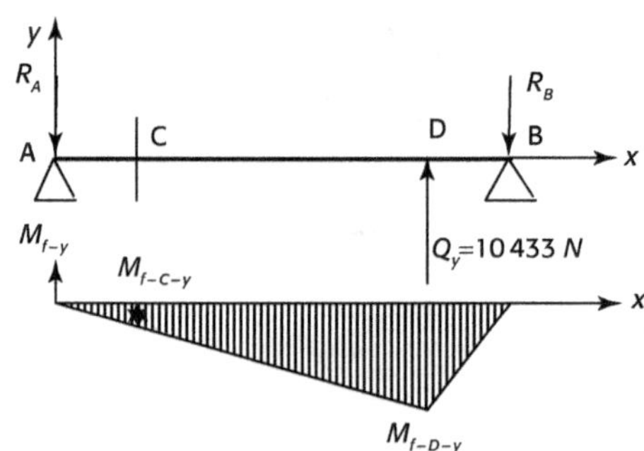

En utilisant l'équation d'équilibre nous calculons les réactions verticales et les moments de flexion dans le plan vertical.

Charge verticale : $Q_y = 10\,433$ N, $F_y = 0$

– Réactions verticales de l'arbre :

En B : $R_{y-B} \cdot L_{AB} = Q_y \cdot L_{AD}$

$$R_{y-B} = Q_y \frac{L_{AD}}{L_{AB}} = 10\,433 \times \frac{(180 + 1\,600)}{(1\,600 + 180 + 180)} = 10\,433 \times \frac{1\,780}{1\,960} = 9\,475 \text{ N}$$

En A : $R_{y-A} \cdot L_{AB} = Q_y \cdot L_{DB} \Rightarrow R_{y-A} = Q_y \frac{L_{DB}}{L_{AB}} = 10\,433 \times \frac{180}{(1\,600 + 180 + 180)} = 958 \text{ N}$

ou $\quad R_{y-A} = Q_y \cdot - R_{y-B} = 10\,433 - 9\,475 N = 958 \text{ N}$

– Moment de flexion en D dans le plan x-y :

$$M_{f-D-y} = R_{y-A} \cdot (180 + 1\,600) = 958 \times 1\,780 = 1\,705\,240 \text{ N.mm} = 1\,705 \text{ N.m}$$

– Moment de flexion en C dans le plan x-z :

$$M_{f-C-z} = M_{f-D-y} \cdot \frac{L_{AC}}{L_{AD}} = 1\,705 \times \frac{180}{(180 + 1\,600)} = 172 \text{ N.m}$$

ou : $\quad M_{f-C-z} = R_{A-z} \cdot L_{AC} = 958 \times 180 = 172 \text{ N.m}$

2. Flexion dans le plan horizontal *x-z*

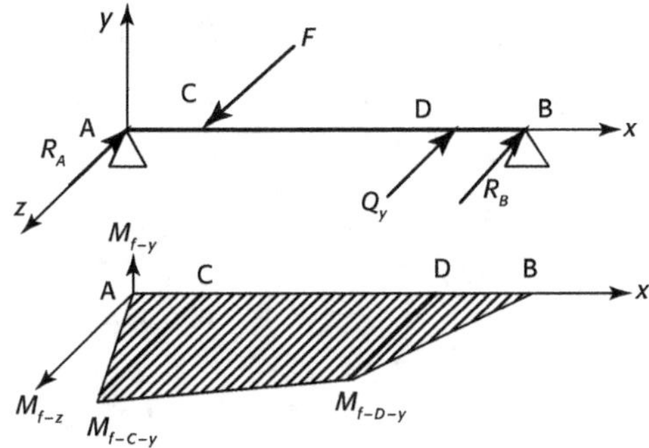

– Charges horizontales :

$$F_z = 50\,000 \text{ N} \quad \text{et} \quad Q_z = 10\,433 \text{ N}$$

– Réactions verticales de l'arbre :

en B : $R_{z-B} \cdot L_{AB} = F_z \cdot L_{AC} + Q_z \cdot L_{AD}$

$$R_{z-B} = F_z \frac{L_{AC}}{L_{AB}} + Q_y \frac{L_{AD}}{L_{AB}}$$

$$= \frac{1}{(1\,600 + 180 + 180)}\left(50\,000 \times 180 + 10\,433 \times (180 + 1\,600)\right)$$

$$= \frac{(9 \times 10^6 + 18{,}57 \times 10^6)}{1\,960} = 14\,066 \text{ N}$$

en A : $R_{z-A} \cdot L_{AB} = F_z \cdot L_{CB} + Q_z \cdot L_{DB}$

$$R_{z-A} = F_z \frac{L_{CB}}{L_{AB}} + Q_y \frac{L_{DB}}{L_{AB}}$$

$$= \frac{1}{(1\,600 + 180 + 180)}\left(50\,000 \times (180 + 1\,600) + 10\,433 \times 180\right)$$

$$= \frac{(89 \times 10^6 + 1{,}878 \times 10^6)}{1\,960} = 46\,367 \text{ N}$$

ou : $\qquad R_{z-A} = -R_{z-B} + F_z + Q_z = -14\,066 + 50\,000 + 10\,433 = 46\,367 \text{ N}$

– Moment de flexion en D dans le plan *x-z* :

$$M_{f-D-z} = R_{z-B} \cdot 180 = 14\,066 \times 180 = 2\,531\,880 \text{ N.mm} = 2\,532 \text{ N.m}$$

– Moment de flexion en C dans le plan *x-z* :

$$M_{f-C} = F_z \cdot L_{AC} = 50\,000 \times 180 = 9 \times 10^6 \text{ N.mm} = 9\,000 \text{ N.m}$$

3. Résultantes de moment de flexion :

- en C : $M_{f-C} = \sqrt{M_{f-C-y}^2 + M_{f-C-z}^2} = \sqrt{172^2 + 9\ 000^2} = 9\ 002\ \text{N.m}$

- en D : $M_{f-D} = \sqrt{M_{f-D-y}^2 + M_{f-D-z}^2} = \sqrt{1\ 705^2 + 2\ 532^2} = 3\ 053\ \text{N.m}$

4. Torsion entre les sections C et D de l'arbre :

$$M_\tau = F \cdot \frac{d_p}{2} = 50\ 000 \times \frac{0,234}{2} = 5\ 850\ \text{N.m}$$

5. La section la plus dangereuse de l'arbre se trouve à la section C. Le moment de flexion idéal à la section C est :

$$M_{fi-C} = \frac{1}{2} M_{f-C} + \frac{1}{2} \sqrt{M_{f-C}^2 + M_{\tau-C}^2}$$

$$= \frac{9\ 002}{2} + \frac{1}{2} \sqrt{9\ 002^2 + 5\ 857^2}$$

$$= 4\ 501 + 5\ 370 = 9\ 871\ \text{N.m} = 98{,}71 \times 10^4\ \text{N.cm}$$

6. Supposons que la contrainte admissible de l'arbre est $[R] = 320\ \text{N/mm}^2 = 32\ 000\ \text{N/cm}$, avec un coefficient de sécurité de $k_3 = 4$. En utilisant la condition de résistance, nous déterminons le diamètre minimum de l'arbre.

$$\sigma_{\max} = \frac{M_{fi}}{\left(\dfrac{I_{Gz}}{v}\right)} = \frac{M_{fi}}{\left(\dfrac{\pi d^3}{32}\right)} \leq [R]$$

$$\Rightarrow \quad \left(\frac{\pi d^3}{32}\right) = \frac{M_{fi}}{[R]}$$

$$\Rightarrow \quad d_{\min} = \sqrt[3]{\frac{M_{fi}}{[R]} \times \frac{32}{\pi}} = \sqrt[3]{\frac{98{,}71 \times 10^4 \times 4}{32\ 000} \times \frac{32}{3{,}1416}} = 10{,}79\ \text{cm}$$

Nous adoptons le diamètre de l'arbre :

$$d = 11{,}5\ \text{cm}$$

7. Vérifions la torsion de l'arbre.

- Moment de torsion idéal :

$$M_{\tau i} = \sqrt{M_f^2 + M_\tau^2} = \sqrt{9\ 002^2 + 5\ 857^2} = 10\ 739\ \text{N.m}$$

- Contrainte maximale tangentielle :

$$\tau_{\max} = \frac{M_{\tau i}}{\left(\dfrac{I_{Gz}}{v}\right)} = \frac{M_{\tau i}}{\left(\dfrac{\pi \cdot d^3}{16}\right)} = \frac{1\ 073\ 900\ \text{N.cm}}{\left(\dfrac{\pi \times 11{,}5^3}{16}\ \text{cm}^3\right)} = 3\ 596\ \text{N/cm}^2 = 36\ \text{N/mm}^2$$

– La valeur est acceptable puisqu'elle inférieure à :

$$\left[R_\tau\right] = \frac{[R]}{2} = \frac{80}{2} \ \text{N/mm}^2 = 40 \ \text{N/mm}^2 \qquad \text{et} \qquad \tau_{min} < \left[R_\tau\right]$$

7.5 Torsion et flexion des profilés à parois minces

Une poutre, supportant les charges, se déforme si ses dimensions longitudinales sont faibles, de 3 fois à 9 fois plus petites que les dimensions de section transversale. Dans ce cas, la poutre s'appelle le profilé à parois minces. Quand le profilé supporte une charge et se déforme en flexion, en accompagnant la torsion, l'hypothèse de flexion de Navier-Bernoulli, « *Les sections droites demeurent planes et perpendiculaires à l'axe de poutre après déformation* », n'est plus valable. Les sections transversales des profilés à parois minces ne restent plus planes et elles sont sujettes au gauchissement.

Dans une section quelconque, le couple de torsion d'extrémité est équilibré en partie par les contraintes de cisaillement dues à la torsion et en partie par les contraintes de cisaillement résultant de la flexion des ailes.

Il existe deux types de sections de profilés à parois minces : la section ouverte et la section fermée.

- **Section ouverte**

  Les profilés à parois minces ouverts sont des profilés comportant des sections soustraites au gauchissement (ex : section en I, en U, en T, en Z, en L, en C).

  Dans ces sections la ligne centrale de la section n'est pas fermée, donc nous l'appelons aussi section ouverte.

- **Section fermée**

  Si la ligne centrale de la section fermée est une courbe fermée, par exemple : la section d'un tube, nous l'appelons aussi section tubulaire. Les membrures tubulaires minces sont des profilés de sections fermées. Il est possible que les sections comportent deux ou plusieurs courbes fermées (figure de droite).

7.5.1 Flexion simple des profilés à parois minces

Un profil à parois minces supporte un effort, passant au centre de gravité de la section transversale de profil. Le profilé est supposé en flexion simple. Dans ce cas, nous considérons que les contraintes normales sont uniformément réparties sur les épaisseurs constantes e de la section transversale, et les contraintes de cisaillement sont réparties et tangentes autour du bord de la section.

7.5.1.1　Contrainte normale de profilé à parois minces

Pour la flexion simple du profilé à parois minces, notre hypothèse, « la section transversale indéformable », est toujours valable. Dans ce cas, nous pouvons utiliser les formules de flexion simple pour calculer les contraintes.

Considérons que M_y et M_z sont les moments de flexion de la section x suivant les directions y et z. N_z est l'effort normal de la section A. La contrainte normale est calculée par la formule suivante (voir figure 7.10) add :

$$\sigma = \frac{M_z y}{I_z} + \frac{M_y z}{I_y} + \frac{N}{A} \tag{F 7.5.1}$$

7.5.1.2　Contrainte de cisaillement de profilé à parois minces

Nous considérons que la contrainte de cisaillement est uniformément répartie sur l'épaisseur constante e de la section transversale de profilé à parois minces. La contrainte de cisaillement sur une longueur unitaire s'appelle le courant de contrainte de cisaillement, notée q. Supposons que la contrainte de cisaillement est τ, l'épaisseur constante de la section est e, la courant de la contrainte de cisaillement se calcule par :

$$q = \tau \cdot e \tag{F 7.5.2}$$

Si le courant de la contrainte de cisaillement est connu, nous pouvons déterminer la contrainte de cisaillement :

$$\tau = \frac{q}{e} \tag{F 7.5.3}$$

1. Courant de la contrainte de cisaillement des profilés à parois minces ouverts

Le courant de la contrainte de cisaillement au point quelconque C de la section est (voir figure 7.10) :

$$q_C = \frac{T_z M_{sy}}{I_y} + \frac{T_y M_{sz}}{I_z} \tag{F 7.5.4}$$

avec :

- T_y et T_z : efforts tangentiels par rapport aux axes z et y, en N ;
- I_y et I_z : inerties principales de la section en mm^4 ;
- M_{sy} et M_{sz} : moments statiques de surface A, comportant la partie de $s = 0$ à $s = s$: $S_y = A \cdot y$; $S_z = A \cdot za$, en mm^3.

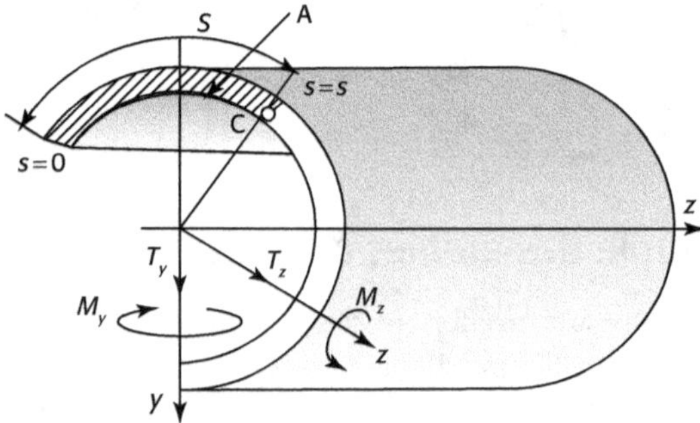

Figure 7.10 Contrainte de cisaillement des profilés laminés.

2. Courant de la contrainte de cisaillement des membrures tubulaires minces à section fermée

a. Section à une seule courbe fermée

Dans une membrure tubulaire mince comportant une seule section fermée, nous isolons une demi-section (voir figure 7.11) :

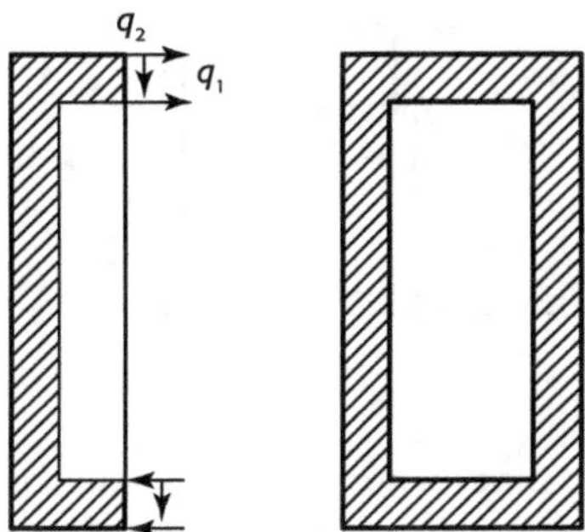

Figure 7.11 Section fermée des membrures tubulaires minces.

En utilisant la condition d'équilibre, nous obtenons le courant total de contrainte de cisaillement :

$$q = q_1 + q_2 = \frac{T_z M_{sy}}{I_y} + \frac{T_y M_{sz}}{I_z} - \frac{T_z}{I_y} \frac{\oint \dfrac{M_{sy}}{e} ds}{\oint \dfrac{ds}{e}} - \frac{T_y}{I_z} \frac{\oint \dfrac{M_{sz}}{e} ds}{\oint \dfrac{ds}{e}} \qquad \text{(F 7.5.5)}$$

avec :

- s : longueur de la ligne moyenne de la section ;
- q_1 : courant, perpendiculaire à la coupure, de la contrainte de cisaillement ;
- q_2 : courant, parallèle à la coupure, de la contrainte de cisaillement ;
- T_y et T_z : efforts tangentiels suivant les directions z et y, en N ;
- I_y et I_z : inerties principales de la section, en mm^4 ;
- M_{sy} et M_{sz} : moments statiques de section, en mm^3 ;
- e : épaisseur de membrure tubulaire, en mm.

Exercice 7.10

Sollicitation composée - Flexion des tubulaires minces à section fermée à une seule courbe fermée

Soit un profil laminé. Sa section est rectangulaire. Ses dimensions sont $b = 161$ cm, $h = 261,5$ cm, $e = 1,5$ cm, $e_1 = 1,2$ cm, $e_2 = 0,8$ cm (voir figure). L'effort tangentiel appliqué au centre de gravité est $T = 350$ kN.

Déterminer le courant de contrainte de cisaillement.

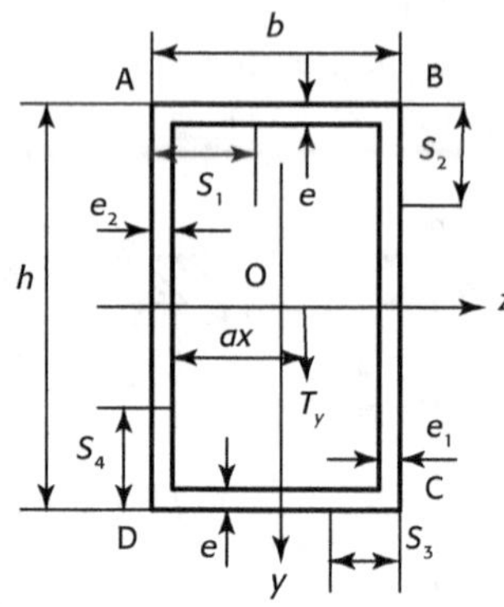

1. Effectuer une coupure au point A pour que la section rectangulaire fermée devienne ouverte. Diviser la section en quatre parties. Les moments statiques des quatre parties de la section sont :

- Partie entre A et B : $M_{sz-AB} = -\dfrac{1}{2} hes_1$ $\qquad 0 \le s_1 \le b$

- Partie entre B et C : $M_{sz-BC} = -\dfrac{1}{2} heb - e_1 s_2 \cdot \left(\dfrac{h}{2} - \dfrac{s_2}{2} \right)$ $\qquad 0 \le s_2 \le h$

- Partie entre C et D : $M_{sz-CD} = -\dfrac{1}{2} heb + \dfrac{1}{2} hes_3$

- Partie entre D et A :

$$M_{sz-DA} = e_2 s_4 \cdot \left(\dfrac{h}{2} - \dfrac{s_4}{2} \right) \qquad 0 \le s_4 \le h$$

2. Déterminer le courant perpendiculaire à la coupure.

$$q_1 = \frac{T_y M_{sz}}{I_z} \text{ de quatre parties de la section.}$$

$$I_z = 1\,126 \times 10^4 \, \text{cm}^4$$

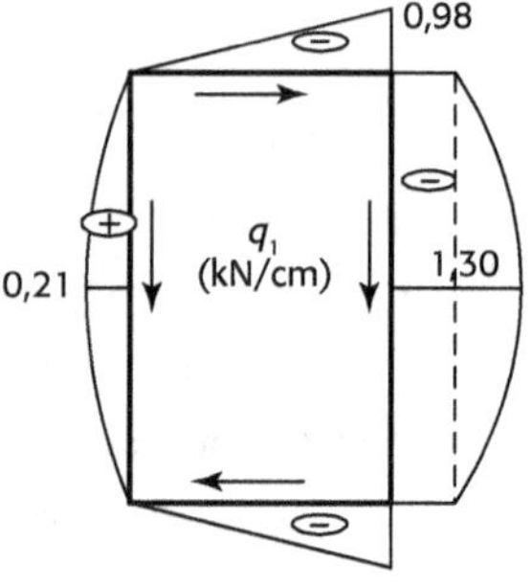

3. Déterminer le courant, parallèle à la coupure, de la contrainte de cisaillement

$$q_2 = \frac{T_y}{I_z} \frac{\displaystyle\oint \frac{M_{sz}}{e} ds}{\displaystyle\oint \frac{ds}{e}} \text{ de quatre parties de la section. } I_z = 1\,126 \times 10^4 \, \text{cm}^4.$$

Intégration :

$$\oint \frac{M_{sz}}{e} ds = \int_{A-B} \frac{M_{sz}}{e} ds + \int_{B-C} \frac{M_{sz}}{e} ds + \int_{C-D} \frac{M_{sz}}{e} ds + \int_{D-A} \frac{M_{sz}}{e} ds$$

$$= \left(-\frac{254}{1,5} - \frac{1\,004}{1,2} - \frac{254}{1,5} - \frac{119}{0,8} \right) \times 10^4 = -1\,027 \times 10^4 \, \text{cm}^3$$

$$\oint \frac{ds}{e} = \frac{161}{1,5} + \frac{261,5}{1,2} + \frac{161}{1,5} + \frac{261,5}{0,8} = 759$$

$$q_2 = -\frac{T_y}{I_z} \frac{\oint \dfrac{M_{sz}}{e} ds}{\oint \dfrac{ds}{e}} = -\frac{350}{1\,126\times10^4} \times \left(\frac{-1\,027\times10^4}{759} \right) = 0,42 \text{ N/cm}$$

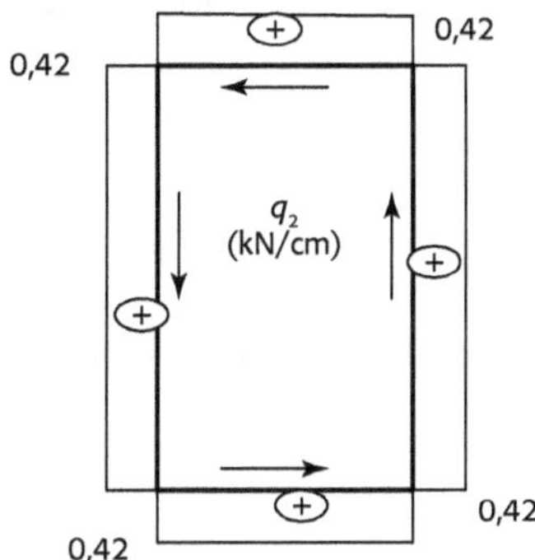

4. Déterminer le courant total de contrainte de cisaillement $q = q_1 + q_2$. Les résultats se trouvent dans la figure ci-dessous.

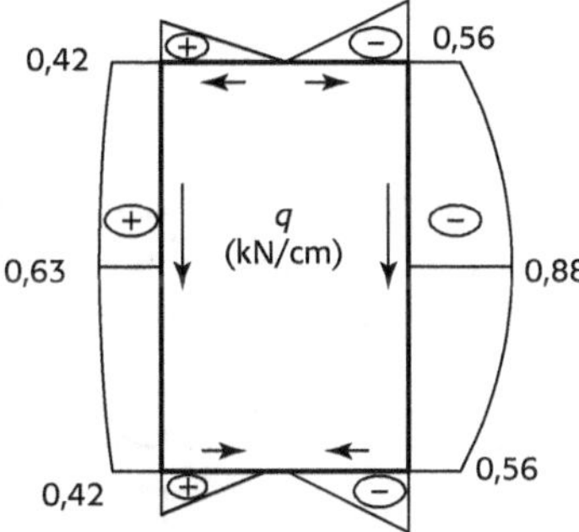

b. Section à plusieurs courbes fermées

Pour les sections à plusieurs courbes fermées des profilés laminés la détermination du courant est un problème d'hyperstatique. Il faut ajouter une équation de déplacement. Nous effectuerons plusieurs coupures suivant la ligne centrale de section, pour que la section devienne des sections ouvertes. Le courant de contrainte de cisaillement se calcule :

$$q = q_0 + \sum_{i=1}^{n} q_i$$

Le courant q_0 est le courant des sections ouvertes. Le courant virtuel q_i représente la condition de déplacement de la i-ième coupure. Nous pouvons utiliser l'équation ci-dessous pour déterminer le courant de la contrainte de cisaillement.

$$\oint_i \frac{q_0}{e} ds + q_i \oint \frac{ds}{e} + \sum_k q_k \int_{i-k} \frac{ds}{e} = 0$$

avec :

- q_i : courant virtuel de contrainte de cisaillement de i-ème courbe fermée de la section ;

- q_k : courant virtuel de contrainte de cisaillement de k-ième courbe fermée, voisine de i-ème courbe fermée de la section ;

- s : longueur de la ligne moyenne de la section annulaire ;

- $\oint_i \dfrac{q_0}{e}\, ds$: intégration contour de i-ème courbe fermée de la section ;

- $\displaystyle\int_{i-k} \dfrac{ds}{e}$: intégration de paroi intermédiaire entre i-ème courbe fermée et k-ème courbe fermée ;

- $\displaystyle\sum_k q_k$: somme des courants de contrainte de cisaillement de toutes les voisines de courbes i-èmes courbes fermées.

Sollicitation composée - Flexion des profilés laminés fermés à section à plusieurs courbes fermées

Soit un profil laminé. Sa section est construite par deux courbes rectangulaires A et B. Ses dimensions sont indiquées dans la figure ci-dessous. Supposons l'effort tranchant appliqué sur le centre de gravité G. Calculer le courant de la contrainte de cisaillement.

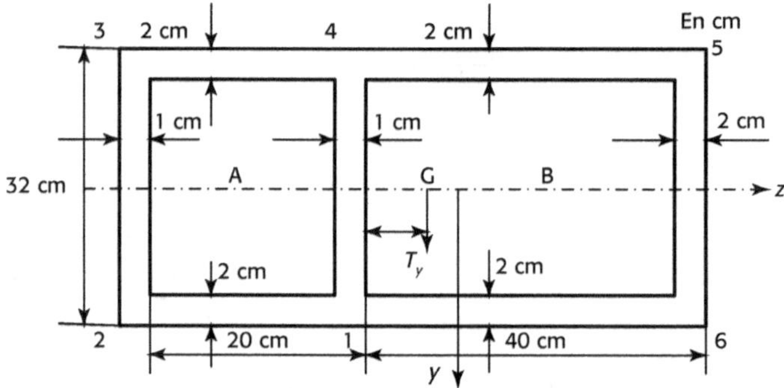

Nous effectuons deux coupures aux points 1 et 5 pour que les deux courbes fermées de la section deviennent ouvertes. La direction de la première courbe est suivie de 1-2-3-4. La direction de s de la deuxième courbe est suivie de 4-5-6-1.

1. Nous utilisons la même méthode que dans l'exercice 7.10 pour calculer les moments statiques de chaque partie. Les résultats des moments statiques M_{s-z} (en mm²) sont indiqués sur la figure ci-après.

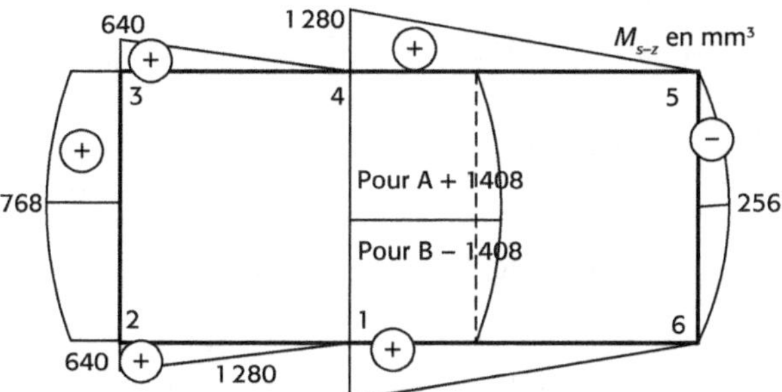

2. Calculer le courant de la contrainte de cisaillement avec l'équation :

$$\oint_i \frac{q_0}{e}\,ds + q_i \oint \frac{ds}{e} + \sum_k q_k \int_{i-k} \frac{ds}{e} = 0$$

Calculer l'intégration $\displaystyle\oint_i \frac{q_0}{e}\,ds$ pour chaque courbe fermée de la section.

— Première courbe fermée :

$$\oint_1 \frac{q_0}{e}\,ds = \frac{T_y}{I_z} \oint_1 M_s \frac{ds}{e}$$

$$= \frac{T_y}{I_z}\left[\left(2\times\frac{1}{2}\times 640\times 20\times\frac{1}{2}\right)+\left(640+\frac{2}{3}\times 128\right)\times 32-\left(1\,280+\frac{2}{3}+128\right)\times 32\right]$$

$$= -14\,080\,\frac{T_y}{I_x}$$

— Deuxième courbe fermée :

$$\oint_2 \frac{q_0}{e}\,ds = \frac{T_y}{I_z} \oint_2 M_s \frac{ds}{e}$$

$$= \frac{T_y}{I_z}\left[\left(2\times\frac{1}{2}+1\,280\times 40\times\frac{1}{2}\right)+\left(1\,280\times\frac{2}{3}\times 128\right)\times 32-\left(\frac{2}{3}\times 256\times 32\times\frac{1}{2}\right)\right]$$

$$= 66\,560\,\frac{T_y}{I_z}$$

Calculer l'intégration $\displaystyle\oint \frac{ds}{e}$ pour chaque courbe fermée de la section et la paroi intermédiaire 1-4.

— Pour la courbe fermée A : $\displaystyle\oint \frac{ds}{e} = \oint_1 \frac{ds}{e} = \frac{20}{2}+32+\frac{20}{2}+32 = 84$

— Pour la courbe fermée B : $\displaystyle\oint \frac{ds}{e} = \oint_1 \frac{ds}{e} = \frac{32}{2}+\frac{40}{2}+32+\frac{40}{2} = 88$

— Pour la paroi intermédiaire 1–4 : $\displaystyle\int_{1-4} \frac{ds}{e} = 32$

– Calculer l'équation $\oint_i \dfrac{q_0}{e}\,ds + q_i \oint \dfrac{ds}{e} + \sum_k q_k \int_{i-k} \dfrac{ds}{e} = 0$ en supposant que $q(1)$ est le courant virtuel de contrainte de cisaillement de la première courbe fermée, et $q(2)$ est le courant virtuel de contrainte de cisaillement de la deuxième courbe fermée.

$$\begin{cases} -14\,080\,\dfrac{T_y}{I_z} + 84q(1) - 32q(2) = 0 \\[2em] -66\,560\,\dfrac{T_y}{I_z} + 88q(1) - 32q(2) = 0 \end{cases}$$

Nous obtenons les courants virtuels de deux courbes fermées de la section :

$$q(1) = -139,96\,\dfrac{T_y}{I_z} \quad ; \quad q(2) = -807,24\,\dfrac{T_y}{I_z}$$

3. Le courant total de contrainte de cisaillement se calcule de la manière suivante :

$$q = q_0 + \sum_{i=1}^{n} q_i$$

Les résultats du courant total de contrainte de cisaillement se trouvent dans la figure ci-dessous. Les chiffres, indiqués sur la figure, doivent être multipliés par $\dfrac{T_y}{I_z}$.

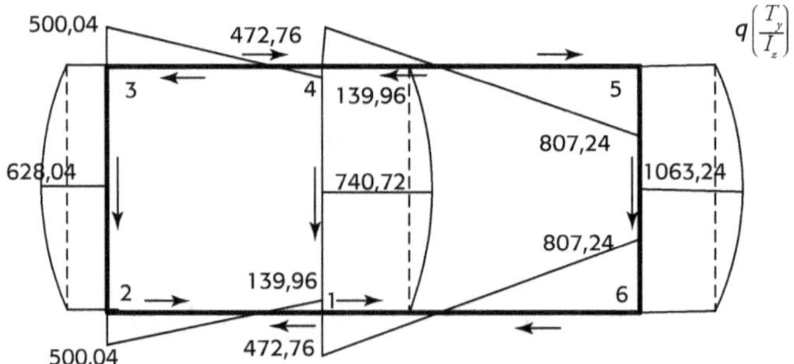

7.5.2 Torsion libre des profilés à parois minces

Supposons que le couple de torsion soit appliqué aux extrémités de profilés à parois minces. Le profilé se déforme en torsion. Pendant la torsion du profilé, si toutes les sections transversales sont entièrement libres de gauchir, nous l'appelons la torsion libre. Si les déformations et les gauchissements des sections transversales sont entravés, nous l'appelons la torsion entravée.

7.5.2.1 Torsion libre des profilés à parois minces à section ouverte

Pour le calcul de la torsion libre, la section transversale ouverte du profilé à parois minces est supposée être composée d'un ensemble de plusieurs parties rectangulaires.

Nous pouvons utiliser les formules approchées ci-dessous pour calculer les contraintes de cisaillement.

1. Contraintes de cisaillement de torsion libre

$$\tau_{k-1} = \frac{M_{\tau-k}e_1}{\alpha\dfrac{1}{3}\sum\limits_{i=1}^{n}e_i^3 M_{s-i}} = \frac{3M_{\tau-k}e_1}{\alpha\sum\limits_{i=1}^{n}e_i^3 M_{s-i}}$$

$$\tau_{k-2} = \frac{M_{\tau-k}e_2}{\alpha\dfrac{1}{3}\sum\limits_{i=1}^{n}e_i^3 M_{s-i}} = \frac{3M_{\tau-k}e_2}{\alpha\sum\limits_{i=1}^{n}e_i^3 M_{s-i}} \qquad (\text{F } 7.5.6)$$

avec :

- τ_{k-1} et τ_{k-2} : contrainte de cisaillement de torsion libre au milieu du côté long de parties rectangulaires 1 et 2 de la section ;

- e_1 et e_2 : épaisseur de parties rectangulaires 1 et 2 de la section ;

- $\dfrac{1}{3}\sum\limits_{i=1}^{n}e_i^3 M_{s-i} = \dfrac{1}{3}\left(e_1^3 M_{s-1} + e_2^3 M_{s-2} + ...\right)$: moment d'inertie de la section ;

- α : coefficients des sections (voir le tableau 7.1).

Le coefficient des sections *a* dépend des formes de section.

Tableau 7.1 Coefficients des sections a

Section	en I	en U	en L	en T	en Z
Coefficient de la section *a*	1,20	1,12	1,10	1,15	1,14

- Contrainte de cisaillement maximale :

$$\tau_{k-\max} = \frac{3M_{\tau-k}e_{\max}}{\alpha\sum\limits_{i=1}^{n}e_i^3 M_{s-i}} \qquad (\text{F } 7.5.7)$$

2. Angle par unité de longueur de torsion libre

$$\theta_k = \frac{3M_{\tau-k}}{\alpha \cdot G \sum\limits_{i=1}^{n}e_i^3 M_{s-i}} \qquad (\text{F } 7.5.8)$$

3. Formule pratique

Dans le cas où la section de forme est simple, nous pouvons utiliser les formules ci-dessous pour calculer la contrainte de cisaillement et l'angle de torsion.

- Contrainte de cisaillement au milieu du côté long de chaque partie rectangulaire :

$$\tau_k = \frac{M_{t-k}e_k}{I_k} \quad \text{en N/mm}^2 \text{ (MPa)} \qquad (\text{F } 7.5.9)$$

- Contrainte de cisaillement maximale :

$$\tau_{k-\max} = \frac{M_{t-k}e_{\max}}{I_k} \qquad (\text{F } 7.5.10)$$

avec :

- e_{max} : épaisseur maximale, en mm ;
- M_{t-k} : couple de torsion libre, en N.mm ;
- I_k : moment d'inertie de torsion libre, en mm^4.

- Angle unitaire de torsion libre :

$$\frac{d\theta_k}{dz} = \frac{M_{t-k}}{GI_k}$$

(F 7.5.11)

avec :

- M_t : moment de torsion, en N/mm ;
- G : module d'élasticité transversale (module de cisaillement), en N/mm^2 (MPa) ;
- I_k : moment d'inertie de torsion libre, en mm^4.

$$I_k = a \sum \frac{b_i e_i^3}{3} \; ;$$

- e_i : épaisseur moyenne ou épaisseur de chaque partie rectangulaire, en mm ;
- b_i : longueur moyenne ou longueur de chaque partie rectangulaire en mm ;
- a : coefficient de la section (voir le tableau 7.1).

7.5.2.2 Torsion libre des membrures tubulaires minces (réf. 7)

Pour la torsion des membrures tubulaires minces, nous considérons que la contrainte de cisaillement est uniformément répartie sur l'épaisseur de la section. Sur tous les points au contour de section, le produit de la contrainte de cisaillement et l'épaisseur est constant, $\tau \cdot e =$ constant. Donc, le courant de contrainte de cisaillement est aussi constant :

$$q = \tau \cdot e = \text{constant}$$

1. Contrainte de cisaillement τ_k et courant de cisaillement q_c de torsion libre :

$$\tau_k = \frac{M_{t-k}}{2A_c e}$$

$$q_c = \tau \cdot e = \frac{M_t}{2A_c}$$

(F 7-5-12)

avec :

- $M_{\tau-k}$: couple de torsion libre, en N/mm ;
- e : épaisseur, en mm ;
- q_c : courant de cisaillement de contour de section, *en N/mm* ;
- τ_k : contrainte de cisaillement de torsion libre, en N/mm^2 (MPa).

La contrainte maximale de torsion libre se trouve là où l'épaisseur est minimale. Sa valeur est :

$$\tau_{k-max} = \frac{M_{t-k}}{2A_c e_{min}}$$

(F 7.5.13)

2. Angle unitaire des torsions libres

L'angle de torsion libre ϕ, par unité de longueur d'une membrure tubulaire peut se calculer par la considération de l'énergie de déformation de torsion, qui est écrite :

$$U = \oint \frac{\tau^2\, e\, ds}{2G} \qquad \text{(F 7.5.14)}$$

s est la longueur de la ligne moyenne de la section.

En remplaçant, dans la formule (F 7.5.14), τ par son expression (F 7.5.13), puis en égalant l'énergie de déformation au travail effectué par le couple de torsion, nous obtenons :

$$\frac{M_{\tau-k}^2}{8A_C^2} \oint \frac{ds}{G\cdot e} = \frac{1}{2} M_{\tau-k}\theta$$

D'où :

$$\theta_k = \frac{M_{t-k}}{4A_c^2 G} \oint \frac{ds}{e} = \frac{1}{2A_c G} \oint \tau\, ds \qquad \text{(F 7.5.15)}$$

En utilisant le courant de contrainte de cisaillement, nous pouvons obtenir une formule similaire pour l'angle de torsion libre par unité :

$$\theta_k = \frac{M_{t-k}}{4A_c^2} \oint \frac{ds}{G\cdot e} = \frac{M_{t-k}}{G\cdot I_k} \qquad \text{(F 7.5.16)}$$

avec :

— M_{t-k} : couple de torsion libre, en N.mm ;

— G : module d'élasticité transversale (module de cisaillement), en N/mm^2 ;

— I_k : moment d'inertie de torsion libre, en mm^4.

$$I_k = \frac{4A_c^2}{\oint \dfrac{ds}{e}}$$

— e : épaisseur, en mm ;

— A_c : aire de contour de ligne milieu, en mm^2.

$$A_c = \frac{1}{2} \oint r\, ds$$

Pour un tube mince d'épaisseur variable, l'angle de torsion libre par unité est :

$$\theta_k = \frac{M_{t-k}}{4A_c^2 G} \oint \frac{ds}{e} \qquad \text{(F7.5.17)}$$

Pour un tube mince d'épaisseur uniforme, l'angle de torsion par unité est :

$$\theta_k = \frac{M_{t-k}\, s}{4A_c^2 G\cdot e} = \frac{\tau_k\, s}{2A_c G} \qquad \text{(F7.5.18)}$$

où s est la longueur de ligne moyenne au contour de section.

7.5.2.3 Torsion libre des tubes minces à section rectangulaire

1. Torsion libre des tubes minces à section rectangulaire à une seule courbe fermée

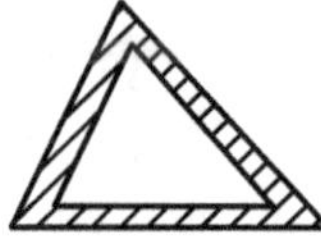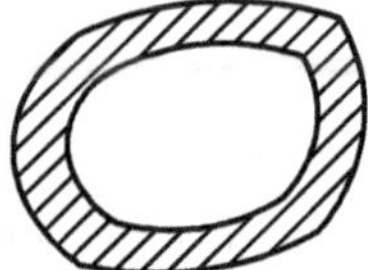

Figure 7.12 Membrures tubulaires minces.

Les sections fermées à l'épaisseur faible s'appellent aussi les membrures tubulaires minces (figure 7.12). L'influence du gauchissement de section est très faible pendant la torsion de la poutre, donc cette torsion s'appelle **torsion libre**.

Méthode de l'étude des membrures tubulaires minces (R. Bredt et L. Prandtl ; S. Timoshenko. Voir réf. 7)

Supposons les lisières extérieures et intérieures de la section disposée dans des plans horizontaux différents (figure 7.13). Nous négligerons la courbure de la membrane comme l'épaisseur du tube est très faible. Considérons que les génératrices *mn* sont rectilignes. Les contraintes de cisaillement sont uniformément réparties suivant l'épaisseur *h* de paroi et sont données par la pente de la surface de la membrane :

$$\tau = \frac{\delta}{e} \tag{a}$$

δ est la différence de niveau des deux lisières.

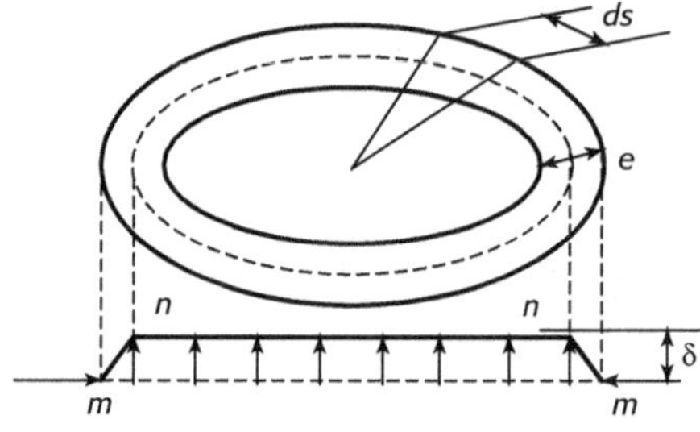

Figure 7.13 Torsion des membrures tubulaire minces

Comme le volume de *mmnn* est $A\delta$, avec la théorie de membrane le moment de torsion est :

$$M_t = 2A\delta \tag{b}$$

Pour une section tubulaire l'aire A de contour de ligne au milieu peut se calculer :

$$A = \frac{1}{2} \oint r\, ds$$

De ces équations (a) et (b), les contraintes de torsion de la membrure tubulaire à une épaisseur faible, sont :

$$\tau = \frac{M_t}{2A \cdot e} \qquad \text{en N/mm}^2 \text{ (MPa)}$$

Nous considérons que la contrainte comme le courant dispose reculement dans la section tubulaire, alors le courant de cisaillement égale l'effort du cisaillement :

$$q_c = \tau \cdot e = \frac{M_t}{2A} \quad \text{en N/mm}$$

avec :

- M_t: moment de torsion libre, en N.mm ;
- e : épaisseur, en mm.

L'énergie de déformation par unité de longueur de la membrure tubulaire est :

$$U = \int_0^s \frac{\tau^2 e \cdot ds}{2G}$$

Remplaçons par τ, nous obtenons :

$$\frac{M_t^2}{8A^2G} \int_0^s \frac{ds}{e} = \frac{1}{2} M_t \theta$$

L'angle de torsion par unité de longueur d'une membrane tubulaire est :

$$\theta = \frac{M_t}{4A^2G} \int_0^s \frac{ds}{e} = \frac{1}{2AG} \int_0^s \tau \ ds \qquad (\text{F } 7.5.19)$$

Si un tube d'épaisseur uniforme, τ est constant, l'angle de torsion par unité de longueur d'une membrane tubulaire devient :

$$\theta = \frac{\tau s}{2AG} \qquad (\text{F } 7.5.20)$$

Par la suite, nous étudions le tube mince à section rectangulaire des épaisseurs différentes à une seule courbe fermée. Considérons e_1 l'épaisseur du côté long a. e_2 est l'épaisseur de son côté court b.

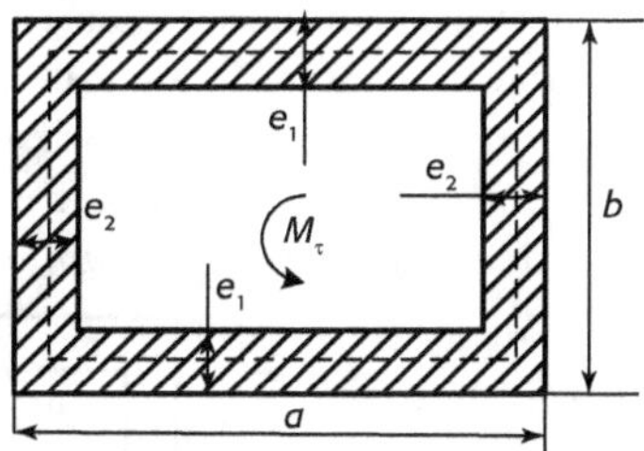

Figure 7.14 Section rectangulaire des épaisseurs différentes

À partir de l'expression (F 7.5.16), nous obtenons l'angle de torsion par unité de longueur d'une membrure tubulaire :

$$\theta_k = \frac{ae_1 + be_2 - e_1^2 - e_2^2}{be_1e_2(a-e_1)^2(b-e_2)^2} \left(\frac{M_{\tau-k}}{G} \right) \qquad (\text{F } 7.5.21)$$

Le tube mince supporte un couple de torsion M_τ, la contrainte moyenne de cisaillement sur le côté long, côté a, est :

$$\tau_{k-a} = \frac{M_{\tau-k}}{2e_1(a-e_1)(b-e_2)}$$

La contrainte moyenne de cisaillement sur le côté court, côté b, est :

$$\tau_{k-b} = \frac{M_{\tau-k}}{2e_2(a-e_1)(b-e_2)}$$

Si l'épaisseur du tube est variable, A est la surface tracée en pointillés sur la figure 7.15, les contraintes moyennes de cisaillement des quatre côtés sont :

$$\tau_{k-1} = \frac{M_{\tau-k}}{2Ae_1} ;$$

$$\tau_{k-2} = \frac{M_{\tau-k}}{2Ae_2}$$

$$\tau_{k-3} = \frac{M_{\tau-k}}{2Ae_3}$$

$$\tau_{k-4} = \frac{M_{\tau-k}}{2Ae_4}$$

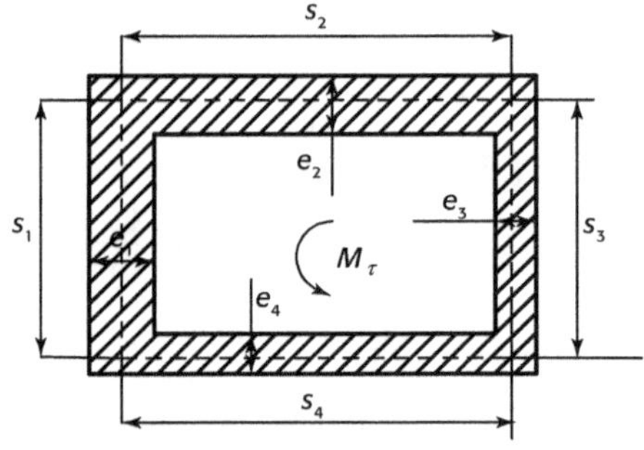

Figure 7.15 Section rectangulaire des épaisseurs variables.

Dans ce cas l'angle de torsion par unité de longueur d'une membrure tubulaire est :

$$\theta_k = \frac{M_{\tau-k}}{4A^2G}\left(\frac{s_1}{e_1} + \frac{s_2}{e_2} + \frac{s_3}{e_3} + \frac{s_4}{e_4}\right) \qquad \text{(F 7.5.22)}$$

2. Torsion libre des tubes minces à section rectangulaire composant des courbes multiples fermées (Réf. 7)

Nous utilisons, encore une fois, la méthode de l'étude des membrures tubulaires minces. Soit un tube mince à section rectangulaire des courbes multiples fermées. Nous calculons les contraintes de torsion dans une membrure tubulaire composant des parois intermédiaires. Il dispose de courbes dans trois plans horizontaux différents nn, pp et mm. Le film de savon reliant ces trois courbes forme une surface étroite dont les sections transversales ont pour traces les lignes mn, np et pm. Supposons que les épaisseurs de parois e_1, e_2 et e_3 soient faibles, négligeant la courbure de la membrane dans la direction normale aux contours. Dans ce cas, nous considérons que les lignes mn, np et pm sont des droites.

Les pentes de la membrane, donnant les contraintes dans la paroi de la membrure tubulaire sont :

$$\tau_{k-1} = \frac{\delta_1}{e_1}, \ \tau_{k-2} = \frac{\delta_2}{e_2}$$

$$\tau_{k-3} = \frac{\delta_1 - \delta_2}{e_3} = \frac{e_1\tau_1 - e_2\tau_2}{e_3}$$

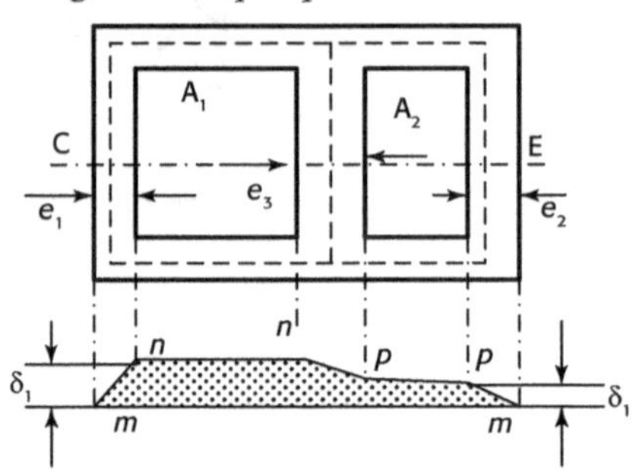

Figure 7.16

Supposons que A_1 et A_2 sont les aires limitées par les courbes en pointillés de la figure 7.16, Le couple de torsion, produisant les contraintes en prenant le double du volume de l'espace *mnnppm* de la figure 7.16, est :

$$M_{\tau-k} = 2(A_1\delta_1 + A_2\delta_2)$$

Si au contour des tubes minces le courant de contrainte cisaillement est constant et l'angle de torsion par unité de longueur est égal.

Le couple de torsion peut s'écrire sous la forme du courant de cisaillement :

$$M_{t-k} = \sum_{i=1}^{n} 2A_i q_i \qquad \text{(F 7.5.23)}$$

Les contraintes de cisaillement sont :

$$\tau_{k-1} = \frac{M_{\tau-k}}{2A_1 e_1} - \frac{A_2 e_2 \tau_{k-2}}{A_1 e_1} = \frac{M_{\tau-k}}{2e_1(A_1 + A_2)}$$

$$\tau_{k-2} = \frac{M_{\tau-k}}{2A_2 e_2} - \frac{A_1 e_1 \tau_{k-1}}{A_2 e_2} = \frac{M_{\tau-k}}{2e_2(A_1 + A_2)} \qquad \text{(F 7.5.24)}$$

L'angle de déplacement de torsion est :

$$\frac{d\theta}{dz} = \frac{q}{2A_c G} \oint \frac{ds}{e} \qquad \text{(F 7.5.25)}$$

Pour la section de deux courbes fermées, l'angle de déplacement de torsion est :

$$\theta = \frac{1}{2A_1 G}\left(\tau_1 s_1 + \tau_3 s_3\right) \qquad \text{(F 7.5.26)}$$

ou :

$$\theta = \frac{1}{2A_2 G}\left(\tau_2 s_2 - \tau_3 s_3\right)$$

avec :

— s_1 et s_2 : longueurs des courbes fermées 1 et 2 ;

— A_1 et A_2 : aires des courbes fermées 1 et 2.

7.5.2.4 Exercices de torsion libre des profilés à parois minces

Exercice 7.12

Torsion libre des profilés à parois minces

Considérons un profilé avec la section à trois courbes fermées.

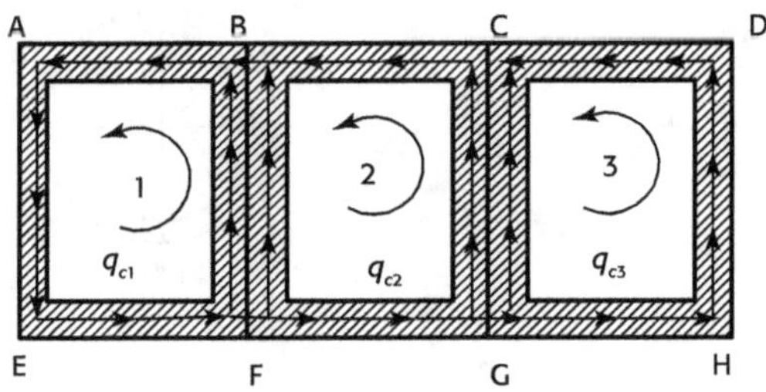

– Couples de torsion libre :

$$M_t = 2A_1 q_{c1} + 2A_2 q_{c2} + 2A_3 q_{c3}$$

– Angle de torsion libre :

$$2A_1 G \frac{d\theta}{dz} = q_{c1}\left[\left(\frac{L_{BA}}{e_{BA}}\right) + \left(\frac{L_{AB}}{e_{AB}}\right) + \left(\frac{L_{EF}}{e_{EF}}\right)\right] + \left(q_{c1} - q_{c2}\right)\cdot\left(\frac{L_{FB}}{e_{FB}}\right)$$

$$2A_2 G \frac{d\theta}{dz} = q_{c2}\left[\left(\frac{L_{cB}}{e_{cB}}\right) + \left(\frac{L_{FG}}{e_{FG}}\right)\right] + \left(q_{c2} - q_{c1}\right)\cdot\left(\frac{L_{BF}}{e_{BF}}\right) + \left(q_{c3} - q_{c2}\right)\cdot\left(\frac{L_{GC}}{e_{GC}}\right)$$

$$2A_3 G \frac{d\theta}{dz} = q_{c3}\left[\left(\frac{L_{DC}}{e_{DC}}\right) + \left(\frac{L_{GH}}{e_{GH}}\right) + \left(\frac{L_{HD}}{e_{HD}}\right)\right] + \left(q_{c3} - q_{c2}\right)\cdot\left(\frac{L_{CG}}{e_{CG}}\right)$$

avec :

– L_{AB} ; L_{BA} ; L_{EF} ; L_{FB} ; L_{CB} ; L_{FG} ; L_{BF} L_{GC}, L_{DC}, L_{GH}, L_{HD}, L_{CG} : longueurs de AB, BA, EF, FB, CB, FG, BF GC, DC, GH, HD et CG, en mm ;

– e_{AB} ; e_{BA} ; e_{EF} ; e_{FB} ; e_{CB} ; e_{FG} ; e_{BF} e_{GC}, e_{DC}, e_{GH}, e_{HD}, e_{CG} : épaisseurs de AB, BA, EF, FB, CB, FG, BF GC, DC, GH, HD et CG, en mm ;

– A_1, A_2 A_3 : surfaces intérieures des contours ABFE, BCGF et CDHG, en mm^2 ;

– G : module d'élasticité transversale, en N/mm^2 (MPa) ;

– q_{c1}, q_{c2}, q_{c3} : courant de cisaillement de contour ABFE, BCGF et CDHG, en N/mm.

Torsion libre des profilés à parois minces

Soit une poutre circulaire fermée n°1 et une autre poutre circulaire ouverte n°2. Les rayons moyens sont les mêmes : r ; les épaisseurs sont les mêmes aussi : e.

1. Poutre à section membrure circulaire fermée

– Surface du cercle de rayon r : $A_{c1} = \pi r^2$ en mm^2

– Longueur du cercle : $s_1 = 2\pi r$ en mm

– Contrainte de cisaillement de torsion libre :

$$\tau_{1-k} = \frac{M_{t-k}}{2A_c e} = \frac{M_{t-k}}{2\pi r^2 e} \text{ en N/mm}^2 \text{ (MPa)}$$

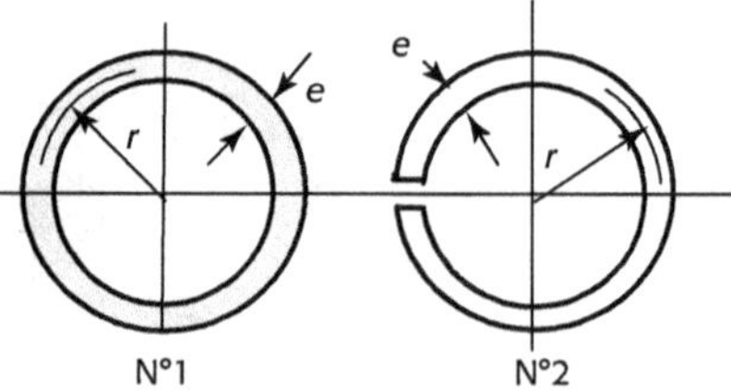

– Angle de torsion libre par unité de longueur :

$$\theta_{1-k} = \frac{M_{t-k}}{2A_c G} \oint \frac{ds}{e} = \frac{M_{t-k}s}{4GA_c^2 e} = \frac{M_{t-k}2\pi r}{4G(\pi r^2)^2 e} = \frac{M_{t-k}}{2G\pi r^3 e}$$

– Angle de torsion libre :
$$\phi_{1-k} = \frac{M_{t-k}L}{2G\pi r^3 e}$$

2. Poutre à section membrure circulaire ouverte

   Méthode : Considérer la poutre circulaire ouverte comme une poutre droite à section rectangulaire.

$$\frac{1}{3}h \cdot e^3 = \frac{2}{3}\pi \cdot r \cdot e^2$$

– Contrainte de cisaillement de torsion libre :

$$\tau_{k-2} = \frac{M_{t-k}}{\frac{1}{3}h \cdot e^2} = \frac{3M_{t-k}}{2\pi \cdot r \cdot e^2} \quad \text{en N/mm}^2 \text{ (MPa)}$$

– Angle de torsion libre par unité de longueur :

$$\theta_{k-2} = \frac{M_{t-k}}{G\frac{1}{3}h \cdot e^3} = \frac{3M_{t-k}}{2\pi \cdot r \cdot e^3 G}$$

– Angle de torsion libre :
$$\phi_{k-2} = \frac{3M_{t-k}L}{2\pi \cdot r \cdot e^3 G}$$

– Moment d'inertie :
$$I_p \approx 2\pi \cdot r^3 e \qquad \text{en mm}^4$$

– Module de résistance :
$$w_p = \frac{I_p}{r} \approx 2\pi \cdot r^2 e \quad \text{en mm}^3$$

3. Comparer les contraintes et les déformations des deux cas.

– Rapport des contraintes de cisaillement de torsion libre :

$$\frac{\tau_{k-2}}{\tau_{k-1}} = 3\left(\frac{r}{e}\right)$$

– Rapport des angles de torsion libre :

$$\frac{\theta_{k-2}}{\theta_{k-1}} = 3\left(\frac{r}{e}\right)^2$$

Conclusion : Comme le rayon r est plus grand que l'épaisseur, la déformation et la contrainte tangentielle des poutres ouvertes sont plus importantes que celles des poutres fermées. Dans la pratique, nous devons éviter d'utiliser la poutre circulaire ouverte.

7.5.3   Torsion entravée des poutres à parois minces (réf. 7) Méthode des membrures (S.P. Timoshenko)

7.5.3.1   Torsion entravée des poutres à parois minces

Dans l'étude de torsion libre de profilé à parois minces en C et en I, pendant la torsion libre, nous supposions que le couple de torsion était appliqué aux extrémités du profilé et que toutes les sections transversales étaient entièrement libres de gauchir. Mais dans certains cas, une ou plusieurs sections doivent rester planes, parce qu'il existe des entraves au gauchissement. Si pendant la torsion, les gauchissements des sections transversales sont entravés, nous l'appelons la torsion entravée.

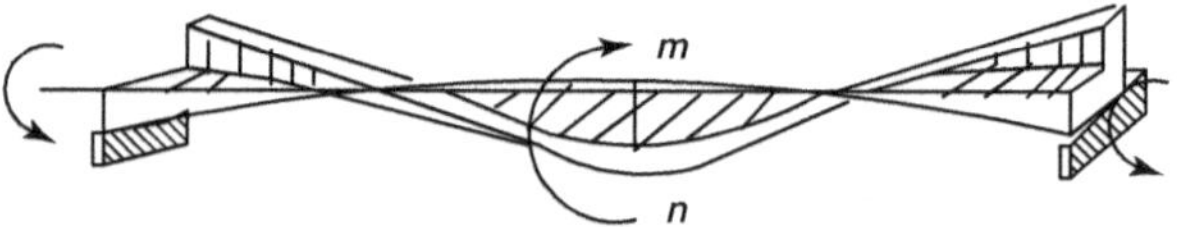

Figure 7.17 Profilé en L en torsion entravée.

Si les sections des profilés sont pleines, par exemple les sections ellipses ou rectangles, ou bien si les dimensions des sections sont faibles par rapport à la longueur du profilé, la restriction n'a pas une influence négligeable sur l'angle de torsion. Nous considérons qu'il y a seulement une flexion des ailes.

Dans le cas de section dissymétrique ou de section à un seul axe de symétrique, par exemple les profile en L et C, durant la torsion entravée il se produit non seulement une flexion des ailes mais encore une flexion de l'âme.

Les contraintes dues aux flexions des ailes et de l'âme, en supposant que ces épaisseurs soient faibles, dans les directions perpendiculaires à leurs plans peuvent être négligées. Donc l'action entre l'aile supérieure et l'âme ne comporte que des contraintes de cisaillement. Ces contraintes donnent lieu à une flexion et à une compression dans l'aile.

7.5.3.2   Torsion des sections symétriques des profilés à parois minces

Supposons que le couple de la torsion soit appliqué à l'extrémité du profilé en I ou en C et de tout autre profilé à parois minces. L'interdiction du gauchissement des sections transversales durant la torsion donne lieu à une flexion des ailes. Elle peut avoir une influence considérable sur l'angle de torsion qui dépend de la rigidité des ailes.

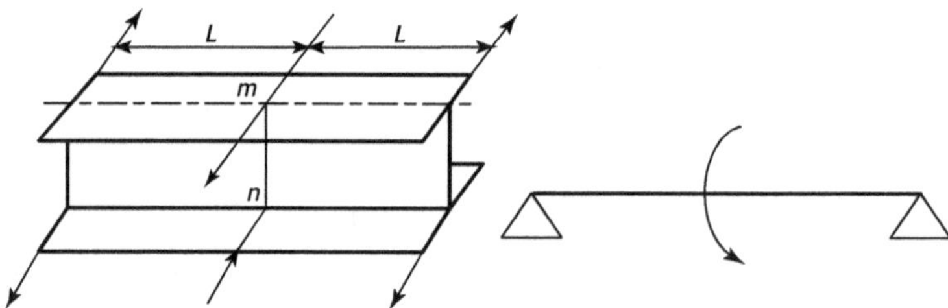

Figure 7.18 Profilé en I en torsion entravée.

Exemple : Un couple appliqué $M_t(x)$ sur le milieu d'une poutre en I reposant sur deux appuis simples (figure 7.18). Par raison de symétrie, la section *mn* doit rester plane durant la torsion, et la rotation, par rapport aux sections d'extrémité, il en résulte pour la section considérée qu'elle s'accompagne d'une flexion des ailes.

1. Moments de torsion

Dans une section quelconque x, le couple de torsion d'extrémité est équilibré en partie par les contraintes de cisaillement dues à la torsion libre $M_k(x)$, et en partie par les contraintes de cisaillement résultant de la flexion des ailes dues à la torsion entravée $M_\omega(x)$.

$$M_t(x) = M_k(x) + M_\omega(x) \qquad \text{(F 7.5.27)}$$

Isolons le demi-profilé (voir la figure 7.19). Nous le considérons comme une poutre encastrée à une extrémité, et l'autre extrémité supportant un couple de torsion. Soit ϕ l'angle de torsion relatif à une section quelconque. $\dfrac{d\phi}{dx} = \theta$ est l'angle de torsion par unité de longueur de la poutre.

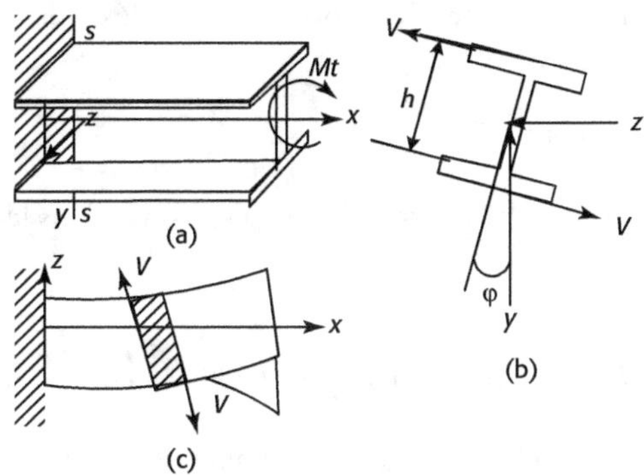

Figure 7.19 Isoler la moitié du profilé I.

a. La partie $M_k(x)$ du couple de torsion $M_t(x)$ compensée par les contraintes de cisaillement dues à la torsion est déterminée pour une section quelconque par la relation :

$$M_k(x) = C\theta \qquad \text{(F 7.5.28)}$$

C'est la rigidité de torsion de la poutre. $M_k(x)$ s'appelle le moment de moment libre.

b. La deuxième partie $M_\omega(x)$ du couple de torsion, compensée par les cisaillements produits par la flexion dans les ailes, où nous devons considérer la flexion d'une aile (figure 7.17 c). Comme ce moment est produit par gauchissement de la section, c'est le moment de torsion entravée (couple de torsion entravée). h est la distance entre les centres de gravité des ailes. La déformation, en une section quelconque de l'aile supérieure, est égale à :

$$z = \frac{h\phi}{2}$$

Et la différenciation donne :

$$\frac{d^3 z}{dx^3} = \frac{h}{2}\frac{d^3\phi}{dx^3} = \frac{h}{2}\frac{d^2\phi}{dx^2}$$

Soit D la rigidité de flexion d'une aile dans le plan xz, en notant z positif dans le sens indiqué dans la figure 7.19.c, l'effort tranchant produit par la flexion dans l'aile s'écrit :

$$V = \frac{dM}{dx} = D\frac{d^3 z}{dx^3} = \frac{Dh}{2}\frac{d^2 x}{dx^2}$$

Tenant compte du sens positif indiqué par V (figure 7.19.c) le couple de torsion entravée est :

$$M_\omega = -Vh = -\frac{Dh^2}{2}\frac{d^2\theta}{dx^2} \tag{F 7.5.29}$$

D est la rigidité en flexion d'une aile déformée de profilé en daN/mm^2. C est la rigidité en torsion en daN/mm^2.

– Pour un arbre circulaire $C = GI_p$.

– Pour un arbre rectangulaire $C = \beta \cdot bc^3 G$ (β se trouve dans le tableau 4.1)

De l'expression (F 7.5.27), nous déduisons que la résultante des couples de torsion est :

$$M_t(x) = M_k(x) + M_\omega(x) = C\theta - \frac{Dh^2}{2}\frac{d^2\theta}{dx^2} \tag{F 7.5.30}$$

Nous pouvons utiliser la formule (F 5.29) pour calculer le couple de torsion totale d'une section quelconque.

2. Déterminer l'angle de torsion par unité de longueur.

a. Pour l'extrémité d'encastrement de la poutre dans la figure 7.19, $x = 0$, $\theta = 0$ et $M_k(0) = 0$, le couple de torsion compensé par le moment des efforts tranchants dans les ailes dus à la flexion. L'effort tranchant est égal à :

$$V = -\frac{M_t'}{h}$$

Pour l'autre extrémité, $x = L$, l'angle de torsion par unité de longueur est :

$$\theta = \frac{M_t}{C}\left[1 - \frac{1}{\cosh\left(\dfrac{L}{a}\right)}\right] \tag{F 7.5.31}$$

b. Dans le cas où la longueur du profilé est beaucoup plus grande que la dimension de section transversale, l'angle de torsion par unité de longueur a une valeur proche de :

$$\theta \approx \frac{M_t}{C}$$

c. Dans le cas considéré, $M_k(x)$ est constant suivant la longueur L du profilé, et l'angle de torsion par unité de longueur s'écrit :

$$\theta = \frac{M_t}{C}\left[1 - \frac{\cosh\left(\dfrac{L-x}{a}\right)}{\cosh\left(\dfrac{L}{a}\right)}\right] \qquad \text{(F 7.5.32)}$$

Le coefficient de section de profilé en I est :

$$a^2 = \frac{Dh^2}{2C} \qquad \text{(en mm pour } a\text{)}$$

Le coefficient a de section de profilé dépend des types du profilé et des caractéristiques de la section transversale. Dans le cas où M_t est variable, il suffit d'utiliser la fonction $M_t(x)$ dans l'équation (F 7.5.28).

3. Déterminer le moment de flexion dans l'aile.

À partir de l'effort tranchant dans les ailes, nous obtenons le moment de flexion dans l'aile :

$$M_{f-a} = \frac{Dh}{2}\frac{d\theta}{dx}$$

Considérons $M_k(x)$ est constant, utilisant l'équation (F 7.5.32), nous obtenons :

$$M_{f-a} = \frac{Dh}{2}\frac{M_t}{aC}\frac{\sinh\left(\dfrac{L-x}{a}\right)}{\cosh\left(\dfrac{L}{a}\right)} = \frac{a}{h}M_t\frac{\sinh\left(\dfrac{L-x}{a}\right)}{\cosh\left(\dfrac{L}{a}\right)} \qquad \text{(F 7.5.33)}$$

a. À l'extrémité encastrée, le moment de flexion de l'aile est maximal.

$$M_{\max} = \frac{a}{h}M_t\,\mathrm{tg}\left(\frac{L}{a}\right) \qquad \text{(F 7-5-34)}$$

b. Si L est plusieurs fois supérieur au coefficient de la section a, nous avons $\mathrm{tgh}\left(\dfrac{L}{a}\right) \approx 1$. Le moment de flexion de l'aile est égal à :

$$M_{\max} = \frac{aM_t}{h} \qquad \text{(F 7-5-35)}$$

c. Le moment de flexion maximum dans l'aile est le même que dans le cas d'une poutre en porte-à-faux de longueur a supportant à son extrémité une charge égale à M_τ / h.

d. Si la longueur L d'une poutre très courte est faible comparativement à a, alors, en utilisant la formule (F 7.5.34), le moment de flexion de l'aile devient :

$$M_{\max} = \frac{M_t L}{h} \qquad \text{(F 7.5.36)}$$

4. Déterminer l'angle de torsion.

Nous pouvons calculer l'angle de torsion en intégrant la formule (F 7.5.32), dans lequel les constantes auront été déterminées de façon que $\phi = 0$, pour $x = 0$.

$$\phi = \frac{M_t}{C}\left[x + \frac{a\sin h\left(\dfrac{L-x}{a}\right)}{\cosh\left(\dfrac{L}{a}\right)} - a\ tgh\left(\dfrac{L}{a}\right)\right]$$
(F 7.5.37)

Faisant $x = L$ dans cette relation, l'angle de torsion à l'extrémité est :

$$\phi_{x=L} = \frac{M_t}{C}\left[L - a\ tgh\left(\frac{L}{a}\right)\right]$$
(F 7.5.38)

Le second terme de la parenthèse représente l'influence de la flexion des ailes sur l'angle de torsion. Pour M_t est constant et la poutre longue, $tgh\left(\dfrac{L}{a}\right) \approx 1$, l'équation (F7.5.38) devient :

$$\phi_{x=L} = \frac{M_t}{C}(L-a)$$
(F 7.5.39)

L'influence de la flexion des ailes sur l'angle de torsion equivalent par suite à une diminution de la longueur L de la quantité a.

5. Conclusion

« Dans l'étude de la torsion d'une poutre en I, nous avons déduit de la condition de symétrie que les sections de la poutre effectuaient une rotation autour de la ligne moyenne de la poutre. Nous n'avons pas à tenir compte de la flexion des ailes. Cette flexion n'interfère pas avec la torsion simple de l'âme, puisque, aux points de jonction de l'âme et des ailes, les contraintes de flexion dans les ailes s'annulent. »

7.5.3.3 Torsion des sections dissymétriques des poutres à parois minces

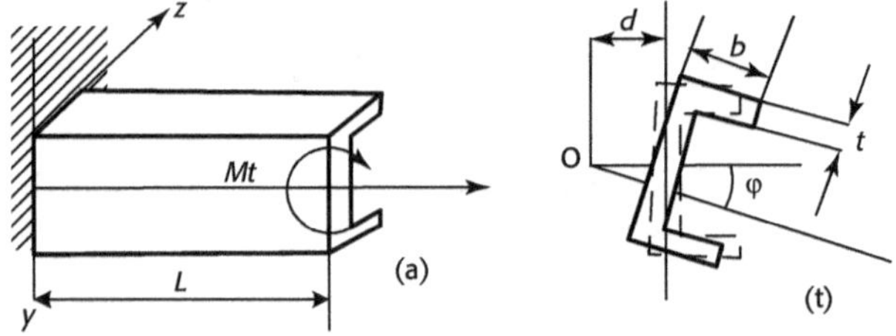

Figure 7.20 Torsion entravée de profilé en C.

Dans le cas de sections dissymétriques ou de sections à un axe de symétrie, durant la torsion elle se produit non seulement à la flexion des ailes mais encore à la flexion de l'âme.

Dans le cas d'un profilé en C, (voir figure 7.20), chaque section effectue une rotation autour du centre de torsion O, qui se trouve sur l'axe de symétrie horizontale à la distance d du plan moyen de l'âme. Cette distance d est égale à :

$$d = \frac{b^2 h^2 L}{4I}$$

Les déformations des ailes et de l'âme dans leur plans respectifs sont égales à :

$$z = \pm \frac{h}{2}\phi \qquad y = e\phi \qquad\qquad \text{(F 7.5.40)}$$

Ici l'angle ϕ de torsion est petit et les épaisseurs des ailes et de l'âme sont faibles. Dans ce cas, les contraintes normales dues à la flexion de ces éléments dans leurs directions perpendiculaires à leurs plans peuvent être négligeables.

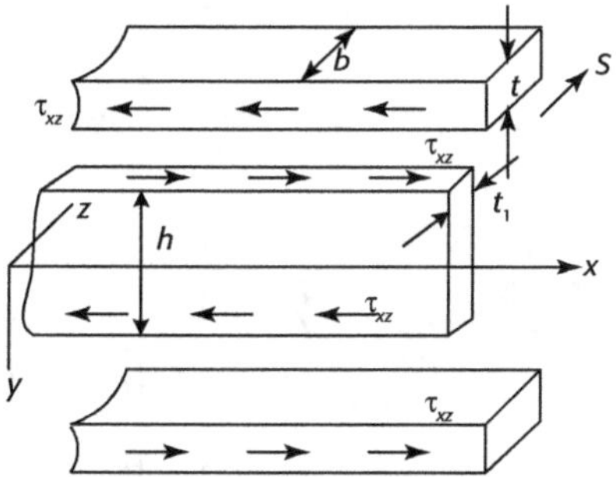

Figure 7.21 Contraintes dans une section du profilé en C.

Les contraintes de cisaillement τ_{xz} (voir figure 7.21) donnent lieu à une flexion et une compression dans l'aile. Considérons S la valeur d'effort de compression dans l'aile à distance x de l'encastrement, nous avons :

$$t(\tau_{xz})_0 = -\frac{ds}{dx} \quad \text{et} \quad S = t\int_x^L (\tau_{xz})_0\, dx$$

La déformation dans la direction longitudinale, à la jonction de l'âme et de l'aile, est la même pour ces deux éléments. En calculant les courbures des déformées au moyen des formules (F 7.5.41), cette déformation est égale à :

$$\varepsilon_x = e\frac{d^2\phi}{dx^2}\frac{h}{2} = \frac{h}{2}\frac{d^2\phi}{dx^2}\cdot\frac{b}{2} - \frac{S}{btE} \qquad\qquad \text{(F 7.5.41)}$$

Considérons, $I_z = \dfrac{t_1 h^3}{12} + \dfrac{bth^2}{2}$, l'effort de compression dans l'aile à distance x de l'encastrement est égal à :

$$S = \frac{Eb^2 h^4 tt_1}{48 I_z}\cdot\frac{d^2\phi}{dx^2} \qquad\qquad \text{(F 7.5.42)}$$

Avec la valeur S d'effort de compression dans l'aile à distance x de l'encastrement, nous pouvons calculer le couple de torsion entravée M_ω.

a. Contraintes de cisaillement dans l'âme

Prenons deux sections très proches mn et $m_1 n_1$ (voir figure 7.22.a). L'équation d'équilibre de l'élément hachuré $mnm_1 n_1$ s'écrit :

$$\tau_{\hat{a}me-xy}t_1 dx - \frac{dS}{dx}dx + \frac{dM_{f-a}}{dx}\frac{Q_{\hat{a}me-z}}{I'_{\hat{a}me-x}}dx = 0 \qquad\qquad \text{(F 7.5.43)}$$

avec :

- $Q_{âme-z}$: moment par rapport à l'axe z, de la partie hachurée de la section transversale de l'âme (voir figure. 7.22b) ;

- $I'_{âme-z} = \dfrac{t_1 h^3}{12}$: moment d'inertie de la section de l'âme par rapport à l'axe z ;

- $M_{âme-f}$: moment de flexion dans l'âme, qui est considéré comme positif s'il donne lieu à une traction à la lisière supérieure, est égal à :

$$M_{âme-f} = EI'_{âme-x} \cdot e \frac{d^2 \phi}{dx^2} = S_{âme} h$$

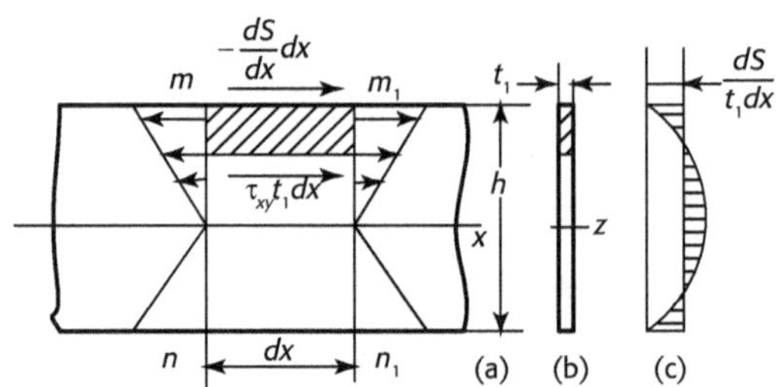

Figure 7.22 Contraintes de cisaillement dans l'âme

De l'équation (F7.5.43), nous obtenons la contrainte de cisaillement :

$$\tau_{âme-xy} = \frac{dS}{t_1 dx}\left(1 - \frac{Q_{âme-z} h}{I'_{âme-z}}\right) \qquad (F7.5.44)$$

La variation de $Q_{âme-z}$ suivant la hauteur de la section obéit à une loi parabolique, la répartition de $\tau_{âme-xy}$ s'effectue comme l'indique l'aire hachurée dans la figure 7.22.c.

Les efforts tranchants dans l'âme et dans les deux ailes doivent faire équilibre au couple de torsion entravée M_ω et que ceci n'est possible que si l'effort tranchant dans l'âme s'annule et si les efforts tranchants dans les deux ailes forment un couple. L'effort tranchant résultant dans l'âme est nul.

b. Contraintes de cisaillement dans l'aile $\tau_{aile-xy}$

Sur la section mn s'exerce l'effort de compression S, et le moment de flexion est :

$$M_{aile-f} = D_{aile} \frac{d^2 \phi}{dx^2} \cdot \frac{h}{2} \qquad (F7.5.45)$$

Ici, $D_{aile} = \dfrac{Etb^2}{12}$ désigne la rigidité de flexion de l'aile dans son plan en $daN \, / \, mm^2$

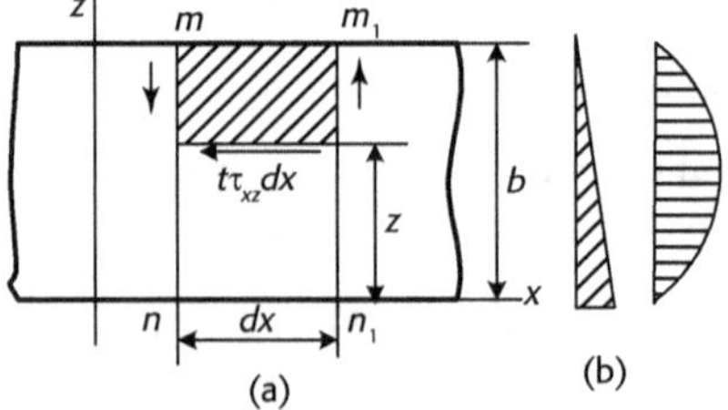

Figure 7.23 Contraintes de cisaillement dans l'aile

L'équation d'équilibre entre deux sections très proches mn et $m_1 n_1$ (voir figure 7.23.a) est :

$$t\tau_{aile-xz}dx + \frac{dS}{dx}dx \cdot \frac{b-z}{b} + \frac{dM_{aile-f}}{dx}dx \frac{Q_{aile-z}}{I_{aile-z}} = 0$$

avec :

- Q_{aile-z} : moment par rapport à l'axe z, de la partie hachurée de la section transversale de l'âme (voir figure. 7.23.b) ;

- $I'_{aile-z} = \dfrac{t \cdot h^3}{12}$: moment d'inertie de la section de l'âme par rapport à l'axe z.

Nous obtenons les contraintes de cisaillement $\tau_{aile-xz}$:

$$\tau_{aile-xz} = -\frac{1}{t}\frac{dS}{dx}\frac{b-z}{b} - \frac{E_{aile}}{t} \cdot \frac{d^3\phi}{dx^3} \cdot \frac{hQ_{aile-z}}{2} \qquad (\text{F 7.5.46})$$

Les deux termes de cette équation sont représentés dans la figure 7.3.b. par les aires du triangle et du segment parabolique. L'effort tranchant total dans l'aile est égal à la somme de deux aires, multipliée par l'épaisseur t de l'aile :

$$V = \frac{b}{2}\frac{dS}{dx} + E\frac{htb^3}{24}\frac{d^3\phi}{dx^3}$$

Remplaçons S par $S = \dfrac{Eb^2h^4tt_1}{48I_z} \cdot \dfrac{d^2\phi}{dx^2}$ et posons $\theta = \dfrac{d\phi}{dx}$, nous obtenons :

$$V = \frac{Eb^3ht}{24}\left(1 + \frac{t_1h^3}{4I_z}\right)\frac{d^2\theta}{dx^2}$$

Le couple de torsion entrée, qui fait équilibre aux efforts tranchants dans les ailes, est :

$$M_\omega = -Vh = -\frac{Dh^2}{2}\left(1 + \frac{t_1h^3}{4I_z}\right)\frac{d^2\theta}{dx^2} \qquad (\text{F 7.5.47})$$

L'expression (F 7.5.47), au lieu de l'expression (F 7.5.28) obtenue pour le profilé I, peut être utilisée pour calculer l'angle de torsion du profilé en C. Mais pour le profilé en C, le coefficient a de section sera différent. Rappelons que le coefficient a de profilé en I est :

$$a^2 = -\frac{Dh^2}{2C}$$

Pour le profilé en C, le coefficient de section sera :

$$a^2 = -\frac{Gh^2}{2C}\left(1 + \frac{t_1h^3}{4I_z}\right) \qquad (\text{F 7.5.48})$$

Exercice 7.14

Torsion entravée – Coefficient de section

Considérons le profilé à parois minces en *z*, encastré à une extrémité et supportant un couple de torsion sur l'autre extrémité. Déterminer le moment maximum de flexion sur les deux ailes de la section.

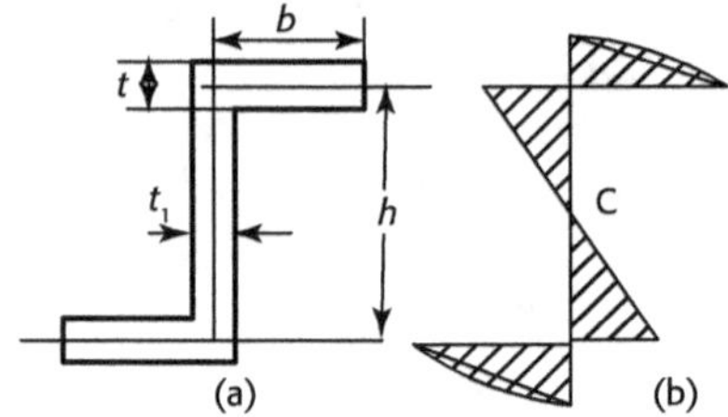

Supposons que le centre de torsion et le centre de gravité sont identiques. Dans ce cas, il n'y a pas de flexion de l'âme. Les deux ailes supportent la répartition des contraintes de cisaillement, produites par les forces identiques.

L'effort tranchant dans l'âme s'annule. Les efforts tranchants opposés *V* dans les ailes sont égaux à :

$$V = \pm \frac{Eb^2 h \cdot t}{12} \left(2 - \frac{3bt}{2bt + h \cdot t_1} \right) \frac{d^3 \phi}{dx^3}$$

Le couple de torsion entravée par la flexion des ailes est :

$$M_\omega = -Vh = -Db^2 \cdot \left(2 - \frac{3bt}{2bt + h \cdot t_1} \right) \frac{d^3 \phi}{dx^3}$$

Dans cette formule, *D* désigne la rigidité de flexion d'une aile.

Le moment de flexion maximum est :

$$M_{\max} = \frac{a}{h} M_t \, tg \left(\frac{L}{a} \right)$$

Si *L* est plusieurs fois supérieur à *a*, $tgh \left(\dfrac{L}{a} \right) \approx 1$, nous utilisons la formule ci-dessous :

$$M_{\max} = \frac{a M_t}{h}$$

Le coefficient *a* de section est :

$$a^2 = \frac{Dh^2}{C} \left(2 - \frac{3bt}{2bt + ht_1} \right)$$

Torsion entravée - Coefficient de section

Considérons le profilé à parois minces en I, avec les longueurs différentes des ailes, encastré à une extrémité et supportant un couple de torsion sur l'autre extrémité. Déterminer le moment maximum de flexion sur les deux ailes de la section.

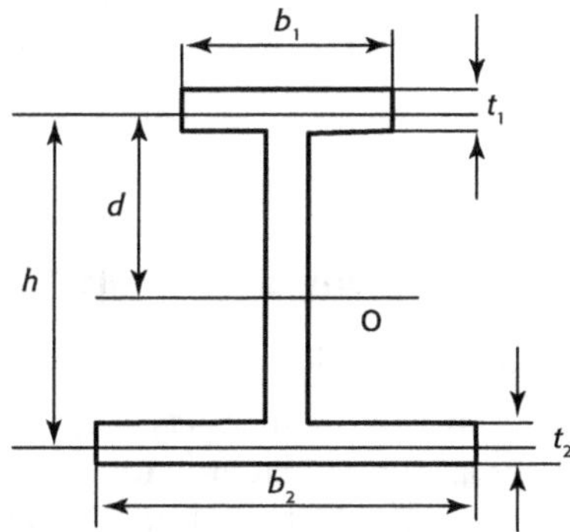

Les efforts tranchants opposés V dans les ailes sont égaux à :

$$V = \pm Dd\,\frac{d^3\phi}{dx^3}$$

avec :

$$D = \frac{Et_1 b^3}{12} \;\; ; \;\; \frac{d}{h-d} = \frac{b_2^3 t_2}{b_1^3 t_1}$$

Le couple de torsion entravée absorbé par la flexion des ailes est :

$$M_\omega = -Vh = -Ddh \cdot \frac{d^3\phi}{dx^3}$$

Dans la formule, D désigne la rigidité de flexion d'une aile.

Le moment de flexion maximum est :

$$M_{\max} = \frac{a}{h} M_t\, tg\left(\frac{L}{a}\right)$$

Si L est plusieurs fois supérieur à a, $tgh\left(\dfrac{L}{a}\right) \approx 1$, nous utilisons la formule ci-dessous :

$$M_{\max} = \frac{aM_t}{h}$$

Le coefficient de section est :

$$a^2 = \frac{Ddh^2}{C}$$

Dans le § 7.5.3, nous présentons la méthode des membrures pour étudier les déformations des sections transversales de la poutre pendant la torsion entravée. Cette méthode donne le moment de torsion entravée, la contrainte de cisaillement et le coefficient de section déformée. Mais nous nous demandons : existe-il une méthode donnant les caractéristiques de la section transversale et les contraintes normales qui ressemblent aux déformations normales ?

7.5.4 Torsion entravée des profilés à parois minces

Méthode de bi-moment et repère d'éventail ω

Dans ce chapitre, nous introduisons le bi-moment et le repère « éventail » pour l'étude de torsion entravée des profilés à parois minces. En utilisant le bi-moment et le repère d'éventail, nous aurons les formules qui ressemblent aux formules de flexions de poutre pour les caractéristiques, les contraintes et les déformations durant le gauchissement des sections transversales.

7.5.4.1 Bi-moment et repère d'éventail ω

7.5.4.1.1 Bi-moment (moment de couple)

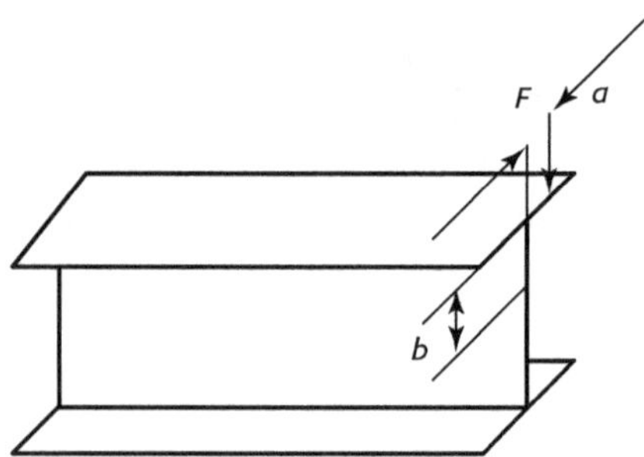

Figure 7.25 Moment de couple ou bi-moment de l'effort.

Considérons un profilé à parois minces en I supportant un effort excentrique (voir figure 7.25).

Dans la section transversale, où l'effort F s'effectue, cet effort produit un moment de force ou un couple $M_\omega = C = F \cdot a$. Ce moment, ou ce couple, reproduit un deuxième moment $B = M_\omega \cdot b = C \cdot b = F \cdot a \cdot b$. Ce deuxième moment s'appelle bi-moment de l'effort F, ou moment de couple C, et noté B, en N.mm^2.

1. Définition des signes de moment de torsion M_τ

Nous définissons les signes des moments de torsion M_τ et $M_{\tau-u}$ tels qu'ils respectent la règle de la main droite (voir tableau 7.02).

Tableau 7.02 Moment de torsion M_τ et moment unitaire de torsion $M_{\tau-u}$.

Signe de M_τ et $M_{\tau-u}$	Loi de la main droite
M_τ ou $M_{\tau-u}$ positif	x — direction d'axe $+M_t$ — moment de torsion
M_τ ou $M_{\tau-u}$ négatif	x — direction d'axe $-M_t$ — moment de torsion

2. Définition des signes de bi-moment $B = M_\tau \cdot h$

Les signes du bi-moment B sont déterminés par le sens du moment de torsion M_τ et l'extrémité de poutre où le bi-moment B applique.

Tableau 7.03 Signes du bi-moment B

Bi-moment $B = M_\tau \cdot h$	Extrémité gauche	Extrémité droite
B positif $B = +\lvert M_\tau \cdot h \rvert$	$B = +\lvert M_\tau \cdot h \rvert$ M_τ positif M_τ positif h	$B = +\lvert M_\tau \cdot h \rvert$ M_τ positif M_τ positif h
B négatif $B = -\lvert M_\tau \cdot h \rvert$	$B = -\lvert M_\tau h \rvert$ M_τ négatif M_τ négatif h	$B = -\lvert M_\tau h \rvert$ M_τ négatif M_τ négatif h

Dans le tableau les dessins nous montrent que le bi-moment dans la torsion entravée est un système d'équilibre par lui-même.

7.5.4.1.2 *Repère d'éventail* (ω, s)

1. Repère d'éventail (ω, s) et coordonnées en éventail ω

Soit une section en I de profilé laminé (voir figure. 7.19). Considérons que le point A_0 est le centre de torsion et centre du repère polaire, et $M_0(s = 0)$ est le point origine du repère d'éventail.

L'ordonnée du point quelconque $M(s)$ est $(s,\ \omega)$ dans le repère d'éventail. L'axe s suit la direction du contour de la section. Pour le point $M(s)$, l'ordonnée s est la distance entre l'origine A_0 et le point $M(s)$ (voir figure. 7.19).

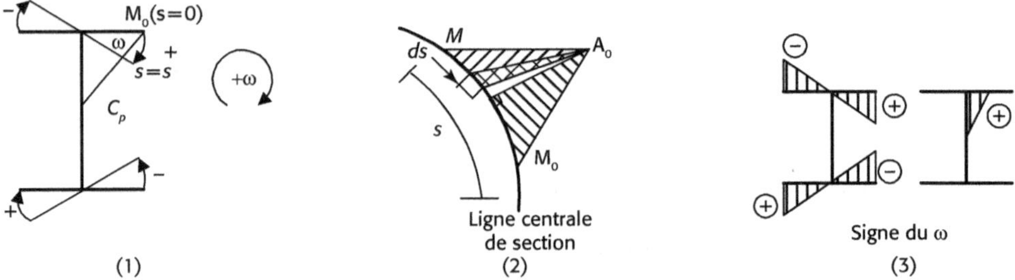

Figure 7.19 Ordonnée en éventail ω.

L'ordonnée ω du point $M(s)$ s'appelle ordonnée en éventail. Sa valeur est égale à l'aire du triangle $A_0 M_0 M(s)$ et calculée par l'expression :

$$\omega = \int_{s=0}^{s} r(s)\,ds \quad \text{en mm}^2 \tag{F 7-5-49}$$

avec :

- M_0 : point quelconque de calcul ;
- C_p : centre polaire du repère d'éventail. C'est un point quelconque. Mais le centre principal du repère est un point principal de repère d'éventail ;
- s : longueur de courbe $r(s)$ du point ;
- $r(s)$: ordonnée polaire du point $M(s)$, en mm.

2. Définition de repère principal d'éventail ω

Suivant le choix différent de l'origine, il est possible d'avoir plusieurs repères d'éventail. Si un point A_0 est l'origine du repère principal d'éventail, A_0 doit respecter la règle suivante : l'intégration de section transversale est égale à zéro.

$$\int \omega \cdot dA = \int \omega_y \cdot dA = \int \omega_z \cdot dA = 0 \tag{F 7.5.50}$$

7.5.4.1.3 Définition des caractéristiques des sections ouvertes des profilés à parois minces dans le repère d'éventail

Pour les sections ouvertes des profilés laminés, nous donnons les définitions de ses caractéristiques dans le repère d'éventail.

1. Moment statique en éventail M_s d'une partie des sections ouvertes dans le repère d'éventail

Rappelons que le moment statique M_s d'une surface plane S, par rapport à un axe situé dans son plan, est égal au produit de l'aire S par la distance ρ de son centre de gravité G à l'axe. Pour la torsion entravée dans le repère d'éventail, nous définissons que le moment statique $M_{s-\omega}$, qui ressemble à M_s, est le produit de l'élément de l'aire dA par la distance ω :

$$M_{s-\omega} = \int_{s=0}^{s} \omega \cdot dA \quad \text{en mm}^4 \qquad \text{(F 7-5-51)}$$

avec :

- dA : élément d'aire de section, en mm^2 ;
- ω : coordonnée de repaire d'éventail, en mm^2 ;
- s : distance suivant la direction de contour de la section, en mm.

2. Coordonnée du centre de torsion entravée C_t (ξ, η) d'une partie des sections ouvertes dans le repère d'éventail :

$$\xi = \frac{\int \omega_y\, dA}{I_x} \qquad\qquad \eta = \frac{\int \omega_x\, dA}{I_y} \qquad \text{(F 7.5.52)}$$

3. Moment d'inertie en éventail I_ω (moment d'inertie de torsion entravée) d'une partie des sections ouvertes dans le repère d'éventail

Rappelons que le moment d'inertie I d'une surface S, par rapport aux axes x et y, est défini par la somme des produits des surfaces élémentaires par le carré de leur distance x ou y. Pour la torsion entravée dans le repère d'éventail, nous définissons que le moment statique I_ω, qui ressemble à I, est la somme des produits des aires élémentaires dA par le carré de leur distance ω .

$$I_\omega = \int_{s=0}^{s} \omega^2 \cdot dA \quad \text{en mm}^6 \qquad \text{(F 7.5.53)}$$

Dans le tableau 7.4, nous présentons les caractéristiques de quelques sections dans le repère d'éventail.

Tableau 7.4 Caractéristiques des sections ouvertes des profilés à parois minces en torsions entravées

Type des sections	Position du centre de torsion du repère d'éventail a_x, a_y, a_z (mm)	Coordonnées en éventail $\omega(s)$ (mm^2)	Moment statique en éventail $M_{s-\omega}(s)$ (mm^4)	Moment d'inertie de torsion entravée en éventail I_ω (mm^6)	Moment d'inertie de torsion libre $I_k = I$ (mm^4)
1. Section en I	$a_y = \dfrac{t_1 b_1^3}{t_1 b_1^3 + t_2 b_2^3} h$ $Si\ t_1 = t_2 = t\ et\ b_1 = b_2 = b$ $a_y = \dfrac{h}{2}$	$\omega_1 = (h - a_y)b_1 / 2$ $\omega_3 = -a_y b_2 / 2$	$M_{s-\omega_2} = \dfrac{(h - a_y)}{8} b_1^2 t_1$ $M_{s-\omega_4} = \dfrac{a_y}{8} b_2^2 t_2$	$I_\omega = \dfrac{t_1 b_1^3 t_2 b_2^3 h^2}{12(t_1 b_1^3 + t_2 b_2^3)}$ $Si\ t_1 = t_2 = t\ et\ b_1 = b_2 = b$ $I_\omega = \dfrac{b^3 h^2 t}{24}$	$a = 1{,}2$ $I_k = \dfrac{a(b_1 t_1^3 + b_2 t_2^3 + h \cdot t^3)}{3}$
2. Section en U	$a_z = \dfrac{b}{2\left(1 + \dfrac{ht}{6bt_1}\right)}$	$\omega_1 = \dfrac{b - a_z}{2} h$ $\omega_3 = \dfrac{-a_z}{2} h$	$M_{s\omega 2} = (b - a_z)^2 ht_1 / 4$ $M_{s\omega 3} = (b - 2a_z)bht_1 / 4$ $M_{s\omega 4} = (b - 2a_z)bht_1 / 4$ $\qquad - a_z b^2 t / 8$	$I_\omega = \dfrac{b^3 ht_1}{12} \dfrac{3bt_1 + 2ht}{6bt_1 + ht}$	$a = 1{,}12$ $I_k = a \dfrac{2bt_1^3 + h \cdot t^3}{3}$

C_p : centre de torsion entravée du repère d'éventail ; G : centre de giration.

Tableau 7.4 (Suite)

Type des sections	Position du centre de torsion du repère d'éventail a_x, a_y, a_z (mm)	Coordonnées en éventail $\omega(s)$ (mm²)	Moment statique en éventail $M_{s-\omega}(s)$ (mm⁴)	Moment d'inertie de torsion entravée en éventail I_ω (mm⁶)	Moment d'inertie de torsion libre $I_k = I$ (mm⁴)
3. Section en Z	$a_x = 0$ $a_y = 0$	$\omega_1 = \dfrac{(b-d)h}{2}$ $\omega_2 = \dfrac{-hd}{2}$ $d = \dfrac{b^2 t_1}{ht + 2bt_1}$	$M_{s-\omega 3} = \dfrac{(ht + bt_1)^2\, hb^2 t_1}{4(ht + 2bt_1)^2}$ $M_{s-\omega 2} = \dfrac{h^2 b^2 tt_1}{4(ht + 2bt_1)}$	$I_\omega = \dfrac{b^3 t_1 h^2}{12} \cdot \dfrac{(2ht + bt_1)}{(ht + 2bt_1)}$	$\alpha = 1{,}14$ $I_k = a\dfrac{2bt_1^3 + ht^3}{3}$
4. Section en C	$a_z = 2R\dfrac{\sin\alpha_0 - \alpha_0\cos\alpha_0}{\alpha_0 - \sin\alpha_0\cos\alpha_0} - R$	$\omega = R^2\Big[\varphi - 2 \cdot \dfrac{\sin\alpha_0 - \alpha_0\cos\alpha_0}{\alpha_0 - \sin\alpha_0\cos\alpha_0}\sin\varphi\Big]$	$M_{s-\omega} = R^3 t \cdot \big[2(\cos\varphi - \cos\alpha_0)\dfrac{\sin\alpha_0 - \alpha_0\cos\alpha_0}{\alpha_0 - \sin\alpha_0\cos\alpha_0} + \dfrac{\varphi^2}{2} - \dfrac{\alpha_0^2}{2}\big]$	$I_\omega = \dfrac{2R^5 t}{3}\Big[\alpha_0 - \dfrac{6(\sin\alpha_0 - \alpha_0\cos\alpha_0)^2}{\alpha_0 - \sin\alpha_0\cos\alpha_0}\Big]$	$I_k = \dfrac{2R\cdot\alpha_0\cdot t^3}{3}$

C_p : centre de torsion entravée du repère d'éventail ; G : centre de giration.

Tableau 7.4 (Suite)

Type des sections	Position du centre de torsion du repère d'éventail a_x, a_y, a_z (mm)	Coordonnées en éventail $\omega(s)$ (mm²)	Moment statique en éventail $M_{s-\omega}(s)$ (mm⁴)	Moment d'inertie de torsion entravée en éventail I_ω (mm⁶)	Moment d'inertie de torsion libre $I_k = I$ (mm⁴)
5. Section de cercle ouvert	$a_z = R$	$\omega = R^2(\varphi - 2\sin\varphi)$	$M_{s-\omega} = \dfrac{R^3 t}{2}(4\cos\varphi + \varphi^2 - 5{,}86)$	$I_\omega = \dfrac{-10\pi}{3}R^5 t$	$I_\omega = \dfrac{2\pi \cdot R \cdot t^3}{3}$
		$\omega \approx 0$	$M_{s-\omega} \approx 0$	$I_\omega \approx 0$	$I_k = \dfrac{1}{3}\sum b \cdot t^3$

C_p : centre de torsion entravée du repère d'éventail.

7.5.4.2 Moment de torsion entravée des sections ouvertes

Dans la section précédente 7.5.3, nous étudions la résultante M_t du moment de torsion de section ouverte qui est égale à la somme du moment de torsion libre M_k et du moment de torsion entravée M_w :

$$M_t(x) = M_k(x) + M_\omega(x) \tag{F 7.5.54}$$

Avec la théorie du bi-moment notre explication est la suivante.

Pendant la torsion libre, le profilé à parois minces supporte une contrainte de cisaillement et des contraintes normales. Dans le cas de la torsion entravée, nous considérons que le profilé à parois minces à section transversale ouverte subit l'autre moment supplémentaire, à cause de la flexion des ailes et l'âme de la section. Le couple, qui fait équilibre aux efforts tranchants pendant la flexion des ailes et de l'âme de la section, est le second moment de torsion entravée, noté M_w. Nous utilisons le repère de l'éventail pour la mesure et le calcul, donc ce second moment de torsion qu'on appelle aussi le moment de torsion en éventail.

Avec la définition du bi-moment et la formule (F 7.5.29), dans le repère d'éventail le moment de torsion libre M_k et le moment de torsion contrainte M_ω s'écrivent :

$$M_k(x) = GI_k \frac{d\theta}{dx}$$

$$M_\omega(x) = \frac{dB}{dx} = -\overline{E}I_\omega \frac{d^3\theta}{dx^3} \tag{F 7.5.55}$$

$\overline{E}$ est le module d'élasticité de torsion entravée avec unité de N/mm^2 (MPa).

$$\overline{E} = \frac{E}{1 - \nu^2} \tag{F 7.5.56}$$

Nous avons aussi la relation entre le bi-moment et la contrainte normale en éventail :

$$B = \int_A \sigma_\omega \, d\omega = -\overline{E}I_\omega \frac{d^2\theta}{dx^2} \tag{F 7.5.57}$$

La relation entre le bi-moment et le moment libre unitaire est :

$$\frac{d^2 B}{dx^2} - k^2 B = M_{t-u} \tag{F 7.5.58}$$

Avec l'expression (F 5.41) et la condition de l'extrémité du profilé, nous pouvons déterminer le bi-moment de l'extrémité du profilé (voir tableau 7.5).

Tableau 7.5 Bi-moment et condition de l'extrémité

Position d'extrémité	Condition de frontière angle de torsion θ	Bi-moment de force B (N.mm.mm)
a. Extrémité encastrée	$\theta = 0$ $\dfrac{d\theta}{dx} = 0$	$\dfrac{dB}{dx} = M_\omega = M_t$
b. Extrémité appuyée	$\theta = 0$ $\dfrac{d^2\theta}{dx^2} = 0$	$B = 0$
c. Extrémité libre		$B = 0$ ou $B = $ constante

Dans ces expressions, nous avons :

- $M_{t\text{-}u}$: moment unitaire de torsion libre, en N.mm/mm ;
- k : coefficient de la section dans le repère d'éventail, en mm^{-1} ;

$$k^2 = \frac{GI_k}{\overline{E}I_\omega} = \frac{1-\nu}{2} \cdot \frac{I_k}{I_\omega} \qquad (\text{F 7.5.59})$$

- E : module d'élasticité longitudinale, en N/mm^2 (MPa) ;
- ν : coefficient de Poisson ;
- I_k : moment d'inertie de torsion libre (voir le tableau 7.5), en mm^4 ;
- I_ω : moment d'inertie de torsion entravée (voir le tableau 7.5), en mm^6.

7.5.4.3 Contraintes de cisaillement des sections ouvertes du profilé à parois minces en torsion entravée

Nous considérons que dans une section quelconque transversale du profilé à parois minces, la contrainte de cisaillement du couple de torsion d'extrémité de profilé est équilibrée en partie par les contraintes de cisaillement dues à la torsion libre τ_k et en partie par la résultante des contraintes de cisaillement de la flexion des ailes. Cette deuxième partie de la contrainte comporte encore deux parties : la contrainte de cisaillement de flexion générale τ_f et la contrainte supplémentaire de cisaillement, que nous appelons la contrainte de cisaillement en éventail τ_w.

1. Contraintes des cisaillements de torsion libre

Si l'épaisseur e des ailes et de l'âme de section transversale est constante, le moment de torsion libre M_k produit la contrainte de cisaillement en torsion libre qui est égale à :

$$\tau_k = \frac{M_k e}{I_k} \qquad \text{en N/mm}^2 \text{ (MPa)} \qquad (\text{F 7-5-60})$$

avec :

- M_k : moment de torsion libre, en N.mm ;
- I_k : moment d'inertie de torsion libre, en mm^4.

2. Contraintes des cisaillements en éventail

Le moment de torsion en éventail M_w dans les ailes produit des contraintes supplémentaires dans les ailes, qui sont la contrainte de cisaillement en éventail τ_w et la contrainte normale en éventail σ_w.

Si l'épaisseur e des ailes et de l'âme de section transversale est constante, la contrainte tangentielle supplémentaire τ_w dans les ailes de la section, qui est la contrainte de cisaillement en éventail, est déterminée par l'expression :

$$\tau_\omega = -\frac{M_\omega(x) M_{s-\omega}(s)}{I_\omega e} \qquad (\text{F 7-5-61})$$

avec :

- $M_\omega(x)$: moment de torsion entravée, en N.mm ;
- $M_{s\text{-}\omega}(s)$: moment statique en éventail, en mm^4 ;
- I_ω : moment d'inertie en éventail, en mm^6 ;
- s : distance suivant le contour de la section, en mm.

3. Contraintes des cisaillements de flexion

Pendent la torsion de profilé à parois minces et le gauchissement de section, il se produit la flexion de section. Cette flexion amène une contrainte de cisaillement. Si l'épaisseur e des ailes et de l'âme de section transversale est constante, cette contrainte de cisaillement en flexion est égale à :

$$\tau_f = \frac{T_y(x)M_{s-z}(s)}{I_z e} \pm \frac{T_z(x)M_{S-y}(s)}{I_y e} \qquad \text{en N/mm}_2 \text{ (MPa)} \qquad \text{(F 7.5.62)}$$

avec :

- $M_{S-z}(s)$: moment statique par rapport à l'axe z, en mm^3 ;
- $M_{S-y}(s)$: moment statique par rapport à l'axe y, en mm^3 ;
- $I_z\,I_y$: moment d'inertie par rapport à l'axe z, y, en mm^4 ;
- $T_y(x)$: effort de cisaillement suivant l'axe y, en N ;
- $T_z(x)$: effort de cisaillement suivant l'axe z, en N.

4. Résultante des contraintes de cisaillement

La résultante des contraintes de cisaillement est égale à la somme de la contrainte de cisaillement en torsion libre τ_k, la contrainte de cisaillement de flexion générale τ_f et la contrainte de cisaillement en éventail τ_w.

$$\tau(x,s) = \tau_k + \tau_o + \tau_w$$
$$= \frac{M_k e}{I_k} \pm \frac{T_y(x)M_{s-z}(s)}{I_z e} \pm \frac{T_z(x)M_{s-z}(s)}{I_z e} - \frac{M_\omega(x)M_{s-\omega}(s)}{I_\omega e} \quad \text{en N/mm}_2 \text{ (MPa)}$$

$$\text{(F 7.5.63)}$$

7.5.4.4 Contraintes normales des sections minces ouvertes de torsion entravée

Quand le profilé à parois minces à sections ouvertes est soumis à une torsion entravée, sur une section quelconque, alors la contrainte normale comporte trois parties : la contrainte normale produite par la compression ou la traction, la contrainte normale produite par la flexion du profilé, et la troisième contrainte normale supplémentaire, appelée la contrainte normale en traction en éventail, produite par la flexion des ailes et de l'âme de cette section.

1. Contrainte normale en traction

Si l'aire de la section est A, la contrainte normale σ_0 en traction ou en compression produit par l'effort normal $P(x)$ est égale à :

$$\sigma_o = \frac{P(x)}{A} \qquad \text{en N/mm}^2 \text{ (MPa)} \qquad \text{(F 7.5.64)}$$

2. Contrainte normale en flexion

La résultante des contraintes normales en flexion suivant les directions z et y est égale à :

$$\sigma_f = \frac{M_z(x)y(s)}{I_z} \pm \frac{M_y(x)z(s)}{I_y} \qquad \text{en N/mm}^2 \text{ (MPa)} \qquad \text{(F 7.5.65)}$$

3. Contrainte normale en traction en éventail

La contrainte supplémentaire normale est :

$$\sigma_w = \frac{B(x)\cdot\omega(s)}{I_\omega} \qquad \text{en N/mm}^2 \qquad\qquad \text{(F 7.5.66)}$$

La résultante de la contrainte normale $\sigma_t(x, s)$ du point (x, s) d'une section de profilé est égale à :

$$\sigma_t(x, s) = \sigma_o + \sigma_f + \sigma_\omega = \frac{P(x)}{A} \pm \frac{M_z(x)\,y(s)}{I_z} \pm \frac{M_y(x)z(s)}{I_y} - \frac{B(x)\cdot\omega(s)}{I_\omega} \qquad \text{(F 7.5.67)}$$

avec :

- $M_z(x)$, $M_y(x)$: moments de flexion suivant les directions z et y, en N.mm ;

- $B(x)$: bi - moment de force de torsion, en (N mm) mm ;

- $\omega(s)$: ordonnées en éventail, en mm^2 ;

- I_ω : moment d'inertie en éventail, en mm^6 ;

- I_x, I_y : moment d'inertie par rapport x et y, en mm^4 ;

- A : surface de section, en mm^2 ;

- s : distance suivant le contour de la section, en mm.

Torsion entravée – Repère d'éventail

Une poutre, appuyée sur deux appuis, supporte une charge uniformément répartie. $q = 2{,}943 \times 10^4$ N/mm^2. Les dimensions de la poutre sont : longueur $L = 5$ m ; largeur $b = 16$ cm ; hauteur $h = 38$ cm ; $t_1 = 2$ cm ; $t = 1{,}2$ cm. Module de Poisson : $\nu = 0{,}3$. Excentre de charge uniforme : $e = 3$ cm. Calculer la contrainte de torsion entravée.

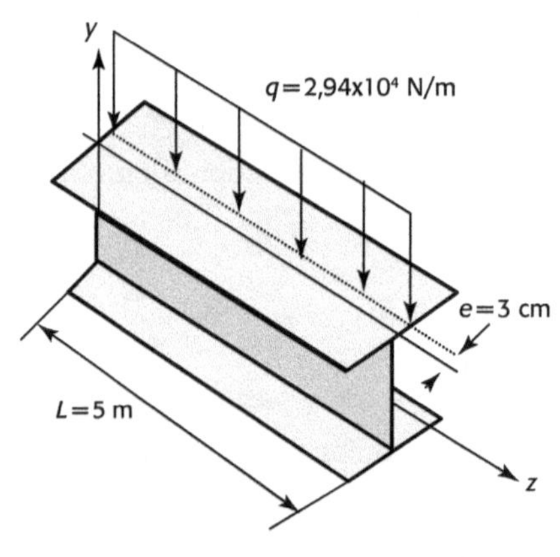

1. Moment d'inertie par rapport à l'axe z :

$$Iz = \frac{1{,}2 \times 36^3}{12} + 2 \times \frac{16 \times 2^3}{12} + 2 \times 2 \times 16 \times 19^2$$

$$= 2{,}7791 \times 10^4 \, \text{cm}^4$$

2. Moment statique par rapport à l'axe z :

$$M_{s-z} = \frac{2 \times 16}{2} \times \frac{38}{2} = 304 \, \text{cm}^3$$

3. Moment d'inertie de torsion libre :

$$I_k = 1{,}2 \times \frac{1}{3}(2 \times 16 \times 2^3 + 36 \times 1{,}2^3)$$

$$= 127{,}28 \, \text{cm}^4$$

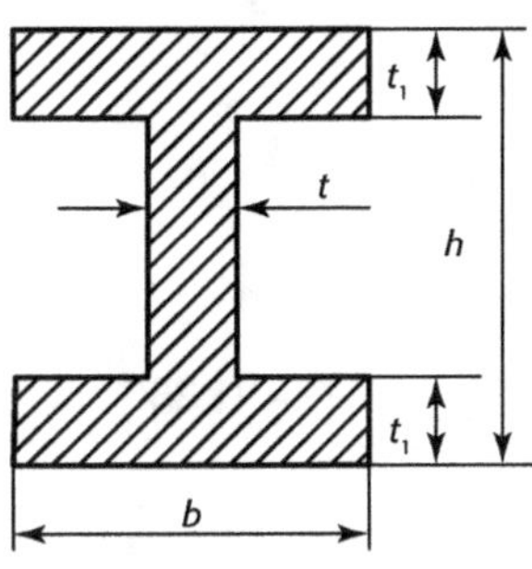

4. Moment d'inertie de torsion entravée :

$$I_\omega = \frac{b^3 t_1 h^2}{24} = \frac{16^3 \times 2 \times 38^2}{24} = 4{,}9289 \times 10^5 \text{ cm}^6$$

5. Coefficient k :

$$k^2 = \frac{1-\mu}{2} \cdot \frac{I_k}{I_\omega} = \frac{1-0{,}3}{2} \times \frac{127{,}28}{492\,890} = 9{,}04 \times 10^{-5} \text{ cm}^{-2}$$

$$k = 0{,}009508 \text{ cm}^{-1}$$

6. Position du centre de torsion dans le repère cartésien *x-y* :

$$a_y = \frac{h}{2} = 19 \text{ cm}$$

7. Position du centre de torsion dans le repère d'éventail :

$$\omega_1 = \frac{bh}{4} = \frac{16 \times 38}{4} = 152 \text{ cm}^2$$

8. Moment statique de torsion en éventail :

$$M_{s-\omega} = \frac{b^2 t_1 h}{16} = \frac{16^2 \times 2 \times 38}{16} = 1\,216 \text{ cm}^4$$

9. Moment unitaire de torsion libre :

$$M_u = qe = 2{,}943 \times 10^4 \times 3 \times 10^{-2} = 882{,}9 \text{ N.cm/cm} = 882{,}9 \text{ N}$$

10. Moment de flexion maximale :

$$M_{\max} = \frac{qL^2}{8} = \frac{294{,}3 \times 500^2}{8} = 91{,}97 \times 10^5 \text{ N.cm}$$

11. Effort tranchant :

$$T_y = \frac{qL}{2} = \frac{294{,}3 \times 500}{2} = 73\,575 \text{ N}$$

12. Bi-moment de force de torsion :

$$B(x) = \frac{M_u}{k^2} \cdot \left[1 - \frac{\cosh k\left(\frac{L}{2} - x\right)}{\cosh \frac{kL}{2}} \right] \quad \text{avec} \quad \frac{kL}{2} = 0{,}009508 \times \frac{500}{2} = 2{,}377$$

Si $x = \dfrac{L}{2}$ le bi-moment de force est :

$$B\left(\frac{L}{2}\right) = -\frac{M_u}{k^2}\left[1 - \frac{1}{\cosh \frac{kL}{2}} \right] = -\frac{882{,}9}{9{,}04 \times 10^{-5}}\left[1 - \frac{1}{\cosh 2{,}337} \right]$$

$$= -\frac{882{,}9 \times 0{,}8165}{9{,}04 \times 10^{-5}} = -79{,}74 \times 10^5 \text{ N.cm}^2$$

13. Moment de torsion entravée :

$$M_\omega(x) = \frac{M_u}{k} \cdot \frac{\sin hk\left(\dfrac{L}{2} - x\right)}{\cosh \dfrac{kL}{2}}$$

$$M_\omega(x=0) = \frac{M_u}{k}\tan h\frac{kL}{2} = \frac{882,9}{0,009508}\tan h2,377 = \frac{882,9 \times 0,983}{0,009508} = 91\ 280 \text{ N.cm}$$

14. Moment de torsion :

$$M_t(x=0) = \frac{882,9 \times 500}{2} = -22,05 \times 10^4 \text{ N.cm}$$

15. Moment de torsion libre M_k :

$$M_k(x=0) = M_t(0) - M_\omega(0) = -220\ 500 + 91\ 280 = 12,92 \times 10^4 \text{ N.cm}$$

16. Contrainte normale totale de torsion entravée
- Contrainte normale de flexion :

$$\sigma_f = \frac{M_{\max}y_1}{I_z} = \frac{-9\ 197\ 000 \times 20}{27\ 791} = -66,18 \text{ MPa}$$

- Contrainte normale de torsion en éventail :

$$\sigma_\omega = -\frac{B \cdot \left(\dfrac{L}{2}\right) \cdot \omega_1}{I_\omega} = -\frac{7\ 974\ 000 \times 152}{492\ 890} = -24,59 \text{ MPa}$$

- Contrainte normale totale :

$$\sigma = \sigma_f + \sigma_\omega = \frac{M_{\max}y_1}{I_z} + \frac{B \cdot \left(\dfrac{L}{2}\right) \cdot \omega_1}{I_\omega}$$

$$= \frac{-9\ 197\ 000 \times 20}{27\ 791} - \frac{7\ 974\ 000 \times 152}{492\ 890} = -66,18 - 24,59 = -90,77 \text{ MPa}$$

17. Contrainte de cisaillement de torsion entravée
- Contrainte de cisaillement de torsion libre :

$$\tau_k = \frac{M_k t_{\max}}{I_k} = \frac{-129\ 200 \times 2}{127,28} = -20,30 \text{ MPa}$$

- Contrainte de cisaillement de torsion :

$$\tau_z = \frac{T_y M_{s-z}}{I_z t} = \frac{73\ 575 \times 304}{27\ 791 \times 2} = 4,024 \text{ MPa}$$

– Contrainte de cisaillement supplémentaire de torsion en éventail :

$$\tau_\omega = \frac{M_\omega M_{s-\omega}}{I_\omega t} = -\frac{91\ 280 \times 1\ 216}{492\ 890 \times 2} = -1,126 \text{ MPa}$$

– Contrainte de cisaillement totale :

$$\tau = \tau_k + \tau_z + \tau_\omega = \frac{M_k t_{\max}}{I_k} + \frac{T_y M_{s-z}}{I_z t} + \frac{M_\omega M_{s-\omega}}{I_\omega t}$$

$$= -20,30 + 4,024 - 1,126 = -17,40 \text{ MPa}$$

7.5.5 Torsion entravée de profilés à paroi mince à section fermée

7.5.5.1 Profilé à parois minces de section fermée

Si les sections des profilés sont pleines, par exemple les sections ellipses ou rectangles, ou bien si les dimensions des sections sont faibles par rapport à la longueur du profilé, la restriction de gauchissement n'a pas une influence négligeable sur l'angle de torsion.

Donc pour un profil à parois minces de section fermée, généralement la torsion entravée est négligeable, le bi-moment de force de torsion égale zéro.

$$B(x) \approx 0$$

7.5.5.2 Tube mince comportant des parois intermédiaires

Le profilé à parois minces à section fermée s'appelle aussi le tube mince. Pour un tube mince comportant des parois intermédiaires, le bi-moment de force se détermine par la même formule que les profilés d'une section ouverte, mais avec les coefficients différents.

1. Bi-moment de force de tube mince :

$$\frac{d^2 B(x)}{dx^2} - k^{*2}\, B(x) = -M^*_{t-u} \tag{F 7.5.68}$$

$$M^*_{t-u} = \lambda \cdot M_{t-u}$$

avec :

– M^*_{t-u} : moment unitaire de torsion entravée de section fermée, en N.mm ;

– M_{t-u} : moment unitaire de torsion, en N.mm ;

– E : module longitudinal d'élasticité de section fermée, en N/mm^2 ;

– E^* : module longitudinal d'élasticité, en N/mm^2 ;

– G : module transversal d'élasticité, en N/mm^2 ;

– ν : module de Poisson ;

– A : aire de la section transversale, en mm^2.

2. Coefficient k^* de la section de tube mince :

$$k^{*2} = \lambda \frac{GI_k}{E^* I_\omega} \qquad E^* = \frac{E}{1-\nu^2} \qquad (\text{en mm}^{-1}) \tag{F 7.5.69}$$

3. Coefficient λ des sections fermées de tube mince :

$$\lambda = 1 - \frac{I_k}{I_\rho} \qquad \text{(F 7.5.70)}$$

Pour le tube le coefficient de section fermée est :

$$\lambda = \left(1 - \frac{I_k}{I_\rho}\right) = \frac{(at_a - bt_b)^2}{(at_a + bt_b)^2}$$

4. Moment d'inertie I_k de torsion libre de tube mince :

$$I_k = \frac{4A^2}{\oint \dfrac{ds}{e}} \qquad \text{(F7.5.71)}$$

5. Moment d'inertie polaire I_ρ pour des sections fermées de tube mince :

$$I_\rho = \oint r^2 \cdot e \cdot ds \qquad \text{(F7.5.72)}$$

avec :

- ds : distance de contour de la section, en mm ;
- e : épaisseur de tube, en mm.

Remarque : Déterminer le moment de torsion et les contraintes en utilisant les mêmes tableaux 7.6 et 7.7, mais k et $M_{t\text{-}u}$ sont remplacées par k^* et $M^*_{t\text{-}u}$.

7.5.5.3 Caractéristiques en éventail de la section transversale rectangulaire

1. Coordonnées en éventail :

$$\omega^*(s) = \frac{ab}{4} \frac{at_a - bt_b}{at_a + bt_b} \quad \text{en mm}^2 \qquad \text{(F 7.5.73)}$$

avec :

t_a : épaisseur de côté a, en mm ;

t_b : épaisseur de côté b, en mm ;

a : largeur de section rectangulaire, en mm ;

b : longueur de section rectangulaire, en mm.

2. Moment statique en éventail $M_{s\text{-}w}$:

$$M_{s-\omega 1} = \frac{ab(a-b)^2}{48(a+b)} t'$$

$$M_{s-\omega 2} = \frac{ab(a-b)(2a+b)}{48(a+b)} t' \qquad \text{(F 7-5-74)}$$

$$M_{s-\omega 3} = \frac{ab(a-b)(2b+a)}{48(a+b)} t'$$

$$t' = \frac{at_a + bt_b}{a+b} \qquad \text{(F 7-5-75)}$$

2. Moment d'inertie en éventail

Pour la section fermé de profil, le moment d'inertie en éventail doit multiplier un coefficient de section fermée (F 7.5.70).

$$I_\omega^* = \lambda \frac{a^2 b^2 (at_a + bt_b)}{24}$$ (F 7.5.76)

4. Moment d'inertie de torsion libre :

$$I_k = \frac{2a^2 b^2 t_a t_b}{at_b + bt_a} \qquad \text{en mm}^4$$ (F 7.5.77)

5. Moment d'inertie polaire de torsion de la section fermée :

$$I_\rho = \frac{ab}{2}(at_b + bt_a) \qquad \text{en mm}^4$$ (F 7.5.78)

7.5.5.4 Contrainte normale de tube mince en torsion entravée

$$\sigma = \sigma^* + \sigma_\omega^* = \sigma^* - \frac{B(x)\omega^*(s)}{I_\omega^*} \qquad \text{en N/mm}^2 \text{ (MPa)}$$ (F 7.5.79)

avec :

— σ^* : contrainte normale en traction, en compression et en flexion de la section fermée, en N/mm^2 (MPa) ;

— σ_ω^* : contrainte en éventail de la section fermée, en N/mm^2 (MPa).

7.5.5.5 Contrainte de cisaillement de tube mince en torsion entravée

$$\tau = \tau_k + \tau_\omega = \frac{M_t}{2A \cdot e} - \frac{M_\omega^* M_{s-\omega}^*}{I_\omega^* e}$$ (F 7.5.80)

avec :

— τ_k : contrainte de cisaillement de torsion libre, en N/mm^2 (MPa) ;

— τ_ω : contrainte de cisaillement en éventail, en N/mm^2 (MPa) ;

— $M_\omega(x)$: moment de torsion contrainte, en N.mm ;

— $M_{s-\omega}(s)$: moment statique en éventail, en mm^4 ;

— e : épaisseur de tube, en mm.

7.5.6 Conclusion des contraintes de torsion des profilés à parois minces

Tableau 7.6 Contraintes de cisaillement de torsion τ_t

Contrainte	Section ouverte	Section fermée
Contrainte de cisaillement en éventail τ_ω	$\tau_\omega = -\dfrac{M_\omega M_{s-w}}{I_\omega e}$	$\tau_\varpi = -\dfrac{M_\varpi M_{s-\varpi}}{I_\varpi e}$
Contrainte de cisaillement en torsion libre τ_k	$\tau_k = \dfrac{M_t e_k}{I_k}$	$\tau_k = \dfrac{M_t}{2A \cdot e_k}$

Contrainte	Section ouverte	Section fermée
Contrainte de cisaillement en flexion τ_f	$\tau_f = \pm \dfrac{T_y M_{s-x}}{I_x \cdot e} \pm \dfrac{T_x M_{s-y}}{I_y \cdot e}$	$\tau_f = \pm \dfrac{T_y M_{s-x}}{I_x \cdot e} \pm \dfrac{T_x M_{s-y}}{I_y \cdot e}$
Contrainte totale de cisaillement en torsion entravée τ_t	$\tau_t = \tau_\omega + \tau_k + \tau_f$	$\tau_t = \tau_\varpi + \tau_k + \tau_f$

M_w : bi-moment de torsion entravée ;

$M_{s-x}\, M_{s-y}$: moment statique suivant les directions $x,\ y$;

M_{s-w} : moment statique en éventail ;

$T_x\, T_y$: effort tranchant suivi les directions x et y ;

e : épaisseur de paroi.

Tableau 7.7 Contraintes de normale de torsion τ_t

Contrainte	Section ouverte	Section fermée
Contrainte normale de traction ou de flexion σ_0	$\sigma_0 = \sigma_t + \sigma_f$ $= \dfrac{N}{A} \pm \dfrac{M_x y}{I_x} \pm \dfrac{M_y x}{I_y}$	$\sigma_0 = \sigma_t + \sigma_f$ $= \dfrac{N}{A} \pm \dfrac{M_x y}{I_x} \pm \dfrac{M_y x}{I_y}$
Contrainte normale en éventail σ_ω	$\sigma_\omega = \dfrac{B_\omega \omega}{I_\omega}$	$\sigma_\varpi = \dfrac{B_\varpi \varpi}{I_\varpi}$
Contrainte normale en torsion entravée σ_t	$\sigma_t = \sigma_0 + \sigma_\omega$	$\sigma_t = \sigma_0 + \sigma_\varpi$

B_w : bi-moment en éventail ; ω : coordonné en éventail ;

A : aire de section ; N : effort normal ; $M_x\, M_y$: moment de flexion.

CHAPITRE 8

Structure des poutres

8.1 Système en treillis articulé

8.1.1 Définition

Poutre dans laquelle l'âme est remplacée par une triangulation de barres appelée système à treillis. Ce sont des structures constituées de barres droites articulées, les points d'assemblage des barres sont appelés nœuds.

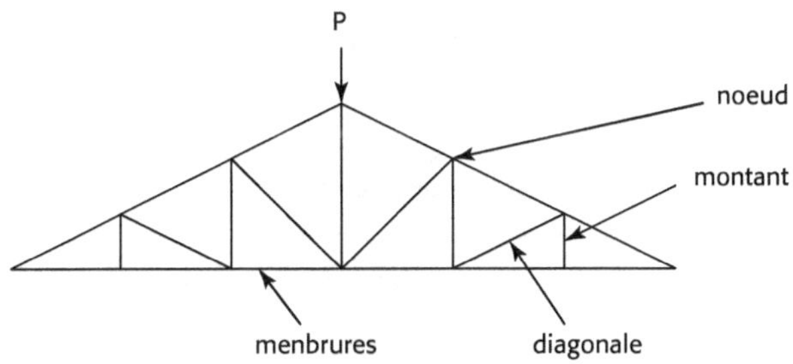

- Membrures :   rectilignes ou courbes
- Diagonales
- Montants :   barre de treillis perpendiculaire à l'une des membrures
- Nœud :   points d'assemblage des barres

8.1.2 Hypothèses

- Les nœuds de barres sont considérés comme des articulations parfaites. Les charges extérieures sont appliquées aux nœuds. Les barres ne subissent que des efforts en traction ou en compression pure, c'est-à-dire que les barres ne subissent que des efforts normaux.
- Le poids propre des barres, qui est réparti le long de chaque barre, les charges de vent et les charges de neige seront réparties sur les nœuds situés aux extrémités des barres.

– En pratique l'articulation n'est utilisée que pour la liaison au sol ou avec d'autres ensembles.

– En conséquence les nœuds sont réalisés par goussets et boulons ou soudage direct et constituent des encastrements mutuels de barres.

– Ces systèmes sont isostatiques si les équations de la statique suffisent à déterminer les réactions d'appui (isostaticité externe) et les efforts dans les barres du treillis (isostaticité interne).

8.1.3 Détermination des efforts dans les barres

8.1.3.1 Méthode de Cremona (méthode des nœuds)

Soit un système en treillis articulé, pour déterminer des efforts dans les barres nous utilisons la méthode des nœuds. C'est-à-dire que la somme des forces et des réactions appliquées à chaque nœud doit être équilibrée, ou égale à nulle. Nous avons, pour le nœud quelconque C :

$$\sum N(C) = 0 \quad \Longrightarrow \quad \begin{cases} \sum N_x(C) = 0 \\ \sum N_y(C) = 0 \\ \sum N_z(C) = 0 \end{cases}$$

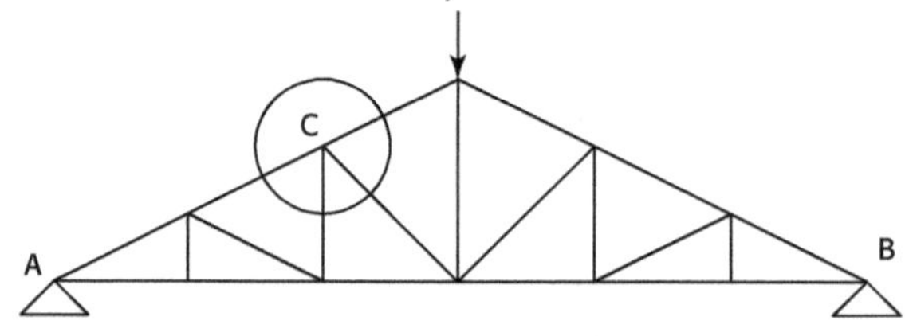

Remarques :

1. La méthode de Crémona permet de déterminer deux forces inconnues par nœud.

2. La somme des forces exercées par les barres sur un nœud est égale à zéro.

Systèmes en treillis articulé - Méthode des nœuds

Soit un système en treillis articulé représenté dans la figure ci-dessous. Déterminer les efforts dans les barres du système.

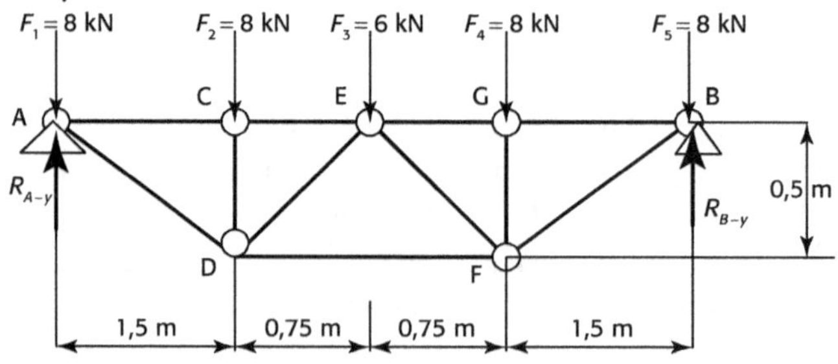

1. Déterminons les réactions :

$$R_{A-y} = R_{B-y} = \frac{1}{2}(F_1 + F_2 + F_3 + F_4 + F_5)$$
$$= 0,5 \times (8 + 8 + 6 + 8 + 8) = 19\,\text{kg}$$

2. Isolons le nœud A.

2.1. La somme des projections des efforts en A sur l'axe y est nulle :

$$\sum F_{A-y} = 0$$

d'où :

$$-F_1 + R_A - N_{AD} \cdot \cos\alpha_{AD} = 0$$
$$-8\,\text{kN} + 19\,\text{kN} - N_{AD-y} = 0$$
$$N_{AD-y} = 11\,\text{kN}$$

Par géométrie, nous avons :

$$AD^2 = AC^2 + CD^2$$
$$AD = \sqrt{AC^2 + CD^2} = \sqrt{1,5^2 + 0,5^2} = 1,58\,\text{m}$$

En utilisant la géométrie, la projection d'effort N_{AD} sur l'axe x est égale à :

$$N_{AD-x} = N_{AD-y} \cdot \frac{AC}{CD} = 11\,\text{kN} \times \frac{1,5}{0,5} = 33\,\text{kN}$$

L'effort N_{AD} dans la barre AD est :

$$N_{AD} = N_{AD-y} \cdot \frac{AD}{CD} = 11\,\text{kN} \times \frac{1,58}{0,5} = 34,8\,\text{kN}$$

L'effort N_{AD} est positif, donc la barre AD est en traction.

2.2. La somme des projections des efforts en A sur l'axe x est nulle :

$$\sum F_{A-x} = 0 \;\;\Rightarrow\;\; N_{AD-x} + N_{AC} = 0$$

L'effort N_{AC} dans la barre AC est égal à :

$$N_{AC} = -N_{AD-x} = -33\,\text{kN}$$

L'effort N_{AC} est négatif, donc la barre AC est en compression.

3. Isolons le nœud C.

3.1. La somme des projections des efforts en C sur l'axe y est :

$$\sum F_{C-y} = 0$$

d'où :

$$-F_2 - N_{CD} = 0$$
$$N_{CD} = F_2$$
$$N_{CD} = -8 \text{ kN}$$

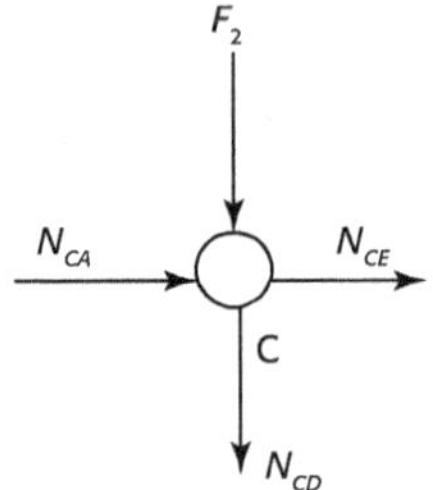

L'effort N_{CD} est négatif, donc la barre CD est en compression.

3.2. La somme des projections des efforts en C sur l'axe x est :

$$\sum F_{C-x} = 0 \implies \begin{array}{l} N_{CA} + N_{CE} = 0 \\ N_{CE} = -N_{CA} = -\left|N_{CA}\right| = -33 \text{ kN} \end{array}$$

L'effort N_{CE} est négatif, donc la barre CE est en compression.

4. Isolons le nœud D.

4.1. La somme des projections des efforts sur l'axe y en D est :

$$\sum F_{D-y} = 0$$

d'où :

$$-F_2 + N_{DA-y} + N_{DE-y} = 0$$
$$N_{DE-y} = F_2 - N_{DA-y} = 8 \text{ kN} - 11 \text{ kN} = -3 \text{ kN}$$

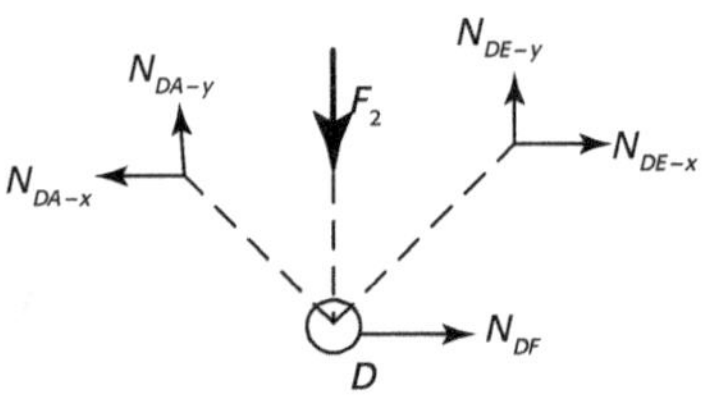

En utilisant la géométrie, l'effort dans la barre DE est égal à :

$$N_{DE} = N_{DE-y} \cdot \frac{\sqrt{CE^2 + CD^2}}{CD} = -3 \times \frac{\sqrt{0,75^2 + 0,5^2}}{0,5} = -3 \times \frac{0,9}{0,5} = -5,4 \text{ kN}$$

$$N_{DE-x} = N_{DE-y} \cdot \frac{CE}{CD} = -3 \times \frac{0,75}{0,5} = -4,5 \text{ kN}$$

L'effort N_{DE} est négatif, donc la barre DE est en compression.

4.2. La somme des projections des efforts sur l'axe x en D :

$$\sum F_{D-x} = 0 \;\Rightarrow\; \begin{array}{l} N_{DE-x} + N_{DF} - N_{DA-x} = 0 \\ N_{DF} = -N_{DE-x} + N_{DA-x} = 33 + 4,5 = 37,5 \text{ kN} \end{array}$$

L'effort N_{DF} est positif, donc la barre DF est en traction.

5. En utilisant le symétrique de structure, nous pouvons trouver tous les restes des efforts dans les barres, indiquées dans la figure ci-dessous.

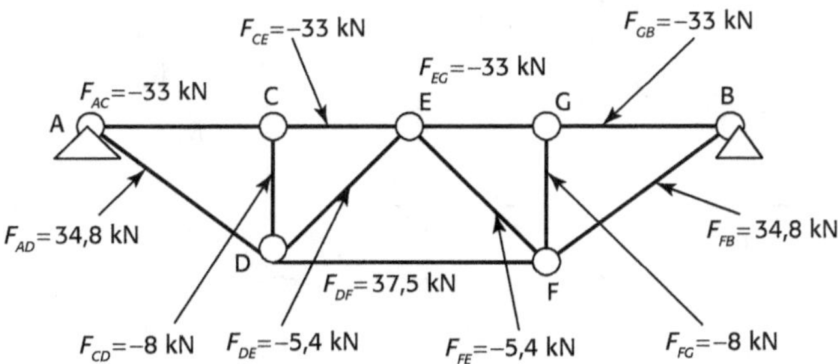

8.1.3.2 Méthode de Ritter (méthode des sections)

La méthode de Ritter consiste en une coupure ne rencontrant que trois barres et séparant l'ouvrage en deux parties. Nous écrivons l'équation d'équilibre de rotation de l'une des parties, autour du point d'intersection des deux autres barres, pour déterminer les efforts dans les barres, autrement dit, pour déterminer trois forces inconnues par coupure. La méthode de Ritter permet de calculer les efforts de certaines barres choisies à l'avance.

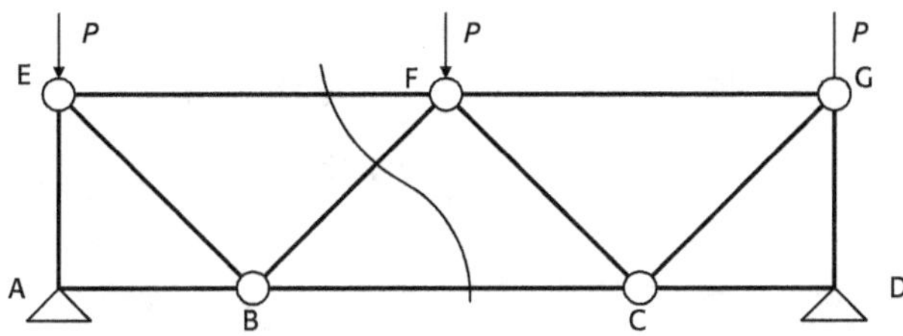

La partie isolée par une coupure est en équilibre sous l'action des forces extérieures et des forces internes dans les barres coupées.

$$\sum N = 0 \quad \Longrightarrow \quad \begin{cases} \sum N_x = 0 \\ \sum N_y = 0 \end{cases}$$

$$\sum M = 0$$

Systèmes en treillis articulé - Méthode des sections

Soit un treillis constitué de barres articulées, représenté dans la figure ci-dessous. Déterminer l'effort sur la barre CF.

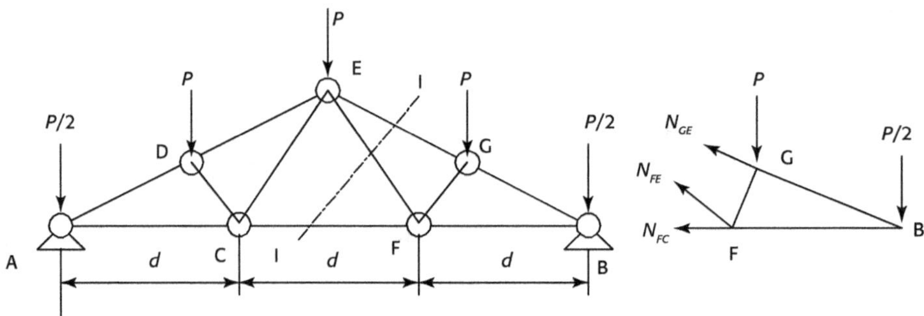

1. Réaction des appuis :

$$R_{y-A} = R_{y-B} = 2P$$

2. Pour déterminer l'effort dans la barre CF nous effectuons une coupure de la barre CF par une section I-I. Écrivons les équations d'équilibre pour la partie GBF et déterminons l'effort dans la barre CF.

La somme des moments par rapport à E est :

$$\sum M_E = 0 \qquad N_{CF} \times \frac{3}{2}d \times \tan 30° + P \times \frac{3}{4}d - \frac{3}{2}P \times \frac{3}{2}d = 0$$

D'où nous obtenons l'effort en traction dans la barre CF :

$$N_{CF} = \sqrt{3}P = 1,732P$$

8.1.3.3   Méthode des forces (voir § 6.2.2)

La méthode des forces, que nous présentons dans le chapitre § 6.2.2, peut être utilisée dans le cas de la structure des treillis.

Systèmes en treillis articulé - Méthode des forces

Soit un treillis constitué de barres articulées, représenté dans la figure ci-dessous. Déterminer l'effort sur la barre N_{22}.

Le degré d'hyperstatique de la structure est $n = 1$.

1. Structure originale

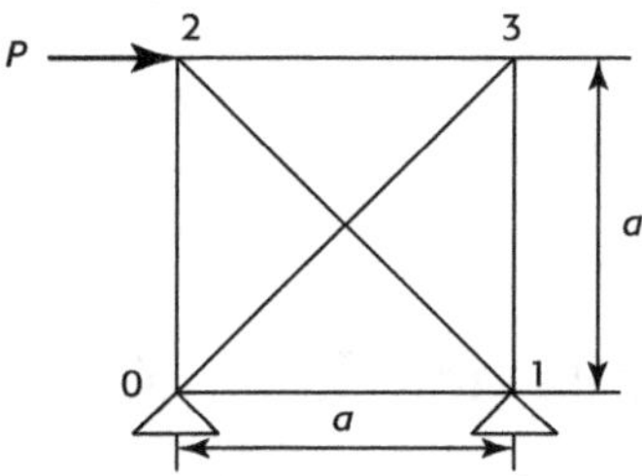

2. Supprimer la liaison surabondante.

(couper 1-2).

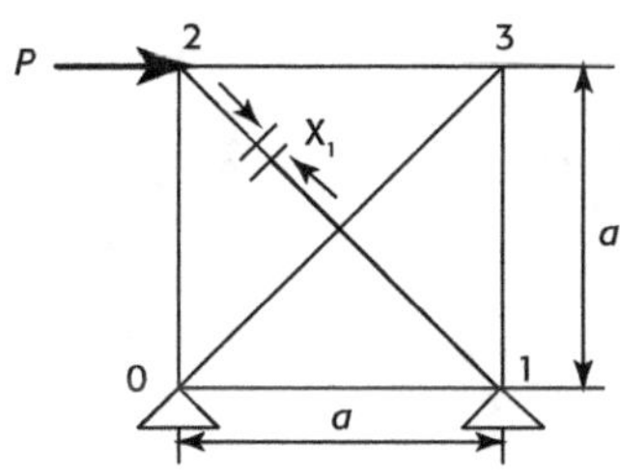

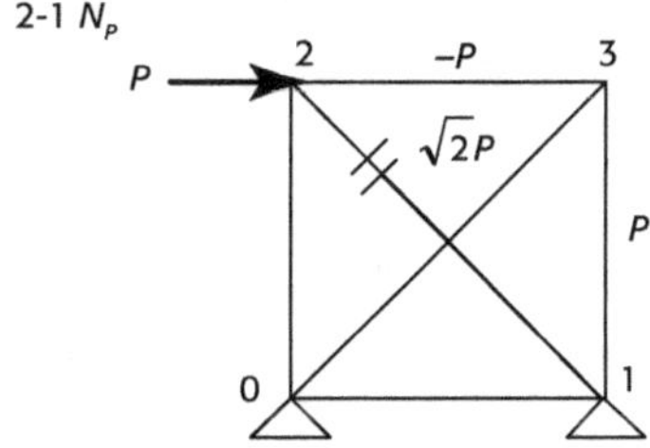

2-2 N_1^0

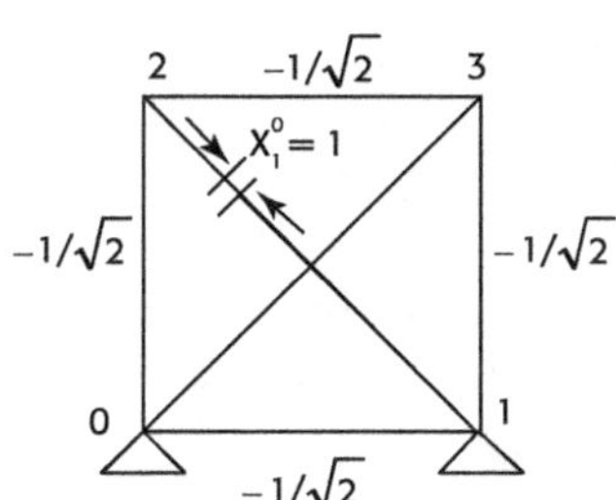

2-3 N

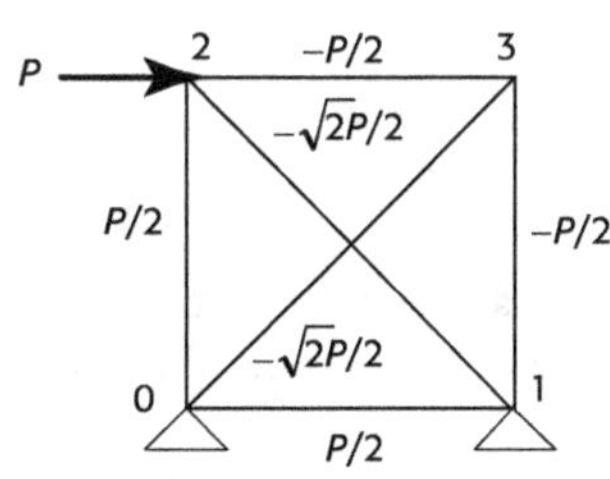

3. Équation par la méthode des forces :

$$\Delta_{11} X_1 + \Delta_{1P} = 0$$

$$\Delta_{11} = \sum \frac{N^{\circ 2} L}{EA} = \frac{1}{EA}\left[\left(-\frac{1}{\sqrt{2}}\right)^2 \times a \times 4 + 1^2 \times \sqrt{2}a \times 2\right] = \frac{2 \times \left(1+\sqrt{2}\right) \times a}{EA}$$

$$\Delta_{1P} = \sum \frac{N^{\circ}_1 N_P L}{EA} = \frac{1}{EA}\left[\left(-\frac{1}{\sqrt{2}}\right)(-P) \times a \times 2 + 1 \times \sqrt{2}P \times \sqrt{2}a\right] = \frac{\left(2+\sqrt{2}\right)Pa}{EA}$$

Supposons que les barres ont les mêmes E et A. A est l'aire de la section transversale des barres, E est le module d'élasticité longitudinale des barres.

4. Déterminer X_1 :

$$X_1 = -\frac{\Delta_{1P}}{\Delta_{11}} = \frac{-\left(2+\sqrt{2}\right)Pa}{EA} \times \frac{ES}{2\left(1+\sqrt{2}\right)a} = -\frac{\sqrt{2}}{2}P \quad \text{(en compression)}$$

5. Calculer l'effort de barre N_{22} :

$$N = X_1 N^{\circ}{}_1 + N_P$$

$$N_{23} = \left(-\frac{\sqrt{2}}{2}P\right)\cdot\left(\frac{1}{\sqrt{2}}\right) - P = -\frac{P}{2} \text{ (en compression)}$$

8.1.4 Déformation de système en treillis articulé et déplacement des nœuds

– **Méthode de Mohr :** C'est une méthode classique de calcul de la flèche par application du théorème de Muller - Breslau

– Déplacement d'une charge unitaire au point précis k en utilisant la méthode de Mohr :

$$\Delta_{ki} = \sum \int M^{\circ}{}_k d\theta_i + \sum T^{\circ}{}_k d\eta_i + \sum \int N^{\circ}{}_k d\lambda_i$$

$$M^{\circ}{}_K = 0 \quad \text{et} \quad T^{\circ}{}_k = 0$$

$$\Delta_{k0} = \sum \int N^{\circ}{}_P \, d\lambda_i$$

Si la surface de la section de la barre i est A_i, la module d'élasticité longitudinale est E_i ; $d\lambda_i$ est le déplacement de la barre i sous la charge normale N_{Fi}.

$$d\lambda_i = \frac{N_{Fi}}{E_i A_i} dL_i$$

Dans le cas d'une structure en treillis, construite par des barres rectilignes de sections constantes, soumises uniquement à des efforts normaux, la formule de Mohr s'écrit :

$$\Delta_{ko} = \sum_{i=1}^{n} \frac{N^{\circ}{}_{ki} N_{Fi}}{E_i A_i} L_i$$

avec :

N_{Fi} : effort normal produit par la charge extérieure P de la barre i (en N) ;

$N^{\circ}{}_{ki}$: effort normal produit par charge unitaire au point k de la barre i (en N) ;

E_i : module d'élasticité longitudinale de la barre i (en N/mm^2 (MPa)) ;

A_i : surface de la section de la barre i (en mm^2) ;

L_i : longueur de la barre i (en mm) ;

i : numéro de la barre.

La somme des déplacements Δ_{ko} étant étendue à toutes les barres du système au point k.

Systèmes en treillis articulé – Calcul du déplacement des nœuds

Les surfaces des sections des barres sont : $A_1 = 20$ cm^2 ; $A_2 = 20$ cm^2 ; $A_3 = 10$ cm^2 ; $A_4 = 10$ cm^2 ; $A_5 = 10$ cm^2. Les longueurs des barres sont : $L_1 = 283$ cm ; $L_2 = 283$ cm ; $L_3 = 200$ cm ; $L_4 = 200$ cm ; $L_5 = 200$ cm. Déterminer le déplacement au point D.

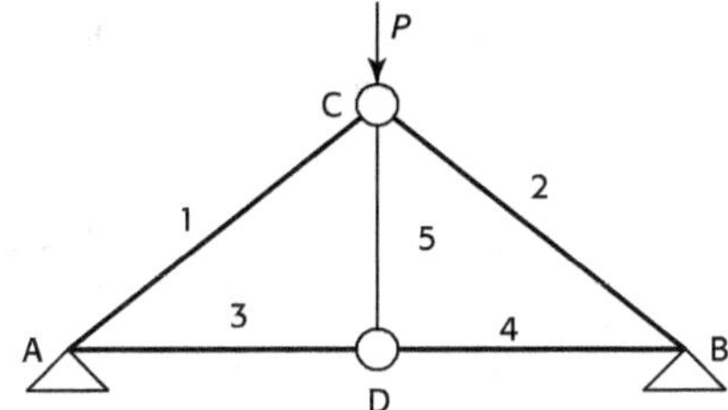

Dans les barres du système en treillis articulé, les barres ne subissent que des efforts normaux.

$$\Delta_{Do} = \sum_{i=1}^{n} \frac{N^\circ_{Di} N_{Fi}}{ES_i} L_i = \frac{N^\circ_{D1} N_{F1}}{ES_1} L_1 + \frac{N^\circ_{D2} N_{F2}}{ES_2} L_2 + \frac{N^\circ_{D3} N_{F3}}{ES_3} L_3$$

$$+ \frac{N^\circ_{D4} N_{F4}}{ES_4} L_4 + \frac{N^\circ_{D5} N_{F5}}{ES_5} L_5$$

$$= \frac{(-0,707) \times (-0,707P)}{E \times 20} \times 283 + \frac{(-0,707) \times (-0,707P)}{E \times 20} \times 283$$

$$+ \frac{(0,500) \times (0,500P)}{E \times 10} \times 200 + \frac{(0,500) \times (0,500P)}{E \times 10} \times 200 + \frac{(1,00) \times 0}{E \times 10} \times 200$$

$$= \frac{(7,07P + 7,07P + 5,00P + 5,00P + 0)}{E} = \frac{24,14P}{E}$$

8.1.5 Exercices avec des systèmes en treillis articulé

Exercice 8.5

Systèmes isostatique en treillis articulé – Calculer des efforts normaux intérieurs des barres

Le système à treillis articulé supporte deux charges P_1 et P_2 et est encastré aux nœuds 3 et 5. Déterminer les efforts intérieurs des barres.

1. Déterminons le degré d'hyperstaticité n_h du système. Le système a $n = 12$ nœuds et $m = 12$ barres, le degré de liberté cinématique est :

$$d_c = 2n = 2 \times 6 = 12$$

Le nombre des liaisons est $n_L = 12$, nous avons $n_L = d_C$. Donc il n'y a pas de liaison surabondante. Le système est un système isostatique.

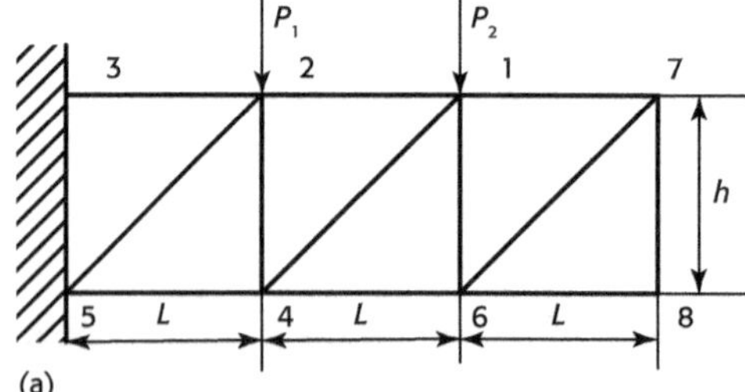

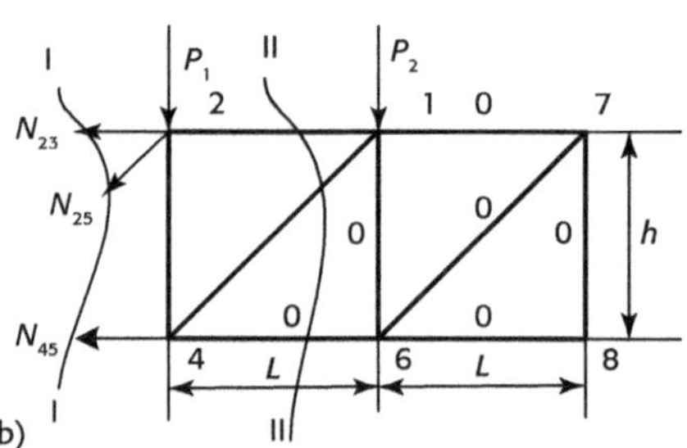

2. Il n'y a pas de charge appliquée sur certains nœuds. Donc il est possible que quelques barres ne supportent pas les efforts normaux.

- Nœud 8. La barre 7-8 et la barre 6-8 sont liées au nœud 8, mais il n'y a pas de charges sur le nœud 8. Donc les efforts normaux des barres 7-8 et 6-8 sont nuls.

$$N_{78} = N_{68} = 0$$

- Nœud 7. Pour la même raison les efforts normaux des barres 8.7, 7-6 et 7-1 sont nuls.

$$N_{87} = N_{7-6} = N_{7-1} = 0$$

3. En effectuant une coupure I-I et utilisant la méthode de Ritter, nous isolons la partie droite. Les équations d'équilibre sont :

$$\begin{cases} -P_1 L - N_{45} = 0 \\ -P_1 \cdot 2L - P_2 L + N_{23} L = 0 \\ -P_1 - P_2 - N_{25} \sin\theta = 0 \end{cases}$$

Nous obtenons :

$$N_{45} = -P_1$$

$$N_{23} = 2P_1 + P_2$$

$$N_{25} = -\frac{1}{\sin\theta}(P_1 + P_2) = -\sqrt{2}(P_1 + P_2)$$

4. En effectuant une coupure II-II et utilisant la méthode de Ritter, nous isolons la partie droite. Les équations d'équilibre sont :

$$\begin{cases} -P_1 - N_{14}\cos\theta = 0 \\ -N_{12} - N_{14}\sin\theta = 0 \end{cases}$$

Nous obtenons :

$$N_{14} = -\frac{1}{\cos\theta}P_1 = -\sqrt{2}P_1$$

$$N_{12} = P_1\tan\theta = P_1$$

Exercice 8.6

Systèmes isostatiques en treillis articulé - Calculer des efforts normaux intérieurs des barres

Le système à treillis articulé supporte deux charges P et est appuyé sur les deux appuis 1 et 5. Déterminer les efforts normaux des barres 1-7 et 2-6.

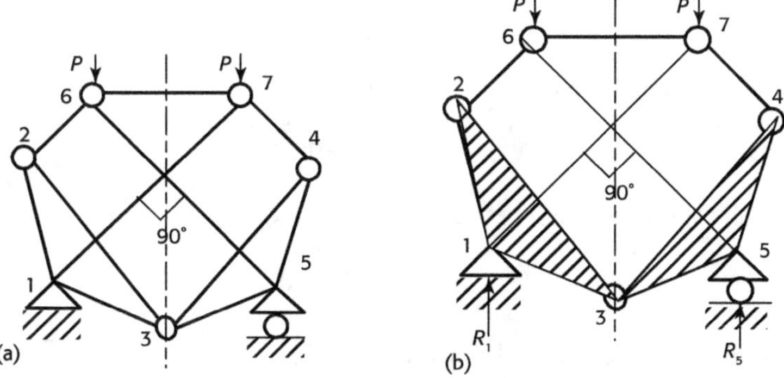

1. La partie 1-2-3 et la partie 3-4-5 du système sont considérées comme des solides (voir la figure b).

2. Déterminons le degré d'hyperstaticité n_h du système. Le système a $n = 7$ nœuds et $m = 11$ barres ; le degré de liberté cinématique est :

$$d_c = 2n = 2 \times 7 = 14$$

Le nombre des liaisons est $n_L = m + 3 = 11 + 3 = 14$, nous avons $n_L = d_C$. Donc il n'y a pas de liaison surabondante. Le système est un système isostatique.

3. Déterminons les réactions du système. Les équations d'équilibre du système sont :

$$\sum F_x = 0 \qquad\quad R_{1-x} = 0$$
$$\sum F_y = 0 \quad \Rightarrow \quad R_{1-y} + R_{5-y} - P - P = 0 \quad \Rightarrow \quad \begin{aligned} R_5 &= R_{5-y} = P \\ R_1 &= R_{1-y} = P \end{aligned}$$
$$\sum M = 0 \qquad\quad R_{5-y}L - P\frac{L}{4} - P\frac{3}{4}L = 0$$

4. En utilisant la méthode de Ritter, déterminons les efforts intérieurs du système.

– Isolons la partie 123 (figure c), nous obtenons le moment en 3 :

$$-N_{17} \times b + N_{26} \times c + P \times a = 0 \tag{1}$$

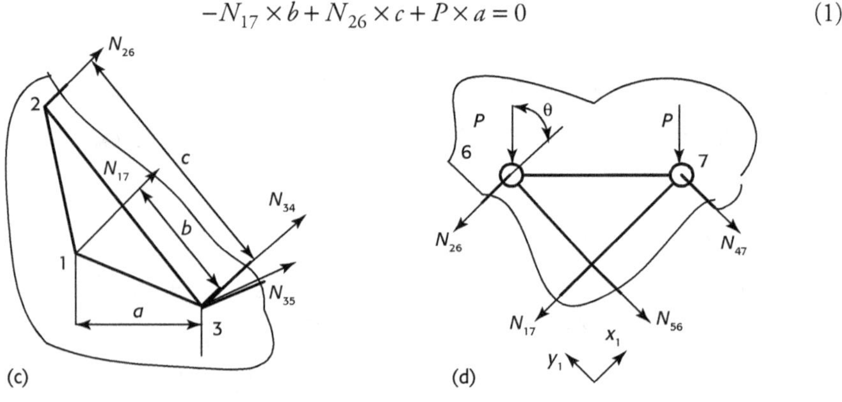

– Isolons la partie 6-7 (figure d) nous obtenons :

$$-N_{17} - N_{26} - P\cos\theta = 0 \tag{2}$$

De l'équation (1) nous obtenons :

$$N_{17} = N_{26} + P\cos\theta$$

De l'équation (2) nous obtenons l'effort normal N_{26}.

$$\left(N_{26} + P\cos\theta\right) \times b + N_{26} \times c + P \times a = 0$$
$$(c + b)N_{26} + bP\cos\theta + aP = 0$$
$$N_{26} = -\frac{(a + b\cos\theta)}{(c + b)}P$$

Enfin, nous obtenons l'effort normal N_{17}.

$$N_{17} = -\frac{(a + b\cos\theta)}{(c + b)} P + P\cos\theta$$

$$= \left(-\frac{(a + b\cos\theta)}{(c + b)} + \cos\theta\right) \cdot P = \frac{-a + c\cos\theta}{c + b} p$$

Exercice 8.7

Systèmes en treillis articulé - Calcul des efforts normaux intérieurs des barres

Soit un système à treillis articulé, reposant sur deux appuis A et B et supportant les charges $P_1 = P_2 = P_3 = P_4 = 1\,000$ kg $= 10\,000$ N. Déterminer les efforts normaux dans les barres.

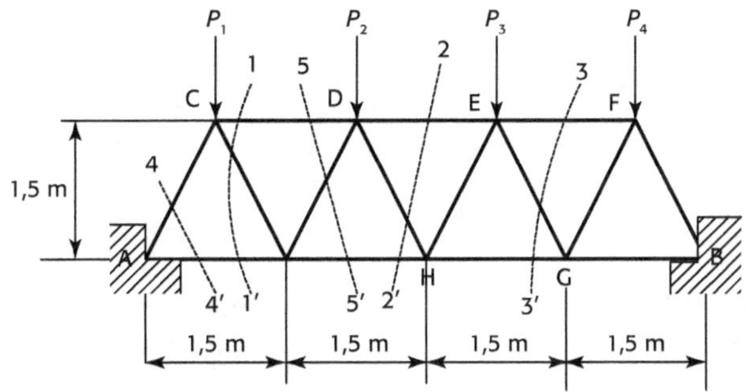

Nous utilisons la méthode de Ritter.

En utilisant des équations d'équilibre, déterminons les réactions des appuis :

$$R_A = 20\,000 \text{ N} \qquad R_B = 20\,000 \text{ N}$$

1. Effort normal dans la barre CD

Imaginons une section 1-1' rencontrant au plus trois barres dont CD. Pour la partie gauche de cette section l'équation des moments par rapport au point I s'écrit :

$$L_{R(I)}R_A + L_{P_1(I)}P_1 + L_{N_{CD}(I)}N_{CD} + L_{N_{CI}(I)}N_{CI} + L_{N_{AI}(I)}N_{AI} = 0$$

$$-(1,5 \times 20\,000) + (0,75 \times 10\,000) + 1,5 \times N_{CD} + 0 \times N_{CI} + 0 \times N_{AI} = 0$$

L'effort normal en compression dans la barre CD est égal à :

$$N_{CD} = 15\,000 \text{ N} = 1,5 \times 10^4 \text{ N}$$

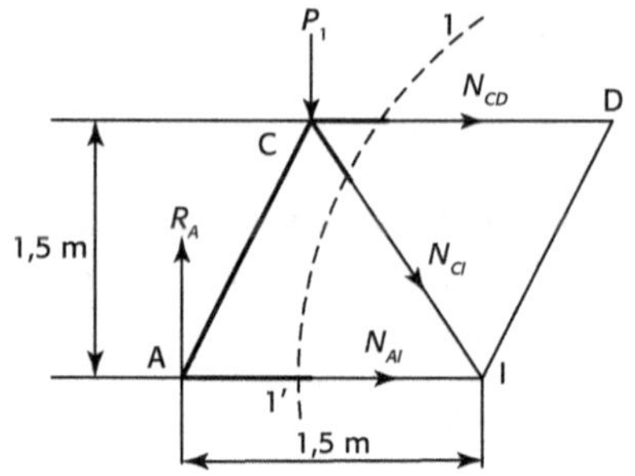

2. Efforts normaux dans les barres DE et DF

Les sections 2-2' et 3-3' rencontrent également trois barres non concourantes au même point. En utilisant la même méthode nous obtenons :

$$N_{DE} = 2 \times 10^4 \text{ N} \; ; \qquad N_{DF} = 1,5 \times 10^4 \text{ N}$$

3. Efforts normaux dans les barres AI, IH, HG, HB

Connaissant les efforts supportés par les deux premières, les efforts supportés par les autres s'obtiennent par symétrie. Nous obtenons les efforts dans les barres AI et GB en traction :

$$N_{AI} = 1 \times 10^4 \text{ N} \qquad N_{GB} = 1 \times 10^4 \text{ N}$$

Les efforts en traction dans les barres IH et HG sont :

$$N_{IH} = 2 \times 10^4 \text{ N} \qquad N_{HG} = 2 \times 10^4 \text{ N}$$

4. Pour déterminer l'effort normal dans la barre CI, nous reprendrons la coupure 1-1'. En utilisant l'équation d'équilibre, les projections sur l'axe Ay sont données :

$$-R_A + P_1 + 0 + \cos\alpha \cdot (N_{CD}) + 0 = 0$$

D'où :

$$\cos\alpha \cdot (N_{CD}) = 1 \times 10^4 \text{ N} \qquad \Rightarrow \qquad N_{CD} = \frac{1 \times 10^4}{\cos\alpha} \text{ N}$$

Par la géométrie, nous avons :

$$\cos\alpha = \frac{1,5}{\sqrt{1,5^2 + \left(\dfrac{1,5}{2}\right)^2}} = 0,893$$

Par suite :

$$N_{CD} = \frac{1 \times 10^4}{\cos\alpha} = \frac{10^4}{0,893} \approx 1,12 \times 10^4 \text{ N}$$

La coupure 4-4' rencontrant AC et AI permet de déterminer de la même façon l'effort normal en compression dans la barre AC :

$$N_{AC} = \frac{2 \times 10^4}{\cos \alpha'} = \frac{2 \times 10^4}{0,893} \approx 2,25 \times 10^4 \text{ N}$$

L'effort normal en compression dans la barre ID s'obtient en considérant la coupure 5-5' rencontrant CD, ID et IH.

$$N_{AC} = 1,12 \times 10^4 \text{ N}$$

Enfin la coupure 2-2' coupe la barre DH qui n'est soumise à aucun effort axial.

Les efforts dans toutes les autres barres s'obtiennent par symétrie.

Exercice 8.8

Systèmes en treillis articulé – Calcul des efforts normaux intérieurs des barres

Soit un système en treillis articulé qui supporte des charges, indiquées dans la figure. Déterminer les efforts intérieurs dans les barres 1, 2, 3, et 4.

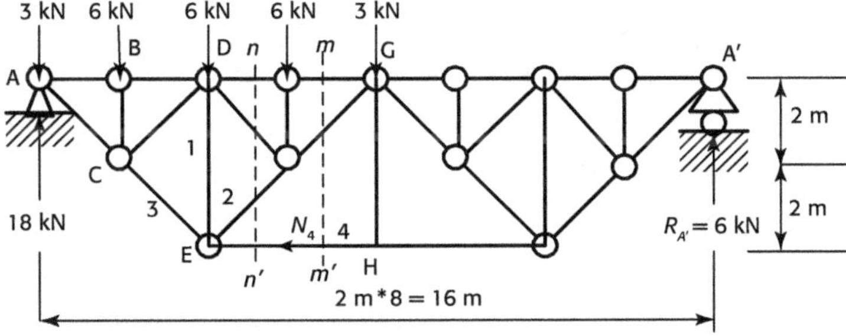

1. En utilisant la méthode de Ritter, déterminons les efforts intérieurs des barres 4 et 2.

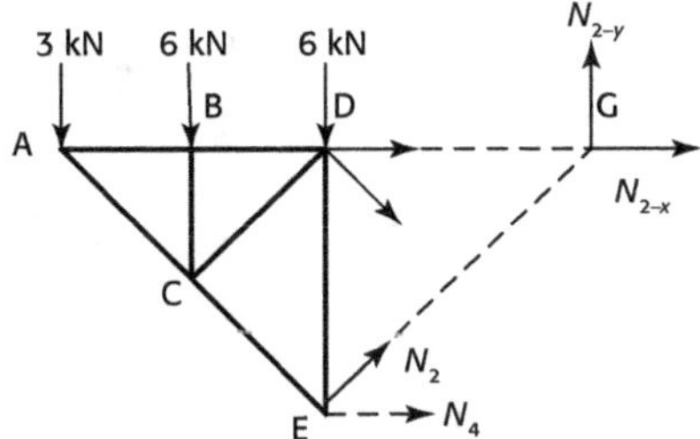

En pratiquant une coupe *m-m'*, isolons la partie droite. Le moment par rapport à G est :

$$\sum M_G = 0 \qquad N_4 \times (HG) - R_{A'} \cdot (GA') = 0 \qquad \Rightarrow \qquad N_4 \times 4 - 6 \times 8 = 0$$

Nous obtenons l'effort dans la barre 4 :

$$N_4 = 12 \text{ kN} \ \text{(en traction)}$$

En pratiquant la deuxième coupure *n-n'*, nous isolons la partie gauche et obtenons le moment par rapport à D :

$$\sum M_D = 0 \qquad R_A \times (DE) - F_A \times (DE) - F_B \times (CB) - N_4 \times (DE) - N_2 \times (DE) = 0$$

$$\Rightarrow \qquad 18 \times 4 - 3 \times 4 - 6 \times 2 - 12 \times 4 - N_{2-y} \times 4 = 0$$

D'où : $\qquad N_{2-y} = 0$

Nous obtenons l'effort dans la barre 2 :

$$N_{2-x} = 0 \qquad \text{et} \qquad N_2 = 0$$

2. En utilisant la méthode des nœuds, nous isolons le nœud E et déterminons les efforts dans la barre 1 et la barre 3.

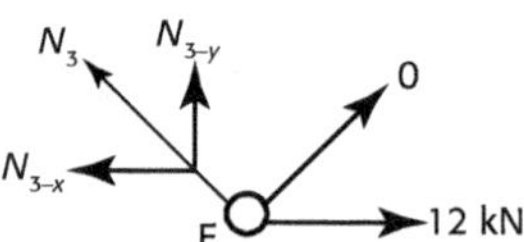

– Sur la direction x, l'équation d'équilibre s'écrit :

$$\sum F_x = 0 \qquad\qquad 12 - N_{3-x} = 0$$

D'où :

$$N_{3-x} = 12 \text{ kN}$$

Donc nous obtenons :

$$N_{3-y} = 12 \text{ kN} \qquad \text{et} \qquad N_3 = 12 \times \sqrt{2} = 16{,}97 \text{ kN} \ \text{(en traction)}$$

– Sur la direction y l'équation d'équilibre s'écrit :

$$\sum F_y = 0 \qquad\qquad N_1 + N_{3-y} = 0$$

D'où :

$$N_1 = -N_{3-y} = -12 \text{ kN} \ \text{(en compression)}$$

Systèmes en treillis articulé – Méthode des travaux virtuels

Soit un système en treillis articulé, supportant des charges F_p (voir la figure ci-dessous). Calculer l'effort normal intérieur de barre F_{FG-x}.

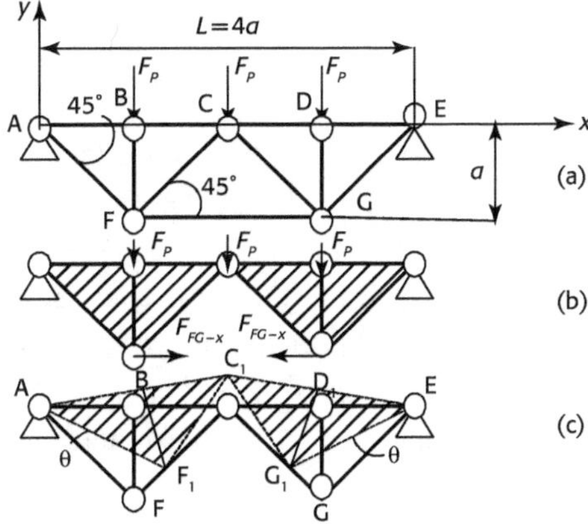

Pour calculer l'effort axial dans la barre FG nous remplaçons la barre FG par les deux forces F_{FG}. Le système en treillis articulé devient deux parties solides ACF et EFG, liés aux articulations.

Supposons le déplacement du système des barres indiqué dans la figure (c). Les angles des rotations des deux parties ACF et ECG par rapport au point A et au point E sont θ.

Les déplacements aux nœuds B, C et D sur l'axe y vertical sont :

$$\Delta_{B-y} = -a\theta \ ; \quad \Delta_{C-y} = -2a\theta \ ; \quad \Delta_{D-y} = -a\theta$$

Le déplacement du point F est :

$$\Delta_F = FF_1 = AF \cdot \theta = \sqrt{2} \cdot a \cdot \theta$$

La projection sur l'axe x du déplacement Δ_F est égale à :

$$\Delta_{F-x} = \cos 45° \Delta_F = \cos 45° \sqrt{2} \cdot a \cdot \theta = a\theta$$

En utilisant la même méthode, la projection sur l'axe horizontal x du point G est égale à :

$$\Delta_{G-x} = a\theta$$

Le déplacement entre le point F et le point G sur l'axe horizontal x est :

$$\Delta_{F-G} = a\theta + a\theta = 2a\theta$$

En utilisant la méthode des travaux virtuels, les travaux produits par les forces extérieures sont égaux aux travaux virtuels produits, nous obtenons :

$$F_{FG-x} \cdot (2a\theta) = F_P \left(a\theta + 2a\theta + a\theta \right)$$

D'où, l'effort normal intérieur de barre F_{FG-x} est égal à :

$$F_{FG-x} = 2F_P$$

Poutre à treillis articulé – Méthode des forces - Calcul des déplacements des nœuds

Soit un système à treillis articulé, supportant une charge uniformément répartie $q = 13\ 000$ N/m. Les barres AD, DC, CF, FB, DE et GF sont des poutres de section rectangulaire en béton avec $E_b = 3,0 \times 10^4$ MPa. Les barres EC, CG AE, GB et EG sont des poutres de section circulaire en acier avec $E_a = 2,0 \times 10^5$ MPa. Les dimensions des barres ses trouvent dans la figure (1) et (2). L'indice de longueur $L = 12$ m. Déterminer le déplacement du point C.

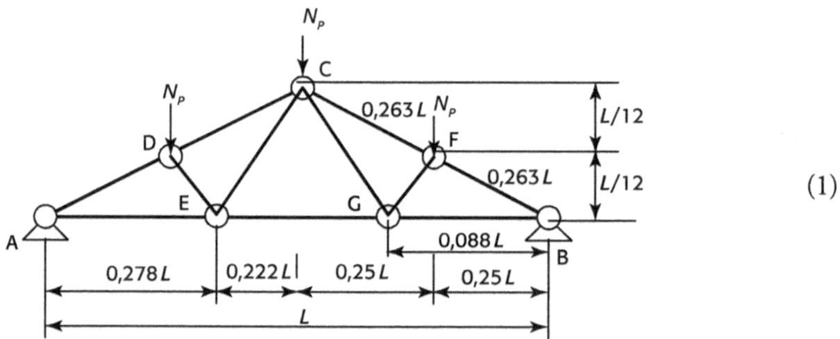

Dans la structure en treillis, la barre AE est construite avec trois profilés circulaires de diamètre 22 cm. Les barres EG et GB sont construites avec deux profilés circulaires de diamètre 22 cm. Les barres CE et CG sont construites avec un profilé de diamètre de 22 cm. Les barres AC et CB sont construites avec le profilé rectangulaire 18 cm × 24 cm. Les barres DE et GF sont construites avec le profilé carré 18 cm × 18 cm (figure 2).

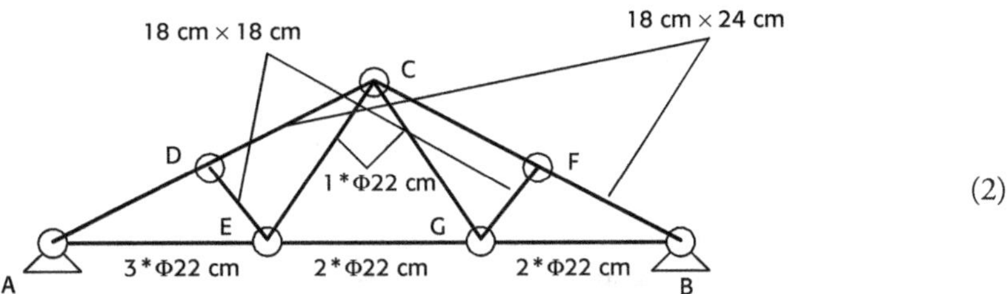

1. Nous considérons que la charge q est répartie sur les trois nœuds D, C et F (figure 3) et chaque nœud supporte la charge de :

$$N_P = \frac{qL}{4} = \frac{13\ 000 \times 12}{4} = 39\ 000 \text{ N}$$

En utilisant la méthode des sections et la méthode des nœuds, nous déterminons les efforts N_i supportés par les barres, en traction ou en compression. Les résultats se trouvent dans la figure (3).

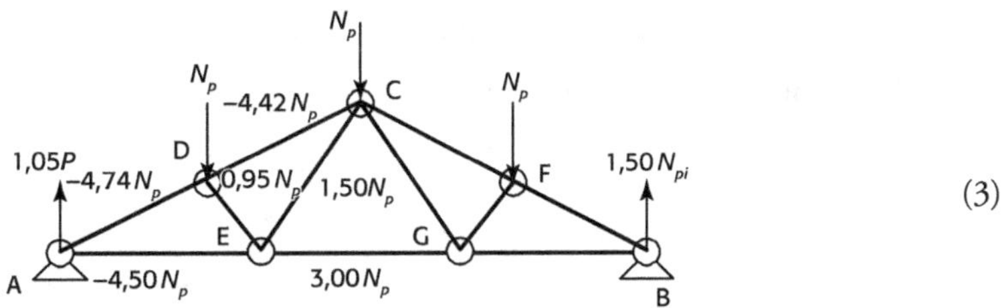

Nous avons calculé une partie des efforts des barres. Par symétrie, nous trouvons l'autre partie des efforts.

2. Appliquons une charge unitaire $N° = 1$ en C. En utilisant la même méthode, nous déterminons les efforts $N°_i$ supportés par des barres, en traction ou en compression. Les valeurs des efforts des barres sont indiquées dans la figure (4) ci-dessous.

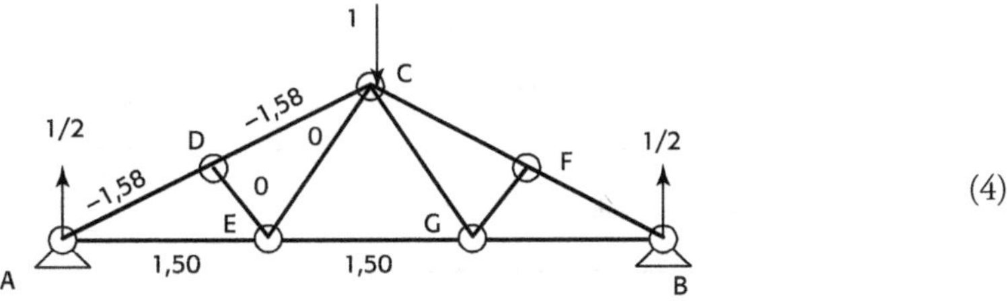

3. En appliquant la méthode des forces, nous déterminons le déplacement en C.

$$\Delta_C = \sum_{i=1}^{n} \frac{N°_{Ci}\,N_{pi}}{E_i S_i} L_i$$

Ce système en treillis articulé est symétrique, donc nous avons besoin simplement de calculer la moitié du système. Dans le calcul, pour la longueur de la barre EG nous utilisons la moitié de sa longueur.

3.1 Pour les barres en béton, nous avons :

$$A_{0-B} = 18 \text{ cm} \times 24 \text{ cm} = 432 \text{ cm}^2$$

Les calculs pour les barres en béton se trouvent dans le tableau ci-dessous.

Barre en béton	Effort N_{pi} en N	Longueur L_i en mr	Surface de section A_i en mm²	Effort produit par force unitaire N^0_{Ci} en N	Déplacement $\Delta_{C-i} = \dfrac{N^{\circ}_{Ci} N_{pi}}{E_i A_i} L$
AD	$N_{pi} = -4,74 N_P$	$L_{AD} = 0,263L$	$A_{AD} = A_b$	$N^0_{Ci} = -1,58$	$\Delta_{C-AD} = 1,97 \dfrac{N_P L}{E_b A_b}$
DC	$N_{pi} = -4,72 N_P$	$L_{DC} = 0,263L$	$A_{DC} = A_b$	$N^0_{Ci} = -1,58$	$\Delta_{C-DC} = 1,84 \dfrac{N_P L}{E_b A_b}$
DE	$N_{pi} = -0,95 N_P$	$L_{DE} = 0,088L$	$A_{DE} = 0,75 A_b$	$N^0_{Ci} = 0$	$\Delta_{C-DE} = 0$
Le déplacement total des barres en béton					$\Delta_{C-b} = \displaystyle\sum_{i=1}^{n} \dfrac{N^{\circ}_{Ci} N_{pi}}{E_i A_i} L_i = 3,81 \dfrac{N_P L}{E_b A_b}$

3.2 Pour les barres en acier nous avons :

$$A_a = \pi R^2 = \pi \times 22^2 / 4 = 380 \text{ mm}^2$$

Nous utilisons la même méthode pour déterminer les déplacements des barres en acier.

Barre en béton	Effort N_{pi} en N	Longueur L_i en mm	Surface de section A_i en mm²	Effort produit par force unitaire N^0_{Ci} en N	Déplacement $\Delta_{C-i} = \dfrac{N^{\circ}_{Ci} N_{pi}}{E_i A_i} L_i$
CE	$N_{pi} = 1,5 N_P$	$L_{CE} = 0,278L$	$A_{CE} = A_a$	$N^0_{Ci} = 0$	$\Delta_{C-CE} = 0$
AE	$N_{pi} = 4,5 N_P$	$L_{AE} = 0,278L$	$A_{AE} = 3 A_a$	$N^0_{Ci} = 1,5$	$\Delta_{C-AE} = 0,63 \dfrac{N_P L}{E_a A_a}$
EG	$N_{pi} = 3,0 N_P$	$L_{EG} = 0,222L$	$A_{EG} = 2 A_a$	$N^0_{Ci} = 1,5$	$\Delta_{C-EG} = 0,50 \dfrac{N_P L}{E_a A_a}$
Le déplacement total des barres en acier					$\Delta_{C-a} = \displaystyle\sum_{i=1}^{n} \dfrac{N^{\circ}_{Ci} N_{pi}}{E_i A_i} L_i = 1,13 \dfrac{N_P L}{E_a A_a}$

4. Le déplacement au point C est égal à :

$$\Delta_C = \sum_{i=1}^{n} \frac{N^{\circ}_{Ci} N_{pi}}{E_i A_i} L_i = \Delta_{C-b} + \Delta_{C-a} = 3,81 \frac{N_P L}{E_b A_b} + 1,13 \frac{N_P L}{E_a A_a}$$

$$= 2 N_P L \cdot \left(\frac{3,81}{E_b A_b} + \frac{1,13}{E_b A_b} \right) = 1,66 \text{ cm} \quad (\downarrow)$$

Systèmes en treillis articulé - Méthode des forces - Détermination du déplacement

Le système en treillis articulé ABCD supporte une charge concentrée F. Nous supposons que $(EA)_{AD} = (EA)_{BD} = (EA)_{CD}$. $(EI)_{AB} = EI_{AB} = EAa^2 / 10$. Déterminer les efforts intérieurs des barres et le déplacement en C.

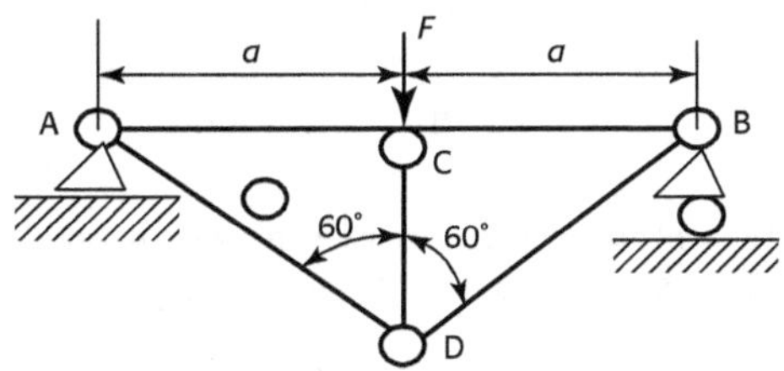

1. Le système est une structure hyperstatique, il y a la barre supplémentaire DC. Le degré d'hyperstaticité n_h du système est :

$$n = 1$$

Les réactions des appuis A et B sont :

$$R_{A-y} = R_{B-y} = \frac{F}{2}$$

2. État S_0, état réel de la structure. Sous la charge F les efforts normaux des barres AD, BD et CD sont nuls :

$$N_{p-AD} = N_{p-BD} = N_{p-CD}$$

La barre AB est en flexion. Le moment de flexion de barre AB est :

$$M_{p-AC}(x_1) = \frac{F}{2} x_1$$

$$M_{p-CB}(x_1) = \frac{F}{2}(2a - x_1)$$

3. Effectuons une coupure S_1 sur la barre CD pour que le système devienne isostatique (figure b). Appliquons une charge unitaire $X_1 = 1$ sur la lèvre de la coupure et écrivons l'équation de méthode des forces.

$$\Delta_{11}X_1 + \Delta_{1P} = 0$$

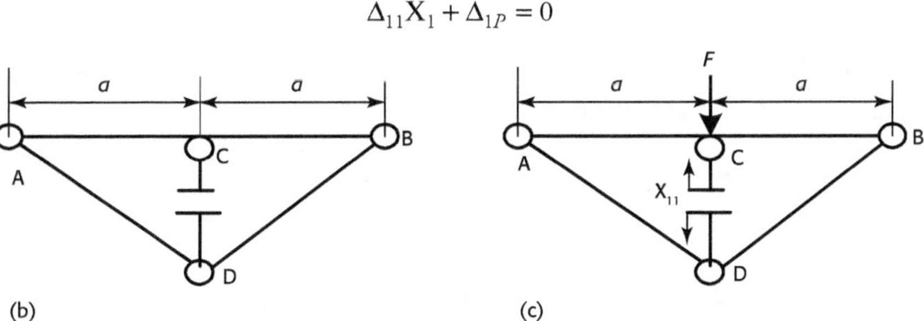

(b)

(c)

3. État S_1. Sous la charge unitaire $X_1 = 1$ les efforts normaux des barres sont :

$$N^\circ{}_{AD} = N^\circ{}_{BD} = -1 \; ;$$

$$N^\circ{}_{CD} = 1$$

Le moment de flexion de barre AB est :

$$M^\circ{}_{AC}(x) = \frac{1}{2}x$$

$$M^\circ{}_{CB}(x) = \frac{1}{2}(2a - x)$$

4. En utilisant la méthode des forces déterminer l'effort normal de barre CD.

En utilisant la formule de méthode des forces, nous avons :

$$\vec{1} \cdot \vec{\Delta}_{ij} = \int_s \frac{N^\circ{}_i N^\circ{}_j}{EI}\,ds + \int_s \frac{T^\circ{}_i T^\circ{}_j}{GI}\,ds + \int_s \frac{M^\circ{}_{f-i} M^\circ{}_{f-j}}{EI}\,ds + \int_s \frac{M^\circ{}_{t-i} M^\circ{}_{t-j}}{GI}\,ds$$

Les déplacements relatifs Δ_{11} et Δ_{1F} sont :

$$\Delta_{11} = \int_s \frac{N^\circ{}_i N^\circ{}_i}{EI}\,ds + \int_s \frac{M^\circ{}_{f-i} M^\circ{}_{f-i}}{EI}\,ds$$

$$= \frac{N^{\circ 2}{}_{AD} L_{AD}}{EA} + \frac{N^{\circ 2}{}_{BD} L_{BD}}{EA} + \frac{N^{\circ 2}{}_{CD} L_{CD}}{EA} + \int_0^a \frac{M^{\circ 2}{}_{AC}}{EI}\,dx + \int_a^{2a} \frac{M^{\circ 2}{}_{CD}}{EI}\,dx = \frac{5 \cdot \left(1 + \sqrt{3}\right) \cdot a}{3EA}$$

$$\Delta_{1F} = \int_s \frac{M_{p-i} M^\circ{}_i}{EI}\,ds = \int_0^a \frac{M_{p-AC} M^\circ{}_{AC}}{EI}\,dx + \int_a^{2a} \frac{M_{p-CB} M^\circ{}_{CB}}{EI}\,dx = \frac{5a}{3EA} F$$

L'équation de méthode des forces $\Delta_{11} X_1 + \Delta_{1P} = 0$ devient :

$$\frac{5 \cdot \left(1 + \sqrt{3}\right) \cdot a}{3EA} X_1 + \frac{5 \cdot a}{3EA} = 0 \qquad \Rightarrow \qquad X_1 = -\frac{F}{1 + \sqrt{3}}$$

L'effort normal de barre CD est :

$$N_{CD} = X_1 = -\frac{F}{1 + \sqrt{3}}$$

5. Déterminer les efforts intérieurs des barres.

– Moment de flexion de la barre AB :

$$M_{AC}(x) = M_{p-AC}(x) + X_1 \cdot M^\circ{}_{AC} = \frac{\sqrt{3}F}{2(1 + \sqrt{3})}x$$

$$M_{CB}(x) = M_{p-CB}(x) + X_1 \cdot M^\circ{}_{CB} = \frac{\sqrt{3}F}{2(1 + \sqrt{3})}(2a - x)$$

– Efforts normaux des barres AD, BD et CD :

$$N_{AD} = \left(X_1\right) \cdot N^{\circ}{}_{AD} = \frac{F}{1+\sqrt{3}}$$

$$N_{BD} = N_{AD} = \frac{F}{1+\sqrt{3}}$$

$$N_{CD} = \left(X_1\right) \cdot N^{\circ}{}_{CD} = -\frac{F}{1+\sqrt{3}}$$

6. Déterminer le déplacement en C.

$$\Delta_C = \frac{1}{EI}\left[\int_0^a M_{AC}(x) \cdot M^{\circ}{}_{AC}(x)\,dx + \int_a^{2a} M_{CB}(x) \cdot M^{\circ}{}_{CB}(x)\,dx\right]$$

$$= \frac{1}{EI}\left[\int_0^a \frac{\sqrt{3}F}{2(1+\sqrt{3})}\,x \cdot \frac{1}{2}\,x\,dx + \int_a^{2a} \frac{\sqrt{3}F}{2(1+\sqrt{3})}(2a-x) \cdot \frac{1}{2}(2a-x)\,dx\right] = \frac{a^3}{(6+2\sqrt{3})} \cdot \frac{F}{EI}\,(\downarrow)$$

Exercice 8.12

Structure hyperstatique des poutres et des treillis articulés - Méthode des forces

Un système hyperstatique, construit par une poutre AD en flexion et un système en treillis articulé AC, CD et BC, supporte deux forces concentrées verticales $F_1 = F_2 = 110$ kN et une charge uniformément répartie $q = 3$ kN/m. Les caractéristiques des poutres sont : $(EI)_{AD} = 1,4 \times 10^4$ kN.m^2 ; $(EA)_{AD} = 1,99 \times 10^6$ kN ; $(EA)_{AC} = (EA)_{CD} = 2,56 \times 10^5$ kN ; $(EA)_{BC} = 2,02 \times 10^5$ kN. Déterminer les efforts intérieurs des poutres.

1. Le degré d'hyperstatique de la structure est : $n_h = 1$.

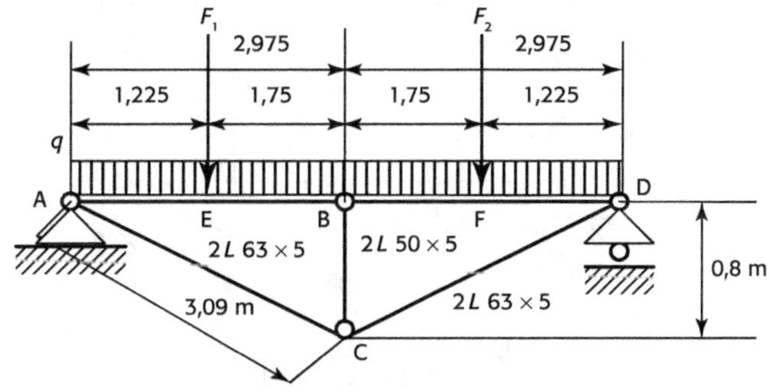

2. Effectuer une coupure S_1 pour obtenir une structure isostatique associée.

En supprimant la barre BC et nous appliquons une force X_1. Nous obtenons une équation de méthode des forces :

$$\Delta_{11}X_1 + \Delta_{1P} = 0$$

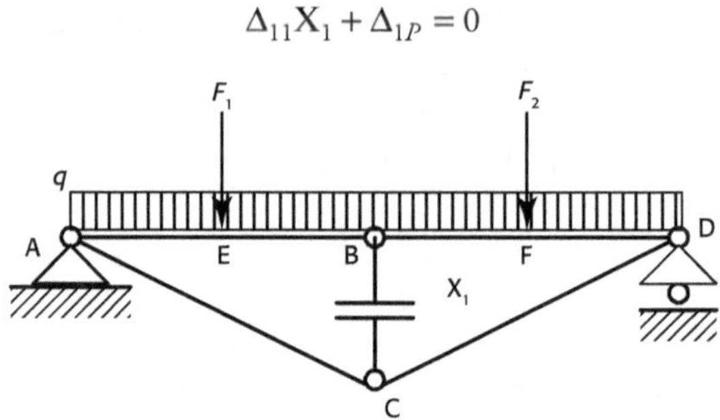

3. En appliquant une force unitaire $X_1 = 1$, les efforts normaux des barres sont montrés comme indiqués dans la figure (a).

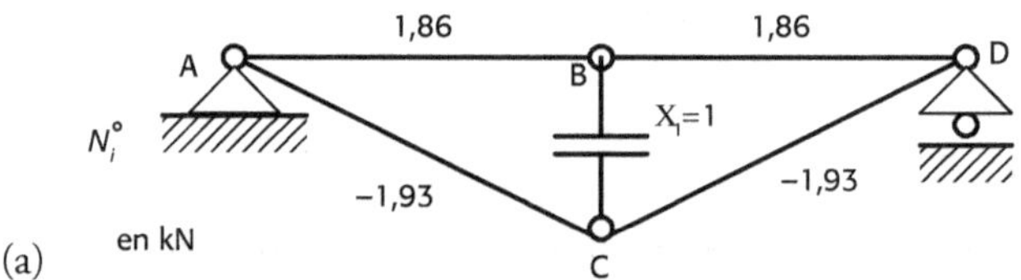

Sous la force unitaire $X_1 = 1$, le moment de flexion de la barre AD est montré dans la figure (b).

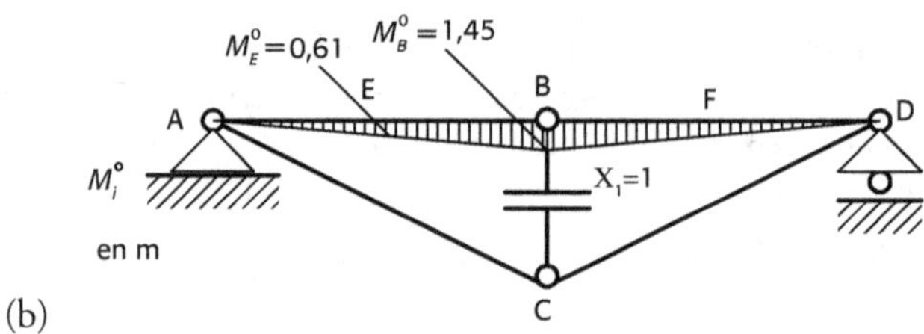

4. Sous les charges F_1, F_2 et q, il n'y pas d'efforts normaux dans les barres. Seule la barre AD est en flexion.

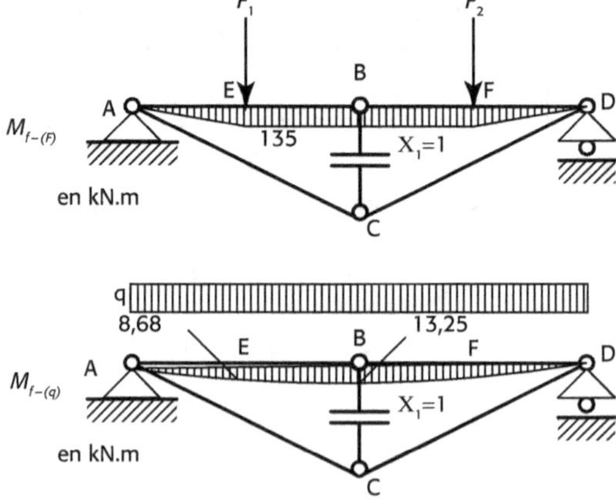

5. En utilisant l'équation de la méthode des forces $\Delta_{11}X_1 + \Delta_{1P} = 0$, déterminons X_1.

$$\Delta_{11} = \int \frac{\overline{M}_1^2}{EI}\,ds + \sum \frac{N_1^2 L}{EA}$$

$$= \frac{1}{1,4\times10^4} \times \left[\frac{1,49\times2,975}{2} \times \frac{2}{3} \times 1,49\right] \times 2 + \frac{1,86^2\times5,95}{1,99\times10^6} + \frac{1,93\times3,09}{2,56\times10^5}$$

$$\times 2 + \frac{1^2\times0,80}{2,02\times10^5}$$

$$= 0,000419 \text{ m/kN}$$

$$\Delta_{1P} = \int \frac{\overline{M}_1 M_P}{EI}\,ds$$

$$= \frac{1}{1,4\times10^4} \times \left[\left(\frac{2}{3}\times13,25\times2,975\right)\times\left(\frac{5}{8}\times1,49\right)\times2+\left(\frac{1}{2}\times135\times1,225\right)\right.$$

$$\left.\times\left(\frac{2}{3}\times0,61\right)\times2\right]+\frac{1}{1,4\times10^4}\times\left[(135\times1,75)\times\left(\frac{0,61+1,49}{2}\right)\times2\right]$$

$$= \frac{1}{1,4\times10^4}(48,945+67,252+496,125) \quad = 0,0437 \text{ m}$$

$$X_1 = -\frac{\Delta_{1P}}{\Delta_{11}} = -\frac{0,0437}{0,000419} = -104,5 \text{ kN}$$

$$N_{BC} = X_1 = -104,5 \text{ kN} \qquad \text{(en compression)}$$

6. Déterminer les efforts intérieurs des barres.

En connaissant l'effort intérieur de la barre BC, $N_{BC} = X_1 = -104,5$ kN, la structure devient un système isostatique. Nous pouvons utiliser les équations d'équilibre pour déterminer les efforts des autres barres, indiqués sur la figure ci-dessous.

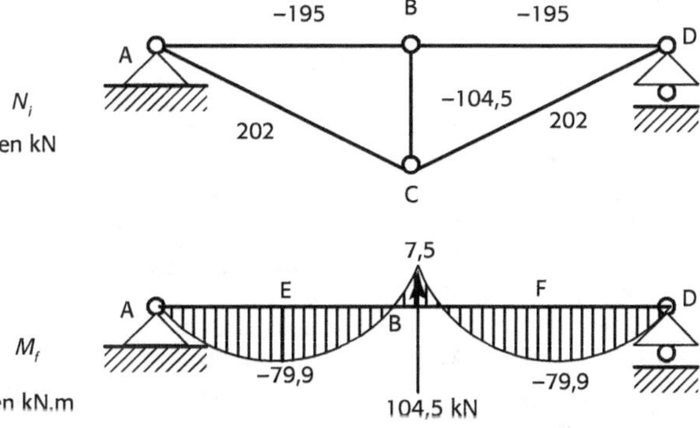

Remarque : Si nous supprimons la barre BC, le moment de flexion devient très grand. En ajoutant la barre BC, le moment de flexion est réduit de 46 % de sa valeur.

Structure des poutres et des treillis articulés – Méthode des forces

Une charpente en treillis articulé supporte une force verticale uniformément répartie $q = 1$ kN/m. Ses dimensions sont indiquées dans la figure (1). Déterminer les efforts intérieurs des barres et le moment de flexion maximale.

1. Les structures ACD et BCE sont liées par l'articulation C et la barre DE. Les structures ACD et BCE sont des structures isostatiques.

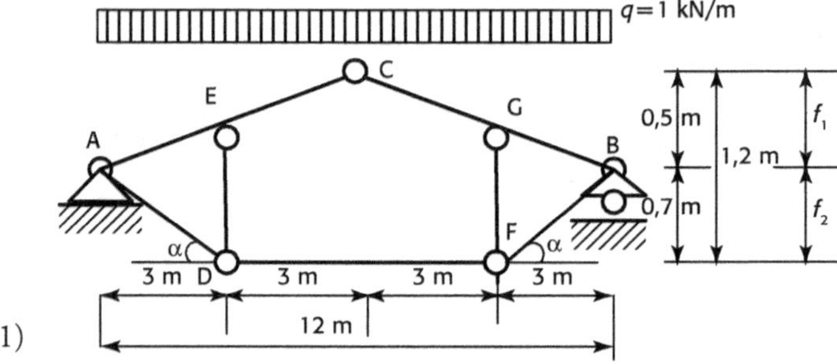

(1)

2. Nous effectuons une coupure n-n' pour calculer les efforts intérieurs des barres DF, DE, GE et BE.

En utilisant l'équation d'équilibre $\sum M_C = 0$, l'effort normal de la barre est :

$$6 \times 6 - 1 \times 6 \times 3 - 1,2 N_{DE} = 0 \qquad \Rightarrow \qquad N_{DE} = 1,5 \text{ kN}$$

En utilisant la même méthode nous trouvons les efforts normaux des barres AD, DF, DE, GE et BE (figure 2).

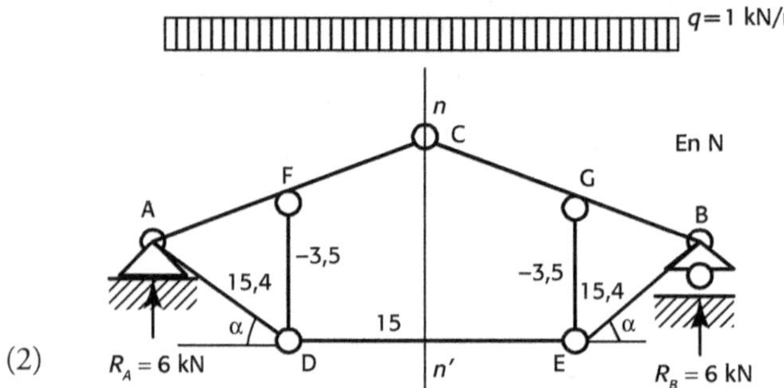

(2)

3. Déterminer les efforts de la barre AFC.

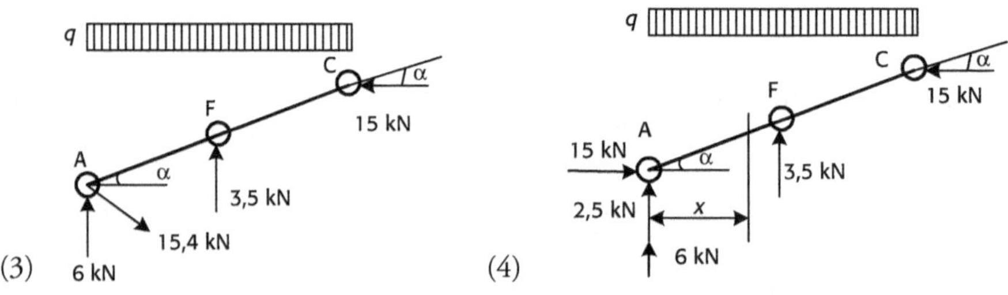

(3)   (4)

Supposant que F_x et F_y sont les projections suivant x et y de la résultante des charges, l'effort tranchant et l'effort normal de la section quelconque de la barre AFC sont :

$$T = F_y \cos\alpha - 15\sin\alpha$$

$$N = -F_x \sin\alpha - 15\cos\alpha$$

La structure donne $\alpha = 4,78°$, donc $\sin\alpha = 0,0835$ et $\cos\alpha = 0,9996$.

À l'extrémité A, nous obtenons l'effort normal et l'effort tranchant :

$$T_A = 2,5 \times \cos\alpha - 1,5 \times \sin\alpha$$
$$= 2,5 \times 0,996 - 15 \times 0,0835 = 1,24 \text{ kN}$$
$$N_A = -2,5 \times \sin\alpha - 1,5 \times \cos\alpha$$
$$= -2,5 \times 0,835 - 15 \times 0,0996 = -15,13 \text{ kN}$$

Dans une section droite d'abscisse x, l'effort tranchant est :

$$T_x = F_y \cos\alpha - 15\sin\alpha$$

Quand l'effort tranchant est égal à zéro, $T_x = 0$, nous trouvons le moment maximal. Donc :

$$F_y = 15 \times \tan\alpha$$

Pour la partie AF, l'effort tranchant est égal à $F_y = 2,5 - qx - 15\sin\alpha$.

Donc, nous avons :

$$2,5 - qx = 15 \times \sin\alpha$$

Enfin nous obtenons :

$$x = \frac{2,5 \text{ kN}}{1 \text{ kN/m}} - \frac{15 \text{ kN}}{1 \text{ kN/m}} \times \frac{0,5 \text{ m}}{6 \text{ m}} = 1,25 \text{ m}$$

Donc à $x = 1,25$ m, le moment maximal est :

$$M_{f-\max} = 2,5 \times 1,25 - 15 \times \left(\frac{0,5}{6} \times 1,25\right) - \left(1 \times 1,25 \times 1,25 \times \frac{1}{2}\right) = 0,78 \text{ kN.m}$$

L'effort normal, l'effort tranchant et le moment de flexion de la barre AFC sont indiqués dans la figure ci-dessous.

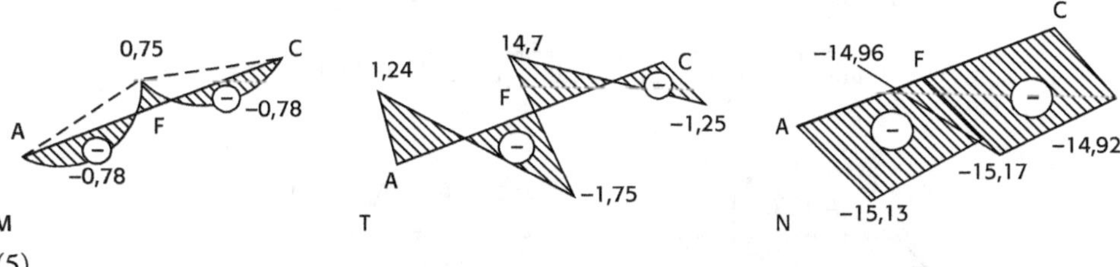

(5)

3. Pour déterminer l'effort normal de la barre N_{DE}, nous pouvons aussi utiliser la formule de l'arc à trois articulations (voir chapitre 9) :

$$N_{DE} = \frac{M_C}{h}$$

Nous remarquons que si le rapport $\dfrac{L}{h}$ est petit, l'effort normal N_{DE} est grand et les efforts normaux des barres de structure sont devenus grands aussi.

4. Nous déterminons les moments de flexion et les efforts normaux des barres, dans la condition $f = f_1 + f_2 = 1,2$ m avec les hauteurs variées de f_1 et f_2 du système en treillis articulé.

Cas 1 : $f_1 = 0$ et $f_2 = 1,2$ m. Le moment de flexion et l'effort normal des barres du système en treillis articulé sont indiqués dans la figure ci-dessous.

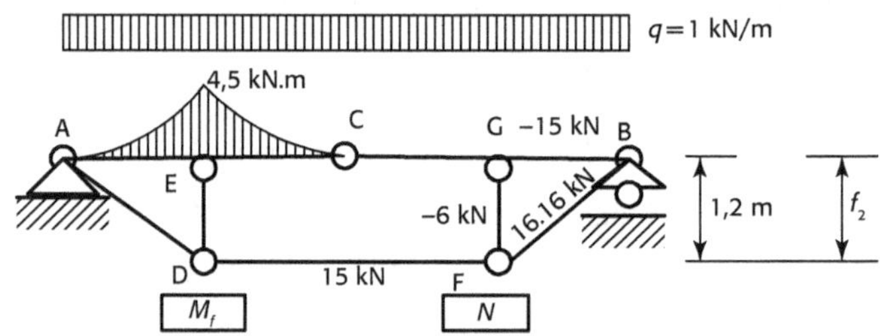

Cas 2 : $f_1 = 0,5$ m et $f_2 = 0,7$ m. Le moment de flexion et l'effort normal des barres du système en treillis articulé sont indiqués dans la figure ci-après.

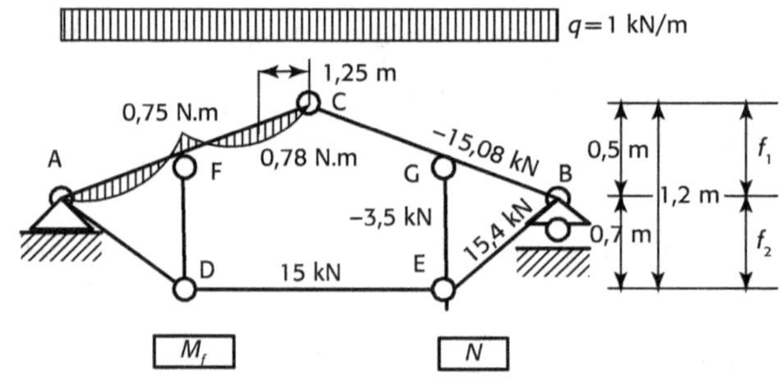

Cas 3: $f_1 = 1,2$ m et $f_2 = 0$. Le moment de flexion et l'effort normal des barres du système en treillis articulé sont indiqués dans la figure ci-dessous.

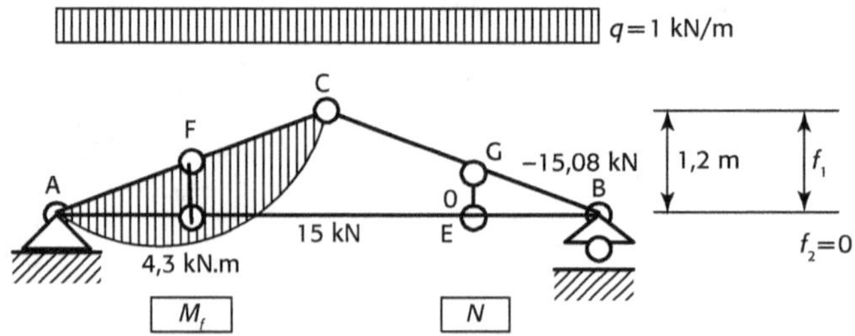

Structure des treillis articulés - Méthode des forces

Une structure en treillis articulé supporte l'effort provoqué par les défauts d'installation. La longueur de la barre AB est raccourcie de ΔL. Déterminer l'effort normal de la barre AB et la longueur de la barre AB après l'installation.

1. Nous considérons que la barre AB est une barre surabondante. Le degré d'hyperstaticité de structure est $n = 1$.

2. Effectuons une coupure au nœud B pour obtenir une structure isostatique.

$$\Delta_{1P} = 0$$

3. Appliquons $X_1 = 1$ à la lèvre de la coupure.

$$\Delta_{11} = \sum \frac{N°_1 N°_1 L}{EA} = \frac{12L}{EA}$$

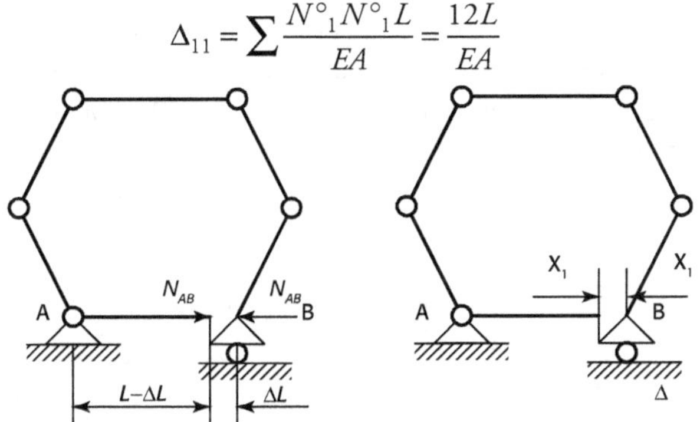

4. L'équation de méthode des forces est :

$$\Delta_{11} X_1 + \Delta_{1P} = \Delta L$$

D'où :

$$\frac{12L}{EA} X_1 + 0 = \Delta L \quad \Rightarrow \quad X_1 = \frac{EA}{12L} \Delta L$$

5. L'effort normal de la barre est :

$$N_{AB} = X_1 = \frac{EA}{12L} \Delta$$

6. Le changement de la longueur de la barre AB après l'installation est égal à :

$$\Delta_{AB} = \frac{N_{AB} L}{EA} = \frac{\Delta}{12}$$

La longueur de la barre AB après l'installation est égale à :

$$L_{AB} = (L - \Delta) + \Delta_{AB} = L - \frac{11\Delta}{12}$$

Structure des treillis articulés – Méthode des forces

Soit une structure en treillis articulé. Nous considérons que les EA des barres de la structure sont constantes. Les dimensions des barres sont indiquées dans la figure.

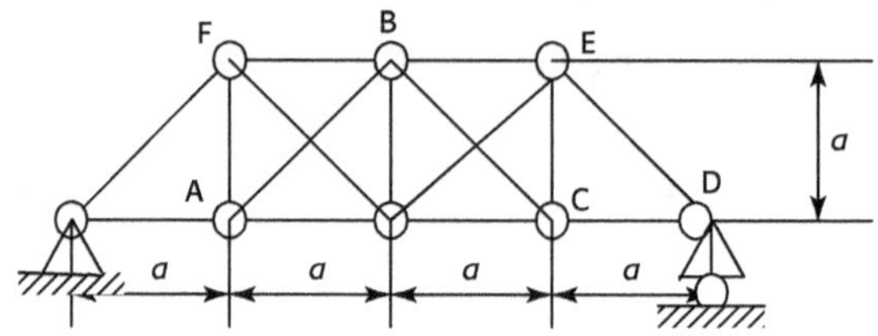

Figure 1

1. Nous considérons que dans cette structure des treillis articulés il y a deux barres surabondantes AB et BC. Donc le degré d'hyperstaticité de structure est $n = 1$.

2. Nous effectuerons deux courbures S_1 et S_2 sur la barre AB et BC (figure1) et appliquons deux efforts unitaires $X_1 = 1$ et $X_2 = 1$ sur les lèvres de courbures.

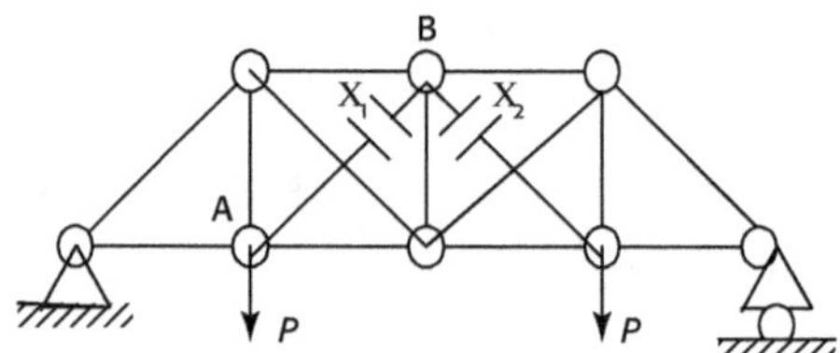

Figure 2

Les équations des forces sont :

$$\begin{cases} \Delta_{11}X_1 + \Delta_{12}X_2 + \Delta_{1P} = 0 \\ \Delta_{21}X_1 + \Delta_{22}X_2 + \Delta_{2P} = 0 \end{cases} \quad (1)$$

Nous considérons que les efforts intérieurs propres des barres sont égaux à 1. Les efforts unitaires $X_1 = 1$ et $X_2 = 1$ produisent les efforts normaux des barres qui sont N°_1 et N°_2. La charge P produit l'effort normal N_P. Nous avons :

$$\Delta_{11} = \sum \frac{N^{\circ 2}_1 L}{EA} = \frac{1}{EA}\left[1 \times 1 \times \sqrt{2}a \times 2 \cdot \left(-\frac{\sqrt{2}}{2}\right)^2 \times a \times 4 \right] = \frac{4,828a}{EA}$$

$$\Delta_{11} = \sum \frac{N^\circ_1 N^\circ_2 L}{EA} = \frac{1}{EA}\left[\left(-\frac{\sqrt{2}}{2}\right) \cdot \left(-\frac{\sqrt{2}}{2}\right) \times a \right] = \frac{a}{2EA}$$

$$\Delta_{22} = \Delta_{11} = \frac{4,828a}{EA}$$

$$\Delta_{1P} = \frac{1}{EA}\left[\left(-\frac{\sqrt{2}}{2}\right)\times P \times 2 + \cdot\left(-\frac{\sqrt{2}}{2}\right)\times(-P)\times a\right] = -\frac{0,707\,Pa}{EA}$$

$$\Delta_{2P} = \Delta_{1P} = -\frac{0,707\,Pa}{EA}$$

Les équations des forces (1) deviennent :

$$\begin{cases} \dfrac{a}{EA}(4,828X_1 + 0,5X_2 - 0,707P) = 0 \\ \dfrac{a}{EA}(0,5X_1 + 4,828X_2 - 0,707P) = 0 \end{cases} \quad (2)$$

$$\Rightarrow \begin{cases} 4,828X_1 + 0,5X_2 - 0,707P = 0 \\ 0,5X_1 + 4,828X_2 - 0,707P = 0 \end{cases} \quad \Rightarrow \begin{cases} X_1 = 0,133P \\ X_2 = 0,133P \end{cases}$$

3. Les efforts normaux des barres pour N_P, N°_1 et N°_2 sont indiqués dans les diagrammes ci-dessous. La résultante des efforts normaux de chaque barre est égale à :

$$N = N^\circ_1 X_1 + N^\circ_2 X_2 + N_P$$

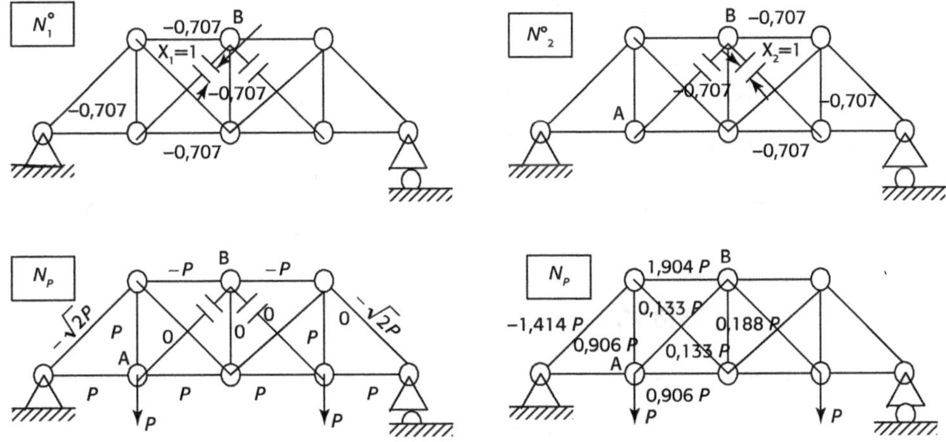

8.2 Portique

8.2.1 Définition

Un portique est une structure constituée par des poutres droites. Les poutres sont assemblées aux nœuds par une articulation ou un encastrement. Dans le portique plan toutes les poutres de la structure et les forces soumises à la structure sont dans un même plan. Les nœuds peuvent être déplaçables ou non déplaçables selon la nature des liaisons entre le portique et le milieu extérieur.

Déterminer les degrés d'hyperstatique de portique.

Nous déterminons les degrés d'hyperstatique de portique en utilisant l'expression ci-dessous :

$$n_b = \sum_{i=1}^{n_n} \left(d_e\right)_i + 2h - 3n_p$$

avec :

- d_e : degré de liberté élastique pour chaque appui ;
- n_p : nombre de potence ;
- n_n : nombre d'appuis ;
- h : nombre d'appuis articulés liés entre les potences.

PC : Cette formule peut être utilisée pour le cas ou chaque potence est une structure isostatique.

Exercice 8.16

Portique - Déterminer le degré de liberté

Déterminer le degré de liberté élastique de portique ci-dessous.

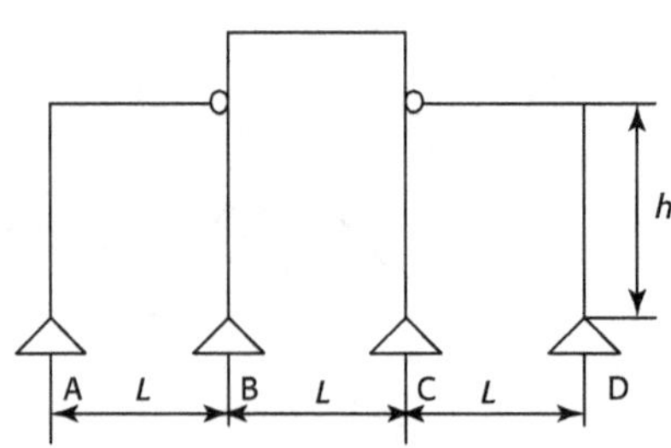

$$d_e = 2 + 2 + 2 + 2 = 8$$
$$h = 2$$
$$n_b = 3$$

Degré d'hyperstaticité :

$$n_b = \sum_{i=1}^{n_n} \left(d_e\right)_i + 2h - 3n_b$$
$$= 8 + 2 \times 2 - 3 \times 3 = 3$$

8.2.2 Portique isostatique

Méthode d'équilibre des nœuds :

$$\sum M_i = 0$$
$$\sum F_{t\,i} = 0$$
$$\sum F_{n\,i} = 0$$

avec :

- M_i : moment de flexion au nœud i, en N.mm ;
- $F_{t\,i}$: effort tranchant au nœud i, en N ;
- $F_{n\,i}$: effort axial au nœud i, en N ;
- I : numéro de nœud.

Portique isostatique - Méthode d'équation d'équilibre

Un portique plan supporte une charge uniformément répartie. $L = 8$ m ; $h_1 = 4$ m ; $h_2 = 3$ m ; $\tan \alpha = 3/4$; $q = 14$ kN/m. Déterminer le moment de flexion et les efforts.

1. Réaction des appuis :

$$\sum X = 0 \qquad H_A - H_B = 0 \qquad \Rightarrow H_A = H_B$$

$$\sum M_A = 0 \qquad 8 \cdot V_B - 14 \times 4 \times 2 = 0 \qquad \Rightarrow V_B = 14 \text{ kN}$$

$$\sum M_B = 0 \qquad 8 V_B - 14 \times 4 \times 6 = 0 \qquad \Rightarrow V_A = 42 \text{ kN}$$

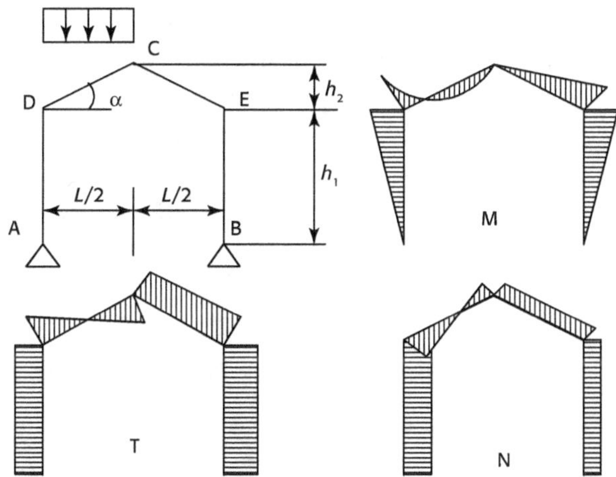

2. En isolant la partie gauche nous obtenons :

$$\sum M_C = 0 \qquad -7 H_A + 14 \times 4 = 0$$
$$H_A = H_B = 8 \text{ kN}$$

3. Moment de flexion :

– entre AD : $\qquad M_{AB} = 0 \qquad ; \qquad M_{DA} = 0$

– entre DC : $\qquad M_x = -8\left(4 + \dfrac{3}{4}x\right) + 42x - \dfrac{1}{2} \times 14 x^2 = -32 + 36x - 7x^2$

$$M_{DC} = M_{x=0\,\text{m}} = -32 \text{ kN.m}$$
$$M_{DC} = M_{x=2\,\text{m}} = 12 \text{ kN.m}$$
$$M_{DC} = M_{x=4\,\text{m}} = 0$$

- entre CE : $M_{CB} = 0$

  $M_{EC} = -8 \times 4 = -32 \text{ kN.m}$

- entre EB : $M_{EB} = -8 \times 4 = -32 \text{ kN.m}$

  $M_{BE} = 0$

4. Effort tranchant :

- entre AD : $T_{AD} = -H_A = -8 \text{ kN}$

- entre DC : $T_x = V_A \cos\alpha - H_A \sin\alpha - qx \cos\alpha$

  $$= 42 \text{ kN} \times \frac{4}{5} - 8 \times \frac{3}{5} - 14x \times \frac{4}{5} = 28,8 - 11,2x$$

  $T_{DC} = T_{x=0} = 28,8 \text{ kN}$

  $T_{CD} = T_{x=4} = 28,8 - 44,8 = -16 \text{ kN}$

- entre CE : $T_{CE} = -V_B \cos\alpha + H_B \sin\alpha = -14 \times \frac{4}{5} + 8 \times \frac{3}{5}$

  $$= -11,2 + 4,8 = -6,4$$

- entre EB : $T_{EB} = H_B = 8 \text{ kN}$

5. Effort normal (effort axial) :

- entre AD : $N = -V_A = -42 \text{ kN}$

- entre DC : $N_x = -V_A \sin\alpha - H_A \cos\alpha + qx \sin\alpha$

  $$= -42 \times \frac{3}{5} - 8 \times \frac{4}{5} + 14x \times \frac{3}{5} = -31,5 + 8,4x$$

- entre CE : $N_{CE} = -V_B \sin\alpha - H_B \cos\alpha$

  $$= -14 \times \frac{3}{5} - 8 \times \frac{4}{5} = -14,8 \text{ kN}$$

- entre EB : $N = -V_B = -14 \text{ kN}$

Remarques :

1. Pour résoudre le problème de portique isostatique, nous commençons par étudier une poutre simple. Nous trouvons les moments de flexion, les efforts tranchants et les efforts normaux des portiques isostatiques.

2. Dans la pratique nous rencontrons souvent des portiques hyperstatiques.

8.2.3   Portique hyperstatique

Les structures en portique sont souvent des structures hyperstatiques. Il existe plusieurs méthodes pour résoudre le problème. Dans ce chapitre nous utiliserons la méthode des forces.

8.2.3.1 Formule de Mohr

Voir chapitre 6, §6.6.2.

La formule de Mohr donne le déplacement sous l'effort des charges (l'effort tranchant T est négligeable) :

$$\lambda = \sum \int_L \frac{M_f M_u{}^\circ}{EI} dx \qquad \text{(F 8.1)}$$

avec :

M_f : moment de flexion dans la section d'abscisse x par les charges extérieures ;

$M_u{}^\circ$: moment de flexion dans la même section d'abscisse x par une force (ou un couple) unitaire ;

E : module d'élasticité longitudinale ;

I : moment d'inertie ;

λ : déplacement (il peut être une flèche f ou un angle de rotation θ).

8.2.3.2 Formule pratique de Mohr

Voir chapitre 6, §6.6.2.

Soit ω l'aire de la surface du diagramme de moment de la flexion M_f par les charges extérieures. $M_{cy}{}^\circ$ est l'ordonnée du centre de la surface du diagramme de moment de flexion, par la charge unitaire appliquée dans la section i suivant la direction i. Le déplacement (ou la rotation) λ de section i peut s'écrire sous une forme plus simple que (F 6-1) :

$$\lambda = \sum \int_L \frac{\omega \cdot M_{Cy}{}^\circ}{EI} dx \qquad \text{(F 8.4)}$$

8.2.3.3 Méthode des forces

Voir chapitre 6, §6.6.2.

1. Déterminer le degré d'hyperstaticité n_h de la structure.
2. Supprimer les liaisons surabondantes et obtenir une structure isostatique associée S_0. Appliquer la même charge sur la structure isostatique.
3. En supprimant chaque liaison surabondante i, créer une coupure S_j. Considérer n_h états de charge unitaire S_i soumis à un couple d'efforts unitaires et opposés appliqués aux lèvres de la coupure i.
4. Déplacements relatifs $\Delta_{i0} \, \Delta_{ij}$

   Calculer les déplacements relatifs des lèvres de chaque coupure.

   Δ_{i0} : déplacement par la même charge appliquée sur la structure suivant la direction X_i dans l'état original S_{i0} ;

   Δ_{ij} : déplacements relatifs des lèvres de la coupure i sous l'action du couple d'efforts unitaires ;

   $X_i = 1$ appliqués à la coupure j de l'état S_j.

5. Fermeture des coupures S_i

Écrire l'équation de continuité des déplacements ou fermetures des coupures. À chaque état S_i unitaire, nous avons une X_i qui est obtenue par les équations des forces :

$$\Delta_i = \Delta_{i0} + X_1 \Delta_{i1} + X_2 \Delta_{i2} + X_3 \Delta_{i3} + \ldots$$

Ou :

$$\left[\Delta_{ij} \right] \left[X_i \right] = -\left[\Delta_{i0} \right]$$

Les équations de méthode des forces sont :

$$\Delta_{10} + X_1 \Delta_{11} + X_2 \Delta_{12} + X_3 \Delta_{13} + \ldots = 0$$
$$\Delta_{20} + X_1 \Delta_{21} + X_2 \Delta_{22} + X_3 \Delta_{23} + \ldots = 0$$
$$\ldots\ldots\ldots\ldots$$
$$\Delta_{n0} + X_1 \Delta_{n1} + X_2 \Delta_{n2} + X_3 \Delta_{n3} + \ldots = 0$$

$$(F\ 8.2)$$

6. Les déplacements $\left[\Delta_{ij} \right]$ et $\left[\Delta_{i0} \right]$ sont obtenues par les équations ci-dessous :

$$\bar{1} \cdot \vec{\Delta}_{ij} = \int_s \frac{N^\circ_i N^\circ_j}{EI}\, ds + \int_s \frac{T^\circ_i T^\circ_j}{GI}\, ds + \int_s \frac{M^\circ_{f-i} M^\circ_{f-j}}{EI}\, ds + \int_s \frac{M^\circ_{t-i} M^\circ_{t-j}}{GI}\, ds \quad (F\ 8.3)$$

8.2.3.4 Méthode des déplacements

Dans la méthode des déplacements, nous bloquons les libertés des déplacements inconnus des extrémités du nœud. Les inconnues peuvent être les déplacements linéaires ou angulaires des nœuds.

Processus de la méthode des déplacements

1. Déterminons le nombre des inconnues principales, n étant les n déplacements inconnus, qui peuvent être des déplacements linéaires ou angulaires. En bloquant les déplacements inconnus nous les remplaçons par les efforts $(k_j \cdot \Delta_j)$. Supposons que l'effort unitaire de $(k_j \cdot \Delta_j)$ est $k_j = \dfrac{E_j I_j}{L_j}$ pour la flexion, ou $k_j = \dfrac{E_j G_j}{L_j}$ pour l'effort tranchant, ou $k_j = \dfrac{E_j A_j}{L_j}$ pour le déplacement normal.

2. En isolant la barre ou l'extrémité de la barre, calculons les moments de flexion M^P extrémités des barres, produits par les charges extérieures. Exemple : M_A^P et M_B^P sont les moments de flexions aux extrémités A et B de barre AB, produits par les charges extérieures P. Dans le tableau 8.1, nous présentons les valeurs de M_A^P et M_B^P pour les cas différents.

3. Déterminons les moments de flexion M_j, appelés les moments de blocage des extrémités de la barre, produits par les efforts $k_j \cdot \Delta_j$.

Nous présentons quelques formules pratiques pour déterminer les moments de flexion de blocage. Pour une barre AB de la structure, les moments de flexion de blocage M_A et M_B

des extrémités A et B de la barre AB sont produits par le blocage des déplacements. Les $\Delta_1 = \theta_A$ et $\Delta_2 = \theta_B$ sont les déplacements angulaires des nœuds A et B. Le $\Delta_3 = \Delta$ est le déplacement linéaire de la barre AB. Le $k = i = \dfrac{EI}{L}$ est la rigidité unitaire linéaire de la barre AB en flexion.

— Pour une barre AB, encastrée à deux extrémités A et B, les moments de flexion aux extrémités sont :

$$M_A = 4i\theta_A + 2i\theta_B - 6i\frac{\Delta}{L} + M_A^P$$

$$M_B = 2i\theta_A + 4i\theta_B - 6i\frac{\Delta}{L} + M_B^P$$

$$(\text{F 8.5.a})$$

— Pour une barre AB, encastrée en A et articulée en B, les moments aux extrémités sont :

$$M_A = 3i\theta_A - 3i\frac{\Delta}{L} + M_A^P$$

$$M_B = 0$$

$$(\text{F 8.5.b})$$

— Pour une barre AB, encastrée en A et en appui simple sur B, les moments aux extrémités sont :

$$M_A = i\theta_A + M_A^P$$

$$M_B = -i\theta_A + M_B^P$$

$$(\text{F 8.5.c})$$

4. Nous avons n déplacements inconnus, y compris les déplacements angulaires. Pour chaque blocage de déplacement du nœud nous avons une équation d'équilibre. Soit j barres à la même extrémité, au nœud i, l'équation d'équilibre de moments du nœud i s'écrit :

$$M_{i1} + M_{i2} + \ldots + M_{ij} = 0$$

Nous avons n équations indépendantes d'équilibre de moments des nœuds pour n inconnues.

$$M_{11} + M_{12} + \ldots + M_{1J} = 0$$
$$M_{n1} + M_{n2} + \ldots + M_{nJ} = 0$$

$$(\text{F 8.6})$$

5. Dans le cas des déplacements horizontaux, nous devons isoler certaines parties de structure et utiliser les équations équilibre $\sum F_x = 0$ ou $\sum F_y = 0$ pour déterminer les efforts tranchants ou les efforts normaux.

Nous déterminons les efforts tranchants à partir des moments de flexion.

6. Le moment de flexion de la structure donnée est la somme de :

$$M - M_1 + M_2 + \ldots + M_n + M_P$$

$$(\text{F 8.7})$$

Tableau 8.1 Moments de flexion M^P aux extrémités des barres
sous la charge extérieure

		Moment aux extrémités	Efforts tranchant aux extrémités
(1) Deux extrémités encastrées			
1		$M_A^P = -\dfrac{qL^2}{12}$ $M_B^P = \dfrac{qL^2}{12}$	$T_A^P = \dfrac{qL}{2}$ $T_B^P = -\dfrac{qL}{2}$
2		$M_A^P = -\dfrac{qL^2}{30}$ $M_B^P = \dfrac{qL^2}{20}$	$T_A^P = \dfrac{3qL}{20}$ $T_B^P = -\dfrac{7qL}{20}$
3		$M_A^P = -\dfrac{Pab^2}{L^2}$ $M_B^P = \dfrac{Pa^2b}{L^2}$	$T_A^P = \dfrac{Pb^2}{L^2}\left(1+\dfrac{2a}{L}\right)$ $T_B^P = -\dfrac{Pa^2}{L^2}\left(1+\dfrac{2b}{L}\right)$
4		$M_A^P = -\dfrac{PL}{8}$ $M_B^P = \dfrac{PL}{8}$	$T_A^P = \dfrac{P}{2}$ $T_B^P = -\dfrac{P}{2}$
5	$\Delta t = t_1 - t_2$	$M_A^P = \dfrac{EI\alpha\Delta t}{h}$ $M_B^P = -\dfrac{EI\alpha\Delta t}{h}$	$T_A^P = 0$ $T_B^P = 0$
(2) Une extrémité encastrée, l'autre articulée			
6		$M_A^P = -\dfrac{qL^2}{8}$	$T_A^P = \dfrac{5qL}{8}$ $T_B^P = -\dfrac{3qL}{8}$
7		$M_A^P = -\dfrac{qL^2}{15}$	$T_A^P = \dfrac{2qL}{5}$ $T_B^P = -\dfrac{qL}{10}$
8		$M_A^P = -\dfrac{7qL^2}{120}$	$T_A^P = \dfrac{9qL}{40}$ $T_B^P = -\dfrac{11qL}{40}$
9		$M_A^P = -\dfrac{Pb(L^2-b^2)}{2L^2}$	$T_A^P = \dfrac{Pb(3L^2-b^2)}{2L^3}$ $T_B^P = -\dfrac{Pa^2(3L-a)}{2L^3}$

		Moment aux extrémités	Efforts tranchant aux extrémités
10	A, P au milieu, L/2 + L/2, B	$M_A^P = -\dfrac{3PL}{16}$	$T_A^P = \dfrac{11P}{16}$ $T_B^P = -\dfrac{5P}{16}$
11	température, A, t_1, t_2, B, L	$\Delta t = t_1 - t_2$ $M_A^P = \dfrac{3EI\alpha\Delta t}{2h}$	$T_A^P = -\dfrac{3EI\alpha\Delta t}{2hL}$ $T_B^P = -\dfrac{3EI\alpha\Delta t}{2hL}$
(3) Une extrémité encastrée, l'autre articulée simple			
12	A, q réparti, B, L	$M_A^P = -\dfrac{qL^2}{3}$ $M_A^P = -\dfrac{qL^2}{6}$	$T_A^P = qL$ $T_B^P = 0$
13	A, P, a + b, B, L	$M_A^P = -\dfrac{Pa(2L-a)}{2L}$ $M_B^P = -\dfrac{Pa^2}{2L}$	$T_A^P = P$ $T_B^P = 0$

Remarque : Dans la méthode des déplacements, l'équation des efforts des extrémités d'une barre AB (F 8.5a) peut s'écrire sous forme de matrice :

$$\begin{Bmatrix} M_{A-AB} \\ M_{B-AB} \\ T_{AB} \end{Bmatrix} = \begin{bmatrix} 4i & 2i & -\dfrac{6i}{L} \\ 2i & 4i & -\dfrac{6i}{L} \\ -\dfrac{6i}{L} & -\dfrac{6i}{L} & \dfrac{12i}{L^2} \end{bmatrix} \cdot \begin{Bmatrix} \theta_A \\ \theta_B \\ \Delta_{AB} \end{Bmatrix} = [K]$$

$[K]$ est la matrice de rigidité. Le $k_{ij} = i = \dfrac{EI}{L}$ est la rigidité linéaire de la barre.

Pour l'extrémité 1 d'une barre de la structure donnée, nous bloquons les déplacements que nous souhaitons. Les réactions des blocages, produits par le déplacement Δ, le déplacement angulaire θ, et la charge extérieure P, sont R_{11}, R_{12} et R_{1P}. Comme ces déplacements sont bloqués, la somme des réactions R_{11}, R_{12} et R_{1P} est nulle :

$$R_1 = R_{11} + R_{12} + R_{1P} = 0$$

Quand le nœud j se déplace d'une distance unitaire $\Delta = 1$, k_{ij} est la réaction unitaire au nœud i. Δi est le déplacement à déterminer au nœud i. Donc au nœud $i = 1$, nous avons les réactions $R_{11} = k_{11}\Delta_1$; $R_{12} = k_{12}\Delta_2$ et $R_{13} = k_{13}\Delta_3$:

$$k_{11}\Delta_1 + k_{12}\Delta_2 + R_{1P} = 0$$

Pour n blocages, n déplacements à déterminer, nous obtenons les n équations, les n équations de méthode des déplacements suivantes :

$$k_{11}\Delta_1 + k_{12}\Delta_2 + \ldots + k_{1n}\Delta_n + R_{1P} = 0$$
$$k_{21}\Delta_1 + k_{22}\Delta_2 + \ldots + k_{2n}\Delta_n + R_{2P} = 0$$
$$\ldots\ldots\ldots\ldots \qquad \text{(F 8.8)}$$
$$k_{n1}\Delta_1 + k_{n2}\Delta_2 + \ldots + k_{nn}\Delta_n + R_{nP} = 0$$

k_{ij} est appelé le coefficient de rigidité. Les moments M°_1 à M°_n sont obtenus grâce aux actions produites par les déplacements unitaires. À partir des moments unitaires des flexions de M°_1 à M°_n, nous déterminons les rigidités k_{ij}. La réaction R_{iP} est obtenue par les charges extérieures (voir exercices 8.32 et 8.33).

Si les inconnues comprennent les déplacements horizontaux, nous devons isoler certaines parties et utiliser les équations équilibre : $\sum F_x = 0$ ou $\sum F_y = 0$ pour déterminer les efforts tranchants. Les efforts normaux et les efforts tranchants des barres sont obtenus directement par les équations d'équilibres de structure.

Les moments de flexion de structure sont obtenus par l'équation suivante :

$$M = M^\circ_1\Delta_1 + M^\circ_2\Delta_2 + \ldots + M^\circ_n\Delta_n + M_P \qquad \text{(F 8.9)}$$

Les équations (F 8.8) sont utilisées dans la méthode « Éléments finis ».

Exercice 8.18

Portique hyperstatique – Méthode des déplacements

Le portique ABCDEF supporte une charge concentrée P. Les rigidités unitaires des barres sont $i = \dfrac{EI}{L}$.

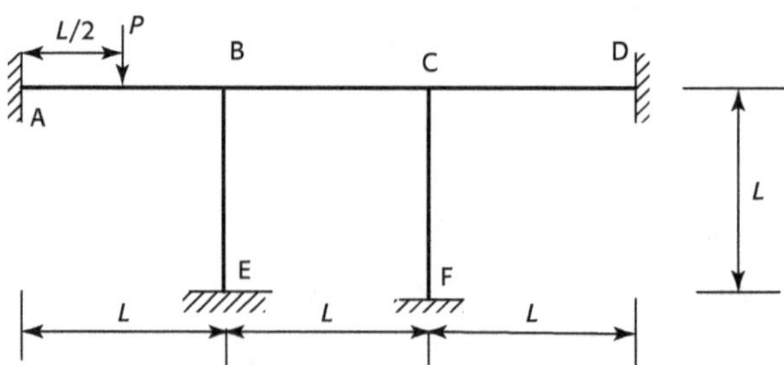

1. Déterminer les inconnues principales et la structure virtuelle. Les inconnues principales sont : $n = 2$; les déplacements angulaires des nœuds B et C, soit $\Delta_B = \theta_B$ et $\Delta_C = \theta_C$.

2. On bloque les déplacements angulaires des nœuds B et C et en on remplace par $\Delta_B = \theta_B$ et $\Delta_C = \theta_C$. Les moments de flexion aux extrémités A et B de la barre AB, sous la charge extérieure P, sont obtenus par le tableau 8.1 :

$$M^P_{A-AB} = -\frac{PL}{8} \qquad\qquad M^P_{B-AB} = \frac{PL}{8}$$

3. En utilisant les formules 8.5, les moments aux extrémités de barres, produits par les déplacements $\Delta_B = \theta_B$ et $\Delta_C = \theta_C$, sont :

$$M_{A-AB} = 2i\theta_B - \frac{PL}{8} \; ; \qquad M_{B-AB} = 4i\theta_B + \frac{PL}{8} \; ;$$

$$M_{B-BC} = 4i\theta_B + 2i\theta_C \; ; \qquad M_{C-BC} = 2i\theta_B + 4i\theta_C \; ;$$

$$M_{C-CD} = 4i\theta_C \; ; \qquad M_{D-CD} = 2i\theta_C \; ; \tag{a}$$

$$M_{B-BE} = 4i\theta_B \; ; \qquad M_{E-BE} = 2i\theta_B \; ;$$

$$M_{C-CF} = 4i\theta_C \; ; \qquad M_{F-CF} = 2i\theta_C \; ;$$

4. Les équations d'équilibre des nœuds B et C sont :

$$\begin{cases} M_{B-AB} + M_{B-BC} + M_{B-BE} = 0 \\ M_{C-BC} + M_{C-CD} + M_{C-CF} = 0 \end{cases}$$

Appliquons les moments de flexion trouvés, nous obtenons :

$$\begin{cases} 12i\theta_B + 2i\theta_C + \dfrac{PL}{8} = 0 \\ 2i\theta_B + 12i\theta_C = 0 \end{cases}$$

D'où :

$$\theta_B = -\frac{3PL^2}{280EI} \qquad \theta_C = \frac{PL^2}{560EI} \tag{b}$$

5. Des équations (a) et (b), nous obtenons les moments aux extrémités des barres dans la structure donnée :

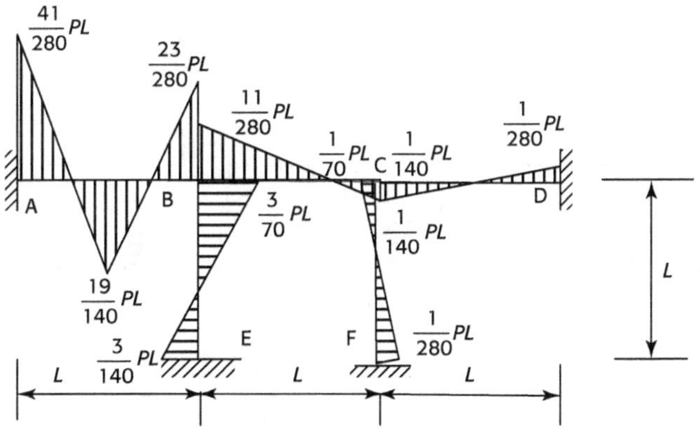

$$M_{A-AB} = 2i\theta_B - \frac{PL}{8} = -\frac{41}{280}PL \; ;$$

$$M_{B-AB} = 4i\theta_B + \frac{PL}{8} = \frac{23}{280}PL \; ;$$

$$M_{B-BC} = 4i\theta_B + 2i\theta_C = -\frac{11}{280}\,PL \;;$$

$$M_{C-BC} = 2i\theta_B + 4i\theta_C = -\frac{1}{70}\,PL \;;$$

$$M_{C-CD} = 4i\theta_C = \frac{1}{140}\,PL \;; \qquad M_{D-CD} = 2i\theta_C = \frac{1}{280}\,PL \;;$$

$$M_{B-BE} = 4i\theta_B = -\frac{3}{70}\,PL \;; \qquad M_{E-BE} = 2i\theta_B = -\frac{3}{140}\,PL \;;$$

$$M_{C-CF} = 4i\theta_C = \frac{1}{140}\,PL \;; \qquad M_{F-CF} = 2i\theta_C = \frac{1}{280}\,PL \;;$$

8.2.4 Exercices avec des portiques

Portique hyperstatique – Formule pratique de Mohr

Un portique vertical à un seul montant, une fois encastré, et une fois articulé, supporte une charge horizontale uniformément répartie. Déterminer le déplacement horizontal du nœud B.

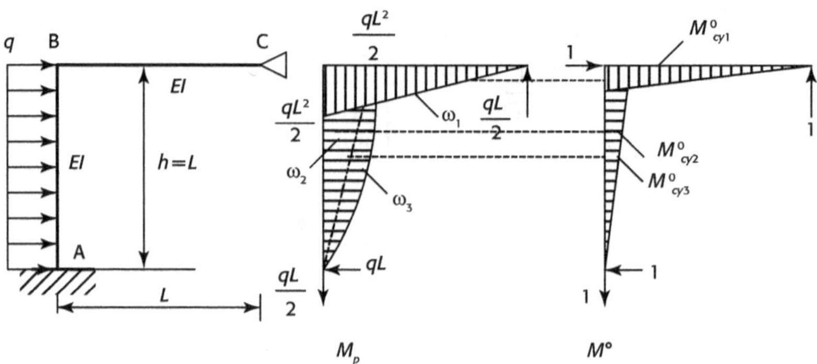

1. En faisant le diagramme de moment de flexion M_P, le diagramme est divisé en trois parties : ω_1, ω_2 et ω_3. Les surfaces de ces trois parties sont :

$$\omega_1 = \frac{1}{2} \times \frac{qL^2}{2} \cdot L = \frac{qL^3}{4}$$

$$\omega_2 = \frac{qL^3}{4}$$

$$\omega_3 = \frac{2}{3} \times \frac{qL^2}{8} \cdot L = \frac{qL^3}{12}$$

2. Appliquons les forces unitaires et faisons le diagramme $M°$. Dans ce diagramme $M°$ les ordonnées correspondantes aux centres graphiques des trois parties ω_1, ω_2 et ω_3 de M_P, sont $M^0_{Cy_1}$; $M^0_{Cy_2}$ et $M^0_{Cy_3}$:

$$M^0_{cy1} = \frac{2}{3}L \; ; \qquad M^0_{cy2} = \frac{2}{3}L \; ; \qquad M^0_{cy3} = \frac{1}{2}L$$

3. En utilisant la méthode de Mohr, (F 6.3), le déplacement horizontal du nœud B est :

$$\lambda_B = \sum \int_L \frac{\omega \cdot M_{Cy-i}{}^°}{EI} dx = \frac{1}{EI}\left(\omega_1 \cdot M_{Cy1}{}^° + \omega_2 \cdot M_{Cy2}{}^° + \omega_3 \cdot M_{Cy3}{}^°\right)$$

$$= \frac{1}{EI}\left(\frac{qL^3}{4} \times \frac{2L}{3} + \frac{qL^3}{4} \times \frac{2L}{3} + \frac{qL^3}{12} \times \frac{L}{2}\right) = \frac{3qL^4}{8EI}(\rightarrow)$$

Exercice 8.20

Portique hyperstatique – Méthode des forces

Un portique à un seul montant, une fois encastré, et une fois articulé, supporte une charge verticale uniformément répartie q. Déterminer le moment de flexion.

Le degré d'hyperstatique de la structure est $n = 2$.

Méthode 1

Supposons que les résistances des barres AB et BC sont (1,5 EI) et (2 EI).

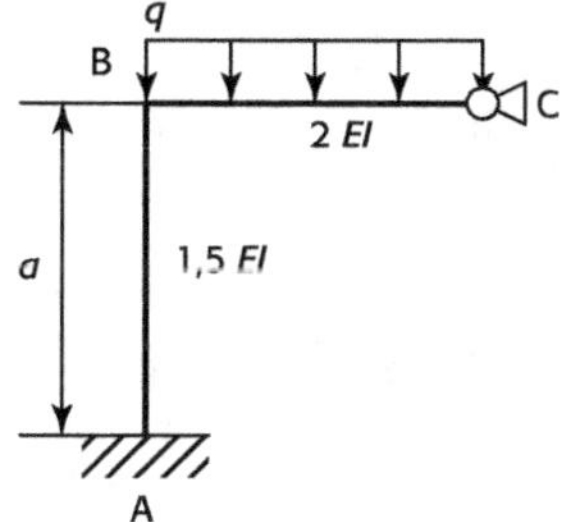

1. Nous pouvons remplacer la liaison encastrée en B par une liaison articulée. Dans les lèvres de coupures nous ajoutons les deux moments inconnus X_{M-1} et X_{M-2}.

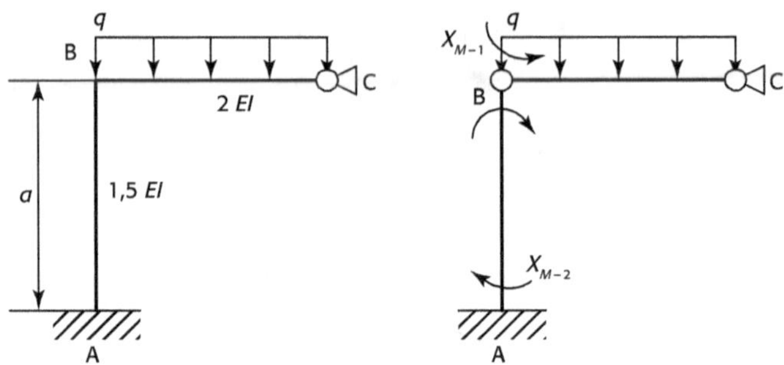

2. Les équations de méthode des forces de ces deux états sont :

$$\begin{cases} \Delta_{11}X_{M-1} + \Delta_{12}X_{M-2} + \Delta_{10} = 0 \\ \Delta_{21}X_{M-1} + \Delta_{22}X_{M-2} + \Delta_{20} = 0 \end{cases}$$

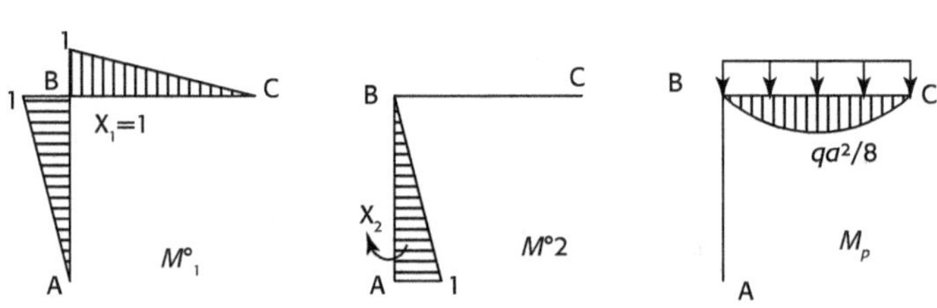

3. Les déplacements relatifs Δ_{ij} sont :

$$\Delta_{11} = \sum \frac{M°_1 M°_1}{EI} ds = \frac{1}{2EI}\cdot 1 \cdot a \cdot \frac{1}{2}\cdot\frac{2}{3} + \frac{1}{1,5EI}\cdot 1 \cdot a \cdot \frac{1}{2}\cdot\frac{2}{3} = \frac{7a}{18EI}$$

$$\Delta_{12} = \Delta_{21} = \sum \frac{M°_1 M°_2}{EI} ds = -\frac{1}{1,5EI}\cdot 1 \cdot a \cdot \frac{1}{2}\cdot\frac{1}{3} = \frac{-a}{9EI}$$

$$\Delta_{22} = \sum \frac{M°_2 M°_2}{EI} ds = \frac{1}{1,5EI}\cdot 1 \cdot a \cdot \frac{1}{2}\cdot\frac{1}{3} = \frac{a}{4,5EI}$$

$$\Delta_{10} = \sum \frac{M°_1 M_P}{EI} ds = -\frac{1}{2EI}\cdot\frac{2}{3}\cdot\frac{qa^2}{8}\cdot a \cdot\frac{1}{2} = \frac{-qa}{48EI}$$

$$\Delta_{20} = \sum \frac{M°_1 M_P}{EI} ds = 0$$

4. En résolvant les équations de méthode des forces nous obtenons les deux moments inconnus X_{M-1} et X_{M-2} :

$$\begin{cases} \dfrac{7}{18}X_{M-1} + \dfrac{1}{9}X_{M-2} - \dfrac{qa^2}{48} = 0 \\[2mm] -\dfrac{1}{9}X_{M-1} + \dfrac{1}{4,5}X_{M-2} = 0 \end{cases}$$

$$\Rightarrow \qquad X_{M-1} = \frac{1}{16}qa^2 \qquad\qquad X_{M-2} = \frac{1}{32}qa^2$$

5. Le moment de flexion du portique est :

$$M_f = X_{M-1}M^\circ{}_1 + X_{M-2}M^\circ{}_2 + M_P$$

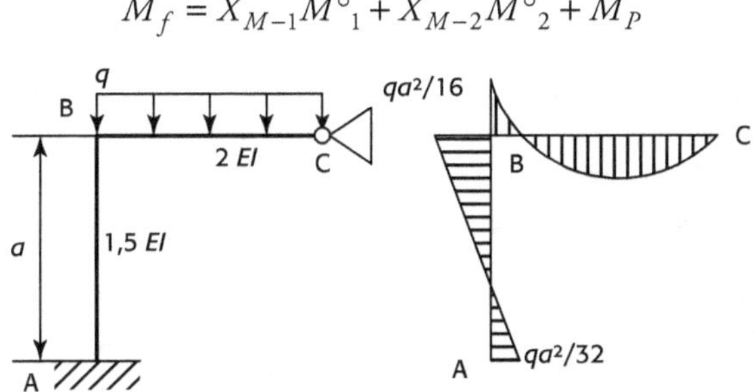

Méthode 2

Supposons que : *EI* des barres AB et BC sont constantes.

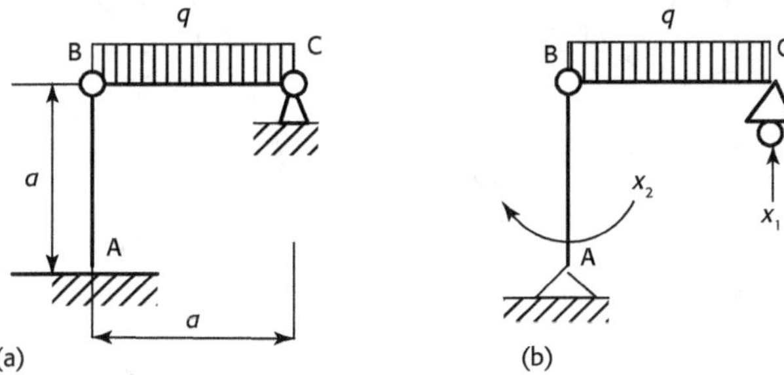

(a) (b)

1. En utilisant la méthode des forces, effectuons deux coupures pour obtenir une structure isostatique (figure b). Considérons deux états de charge unitaire S_i soumis aux efforts unitaires et opposés appliqués aux lèvres de chaque coupure i.

1.1. État S_0: état réel de la structure. Nous obtenons le diagramme de moment de flexion M_P (Figure c). Le moment de flexion de B est :

$$M_{f-B} = \frac{1}{2}qa^2$$

1.2. État S_1 : l'état d'une suppression de la liaison en C (figure d). Appliquons $X_1 = 1$ en C. Nous obtenons le diagramme de moment de flexion M°_1. En utilisant la formule (F 6-2). Le déplacement Δ_{11} est :

$$\Delta_{11} = \int_s \frac{M^\circ{}_{f-i}M^\circ{}_{f-j}}{EI}\, ds = \frac{M^\circ{}_1 M^\circ{}_1}{EI} = 2 \cdot \frac{1}{EI}\left(\frac{1}{2} \cdot a \cdot a \cdot \frac{2}{3}a\right) = \frac{2a^3}{3EI}$$

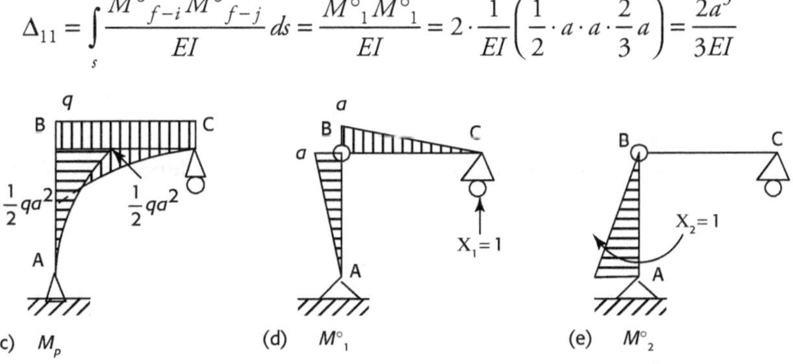

(c) M_p (d) M°_1 (e) M°_2

1.3. État S_2 : l'état d'une suppression de la liaison en A (figure e). Appliquons un couple opposé $X_2 = 1$ en A. Le déplacement relatif Δ_{22} est :

$$\Delta_{22} = \int_s \frac{M^\circ_{f-i} M^\circ_{f-j}}{EI} ds = \frac{M^\circ_2 M^\circ_2}{EI} = \frac{1}{EI}\left(\frac{1}{2} \cdot 1 \cdot a \cdot \frac{2}{3}\right) = \frac{a}{3EI}$$

Nous obtenons aussi les autres déplacements relatifs :

$$\Delta_{12} = \int_s \frac{M^\circ_{f-i} M^\circ_{f-j}}{EI} ds = \frac{M^\circ_1 M^\circ_2}{EI} = \frac{1}{EI}\left(\frac{1}{2} \cdot a \cdot a \cdot \frac{1}{3}\right) = \frac{a^2}{6EI}$$

$$\Delta_{1p} = \int_s \frac{M^\circ_{f-i} M^\circ_{f-j}}{EI} ds = \frac{M^\circ_1 M^\circ_p}{EI}$$

$$= \frac{1}{EI}\left(\frac{1}{3} \cdot \frac{1}{2} qa^2 \cdot a \cdot \left(-\frac{3}{4}a\right) + \frac{1}{2} \cdot \frac{1}{2} qa^2 \cdot a \cdot \left(-\frac{2}{3}a\right)\right) = -\frac{7qa^4}{24EI}$$

$$\Delta_{2p} = \int_s \frac{M^\circ_{f-i} M^\circ_{f-j}}{EI} ds = \frac{M^\circ_2 M^\circ_p}{EI} = \frac{1}{EI}\left(\frac{1}{2} \cdot \frac{1}{2} qa^2 \cdot a \cdot \left(-\frac{1}{3}\right)\right) = -\frac{qa^3}{12EI}$$

$$\Delta_{12} = \Delta_{21}$$

2. Calculer les déplacements relatifs des lèvres de chaque coupure, c'est-à-dire écrivons les équations des méthodes des forces :

$$\Delta_{11}X_1 + \Delta_{12}X_2 + \Delta_{1P} = 0$$
$$\Delta_{21}X_1 + \Delta_{22}X_2 + \Delta_{1P} = 0$$

D'où :

$$\frac{2a^3}{3EI}X_1 + \frac{a^3}{6EI}X_2 - \frac{7qa^4}{24EI} = 0$$

$$\frac{a^2}{6EI}X_1 + \frac{a}{3EI}X_2 - \frac{qa^3}{12EI} = 0$$

Nous obtenons :

$$X_1 = \frac{3}{7}qa \; ; \qquad X_2 = \frac{1}{28}qa^2$$

3. Le diagramme de moment de flexion M_f du portique est composé de trois parties M°_1, M°_2 et M_p.

$$M_f = X_1 \cdot M^\circ_1 + X_2 \cdot M^\circ_2 + M_P$$

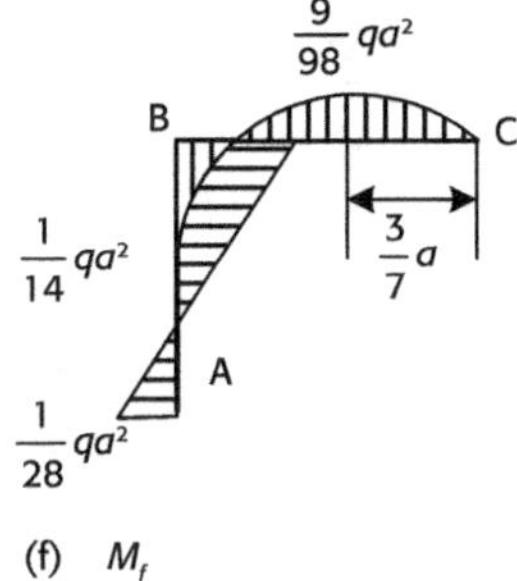

(f) M_f

Portique hyperstatique – Méthode des forces

Un portique à un seul montant, une fois encastré, et une fois articulé supporte une charge concentrée P. La résistance EI de AC est constante. Déterminer le moment de flexion.

Le degré d'hyperstatique de la structure est $n = 2$.

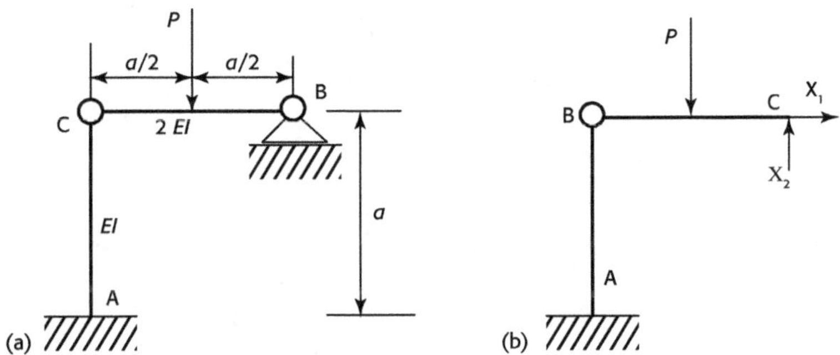

1. La suppression de l'appui B est remplacée par deux coupures : une coupure d'effort horizontale X_1 et d'effort vertical X_2. Nous obtenons les équations de méthode des forces :

$$\Delta_{11}X_1 + \Delta_{12}X_2 + \Delta_{1P} = 0$$
$$\Delta_{21}X_1 + \Delta_{22}X_2 + \Delta_{2P} = 0$$

(a)

2. Appliquons la méthode des forces. Nous obtenons :

$$\Delta_{11} = \int \frac{M_1^{\circ 2}}{EI} = \frac{1}{EI}\left(\frac{a^2}{2} \times \frac{2a}{3}\right) = \frac{a^3}{3EI}$$

$$\Delta_{22} = \int \frac{M_2^{\circ 2}}{EI} = \frac{1}{2EI}\left(\frac{a^2}{2} \times \frac{2a}{3}\right) + \frac{1}{EI}\left(a^2 \times a\right) = \frac{7a^3}{6EI}$$

$$\Delta_{12} = \Delta_{21} = \int \frac{M_1^{\circ}M_2^{\circ}}{EI} = -\frac{1}{EI}\left(\frac{a^2}{2} \times a\right) = -\frac{a^3}{2EI}$$

$$\Delta_{1P} = \int \frac{M^{\circ}_1 M_P}{EI} = \frac{1}{EI}\left(\frac{a^2}{2} \times \frac{Pa}{2}\right) = \frac{a^3}{4EI}$$

$$\Delta_{2P} = \int \frac{M^{\circ}_2 M_P}{EI} = \frac{1}{2EI}\left(\frac{1}{2} \times \frac{Pa}{2} \times \frac{a}{2} \times \frac{5a}{6}\right) - \frac{1}{EI}\left(\frac{Pa^2}{2} \times a\right) = -\frac{53a^3}{96EI}$$

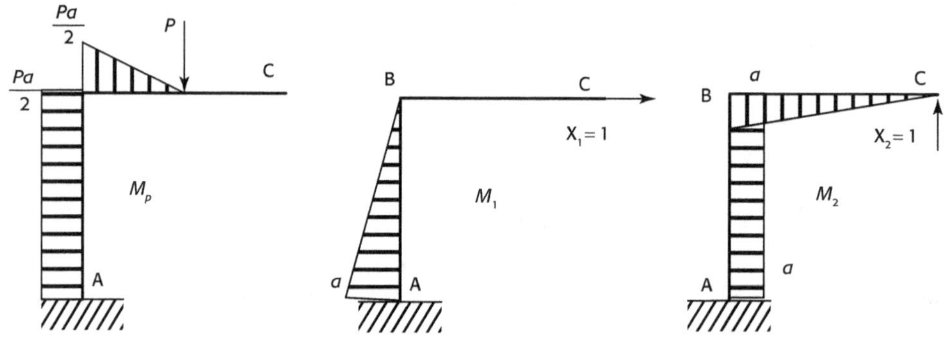

3. Les équations (a) deviennent :

$$\begin{cases} \dfrac{1}{3}X_1 - \dfrac{1}{2}X_2 + \dfrac{P}{4} = 0 \\[2ex] -\dfrac{1}{2}X_1 + \dfrac{7}{6}X_2 + \dfrac{53P}{96} = 0 \end{cases}$$

Nous obtenons :

$$X_1 = -\frac{9}{80}P \qquad (\leftarrow)$$

$$X_2 = \frac{17}{40}P \qquad (\uparrow)$$

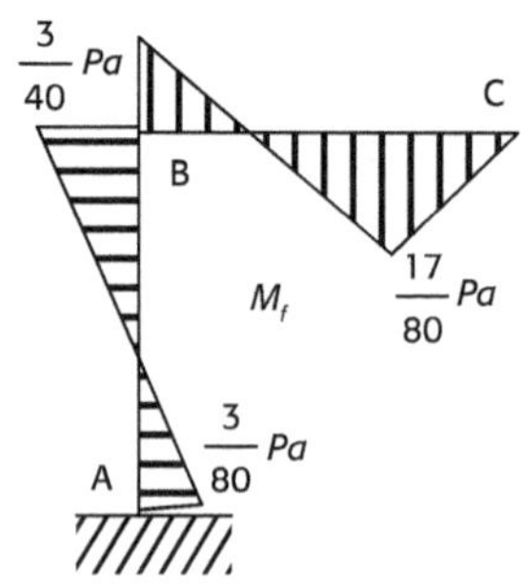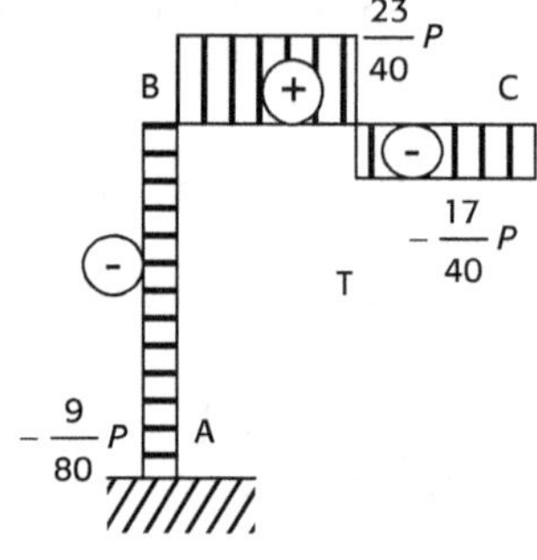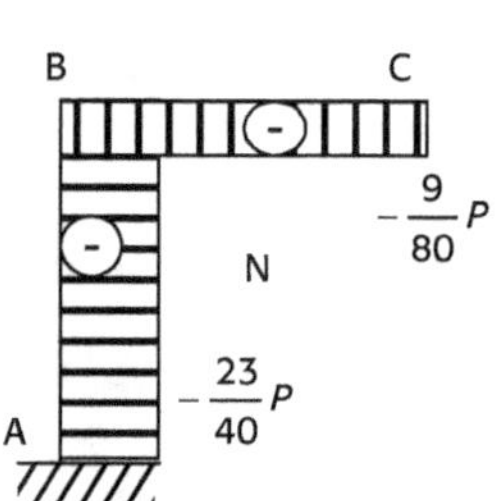

Portique – Formule pratique de Mohr

Un portique ABCD vertical à deux montants articulés supporte les pressions p de l'eau. Déterminer le déplacement entre les points C et D, le changement de distance de CD.

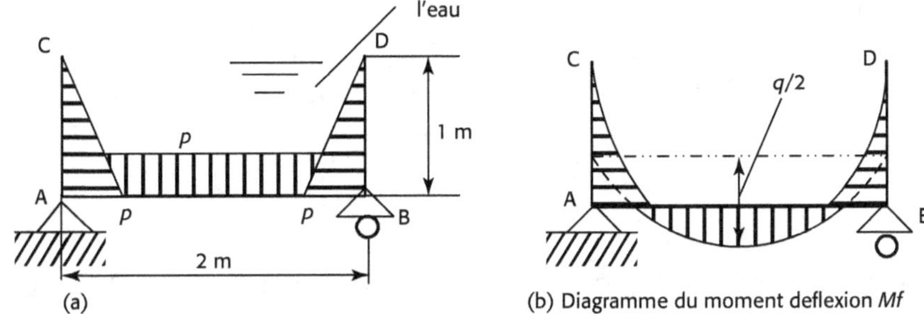

Nous utilisons la formule pratique de Mohr (F 6-3).

1. Pour la structure donnée supportant les charges extérieures p, nous obtenons le diagramme de moment de flexion M_f, Nous remarquons que le diagramme de la barre AC et BD est à courbes de parabole cubique.

2. Pour déterminer les déplacements en D et C, nous appliquons une charge unitaire $X_1 = 1$ en C et une charge unitaire $X_2 = -1$ en D. Nous obtenons le diagramme du moment de flexion $M°$ (figure c).

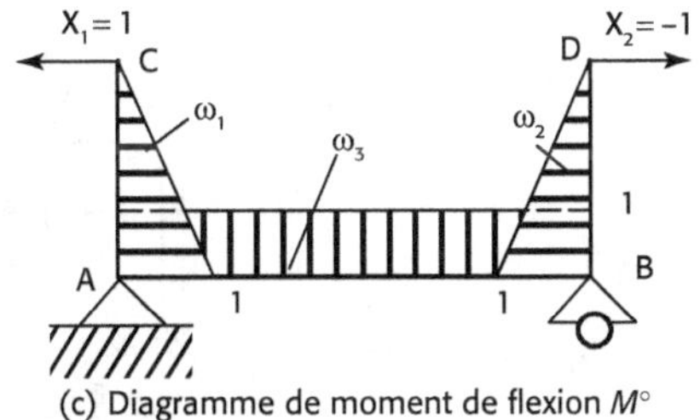

3. Pour la barre AC : ω_1 est l'aire de la surface du diagramme de moment de la flexion M_f par les charges extérieures. P est la pression d'eau. $M_{Cy_1}{}°$ est l'ordonnée du centre de la surface ω_1 du diagramme de moment de flexion par la charge unitaire $X_1 = 1$. Donc :

$$\omega_1 = \frac{1}{4} \times 1 \times \frac{1}{6} \times q = \frac{q}{24}$$

$$M_{cy1}{}° = \frac{4}{5} \times 1 = \frac{4}{5}$$

Pour la barre BD et $X_2 = -1$, nous avons :

$$\omega_2 = \omega_1 = \frac{q}{24}$$

$$M_{Cy_2}{}° = M_{Cy_1}{}° = \frac{4}{5}$$

Pour la barre AB, nous avons :

$$\omega_3 = \left(\frac{1}{6} \times q \times 2\right) - \left(\frac{2}{3} \times \frac{1}{2} \times q \times 2\right) = -\frac{1}{3} \times q$$

$$M_{Cy_3}{}^\circ = 1$$

Le changement de distance CD est déterminé grâce à la formule de Mohr.

$$\lambda_{CD} = \sum \int \frac{\omega \cdot M_{Cy}{}^\circ}{EI} ds = \left(\omega_1 M_{Cy_1}{}^\circ\right) + \left(\omega_2 M_{Cy_2}{}^\circ\right) + \left(\omega_3 M_{Cy_3}{}^\circ\right)$$

$$= \frac{1}{EI}\left[2 \times \left(\frac{q}{24} \times \frac{4}{5}\right) + \left(-\frac{q}{3}\right) \times 1\right] = -\frac{4q}{15EI}$$

Le résultat de la distance $\lambda_{CD} = -\dfrac{4q}{15EI}$ nous montre que la distance CD est diminuée avec la pression d'eau. Le point C et le point D se sont rapprochés l'un de l'autre.

Exercice 8.23

Portique hyperstatique - Méthode des forces

Portique vertical à deux montants encastrés, supportant une charge uniformément répartie verticale. Déterminer le moment de flexion.

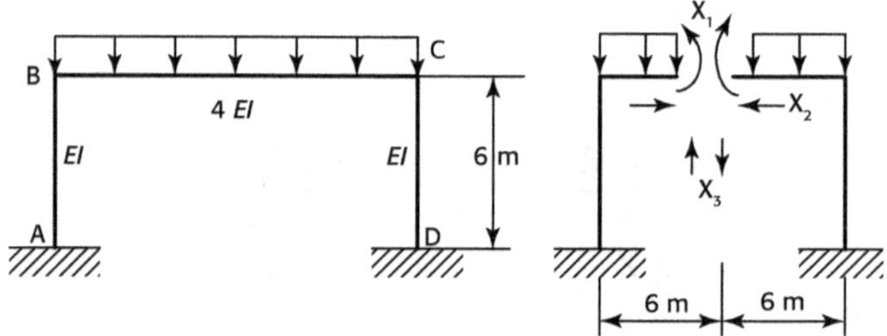

1. Le degré d'hyperstatique de la structure est $n = 3$.

   En isolant la structure en deux parties, nous obtenons deux coupures : S_1, S_2 et S_3. À chaque état unitaire de S_1, S_2 et S_3, nous associerons les variations X_1, X_2 et X_3, les sollicitations supprimées par les coupures.

2. Comme les deux parties isolées sont symétriques. L'équation pour la sollicitation X_3 est :

$$\Delta_{33}X_3 + \Delta_{3P} = 0$$

En utilisant la méthode des forces :

$$\Delta_{3P} = \sum \int \frac{M^\circ{}_3 M_P}{EI} ds = 0$$

D'où nous obtenons :

$$X_3 = 0$$

3. Les équations des deux coupures par la méthode des forces :

$$\begin{cases} \Delta_{11}X_1 + \Delta_{12}X_2 + \Delta_{10} = 0 \\ \Delta_{21}X_1 + \Delta_{22}X_2 + \Delta_{20} = 0 \end{cases}$$

4. Les déplacements relatifs Δ_{ij} sont :

$$\Delta_{11} = 2 \times \left[\frac{1}{EI} \times 6 \times 1 \times 1 + \frac{1}{4EI} \times 6 \times 1 \times 1 \right] = \frac{15}{EI}$$

$$\Delta_{22} = 2 \times \left[\frac{1}{EI} \times 6 \times 6 \times 4 \times \frac{1}{2} \right] = \frac{144}{EI}$$

$$\Delta_{12} = \Delta_{21} = -2 \times \left[\frac{1}{EI} \times \frac{1}{2} \times 6 \times 6 \times 1 \right] = -\frac{36}{EI}$$

$$\Delta_{10} = 2 \times \left[-\frac{1}{4EI} \times \frac{1}{3} \times 36 \times 6 \times 1 - \frac{1}{EI} \times 36 \times 6 \times 1 \right] = -\frac{468}{EI}$$

$$\Delta_{20} = 2 \times \left[\frac{1}{EI} \times \frac{1}{2} \times 6 \times 6 \times 36 \right] = \frac{1296}{EI}$$

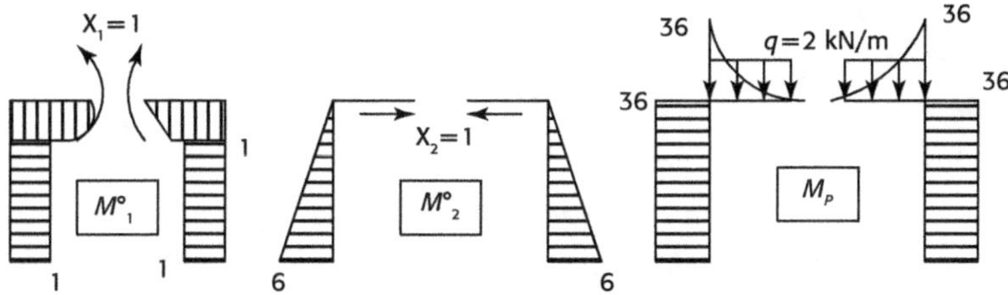

5. Les équations de la méthode des forces deviennent :

$$\begin{cases} 15X_1 - 36X_2 - 468 = 0 \\ -36X_1 + 144X_2 + 1296 = 0 \end{cases}$$

Nous obtenons :

$$X_1 = 24; \qquad X_2 = -3$$

6. Le moment de flexion est :

$$M = M^\circ_1 X_1 + M^\circ_2 X_2 + M_P$$

Les diagrammes des efforts du portique :

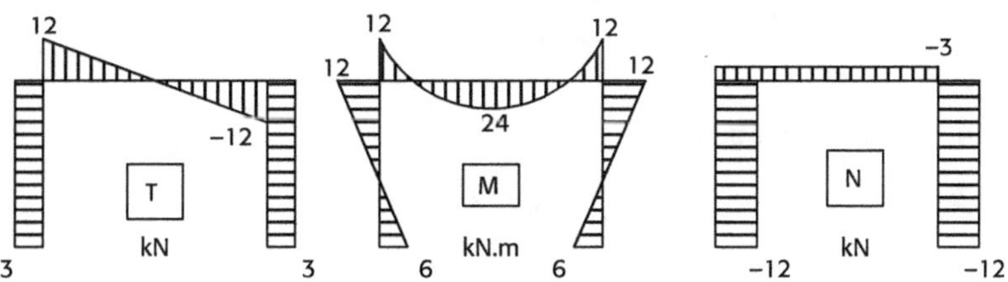

Portique hyperstatique - Méthode des forces

Un portique vertical à deux montants encastrés, supporte une charge uniformément répartie horizontale $q = 20$ kN/m. Déterminer le moment de flexion.

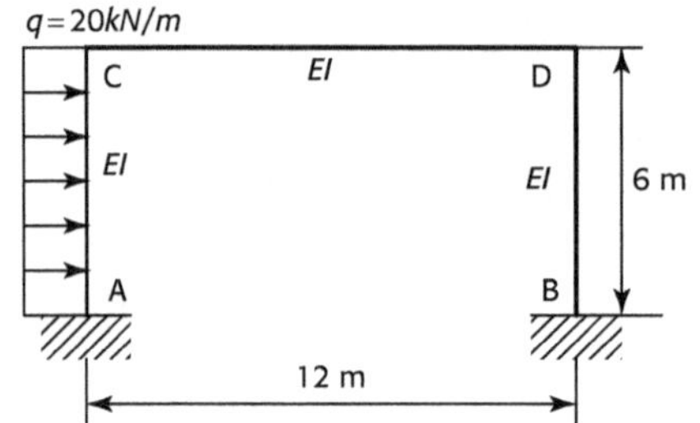
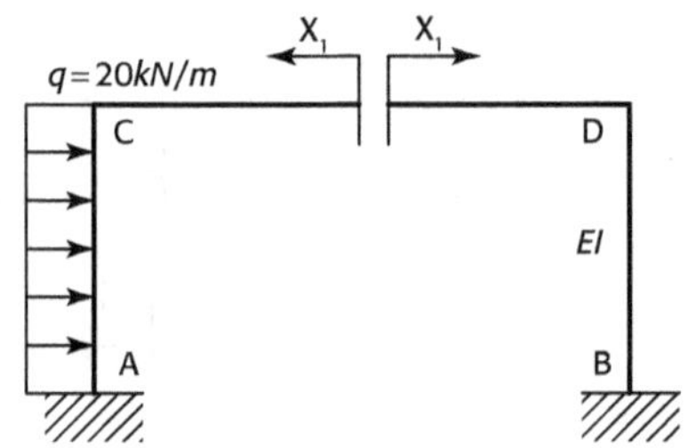

1. Le degré d'hyperstatique de la structure est $n = 1$.

Effectuons une coupure à la barre CD et appliquons une charge unitaire $X_1 = 1$ à la lèvre de coupure. Isolons la partie gauche (figure b). L'équation de méthode des forces est :

$$\Delta_{11}X_1 + \Delta_{1P} = 0$$

2. Déterminons le Δ_{11} et Δ_{1P} et X_1 :

$$\Delta_{11} = \sum \int \frac{M^{\circ 2}_1}{EI}\, ds = \frac{1}{EI} \times \frac{1}{2} \times 6^2 \times \frac{2}{3} \times 6 \times 2 = \frac{144}{EI}$$

$$\Delta_{1P} = \sum \int \frac{M_P M^{\circ}_1}{EI}\, ds = \frac{6}{6EI} \times (6 \times 360 + 4 \times 3 \times 90) = -\frac{3240}{EI}$$

$$X_1 = \frac{\Delta_{1P}}{\Delta_{11}} = -\frac{3240}{EI} \times \frac{EI}{144} = 22,4\,kN$$

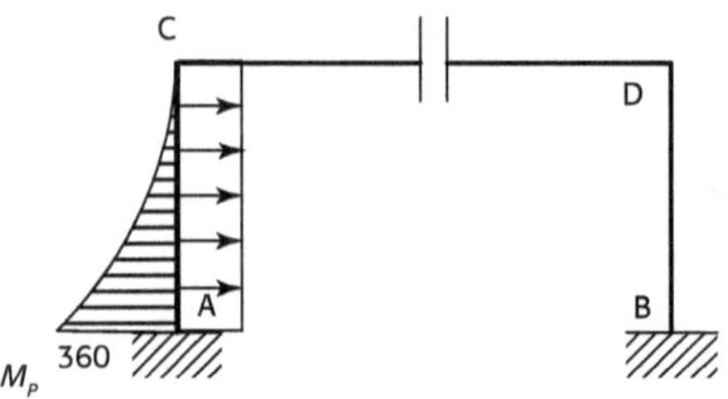
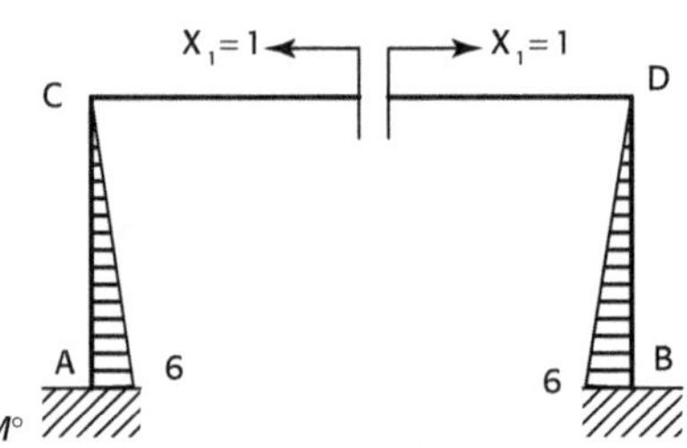

3. Déterminons le moment de flexion :

$$M_f = M^{\circ}_1 X_1 + M_P$$

Le moment de flexion en A est :

$$M_A = 225 \text{ kN.m}$$

Le moment de flexion en B est :

$$M_B = 135 \text{ kN.m}$$

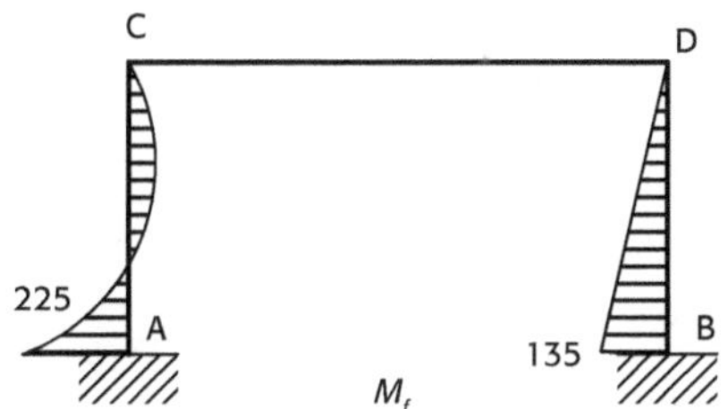

Exercice 8.25

Portique hyperstatique - Méthode des forces

Le portique horizontal à deux montants encastrés supporte deux couples M_c en C et en B. Supposons que les barres ont la même résistance EI et qu'ils ont des sections circulaires. Déterminer les efforts intérieurs des barres (figure a).

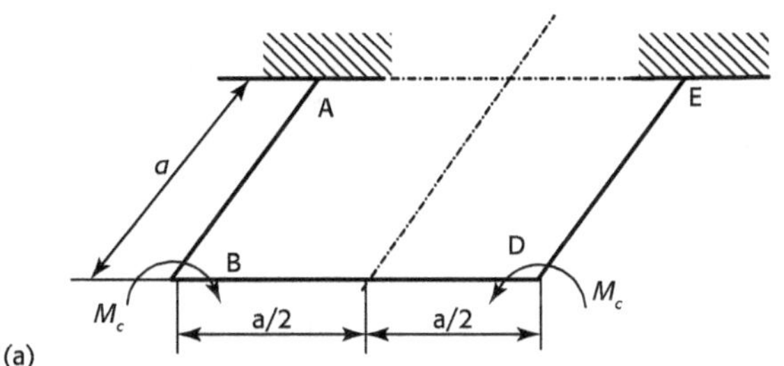

(a)

1. Le degré d'hyperstatique de la structure est $n = 3$.
2. Effectuer trois coupures X_1, X_2 et X_3 au milieu de la barre BD pour obtenir une structure isostatique soumise au même chargement que la structure donnée.

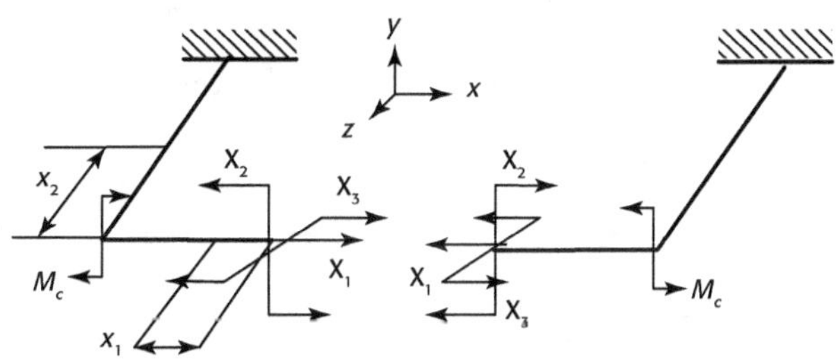

(b)

3. Appliquons une charge unitaire $X_1 = 1$ pour calculer le déplacement en C.

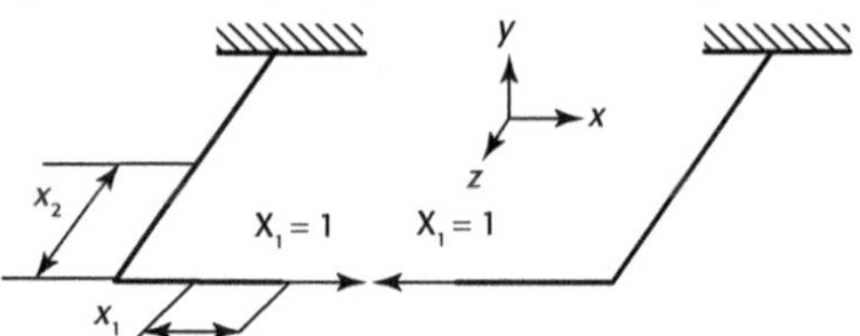

Écrivons l'équation de la méthode des forces suivant la direction y :

$$m°_y(x_2) = -1 \times x_2 = -x_2$$

$$M_y(x_2) = -X_1 x_2 + X_3$$

$$\Delta_C = \frac{2}{EI} \int_0^a m°_y(x_2) M_y(x_2)\,dx_2 = \frac{a^2}{3EI}\left(2X_1 \cdot a - 3X_3\right)$$

4. Appliquons un couple unitaire $X_2 = 1$ pour calculer l'angle $\theta°_x$ de déformation en C suivant la direction x.

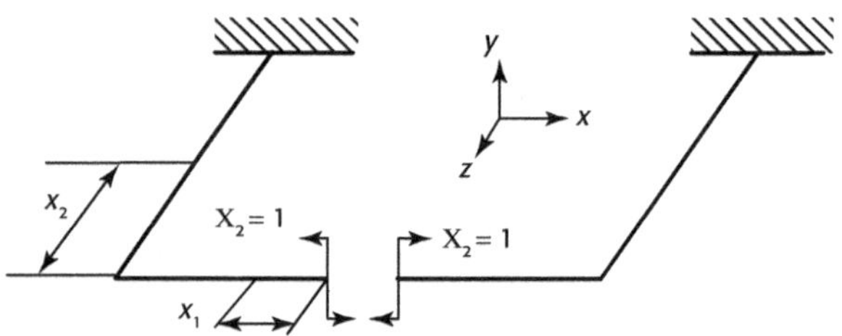

$$\theta°_x(x) = \frac{2}{EI} \int_0^{a/2} m°_z(x_1) M_z(x_1)\,dx_1 + \frac{2}{GI_P} \int_0^a T°(x_2) T(x_2)\,dx_2$$

$$= \int_0^{a/2} 1 \cdot X_2\,dx_1 + \frac{2}{GI_P} \int_0^a 1 \cdot (X_2 + M_C)\,dx_2 = \left(\frac{1}{EI} + \frac{2}{GI_P}\right) \cdot X_2 \cdot a - \frac{2\,M_C \cdot a}{GI_P}$$

D'où :

$$\theta°_x = \left(\frac{1}{EI} + \frac{2}{GI_P}\right) \cdot X_2 \cdot a - \frac{2\,M_C \cdot a}{GI_P}$$

5. Appliquons un couple unitaire $X_3 = 1$ pour calculer l'angle $\theta°_y$ de déformation en C suivant la direction y :

$$\theta°_y = \frac{2}{EI} \int_0^{a/2} 1 \cdot X_2\,dx_1 + \frac{2}{EI} \int_0^a 1 \cdot (X_2 - X_1 x_2)\,dx_2 = \frac{a}{EI}\left(3 \cdot X_3 - X_1 \cdot a\right)$$

6. Les trois équations de continuité, les équations de méthode des forces sont :

$$\begin{cases} \Delta_{11}X_1 + \Delta_{12}X_2 + \Delta_{10} = 0 \\ \Delta_{21}X_1 + \Delta_{22}X_2 + \Delta_{20} = 0 \\ \Delta_{31}X_1 + \Delta_{32}X_2 + \Delta_{30} = 0 \end{cases}$$

Ces équations peuvent se traduire par $\Delta° = 0$; $v°_z = 0$; $v°_y = 0$. Nous obtenons :

$$\begin{cases} \Delta° = \dfrac{a^2}{3EI}\left(2X_1 \cdot a - 3X_3\right) = 0 \\[3mm] \theta°_x = \left(\dfrac{1}{EI} + \dfrac{2}{GI_P}\right) \cdot X_2 \cdot a - \dfrac{2\,M_C \cdot a}{GI_P} = 0 \\[3mm] \theta°_y = \dfrac{a}{EI}\left(3X_3 - X_1 \cdot a\right) = 0 \end{cases}$$

La section du portique est circulaire, donc l'effort normal est égal à zéro : $N = 0$.

$$I_P = 2I \qquad\qquad \Rightarrow N = N_{BD} = X_3 = 0$$
$$\Rightarrow X_1 = N_{BD} = 0$$

Donc les trois inconnues sont :

$$X_1 = 0 \; ; \qquad X_2 = \frac{EM_C}{E+G} \; ; \qquad X_3 = 0$$

7. Les moments de flexion M_{f-B} et M_{f-D} sont : $M_{f-B} = M_{f-D} = \dfrac{EM_C}{E+G}$

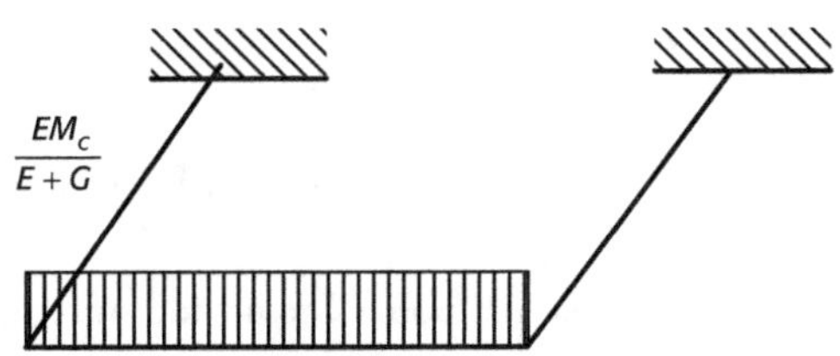

Le moment de torsion est : $M_\tau = \dfrac{GM_C}{E+G}$

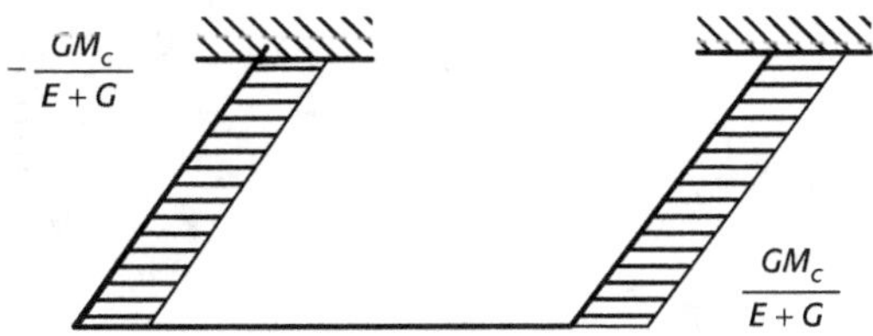

Portique hyperstatique - Méthode des forces

Le portique, encastré à deux travées, supporte deux charges : $F_E = 43,9$ kN et $F_H = 108$ kN. À cause d'un effort d'installation, aux points E et H il existe des moments de couples $C_H = F_H \cdot e = 43,2$ kN.m et $C_E = F_E \cdot e = 17,6$ kN.m. Pour le montant AD, nous avons les modules d'inertie longitudinale $I_{h-1} = 10,1 \times 10^4$ cm^4, $I_{b-1} = 28,6 \times 10^4$ cm^4 (figure a). Pour les montants BF et CG nous avons $I_{h-2} = 16,1 \times 10^4$ cm^4, $I_{b-1} = 81,8 \times 10^4$ cm^4.

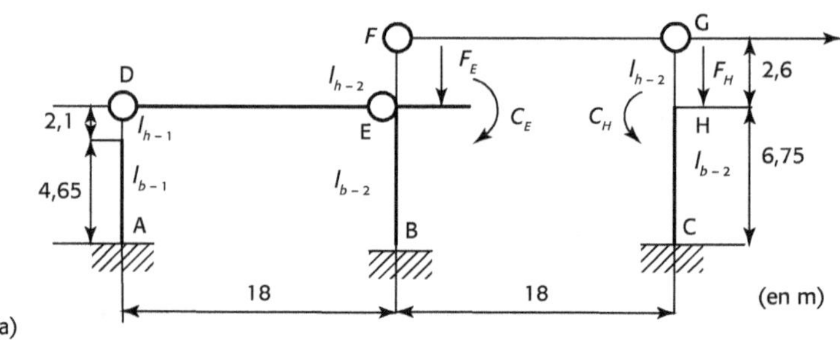

(a)

1. Le degré d'hyperstatique de la structure est $n = 2$.

Les charges F_E et F_H étant les efforts normaux (figure b), elles ne donnent que des pressions verticales aux montants.

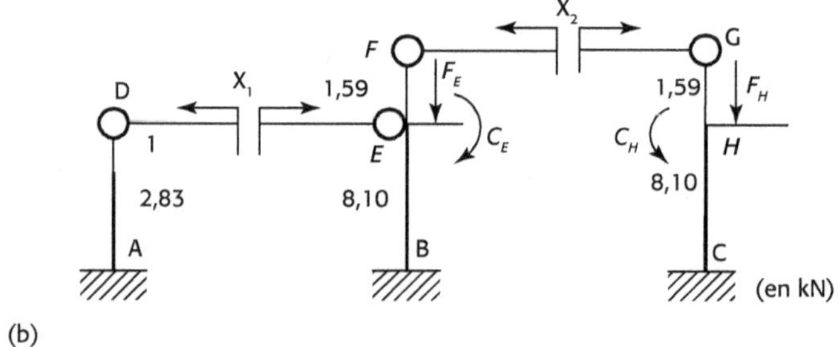

(b)

Les deux extrémités de barres FG et DE sont articulées. Donc elles ne supportent que les efforts normaux.

2. Effectuons deux coupures sur FG et DE pour obtenir une structure isostatique, soumise au même chargement que la structure donnée.

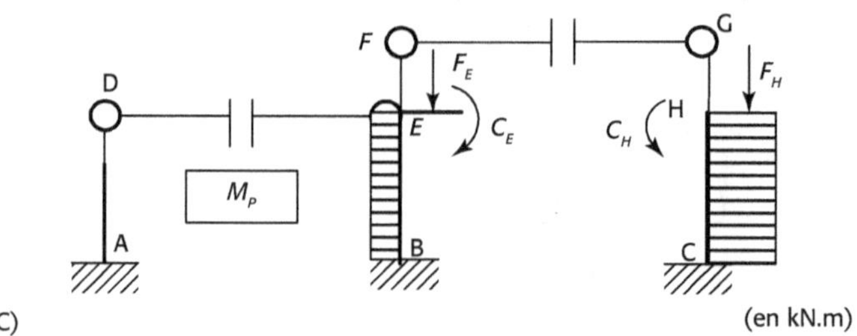

(C)

3. Considérons deux états de charge unitaire S_1 et S_2, soumis aux couples d'efforts unitaires et opposés X_1 et X_2 appliqués aux lèvres de la coupure 1 et 2.

Nous supprimons la liaison FG et appliquons une charge unitaire $X_1 = 1$.

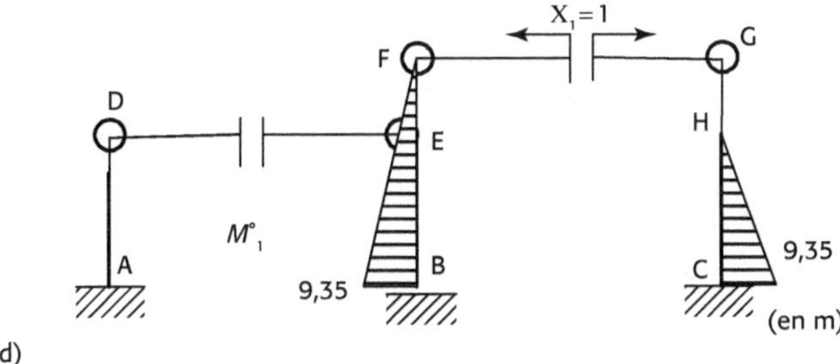

(d)

Nous supprimons la liaison DE et appliquons une charge unitaire $X_2 = 1$.

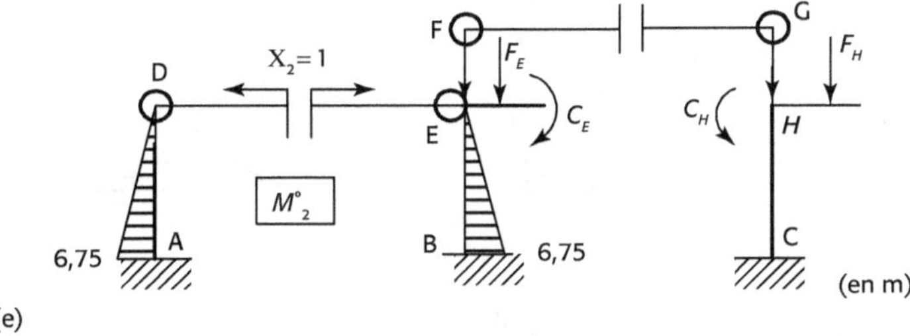

(e)

4. Calcul des déplacements relatifs des lèvres des coupures :

$$\Delta_{1P} = \sum \int \frac{M°_1 M°_P}{EI} ds = \frac{1}{8,10} \times \frac{2,60 + 9,35}{2} \times 6,75 \times (43,2 + 17,6) = 303$$

$$\Delta_{2P} = \sum \int \frac{M°_2 M°_P}{EI} ds = \frac{1}{8,10} \times \frac{6,75 + 6,75}{2} \times 17,6 = -49,5$$

$$\Delta_{11} = \sum \int \frac{M°_1^2}{EI} ds$$

$$= \frac{1}{1,59} \times \frac{2,60 \times 2,60}{2} \times \frac{2}{3} \times 2,6 \times 2 + \frac{1}{8,1} \times \left[2,6 \times 6,75 \times 5,98 + \frac{6,75 \times 6,75}{2} \times 7,10 \right] \times 2$$

$$= 73,4$$

$$\Delta_{22} = \sum \int \frac{M°_2^2}{EI} ds$$

$$= \frac{1}{8,1} \times \frac{6,75 \times 6,75}{2} \times \frac{2}{3} \times 6,75 + \frac{1}{1} \times \frac{2,1 \times 2,1}{2} \times \frac{2}{3} \times 2,1$$

$$+ \frac{1}{2,83} \times \left[2,1 \times 4,65 \times 4,43 + \frac{4,65 \times 4,65}{2} \times 5,2 \right]$$

$$= 50,9$$

$$\Delta_{12} = \Delta_{21} = -\frac{1}{8,1} \times \frac{6,75 \times 6,75}{2} \times 7,10 = -20$$

5. Nous obtenons deux équations de continuité, les équations de méthode des forces :

$$\begin{cases} \Delta_{11}X_1 + \Delta_{12}X_2 + \Delta_{10} = 0 \\ \Delta_{21}X_1 + \Delta_{22}X_2 + \Delta_{20} = 0 \end{cases}$$

$$\Rightarrow \begin{cases} 73,4X_1 - 20X_2 + 303 = 0 \\ -20X_1 + 50,9X_2 - 49,5 = 0 \end{cases}$$

D'où nous obtenons :

$$X_1 = -4,33 \text{ kN} \qquad X_2 = -0,73 \text{ kN}$$

6. Le moment de flexion du portique est :

$$M = M^{\circ}_1 + M^{\circ}_2 + M_P \qquad \text{(voir la figure ci-dessous)}$$

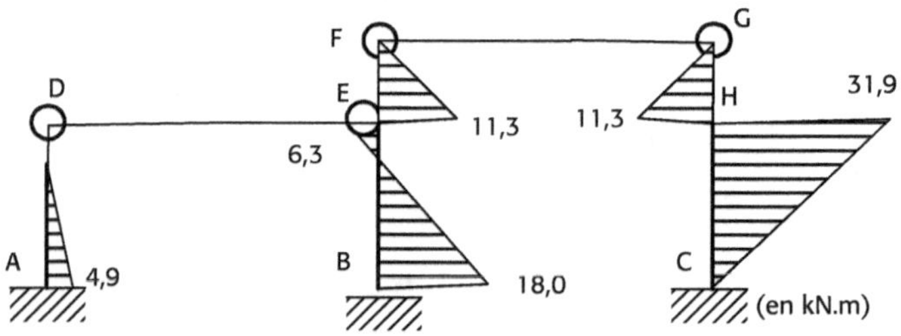

Portique hyperstatique - Méthode des déplacements

Le portique ABCD supporte une charge verticale uniformément répartie q. La rigidité de barres est : $i = EI/L$. Déterminer le déplacement angulaire de D.

1. Déterminer les inconnues principales et la structure à étudier. Les inconnues principales sont $n = 1$, le déplacement angulaire de D, $\Delta_D = \theta_D$.

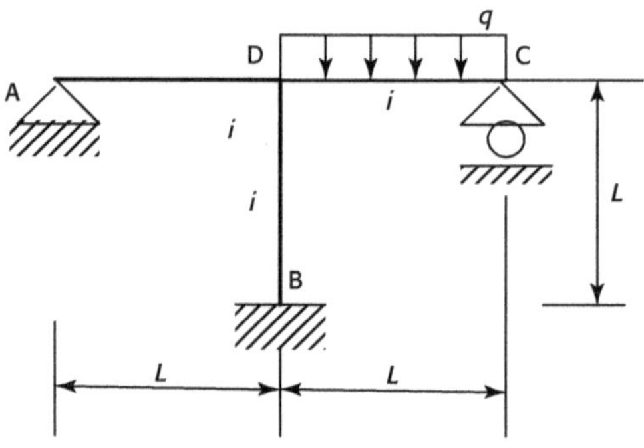

2. Les moments des barres aux extrémités de barres, sont :

$$M_{A-AD} = 0 \; ; \qquad\qquad M_{D-AD} = 3i\theta_D + \frac{3qL^2}{16} \; ;$$

$$M_{D-BD} = 4i\theta_D \; ; \qquad\qquad M_{B-BD} = 2i\theta_D$$

$$M_{D-CD} = i\theta_D - \frac{qL^2}{3} \; ; \qquad M_{C-CD} = -i\theta_D - \frac{qL^2}{6}$$

3. Les moments de flexion au nœud D sont :

$$M_{D-AD} + M_{D-BD} + M_{D-CD} = C$$

$$\Rightarrow 8i\theta_D - \frac{7qL^2}{48} = 0$$

Le déplacement angulaire de D est égal à :

$$\theta_D = \frac{7qL^2}{384i}$$

Exercice 8.28

Portique - Méthode des déplacements

Le portique ABCDE12345 encastré aux nœuds A, B, C, D et E supporte une charge concentrée verticale $P = 500$ kN au centre de la barre 3-4 (figure a). Les résistances des barres sont EA en traction. Déterminer les efforts normaux des barres.

Pour simplifier le problème nous transmettons la charge P du centre de la barre au nœud 3 en ajoutant un couple de $C = 250$ kN.m (figure b).

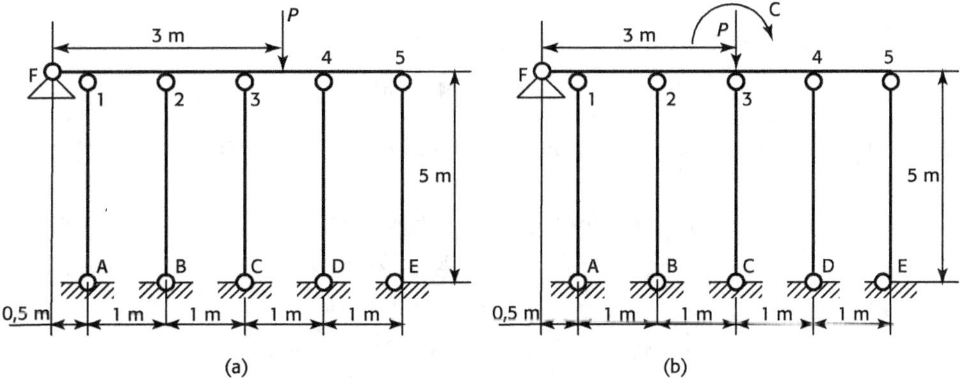

1. Sous l'action de P (figure c), les barres 1A, 2B, 3C, 4D et 5F supportent les compressions, qui sont égales à :

$$N'_{1A} = N'_{2B} = N'_{3C} = N'_{4d} = N'_{5F} = \frac{500}{5} \text{ kN} = 100 \text{ kN} \quad \text{(en compression)}$$

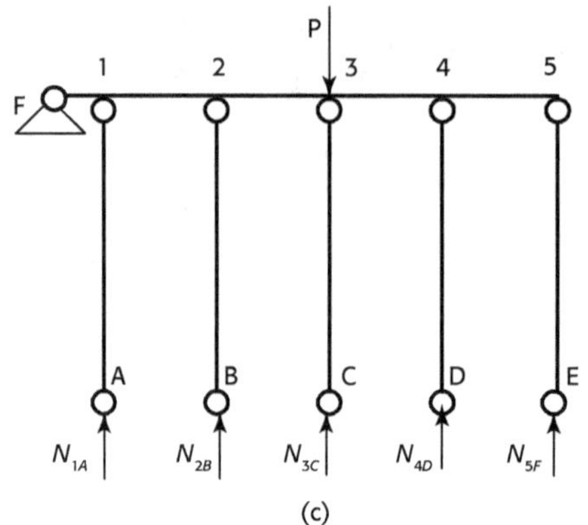

(c)

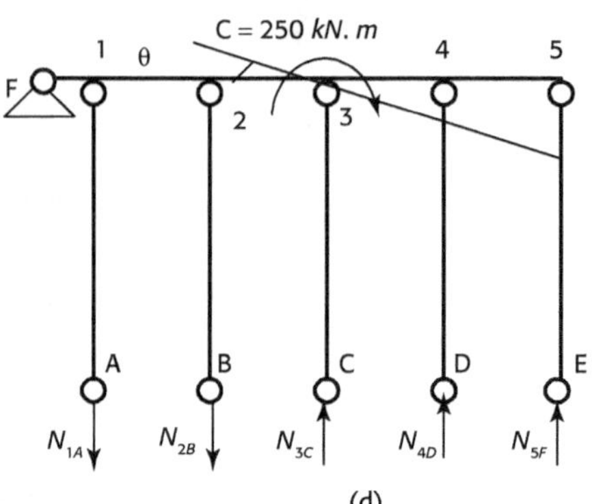

(d)

2. Sous l'action du couple $C = 250$ kN.m (figure d), les efforts normaux des barres sont :

$$N''_{3C} = 0 \qquad N''_{1A} = -N''_{5F} = \frac{2\theta}{5} EA \qquad N''_{2B} = -N''_{4D} = \frac{\theta}{5} EA$$

L'équation équilibre est :

$$2(N''_{1A} \times 2 + N''_{2B} \times 1) = 250$$

D'où nous obtenons l'angle θ :

$$EA\frac{4\theta}{5} + EA\frac{\theta}{5} = 125 \Rightarrow \theta = \frac{125}{EA}$$

Les efforts normaux des barres sont égaux à :

$$N''_{3C} = 0 \qquad N''_{1A} = -N''_{5F} = 50 \text{ kN} \qquad N''_{2B} = -N''_{4D} = 25 \text{ kN}$$

3. Pour la structure donnée, les efforts normaux sont égaux à la somme de deux cas (c) et (d), qui sont :

$$N_{1A} = N'_{1A} + N''_{1A} = -100 + 50 = -50 \text{ kN}$$
$$N_{2B} = N'_{2B} + N''_{2B} = -100 + 25 = -75 \text{ kN}$$
$$N_{3C} = N'_{3C} + N''_{3C} = -100 + 0 = -100 \text{ kN}$$
$$N_{4D} = N'_{4D} + N''_{4D} = -100 - 25 = -125 \text{ kN}$$
$$N_{5F} = N'_{5F} + N''_{5F} = -100 - 50 = -150 \text{ kN}$$

Portique hyperstatique - Méthode des déplacements

Le portique ABCD supporte une charge verticale uniformément répartie $q = 2,5$ kN/m. Déterminer le déplacement angulaire de D.

1. Déterminer les inconnues principales. Les inconnues principales sont $n = 1$: le déplacement angulaire du nœud D, $\Delta_D = \theta_D$.

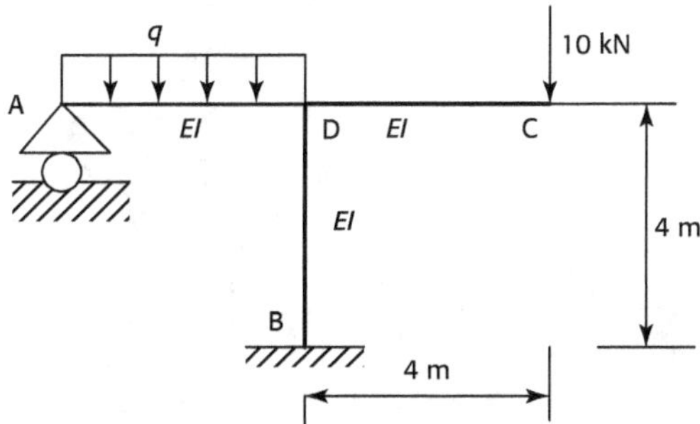

2. Nous bloquons le déplacement angulaire θ_D du nœud D, et le remplaçons par le déplacement $\Delta_D = \theta_D$, pour obtenir une structure virtuelle. Dans cette structure, en utilisant les formules (F 8.5), les moments aux extrémités des barres, produits par le déplacement $\Delta_D = \theta_D$, sont :

$$M_{A-AD} = 0 ; \qquad M_{D-AD} = \frac{3}{4} EI\theta_D + 5 ;$$

$$M_{D-BD} = EI\theta_D ; \qquad M_{B-BD} = \frac{1}{2} EI\theta_D ;$$

$$M_{D-CD} = -40 \text{ kN.m} ; \qquad M_{C-CD} = 0 ;$$

3. Dans la structure virtuelle, le blocage de déplacement du nœud D rend la somme des moments du nœud D nulle :

$$M_{D-AD} + M_{D-BD} + M_{D-CD} = 0 \qquad \Rightarrow 1,75EI\theta_D - 35 = 0$$

D'où le déplacement angulaire de D est égal à :

$$\theta_D = \frac{35}{1,75EI} = \frac{20}{EI}$$

Portique hyperstatique - Méthode des déplacements

Le portique ABCDEF supporte une charge verticale uniformément répartie q. La rigidité unitaire linéaire de barres est $i = EI/L$. Déterminer les déplacements angulaires des nœuds A et B.

1. Les inconnues principales de structure sont : les déplacements angulaires des nœuds A et B, $\Delta_A = \theta_A$ et $\Delta_B = \theta_B$.

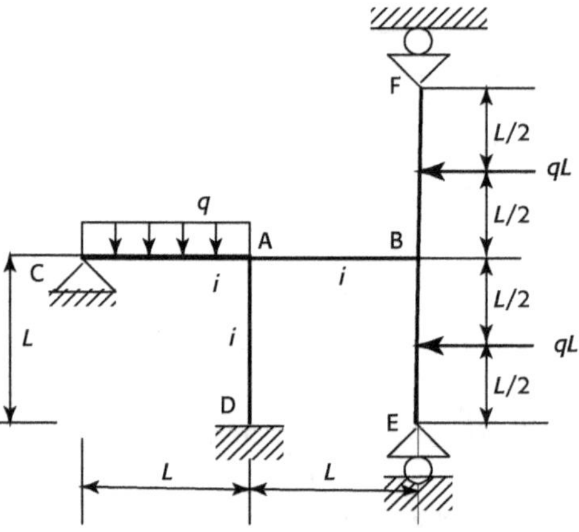

2. En bloquant les nœuds A et B et remplaçant par les déplacements $\Delta_A = \theta_A$ et $\Delta_B = \theta_B$, nous obtenons une structure virtuelle. Dans cette structure, nous utilisons les formules (F 8.5) et obtenons les moments des extrémités des barres, produits par les déplacements $\Delta_A = \theta_A$ et $\Delta_B = \theta_B$:

$$M_{A-AC} = \frac{qL^2}{2} \; ; \qquad M_{C-AC} = 0$$

$$M_{A-AB} = 4i\theta_A + 2i\theta_B \; ; \qquad M_{B-AB} = 4i\theta_B + 2i\theta_A$$

$$M_{A-AD} = 4i\theta_A \; ; \qquad M_{D-AD} = 2i\theta_A$$

$$M_{B-BF} = i\theta_B + \frac{3qL^2}{8} \; ; \qquad M_{F-BF} = -i\theta_B + \frac{qL^2}{8}$$

$$M_{B-BE} = 3i\theta_B - \frac{3qL^2}{16} \; ; \qquad M_{E-EB} = 0$$

3. Dans la structure virtuelle, la sommes des moments du nœud A ou du nœud B, à cause des blocages des nœuds B et C, est nulle. Cela donne les équations d'équilibre aux nœuds A et B :

$$\begin{cases} M_{A-AC} + M_{A-AD} + M_{A-AB} = 0 \\ M_{B-BA} + M_{B-Be} + M_{B-BF} = 0 \end{cases}$$

$$\Rightarrow \begin{cases} 8i\theta_A + 2i\theta_B + \dfrac{qL^2}{2} = 0 \\[3mm] 2i\theta_A + 8i\theta_B + \dfrac{3qL^2}{16} = 0 \end{cases} \Rightarrow \begin{cases} 16i\theta_A + 4i\theta_B + qL^2 = 0 \\[3mm] 16i\theta_A + 64i\theta_B + \dfrac{3qL^2}{2} = 0 \end{cases}$$

$$\Rightarrow \begin{cases} 32i\theta_A + 8i\theta_B + 2qL^2 = 0 \\[3mm] 2i\theta_A + 8i\theta_B + \dfrac{3qL^2}{16} = 0 \end{cases}$$

Les déplacements angulaires de A et B sont égaux à :

$$\begin{cases} 60\theta_B = -\dfrac{qL^2}{2i} \\[3mm] 30\theta_A = -\dfrac{29qL^2}{16i} \end{cases} \Rightarrow \begin{cases} \theta_B = -\dfrac{qL^2}{120\cdot i} \\[3mm] \theta_A = -\dfrac{29qL^2}{480\cdot i} \end{cases}$$

Portique hyperstatique – Méthode des déplacements

Le portique ABCDEF supporte une charge uniformément répartie $q = 2,4$ kN/m. Les rigidités des barres sont constantes EF. La rigidité unitaire linéaire est $i = \dfrac{EI}{L}$.

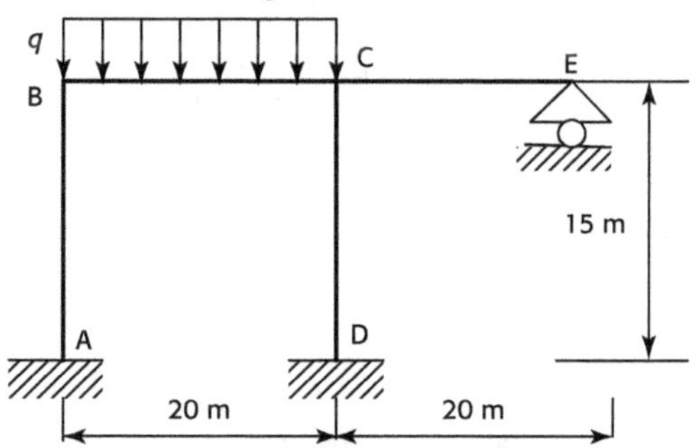

1. Les inconnues principales de la structure à étudier sont : le déplacement angulaire θ_B du nœud B et le déplacement angulaire θ_C du nœud C.

2. En bloquant les déplacements des nœuds B et C et remplaçant par les déplacements θ_B et θ_C, nous obtenons une structure virtuelle. Dans cette structure en utilisant le tableau 8.1, les moments des extrémités de la barre BC, produits par la charge q, sont :

$$M^P_{B-BC} = -\frac{qL^2}{12} = -\frac{2,4 \times 20^2}{12} = -80 \text{ kN.m}$$

$$M^P_{C-BC} = \frac{qL^2}{12} = \frac{2,4 \times 20^2}{12} = 80 \text{ kN.m}$$

3. Dans la structure virtuelle, en utilisant les formules 8.5, les moments des extrémités des barres, produits par les déplacements θ_B et θ_C, sont :

$$M_{A-AB} = 2i\theta_B = \frac{2}{15}EI\theta_B \; ; \qquad M_{B-AB} = 4i\theta_B = \frac{4}{15}EI\theta_B$$

$$M_{B-BC} = 4i\theta_A + 2i\theta_B - 80 = \frac{EI}{5}\theta_B + \frac{EI}{10}\theta_C - 80$$

$$M_{C-BC} = 2i\theta_A + 4i\theta_B + 80 = \frac{EI}{10}\theta_B + \frac{EI}{5}\theta_C + 80$$

$$M_{C-CD} = 4i\theta_C = \frac{4}{15}EI\theta_C \; ; \qquad M_{D-CD} = 2i\theta_C = \frac{2}{15}EI\theta_C \qquad \text{(a)}$$

$$M_{C-CE} = 3i\theta_C = \frac{1}{5}EI\theta_C \; ; \qquad M_{E-CE} = 0$$

4. Dans la structure virtuelle, la somme des moments du nœud B ou du nœud C, à cause des blocages des nœuds B et C, est nulle. Cela nous donne les équations d'équilibre :

$$\begin{cases} M_{BA} + M_{BC} = 0 \\ M_{CB} + M_{CD} + M_{CE} = 0 \end{cases} \qquad \text{(b)}$$

Appliquons les moments (a) des extrémités des barres dans les équations (b). Nous obtenons :

$$\begin{cases} \dfrac{7EI}{15}\theta_B + \dfrac{EI}{10}\theta_C - 80 = 0 \\ \dfrac{EI}{10}\theta_B + \dfrac{2EI}{3}\theta_C + 80 = 0 \end{cases}$$

Donc les deux inconnues principales sont :

$$\theta_B = \frac{55200}{271EI} \; ; \qquad \theta_C = -\frac{40800}{271EI}$$

5. Dans les structures données, les moments aux extrémités des barres sont égales à :

$$M_{A-AB} = \frac{2}{15}EI\theta_B = 27,16 \text{ kN.m}$$

$$M_{B-AB} = \frac{4}{15}EI\theta_B = 54,32 \text{ kN.m}$$

$$M_{B-BC} = \frac{EI}{5}\theta_B + \frac{EI}{10}\theta_C - 80 = -54,32 \text{ kN.m}$$

$$M_{C-BC} = \frac{EI}{10}\theta_B + \frac{EI}{5}\theta_C + 80 = 70,26 \text{ kN.m}$$

$$M_{C-CD} = \frac{4}{15} EI\theta_C = -40,15 \text{ kN.m}$$

$$M_{D-CD} = \frac{2}{15} EI\theta_C = -20,08 \text{ kN.m}$$

$$M_{C-CE} = \frac{1}{5} EI\theta_C = -30,11 \text{ kN.m}$$

$$M_{E-CE} = 0$$

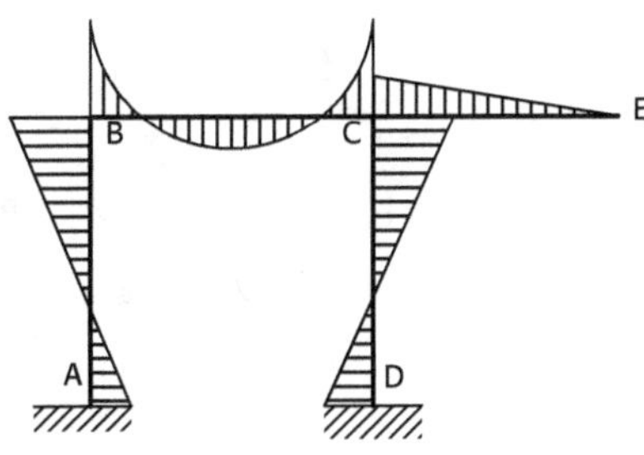

Exercice 8.32

Portique hyperstatique – Méthode des déplacements

Le portique ABCDEF encastré aux nœuds A, B et C, supporte une charge horizontale $P = 50$ kN au nœud D. Les résistances des barres sont constantes EI. La rigidité unitaire linéaire est $i = \dfrac{EI}{L}$.

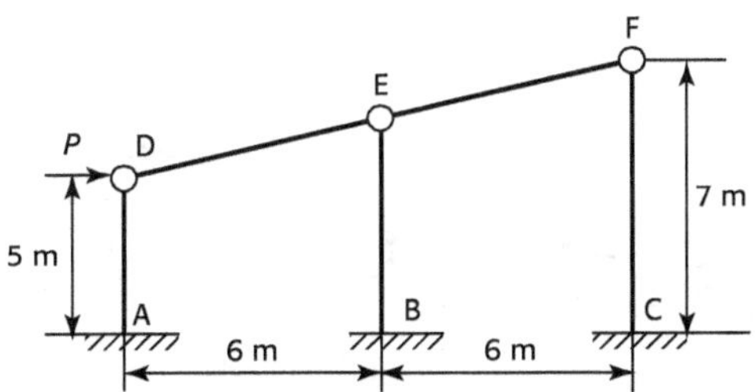

1. Les inconnues principales sont : le déplacement angulaire θ_E du nœud E, le déplacement horizontal Δ du nœud D. Les déplacements horizontaux des nœuds E et F sont égaux au déplacement horizontal du nœud D.

2. En bloquant les nœuds E et D et remplaçant par les déplacements θ_E et Δ, nous obtenons une structure virtuelle. Dans cette structure, en utilisant les formules 8.5, les moments des extrémités des barres, produits par les déplacements θ_E et Δ, sont :

$$M_{A-AD} = -3i_{AD}\frac{\Delta}{5} = -\frac{3EI}{25}\Delta \qquad ; \qquad M_{D-AD} = 0$$

$$M_{E-DE} = 3i_{DE}\theta_E = \frac{3EI}{6,083}\theta_E \quad ; \quad M_{D-DE} = 0$$

$$M_{E-BE} = 4i_{BE}\theta_E - 6i_{BE}\frac{\Delta}{6} = \frac{2EI}{3}\theta_E - \frac{EI}{6}\Delta$$

$$M_{B-BE} = 2i_{BE}\theta_E - 6i_{BE}\frac{\Delta}{6} = \frac{EI}{3}\theta_E - \frac{EI}{6}\Delta$$

$$M_{E-EF} = 3i_{DE}\theta_E = \frac{3EI}{6,083}\theta_E \quad ; \quad M_{F-EF} = 0$$

$$M_{C-CF} = 3i_{CF}\frac{\Delta}{7} = -\frac{3EI}{49}\Delta \quad ; \quad M_{F-CF} = 0$$

3. Les efforts tranchants aux extrémités en haut des barres DA, EB et FC sont obtenus par les moments correspondants :

$$T_{D-DA} = \frac{3EI}{125}\Delta$$

$$T_{E-EB} = \frac{M_{B-BE} + M_{E-BE}}{L_{BE}} = -\frac{EI}{6} + \frac{EI}{18}\Delta$$

$$T_{F-FC} = \frac{M_{C-CF} + M_{F-CF}}{L_{CF}} = \frac{3EI}{343}\Delta + 0 = \frac{3EI}{343}\Delta$$

4. Dans la structure virtuelle en bloquant le déplacement suivant l'axe de la barre du nœud E, la partie DEF devient une barre. Nous isolons la barre DEF et écrivons les équations d'équilibre de la barre DEF.

$$\sum F_x = 0 \Rightarrow -N_{DA} - N_{EB} - N_{FC} + N_{DA} = 0 \tag{a}$$

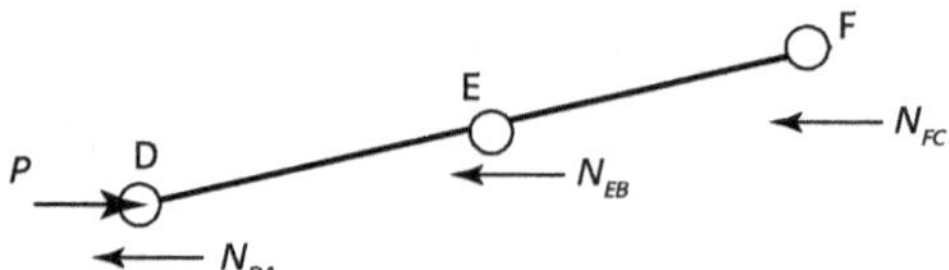

5. En isolant le nœud E, l'équation d'équilibre au nœud E en rotation est :

$$\sum M_E = 0 \Rightarrow M_{E-DE} + M_{E-ED} + M_{E-EF} = 0 \tag{b}$$

6. Dans la structure virtuelle les équations d'équilibre (a) et (b) sont :

$$\begin{cases} M_{E-DE} + M_{E-ED} + M_{E-EF} = 0 \\ N_{DA} + N_{EB} + N_{PC} = 50 \end{cases}$$

Ils deviennent :

$$\begin{cases} 1,654\theta_E - 0,167\Delta = 0 \\ -0,167\theta_E + 0,088\Delta - \dfrac{50}{EI} = 0 \end{cases}$$

Donc les déplacements inconnus principaux sont :

$$\theta_E = \frac{70,943}{EI} \qquad \Delta = \frac{702,633}{EI}$$

7. Dans la structure donnée, nous obtenons définitivement les moments des extrémités des barres :

$$M_{A-AD} = -\frac{3EI}{25}\Delta = -\frac{3EI}{25} \times \Delta = \frac{3EI}{25} \times \frac{702,633}{EI} = -84,32 \text{ kN.m} ; \qquad M_{D-AD} = 0$$

$$M_{E-DE} = \frac{3EI}{6,083}\theta_E = \frac{3EI}{6,083} \times \frac{70,943}{EI} = 34,99 \text{ kN.m} ; \qquad M_{D-DE} = 0$$

$$M_{E-BE} = \frac{2EI}{3}\theta_E - \frac{EI}{6}\Delta = \frac{2EI}{3} \times \frac{70,943}{EI} - \frac{EI}{6} \times \frac{702,633}{EI} = -69,81 \text{ kN.m}$$

$$M_{B-BE} = \frac{EI}{3}\theta_E - \frac{EI}{6}\Delta = \frac{EI}{3} \times \frac{70,943}{EI} - \frac{EI}{6} \times \frac{702,633}{EI} = -93,46 \text{ kN.m}$$

$$M_{E-EF} = \frac{3EI}{6,083}\theta_E = \frac{3EI}{6,083} \times \frac{70,943}{EI} = 34,99 \text{ kN.m} ; \qquad M_{F-EF} = 0$$

$$M_{C-CF} = -\frac{3EI}{49}\Delta = -\frac{3EI}{49} \times \frac{702,633}{EI} = -43,02 \text{ kN.m} ; \qquad M_{F-CF} = 0$$

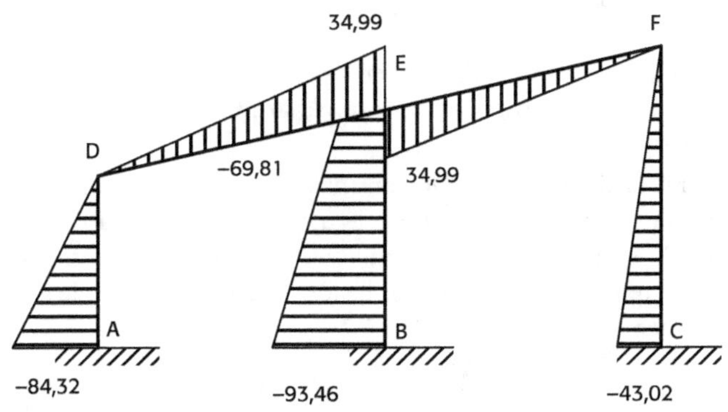

Portique hyperstatique – Méthode des rigidités

Le portique ABC123 encastré à deux travées supporte une charge horizontale uniformément répartie $q = 5$ kN/m sur le montant A3. Les nœuds 2 et 3 sont articulés. La rigidité unitaire linéaire des barres est $i = \dfrac{EI}{L}$. Déterminer les diagrammes des moments de flexion (figure a).

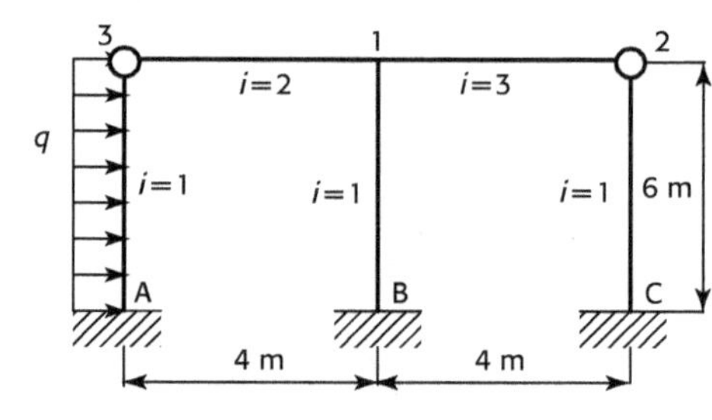

(a)

1. Les inconnues principales sont : le déplacement angulaire Δ_1 du nœud 1 et le déplacement horizontal Δ_2 du nœud 2 (figure b).

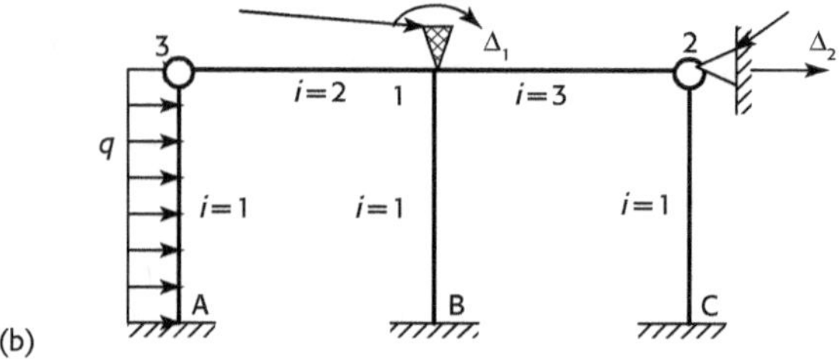

(b)

2. En effectuant deux blocages des déplacements des nœuds 1 et 2 et en remplaçant par les déplacements extérieurs Δ_1 et Δ_2, nous obtenons la structure virtuelle. Écrivons les équations d'équilibre aux nœuds : 1 et 2.

k_{11} est l'effort par le déplacement unitaire suivant la direction 1. Δ_1 est le déplacement suivant la direction 1. Donc suivant la direction 1 le moment est $k_{11}\Delta_1$. Au nœud 1, il y a trois moments de rotation suivant les trois directions : le moment $k_{11}\Delta_1$, le moment $k_{12}\Delta_2$ suivant la direction 2 et le moment R_{1P} produit par l'effort extérieur. Comme le nœud 1 est bloqué, la somme de moments est nulle :

$$k_{11}\Delta_1 + k_{12}\Delta_2 + R_{1P} = 0$$

La même explication est valable pour le nœud 2. Les deux équations d'équilibre sont :

$$\begin{aligned} k_{11}\Delta_1 + k_{12}\Delta_2 + R_{1P} &= 0 \\ k_{21}\Delta_1 + k_{22}\Delta_2 + R_{2P} &= 0 \end{aligned} \qquad \text{(a)}$$

3. En isolant le nœud 1 et la barre 3-1-2 de la structure, nous effectuerons un déplacement unitaire $\Delta_1 = 1$ (figure c). En utilisant les équations d'équilibre, nous obtenons k_{11} et k_{12}.

$$\sum M_1 = 0 \qquad \Rightarrow k_{11} \cdot \Delta_1 - 9 - 4 - 6 = 19 \qquad \Rightarrow k_{11} = 19$$

$$\sum F_{x-312} = 0 \Rightarrow k_{21} + 1 + 0 + 0 = 0 \qquad\qquad \Rightarrow k_{21} = -1$$

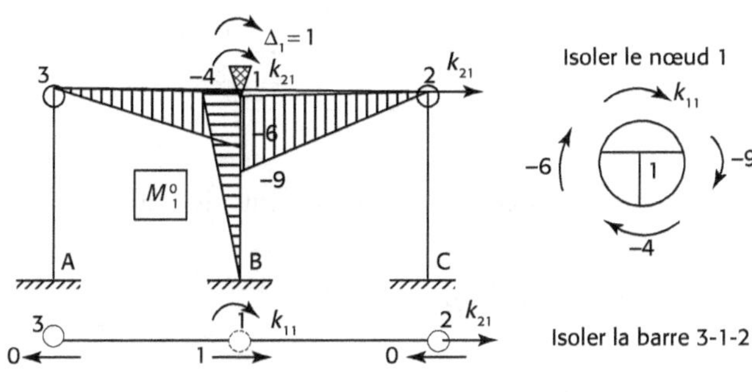

4. En isolant le nœud 1 et la barre 3-1-2 de la structure virtuelle, nous effectuons un déplacement unitaire $\Delta_2 = 1$ (figure d). Nous obtenons les équations d'équilibre et les coefficients k_{22} et k_{21}.

$$\sum M_1 = 0 \qquad \Rightarrow k_{12} + 0 + 1 + 0 = 0 \qquad\qquad \Rightarrow k_{12} = -1$$

$$\sum F_{x-312} = 0 \Rightarrow k_{22} = \frac{1}{12} + \frac{1}{2} + \frac{1}{12} = \frac{1}{2} \Rightarrow k_{22} = \frac{1}{2}$$

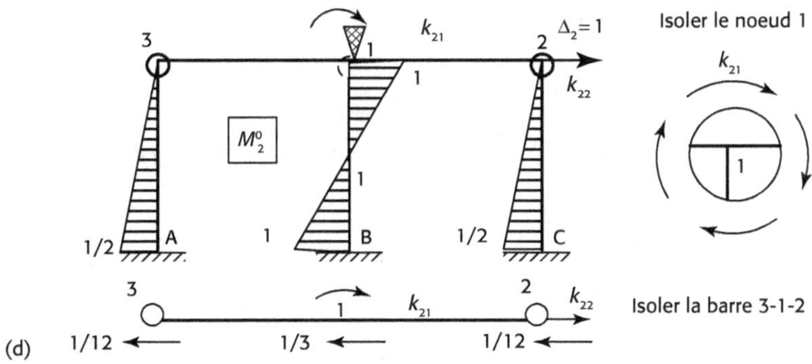

5. En isolant la barre 3-1-2 de la structure virtuelle, nous appliquons la charge extérieure sur cette structure. Nous obtenons les équations d'équilibre (figure e).

$$\sum M_1 = 0 \Rightarrow R_{1P} = 0$$

$$\sum F_x = 0 \Rightarrow R_{2P} + 9{,}150 - 2{,}055 - 2{,}095 = 0 \Rightarrow R_{2P} = -\frac{3}{8} qL$$

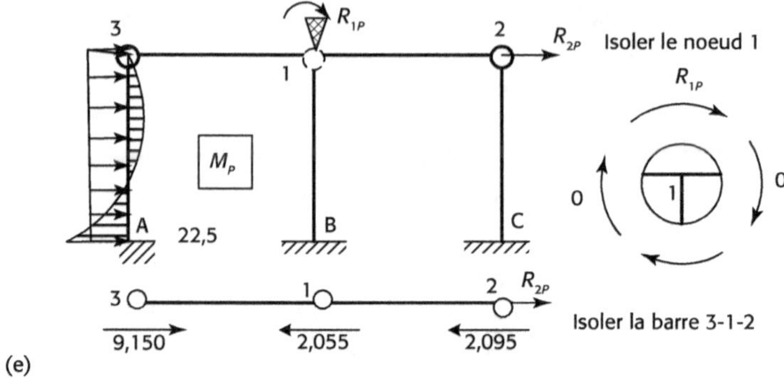

6. Déterminer les inconnues Δ_1 et Δ_2 en utilisant l'équation (a).

$$\begin{cases} k_{11}\Delta_1 + k_{12}\Delta_2 + R_{1P} = 0 \\ k_{21}\Delta_1 + k_{22}\Delta_2 + R_{2P} = 0 \end{cases} \qquad \text{(a)}$$

$$\Rightarrow \begin{cases} 19\Delta_1 - \Delta_2 + 0 = 0 \\ -\Delta_1 + \dfrac{1}{2}\Delta_2 - \dfrac{3}{8}qL = 0 \end{cases} \Rightarrow \quad \begin{array}{l} \Delta_2 = 19\Delta_1 \\[2mm] -\Delta_1 + \dfrac{19}{2}\Delta_2 - \dfrac{3}{8}qL = 0 \end{array}$$

Nous obtenons :

$$\Delta_1 = 0,0441qL \qquad \Delta_2 = 0,838qL$$

Les déplacements des nœuds sont trop élevés, donc il faut renforcer la structure.

7. Effectuer le diagramme du moment de flexion (en kN.m) :

$$M_f = M^\circ_1 Z_1 + M^\circ_2 Z_2 + M^\circ_2 Z_2$$

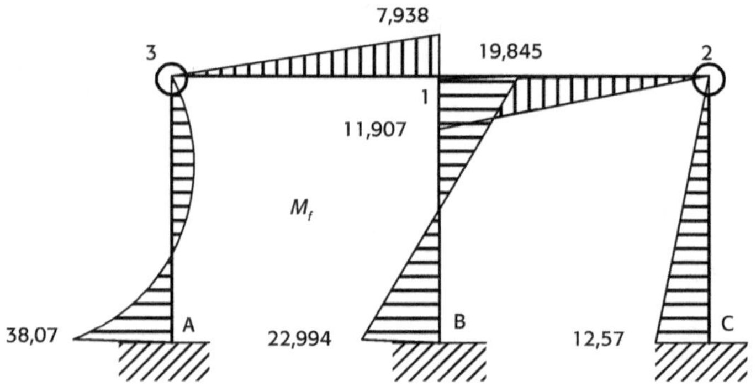

Portique hyperstatique - Méthode des rigidités

Le portique AB12 encastré à deux travées supporte une charge verticale concentrée P. La rigidité unitaire linéaire est $i = \dfrac{EI}{L}$. Déterminer les diagrammes des moments de flexion (figure a).

1. Les inconnues principales sont : le déplacement linéaire Δ_3 du nœud 2 et les déplacements angulaires $\Delta_1 = \theta_1$ et $\Delta_2 = \theta_2$ (figure b).

   Avec trois inconnues principales, les équations principales de méthode des déplacements sont :

   $$k_{11}\Delta_1 + k_{12}\Delta_2 + k_{13}\Delta_3 + R_{1P} = 0$$
   $$k_{21}\Delta_1 + k_{22}\Delta_2 + k_{23}\Delta_3 + R_{2P} = 0$$
   $$k_{31}\Delta_1 + k_{32}\Delta_2 + k_{33}\Delta_3 + R_{3P} = 0$$

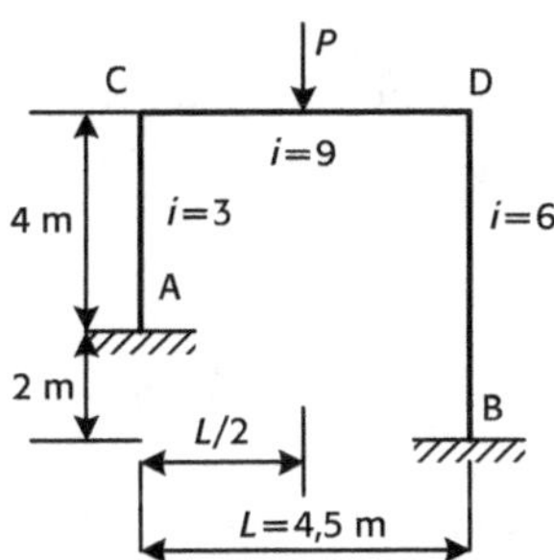

Figure a Portique original

Figure b Structure virtuelle

2. Dans la structure virtuelle, déterminons les coefficients k_{ij}.

2.1. En effectuant les déplacements unitaires $\Delta_1 = 1$ et isolant la barre CD et les nœuds C et D, nous obtenons les moments de flexion M_1^0 (figure c). En utilisant les équations d'équilibre des parties isolées, les coefficients k_{11}, k_{21} et k_{31} sont :

$$\sum M_C = 0 \;\Rightarrow\; k_{11} - 12 - 36 = 0 \;\Rightarrow\; k_{11} = 48$$
$$\sum M_D = 0 \;\Rightarrow\; k_{21} + 0 - 18 = 0 \;\Rightarrow\; k_{21} = 18$$
$$\sum F_x = 0 \;\Rightarrow\; k_{31} - 0 + 4,5 = 0 \;\Rightarrow\; k_{31} = -4,5$$

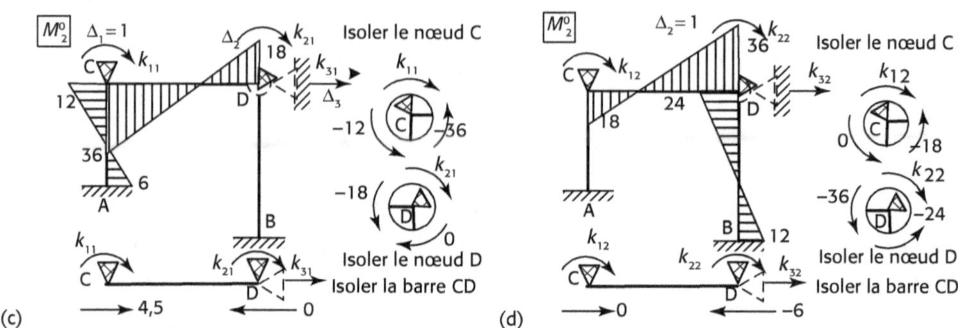

2.2. En effectuant les déplacements unitaires $\Delta_2 = 1$, nous obtenons les moments de flexion M_2^0 (figure d). En utilisant les équations d'équilibre, les coefficients k_{12}, k_{22} et k_{32} sont :

$$\sum M_C = 0 \quad \Rightarrow \quad k_{12} + 0 - 18 = 0 \quad \Rightarrow \quad k_{12} = 18$$

$$\sum M_D = 0 \quad \Rightarrow \quad k_{22} - 36 - 24 = 0 \quad \Rightarrow \quad k_{22} = 60$$

$$\sum F_x = 0 \quad \Rightarrow \quad k_{23} - 0 + 6 = 0 \quad \Rightarrow \quad k_{23} = -6$$

2.3. En effectuant les déplacements unitaires $\Delta_3 = 1$, nous obtenons les moments de flexion M_3^0 (figure e). En utilisant les équations d'équilibre, les coefficients k_{12}, k_{22} et k_{32} sont :

$$\sum M_C = 0 \quad \Rightarrow \quad k_{13} - 0 + 4,5 = 0 \quad \Rightarrow \quad k_{13} = -4,5$$

$$\sum M_D = 0 \quad \Rightarrow \quad k_{23} + 0 + 6 = 0 \quad \Rightarrow \quad k_{23} = -6$$

$$\sum F_x = 0 \quad \Rightarrow \quad k_{33} - 2 - 2,25 = 0 \quad \Rightarrow \quad k_{33} = 4,25$$

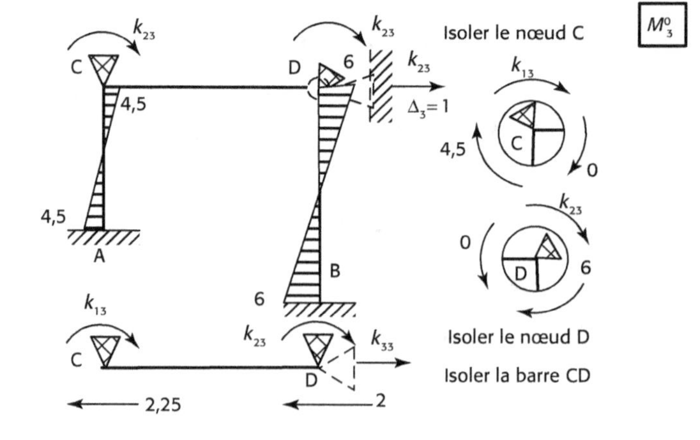

2.4. En appliquant la charge extérieure P, nous obtenons les moments de flexion M_P (figure f). En utilisant les équations d'équilibre, les réactions des appuis R_{1P}, R_{2P} et R_{3P} sont :

$$\sum M_C = 0 \quad \Rightarrow \quad R_{1P} + 0 + 33{,}8 = 0 \quad \Rightarrow \quad R_{1P} = -33{,}8$$

$$\sum M_D = 0 \quad \Rightarrow \quad R_{2P} - 0 - 33{,}8 = 0 \quad \Rightarrow \quad R_{2P} = 33{,}8$$

$$\sum F_x = 0 \quad \Rightarrow \quad R_{3P} - 0 - 0 = 0 \quad \Rightarrow \quad R_{3P} = 0$$

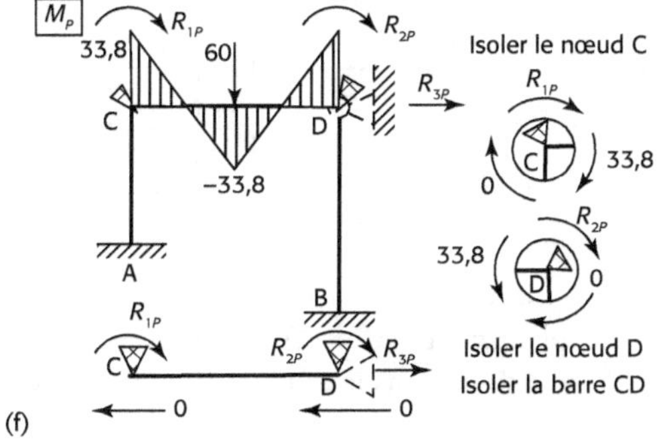

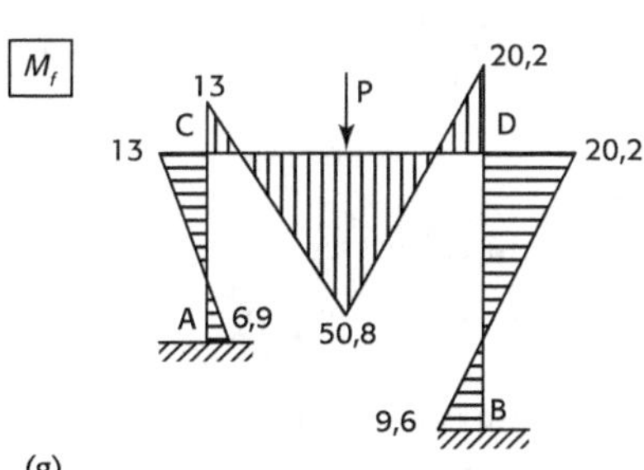

2.5. Les équations de méthode de rigidité deviennent :

$$\begin{cases} 48\Delta_1 + 18\Delta_2 - 4{,}5\Delta_3 - 33{,}8 = 0 \\ 18\Delta_1 + 60\Delta_2 - 6\Delta_3 + 33{,}8 = 0 \\ -4{,}5\Delta_1 + 6\Delta_2 - 4{,}25\Delta_3 + 0 = 0 \end{cases}$$

Nous obtenons :

$$\Delta_1 = 1{,}02 \; ; \; \Delta_2 = -0{,}884 \; ; \; \Delta_3 = -0{,}17$$

3. Déterminons les moments de flexion de structure et effectuons le diagramme de moments de flexion (fig. g) :

$$M_f = M_1^0 \Delta_1 + M_2^0 \Delta_2 + M_3^0 \Delta_3 + M_P$$

Portique hyperstatique

Nous considérons qu'un pont suspendu supporte une charge uniformément répartie de $q = 10$ kN/m. Supposons que la résistance des barres DB et D'B' est EA et la résistance des poutres AB et A'B' est EI. La relation entre EA et EI est $EA/EI = (1/20)$ m^{-2} (figure 1). Déterminer les efforts intérieurs des barres et des poutres.

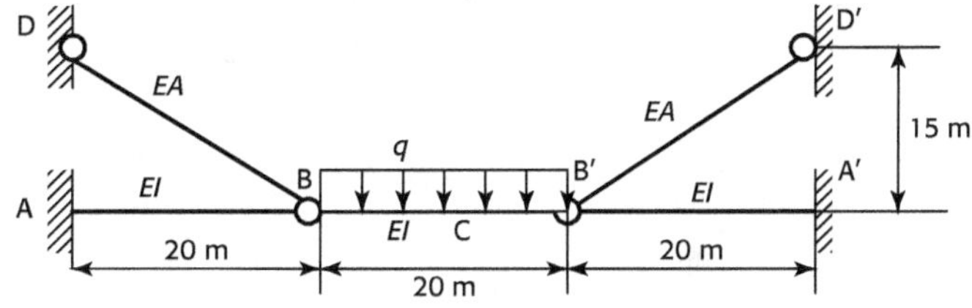

1. Choisissons les inconnues principales.

La structure est une structure symétrique. L'axe symétrique passe par le point C. L'angle de rotation en C est nul. Nous isolons la moitié du système (figure b).

Nous considérons que l'angle de déformation θ_B et le déplacement vertical Δ_{B-y} en B sont des inconnues principales (figure c).

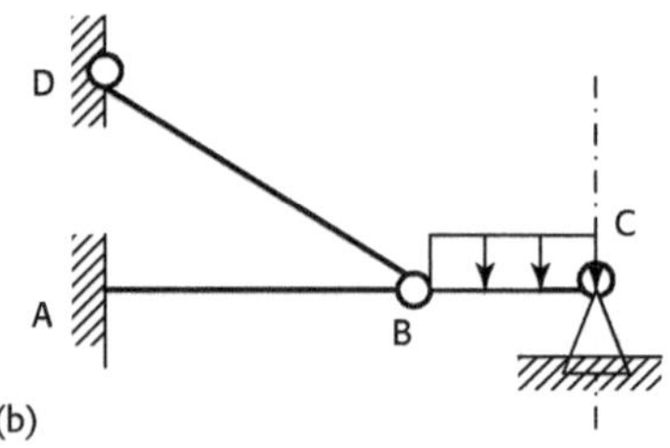

(b)

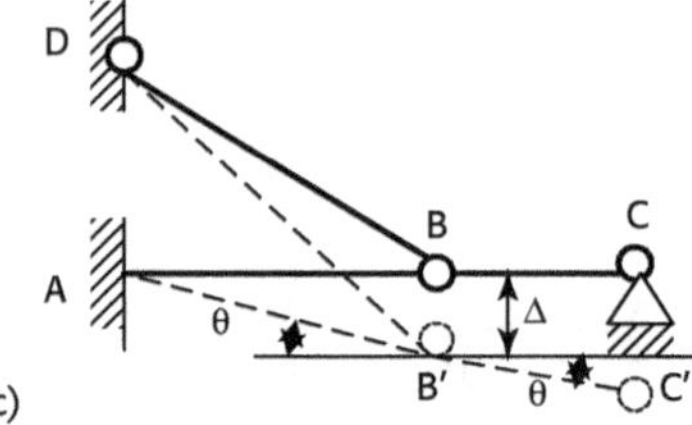

(c)

2. Détermination des efforts sur la fixation virtuelle.

Nous ajoutons une fixation virtuelle en B (figure d) et remplaçons les deux inconnues principales : l'angle de déformation θ_B et le déplacement vertical Δ_{B-y}, et obtenons une structure isostatique virtuelle. En utilisant les équations dans le tableau 8.1, les moments de flexion et les efforts tranchants dans la structure virtuelle sont :

$$M_{f-BC} = -\frac{qL^2}{3} = -\frac{10 \times 10^2}{3} = -333 \text{ kN.m}$$

$$M_{f-CB} = -\frac{qL^2}{6} = -\frac{10 \times 10^2}{6} = -167 \text{ kN.m}$$

$$T_{BC} = qL = 10 \times 10 = 100 \text{ kN}$$

$$T_{CB} = 0$$

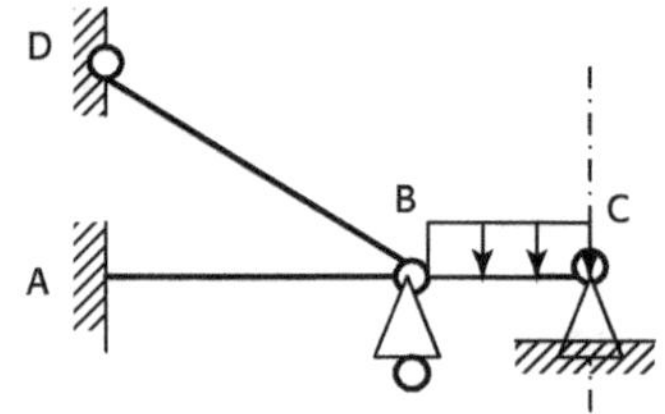

(d)

3. Équations des efforts des barres et des poutres

Les efforts des barres et des poutres sont produites par l'angle de déformation θ_B et le déplacement vertical Δ_{B-y}.

Poutre AB : Nous connaissons $i_{AB} = \dfrac{EI}{20}$, donc les efforts de la poutre AB sont :

$$M_{f-AB} = 2i_{AB}\theta - 6i_{AB}\frac{\Delta}{L} = 2 \times \frac{EI}{20}\theta - \frac{6EI}{20^2}\Delta$$

$$M_{f-BA} = 4i_{BA}\theta - 6i_{BA}\frac{\Delta}{L} = 4 \times \frac{EI}{20}\theta - \frac{6EI}{20^2}\Delta$$

$$T_{BA} = -\frac{M_{f-AB} + M_{f-BA}}{L} = -\frac{6EI}{20^2}\theta + \frac{12EI}{20^3}\Delta$$

Poutre BC : Pour les efforts de la poutre BC nous devons ajouter les efforts de la structure virtuelle.

$$M_{f-BC} = \frac{EI}{10}\theta - 333$$

$$M_{f-CB} = -\frac{EI}{10}\theta - 167$$

$$T_{AB} = 100 \text{ kN}$$

Barre BD : Il y a que l'effort normal dans la barre BD. Quand l'extrémité B de la barre BD se déplace verticalement sur une distance Δ à B*. La barre BD s'allonge de $\frac{3}{5}\Delta$.

La longueur de BD est :

$$L_{BC} = \sqrt{20^2 + 15^2} = 25 \text{ m}$$

L'effort normal de la barre BD est :

$$N_{BD} = \frac{(EA)_{BD}}{L_{BD}}\frac{3}{5}\Delta = \frac{EI}{20}\times\frac{1}{25}\times\frac{3}{5}\Delta = \frac{3EI}{2500}\Delta$$

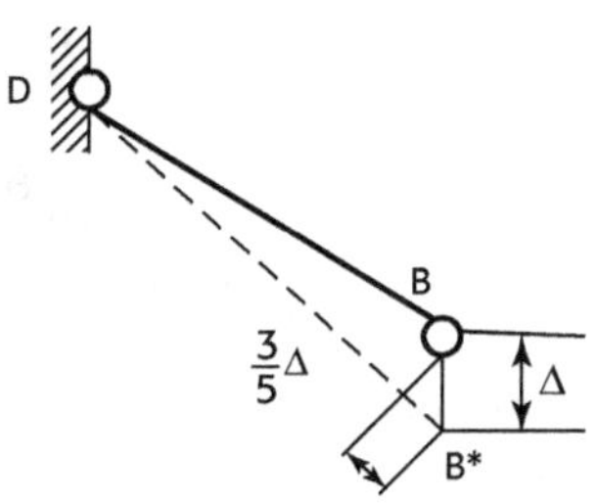

4. Écrivons les équations d'équilibre en B dans la structure virtuelle :

$$\sum M_B = 0$$

$$M_{BA} + M_{BC} = 0$$

$$\sum F_{y-B} = 0$$

$$\frac{3}{5}N_{BD} + T_{BA} - T_{BC} = 0$$

Des équations d'équilibre, nous obtenons :

$$\begin{cases} \dfrac{4EI}{20}\theta - \dfrac{6EI}{20^2}\Delta + \dfrac{EI}{10} - 333 = 0 \\[2mm] \dfrac{3}{5}\times\dfrac{3EI}{2500}\Delta - \dfrac{6EI}{20^2}\theta + \dfrac{12EI}{20^3}\Delta - 100 = 0 \end{cases}$$

$$\Rightarrow \begin{cases} 0,3\theta - 0,015\Delta = \dfrac{333}{EI} \\[2mm] -0,015 + 0,00222\Delta = \dfrac{100}{EI} \end{cases} \Rightarrow \begin{cases} \theta = \dfrac{5080}{EI} \\[2mm] \Delta = \dfrac{79400}{EI} \end{cases}$$

5. Détermination des efforts dans les barres et les poutres

En utilisant les équations de 3., nous obtenons les efforts des barres et des poutres.

- Pour la poutre AB :

$$M_{f-AB} = 2 \times \frac{EI}{20} \times \theta - \frac{6EI}{20^2}\Delta = 2 \times \frac{EI}{20} \times \frac{5080}{EI} - \frac{6EI}{20^2} \times \frac{79400}{EI} = -683 \text{ kN.m}$$

$$M_{f-BA} = 4 \times \frac{EI}{20}\theta - \frac{6EI}{20^2}\Delta = 4 \times \frac{EI}{20} \times \frac{5080}{EI} - \frac{6EI}{20^2} \times \frac{79400}{EI} = -175 \text{ kN.m}$$

$$T_{BA} = \frac{6EI}{20^2}\theta - \frac{12EI}{20^3}\Delta = \frac{6EI}{20^2} \times \frac{5080}{EI} - \frac{12EI}{20^3} \times \frac{79400}{EI} = 42,8 \text{ kN}$$

- Pour la poutre BC :

$$M_{f-BC} = \frac{EI}{10}\theta - 333 = \frac{EI}{21} \times \frac{5080}{EI} - 333 = 175 \text{ kN.m}$$

$$M_{f-CB} = -\frac{EI}{10}\theta - 167 = -\frac{EI}{10}\theta \times \frac{5080}{EI} - 167 = -675 \text{ kN.m}$$

$$T_{AB} = 100 \text{ kN}$$

L'effort normal de la barre BD est :

$$N_{B'D'} = N_{BD} = \frac{3EI}{2500}\Delta = \frac{3EI}{2500}\frac{79400}{EI} = 92,2 \text{ kN}$$

Les diagrammes des efforts se trouvent ci-dessous :

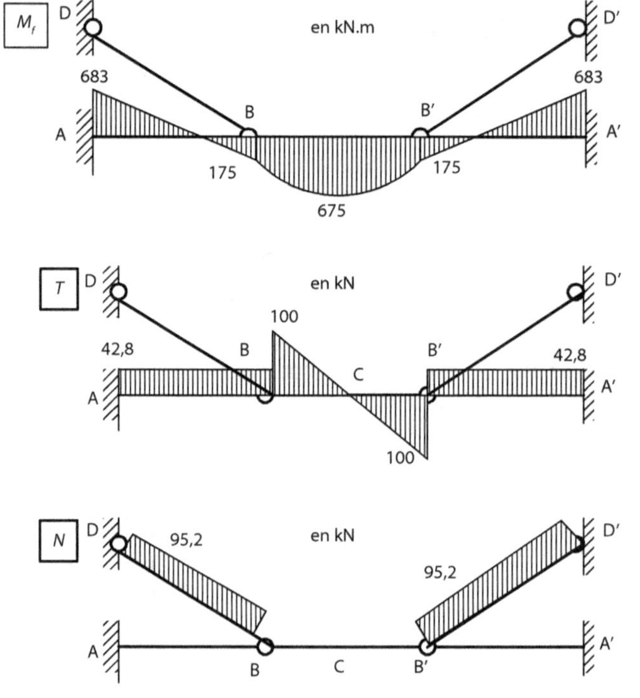

8.2.5   Méthode de distribution des moments

(Voir le chapitre 6.5.4)

Nous utilisons un portique avec une inconnue angulaire principale pour montrer la méthode de distribution des moments.

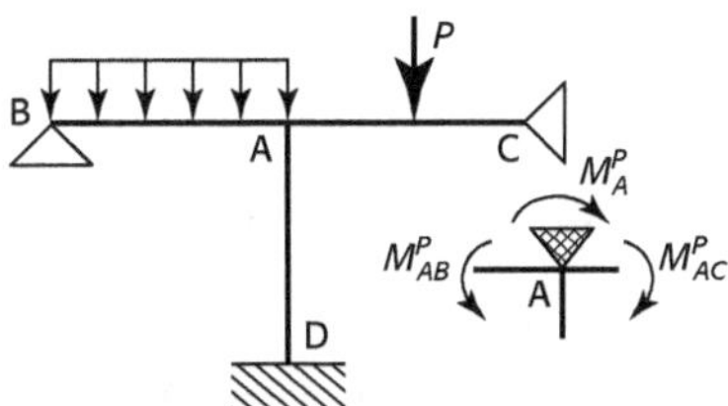

1. Analyser les inconnues principales.

Pour cette structure, il y a une inconnue principale θ_A.

2. Déterminer les moments d'encastrement parfait M_A^P.

En encastrant parfaitement le nœud A, chaque barre devient une poutre. Le nœud A s'appelle l'extrémité proche et les autres extrémités s'appellent les extrémités éloignées. Avec les équations d'équilibre de ces poutres, nous trouvons les moments d'encastrement parfait M_{AB}^P, M_{AC}^P et M_{AD}^P.

Le moment M_{AB}^P au nœud A de la poutre hyperstatique AB est :

$$M_{AB}^P = \frac{1}{8}q \cdot L^2$$

Le moment M_{AC}^P au nœud A de la poutre hyperstatique AC est :

$$M_{AC}^P = -\frac{13}{16}PL$$

Le moment M_{AD}^P au nœud A de la poutre hyperstatique AD est :

$$M_{AD}^P = 0$$

La somme des moments d'encastrement M_A^P d'extrémité proche A des poutres AB, AC et AD est :

$$M_A^P = M_{AB}^P + M_{AC}^P + M_{AD}^P \tag{Γ8.2.5.1}$$

En libérant le nœud A, la somme des moments au nœud A n'est pas équilibrée. M_A^P est le reste des moments non équilibrés. Supposons que nous avons besoin d'un moment $-M_A^P$ pour l'équilibre au nœud A.

Le moment $-M_A^P$ distribué aux barres AB, AC et AD, liées au nœud A, est déterminé en fonction des coefficients de répartition. Ces moments s'appellent les moments de distribution. Ensuite les moments de distribution sont transmis aux nœuds éloignés B, C et D des barres.

Exemple : Une partie du moment est distribué à la barre AB. Le moment de distribution de AB est transmis au nœud B pour avoir l'équilibre.

3. Rigidité en rotation S

La rigidité en rotation est déterminée par le type des fixations de l'extrémité éloignée :

– pour l'extrémité éloignée d'un appui simple : $S = 3i$;

– pour l'extrémité éloignée d'une articulation cylindrique : $S = i$;

– pour l'extrémité éloignée d'un appui encastrement : $S = 4i$;

avec :

$i = \dfrac{EI}{L}$ la rigidité de la poutre,

E le module d'élasticité longitudinale,

I le module d'inertie.

Dans notre exemple, les rigidités des barres AB, AC et AD sont :

$$i_{AB} = \frac{E_{AB} I_{AB}}{L_{AB}} \ ;$$

$$i_{AC} = \frac{E_{AC} I_{AC}}{L_{AC}} \ ;$$

$$i_{AD} = \frac{E_{AD} I_{AD}}{L_{AD}} \ .$$

L'extrémité éloignée B de la barre AB est un appui simple, donc $S_{AB} = 3i_{AB}$.
L'extrémité éloignée C de la barre AC est une articulation cylindrique, donc $S_{AC} = i_{AC}$.
L'extrémité éloignée D de la barre AD est un appui encastré, donc $S_{AD} = 4i_{AD}$.
La somme des rigidités en rotation des barres assemblées au nœud A est :

$$S_A = S_{AB} + S_{AC} + S_{AD} = 3i_{12} + i_{13} + 4i_{14} = \sum S_{Aj} \qquad \text{(F8.2.5.2)}$$

4. Coefficients de répartition des moments μ_{Aj}

$$\mu_{Aj} = \frac{S_{Aj}}{\sum\limits_A S} \ \Rightarrow \ \begin{cases} \mu_{AB} = \dfrac{S_{AB}}{\sum\limits_A S} \\[2em] \mu_{AC} = \dfrac{S_{AC}}{\sum\limits_A S} \\[2em] \mu_{AD} = \dfrac{S_{AD}}{\sum\limits_A S} \end{cases} \qquad \text{(F8.2.5.3)}$$

Remarque : Nous avons aussi une relation de $\sum \mu_A = \mu_{AB} + \mu_{AC} + \mu_{AD} = 1$ pour contrôler les résultats de (F8.2.5.3).

5. Déterminer les moments de distribution M^μ_{Aj} des barres.

En libérant l'encastrement du nœud A, nous ajoutons un moment $-M^P_A$ au nœud A. Sa valeur est égale à M^P_A, mais à contresens. Le moment $-M^P_A$ est distribué à chaque barre assemblée au nœud A, en fonction du coefficient de distribution μ_{Aj}. Le moment de distribution des barres M^μ_{Aj} est égal à :

$$M^\mu_{Aj} = -\mu_{Aj} M^P_A \Rightarrow \begin{cases} M^\mu_{AB} = -\mu_{AB} M^P_{AB} \\ M^\mu_{AC} = -\mu_{AC} M^P_{AC} \\ M^\mu_{AD} = -\mu_{AD} M^P_{AD} \end{cases} \tag{F8.2.5.4}$$

6. Déterminer les moments des transmissions M^T_{jA}.

Les moments des distributions M^μ_{Aj} des barres assemblées aux nœuds A, transmettent aux extrémités éloignées des barres en fonction des coefficients de transmission λ.

$$M^T_{Aj} = \lambda_{Aj} M^\mu_{Aj} \Rightarrow \begin{cases} M^T_{AB} = \lambda_{AB} M^\mu_{AB} \\ M^T_{AC} = \lambda_{AC} M^\mu_{AC} \\ M^T_{AD} = \lambda_{AD} M^\mu_{AD} \end{cases} \tag{F8.2.5.5}$$

La valeur du coefficient de transmission λ est déterminée par les fixations de l'extrémité éloignée :

- si l'extrémité éloignée est encastrée : $\lambda = \dfrac{1}{2}$;
- si l'extrémité éloignée est un appui cylindrique : $\lambda = -1$;
- si l'extrémité éloignée est libre ou un appui simple : $\lambda = 0$.

7. Déterminer les moments de flexion M_{jA} et M_{Aj} des extrémités j des barres jA.

Les moments de flexion des extrémités éloignées j des barres Aj comprennent deux parties : le moment d'encastrement parfait M^P_{Bj} et le moment de transmission M^T_{Bj}.

$$M_{j-JA} = M^P_{jA} + M^T_{JA} \tag{F8.2.5.6.1}$$

Les moments de flexion M_{Aj} des extrémités proches des barres sont égaux à la somme des moments d'encastrement et des moments de distribution.

Remarque : S'il y a plusieurs inconnues principales, nous devons encastrer chaque nœud l'un après l'autre et utiliser le même processus pour déterminer les moments de flexion. En général, nous avons besoin de plusieurs cycles de calcul pour s'approcher du bon résultat.

Les moments de flexion sont égaux à la somme des moments d'encastrement, des moments de distribution et des moments de transmission de chaque cycle.

$$M_{j-JA} = M^P_{jA} + M^\mu_{jA} + M^T_{JA} \tag{F8.2.5.6.2}$$

Portique hyperstatique – Méthode de distribution des moments

(Voir le chapitre 6.5.4)

Soit un portique hyperstatique ABCD (voir la figure ci-dessous), avec $q = 30 \text{ kN/m}$. Déterminer les moments de flexion.

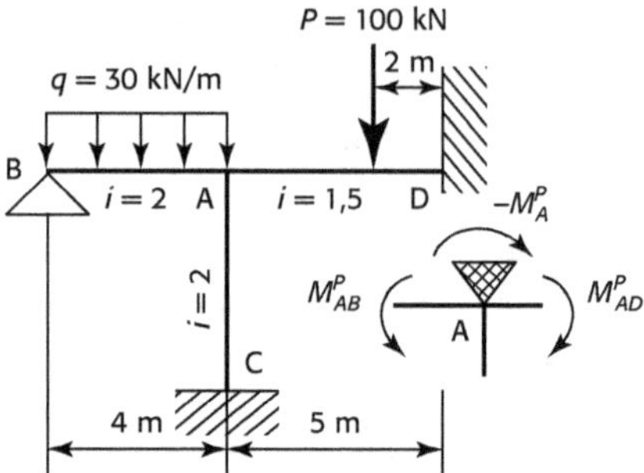

1. Analyser les inconnues principales.

Pour cette structure il n'y a qu'une inconnue principale : θ_A.

2. Déterminer les rigidités en rotation S.

L'extrémité éloignée B de la barre AB est un appui simple, donc

$$S_{AB} = 3i_{AB} = 3 \times 2 = 6 \text{ kN.m}$$

L'extrémité éloignée C de la barre AC est un appui encastré, donc

$$S_{AC} = 4i_{AC} = 4 \times 2 = 8 \text{ kN.m}$$

L'extrémité éloignée D de la barre AD est un appui encastré, donc

$$S_{AD} = 4i_{AD} = 4 \times 1,5 = 6 \text{ kN.m}$$

Donc la somme des rigidités en rotation des barres assemblées au nœud A est :

$$\sum S_{Aj} = S_{AB} + S_{AC} + S_{AD} = 6 + 8 + 6 = 20 \text{ kN.m}$$

3. Coefficients de répartition des moments μ_{Aj}

$$\mu_{AB} = \frac{S_{AB}}{\sum\limits_A S} = \frac{3 \times 2}{3 \times 2 + 4 \times 1,5 + 4 \times 2} = 0,3$$

$$\mu_{AC} = \frac{S_{AC}}{\sum\limits_A S} = \frac{4 \times 2}{3 \times 2 + 4 \times 1,5 + 4 \times 2} = 0,4$$

$$\mu_{AD} = \frac{S_{AD}}{\sum\limits_A S} = \frac{4 \times 1,5}{3 \times 2 + 4 \times 1,5 + 4 \times 2} = 0,3$$

Nous avons : $\mu_{AB} + \mu_{AC} + \mu_{AD} = 0,3 + 0,4 + 0,3 = 1$.

4. Déterminer les moments d'encastrement parfait.

En encastrant le nœud A, les barres AB, AC et AD deviennent des poutres hyperstatiques. Nous utilisons la méthode classique pour déterminer les moments des extrémités des poutres.

Le moment au nœud A de la poutre hyperstatique AB est :

$$M_{AB}^{P} = \frac{1}{8} q \cdot L^2$$

Le moment au nœud A de la poutre hyperstatique AC est :

$$M_{AC}^{P} = 0$$

Les moments aux nœuds A et D de la poutre hyperstatique AD sont :

$$M_{AD}^{P} = \frac{P \cdot a \cdot b^2}{L^2}$$

$$M_{DA}^{P} = \frac{P \cdot a^2 \cdot b}{L^2}$$

Donc nous avons les moments d'encastrement suivants :

$$M_{AB}^{P} = \frac{1}{8} \times 30 \times 4^2 = 60 \text{ kN.m}$$

$$M_{AD}^{P} = -\frac{100 \times 3 \times 2^2}{5^2} = -48 \text{ kN.m}$$

$$M_{DA}^{P} = \frac{100 \times 3^2 \times 2}{5^2} = 72 \text{ kN.m}$$

5. Au nœud A le moment non équilibré est :

$$M_{A}^{P} = M_{AB}^{P} + M_{AD}^{P} = 60 - 48 = 12 \text{ kN.m}$$

6. Déterminer les moments de distribution des barres M_{Aj}^{μ}.

En libérant le nœud A, nous ajoutons un moment $-M_{A}^{P}$ pour l'équilibre. Le moment $-M_{A}^{P}$ va être distribué aux nœuds éloignés des barres assemblées au nœud A.

$$M_{Ak}^{\mu} = -\mu_{Ak} M_{A}^{P} \Rightarrow \begin{cases} M_{AB}^{\mu} = -\mu_{AB} M_{A}^{P} = -0,3 \times 12 = -3,6 \text{ kN.m} \\ M_{AC}^{\mu} = -\mu_{AC} M_{A}^{P} = -0,4 \times 12 = -4,8 \text{ kN.m} \\ M_{AD}^{\mu} = -\mu_{AD} M_{A}^{P} = -0,3 \times 12 = -3,6 \text{ kN.m} \end{cases}$$

7. Déterminer les moments de transmission des extrémités des barres M_{Aj}^{T}.

L'extrémité éloignée de la barre AB est un appui simple, donc $\lambda = 0$.

$$M_{AB}^{T} = \lambda_{AB} M_{AB}^{\mu} = 0 \times 3,6 = 0$$

L'extrémité éloignée de la barre AC est encastrée, donc $\lambda = \dfrac{1}{2}$.

$$M_{AC}^{T} = \lambda_{AC} M_{AC}^{\mu} = \frac{1}{2} \times (-4,8) = -2,4 \text{ kN.m}$$

L'extrémité éloignée de la barre AD est encastrée, donc $\lambda = \dfrac{1}{2}$.

$$M_{AD}^{T} = \lambda_{AD} M_{AD}^{\mu} = \frac{1}{2} \times (-3,6) = -1,8 \text{ kN.m}$$

8. Déterminer les moments de flexion des extrémités des barres.

Les moments de flexion des extrémités proches des barres sont :

$$M_{f-AB} = M_{AB}^{P} + M_{AB}^{\mu} = 60 - 3,6 = 56,4 \text{ kN.m}$$

$$M_{f-AC} = M_{AC}^{P} + M_{AC}^{\mu} = 0 - 4,8 = -4,8 \text{ kN.m}$$

$$M_{f-AD} = M_{AD}^{P} + M_{AD}^{\mu} = -48,0 - 3,6 = -51,6 \text{ kN.m}$$

Les moments de flexion des extrémités éloignées des barres sont :

$$M_{f-CA} = M_{CA}^{P} + M_{CA}^{T} = 0 - 2,4 = -2,4 \text{ kN.m}$$

$$M_{f-DA} = M_{DA}^{P} + M_{DA}^{T} = 72,0 - 1,8 = 70,2 \text{ kN.m}$$

9. Moments des extrémités des barres

Nœuds	B	A			D	C
Extrémités	BA	AB	AC	AD	DA	CA
Coefficient de distribution μ_{Aj}		0,3	0,4	0,3		
Moments M_{Aj}^{P} d'encastrement parfait	0	60,0	0	−48,0	72,0	0
Moments de distribution M_{Aj}^{μ}	0	−3,6	−4,8	−3,6		
Moments de transmission M_{Aj}^{T}					−1,8	−2,4
Moments de flexion M_{Aj}	0	56,4	−4,8	−51,6	70,2	−2,4

Portique hyperstatique – Méthode de distribution des moments

(Voir le chapitre 6.5.4)

Soit un portique hyperstatique ABCD (voir la figure ci-dessous) qui supporte une charge concentrée P et une charge uniformément répartie $q = 1 \text{ kN/m}$.

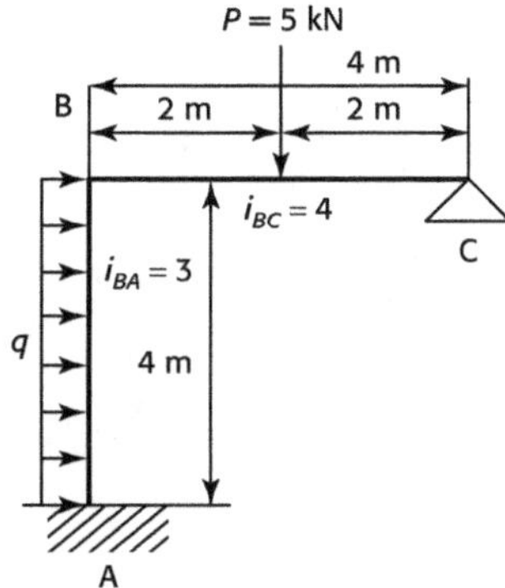

1. Pour la barre AB du portique donné, les extrémités A et B n'ont pas des déplacements angulaires, mais il existe un déplacement linéaire horizontal relatif entre le nœud A et le nœud B. Au nœud B, il n'y a pas d'efforts tranchants. Les efforts tranchants du portique sont à l'équilibre. L'effort tranchant en B est nul. Dans ce cas, nous ne pouvons pas utiliser la méthode classique de distribution des moments. Nous devons utiliser la méthode de distribution sans les efforts tranchants.

La rigidité en rotation de la barre sans effort tranchant ou avec effort tranchant nul est :

$$S_j = i_j \qquad \text{(F8.2.5.7)}$$

Le coefficient de transmission de la barre sans effort tranchant ou avec effort tranchant nul est :

$$\lambda_j = -1 \qquad \text{(F8.2.5.8)}$$

2. Les moments d'encastrement parfait des extrémités des barres sont :

$$M_{BC}^P = -\frac{3}{16} PL_{BC} = -\frac{3}{16} \times 5 \text{ kN} \times 4 \text{ m} = -3,75 \text{ kN.m}$$

$$M_{BA}^P = \frac{qL_{BA}^2}{6} = -\frac{1}{6}\left[1 \text{ kN/m} \times (4 \text{ m})^2\right] = -2,67 \text{ kN.m}$$

$$M_{AB}^P = -\frac{qL_{AB}^2}{3} = -5,33 \text{ kN.m}$$

Au nœud B, le moment d'encastrement parfait est :

$$M_B^P = M_{BA}^P + M_{BC}^P = -2,67 + (-3,75) = -6,42 \text{ kN.m}$$

3. Déterminer les rigidités en rotation et les coefficients de distribution.

Pour la barre BA du portique, l'effort tranchant est nul, nous ne pouvons donc pas utiliser les formules classiques de la rigidité en rotation. Nous utilisons la formule (F8.2.5.7).

Les rigidités en rotation et les coefficients de distribution sont :

$$S_{BC} = 3i_{BC} = 3 \times 4 = 12 \qquad \mu_{BC} = \frac{12}{12+3} = \frac{12}{15} = \frac{4}{5}$$

$$S_{BA} = i_{BA} = 3 \qquad \mu_{BA} = \frac{3}{12+3} = \frac{3}{15} = \frac{1}{5}$$

4. Moments de distribution

$$M_{BA}^{\mu} = -\mu_{BA}M_B^P = -\frac{1}{5}\times(-6,42) = 1,28 \text{ kN.m}$$

$$M_{BC}^{\mu} = -\mu_{BC}M_B^P = -\frac{4}{5}\times(-6,42) = 5,14 \text{ kN.m}$$

5. Moments de transmission

L'extrémité éloignée de la barre BC est un appui simple, donc le coefficient de transmission est :

$$\lambda_{BC} = 0$$

Nous ne pouvons pas utiliser la règle classique pour déterminer le coefficient de transmission de la barre BA. En utilisant la formule (F8.2.5.8), le coefficient de transmission de la barre BA est :

$$\lambda_{BA} = -1$$

Le moment de transmission est :

$$M_{BA}^{T} = \lambda_{BA}M_{BA}^{\mu} = (-1)\times1,28 = -1,28 \text{ kN.m}$$
$$M_{BC}^{T} = \lambda_{BC}M_{BC}^{\mu} = 0\times5,14 = 0$$

6. Moments de flexion des nœuds

$$M_{B-BA}^{f} = M_{BA}^{P} + M_{BA}^{\mu} = -2,67 + 1,28 = -1,39 \text{ kN.m}$$
$$M_{B-BC}^{f} = M_{BC}^{P} + M_{BC}^{\mu} = -3,75 + 5,14 = 1,39 \text{ kN.m}$$
$$M_{A-AB}^{f} = M_{AB}^{P} + M_{AB}^{T} = -5,33 - 1,28 = -6,61 \text{ kN.m}$$

	BA	BC
Coefficient de distribution	1/5	4/5
Moment d'encastrement	−2,67	−3,75
Moment de distribution	1,28	5,14
Moment de flexion	−1,39	1,39
Moment d'encastrement	−5,33	
Moment de transmission	−1,28	
Moment de flexion	−6,61	

En kN.m

7. Le diagramme des moments est le suivant :

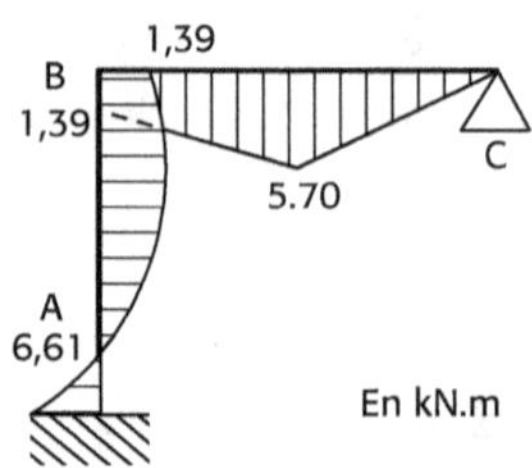

Portique hyperstatique – Méthode de distribution des moments

(Voir le chapitre 6.5.4)

Soit un portique hyperstatique ABCDEF (voir la figure ci-dessous), avec $EI = i = 1$. La résistance des barres est indiquée dans la figure ci-dessous. Déterminer les moments de flexion des barres du portique.

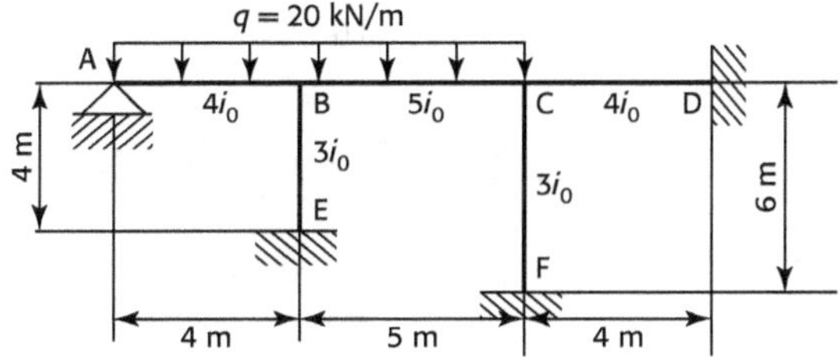

1. Déterminer les inconnues principales. Ce portique a deux inconnues angulaires principales : θ_B et θ_C.
2. Déterminer les moments d'encastrement parfait.

   En encastrant les nœuds B et C, les barres chargées AB et BC de portique deviennent des poutres hyperstatiques.

   Moment d'encastrement de la barre AB :

   $$M_{BA}^P = \frac{qL^2}{8} = \frac{20 \times 4^2}{8} = 40 \text{ kN.m}$$

   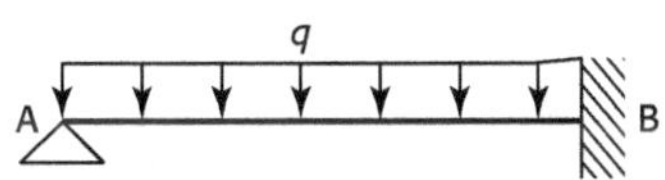

   Moment d'encastrement de la barre BC :

   $$M_{BC}^P = -\frac{1}{12} q \cdot L^2 = \frac{-20 \times 5^2}{12} = -41,7 \text{ kN.m}$$

   $$M_{CB}^P = \frac{1}{12} q \cdot L^2 = \frac{20 \times 5^2}{12} = 41,7 \text{ kN.m}$$

   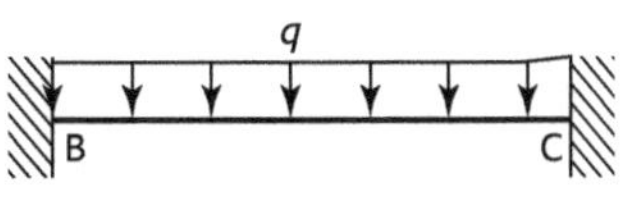

3. Déterminer les rigidités en rotation.

   Supposons $EI = i_0 = 1$. Les rigidités en rotation des barres sont :

   – barre BA : $i_{BA} - \dfrac{4i_0}{L_{BA}} = \dfrac{4EI}{4} = 1$; $S_{BA} = 3i_{BA} = 3$

   – barre BC : $i_{BC} = \dfrac{5i_0}{L_{BC}} = \dfrac{5EI}{5} = 1$; $S_{BC} = S_{CB} = 4i_{BC} = 4$

   – barre BE : $i_{BE} = \dfrac{3i_0}{L_{BE}} = \dfrac{3EI}{4} = \dfrac{3}{4}$; $S_{BE} = 4i_{BE} = 4 \times \dfrac{3}{4} = 3$

- barre CD : $i_{CD} = \dfrac{4i_0}{L_{CD}} = \dfrac{4EI}{4} = 1$; $S_{CD} = 3i_{CD} = 3$

- barre CF : $i_{CF} = \dfrac{3i_0}{L_{CF}} = \dfrac{3EI}{6} = \dfrac{1}{2}$; $S_{CF} = 4i_{CF} = 4 \times \dfrac{1}{2} = 2$

4. Coefficients de distribution

- Au nœud B :

$$\sum S_B = S_{BA} + S_{BE} + S_{BC} = 3 + 3 + 4 = 10$$

$$\mu_{BA} = \frac{S_{BA}}{\sum S_B} = \frac{3}{10} = 0,3$$

$$\mu_{BC} = \frac{S_{BC}}{\sum S_B} = \frac{4}{10} = 0,4$$

$$\mu_{BE} = \frac{S_{BE}}{\sum S_B} = \frac{3}{10} = 0,3$$

- Au nœud C :

$$\sum S_C = S_{CB} + S_{CD} + S_{CF} = 4 + 3 + 2 = 9$$

$$\mu_{CB} = \frac{S_{CB}}{\sum S_C} = \frac{4}{9} = 0,445$$

$$\mu_{CD} = \frac{S_{CD}}{\sum S_C} = \frac{3}{9} = 0,333$$

$$\mu_{CF} = \frac{S_{CF}}{\sum S_C} = \frac{2}{9} = 0,222$$

5. Moments de distribution et moments de transmission

Nœuds	A	E	B			C			D	F
Poutres	AB	EB	BA	BE	BC	CB	CF	CD	DC	FC
Coefficients de distribution			0,3	0,3	0,4	0,445	0,222	0,333		
Moments d'encastrement parfait *en kN · m*			40,0		−41,7	41,7				
Moments de distribution et moments de transmission *en kN · m*					−9,3	−18,5	−9,3	−13,9		−4,7
		1,6	3,3	3,3	4,4	2,2				
					−0,5	−1,0	−0,5	−0,7		−0,2
		0,1	0,15	0,15	0,2					
Moments de flexion *en kN · m*		1,7	43,45	3,45	−46,9	24,4	−9,8	−14,6		−4,9

6. Résultats des calculs des moments des extrémités

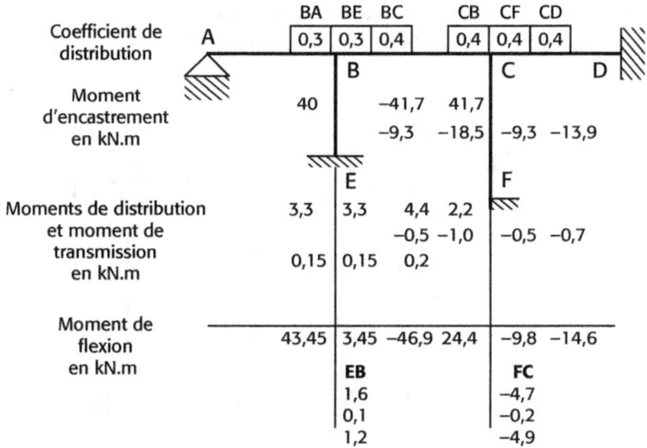

7. Résultat des moments de flexion des extrémités des barres

$$\left.\begin{array}{l} M_{BA} = 43,45 \ \text{kN.m} \\ M_{BC} = -46,9 \ \text{kN.m} \\ M_{BE} = 3,45 \ \text{kN.m} \end{array}\right\} \Rightarrow \sum_B M = M_{BA} + M_{BC} + M_{BE} = 0$$

$$\left.\begin{array}{l} M_{CB} = 24,4 \ \text{kN.m} \\ M_{CD} = -14,7 \ \text{kN.m} \\ M_{CF} = -9,8 \ \text{kN.m} \end{array}\right\} \Rightarrow \sum_C M = M_{CB} + M_{CD} + M_{FE} = 0$$

$$M_{EB} = 1,7 \ \text{kN.m}$$
$$M_{FC} = -4,9 \ \text{kN.m}$$

8. Le diagramme des moments de flexion des nœuds est le suivant :

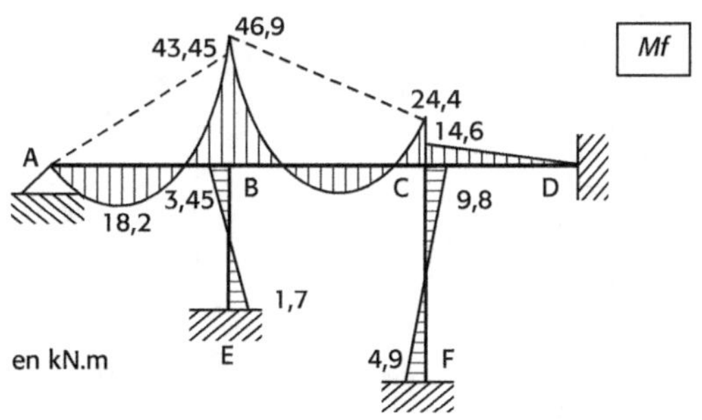

Portique hyperstatique – Méthode de déplacement

(Voir le chapitre 6.5.3 et l'exercice 8.38)

Par rapport à l'exercice 8.38, nous changeons la fixation du portique hyperstatique ABCDEF et utilisons la méthode de déplacement (voir la figure ci-dessous). Supposons $EI = i = 1$. La résistance des barres est indiquée dans la figure ci-dessous. Déterminer les moments de flexion des barres du portique.

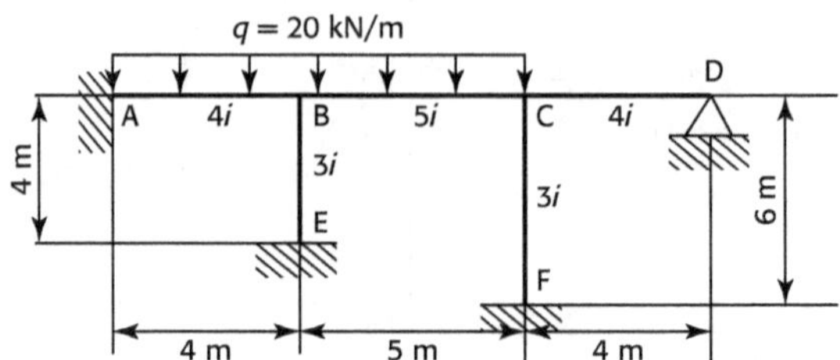

1. Déterminer les inconnues principales. En supposant que le déplacement horizontal du portique est négligeable, ce portique a deux inconnues principales : θ_B et θ_C.

2. En encastrant les nœuds B et C et en utilisant le tableau 8.1, nous obtenons les moments d'encastrement parfait :

$$M_{BA}^{P} = \frac{qL^2}{8} = \frac{20 \text{ kN/m} \times (4 \text{ m})^2}{8} = 40 \text{ kN.m}$$

$$M_{BC}^{P} = -\frac{qL^2}{12} = -\frac{20 \text{ kN/m} \times (5 \text{ m})^2}{12} = -41,7 \text{ kN.m}$$

$$M_{CB}^{P} = 41,7 \text{ kN.m}$$

3. Déterminer les résistances des barres.

Supposons : $EI = i = 1$. Nous avons les résistances des barres suivantes :

– barre BA : $i_{BA} = \dfrac{4EI}{4} = 1$;

– barre BC : $i_{BC} = \dfrac{5EI}{5} = 1$;

– barre BE : $i_{BE} = \dfrac{3EI}{4} = \dfrac{3}{4}$;

– barre CD : $i_{CD} = \dfrac{4EI}{4} = 1$;

– barre CF : $i_{CF} = \dfrac{3EI}{6} = \dfrac{1}{2}$.

4. En utilisant les formules (F6.5.3.4), (F6.5.3.9) et (F6.5.3.11) et en additionnant les moments d'encastrement parfait, nous obtenons les formules des moments de flexion des barres :

$$M_{BA} = 3i_{BA}\theta_B + M_{BA}^P = 3\theta_B + 40$$
$$M_{BC} = 4i_{BC}\theta_B + 2i_{BC}\theta_C + M_{BC}^P = 4\theta_B + 2\theta_C - 41,7$$
$$M_{BE} = 4i_{BE}\theta_B = 3\theta_B$$

$$M_{CB} = 2i_{BC}\theta_B + 4i_{BC}\theta_C + M_{CB}^P = 2\theta_B + 4\theta_C + 41,7$$
$$M_{CD} = 3i_{CD}\theta_C = 3\theta_C \qquad (a)$$
$$M_{CF} = 4i_{CF}\theta_C = 2\theta_C$$

$$M_{EB} = 2i_{BE}\theta_B = 1,5\theta_B$$
$$M_{FC} = 2i_{CF}\theta_C = \theta_C$$

5. Construire les équations d'équilibre de déplacement.

L'équation d'équilibre du nœud B est :

$$\sum_B M = 0$$
$$M_{BA} + M_{BC} + M_{BE} = 0$$

À partir de l'équation de l'équilibre du nœud B, nous obtenons :

$$10\theta_B + 2\theta_C - 1,7 = 0 \qquad (b)$$

L'équation d'équilibre du nœud C est :

$$\sum_C M = 0$$
$$M_{CB} + M_{CD} + M_{CF} = 0$$

À partir de l'équation d'équilibre du nœud C, nous obtenons :

$$2\theta_B + 9\theta_C + 41,7 = 0 \qquad (c)$$

6. À partir des équations d'équilibre, déterminer les inconnues principales.

À partir des expressions (b) et (c), nous obtenons les deux inconnues principales :

$$\theta_B = 1,15 \qquad \theta_C = -4,89$$

7. Moments de flexion des barres

Les résultats des rotations inconnues et l'expression (a) conduisent à déterminer les moments de flexion des barres :

$$M_{BA} = 43,5EI \quad \text{kN.m}$$
$$M_{BC} = -46,9EI \quad \text{kN.m}$$
$$M_{BE} = 3,45EI \quad \text{kN.m}$$

$$M_{CB} = 24,5EI \quad \text{kN.m}$$
$$M_{CD} = -14,7EI \quad \text{kN.m}$$
$$M_{CF} = -9,78EI \quad \text{kN.m}$$

$$M_{EB} = 1,73 EI \quad \text{kN.m}$$

$$M_{FC} = -4,89 EI \quad \text{kN.m}$$

8. Le diagramme des moments de flexion des barres est le suivant :

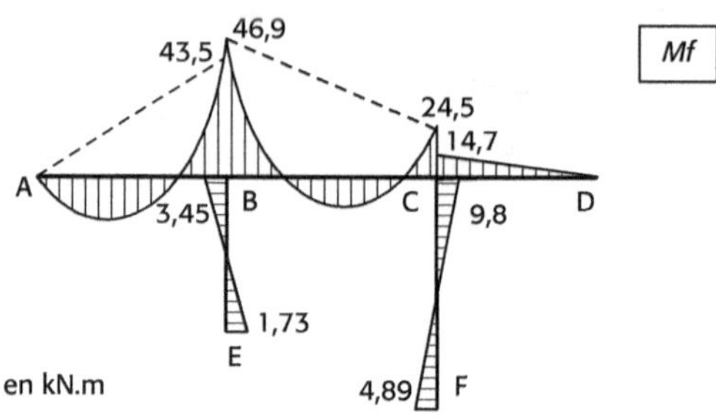

Exercice 8.40

Portique hyperstatique – Méthode de déplacement

(Voir le chapitre 6.5.3 et l'exercice 8.38)

Par rapport à l'exercice 8.38, nous changeons la fixation du portique hyperstatique ABCDEF et utilisons la méthode de déplacement (voir la figure ci-dessous). Supposons : $EI = i$. La résistance des barres est indiquée dans la figure ci-dessous. Déterminer les moments de flexion des barres du portique.

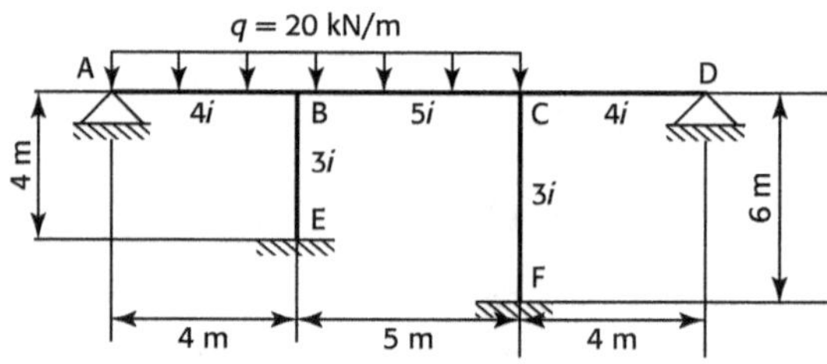

1. Déterminer les inconnues principales. Ce portique a trois inconnues principales : les déplacements angulaires θ_B et θ_C, et le déplacement linéaire Δ.

2. En encastrant les nœuds B et C, les barres chargées AB et BC du portique deviennent des poutres hyperstatiques.

Moment d'encastrement de la barre AB :

$$M_{BA}^{P} = \frac{qL^2}{8} = \frac{20 \text{ kN/m} \times (4 \text{ m})^2}{8} = 40 \text{ kN.m}$$

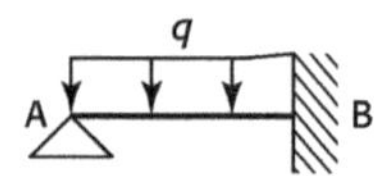

Moment d'encastrement de la barre BC :

$$M_{BC}^{P} = -\frac{qL^2}{12} = -\frac{20 \text{ kN/m} \times (5 \text{ m})^2}{12} = -41,7 \text{ kN.m}$$

$$M_{CB}^{P} = \frac{1}{12} q \cdot L^2 = \frac{20 \times 5^2}{12} = 41,7 \text{ kN.m}$$

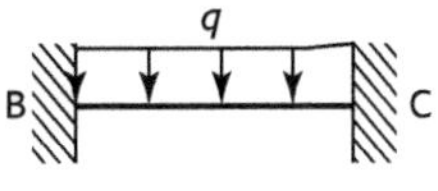

3. Déterminer les résistances des barres.

Supposons : $EI = i = 1$. Nous avons les résistances des barres suivantes :

- barre BA : $i_{BA} = \dfrac{4EI}{4} = 1$;

- barre BC : $i_{BC} = \dfrac{5EI}{5} = 1$;

- barre BE : $i_{BE} = \dfrac{3EI}{4} = \dfrac{3}{4}$;

- barre CD : $i_{CD} = \dfrac{4EI}{4} = 1$;

- barre CF : $i_{CF} = \dfrac{3EI}{6} = \dfrac{1}{2}$.

4. En utilisant les formules (F6.5.3.4), (F6.5.3.9) et (F6.5.3.11) et en additionnant les moments d'encastrement parfait, nous obtenons les formules des moments de flexion des barres :

- au nœud B :

$$\begin{aligned}
M_{BA} &= 3i_{BA}\theta_B + M_{BA}^{P} = 3\theta_B + 40 \\
M_{BC} &= 4i_{BC}\theta_B + 2i_{BC}\theta_C + M_{BC}^{P} = 4\theta_B + 2\theta_C - 41,7 \\
M_{BE} &= 4i_{BE}\theta_B - 6\frac{i_{BE}}{L_{BE}}\Delta = 3\theta_B - 1,125\Delta
\end{aligned}$$
(a-1)

- au nœud C :

$$\begin{aligned}
M_{CB} &= 2i_{BC}\theta_B + 4i_{BC}\theta_C + M_{CB}^{P} = 2\theta_B + 4\theta_C + 41,7 \\
M_{CD} &= 3i_{CD}\theta_C = 3\theta_C \\
M_{CF} &= 4i_{CF}\theta_C - 6\frac{i_{CF}}{L_{CF}}\Delta = 2\theta_C - 0,5\Delta
\end{aligned}$$
(a-2)

- pour les barres EB et FC :

$$\begin{aligned}
M_{EB} &= 2i_{BE}\theta_B - 6\frac{i_{EB}}{L_{EB}}\Delta = 1,5\theta_B - 1,125\Delta \\
M_{FC} &= 2i_{FC}\theta_C - 6\frac{i_{FC}}{L_{FC}}\Delta = \theta_C - 0,5\Delta
\end{aligned}$$
(a-3)

5. Construire les équations d'équilibre de déplacement.

5.1. Au nœud B

L'équation d'équilibre du nœud B est :

$$\sum_{B} M = 0$$

$$M_{BA} + M_{BC} + M_{BE} = 0$$

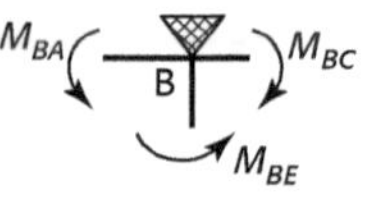

À partir de l'équation d'équilibre du nœud B, nous obtenons :

$$10\theta_B + 2\theta_C - 1,125\Delta - 1,7 = 0 \qquad \text{(b)}$$

5.2. Au nœud C

L'équation d'équilibre du nœud C est :

$$\sum_{C} M = 0$$

$$M_{CB} + M_{CD} + M_{CF} = 0$$

À partir de l'équation d'équilibre du nœud C, nous obtenons :

$$2\theta_B + 9\theta_C - 0,5\Delta + 41,7 = 0 \qquad \text{(c)}$$

5.3. Équation d'équilibre de ABCD

$$\sum F_n = 0$$

$$F_{T-BE} + F_{T-CF} = 0 \quad \text{(d)}$$

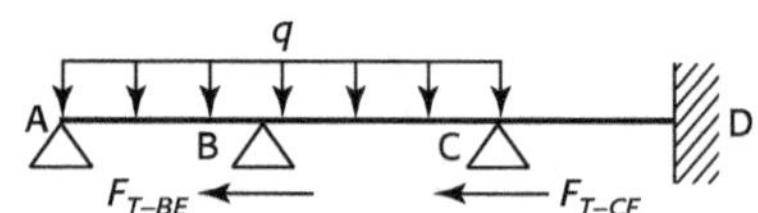

5.4. Équation d'équilibre de la barre BE

$$\sum M_E = 0$$

$$F_{T-BE} = -\frac{M_{BE} + M_{EB}}{L_{BE}}$$

$$= -\frac{M_{BE} + M_{EB}}{4} \qquad \text{(e)}$$

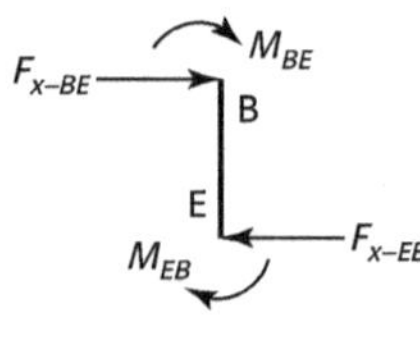

5.5. Équation d'équilibre de la barre CF

$$\sum M_F = 0$$

$$F_{T-CF} = -\frac{M_{CF} + M_{FC}}{L_{CF}}$$

$$= -\frac{M_{CF} + M_{FC}}{6} \qquad \text{(f)}$$

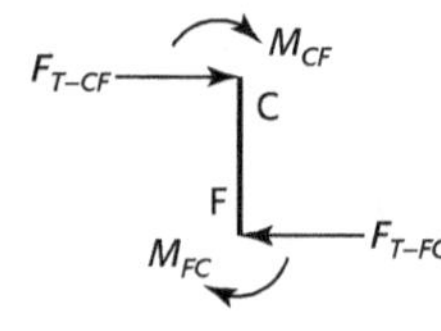

5.6. À partir des expressions (d), (e) et (f), nous obtenons :

$$\frac{M_{BE} + M_{EB}}{4} + \frac{M_{CF} + M_{FC}}{6} = 0$$

$$\Rightarrow \quad 6,75\theta_B + 3\theta_C - 4,37\Delta = 0 \tag{g}$$

6. À partir des équations d'équilibre (b), (c) et (g), nous obtenons les trois inconnues principales :

$$\begin{cases} 10\theta_B + 2\theta_C - 1,125\Delta - 1,7 = 0 \\ 2\theta_B + 9\theta_C - 0,5\Delta + 41,7 = 0 \\ 6,75\theta_B + 3\theta_C - 4,37\Delta = 0 \end{cases} \Rightarrow \begin{cases} \theta_B = 0,937 \\ \theta_C = -4,946 \\ \Delta = -1,946 \end{cases}$$

7. Moments de flexion des barres

Les résultats des rotations inconnues et l'expression (a) conduisent à déterminer les moments de flexion des barres :

– au nœud B :

$$M_{BA} = 42,82\,EI \quad \text{kN.m}$$
$$M_{BC} = -47,82\,EI \;\; \text{kN.m}$$
$$M_{BE} = 5,0\,EI \qquad \text{kN.m}$$

– au nœud C :

$$M_{CB} = 23,76\,EI \quad \text{kN.m}$$
$$M_{CD} = -14,84\,EI \;\; \text{kN.m}$$
$$M_{CF} = -8,92\,EI \quad \text{kN.m}$$

– pour les barres EB et FC :

$$M_{EB} = 3,59\,EI \quad \text{kN.m}$$
$$M_{FC} = -3,97\,EI \;\; \text{kN.m}$$

8. Le diagramme des moments de flexion des barres est le suivant :

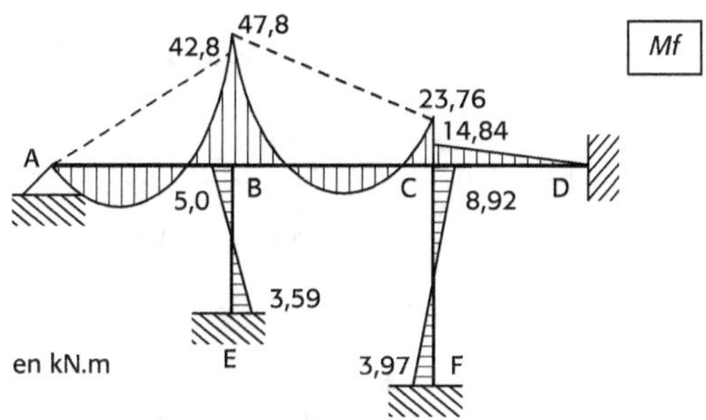

Contrôler l'équilibre des moments.

Équilibre du nœud B :

$$\sum_B M = 0$$

$$47,8 \text{ kN.m} - 42,8 \text{ kN.m} - 5 \text{ kN.m} = 0$$

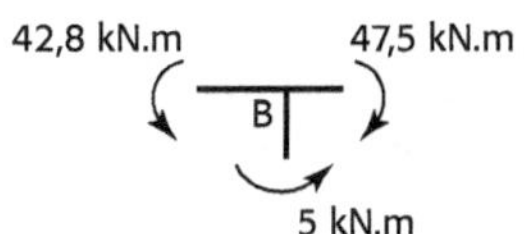

Équilibre du nœud C :

$$\sum_C M = 0$$

$14,84 \text{ kN.m} + 8,92 \text{ kN.m} - 23,76 \text{ kN.m} = 0$

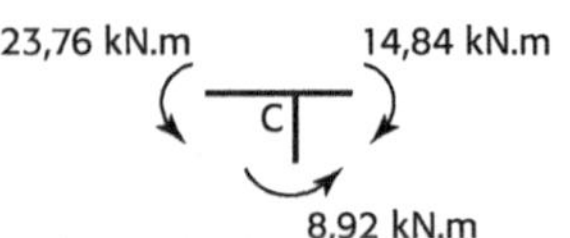

9. Diagramme des efforts normaux des barres

À partir des équations d'équilibre de chaque barre, nous obtenons les efforts normaux des barres. Le diagramme est le suivant :

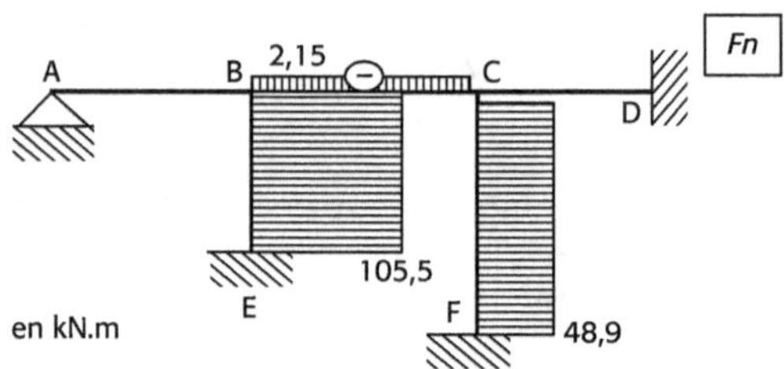

10. Efforts tranchants et diagramme des barres

À partir des équations d'équilibre de chaque barre, nous obtenons les efforts tranchants des barres. Le diagramme est le suivant :

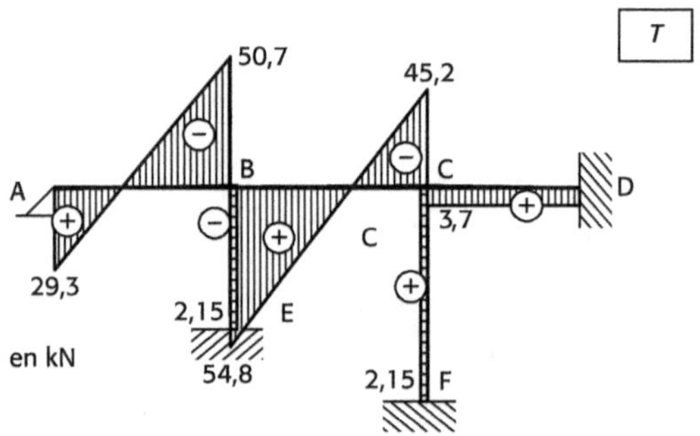

11. Contrôler l'équilibre des efforts horizontaux et verticaux de la barre ABCD.

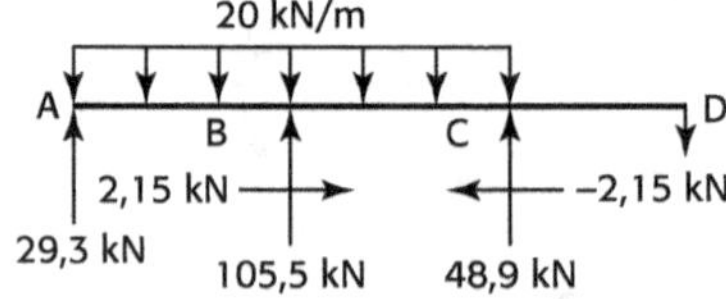

— Efforts horizontaux

$$\sum F_x = 0 \qquad 2,15 \text{ kN} - 2,15 \text{ kN} = 0$$

— Efforts verticaux

$$\sum F_y = 0 \qquad 29,3 \text{ kN} + 105,5 \text{ kN} + 48,9 \text{ kN} - 20 \text{ kN/m} \times 9 \text{ m} - 3,7 \text{ kN} = 0$$

CHAPITRE 10

Stabilité de l'équilibre élastique

10.1 Définition de la stabilité de l'équilibre élastique

Les pièces élancées ou les pièces à voile mince sont soumises aux charges comprimées. Quand les charges deviennent importantes, les pièces comprimées commencent à perdre l'équilibre, se déformant entièrement ou partiellement par flambement, déversement, voilement ou cloquage. Ces pièces ne peuvent donc plus être utilisées. Cette limite des charges se traduit par une contrainte critique σ_c ou une charge critique F_c. Ce phénomène de résistance des matériaux s'appelle stabilité de l'équilibre élastique.

Tableau 10.1 Types de déformation et de conditions d'équilibre

$N°$	Types de déformation	Condition de résistance et charge critique		Figures (exemples)
1	Flambement des pièces élancées (comprimé simple)	$F_c = \dfrac{\pi^2 EI}{(\mu L)^2} = \eta \dfrac{EI}{L^2}$ $F \leq F_c$		
2	Flambement des pièces élancées (comprimé et fléchi)	Moment de flexion $M_f \leq M_{max}$		
3	Déversement latéral des poutres (flambement + torsion)	$F_c = \dfrac{c_1}{L}\sqrt{EI_y GJ}$ $F \leq F_c$	$\sigma = \dfrac{M_{max}}{\varphi W_x} \leq [\sigma]$	

4	Voilement d'une plaque rectangulaire	Plaque rectangulaire $$\sigma_c = k\,\frac{\pi^2 E}{12(1-v^2)}\left(\frac{e}{b}\right)^2$$	
5	Cloquage des voiles minces	$$\sigma_c > \sigma_e > \sigma$$	

Remarques :

1. Étude du flambement pour une pièce de grande longueur : **la longueur L doit être 3 à 8 fois supérieure à la plus grande dimension transversale.** Si la longueur L est 3 à 8 fois inférieure à la plus petite dimension transversale, c'est le phénomène de compression. Si la longueur est entre 3 à 8 fois la dimension transversale, un contrôle de compression et flambement est nécessaire

2. Le flambement est un phénomène **hyperbolique** et **non linéaire,** donc le principe de superpositions des charges n'est pas applicable.

   * Dans cet ouvrage nous présentons les exercices de flambement de pièces élancées.

10.2 Charge critique et contrainte critique

10.2.1 Charge critique de flambement (charge critique d'Euler)

Nous appelons charge critique de flambement F_c, la charge sous laquelle la pièce commence à perdre l'équilibre.

10.2.1.1 Charge critique de flambement

Une pièce élancée supporte une force axiale F. Caractéristiques de la pièce : module d'élasticité longitudinale E (en N/mm^2 (Mpa)), moment d'inertie $I_{\alpha\beta}$ minimal (en mm^4), longueur de flambement $L_c = \mu L$ (en mm), longueur réelle L (en mm).

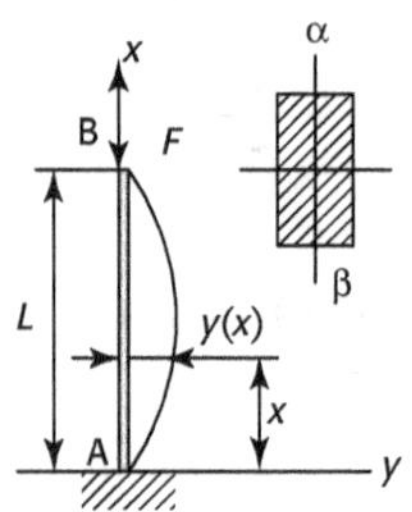

– Écrivons l'équation de déformation de la poutre :

$$y'' + \alpha^2 y = 0$$

$$\alpha^2 = \frac{F_c}{EI_{\alpha\varphi}} \qquad \alpha = \frac{\pi}{L_c}$$

Avec l'intégration nous obtenons :

$$y(x) = C_1 \cos\alpha x + C_2 \sin\alpha$$

Déterminons les constantes avec les conditions limites :

$$y(0) = 0 \quad \Rightarrow \quad C_1 = 0$$
$$y(L) = 0 \quad \Rightarrow \quad C_2 \sin\omega L = 0$$

En définitive, nous obtenons la charge critique de flambement qui s'appelle la formule d'Euler :

$$F_c = \frac{\pi^2 E I_{\alpha\beta}}{L_c^2}$$

10.2.1.2 Coefficient de stabilité de l'équilibre η et coefficient des modes de fixations μ

La formule d'Euler peut s'écrire sous une autre forme, en fonction de μ et η :

$$F_c = \frac{\pi^2 E I}{(\mu L)^2} = \eta \frac{E I}{L_c^2}$$

Le coefficient de stabilité de l'équilibre η et le coefficient des modes de fixation μ sont définis par les expressions :

$$\eta = \frac{\pi^2}{\mu^2} \qquad\qquad \mu = \sqrt{\frac{\pi^2}{\eta}}$$

Tableau 10.2 Fixation et coefficients de μ et η

Cas 1	Cas 2	Cas 3	Cas 4	Cas 5
$\mu = 2$	$\mu = 0,5$	$\mu = 0,707$	$\mu = 0,5$	$\mu = 1$
$\eta = 2,47$	$\eta = 39,5$	$\eta = 19,75$	$\eta = 39,5$	$\eta = 9,87$

Nous définissons aussi l'élancement de la pièce et le rayon de giration minimale de la section.

– Élancement de la pièce λ :
$$\lambda = \frac{\mu L}{i}$$

– Rayon de giration minimale de la section : $i_{\alpha\beta} = \sqrt{\dfrac{I_{\alpha\beta}}{A}}$

avec $I_{\alpha\beta}$: moment d'inertie minimale, en mm^4.

Nous pouvons calculer directement l'effort critique pour le flambement des poutres droites de section constante.

1. Pour la poutre articulée à deux extrémités, l'effort critique est :

$$F_c = \frac{\pi^2 E I}{L_c^2}$$

2. Pour la poutre encastrée à l'une de ses extrémités, et libre à l'autre, l'effort critique est :

$$F_c = \frac{1}{4} \frac{\pi^2 EI}{L_c^2}$$

3. Pour la poutre parfaitement encastrée à ses deux extrémités, l'effort critique est :

$$F_c = 4 \cdot \frac{\pi^2 EI}{L_c^2}$$

10.2.2 Contrainte critique de flambement

La contrainte critique est calculée directement par la définition de contrainte.

$$\sigma_c = \frac{F_c}{A} = \frac{\pi^2 E}{\lambda^2}$$

avec A : surface des sections transversales, en mm^2.

10.3 Vérification de flambement des pièces élancées

10.3.1 Condition de résistance de flambement

La condition de résistance de stabilité de l'équilibre élastique (flambement) est de trouver la contrainte critique ou la charge critique de flambement de la pièce examinée. La contrainte critique ou la charge critique doit être supérieure à la charge appliquée sur la pièce.

$$F \leq F_c \quad \text{ou} \quad \sigma \leq \sigma_c$$

Ici nous avons :

$$F_c = \frac{\pi^2 EI_{\alpha\beta}}{L_c^2} \quad \text{et} \quad \sigma_c = \frac{F_c}{A}$$

10.3.2 Méthode de contrôle de stabilité de l'équilibre élastique

Nous considérons les caractéristiques de la barre ci-dessous.
- Section transversale de la barre : A
- Moment d'inertie minimale : $I_{\alpha\beta}$
- Rayons de giration minimale de section transversale : $i_{\alpha\beta} = \sqrt{\dfrac{I_{\alpha\beta}}{A}}$
- Longueur de flambement : L_c

Nous représentons les méthodes courantes de flambement dans les utilisations.

10.3.2.1 Méthode d'Euler

(Voir exercice 10.1)

1. La condition d'utilisation de la formule d'Euler est : « L'élancement λ de la pièce doit être supérieur à 110. »

$$\lambda = \frac{L_c}{i_{\alpha\beta}} > 110$$

2. Calculer la charge critique d'Euler :

$$F_c = \frac{\pi^2 EI}{(\mu L)^2} = \eta \frac{EI}{L_c^2}$$

3. La condition de résistance des matériaux de flambement s'écrit : « La charge axiale qui peut être appliquée doit être inférieure à la charge critique d'Euler F_c . »

$$F \leq F_c$$

Ainsi, il faut prendre un coefficient de sécurité en flambement dont les valeurs courantes sont :

- pour l'acier : $k_s = 4$ à 5

- pour la fonte : $k_s = 8$ à 10

- pour le bois : $k_s = 10$

Donc la formule d'Euler devient :

$$F_c = \frac{\pi^2 EI_{\alpha\beta}}{L_c^2} \cdot \frac{1}{k_s}$$

10.3.2.2 Méthode de Dutheil

(Voir exercice 10.6)

1. Calculer l'élancement λ :

$$\lambda = \frac{L_c}{i_{\alpha\beta}}$$

2. Calculer la charge critique d'Euler :

$$F_c = \frac{\pi^2 EI}{\left(\mu L_c\right)^2} = \eta \frac{EI}{L_c^2}$$

Quelle que soit la valeur de l'élancement λ, même pour $\lambda < 110$, c'est-à-dire en dehors du domaine de validité de la formule d'Euler.

3. Calculer la contrainte critique d'Euler :

$$\sigma_c = \frac{F_c}{A} = \frac{\pi^2 E}{\lambda^2}$$

4. Calculer la contrainte de compression simple par la charge réelle F, appliquée sur la barre :

$$\sigma = \frac{F}{A}$$

Nous devons constater que $\sigma < \sigma_c$. Si cette inégalité n'est pas vérifiée, poutre et charge ne conviennent pas. Modifier les données et recommencer les calculs de la même façon.

5. Calculer la contrainte intermédiaire :

$$\sigma_4 = \frac{1}{2}\left(\sigma_c + 1,3\cdot\left[R_e\right]\right)$$

6. Calculer la contrainte d'affaissement :

$$\sigma_a = \sigma_4 - \sqrt{\sigma_4^2 - \sigma_c \cdot \left[R_e\right]}$$

7. La sécurité est assurée si la charge F est telle que :

$$\sigma = \frac{F}{A} \leq \frac{2}{3}\sigma_s$$

Remarque : Nous pouvons être amenés, dans certaines constructions, à augmenter à valeur du coefficient de sécurité pris ici égal à 2/3.

Dans certains cas nous utilisons le coefficient de flambement k_f pour choisir **plus rapidement les profilés** dans les tableaux définis selon les normes (voir exercice 10.11).

$$k_f = \frac{\left[R_e\right]}{\sigma_a} = \frac{1+1,3\times\dfrac{\left[R_e\right]}{\sigma} + \sqrt{\left[1+1,3\times\dfrac{\left[R_e\right]}{\sigma}\right]^2 - 4\times\dfrac{\left[R_e\right]}{\sigma}}}{2}$$

Tableau 10.3 Valeur de coefficient de flambement k_s

Élancement λ	0	1	2	3	4	5	6	7	8	9
0	1,000	1,000	1,000	1,000	1,001	1,001	1,001	1,002	1,002	1,003
10	1,004	1,004	1,005	1,006	1,007	1,008	1,009	1,010	1,012	1,013
20	1,015	1,016	1,018	1,019	1,021	1,023	1,025	1,028	1,030	1,032
30	1,035	1,037	1,040	1,043	1,046	1,049	1,052	1,056	1,060	1,063
40	1,067	1,071	1,076	1,080	1,085	1,090	1,095	1,100	1,105	1,111
50	1,117	1,123	1,130	1,137	1,144	1,151	1,159	1,166	1,175	1,183
60	1,192	1,201	1,211	1,221	1,231	1,242	1,253	1,265	1,277	1,289
70	1,302	1,315	1,328	1,342	1,357	1,372	1,387	1,403	1,420	1,436
80	1,453	1,471	1,489	1,508	1,527	1,547	1,567	1,587	1,608	1,629
90	1,651	1,674	1,696	1,719	1,743	1,767	1,792	1,871	1,842	1,868
100	1,894	1,921	1,947	1,975	2,003	2,031	2,060	2,089	2,118	2,148
110	2,178	2,209	2,240	2,271	2,303	2,335	2,367	2,400	2,433	2,467
120	2,501	2,535	2,570	2,605	2,640	2,676	2,712	2,748	2,785	2,822
130	2,860	2,897	2,936	2,974	3,013	3,052	3,091	3,131	3,172	3,212
140	3,253	3,294	3,335	3,377	3,419	3,462	3,504	3,548	3,591	3,635
150	3,679	3,723	3,768	3,813	3,858	3,904	3,950	3,997	4,043	4,090
160	4,137	4,18	4,23	4,28	4,33	4,38	4,43	4,48	4,53	4,58

170	4,63	4,68	4,73	4,78	4,83	4,88	4,94	4,99	5,04	5,09
180	5,15	5,20	5,26	5,31	5,36	5,42	5,48	5,53	5,59	5,64
190	5,70	5,76	5,81	5,87	5,93	5,99	6,05	6,11	6,16	6,22
200	6,28	6,34	6,40	6,46	6,53	6,59	6,65	6,71	6,77	6,84
210	6,90	6,96	7,03	7,09	7,15	7,22	7,28	7,35	7,41	7,48
220	7,54	7,61	7,67	7,74	7,81	7,88	7,94	8,01	8,08	8,15
230	8,22	8,29	8,36	8,43	8,49	8,57	8,64	8,71	8,78	8,85
240	8,92	8,99	9,07	9,14	9,21	9,29	9,36	9,43	9,51	9,58
250	9,66	9,74	9,81	9,88	9,96	10,04	10,11	10,19	10,27	10,35
260	10,43	10,50	10,58	10,66	10,74	10,82	10,90	10,98	11,06	11,14
270	11,22	11,30	11,38	11,47	11,55	11,63	11,71	11,80	11,88	11,96
280	12,05	12,13	12,22	12,30	12,39	12,47	12,56	12,64	12,73	12,82
290	12,90	12,99	13,08	13,17	13,26	13,35	13,44	13,52	13,61	13,71
300	13,79									

À partir de l'élancement λ nous pouvons définir rapidement le coefficient k_f en utilisant le tableau 10.4. La contrainte d'affaissement peut être calculée directement par la formule ci-dessous :

$$\sigma_a = \frac{[R_e]}{k_f}$$

10.3.2.3 Règles de calcul des constructions en acier : règles CM 1966 et l'additif 80

Elles sont fondées sur la méthode de Dutheil.

1. Rayon de giration : $\quad i_x = \sqrt{\dfrac{I_x}{A}}$

2. Longueur de flambement : $\quad L_c = \mu' L$

3. Élancement : $\lambda = \dfrac{L_f}{i_x}$ $\qquad \lambda' = \lambda\sqrt{\delta}$ $\qquad \delta = 1 + \dfrac{50}{\lambda^2}\dfrac{A}{A_{tr\,min}}$

4. Contrainte pondérée de compression simple de la pièce composée soumise à un effort normal pondéré :

$$\sigma = \frac{N}{A}$$

5. Contrainte critique de la pièce composée, compte tenu des déformations d'effort tranchant :

$$\sigma_c = \frac{\pi^2 E}{\lambda'^2}$$

6. Coefficient d'éloignement d'état critique, qui doit toujours être supérieur à 1,3 :

$$\mu' = \frac{\sigma_c}{\sigma}$$

7. Coefficient d'amplification des contraintes de compression :

   a. Charge uniformément répartie :
   $$k_1 = \frac{\mu' - 1}{\mu' - 1,3}$$

   b. Moment constant ou moment variant linéairement (effet de moment appliqué aux extrémités de la barre ou d'excentrement de la force de compression) :
   $$k_1 = \frac{\mu' + 0,25}{\mu' - 1,3}$$

   c. Charge concentrée au milieu :
   $$k_1 = \frac{\mu' - 0,18}{\mu' - 1,3}$$

   d. Charge concentrée à distance c de l'extrémité la plus proche de la longueur de flambement :
   $$k_1 = \frac{\mu' + 0,25 - 1,72\left(\dfrac{c}{L}\right)^2}{\mu' - 1,3}$$

   e. Superposition des effets de plusieurs charges de même sens. Nous pouvons appliquer séparément les coefficients ci-dessus aux contraintes de flexion engendrées au milieu de la longueur de flambement par chacune des charges et additionner les résultats. Nous pouvons également appliquer à la contrainte globale le coefficient donné par la formule :
   $$k_1 = \frac{\mu' + 0,25 - 1,72\left(1 - \dfrac{A_m}{M_{med} L}\right)^2}{\mu' - 1,3}$$

   avec :
   - A_m : aire du diagramme des moments ;
   - M_{med} : moment au milieu de la longueur de flambement.

8. Soit $\left[R_e\right]$ la contrainte élastique admissible (en N/mm² (Mpa)). Vérifier les conditions de résistance en flambement :
   $$\sigma \cdot k_1 \leq \left[R_e\right]$$

10.3.2.4 Règle relative au béton armé (Réf. 1)

« Les règles applicables en matière de béton armé sont les règles dites BAEL 91, *règles techniques de conception et de calcul des ouvrages et constructions en béton armé suivant la méthode des états limites.* Ces règles, rendues obligatoires, sont sous forme de fascicule 62 du CCTG, par le décret n° 92-72 du 16 janvier 1992. »

La longueur de flambement, pour les poteaux des bâtiments à étages qui sont contreventés par un système de pans verticaux, est égale à :

- $0,7 L_0$ si le poteau est encastré à deux extrémités.
- L_0 dans tous les autres cas.

Pour la résistance des poteaux nous devons appliquer un coefficient réducteur α.

- Cas $\lambda \le 50$:
$$\alpha = \frac{0,85}{1+0,2(\lambda/35)^2}$$

- Cas $50 \le \lambda \le 70$:
$$\alpha = 0,60 \cdot \left(\frac{50}{\lambda}\right)^2$$

10.4 Flambement des pièces élancées comprimées et fléchies (réf. 2)

Méthode de calcul établie par Dutheil (voir exercice 10.12)

1. Calculer la charge critique d'Euler, quelque soit la valeur de l'élancement $\gamma = L_c / \rho_{\alpha\beta}$:

$$F_c = \frac{\pi^2 EI_{\alpha\beta}}{L_c^2}$$

et la contrainte critique :
$$\sigma_c = \frac{F_c}{A}$$

2. Calculer la contrainte de compression simple :

$$\sigma = \frac{F}{A}$$

Le rapport μ avec coefficient de sécurité de 1,5 est :

$$\mu = \frac{\sigma_c}{\frac{3}{2}\sigma}$$

Tableau 10.4 Charge et Fixation de la barre

Cas 1		Cas 2	
Extrémité libre		Articulation guidée	
Encastrement		Articulation	
$L = 2L'$	$L = 2L'$	$L = L'$	$L = L'$
$M_0 = PL'$	$M_0 = \dfrac{qL'^2}{2}$	$M_0 = \dfrac{PL'}{4}$	$M_0 = \dfrac{qL'^2}{8}$
$A_c = \dfrac{1}{12}$	$A_c = \dfrac{1}{16}$	$A_c = \dfrac{1}{12}$	$A_c = \dfrac{5}{48}$

Cas 3		Cas 4	
Articulation guidée / **Encastrement**		**Encastrement** / **Encastrement**	
$L = 0,7L'$	$L = 0,7L'$	$L = 0,5L'$	$L = 0,5L'$
$M_0 = \dfrac{3PL'}{16}$	$M_0 = \dfrac{qL'^2}{8}$	$M_0 = \dfrac{PL'}{8}$	$M_0 = \dfrac{qL'^2}{12}$
$A_c = \dfrac{1}{12}$	$A_c = \dfrac{1}{13}$	$A_c = \dfrac{1}{12}$	$A_c = \dfrac{1}{13}$

3. Déterminer les coefficients k :

$$k_0 = \frac{1,083}{\mu - 1,083} \;;\quad k = \frac{\mu - 1}{\mu - 1,083} \;;\quad k_f = 1 + \frac{10,688 A_c}{\mu - 1,083}$$

La valeur de A_c est donnée par le tableau 10.4, elle dépend du mode de fixation de la barre et de la charge latérale.

4. Calculer la contrainte de flexion :

$$\sigma_f = \frac{M_0}{\left(\dfrac{I_{\alpha\beta}}{v}\right)}$$

M_0, le moment fléchissant maximal dû à la charge latérale, est donné par le tableau 10.4. v est la distance de la fibre la plus éloignée de l'axe neutre.

5. Condition de flambement

– Cas 1 : Si les barres sont symétriques (formes I et H) et les barre dissymétriques (forme L, U), la flexion donne une compression sur la fibre la plus éloignée de l'axe neutre (distance v). Dans ce cas nous vérifierons :

$$\left(\sigma \cdot k + \sigma_f \cdot k_f\right) \;\leq\; \left[R_p\left(1 - 0,2 \cdot k_0\right)\right]$$

– Cas 2 : Si les barres sont dissymétriques dans lesquelles la flexion donne une compression sur la fibre la plus proche de l'axe neutre (distance v'). Dans ce cas nous vérifierons les deux relations suivantes :

$$\sigma + \left(\sigma \cdot (k-1) + \sigma_f \cdot k_f\right) \cdot \frac{v'}{v} \;\leq\; \left[R_p \cdot \left(1 - 0,2 k_0 \cdot \frac{v'}{v}\right)\right]$$

$$\text{et } \left(\sigma \cdot (k-2) + \sigma_f \cdot k_f\right) \;\leq\; \left[R_p \cdot \left(1 - 0,2 k_0\right)\right]$$

10.5 Exercices de stabilité de l'équilibre élastique

Stabilité de l'équilibre élastique – Flambement – Méthode d'Euler

Nous considérons un poteau en acier constitué par un profilé en I, de longueur de flambement $L_c = 6$ m et de section $A = 74$ cm^2. Le poteau est en acier avec le module d'élasticité longitudinale $E = 2 \times 10^7$ N/cm^2, le moment d'inertie $I_{GZ} = 1600$ cm^4, la contrainte admissible $R_e = 250$ N/mm^2 (MPa) et le coefficient de sécurité $k_s = 4$. Vérifier la sécurité du poteau en flambement.

1. Calculer l'élancement de poteau.

– Rayon de giration de section du poteau :

$$I_{\alpha\beta} = A \cdot i_{\alpha\beta}^2 \quad \Rightarrow \quad i_{\alpha\beta} = \sqrt{\frac{I_{\alpha\beta}}{A}} = \sqrt{\frac{1\,600}{74}} = 4,65 \text{ cm}$$

– Élancement du poteau :

$$\lambda = \frac{L_c}{i_{\alpha\beta}} = \frac{600}{4,65} = 129 \quad \Rightarrow \quad \lambda > 110,\ \text{la formule d'Euler est applicable.}$$

2. Charge critique de flambement

$$F_c = \frac{\pi^2 E I_{\alpha\beta}}{L_c^2} = \frac{3,14^2 \times 2,1 \times 10^5 \times 16 \times 10^6}{36 \times 10^6} = 920\,230 \text{ N}$$

3. Charge pratique, charge avec le coefficient de sécurité P

La charge maximale axiale que peut supporter le poteau en toute sécurité est :

$$F = \frac{F_c}{k_s} = \frac{920\,230}{4} = 230\,057 \text{ N}$$

La contrainte normale en compression est $\sigma = \dfrac{F}{A} = 32$ N/mm^2, valeur assez faible.

Stabilité de l'équilibre élastique – Flambement – Méthode d'Euler

Un profilé en acier doux IPN12 de longueur $L = 2,5$ m est supposé articulé à ses deux extrémités. Calculer (1) la charge critique de flambage, (2) la charge axiale qu'il peut supporter en toute sécurité avec un coefficient de sécurité $k_s = 3$.

Caractéristiques du profilé IPN 12 :

- Aire de section transversale du profilé : $\qquad A = 14,2 \text{ cm}^2$

- Moment d'inertie minimale : $\qquad I_{xy} = 21,4 \text{ cm}^2$

- Module d'élasticité longitudinale : $\qquad E = 2 \times 10^7 \text{ N/cm}^2$

- Rayon de giration minimale : $\qquad i_{\alpha\beta} = \sqrt{\dfrac{I_{\alpha\beta}}{A}} = \sqrt{\dfrac{21,4}{14,2}} = 1,23 \text{ cm}$

La formule d'Euler peut être utilisée lorsque l'élancement de la pièce est supérieur à 110 :

$$\lambda = \frac{L_c}{i_{\alpha\beta}} > 110$$

L est la longueur libre de flambage : $L = L_c = 2,5$ m $= 250$ cm.

Nous obtenons :

$$\lambda = \frac{L_c}{i_{\alpha\beta}} = \frac{250}{1,23} = 200 \;\Rightarrow\; \lambda > 110, \text{ la formule d'Euler est applicable.}$$

1. Calculer la charge critique de flambage.

$$F_c = \frac{\pi^2 E I_{\alpha\beta}}{L_c^2} = \frac{3,14^2 \times 2 \times 10^7 \times 21,4}{250^2} = 68\ 000 \text{ N}$$

Vérifier la condition de contrainte de compression.
La contrainte minimale de compression est :

$$\sigma = \frac{F}{A} = \frac{68\ 000}{14,4} = 4\ 800 \text{ N/cm}^2 = 48 \text{ N/mm}^2$$

$$\Rightarrow [R] = 250 \text{ N/mm}^2 \gg \sigma$$

2. La charge pratique sur le profilé doit être inférieure de :

$$F_p = \frac{F}{k_s} = \frac{68\ 000}{3} = 22\ 700 \text{ N}$$

Exercice 10.3

Flambement - Méthode d'Euler

Déterminer la charge critique.

Soit un poteau composé par trois barres en I, poutrelles INP 180, avec une longueur de $L = 6$ m. Les caractéristiques d'une poutrelle IPN200 sont : $h = 180$ m, $b = 82$ mm, $a = 6,9$ mm, $e = 10,4$ mm, $A = 27,9$ mm^2, $I_x = 1\ 450$ cm^4, $I_y = 81,3$ cm^4. Calculer la charge critique, si le coefficient de sécurité de flambement est $k_s = 4$, le module d'élasticité longitudinale est $E = 2,1 \times 10^5$ MPa.

1. Supposons que l'origine du centre de poutrelle soit O, calculer le moment d'inertie par rapport au centre O' de repère x'–y'.

– Moment d'inertie par rapport à l'axe O'x :

$$I_{0'x'} = 2 \cdot I_{ox} + I_{oy} = 1\ 450 \times 2 + 81 = 2\ 981 \text{ cm}^4$$

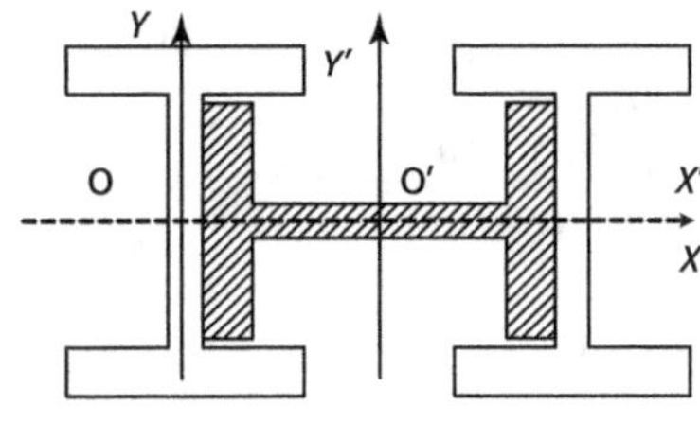
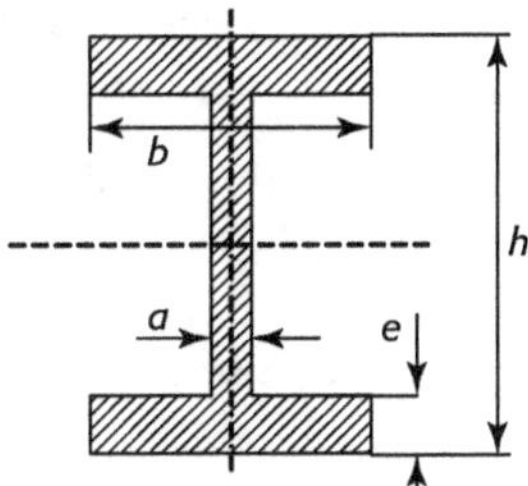

– Moment d'inertie par rapport à l'axe O'y :

$$I_{0''y'} = I_{ox} + 2I_{oy} + 2A \cdot \left(\frac{h}{2} + \frac{a}{2}\right)^2 = 1\ 450 + 2 \times 81 + 2 \times 27,9 \times \left(\frac{18}{2} + \frac{0,69}{2}\right)^2$$

$$= 1\ 450 + 162 + 4\ 873 = 6\ 485 \text{ cm}^4$$

2. Déterminer la plus petite valeur du rayon de giration.

$$i_x = \sqrt{\frac{I_{O'x}}{3 \cdot A}} = \sqrt{\frac{2\ 981}{3 \times 27,9}} = 5,97 \text{ cm}$$

3. L'élancement correspondant vaut :

$$\lambda = \frac{L_c}{i_x} = \frac{660}{5,97} = 111 \ \Rightarrow \ \lambda > 110, \text{ la formule d'Euler est applicable.}$$

4. Charge critique d'Euler :

$$F_c = 4 \times \frac{\pi^2 E I_{o'x}}{L_c^2} = 4 \times \frac{3,14^2 \times 2,1 \times 10^5 \times 2\ 981 \times 10^4}{43,56 \times 10^6} = 5,67 \times 10^6 \text{ N}$$

5. Charge maximale admissible de travail :

$$P = \frac{F_c}{k_s} = \frac{5,67 \times 10^6}{4} = 1,42 \times 10^6 \text{ N}$$

Flambement - Méthode d'Euler

Déterminer la section d'une poutre.

Une poutre de longueur 12 m, articulée aux deux extrémités, supporte une charge permanente de $p = 18 \times 10^4$ N et une surcharge de $s = 12 \times 10^4$ N. Nous souhaitons utiliser les profilés HE. Le module d'élasticité longitudinale de profilé est $E = 2 \times 10^7$ N/cm^2. Quels profilés HE choisirons-nous ?

1. Charge pondérée équivalente, supportée par la poutre :

$$F = \frac{3}{2}p + \frac{4}{3}s = \frac{3}{2} \times 18 \times 10^4 + \frac{4}{3} \times 12 \times 10^4 = 43 \times 10^4 \, \text{N}$$

2. Choisissons le profilé HE180B par expérience pour commencer à calculer.

Les caractéristiques de profilé HE180B sont : $h = 180$ mm, $b = 180$ mm, $a = 8,5$ mm, $e = 14$ mm, $A = 65,3$ cm^2, $I_x = 3\,831$ cm^4, $I_y = 1\,363$ cm^4.

- Rayon de giration minimale : $\quad i_y = \sqrt{\dfrac{I_{oy}}{A}} = \sqrt{\dfrac{1\,363 \times 10^4}{65,3 \times 10^2}} = 45,69$ mm

- Élancement de la poutre : $\quad \lambda = \dfrac{L_c}{i_y} = \dfrac{12 \times 10^3}{45,69} = 263$

$$\Rightarrow \lambda > 110, \text{ la formule d'Euler est applicable.}$$

Charge critique de flambement :

$$F_c = \frac{\pi^2 E I_y}{L_c^2} = \frac{3,13^2 \times 2,1 \times 10^7 \times 1\,363}{(12 \times 10^2)^2} = 19,61 \times 10^4 \, \text{N}$$

Car la charge critique de flambement du profilé est inférieure à la charge appliquée : $F_c \ll F$. Donc Le profilé HE180B ne convient pas.

3. Nous choisirons le profilé HE 240B.

Les caractéristiques de profilé HE240B sont : $h = 240$ mm, $b = 240$ mm, $a = 10$ mm, $e = 17$ mm, $A = 106$ cm^2, $I_x = 11\,259$ cm^4, $I_y = 3\,923$ cm^4.

- Rayon de giration minimale : $\quad i_y = \sqrt{\dfrac{I_{oy}}{A}} = \sqrt{\dfrac{3\,923 \times 10^4}{106 \times 10^2}} = 37,0$ mm

- Élancement de éla poutre : $\quad \lambda = \dfrac{L_c}{i_y} = \dfrac{12 \times 10^3}{37,0} = 270$

$$\Rightarrow \lambda > 110, \text{ la formule d'Euler est applicable.}$$

Charge critique de flambement :

$$F_c = \frac{\pi^2 E I_y}{L_c^2} = \frac{3,13^2 \times 2,1 \times 10^7 \times 3923}{(12 \times 10^2)^2} = 56,46 \times 10^4 \, \text{N}$$

Coefficient de sécurité : $\quad k_s = \dfrac{F_c}{F} = 1,31$

La charge appliquée sur le profilé est inférieure à la charge critique de flambement, donc le profile HE 240B est accepté avec un coefficient de $k_s = 1,31$. Dans le cas où nous demandons le coefficient plus assuré, alors nous devons choisir un profilé au-dessus de HE 240B.

Stabilité de l'équilibre élastique - Flambement - Méthode de Dutheil - Choix de fixation

Un tableau joint à un album de profilés, fixe les charges que peuvent supporter les poteaux IPN 14 pour différentes hauteurs. La charge appliquée sur les poteaux est $F = 35\,000$ N. Les poteaux sont en acier avec la contrainte admissible de $\left[R_e \right] = 240 \times 10^2 \, \text{N/cm}^2$ et le module d'élasticité longitudinale de $E = 2 \times 10^7 \, \text{N/cm}^2$. Quel type de fixation de poteau choisirons-nous pour que le poteau soit assuré en flambement ?

Les caractéristiques de profilé IPN14 sont :

— hauteur : $\qquad\qquad\qquad h = 5$ m

— aire de section transversale : $A = 18,2 \, \text{cm}^2$

— moment d'inertie minimale : $I_{Gy} = 35,2 \, \text{cm}^4$

— rayon de giration minimale : $i_{Gy} = \sqrt{\dfrac{I_{Gy}}{A}} = \sqrt{\dfrac{35,2}{18,2}} = 1,4 \, \text{cm}$

Nous supposons les trois possibilités de l'installation pour que le poteau puisse supporter la charge de 35 000 N.

1. Nous supposons que le poteau est articulé à ses extrémités. Sa longueur libre de flambage est :

$$L = 5 \text{ m} = 500 \text{ cm}$$

— Charge critique d'Euler :

$$F_c = \frac{\pi^2 E I_{\alpha\beta}}{(\mu \, L)^2} = \frac{3,14^2 \times 2 \times 10^7 \times 35,2}{(1 \times 500)^2} = 27\,792 \text{ N}$$

– Contrainte critique d'Euler :

$$\sigma_c = \frac{F_c}{A} = \frac{27\ 792}{18,2} = 1\ 527\ \text{N/cm}^2$$

– Contrainte de compression simple :

$$\sigma = \frac{F}{A} = \frac{35\ 000}{18,2} = 1\ 923\ \text{N/cm}^2$$

Inutile de poursuivre le calcul, car $F > F_c$ et $\sigma > \sigma_c$. Ce type d'installation de poteau, articulé à ses extrémités, est inacceptable. La charge et la contrainte sont plus élevées que la charge critique et la contrainte critique.

2. Nous essayons la deuxième installation : le poteau est encastré à sa base et articulé guidé au sommet.

La longueur libre de flambage est (voir tableau 10.2) :

$$L_c = \mu L = 0,707 \times 500 = 353\ \text{cm}$$

Charge critique d'Euler :

$$F_c = \frac{\pi^2 E I_{\alpha\beta}}{(\mu\ L)^2} = \frac{3,14^2 \times 2 \times 10^7 \times 35,2}{(0,707 \times 500)^2} = 55\ 760\ \text{N}$$

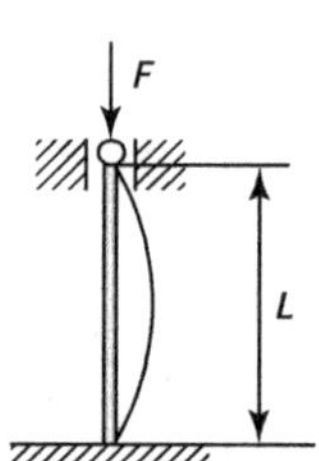

Contrainte critique d'Euler :

$$\sigma_c = \frac{F_c}{A} = \frac{55\ 760}{18,2} = 3\ 064\ \text{N/cm}^2$$

Contrainte de compression simple :

$$\sigma = \frac{F}{A} = \frac{35\ 000}{18,2} = 1\ 923\ \text{N/cm}^2$$

Comme $\sigma > \sigma_c$, nous pouvons poursuivre le calcul.

$$\sigma_4 = \frac{1}{2}\left(\sigma_c + 1,3 R_e\right) = \frac{10^2}{2}(31 + 1,3 \times 240) = 171,5 \times 10^2\ \text{N/cm}^2$$

Contrainte d'affaissement :

$$\sigma_s = \sigma_4 - \sqrt{\sigma_4^2 - \sigma_c R_e}$$
$$= 17,15 \times 10^3 - 10^3 \times \sqrt{294 - 74} = 2350\ \text{N/cm}^2$$

Donc :

$$\frac{2}{3}\sigma_s = 1\ 570\ \text{N/cm}^2$$

Nous constatons que :

contrainte de compression simple $> \dfrac{2}{3}$ contrainte d'affaissement

$$\left(\sigma = \frac{F}{A} = \frac{35\ 000}{18,2} = 1\ 923\ \text{N/cm}^2 \right) \quad > \quad \left(\frac{2}{3}\sigma_s = 1\ 570\ \text{N/cm}^2 \right)$$

Pour ce type d'installation, le poteau est encastré à sa base et articulé guidé au sommet. La sécurité au flambement n'est pas assurée.

3. Nous essayons encore la troisième installation : le poteau est encastré à ses extrémités. La longueur libre de flambage est (voir tableau 10.2) :

$$L_c = \mu L = 0,5 \times 500 = 250\ \text{cm}$$

Charge critique d'Euler :

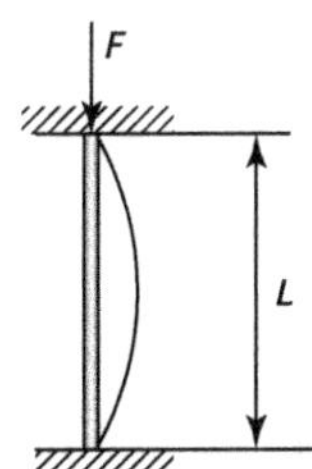

$$F_c = \frac{\pi^2 EI_{\alpha\beta}}{(\mu\ L)^2}$$
$$= \frac{3,14^2 \times 2 \times 10^7 \times 35,2}{(0,5 \times 500)^2} = 111,17 \times 10^3\ \text{N}$$

Contrainte critique d'Euler :

$$\sigma_c = \frac{F_c}{A} = \frac{111,17 \times 10^3}{18,2} = 6\ 108\ \text{N/cm}^2$$

Contrainte de compression simple :

$$\sigma = \frac{F}{A} = \frac{35\ 000}{18,2} = 1\ 923\ \text{N/cm}^2$$

Comme $\sigma > \sigma_c$, nous pouvons poursuivre le calcul :

$$\sigma_4 = \frac{1}{2}\left(\sigma_c + 1,3 R_e\right) = \frac{10^2}{2}(61,08 + 1,3 \times 240) = 187 \times 10^2\ \text{N/cm}^2$$

Contrainte d'affaissement :

$$\sigma_s = \sigma_4 - \sqrt{\sigma_4^2 - \sigma_c R_e} = 4\ 500\ \text{N/cm}^2$$

Donc :

$$\frac{2}{3}\sigma_s = 3\ 000\ \text{N/cm}^2$$

Nous constatons que :

contrainte de compression simple $< \dfrac{2}{3}$ contrainte d'affaissement

$$\left(\sigma = \frac{F}{A} = \frac{35\ 000}{18,2} = 1\ 923\ \text{N/cm}^2 \right) \quad < \quad \left(\frac{2}{3}\sigma_s = 3\ 000\ \text{N/cm}^2 \right)$$

Pour ce type d'installation, le poteau est encastré à ses deux extrémités. La sécurité au flambement est assurée.

Stabilité de l'équilibre élastique - Flambement - Méthode de Dutheil - Vérification de la stabilité

Une barre de charpente est formée par deux cornières accolées. Elle a une longueur de 2,5 m et supporte une charge de 100 000 N. Sa dimension est $70 \times 70 \times 7$ (mm). Sa contrainte admissible est $R_e = 240$ N/cm^2 et son module d'élasticité longitudinale est $E = 2 \times 10^7$ N/cm^2. Vérifier la sécurité de flambement de barre.

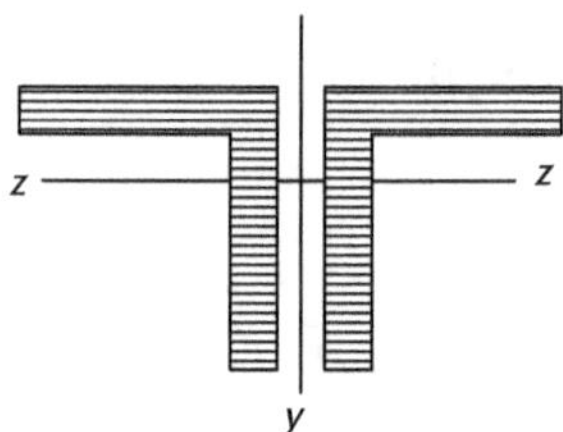

– Surface des cornières :
$$A = 2 \times 9,4 = 18,8 \text{ cm}^2$$

– Moment d'inertie de la barre :
$$I_{zz} = 2 \times 42,3 = 84,6 \text{ cm}^4$$

– Rayon de giration en flambement :
$$i = \sqrt{\frac{I_{zz}}{A}} = \sqrt{\frac{84,6}{18,8}} = \sqrt{4,49} = 2,12 \text{ cm}$$

– Longueur de flambement de barre de charpente : $L_c = 250$ cm

– Élancement de la poutre :
$$\lambda = \frac{L_c}{i_y} = \frac{250}{2,12} = 118$$

Quelle que soit la valeur de l'élancement λ, nous pouvons utiliser la méthode de Dutheil.

Caractéristique de l'acier de charpente ADX

– contrainte élastique maximale : $\left[R_e\right] = 240 \times 10^2$ N/cm^2

– Module d'élasticité longitudinale : $E = 2 \times 10^7$ N/cm^2

Charge critique d'Euler :
$$F_c = \frac{\pi^2 E I_{o'x}}{L_c^2} = \frac{\pi^2 \times 2 \times 10^7 \times 84,6}{250^2} \approx 270,7 \times 10^3 \text{ N}$$

Contrainte critique d'Euler :
$$\sigma_c = \frac{F_c}{A} = \frac{270.7 \times 10^3}{18,8} = 144 \times 10^2 \text{ N/cm}^2 = 144 \text{ N/mm}^2 \text{ (MPa)}$$

Contrainte de compression simple :

$$\sigma = \frac{F}{A} = \frac{100 \times 10^3}{18,8} = 53,19 \times 10^2 \, \text{N/cm}^2 = 53,19 \, \text{N/mm}^2 \, (\text{MPa})$$

Dans ce cas, $\sigma_c > \sigma$, poursuivons le calcul.

Contrainte intermédiaire :

$$\sigma_i = \frac{1}{2}\left(\sigma_c + 1,3 \cdot [R_e]\right) = \frac{10^2}{2}(144 + 1,3 \times 240) = 22,8 \times 10^2 \, \text{N/cm}^2 = 22,8 \, \text{N/mm}^2 \, (\text{MPa})$$

Contrainte d'affaissement :

$$\sigma_a = \sigma_i - \sqrt{\sigma_i^2 - \sigma_c \cdot [R_e]} = 22,8 \times 10^3 - 10^3 \sqrt{22,8^2 - 14,4 \times 24}$$

$$= 22,8 \times 10^3 - 13,2 \times 10^3 = 9,6 \times 10^3 \, \text{N/cm}^2$$

Choisissons le coefficient de sécurité : $k_s = 1,5$

Condition de résistance au flambement :

$$[R_e] = \frac{\sigma_a}{k_s} = \frac{96 \times 10^2}{1,5} = 64 \times 10^2 \, \text{N/cm}^2 = 64 \, \text{N/mm}^2 \, (\text{MPa})$$

La sécurité au flambement est bien assurée :

$$\sigma = 53,76 \, \text{N/cm}^2 = 0,5376 \, \text{N/mm}^2 \, (\text{MPa})$$

$$\sigma < [R_e]$$

Stabilité de l'équilibre élastique - Flambement - Méthode de Dutheil

Soit une poutre constituée par une poutrelle HE 100B, de longueur $L = 6$ m, articulée aux deux extrémités. La poutre est en acier avec la contrainte admissible de $[R_e] = 240$ MPa et le module d'élasticité longitudinale $E = 2,1 \times 10^5$ MPa. La charge de compression pondérée, prenant en compte les charges permanentes et les surcharges climatiques, est : $F = 6 \times 10^4$ N. Les caractéristiques de la section transversale de la poutre sont l'aire de la section : $A = 2,6 \times 10^3$ mm^2 ; et le moment d'inertie minimale $I = 167 \times 10^4$ mm^4. Vérifier la sécurité de flambement de la poutre.

– Rayon de giration minimale :

$$i_{\min} = \sqrt{\frac{I_{\min}}{A}} = \sqrt{\frac{167 \times 10^4}{2,6 \times 10^3}} = 25,34 \, \text{mm}$$

– Élancement de la poutre :

$$\lambda = \frac{L_c}{i} = \frac{\mu \cdot L}{i} = \frac{1 \times 6 \times 1\,000}{25,34} = 236,78$$

Quelle que soit la valeur de l'élancement λ, nous pouvons utiliser la méthode de Dutheil.

– Contrainte critique d'Euler :

$$\sigma_c = \frac{\pi^2 \cdot E}{\lambda^2} = \frac{3,14^2 \times 2,1 \times 10^5}{236,78^2} = 36,97 \text{ N/mm}^2\,(\text{MPa})$$

– Contrainte de compression simple :

$$\sigma = \frac{F}{A} = \frac{6 \times 10^4}{2,6 \times 10^3} = 23,08 \text{ N/mm}^2\,(\text{MPa})$$

Dans ce cas, $\sigma_c > \sigma$, poursuivons le calcul.

– Contrainte intermédiaire :

$$\sigma_i = \frac{1}{2}\left(\sigma_c + 1,3[R_e]\right) = \frac{1}{2}(36,97 + 1,3 \times 240) = 174,49 \text{ N/mm}^2\,(\text{MPa})$$

– Contrainte d'affaissement :

$$\sigma_a = \sigma_i - \sqrt{\sigma_i^2 - \sigma_c[R_e]} = 174,49 - \sqrt{174,49^2 - 36,97 \times 240}$$

$$= 174,49 - 146,88 = 27,6 \text{ N/mm}^2\,(\text{MPa})$$

– Comparons la contrainte de compression simple et la contrainte d'affaissement :

$$\left.\begin{array}{l} \sigma = 23,1 \text{ MPa} \\ \sigma_a = 27,6 \text{ MPa} \end{array}\right\} \quad \Rightarrow \quad \sigma < \sigma_a$$

Le flambement de la poutre est vérifié.

Stabilité de l'équilibre élastique – Flambement – Méthode de Dutheil

La figure ci-dessous représente un support de grue. La barre AB du support, est construite en tube acier, le module d'élasticité longitudinale $E = 2 \times 105$ N/mm². La contrainte admissible de la barre AB est $R_e = 140$ MPa, avec un diamètre extérieur de $D = 50$ mm et un diamètre intérieur de $d = 40$ mm. Vérifier la barre AB en flambement.

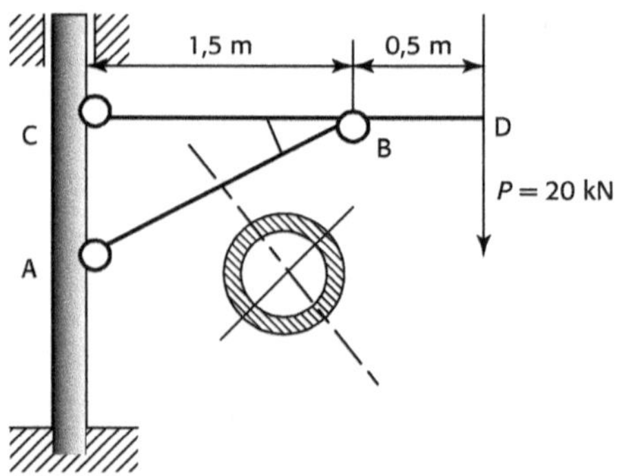

1. L'équation de moment par rapport à C nous donne :

$$\sum M_c = 0 \;\Rightarrow\; 1,5 \times F \times \sin 30° - 2 \times P = 0$$

$$\Rightarrow\; F = \frac{2 \times P}{1,5 \times \sin 30°} = \frac{2 \times 20}{1,5 \times 0,5} = 53,3 \text{ kN}$$

2. Moment d'inertie de la barre AB :

$$I_0 = \frac{\pi D^4}{64} - \frac{\pi d^4}{64} = \frac{\pi}{64}\left(50^4 - 40^4\right) = 1,81 \times 10^5 \, \text{mm}^4$$

Surface de section transversale :

$$A = \frac{\pi D^2}{4} - \frac{\pi d^2}{4} = \frac{\pi}{4}(50^2 - 40^2) = 706,85 \text{ mm}^4$$

3. Le rayon de giration minimale de la barre AB par rapport l'axe O est :

$$i_o = \sqrt{\frac{I_o}{A}} = \sqrt{\frac{\dfrac{\pi D^4}{64} - \dfrac{\pi d^4}{64}}{\dfrac{\pi D^2}{4} - \dfrac{\pi d^2}{4}}} = \frac{1}{4}\sqrt{D^2 - d^2} = \frac{1}{4}\sqrt{50^2 + 40^2} = 16 \text{ mm} = 16 \times 10^{-3}\,\text{m}$$

4. La longueur libre de flambement de la barre AB est :

$$L_c = \frac{1,5}{\cos 30°} = 1,73 \text{ m}$$

L'élancement de la barre AB est :

$$\lambda = \frac{\mu L_c}{i} = \frac{1 \times 1,73}{16 \times 10^{-3}} = 108$$

$\lambda < 110$, nous ne pouvons plus utiliser la méthode d'Euler. Utilisons donc la méthode de Dutheil.

5. La charge critique de flambement d'Euler de la barre AB est :

$$F_c = \frac{\pi^2 E I_{o'x}}{L_c^2} = \frac{\pi^2 \times 2,1 \times 10^7 \times 1,81 \times 10^5}{(1,73 \times 10^3)^2} \approx 12,53 \times 10^6 \,\text{N}$$

6. La contrainte critique de flambement d'Euler de la barre AB est :

$$\sigma_c = \frac{F_c}{A} = \frac{12,53 \times 10^5}{706,85} = 177 \text{ MPa}$$

La contrainte de compression simple est :

$$\sigma = \frac{F}{A} = \frac{F}{\dfrac{\pi(D^2 - d^2)}{4}} = \frac{5,33 \times 10^4}{707} = 75,81 \text{ N/mm}^2\,(\text{MPa})$$

7. Nous constatons que $\sigma > \sigma_c$ et poursuivons le calcul suivant.

Calculer le terme intermédiaire (contrainte) :

$$\sigma_4 = \frac{1}{2}(\sigma_c + 1,3R_e) = \frac{1}{2}(177 + 1,3 \times 140) = 176 \text{ MPa}$$

Calculer la contrainte d'affaissement :

$$\sigma_s = \sigma_4 - \sqrt{\sigma_4^2 - \sigma_c R_e}$$
$$= 176 - \sqrt{176^2 - 177 \times 140} = 176 - 78,71 = 97,28 \text{ N/mm}^2 (\text{MPa})$$

8. La sécurité est assurée, il faut que $\sigma \le \frac{2}{3}\sigma_s$.

Car nous avons : $\frac{2}{3}\sigma_s = \frac{2}{3} \times 97,28 = 64,86 \text{ MPa}$ et $\sigma = 75,81 \text{ MPa}$, donc la sécurité de la barre AB est bien assurée.

Exercice 10.9

Stabilité de l'équilibre élastique - Flambement

(Méthode de règle de calcul des constructions en acier, Règle CM 1966 et l'additif 80) Contrôle des flambements des treillis comprimés d'un mirador.

Méthode présentée dans l'« EUROCODE 3 « et « Règle NV65 »

Les dimensions des treillis sont : $L = 1,8$ m, $H = 40$ mm, $e = 4$ mm.

La charge axiale appliquée sur chaque treillis est : $N = 900$ N.

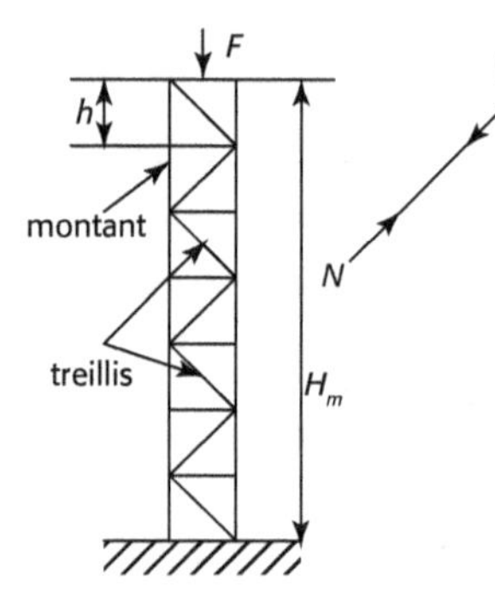

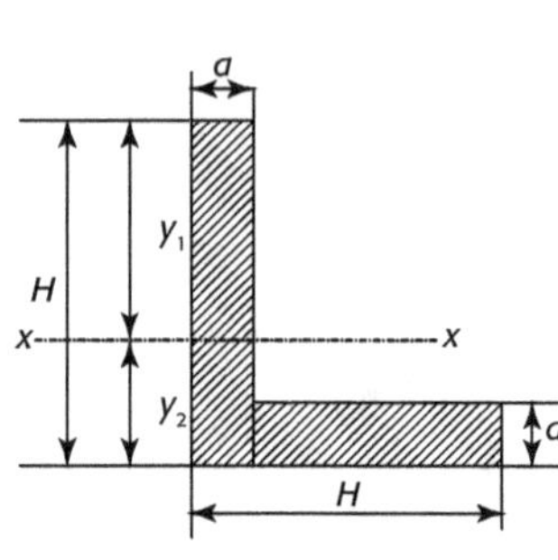

La contrainte élastique admissible des treillis est :

$$[R_e] = 69 \text{ daN/mm}^2$$

Calculer les dimensions de la section.

$$y_1 = \frac{aH^2 - ba^2}{2(aH + ba)}$$

$$= \frac{4 * 40^2 + 36 * 4^2}{2 * (4 * 40 + 36 * 4)} = 11,47$$

$$y_2 = H - y_1 = 40 - 11,47 = 28,53$$

$$I_{xx} = \frac{1}{3}(Hy_1^3 + ay_2^3 - bh^3)$$

$$= \frac{1}{3}(40 \times 11,47^3 + 4 \times 28,53^3 - 36 \times 7,47^3) = 4\,6081,1$$

$$A = aH + (H - a) \times a = 4 \times 40 + 36 \times 4 = 304$$

1. Rayon de giration :

$$i_x = \sqrt{\frac{I_x}{A}} = \sqrt{\frac{46081,1 \text{ mm}^4}{304 \text{ mm}^2}} = \sqrt{151,58} \text{ mm} = 12,31 \text{ mm} = 0,0123 \text{ m}$$

2. Longueur de flambement : $\qquad L_c = 1 \cdot L = 1,8 \text{ m}$

3. Élancement : $\qquad \lambda = \dfrac{L_c}{\rho_x} = \dfrac{1,8 \text{ m}}{0,0123 \text{ m}} = 146,34$

4. Contrainte pondérée de compression simple de la pièce composée soumise à un effort normal pondéré :

$$\sigma = \frac{N}{A} = \frac{900}{304} = 2,96 \text{ daN/mm}^2$$

5. Contrainte critique de la pièce composée, compte tenu des déformations d'effort tranchant :

$$\sigma_c = \frac{\pi^2 E}{\lambda^2} = \frac{3,1416^2 \times 2,1 \times 10^4}{138,5^2} = 10,8 \text{ daN/mm}^2$$

6. Coefficient d'éloignement d'état critique, qui doit toujours être supérieur à 1,3 :

$$\mu' = \frac{\sigma_c}{\sigma} = \frac{10,8}{2,96} = 3,65 > 1,3$$

7. Coefficient d'amplification des contraintes de compression (règle 3,411) :

$$k_1 = \frac{\mu' - 1}{\mu' - 1,3} = \frac{3,65 - 1}{3,65 - 1,3} = \frac{2,65}{2,35} = 1,127$$

8. Contrainte admissible :

$$\sigma = 1,127 \times 2,96 = 3,33 \text{ daN/mm}^2 = 33,3 \text{ MPa}$$

Avec la même méthode on calcule le flambement le plus favorable. Voir le tableau suivant :

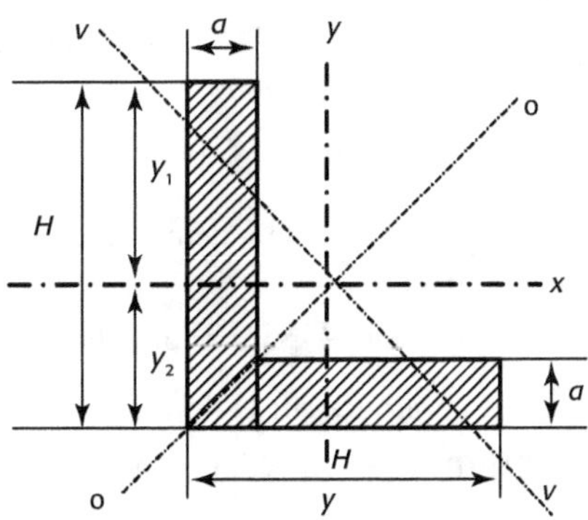

	$x-x$	$y-y$	$o-o$	$v-v$
(1) Moment d'inertie	44 800 mm^4	44 800 mm^4	89 600 mm^4	18 600 mm^4
Rayon de giration $i_x = \sqrt{\dfrac{I_x}{A}}$	0,0123 m	0,0123 m	0,017 m	0,0078 m
(2) Longueur de flambage	1,8 m	1,8 m	1,8 m	1,8 m
(3) Élancement $\lambda = \dfrac{L}{i_x}$	146,34	146,34	105,88	230
(4) Contrainte pondérée de compression $\sigma = \dfrac{N}{A}$	2,96 daN/mm²	2,96 daN/mm²	2,96 daN/mm²	2,96 daN/mm²
(5) Contrainte critique $\sigma_c = \dfrac{\pi^2 E}{\lambda^2}$	10,08 daN/mm²	10,08 daN/mm²	18,49 daN/mm²	3,95 daN/mm²
(6) Coefficient d'éloignement $\mu' = \dfrac{\sigma_c}{\sigma} > 1,3$	3,65 > 1,3	3,65 > 1,3	6,25 > 1,3	1,33 > 1,3
(7) Coefficient d'amplification $k_1 = \dfrac{\mu' - 1}{\mu' - 1,3}$	1,127	1,127	1,06	11
(8) Condition de résistance de flambement $R_e > \sigma^* k_1$	3,33	3,33	3,14	32,6

Les treillis sont conformes à la norme française.

Stabilité de l'équilibre élastique – Flambement – Méthode de Dutheil - Coefficient de flambement k_f

Une poutre, de longueur de $L = 11$ m, articulée aux deux extrémités est soumise à la charge de $P = 3,5 \times 10^4$ Kg. Quels profilés choisirons-nous ?

Nous utilisons le coefficient de flambement k_f pour choisir les profilés plus rapidement.

1. La charge pondérée équivalente appliquée sur la poutre est :

$$P = 3,5 \times 10^4 \, \text{kg} \times 9,8 \, \text{N/kg} = 34,3 \times 10^4 \, \text{N}$$

2. Nous nous proposons d'utiliser un profilé HE 220B qui est proche de la réalité.
Caractéristiques de HE 220B :

– contrainte admissible : $\left[R_e \right] = 240$ N/mm²

– aire de section : $\qquad A = 9\ 100\ \text{mm}^2$

– rayon de giration : $\qquad i_0 = 55,9\ \text{mm}$

Élancement de la poutre : $\qquad \lambda = \dfrac{L_c}{i_0} = \dfrac{\mu \cdot L}{i_0} = \dfrac{1 \times 11 \times 10^5}{55,9} = 196,78$

Dans le tableau 10.3, avec la valeur de l'élancement λ nous trouvons le coefficient de flambement : $k_f = 6,11$.

D'où nous calculons la contrainte d'affaissement :

$$\sigma_a = \frac{\left[R_e\right]}{k_f} = \frac{240}{6,11} = 39,28\ \text{N/mm}^2$$

La contrainte pondérée de compression simple est :

$$\sigma_{\text{compression}} = \frac{F}{A} = \frac{34,3 \times 10^4}{9\ 100} = 37,69\ \text{N/mm}^2$$

3. La vérification de résistance des matériaux de profilé HE220 B nous donne $\sigma_{\text{compression}} > \sigma_a$. Donc nous pouvons choisir le profilé HE220 B.

Nous pouvons aussi essayer les profiles proches du profilé HE220 B par exemple HE200 B, HE220A, … afin de trouver le profilé qui nous convient.

Stabilité de l'équilibre élastique - Poutre comprimée et fléchie

Considérons une barre comprenant deux cornières de $90 \times 90 \times 9$ (Annexe 4.10), de surface $A = 2 \times 15,5 = 31\ \text{cm}^2$ et de moment d'inertie $I_{GZ} = 2 \times 115 = 230\ \text{cm}^4$. La barre est rivée à son extrémité sur le gousset d'un nœud de charpente, avec une longueur libre de flambement $L' = 300\ \text{cm}$. Supposons que la barre supporte une charge axiale de $F = 80\ 000\ \text{N}$ et une charge latérale, uniformément répartie sur sa hauteur L', de $q = 900\ \text{N/m}$, soit $q = 9\ \text{N/cm}$. La barre est en acier, le module d'inertie est $E = 2 \times 10^7\ \text{N/cm}^2$ et la contrainte admissible est $Re = 1,2 \times 10^4\ \text{N/cm}^2$. Vérifier la résistance de barre au flambement.

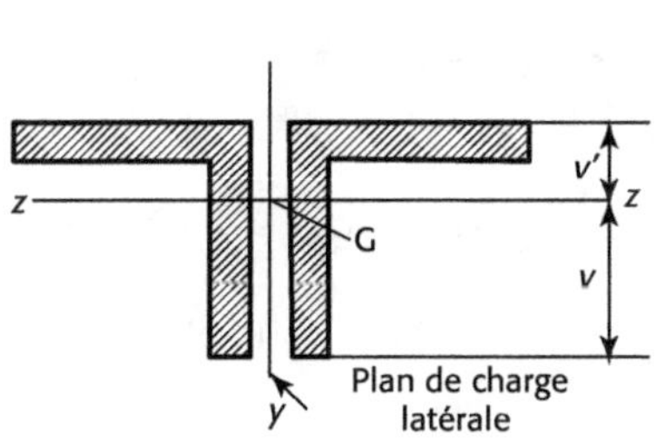

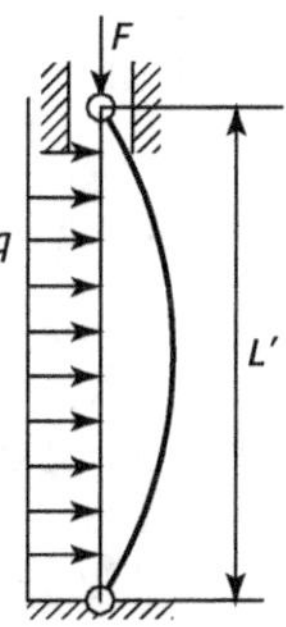

Charge critique d'Euler :

$$F_c = \frac{\pi^2 E I_{Gz}}{L'^2} = \frac{3,1416^2 \times 2 \times 10^7 \times 230}{300^2} = 5,04 \times 10^5\ \text{N}$$

Contrainte critique :

$$\sigma_c = \frac{F_c}{A} = \frac{5,04 \times 10^5}{31} = 1,62 \times 10^4\,\text{N/cm}^2$$

Contrainte de compression simple :

$$\sigma = \frac{F}{A} = \frac{80\ 000}{31} = 2,58 \times 10^3\,\text{N/cm}^2$$

Coefficients :

$$\mu = \frac{\sigma_c}{\dfrac{3}{2}\sigma} = \frac{1,62 \times 10^4}{\dfrac{3}{2} \times 2,58 \times 10^3} = 4,18$$

$$k_0 = \frac{1,083}{\mu - 1,083} = \frac{1,083}{4,18 - 1,083} = 0,35$$

$$k = \frac{\mu - 1}{\mu - 1,083} = \frac{4,18 - 1}{4,18 - 1,083} = 1,027$$

$$k_f = 1 + \frac{10,688 A_c}{\mu - 1,083}$$

Le coefficient A_c correspond au type des fixations de la poutre. La barre est encastrée à une extrémité et l'autre articulée. Donc nous avons : $A_c = \dfrac{5}{48}$.

Le coefficient k_f est égal à :

$$k_f = 1 + \frac{10,688 \times \dfrac{5}{48}}{4,18 - 1,083} = 1 + \frac{1,113}{3,097} = 1,36$$

La contrainte de flexion de la barre est :

$$\sigma_f = \frac{M_f}{\dfrac{I_{Gz}}{v}} = \frac{\dfrac{qL^2}{8}}{\dfrac{I_{Gz}}{v}} = \frac{\dfrac{9 \times 300^2}{8}}{\dfrac{230}{2,54}} = 1,12 \times 10^3\,\text{N/cm}^2$$

Dans le cas de la figure (a), les fibres à distance v de l'axe neutre sont comprimées ; nous avons à vérifier la seule inégalité :

$$\sigma \cdot k + \sigma_f \cdot k_f < R_p (1 - 0,2 k_0)$$

Comme nous avons :

$$\sigma \cdot k + \sigma_f \cdot k_f = 2,58 \times 10^3 \times 1,027 + 1,12 \times 10^3 \times 1,36 = 4,17 \times 10^3\,\text{N/cm}^2$$

$$R_p (1 - 0,2 k_0) = 1,2 \times 10^4 \times (1 - 0,2 \times 0,35) = 11,16 \times 10^3\,\text{N/cm}^2$$

Donc la condition imposée est vérifiée :

$$4,17 \times 10^3\,\text{N/cm}^2 < 11,16 \times 10^3\,\text{N/cm}^2$$

$$\Rightarrow \sigma \cdot k + \sigma_f \cdot k_f < R_p (1 - 0,2 k_0)$$

La sécurité au flambement est assurée.

CHAPITRE 9

Poutres courbes et arcs

9.1 Poutres courbes

9.1.1 Définition

Nous appelons poutres courbes des poutres à fibre moyenne plane courbe dans son plan et qui sont chargées normalement à ce plan. Si la poutre courbe supporte une charge verticale, la charge ne produit qu'une réaction verticale et elle ne produit pas une poussée sur les appuis. Mais pour un arc supportant une charge verticale, la charge produit une réaction horizontale, appelée une poussée, sur les appuis.

9.1.2 Hypothèse

- La charge appliquée sur la poutre se trouve au plan de poutre courbe.
- Pendant la déformation la poutre courbe reste toujours dans le même plan.
- Le module d'élasticité longitudinale E et le module d'inertie I de la poutre courbe sont constants.

9.1.3 Contraintes et déformation de la poutre courbe

1. Contrainte normale de flexion de poutre courbe plane :

$$\sigma = \sigma_t + \sigma_f = \frac{N}{S} + \frac{M_f v}{M_s \rho}$$

avec :

- σ_t : contrainte normale en traction ou compression, en N/mm^2 ;
- σ_f : contrainte normale en flexion, en N/mm^2 ;

- N : effort normal, en N ;
- M_f : moment de flexion, en N.mm ;
- M_s : moment statique (voir chapitre 1, §1.3.6), en mm^3 ;
- S : surface de la section de la poutre courbe, en mm^2 ;
- ρ : rayon de courbure dans le plan neutre.

2. Contrainte maximale :

$$\sigma_1 = \frac{N}{S} + \frac{M_f \cdot c_1}{M_s R_1} \;\; ; \;\; \sigma_2 = \frac{N}{S} - \frac{M_f \cdot c_2}{M_s R_2}$$

Si $R_0 / h > 5$ la poutre courbe est considérée comme une poutre droite. Les formules de poutre droite peuvent être utilisées. La contrainte normale maximale est :

$$\sigma_1 \approx \frac{N}{S} + k_1 \frac{M_f}{W}$$

$$\sigma_2 \approx \frac{N}{S} - k_2 \frac{M_f}{W}$$

avec :

- σ_1 : contrainte normale de l'intérieur de la poutre courbe, en N/mm^2 ;
- σ_2 : contrainte normale de l'extérieur de la poutre courbe, en N/mm^2 ;
- k_1, k_2 : coefficients correctifs (voir tableau 9.1) ;
- W : module de résistance, en mm^3 ;
- N : charge normale, en N ;
- M_f : moment de flexion, en N.mm ;
- M_S : moment statique, en mm^3 ;
- S : surface de la section de la poutre courbe, en mm^2 ;
- c_1, c_2 : distance des fibres les plus éloignées de l'axe neutre, en mm.

3. Déformation

Nous utilisons la méthode de Mohr pour déterminer la déformation :

$$\Delta_i = \int_s \left[\frac{M_f M^\circ}{E M_s \rho} + \frac{M_f N^\circ + N M_f{}^\circ}{E S \rho} + \frac{N N^\circ}{E S} + k \frac{T T^\circ}{G S} \right] ds$$

avec :

- k : coefficients correctifs (voir le tableau 9.1) ;
- N : charge normale, en N ;
- M_f : moment de flexion, en N.mm ;
- M_S : moment statique, en mm^3 ;
- S : surface de la section de la poutre courbe, en mm^2 ;
- T : effort tangentiel, en N ;
- M° ; T° ; N° : moment de flexion, effort tangentiel et effort normal produit par la charge unitaire ;
- ρ : rayon de courbure dans le plan neutre ;
- Δ_i : flèche ou angle de la rotation.

9.1.4 Rayon de courbure ρ dans le plan neutre de la poutre courbe

1. Effort normal :

$$N = \int_S \sigma \cdot dS$$

2. Moment de flexion :

$$M_y = \int_S z \cdot \sigma \cdot dS \qquad\qquad M_z = \int_S y \cdot \sigma \cdot dS$$

3. Condition d'équilibre :

$$N = \int_S \sigma \cdot dS = 0 \qquad\qquad M_e = M$$

$$M_y = \int_S z \cdot \sigma \cdot dS = 0 \qquad\qquad M_z = \int_S y \cdot \sigma \cdot dS$$

Avec *Me* : couple extérieur appliqué sur la poutre, en N.m.

4. Rayon de courbure ρ sur le plan neutre de la poutre courbe

$$\rho = \frac{\displaystyle\int_S dS}{\displaystyle\int_S \frac{dS}{r}} = \frac{S}{\displaystyle\int_S \frac{dS}{r}}$$

avec S : surface de la section de la poutre courbe.

La distance e est entre le rayon de courbure centrale et le rayon de courbure de plan neutre

$$e = R - \rho$$

9.1.5 Rayon de courbure ρ des sections les plus utiles

1. Section rectangulaire de poutre courbe

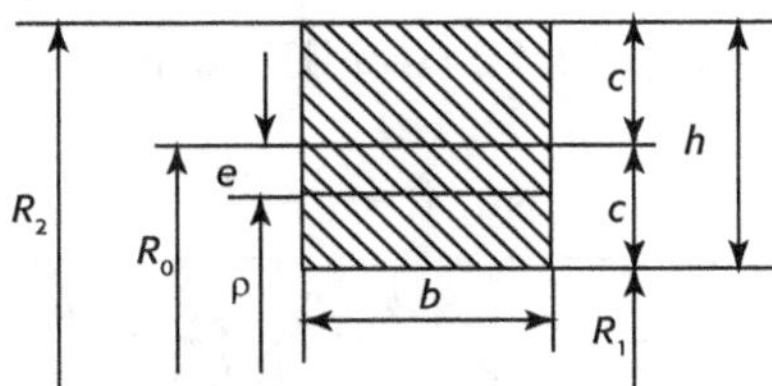

Pour la section rectangulaire de poutre courbe, le rayon de courbure est :

$$\rho = \frac{S}{\displaystyle\int_S \frac{dS}{r}} = \frac{bh}{b \ln \dfrac{R_2}{R_1}} = \frac{h}{\ln \dfrac{R_2}{R_1}}$$

2. Section trapézoïdale de poutre courbe

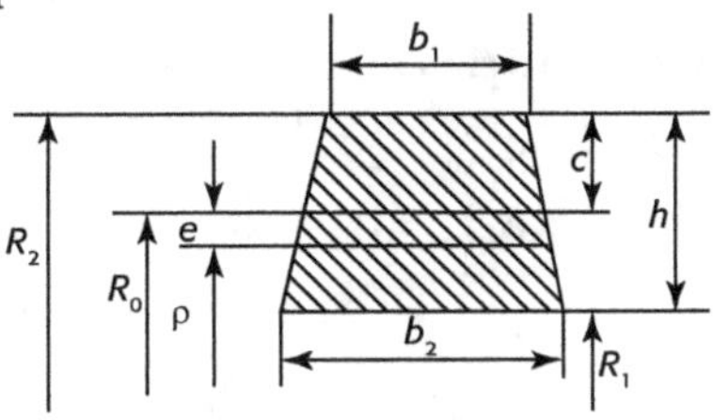

Pour la section trapézoïdale de poutre courbe, le rayon de courbure est :

$$\rho = \frac{S}{\int\limits_{S} \frac{dS}{r}} = \frac{\frac{1}{2}(b_1 + b_2) \cdot h}{\frac{b_2 R_2 - b_1 R_1}{h} \cdot \ln \frac{R_2}{R_1} - (b_2 - b_1)}$$

Si $b_1 = 0$, $b_2 = b$, nous obtenons la formule du rayon de courbure dans le plan neutre :

$$\rho = \frac{h}{2 \cdot \left(\dfrac{R_2}{h} \cdot \ln \dfrac{R_2}{R_1} - 1 \right)}$$

3. Section composée par S_1 ; S_2 ; S_3........

$$S = \sum_{i=1}^{n} S_i \quad \Rightarrow \quad \int\limits_{S} \frac{dS}{r} = \int\limits_{S_1} \frac{dS}{r} + \int\limits_{S_2} \frac{dS}{r} + \ldots = \sum_{i=1}^{n} \int\limits_{S_i} \frac{dS}{r} \quad \Rightarrow \quad \rho = \frac{\sum\limits_{i=1}^{n} S_i}{\sum\limits_{i=1}^{n} \int\limits_{S_i} \frac{dS}{r}}$$

Exemple : un profilé en I composé par trois rectangles, donc son rayon de courbure dans le plan neutre est :

$$\rho = \frac{\sum\limits_{i=1}^{3} S_i}{\sum\limits_{i=1}^{3} \int\limits_{S_i} \frac{dS}{r}} = \frac{b_1 h_1 + b_2 h_2 + b_3 h_3}{b_1 \ln \dfrac{R_1}{R_2} + b_2 \ln \dfrac{R_2}{R_3} + b_3 \ln \dfrac{R_3}{R_4}}$$

9.1.6 Conditions de résistance des matériaux pour les poutres courbes

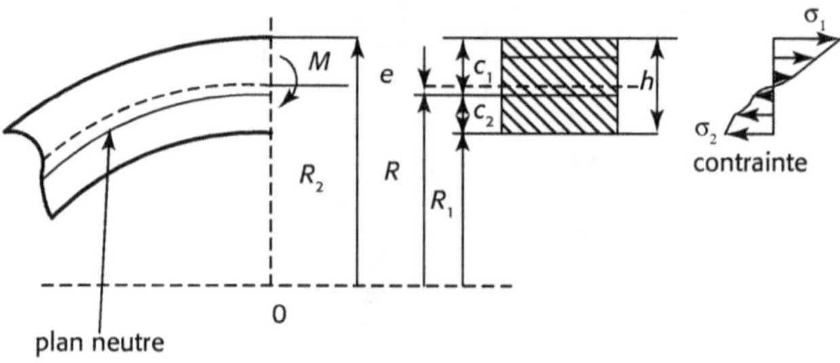

— **Conditions de résistance des matériaux :**

$$\sigma_{max} \leq \left[\sigma_e \right]$$

$$\sigma_{max} = \sigma_N + \sigma_f$$

avec :

- δ_N : contrainte normale $\delta_N = \dfrac{N}{S}$;

- δ_f : contrainte en flexion $\delta_f = k\dfrac{M_f}{W}$.

- **Contrainte normale maximale :**

$$\sigma_{1\max} = \frac{N}{S} + \frac{M_f \cdot c_1}{M_s \cdot R_1} \qquad \sigma_{1\max} \approx \frac{N}{S} + k_1\frac{M_f}{W}$$

$$\text{ou}$$

$$\sigma_{2\max} = \frac{N}{S} - \frac{M_f \cdot c_2}{M_s \cdot R_2} \qquad \sigma_{2\max} \approx \frac{N}{S} - k_2\frac{M_f}{W}$$

- k : coefficient correctif (voir le tableau 9.1) ;
- W : module de résistance, en mm^3 ;
- N : effort normal, en N ;
- M_f : moment de flexion, en N.mm ;
- S : surface de la section de la poutre courbe, en mm^2 ;
- c_1, c_2 : distance des fibres les plus éloignées de l'axe neutre, en mm.

Tableau 9.1 Coefficients correctifs de poutre courbe

1. Section trapézoïdale

Rayon de courbure	R_0/c	1,2	1,6	2,0	4,0	8,0	10,0
$\rho = \dfrac{0,5h\,(b_1+b_2)}{\dfrac{b_1R_2-b_2R_1}{h}\ln\dfrac{R_2}{R_1}-(b_1-b_2)}$	k_1	3,09	1,91	1,61	1,26	1,13	1,11
	k_2	0,56	0,66	0,73	0,86	0,94	0,95
	y/R_0	0,336	0,168	0,102	0,024	0,0060	0,0039

2. Section anneau

Rayon de courbure	R_0/c	1,2	1,6	2,0	4,0	10,0
$\rho = \dfrac{d_2^2-d_1^2}{8R_0\left[\sqrt{1-\left(\dfrac{d_1}{2R_0}\right)^2}-\sqrt{1-\left(\dfrac{d_2}{2R_0}\right)^2}\right]}$	k_1	3,28	1,89	1,57	1,21	1,07
	k_2	0,58	0,68	0,73	0,85	0,93
	y/R_0	0,269	0,134	0,083	0,020	0,0031

3. Section triangulaire

Rayon de courbure	R_0/c	1,2	1,6	2,0	3,0	6,0	10,0
$\rho = \dfrac{0,5\,h}{\dfrac{R_2}{h}\ln\dfrac{R_2}{R_1}-1}$	k_1	3,09	1,91	1,61	1,37	1,17	1,11
	k_2	0,56	0,66	0,73	0,81	0,91	0,95
	y/R_0	0,336	0,168	0,102	0,046	0,011	0,0039

9.1.7   Déplacement de la poutre courbe

En utilisant la méthode Mohr nous avons :

— pour une petite courbure de poutre : (la déformation de cisaillement et de profondeur sont négligeables.)

$$\Delta = \int_s \frac{M(x)M^\circ}{EI}\, ds$$

— pour une courbure importante de poutre :

$$\Delta = \int_s \left[\frac{M(x)M^\circ}{EM_s R} + \frac{MN^\circ + NM^\circ}{ESR} + \frac{NN^\circ}{ES} + k\frac{TT^\circ}{GS} \right] \cdot ds$$

avec :

— M_s : moment statique, en mm^3 ;

— S : aire de la section, en mm^2 ;

— T° ; M° ; N° : composants produit par effort unitaire.

9.2   Exercices de la poutre courbe

9.2.1   Exercices de la poutre courbe

Poutre courbe – Déterminer la contrainte d'une section

Section trapézoïdale de la poutre courbe. $b_2 = 40$ mm ; $b_1 = 60$ mm ; $h = 140$ mm ; $R_2 = 260$ mm ; $R_1 = 120$ mm ; moment de flexion $M_f = -18{,}53$ kN.m.

Déterminer les contraintes maximales de la section.

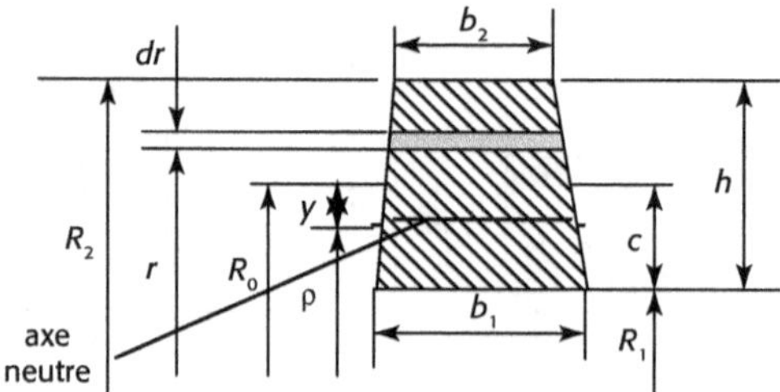

— Formule générale (r rayon quelconque) :

$$b_p = b_2 + (b_1 - b_2)\frac{R_2 - r}{R_2 - R_1}$$

$$dS = b_p dr$$

$$\int_{S} \frac{dS}{r} = \int_{R_1}^{R_2} \cdot \left[b_2 + (b_1 - b_2)\frac{R_2 - r}{R_2 - R_1} \right] \cdot \frac{dr}{r} = \left[b_2 + (b_1 - b_2)\frac{R_2}{R_2 - R_1} \right] \cdot \ln\frac{R_2}{R_1} - (b_1 - b_2)$$

$$= \frac{b_1 R_2 - b_2 R_1}{h} \cdot \ln\frac{R_2}{R_1} - (b_1 - b_2)$$

$$\rho = \frac{S}{\displaystyle\int_{S}\frac{dS}{r}} = \frac{\dfrac{1}{2}(b_2 + b_1)\cdot h}{\dfrac{b_1 R_2 - b_2 R_1}{h} \cdot \ln\dfrac{R_2}{R_1} - (b_1 - b_2)}$$

- Surface de la section S : $S = \dfrac{1}{2}\times(40 + 60)\times 140 = 7000 \text{ mm}^2$
- Distance c :

$$c = \frac{40\times 140\times\dfrac{140}{2} + \dfrac{1}{2}(60-40)\times 140\times\dfrac{140}{3}}{7000} = 65,3 \text{ mm}$$

- Rayon de courbure : $R_0 = R_1 + c = 120 + 65,3 = 185,3 \text{ mm}$
- Rayon de courbure dans le plan de neutre :

$$\rho = \frac{\dfrac{1}{2}(b_2 + b_1)h}{\dfrac{b_1 R_2 - b_2 R_1}{h} \cdot \ln\dfrac{R_2}{R_1} - (b_1 - b_2)} = \frac{\dfrac{1}{2}(40 + 60)\times 140}{\dfrac{60\times 260 - 40\times 120}{140}\ln\dfrac{260}{120} - (60 - 40)}$$

$$= \frac{7000}{39,65} = 176,6 \text{ mm}$$

- Distance e entre la ligne neutre et la ligne d'axe de section :

$$e = R_0 - \rho = 185,3 - 176,6 = 8,7 \text{ mm}$$

- Moment statique :

$$M_s = S \cdot e = 7000\times 8,7 = 60\ 900 \text{ mm}^3$$

- Contrainte normale maximale :

$$\sigma_1 = \frac{M_f(R_1 - \rho)}{M_S R_1} = \frac{-18,53\times 10^3 \times (120 - 176,6)\times 10^{-3}}{60\ 900\times 10^{-9}\times 120\times 10^{-3}}$$

$$= 143,5\times 10^6 \text{ N/m}^2 = -143,5 \text{ MN/m}^2 \text{ (MPa)}$$

$$\sigma_2 = \frac{M_f(R_2 - \rho)}{M_S R_2} = \frac{-18,53\times 10^3 \times (260 - 176,6)\times 10^{-3}}{60\ 900\times 10^{-9}\times 260\times 10^{-3}}$$

$$= -97,6\times 10^6 \text{ N/m}^2 = -97,6 \text{ MN/m}^2 \text{ (MPa)}$$

Poutre courbe

Un quart d'un anneau, encadré à une extrémité, supporte une charge uniformément répartie q. Déterminer le déplacement horizontal Δ_{x-B} du point B.

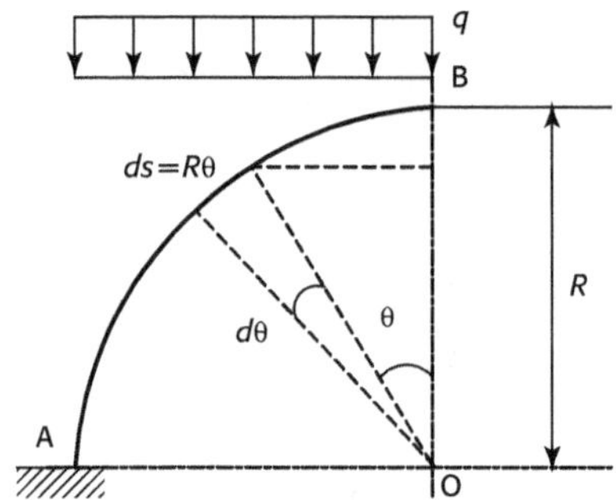

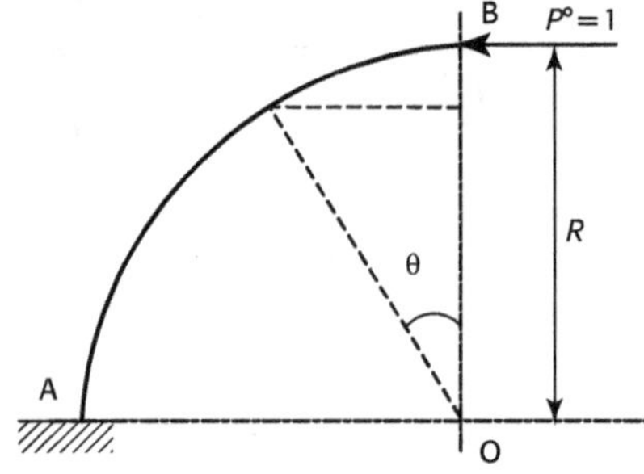

Dans cet exercice nous utilisons la méthode Mohr. La poutre est une structure isostatique.

1. Moment de flexion par la charge q :

$$M_f = -\frac{q}{2}(q\sin\theta)^2 = -\frac{qR^2}{2}\sin^2\theta$$

2. Moment de flexion par une charge horizontale $P° = 1$ au point B :

$$M_f{}° = 1\cdot R(1-\cos\theta = R(1-\cos\theta)$$

3. Déplacement horizontal du point B :

$$\Delta_{x-B} = \sum\int_S \frac{M_f{}° M_f}{EI}\, dS = \int_0^{\pi/2} R\cdot(1-\cos\theta)\cdot\left(-\frac{qR^2}{2}\sin^2\theta\right)\cdot\frac{1}{EI}R\cdot d\theta$$

$$= \frac{qR^4}{2EI}\int_0^{\pi/2}(\sin^2\theta\cdot\cos\theta - \sin^2\theta)\,d\theta = \frac{qR^4}{2EI}\int_0^{\pi/2}\left[\sin^2\theta\cdot\cos\theta - \frac{1}{2}(1-\cos 2\theta)\right]d\theta$$

$$= \frac{qR^4}{2EI}\left[\frac{1}{3}\sin^3\theta - \frac{1}{2}\theta + \frac{1}{4}\sin 2\theta\right]_0^{\pi/2} = \frac{qR^4}{EI}\left(\frac{1}{6} - \frac{\pi}{4}\right) = -0,6187\frac{qR^4}{EI}$$

Le résultat est négatif, donc le déplacement du point B est vers la droite.

Poutre courbe

Un quart AB d'un anneau, encadré à l'extrémité et en appui simple à l'autre extrémité B, supporte une charge concentrée (figure a). Déterminer la réaction en B et dessiner le diagramme des moments de flexion.

Dans cet exercice nous utilisons la méthode des forces. La poutre est une structure hyperstatique avec un degré d'hyperstatique $n = 1$.

1. L'équation de méthode des forces s'écrit (figure b) :

$$\Delta_{11} X_1 + \Delta_{1P} = 0$$

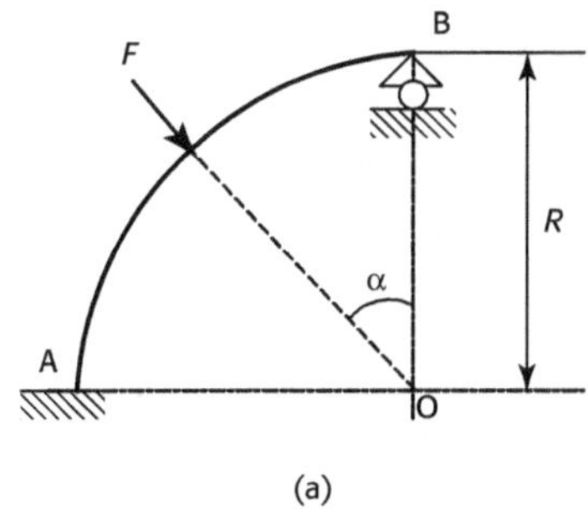

(a)

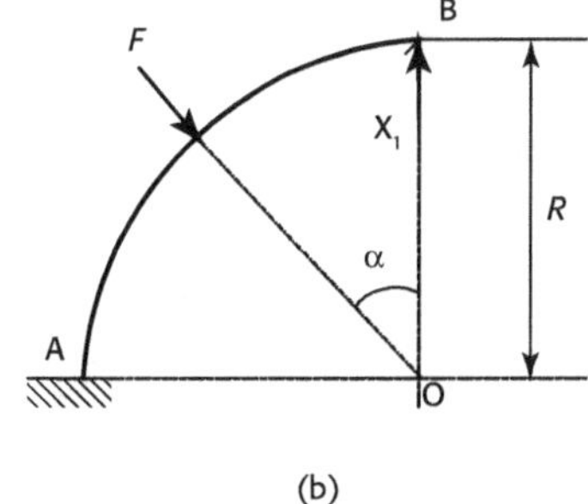

(b)

2. En supprimant l'appui surabondant B et remplaçant l'effort X_1 (figure b), nous obtenons une structure isostatique.

3. Les moments de flexion de l'effort F sont :

- pour $0 \le \theta \le \alpha$: $M_1(\theta) = 0$

- pour $\alpha \le \theta \le \dfrac{\pi}{2}$: $M_2(\theta) = F \cdot R \cdot \sin(\theta - \alpha)$

En appliquant l'effort extérieur F sur la structure isostatique, nous obtenons les moments de flexion M_P (Figure c).

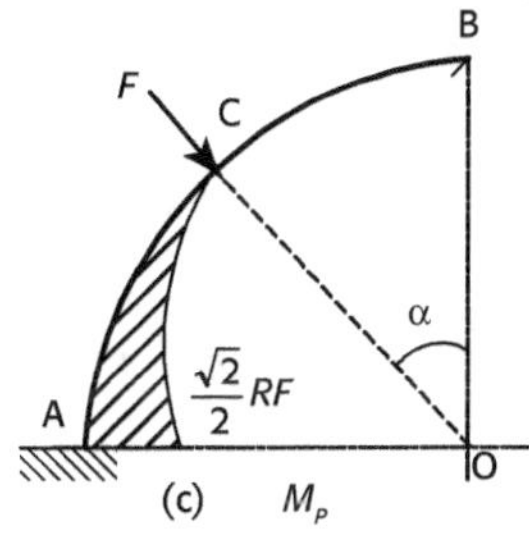

(c) M_P

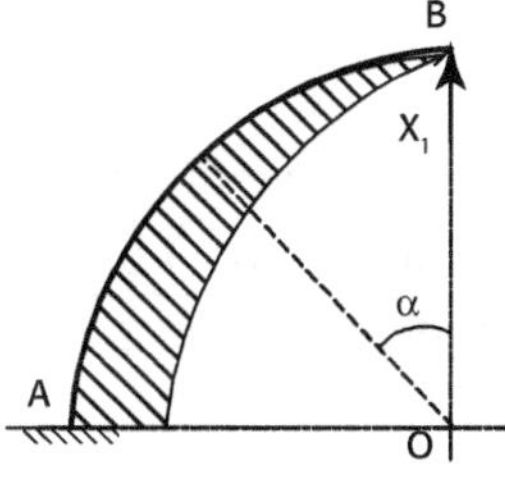

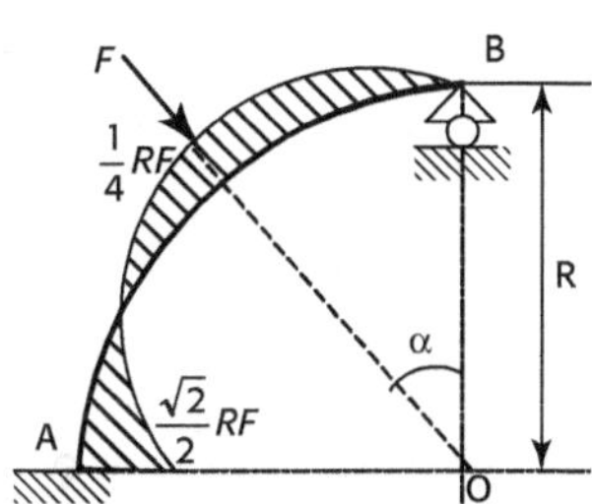

4. En appliquant l'effort unitaire $X_1 = 1$ au point B sur la structure isostatique, le moment de flexion est :

$$M°(\theta) = -R \sin\theta$$

5. Nous utilisons la méthode des forces pour déterminer la réaction au point B.

$$\Delta_{1P} = \int \frac{M(S)M^\circ(S)}{EI} = \frac{1}{EI}\int_{\frac{\pi}{4}}^{\frac{\pi}{2}} FR\sin(\theta-\alpha)\cdot(-R\sin\theta)R\,d\theta = -\frac{\sqrt{2}\pi R^3}{16EI}F$$

$$\Delta_{11} = \int \frac{M^\circ(S)M^\circ(S)}{EI}ds = \frac{1}{EI}\int_{0}^{\frac{\pi}{2}} (-R\sin\theta)^2 R\,d\theta = -\frac{\pi R^3}{4EI}$$

D'après l'équation $\Delta_{11}X_1 + \Delta_{1P} = 0$, la réaction en B est égale à : $R_B = X_1 = \frac{\sqrt{2}}{4}F$

6. Les moments de flexion sont : $\alpha = \frac{\pi}{4}$

$$\text{Pour } 0 \le \theta \le \alpha \qquad M_f(\theta) = -\frac{\sqrt{2}}{4}FR\sin\theta$$

$$\text{Pour } \alpha \le \theta \le \alpha\,\frac{\pi}{2} \qquad M_f(\theta) = F\cdot R\cdot\left[\sin(\theta-\alpha) - \frac{\sqrt{2}}{4}\sin\theta\right]$$

Poutre courbe

Une poutre courbe avec une section trapézoïdale, supporte deux couples opposés $C = 300$ N.m. Rayon intérieur $R_i = 35$ mm, rayon extérieur $R_e = 65$ mm.

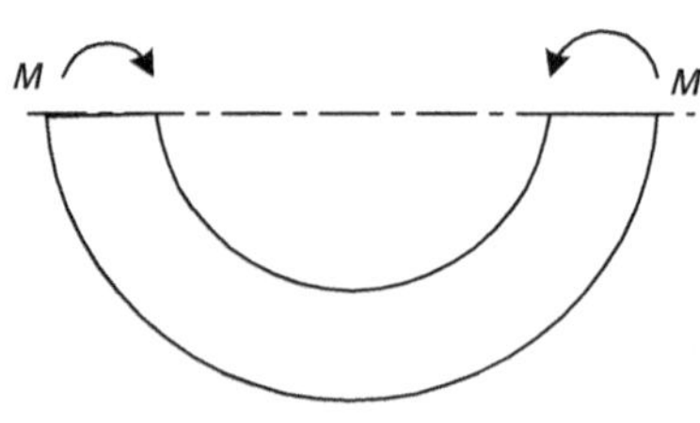

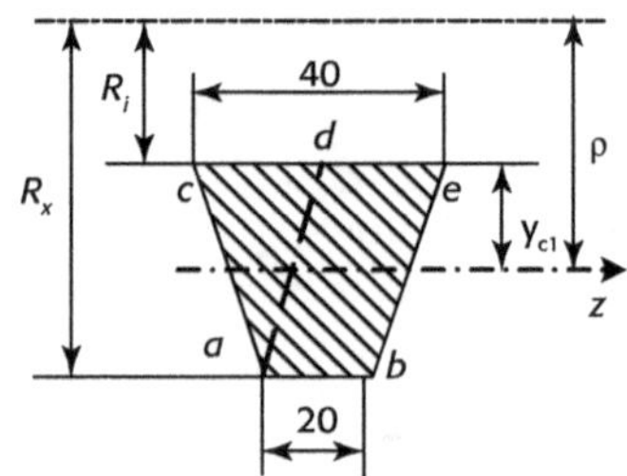

1. Distance y_{c_1} du centre de la section au rayon intérieur :

$$y_{c_1} = \frac{(0,065 - 0,035)(2\times 0,020 + 0,040)}{3\times(0,020 + 0,040)} = 0,0133 \text{ m}$$

2. Rayon de courbure de poutre :

$$R = R_i + y_{c_1} = 0,0350 + 0,0133 = 0,0483 \text{ m}$$

3. En utilisant le rapport de la courbure de la poutre et la distance y_c, définir le type de la poutre :

$$\frac{R}{y_c} = \frac{0,0483 \text{ m}}{0,0133 \text{ m}} = 3,63 < 10$$

Donc la poutre a une courbure importante.

4. Déterminer la position de l'axe neutre.

- Rayon de courbure de poutre dans le plan neutre :

$$\rho = \frac{S}{\displaystyle\int_S \frac{dS}{r}} = \frac{S}{\displaystyle\int_{S_1} \frac{dS}{r} + \int_{S_2} \frac{dS}{r}}$$

avec :

$$S = \frac{0,020}{2}(0,065 - 0,035) + 0,020 \times (0,065 - 0,035) = 9 \times 10^{-4} \text{ m}^2$$

$$\int_S \frac{dS}{r} = 1,921 \times 10^{-2} \text{ m}$$

Donc :

$$\rho = \frac{9 \times 10^{-4}}{1,921 \times 10^{-2}} = 0,04685 \text{ m}$$

- Ordonnée verticale du centre de la section :

$$y_c = R - \rho = 0,0483 - 0,04685 = 0,0145 \text{ m}$$

- Moment de statique par rapport à l'axe neutre :

$$M_{s(z)} = S \cdot y_c = 9 \times 10^{-4} \times 0,00145 = 1,305 \times 10^{-6} \text{ m}^3$$

5. Contrainte normale aux points c et b :

$$\sigma_{b,\max} = \frac{M(R_e - \rho)}{I_{sz} R_e} = \frac{300 \times (0,065 - 0,04685)}{(1,305 \times 10^{-6}) \times 0,065} = 6,42 \times 10^7 \text{ Pa} = 64,2 \text{ MPa}$$

$$\sigma_{c,\max} = \frac{M(\rho - R_i)}{I_{sz} R_i} = \frac{300 \times (0,04685 - 0,035)}{(1,305 \times 10^{-6}) \times 0,035} = 7,79 \times 10^7 \text{ Pa} = 77,9 \text{ MPa}$$

Poutre courbe

Une pièce de mécanique (voir la figure) supporte une charge $F = 50$ kN. Déterminer les contraintes sur les points A et B.

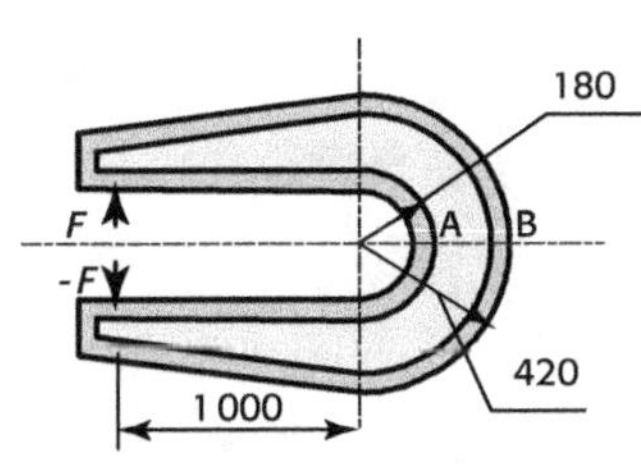

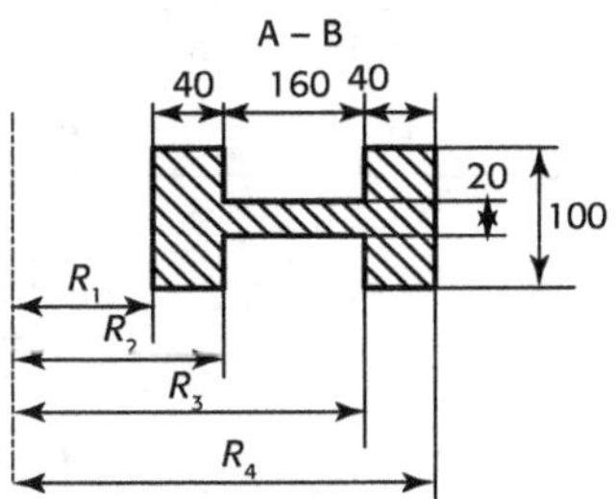

1. Définir le type de la poutre.

- Rayon de courbure à la section A-B par rapport à la poutre :

$$R = 0,180 + 0,120 = 0,300 \text{ m}$$

- Distance du centre de la section au bord intérieur :

$$y_{C_1} = 0,120 \text{ m}$$

- Rapport du rayon de courbure R et la distance y_{C_1} :

$$\frac{R}{y_{C_1}} = \frac{0,300}{0,120} = 2,5 < 10$$

Donc la poutre a une courbure importante.

2. Déterminer la position de l'axe neutre.

- Surface de la section AB :

$$S = 0,100 \times 0,040 + 0,020 \times 0,160 + 0,100 \times 0,040 = 1,12 \times 10^{-2} \text{ m}^2$$

- Rayon de courbure de section AB par rapport à l'axe neutre de la section AB :

$$\rho = \frac{S}{b_1 \ln \dfrac{R_2}{R_1} + b_2 \ln \dfrac{R_3}{R_2} + b_3 \ln \dfrac{R_4}{R_3}}$$

$$= \frac{1,12 \times 10^{-2}}{0,100 \times \ln \dfrac{0,220}{0,180} + 0,020 \times \ln \dfrac{0,380}{0,220} + 0,100 \times \ln \dfrac{0,420}{0,380}} = 0,2731 \text{ m}$$

- Ordonnée verticale y_C du centre de la section :

$$y_c = R - \rho = 0,300 - 0,2731 = 0,0269 \text{ m}$$

- Moment statique de la section par rapport à l'axe neutre :

$$M_{s-z} = S \cdot y_c = 1,12 \times 10^{-2} \times 0,0269 = 3,01 \times 10^{-4} \text{ m}^{-3}$$

3. Contrainte :

- Charges appliquées sur la section AB :

Effort normal : $\quad F_N = F = 50 \text{ kN}$

Moment de flexion :

$$M_f = F \cdot (1,000 + 0,180 + 0,040 + 0,080) = 50 \times 10^3 \times 1,300 = 6,5 \times 10^4 \text{ N.m}$$

Contraintes normales de flexion produites par le moment M :

$$\sigma_{A,M} = \frac{M_f \cdot y_A}{M_{s(z)} \cdot \rho_A} = \frac{M \cdot (y_{c1} - y_c)}{M_{s(z)} \cdot R_1}$$

$$= \frac{6,5 \times 10^4 \times (0,120 - 0,0269)}{3,01 \times 10^{-4} \times 0,180} = 1,117 \times 10^8 \, P_a = 111,7 \text{ MPa}$$

$$\sigma_{B,M} = \frac{M_f \cdot y_B}{M_{s(z)} \cdot \rho_B} = \frac{M_f \cdot (y_{c1} + y_c)}{M_{s(z)} \cdot R_4}$$

$$= -\frac{6,5 \times 10^4 \times (0,120 + 0,0269)}{3,01 \times 10^{-4} \times 0,420} = -0,755 \times 10^8 \, P_a = -75,5 \text{ MPa}$$

Contraintes normales produites par l'effort normal N :

$$\sigma_N = \frac{F_N}{S} = \frac{50 \times 10^3}{1,12 \times 10^{-2}} = 4,46 \times 10^6 \text{ Pa} = 4,46 \text{ MPa}$$

Contraintes totales au point A :

$$\sigma_A = \sigma_{A,M} + \sigma_N = 111,7 + 4,46 = 116,2 \text{ MPa}$$

Contraintes totales au point B :

$$\sigma_B = \sigma_{B,M} + \sigma_N = -75,5 + 4,46 = -71,0 \text{ MPa}$$

Exercice 9.6

Poutre courbe

Une poutre courbe AB, encastrée à son extrémité A et libre à l'autre extrémité, supporte une charge verticale uniformément répartie q. (voir la figure ci-dessous). L'angle entre A et B est α et le rayon de courbe AB est R.

Déterminer le déplacement vertical du point B.

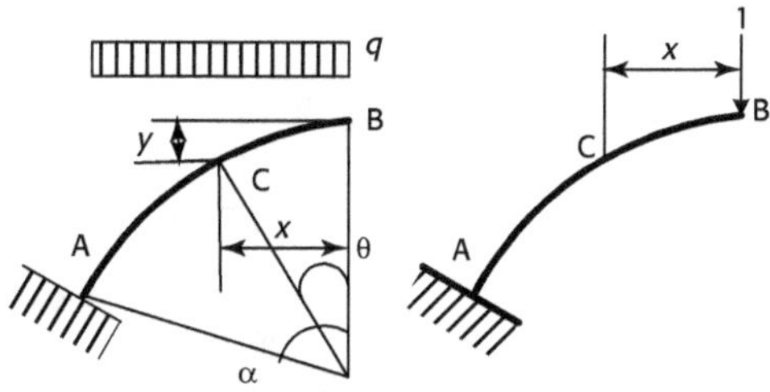

1. Déterminer les efforts intérieurs de la poutre produits par la charge extérieure et la charge verticale uniformément répartie q. À l'angle θ d'un point quelconque de la poutre nous avons :

   — moment de flexion :
   $$M_{f-q} = -\frac{1}{2}qx^2$$

   — effort normal intérieur de la poutre :
   $$N_q = -qx\sin\theta$$

   — effort tranchant intérieur de la poutre :
   $$T_q = qx\cos\theta$$

2. Nous appliquons une charge unitaire verticale au point B, au utilisant la méthode des forces. Déterminer les efforts intérieurs de la poutre produits par cette charge unitaire. À l'angle θ du point quelconque de la poutre nous avons :

   — moment de flexion :
   $$M_f^0 = -x$$

   — effort normal intérieur de la poutre :
   $$N^0 = -\sin\theta$$

   — effort tranchant intérieur de la poutre :
   $$T^0 = \cos\theta$$

3. Nous avons les relations entre x, y, ds et θ :

   $$x = R\sin\theta \ ; \ y = R(1 - \cos\theta) \ ; \ ds = Rd\theta$$

En utilisant la formule de la méthode des forces, le déplacement est :

$$\Delta = \int \frac{M_{f-q}M_f^0}{EI}ds + \int \frac{N_q N^0}{EA}ds + \int \frac{kT_q T^0}{GA}ds$$

La partie du déplacement produit par le moment de flexion est :

$$\Delta_{M_f} = \int \frac{M_{f-q} M_f^0}{EI}\, ds = \frac{q}{2EI}\int_B^A x^3\, ds = \frac{qR^4}{2EI}\int_0^\alpha \sin^3\theta \cdot d\theta$$

La partie du déplacement produit par l'effort normal est :

$$\Delta_N = \int \frac{N_q N^0}{EA}\, ds = \frac{q}{EA}\int_B^A x \cdot \sin^2\theta \cdot ds = \frac{qR^2}{EA}\int_B^A \sin^3\theta \cdot ds$$

La partie du déplacement produit par l'effort tranchant est :

$$\Delta_T = \int \frac{kT_q T^0}{GA}\, ds = \frac{k \cdot q}{GA}\int_B^A x \cdot \cos^2\theta \cdot ds = \frac{k \cdot qR^2}{GA}\int_0^\alpha \cos^2\theta \cdot \sin\theta \cdot ds$$

En intégrant nous avons :

$$\int_0^\alpha \sin^3\theta \cdot d\theta = \int_0^\alpha (1 - \cos^2\theta)\sin\theta \cdot d\theta = \left[-\cos\theta + \frac{1}{3}\cos^3\theta \right]_0^\alpha = \frac{2}{3} - \cos\alpha + \frac{1}{3}\cos^3\alpha$$

$$\int_0^\alpha \cos^2\theta \sin\theta \cdot d\theta = \left[-\frac{1}{3}\cos^3\theta \right]_0^\alpha = \frac{1}{3}\left(1 - \cos^3\alpha\right)$$

D'où nous obtenons :

$$\Delta_{M_f} = \frac{qR^4}{2EI}\int_0^\alpha \sin^3\theta \cdot d\theta = \frac{qR^4}{2EI}\left(\frac{2}{3} - \cos\alpha + \frac{1}{3}\cos^3\alpha \right)$$

$$\Delta_N = \frac{qR^2}{EA}\int_B^A \sin^3\theta \cdot ds = \frac{qR^2}{EA}\left(\frac{2}{3} - \cos\alpha + \frac{1}{3}\cos^3\alpha \right)$$

$$\Delta_T = \frac{k \cdot qR^2}{GA}\int_0^\alpha \cos^2\theta \cdot \sin\theta \cdot ds = \frac{k \cdot qR^2}{GA} \cdot \frac{1}{3} \cdot \left(1 - \cos^3\alpha\right)$$

Dans le cas $\alpha = 90°$, nous avons :

— le déplacement produit par le moment de flexion : $\quad \Delta_{M_f} = \dfrac{qR^4}{3EI}$

— le déplacement produit par l'effort normal : $\quad \Delta_N = \dfrac{2qR^2}{3EA}$

— le déplacement produit par l'effort tranchant : $\quad \Delta_T = \dfrac{k \cdot qR^2}{3 \cdot GA}$

9.2.2 Exercices de l'anneau avec des anneaux

Anneau

L'anneau est soumis aux charges P. Il se déforme suivant le tracé mixte. Étudions une moitié de l'anneau, mais, pour en assurer l'équilibre, il faut appliquer en A et A' l'effort normal $P/2$ et le moment d'encastrement M_A. Déterminer l'inconnue M_A.

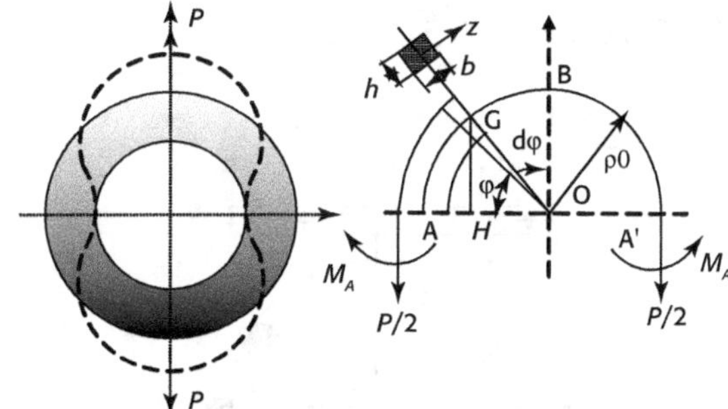

M_A a le sens indiqué sur la figure, car la déformée montre qu'il y a compression des fibres extérieures de la section A. Dans l'anneau déformé, du fait de la symétrie, l'angle des sections A et B est resté égal à 90°, donc : $\Delta\varphi_{AB} = 0$.

Pour deux sections voisines d'angle $d\varphi$, la variation d'angle est :

$$\Delta d\varphi = \frac{M_f}{EI}\,ds$$

Dans la section M définie par φ :

$$M_f = M_A - \frac{P}{2}L_{AH} = M_A - \frac{P}{2}\rho_0(1 - \cos\varphi)$$

Il vient :

$$\Delta d\varphi = \frac{M_f}{EI}\,ds$$

Comme $ds = \rho_0 \cdot d\varphi$, il devient :

$$\Delta d\varphi = \left[M_A - \frac{P}{2}\rho_0(1 - \cos\varphi)\right] \cdot \frac{\rho_0}{EI}\,d\varphi$$

Pour les sections A et B, la variation d'angle est $\Delta\varphi_{AB} = 0$, donc :

$$0 = \int_0^{\frac{\pi}{2}} \frac{\rho_0}{EI}\left[M_A - \frac{P \cdot \rho_0}{2}(1 - \cos\varphi)\right] \cdot d\varphi$$

$$M_A = \frac{P \cdot \rho_0}{2\pi}(\pi - 2) = 0{,}182P \cdot \rho_0$$

La section A est soumise à une sollicitation composée : traction et flexion. Dans la section quelconque M, l'expression de M_f devient, en remplaçant M_A par sa valeur :

$$M_f = \frac{P \cdot \rho_0}{2\pi}(-2 + \pi \cos\varphi)$$

Constatons que M_f s'annule pour : $\cos\kappa = \dfrac{2}{\pi} = 0,636, \quad \varphi = 50°30'$.

Anneau - Méthode des forces

L'anneau est soumis aux charges uniformément réparties q et $-q$ (voir la figure). Son rayon est R. Sa section et son produit EI restent constants.

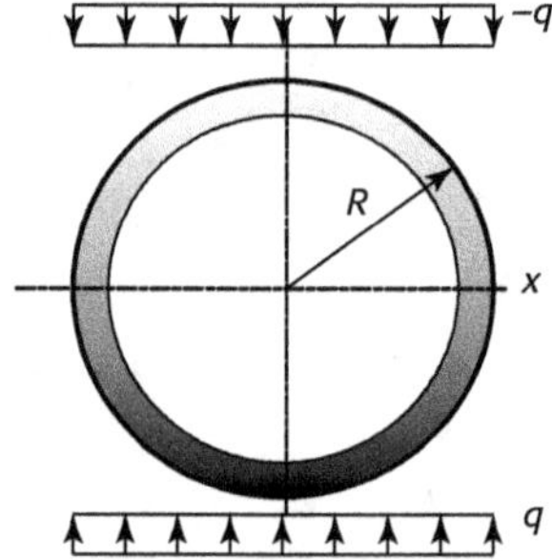

Le degré d'hyperstatique de structure est :

$$n = 1$$

1. Isoler un quart de l'anneau.

2. Le moment de flexion par la charge unitaire $X_1 = 1$ est $M°_1 = 1$ est :

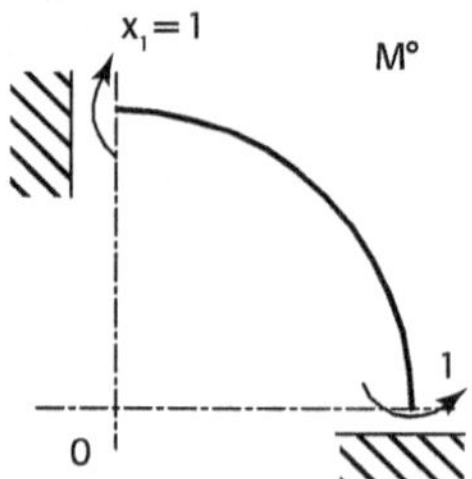

3. Le moment de flexion pour la charge q est :

$$M_q = -\frac{1}{2}q(R\sin\varphi)^2 = -\frac{1}{2}qR^2 \sin^2\varphi = -\frac{1}{2}qR^2(1 - \cos 2\varphi)$$

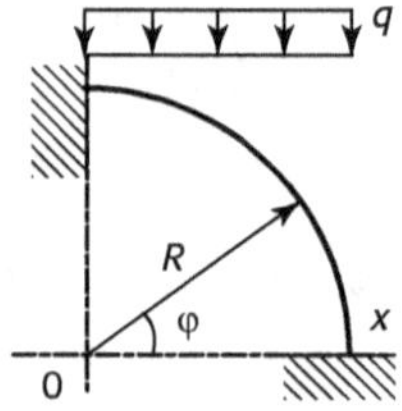

4. La fermeture de coupure 1 dans l'état S_1 donne l'équation de méthode des forces :

$$\Delta_{11} X_1 + \Delta_{1P} = 0 \qquad \text{(a)}$$

Les termes de l'équation sont :

$$\Delta_{11} = \sum \int_S \frac{M^{\circ 2}_1}{EI}\, dS = \int_0^{\pi/2} \frac{(1)^2}{EI}\, R\, d\varphi = \frac{R\pi}{2EI}$$

$$\Delta_{1P} = \sum \int_S \frac{M^{\circ}_1 M_q}{EI}\, dS = \int_0^{\pi/2} 1 \times \left[-\frac{1}{4} qR^2 \left(1 - \cos 2\varphi\right) \right] \frac{1}{EI}\, R\, d\varphi$$

$$= -\frac{qR^3}{4EI} \int_0^{\pi/2} \left(1 - \cos 2\varphi\right) d\varphi = -\frac{q\pi \cdot R^3}{8EI}$$

De l'équation (a), on déduit la réaction inconnue X_1 :

$$X_1 = -\frac{\Delta_{1P}}{\Delta_{11}} = \frac{qR^2}{4}$$

5. Le moment de flexion de l'anneau est :

$$M_f = M^{\circ}_1 X_1 + M_q = \frac{1}{4} qR^2 - \frac{1}{2} qR^2 \sin^2 \varphi = \frac{1}{4} qR^2 \left(1 - 2\sin^2 2\varphi\right) = \frac{1}{4} qR^2 \cos 2\varphi$$

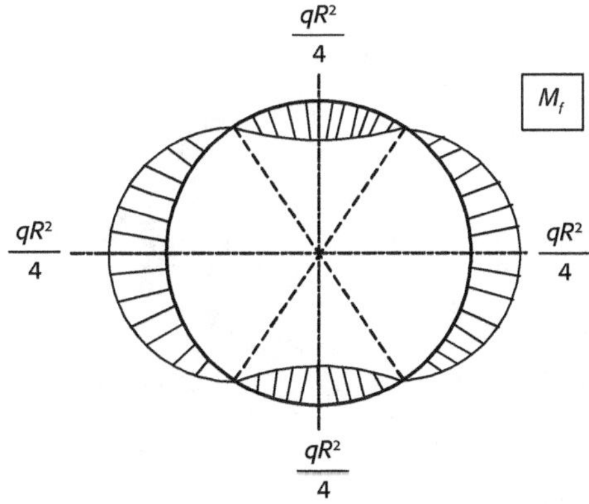

Anneau. Méthode des forces

L'anneau est soumis aux charges P et $-P$ (figure a). Son rayon est R. Sa section et son produit EI restent constants.

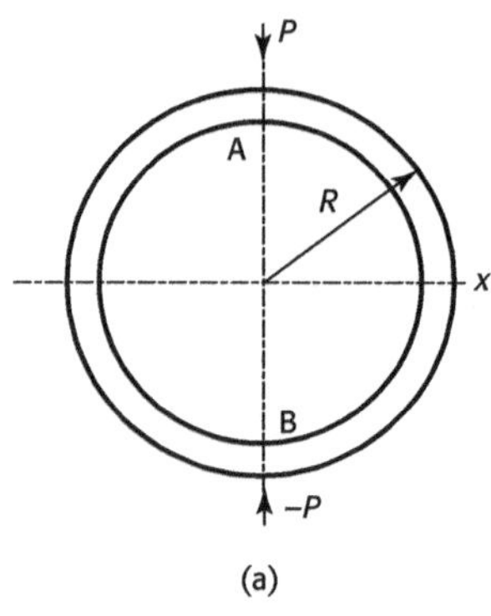

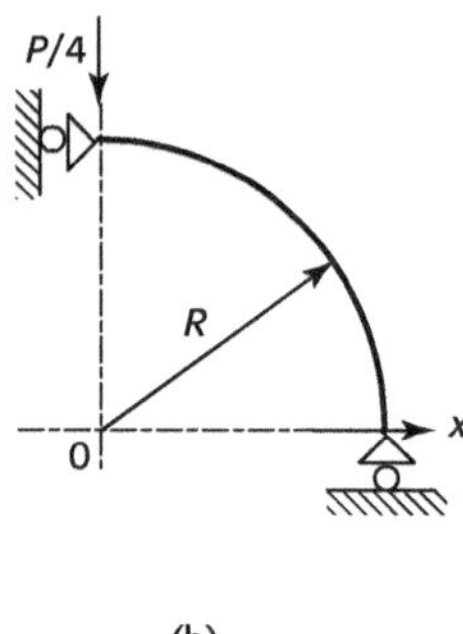

1. Le degré d'hyperstatique de structure est :

$$n = 1$$

2. L'anneau est un système symétrique avec des charges symétriques. Donc nous pouvons utiliser un quart de structure pour calculer les efforts intérieurs de la structure (figure b).

3. Le moment de flexion pour la charge P est :

$$M_q = -\frac{1}{2}P\sin\theta$$

4. Le moment de flexion pour la charge unitaire $X_1 = 1$ est $M^\circ_1 = 1$ (figure c).

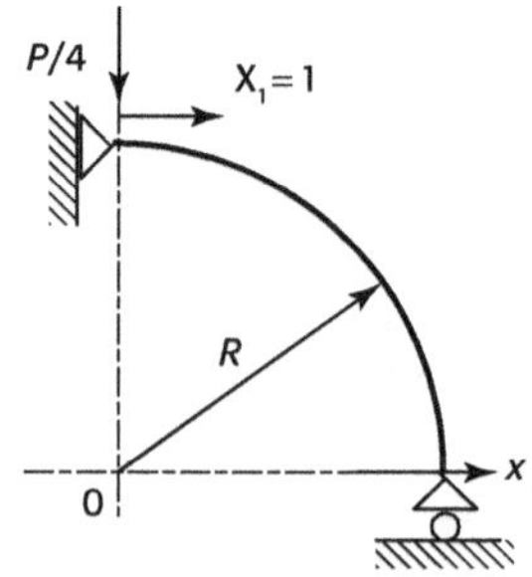

Figure (c)

5. La fermeture de coupure 1 dans l'état S_1 donne l'équation de méthode des forces :

$$\Delta_{11}X_1 + \Delta_{1P} = 0 \qquad \text{(a)}$$

Les termes de l'équation sont :

$$\Delta_{11} = \sum \int_S \frac{M^{\circ 2}_1}{EI}\,dS = \int_0^{\pi/2} \frac{(1)^2}{EI}\,R\,d\theta = \frac{\pi R}{2EI}$$

$$\Delta_{1P} = \sum \int_S \frac{M_P M^{\circ}_1}{EI}\,dS = -\int_0^{\pi/2} \frac{1}{EI}\left(\frac{1}{2}P\sin\theta\right)\cdot R^2\,d\theta = -\frac{PR^2}{2EI}$$

L'équation (a) devient :

$$\frac{\pi R}{2EI} X_1 + -\frac{PR^2}{2EI} = 0 \qquad \Rightarrow \qquad X_1 = \frac{PR}{\pi}$$

6. Le moment de flexion de l'anneau donné sur une section transversale quelconque est :

$$M = M°_1 X_1 + M_p$$

D'où le moment de flexion en A est :

$$M_A = \frac{PR}{\pi}$$

Le moment de flexion en C est :

$$M_B = \frac{1}{2} PR - \frac{PR}{\pi}$$

9.3 Arcs

9.3.1 Définition

Si une poutre-arc supporte une charge verticale, la charge produit une poussée (une réaction horizontale) sur les appuis de la poutre. Cette poutre s'appelle un arc. Nous remarquons qu'une poutre courbe supporte une charge verticale, la charge ne produit qu'une réaction verticale et elle ne produit pas une poussée sur les appuis.

9.3.2 Arcs isostatiques – Arc à trois articulations

Soit un arc comportant trois articulations A, B, C : deux articulations aux appuis simples A et B, et l'articulation à la clé C. L'arc à trois articulations est un système isostatique car les quatre composants des réactions, les poussées H_A, H_B et les réactions verticales des appuis R_{y-A} et R_{y-B}, peuvent être obtenues par trois équations de statique, auxquelles s'ajoute l'équation exprimant le fait que le moment à la clé C est nul.

Pour l'arc à trois articulations nous utilisons la méthode de poutre équivalente.

Supposons une poutre supportée par les mêmes appuis simples de même portée L que l'arc. Ses composantes verticales de charge sont les réactions déterminées par les mêmes charges que l'arc. Cette poutre droite s'appelle la poutre équivalente.

Soit μ le moment fléchissant de la poutre équivalente. R^* est la réaction verticale des appuis de la poutre équivalente et H^* est la réaction horizontale des appuis de la poutre équivalente.

En utilisant la poutre équivalente, le moment de flexion M, l'effort normal N et l'effort tranchant T au point $D(x, y)$ de l'arc sont obtenus par les résultats de μ, $R^* H^*$.

– Le moment de flexion M_D au point courant D est :

$$H_A = -H_B = H^* \qquad\qquad R_{y-A} = R^*_{y-A}$$

$$M_D = \left[R^*_{y-A} \cdot x_D - P_1 \cdot (x_D - a_1) \right] - H_A \cdot y_D = \mu_D - H^* \, y_D$$

– L'effort tranchant V_D au point courant D est :

$$V_D = V^*_D \cos \varphi_D - H^* \sin \varphi_D$$

– L'effort normal N_D au point courant D est :

$$N_D = -V_D^* \ \sin \ \varphi_D - H^* \cos \ \varphi_D$$

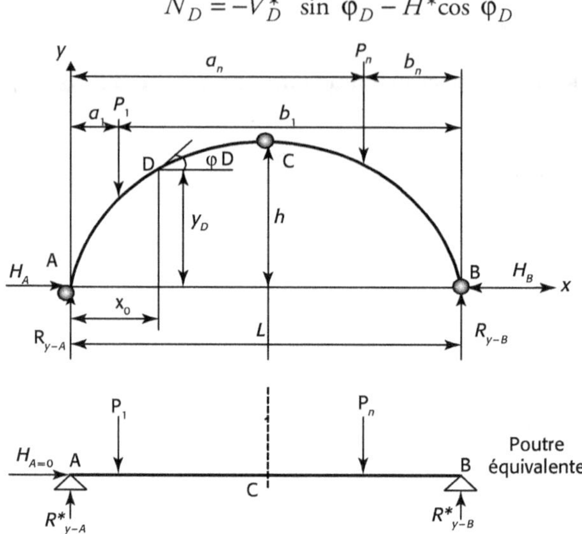

Figure 9.1 Arcs à trois articulations.

9.3.3 Arcs hyperstatiques

9.3.3.1 Formules générales de Bresse

• **Hypothèses**

– Les arcs hyperstatiques sont des pièces prismatiques à fibre moyenne non rectiligne mais plane et leurs dimensions transversales sont petites devant le rayon de courbure.

– Nous nous bornerons à donner les formules pour un arc à plan moyen, la force appliquée étant située dans ce plan.

• **Formules de Bresse**

Dans les formules de Bresse nous introduisons l'abscisse ξ au lieu de l'abscisse curviligne s, en substituant aux valeurs réelles des caractéristiques de la section courante, les valeurs réduites suivantes :

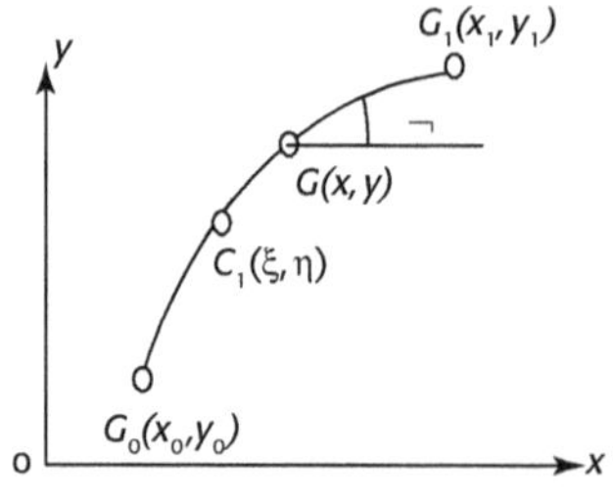

Figure 9.3.2 Formules de Bresse.

– Section réduite relative à la déformation d'effort normal :

$$S^* = S \cos\theta$$

– Section réduite relative à la déformation d'effort tranchant :

$$S_1^* = S_1 \cos\theta$$

– Moment quadratique réduit :

$$I^* = I \cos\theta$$

Les formules de Bresse sont :

$$\varphi(x) = \varphi_0 + \int_0^s \frac{M}{EI^*} d\xi$$

$$u = u_0 - \varphi_0(y - y_0) - \int_0^s \frac{M}{EI^*}(y - \eta)\,d\xi - \int_0^s \frac{N}{ES^*}\cos\theta\,d\xi + \int_0^s \frac{T}{GS_1^*}\sin\theta\,d\xi + \alpha t(x - x_0)$$

$$v = v_0 - \varphi_0(x - x_0) + \int_0^s \frac{M}{EI^*}(x - \xi)\,d\xi - \int_0^s \frac{N}{ES^*}\sin\theta\,d\xi - \int_0^s \frac{T}{GS_1^*}\cos\theta\,d\xi + \alpha t(y - y_0)$$

$$(\text{F 9-1})$$

9.3.3.2 Arc encastré aux deux extrémités

1. Formules de Bresse (action des charges verticales)

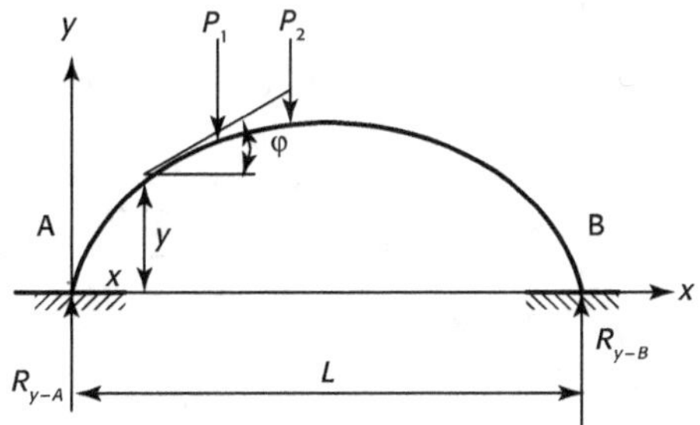

Figure 9.3 Action des charges verticales.

Un arc encastré aux deux extrémités est hyperstatique du troisième degré. Nous prenons généralement comme inconnues hyperstatiques les composantes de la réaction de gauche $R_{y\text{-}A}$ et $R_{x\text{-}A}$ suivant les axes de référence dans le plan moyen et le moment M de cette réaction par rapport à l'origine des coordonnées.

Les formules de Bresse, compte tenu du fait que les deux extrémités de l'arc sont fixes et ne peuvent pas tourner, donnent un système de trois équations pour déterminer les trois inconnues hyperstatiques, équations linéaires par rapport à ces inconnues. μ est le moment fléchissant dans la poutre équivalente.

Les équations donnant les inconnues hyperstatiques sont les suivantes :

$$M\int_0^L \frac{dx}{EI} = -\int_0^L \frac{\mu}{EI}\,ds$$

$$R_{x-A}\left[\int_0^L \frac{y^2\,dx}{EI} + \int_0^L \frac{dx}{ES}\right] = \int_0^L \frac{\mu y}{EI}\,dx$$

$$R_{y-A}\left[\int_0^L \frac{x^2\,dx}{EI} + \int_0^L \frac{dx}{ES}\right] = -\int_0^L \frac{\mu y}{EI}\,dx$$

En un point $G(x, y)$ de la fibre moyenne où la tangente fait un angle θ avec Ox les expressions de M, N, et T sont (pour des charges verticales) :

$$M = \mu + M + R_{y-A}x - R_{x-A}y$$

$$N = \left(\frac{d\mu}{dx} + R_{y-A}\right)\sin\theta + R_{x-A}\cos\theta$$

$$T = \left(\frac{d\mu}{dx} + R_{y-A}\right)\cos\theta - R_{x-A}\sin\theta$$

Influence d'une variation linéaire (α t) par unité de longueur :

$$\mu = 0 \quad ; \qquad R_{y-A} = 0 \quad ; \qquad R_{x-A}\left[\int_0^L \frac{y^2\,dx}{EI} + \int_0^L \frac{dx}{ES}\right] = atL$$

2. Théorème de Muller-Breslau

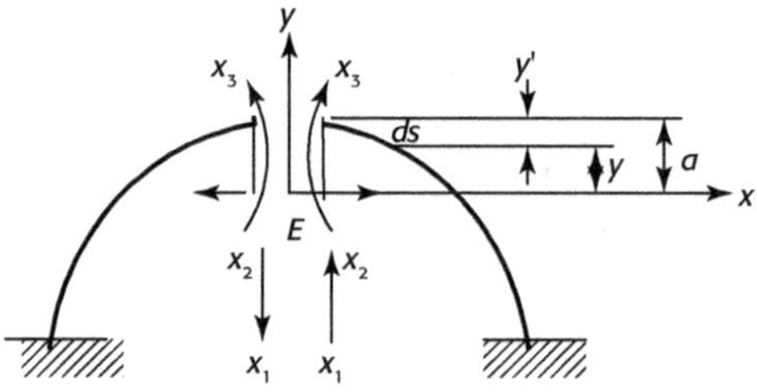

Figure 9.4 Théorème de Muller-Breslau.

— Degré d'hyperstatique de la structure :

— Équation de méthode des forces :

$$\Delta_{11}X_1 + \Delta_{12}X_2 + \Delta_{13}X_3 + \Delta_{10} = 0$$
$$\Delta_{21}X_1 + \Delta_{22}X_2 + \Delta_{23}X_3 + \Delta_{20} = 0$$
$$\Delta_{31}X_1 + \Delta_{32}X_2 + \Delta_{33}X_3 + \Delta_{30} = 0$$

— Théorème de Muller-Breslau

$X_1 = 1$: le moment de flexion, l'effort normal (l'effort en traction) et l'effort tranchant sont :

$$M^{\circ}_1 = x$$
$$V^{\circ}_1 = \cos\varphi$$
$$N^{\circ}_1 = -\sin\varphi$$

$X_2 = 1$: le moment de flexion, l'effort normal (l'effort en traction) et l'effort tranchant sont :

$$M^{\circ}_2 = -y$$
$$V^{\circ}_2 = -\sin\varphi$$
$$N^{\circ}_2 = -\cos\varphi$$

$X_3 = 1$: le moment de flexion, l'effort normal (l'effort en traction) et l'effort tranchant sont :

$$M^\circ_3 = 1$$
$$V^\circ_3 = 0$$
$$N^\circ_3 = 0$$

– Moment de flexion, effort tranchant et effort normal (effort en traction) :

$$M_f = M^\circ_1 X_1 + M^\circ_2 X_2 + M^\circ_3 X_3 + M_P = X_1 x - X_2 y + X_3 + M_P$$
$$V = V^\circ_1 X_1 + V^\circ_2 X_2 + V^\circ_3 X_3 + V_P = X_1 \cos\phi - X_2 \sin\phi + V_P$$
$$N = N^\circ_1 X_1 + N^\circ_2 X_2 + N^\circ_3 X_3 + N_P = -X_1 \sin\phi - X_2 \cos\phi + V_P$$

9.3.3.3 Arc à deux articulations

Les réactions verticales R_{y-A} et R_{y-B} de l'arc à deux articulations d'appuis en A et B, sont égales aux réactions d'appuis de la poutre équivalente.

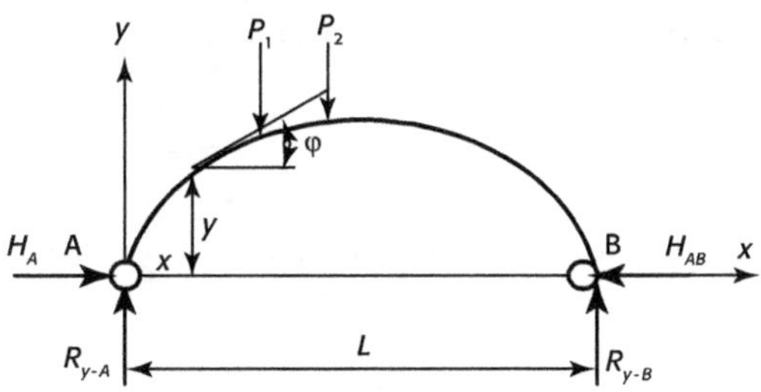

Figure 9.5 Arc à deux articulations.

La seule inconnue hyperstatique est la poussée $H = H_A = H_B$, elle est déterminée par la formule de Bresse (F 9-1), en écrivant que la distance AB est invariable :

$$\int_0^s \frac{M}{EI^*}dx - \int_0^s \frac{N}{ES^*}dx + \int_0^s \frac{T}{GS_1^*}dx = 0$$

En utilisant la poutre équivalente, nous obtenons les efforts de l'arc :

$$M = \mu - Ty$$
$$N = \frac{d\mu}{dx}\sin\theta + T\cos\theta$$
$$V = \frac{d\mu}{dx}\cos\theta - T\sin\theta$$

9.3.4 Exercices avec des arcs

Arc isostatique à trois articulations

L'arc ABC à trois articulations supportant une charge verticale uniformément répartie q.
Longueur de l'arc : L. Hauteur de l'arc : h. Déterminer la forme favorable de l'arc.

1. Nous utilisons la poutre équivalente, qui est sur appuis simples, de même portée AB, soumise aux mêmes charges verticales q que l'arc ABC. Le moment de flexion de poutre équivalente est égal à :

$$M_x^* = \frac{1}{2}qLx - \frac{1}{2}qx^2 = \frac{q}{2}x(L-x)$$

La forme favorable de l'arc permet que les moments de flexion soient égaux à zéro. Donc le moment de flexion dans l'arc est :

$$M_x = M_x^* - Hy = 0 \tag{a}$$

2. Dans la formule, la réaction horizontale de l'arc H est égale à :

$$H^* = H_A = H_B = \frac{M_C^*}{h} = \frac{qL^2}{8h}$$

3. À partir de la formule (a), la fonction la plus favorable de l'arc s'écrit :

$$y = \frac{M_x^*}{H^*} = \frac{\dfrac{q}{2}x(L-x)}{\dfrac{qL^2}{8h}} = \frac{4h}{L^2}x(L-x) \tag{b}$$

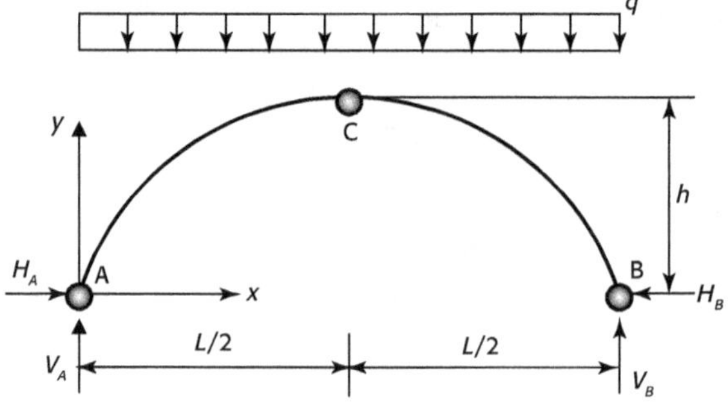

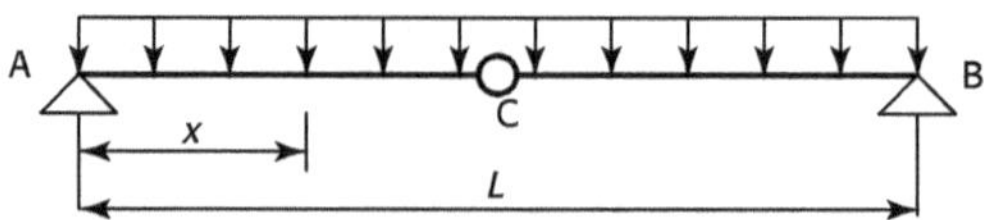

Remarques : 1. La fonction (b) de l'arc est une fonction parabolique. Quand l'arc supporte une charge verticale uniformément répartie, il permet que le moment de flexion de l'arc soit égal à zéro. Dans ce cas, nous pouvons utiliser moins de matériaux pour supporter les mêmes charges. Donc, dans la pratique, nous utilisons souvent la forme parabolique pour la construction d'un pont.

2. Si un arc à trois rotules supporte une **charge verticale** uniformément répartie q, la forme la plus favorable est un arc **parabolique** de deuxième degré.

3. Nous utilisons la même méthode pour trouver la forme de l'arc, supportant une **charge horizontale** uniformément répartie. La forme la plus favorable de l'arc est un **arc circulaire**.

Arc isostatique à trois articulations

L'arc ABC à trois articulations supportant une pression uniformément répartie de l'eau q. Démontrer que la forme favorable de l'arc est un arc circulaire (figure a).

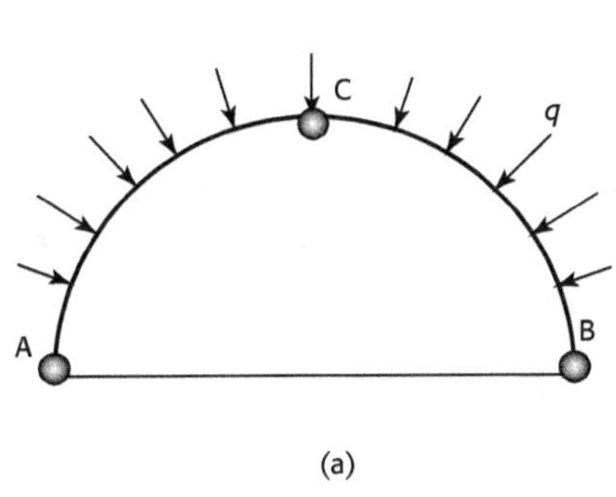

(a)

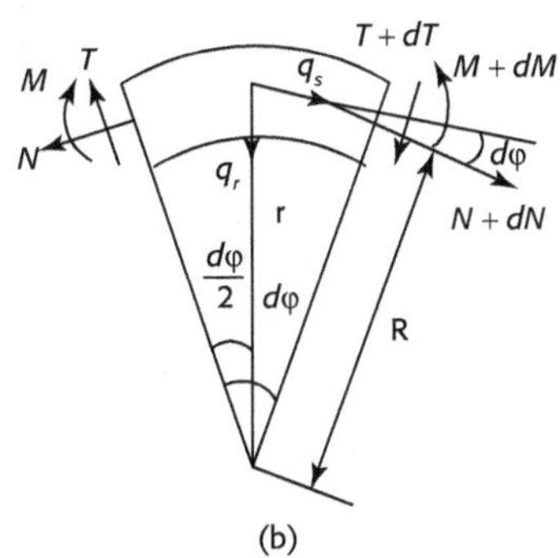

(b)

1. Isolons une partie $d\varphi$ de l'arc (figure b). Soit R le rayon de courbure. q_r et q_s sont les composants de la charge q suivant la direction de rayon R de l'arc et sa tangentielle. La longueur de la partie est $ds = Rd\varphi$.

2. Écrivons l'équation d'équilibre $\sum F_s = 0$, nous avons :

$$(N + dN)\cos\frac{d\varphi}{2} - N\cos\frac{d\varphi}{2} - (T + dT)\sin\frac{d\varphi}{2} - T\sin\frac{d\varphi}{2} + q.ds = 0$$

Comme φ est petite, nous considérons que $\cos\dfrac{d\varphi}{2} = 1$ et $\sin\dfrac{d\varphi}{2} = \dfrac{d\varphi}{2}$. L'équation précédente devient :

$$dN - Td\varphi + q_s ds = 0$$

Ici $ds = Rd\varphi$, donc :

$$\frac{dN}{ds} = \frac{T}{R} - q_s$$

3. À partir de l'équation d'équilibre $\sum F_r = 0$, nous avons :

$$dT + Nd\varphi + q_r ds = 0$$

Nous obtenons :
$$\frac{dT}{ds} = -\frac{N}{R} - q$$

4. À partir de l'équation d'équilibre $\sum M = 0$, nous avons :

$$dM - T \cdot ds = 0$$

Nous obtenons :
$$\frac{dM}{ds} = T$$

5. Nous obtenons les efforts intérieurs de l'arc :

$$\begin{cases} \dfrac{dN}{ds} = \dfrac{T}{R} - q_s \\[2mm] \dfrac{dT}{ds} = -\dfrac{N}{R} - q \\[2mm] \dfrac{dM}{ds} = T \end{cases} \qquad (a)$$

Dans le cas de cet exemple, l'arc supporte une pression uniformément répartie de l'eau q, nous considérons que l'effort tangentiel est nul, $q_s = 0$ et l'effort normal est constant : $q_r = q =$ constante. Donc, les expressions (a) deviennent :

$$\begin{cases} \dfrac{dN}{ds} = \dfrac{T}{R} \\[2mm] \dfrac{dT}{ds} = -\dfrac{N}{R} - q \\[2mm] \dfrac{dM}{ds} = T \end{cases} \qquad (b)$$

Supposons que l'arc est en équilibre et que le moment de flexion est nul, $M = 0$. C'est-à-dire que l'arc a une forme plus favorable, ce que nous souhaitons. Nous obtenons alors :

$$T = \frac{dM}{ds} = 0$$

De l'expression (b-1) nous obtenons :

$$\frac{dN}{ds} = \frac{T}{R} \quad \Rightarrow \quad N = \text{constante}$$

De l'expression (b-2) nous obtenons :

$$\frac{dT}{ds} = -\frac{N}{R} - q \quad \Rightarrow \quad 0 = -\frac{N}{R} - q \quad \Rightarrow \quad R = -\frac{N}{q}$$

Comme N et q sont constants, le rayon R de l'arc est une constante. Donc l'arc est un arc circulaire qui étant une structure favorable, permet au moment de flexion de devenir nul.

Exercice 9.12

Arc isostatique à trois articulations

L'arc ABC à trois articulations supporte une charge de terre répartie au long de l'arc, $q = q_C + \gamma \cdot y$. La densité de terre est γ.

Déterminer la forme favorable de l'arc.

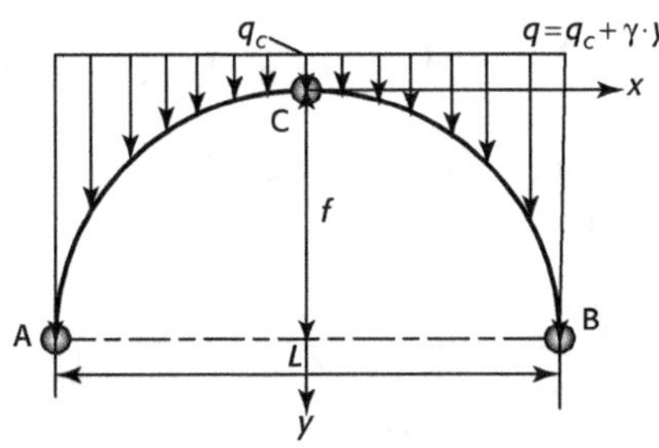

Pour l'arc à trois articulations, la forme favorable de l'arc devrait permettre que les moments de flexion soient nuls. Donc, le moment de flexion à l'abscisse x de l'arc est :

$$M_x = M_x^* - H \cdot y(x) = 0 \tag{a}$$

D'où :

$$y(x) = \frac{M^*(x)}{H} \tag{b}$$

$$\Rightarrow \quad \frac{d^2 y}{dx^2} = \frac{1}{H} \frac{d^2 M^*}{dx^2}$$

q_x est la composante de la charge q suivant la direction x. Elle est égale à :

$$q_x = -\frac{d^2 M^*}{dx^2}$$

$$\Rightarrow \quad \frac{d^2 y}{dx^2} = -\frac{qx}{H} \tag{c}$$

L'équation (c) est l'équation de l'arc favorable sous la charge verticale. Quand $q = q_C + \gamma \cdot y$ l'équation s'écrit :

$$\frac{d^2 y}{dx^2} = \frac{q_C}{H} + \frac{\gamma \cdot y}{H} \tag{d}$$

Ou :

$$y = A \cdot \mathrm{ch}\sqrt{\frac{\gamma}{H}}x + B \cdot \mathrm{ch}\sqrt{\frac{\gamma}{H}}x - \frac{q_C}{\gamma} \tag{e}$$

Les coefficients A et B sont déterminés par les conditions limites :

– en $x = 0$ et $y = 0$: $\quad A = \dfrac{q_C}{\gamma}$

– en $x = 0$ et $\dfrac{dy}{dx} = 0$: $\quad B = 0$

L'équation (e), l'équation de l'arc favorable, devient :

$$y = \frac{q_C}{\gamma} \cdot \left(\text{ch}\sqrt{\frac{\gamma}{H}}\, x - 1 \right)$$

Exercice 9.13

Arc isostatique à trois articulations

L'arc parabolique à trois articulations supporte une charge uniformément répartie partielle $q = 10$ kN/m. Longueur de l'arc : $L = 16$ m ; hauteur de l'arc $h = 4$ m. L'équation du parabolique de l'arc est $y = \dfrac{4h}{L^2}\, x(L-x)$.

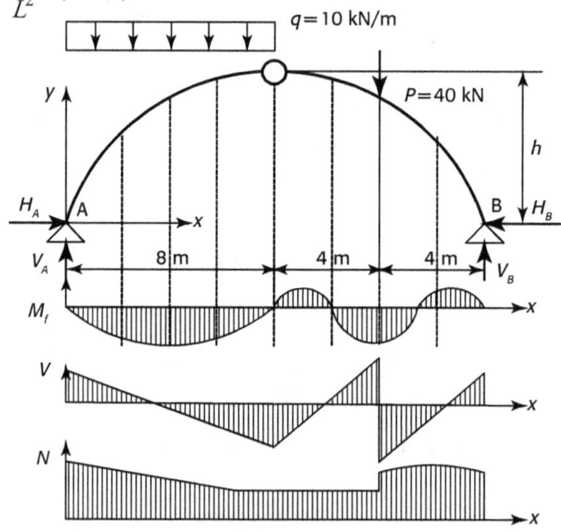

1. Les équations d'équilibre de l'arc parabolique sont :

$$\sum M_B = 0 \qquad V_A L - \frac{qL}{2} \times (8+4) - P \times 4 = 0$$

$$\sum M_A = 0 \qquad V_B L - \frac{qL}{2} \times 4 - P \times (8+4) = 0$$

2. Réactions verticales des appuis :

$$V_A = \frac{4P + 6qL}{L} = \frac{40 \times 4 + 10 \times 16 \times 6}{16} = 70 \text{ kN} \quad (\uparrow)$$

$$V_B = \frac{2qL + 12P}{L} = \frac{2 \times 10 \times 16 + 12 \times 40}{16} = 50 \text{ kN} \quad (\uparrow)$$

En utilisant la poutre équivalente, nous obtenons :

$$H_A = H = \frac{50 \times 8 - 40 \times 4}{4} = 60 \text{ kN} \quad (\rightarrow)$$

$$H_B = \frac{50 \times 8 - 40 \times 4}{4} = 60 \text{ kN} \quad (\leftarrow)$$

3. Coordonnées de section D :

$$x_D = 8 \text{ m} + 4 \text{ m} = 12 \text{ mm}$$

$$y_D = \frac{4h}{L^2} x_D (L - x_D) = \frac{4 \times 4}{16^2} \times 12 \times (16 - 12) = 3 \text{ m}$$

$$\tan \varphi_D = \left(\frac{dy}{dx} \right)_{x = x_1} = \frac{4h}{L}(L - 2x) = \frac{4 \times 4}{16^2}(16 - 2 \times 12) = -0,5$$

$$\varphi_D = -26°34' \qquad \sin \varphi_D = -0,447 \qquad \cos \varphi_D = 0,894$$

4. Efforts intérieurs de section D

– Moment de flexion M_f : $M_f = M_1^0 - H \cdot y_1 = 50 \times 4 - 60 \times 3 = 20 \text{ kN.m}$

– Effort tranchant V_D et effort normal N_D à gauche du point D :

$$V_{D-G} = V_D^* \cos \varphi_D - H^* \sin \varphi_D = -10 \times 0,894 - 60 \times (-0,447) = 17,88 \text{ kN}$$

$$N_{D-G} = -V_1^* \sin \varphi_D - H^* \cos \varphi_D = -10 \times (-0,447) + 60 \times 0,894 = 58,1 \text{ } kN\varphi \text{ (compression)}$$

– Effort tranchant V_D et effort normal N_D à droite du point D :

$$V_{D-D} = V_D^* \cos \varphi_D - H^* \sin \varphi_D = -50 \times 0,894 - 60 \times (-0,447) = -17,88 \text{ kN}$$

$$N_{D-D} = -V_1^* \sin \varphi_D - H^* \cos \varphi_D = -50 \times (-0,447) + 60 \times 0,894 = 75,99 \text{ } kN\varphi \text{ (compression)}$$

x (m)	y (m)	$\tan \varphi$	$\sin \varphi$	$\cos \varphi$	V^* (kN)	Moment de flexion M_f (kN.m)		
						M^*	$-H_y$	M
0	0	1	0,707	0,707	70	0	0	0
2	1,75	0,75	0,800	0,800	80	120	−105	15
4	3,00	0,50	0,447	0,894	30	200	−180	20
6	3,75	0,25	0,243	0,970	10	240	−225	15
8	4,00	0	0	1	−10	240	−240	0
10 gauche droite	3,75	−0,25	−0,243	0,970	−10 −10	220	−225	−5
12 gauche droite	3,00	−0,50	−0,447	0,894	−10 −50	200	−180	20
14	1,75	−0,75	0,800	0,800	−50	100	−105	−5
16	0	−1	−0,707	0,707	−50	0	0	0

x (m)	Effort tranchant de sections V (kN)			Effort normal de sections N (kN)		
	$V_0 \cos \varphi$	$-H \sin \varphi$	V	$V_0 \sin \varphi$	$H \cos \varphi$	N
0	49,5	−42,4	7,1	49,5	42,4	91,9
2	40,0	−36	4,0	30,0	48,0	78,0
4	26,8	−26,8	0	13,4	53,6	67,0
6	9,7	−14,6	−4,9	2,4	58,2	60,6
8	−10,0	0	−10,0	0	60,0	60,0
10 gauche	−9,7		4,9	2,4		
droite	−8,9	−14,6	17,9	4,5	58,2	58,1
12 gauche		26,8			53,6	76,0
droite	−44,7		−17,9	22,4		
14	−40,0	36,0	−4,0	30,0	48,0	78,0
16	−35,4	42,4	7,0	35,4	42,4	77,8

Remarque : Le moment de flexion produit des contraintes normales non constantes. Au contraire l'effort normal produit une contrainte normale stable. Donc, la meilleure solution est de diminuer le moment de flexion dans l'intérieur de l'arc, en changeant la forme de celui-ci, pour amener, si possible, le moment de flexion jusqu'à zéro, cas le plus favorable.

Arc hyperstatique – Arc parabolique encastré

L'arc parabolique ABC, encastré aux deux naissances A et B, supporte deux charges concentrées $p_1 = 10$ kN et $p_2 = 1,5$ kN et une charge uniforme $q = 5$ kN/m. L'équation de parabolique est $y = \dfrac{4h}{L^2}(L-x)x$. Le moment d'inertie à la clé C est I_C. Le moment d'inertie du point quelconque est $I = \dfrac{I_c}{\cos \phi}$.

Déterminer les efforts à la clé C et les efforts en A.

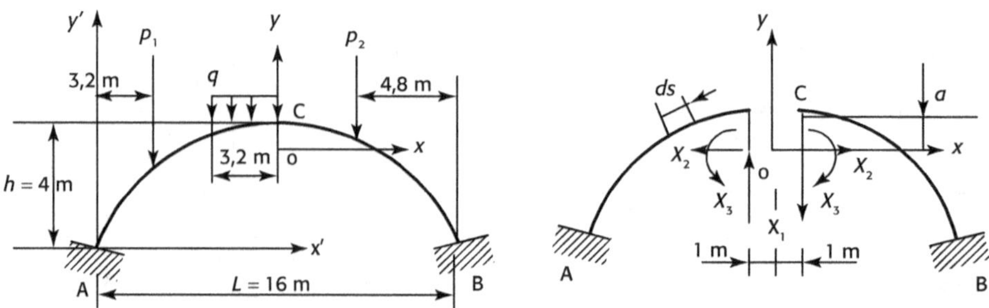

1. Déterminons les ordonnées du centre élastique O dans le repère $x'y'$:

$$y_0 = \frac{\displaystyle\int \frac{y}{EI}\,ds}{\displaystyle\int \frac{1}{EI}\,ds} = \frac{\displaystyle\int \frac{y}{EI_C}\,dx}{\displaystyle\int \frac{1}{EI_C}\,dx} = \frac{\displaystyle\int y\,dx}{\displaystyle\int dx} = \frac{1}{L}\cdot\frac{4h}{L^2}\cdot\int_0^{-L}(L\cdot x - x^2)\cdot dx = \frac{2}{3}h$$

2. La distance a entre le centre élastique O et la clé C est :

$$a = h - y_0 = \frac{h}{3} = \frac{4}{3} = 1,333 \text{ m}$$

3. Le degré d'hyperstatique de la structure est $n = 3$. En effectuant les trois coupures, X_1, X_2 et X_3 à la clé C, les équations de méthode des forces sont :

$$\Delta_{11}X_1 + \Delta_{12}X_2 + \Delta_{13}X_3 + \Delta_{10} = 0$$

$$\Delta_{21}X_1 + \Delta_{22}X_2 + \Delta_{23}X_3 + \Delta_{20} = 0$$

$$\Delta_{31}X_1 + \Delta_{32}X_2 + \Delta_{33}X_3 + \Delta_{30} = 0$$

Les efforts X_1, X_2 et X_3 à la clé C sont :

$$X_1 = -\frac{\Delta_{10}}{\Delta_{11}} \qquad X_2 = -\frac{\Delta_{20}}{\Delta_{22}} \qquad X_3 = -\frac{\Delta_{30}}{\Delta_{33}}$$

4. Les moments de flexion par la force unitaire sont :

$$M^\circ_1 = x \qquad M^\circ_2 = -y \qquad M^\circ_3 = 1$$

5. Déterminer les termes de l'équation de la méthode des forces. Couper l'arc en 16 parties de 1 m de longueur $\Delta S = 1$ m.

$$\frac{\Delta S}{EI} = \frac{\Delta x}{\cos\phi} \cdot \frac{\cos\phi}{EI_C} = \frac{\Delta x}{EI_C}$$

6. Supposons $\dfrac{\Delta x}{EI_C} = 1$. En utilisant la méthode des forces nous obtenons :

$$\Delta_{11} = \sum \frac{M^{\circ 2}_1 \Delta s}{EI} = \sum x^2$$

$$\Delta_{22} = \sum \frac{M^{\circ 2}_2 \Delta s}{EI} = \sum y^2$$

$$\Delta_{33} = \sum \frac{M^{\circ 2}_3 \Delta s}{EI} = \sum 1^2$$

$$\Delta_{10} = \sum \frac{M^\circ_1 M_P}{EI} \Delta s = \sum x M_P$$

$$\Delta_{20} = \sum \frac{M^\circ_2 M_P}{EI} \Delta s = -\sum y M_P$$

$$\Delta_{30} = \sum \frac{M^\circ_3 M_P}{EI} \Delta s = \sum M_P$$

7. Les résultats des 8 parties gauches se trouvent dans le tableau. Nous pouvons utiliser la même méthode de calcul pour les parties droites.

	x	y	x^2	y^2	1^2	M_P	xM_P	yM_P
1	−0,5	1,318	0,25	1,74	1	−0,63	0,32	−0,84
2	−1,5	1,193	2,25	1,43	1	−5,63	8,45	−6,72
3	−2,5	0,943	6,25	0,89	1	−15,63	39,08	−14,74
4	−3,5	0,568	12,25	0,32	1	−30,63	106,4	−17,27
5	−4,5	0,068	20,25	0,05	1	−46,4	208,8	−3,16
6	−5,5	−0,556	30,25	0,31	1	−69,4	381,7	38,58
7	−6,5	−1,307	42,25	1,71	1	−95,4	620,1	124,68
8	−7,5	−2,182	56,25	4,76	1	−121,4	910,5	264,89
Σ des 16 parties			17×2	$11,17 \times 2$	8×2	−402,14	2165,5	407,49

8. Le moment de flexion de chaque partie, par exemple, est :

$$M_{P1} = -\frac{0,5^2}{2} \times 0,5 = -0,63 \text{ kN.m}$$

$$M_{P2} = -\frac{1,5^2}{2} \times 0,5 = -5,63 \text{ kN.m}$$

9. Les efforts X_1, X_2 et X_3 à la clé C, finalement, sont égaux à :

$$X_1 = -\frac{2165,5}{340} = -6,37 \text{ kN}$$

$$X_2 = -\frac{407,49}{22,34} = -18,2 \text{ kN}$$

$$X_3 = -\frac{402,14}{16} = -25,13 \text{ kN.m}$$

10. Les réactions en A, le moment de flexion M_A, l'effort horizontal H_A et l'effort vertical V_A, sont :

$$M_A = 9,66 \text{ kN.m}$$

$$H_A = 18,24 \text{ kN } (\rightarrow)$$

$$V_A = 19,63 \text{ kN } (\uparrow)$$

Arc hyperstatique – Arc circulaire encastré

L'arc circulaire ACB à section constante, encastré sur deux appuis, supporte une charge concentrée P à la clé C de l'arc. Déterminer les efforts à la clé C et les efforts des naissances de l'arc A et B.

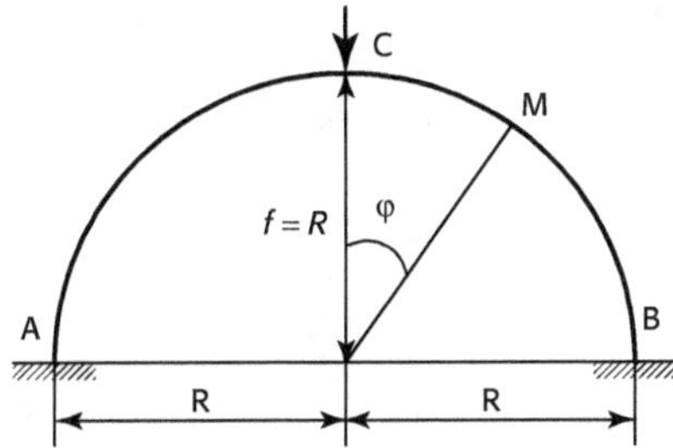

1. Nous choisirons deux repères parallèles. L'origine des coordonnées du repère xy est le centre O' de l'arc circulaire. L'origine des coordonnées du repère $x'y'$ est le centre élastique O de l'arc. L'angle φ d'un point M de l'arc est mesuré à partir de C. Nous avons la relation entre deux repères :

$$x' = x = R\sin\varphi \qquad y' = y + d = R\cos\varphi$$

2. La distance d entre le centre des origines des ordonnées et le centre élastique est :

$$d = \frac{\displaystyle\int \frac{y'}{EI}\,ds}{\displaystyle\int \frac{1}{EI}\,ds} = \frac{\displaystyle 2\int_0^{\pi/2} \frac{R\cos\varphi}{EI}\cdot R\cdot d\varphi}{\displaystyle 2\int_0^{\pi/2} \frac{1}{EI}\cdot R\cdot d\varphi} = \frac{2}{\pi}R$$

3. Le degré d'hyperstatique de la structure est $n = 3$. En effectuant les trois coupures, X_1, X_2 et X_3 à la clé C, pour obtenir une structure isostatique. Les équations principales de méthode des forces sont :

$$
\begin{aligned}
\Delta_{11}X_1 + \Delta_{12}X_2 + \Delta_{13}X_3 + \Delta_{10} &= 0\\
\Delta_{21}X_1 + \Delta_{22}X_2 + \Delta_{23}X_3 + \Delta_{20} &= 0\\
\Delta_{31}X_1 + \Delta_{32}X_2 + \Delta_{33}X_3 + \Delta_{30} &= 0
\end{aligned}
\tag{a}
$$

L'effort vertical à la clé C est nul, $X_3 = 0$, car la structure et la charge extérieure est sont symétriques par rapport à la clé C. Donc, il reste deux inconnues X_1, et X_2 à déterminer à la clé C. En négligeant l'influence du moment de flexion, les équations peuvent être simplifiées :

$$
\begin{aligned}
\Delta_{11}X_1 + \Delta_{1P} &= 0\\
\Delta_{22}X_2 + \Delta_{2P} &= 0
\end{aligned}
\tag{b}
$$

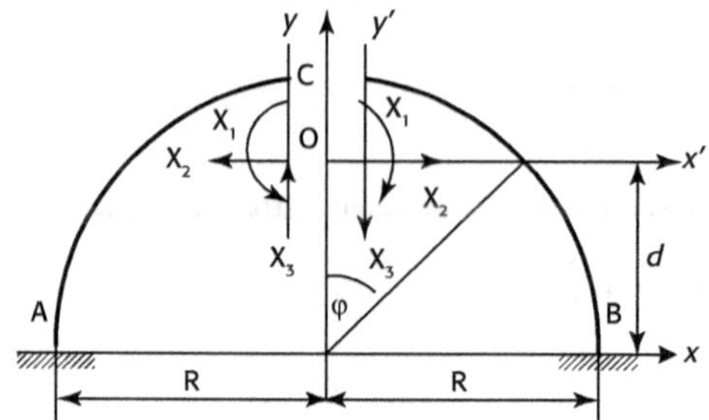

5. Appliquons les charges extérieures sur la structure isostatique. Nous obtenons le moment de flexion M_P :

$$M_P = -\frac{P}{2}x = -\frac{P}{2}R\sin\varphi$$

D'où :

$$\Delta_{1P} = \frac{\int\left(M_1^0 \cdot M_P\right)\cdot ds}{EI} = \frac{2\displaystyle\int_0^{\pi/2}\left(-\frac{P}{2}R\sin\varphi\right)\cdot R\cdot d\varphi}{EI} = -\frac{P\cdot R^2}{EI}$$

$$\Delta_{2P} = \frac{\int\left(M_2^0 \cdot M_P\right)\cdot ds}{EI} = \frac{2\displaystyle\int_0^{\pi/2}\left(-\frac{P}{2}R\sin\varphi\cdot\left(\frac{2}{\pi}-\cos\varphi\right)\cdot R\right)\cdot R\cdot d\varphi}{EI} = -\frac{P\cdot R^3}{EI}\left(\frac{2}{\pi}-\frac{1}{2}\right)$$

6. Appliquons les charges unitaires $X_1 = 1$ et $X_2 = 1$ aux lèvres des coupures. Les moments de flexion sont :

$$M_1^0 = 1$$

$$M_2^0 = -y = -(y'-d) = R\cdot\left(\frac{2}{\pi}-\cos\varphi\right)$$

D'où :

$$\Delta_{11} = \frac{\int\left(M_1^0\right)^2 ds}{EI} = \frac{\int ds}{EI} = \frac{\pi\cdot R}{EI}$$

$$\Delta_{22} = \frac{\int\left(M_2^0\right)^2 ds}{EI} = \frac{2\displaystyle\int_0^{\pi/2}R^2\cdot\left(\frac{2}{\pi}-\cos\varphi\right)^2\cdot R\cdot d\varphi}{EI} = \frac{2\cdot R^3}{EI}\left(\frac{\pi}{4}-\frac{2}{\pi}\right)$$

7. À partir de l'équation (b), déterminons les deux inconnues X_1 et X_2 :

$$X_1 = -\frac{\Delta_{1P}}{\Delta_{11}} \quad\Rightarrow\quad X_1 = -\frac{PR}{\pi} = 0,32PR$$

$$X_2 = -\frac{\Delta_{2P}}{\Delta_{22}} \quad\Rightarrow\quad X_2 = -\frac{4-\pi}{x^2-8}P = 0,46P$$

La poussée de l'arc est : $H = X_2 = 0,46P$

Le moment de flexion à la clé C est :

$$M_C = X_1 - X_2(R - d) = 0{,}114P$$

Les moments de flexion aux naissances A et B sont :

$$M_A = M_B = X_1 + X_2 \times d - P \times R = 0{,}11PR$$

Arc hyperstatique - Arc circulaire encastré

L'arc circulaire ACB à section constante, supporte une charge verticale uniformément répartie $q = 200$ kN/m.

Déterminer les moments de flexion de la clé C et de naissances A et B.

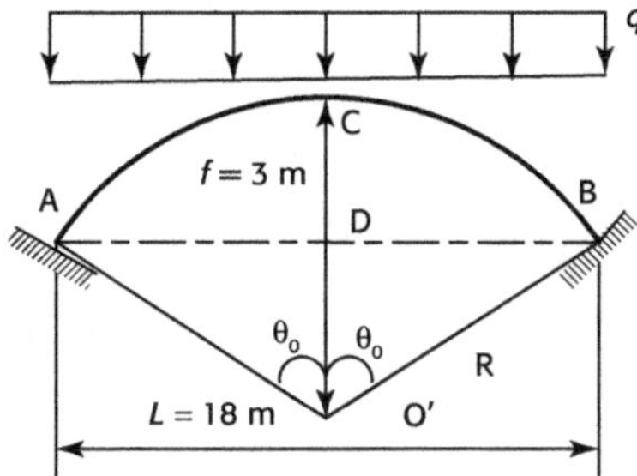

1. Déterminer le rayon de l'arc circulaire. En utilisant la géométrie dans le triangle $\Delta O' AD$, nous avons :

$$R^2 = \left(\frac{L}{L}\right)^2 + (R - f)^2 \quad \Rightarrow \quad R = \frac{L^2 + 4f^2}{8f} = 15 \text{ m}$$

$$\sin\theta_0 = 0{,}6 \;;\; \cos\theta_0 = 0{,}8 \;;\; \theta_0 = 0{,}643$$

2. Déterminer la position du centre élastique. L'angle φ d'un point M de l'arc est mesuré à partir de C. La distance entre le centre des origines des coordonnées d'arc et le centre élastique est :

$$d = \frac{\displaystyle\int \frac{y'}{EI}\,ds}{\displaystyle\int \frac{1}{EI}\,ds} = \frac{\displaystyle 2\int_0^{\theta_0} \frac{R\cos\varphi}{EI}\cdot R\cdot d\varphi}{\displaystyle 2\int_0^{\vartheta_0} \frac{1}{EI}\cdot R\cdot d\varphi} = 13{,}986 \text{ m}$$

3. Le degré d'hyperstatique de la structure est $n = 3$. On effectue les trois coupures, X_1, X_2 et X_3 à la clé C, pour obtenir une structure isostatique. Les équations principales de méthode des forces sont :

$$\begin{aligned}
\Delta_{11}X_1 + \Delta_{12}X_2 + \Delta_{13}X_3 + \Delta_{10} &= 0 \\
\Delta_{21}X_1 + \Delta_{22}X_2 + \Delta_{23}X_3 + \Delta_{20} &= 0 \\
\Delta_{31}X_1 + \Delta_{32}X_2 + \Delta_{33}X_3 + \Delta_{30} &= 0
\end{aligned} \qquad \text{(a)}$$

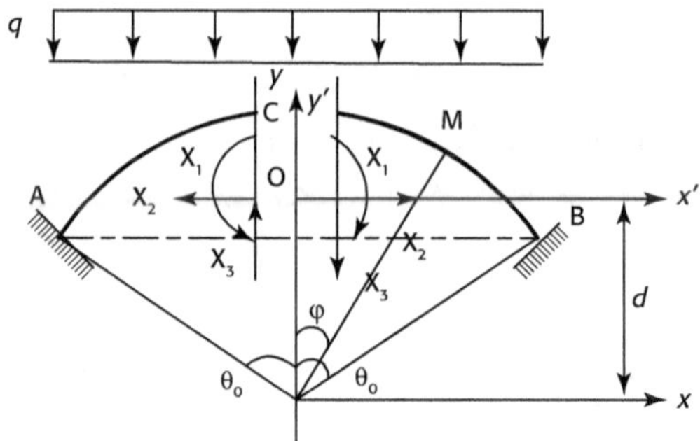

L'effort vertical à la clé C est nul, $X_3 = 0$, car la structure et la charge extérieure sont symétriques par rapport à la clé C. Donc, il reste deux inconnues X_1 et X_2 à déterminer à la clé C. En négligeant l'influence du moment de flexion, les équations peuvent être simplifiées :

$$\Delta_{11}X_1 + \Delta_{1P} = 0$$
$$\Delta_{22}X_2 + \Delta_{2P} = 0 \tag{b}$$

4. Appliquons les charges extérieures sur la structure isostatique, nous obtenons le moment de flexion M_P :

$$M_P = -\frac{q}{2}x^2 = -\frac{q}{2}R^2 \sin^2 \varphi$$

D'où :

$$\Delta_{1P} = \frac{\int \left(M_1^0 \cdot M_P\right)\cdot ds}{EI} = \frac{2\int_0^{\theta_2} 1\times\left(-\frac{q}{2}R^2 \sin^2 \varphi\right)\cdot R\cdot d\varphi}{EI}$$

$$= -\frac{q\cdot R^3}{EI}\left(\frac{\theta_0}{2} - \frac{1}{4}\sin 2\theta_0\right) = -0,08175\frac{qR^3}{EI}$$

$$\Delta_{2P} = \frac{\int \left(M_2^0 \cdot M_P\right)\cdot ds}{EI} = \frac{2\int_0^{\theta_0} R\cdot\left(\frac{\sin \varphi}{\varphi} - \cos \varphi\right)\left(-\frac{q}{2}R^2 \sin^2 \varphi\right)\cdot R\cdot d\varphi}{EI}$$

$$= -\frac{q\cdot R^4}{EI}\left(\frac{1}{2}\sin \theta_0 - \frac{1}{4\varphi}\sin \theta_0 \sin 2\theta_0 - \frac{1}{3}\sin^3 \theta_0\right) = -0,00422\frac{qR^4}{EI}$$

5. Appliquons les charges unitaires $X_1 = 1$ et $X_2 = 1$ aux lèvres des coupures, les moments de flexion sont :

$$M_1^0 = 1$$

$$M_2^0 = -y = -(y'-d) = R\cdot\left(\frac{\sin \varphi}{\varphi} - \cos \varphi\right)$$

D'où :

$$\Delta_{11} = \frac{\int \left(M_1^0\right)^2 ds}{EI} = \frac{2 \cdot \int_0^{\theta_0} R \, d\varphi}{EI} = \frac{2 \cdot R \cdot \theta_0}{EI} = 1,287 \frac{R}{EI}$$

$$\Delta_{22} = \frac{\int \left(M_2^0\right)^2 ds}{EI} = \frac{2\int_0^{\theta_0} R^2 \cdot \left(\frac{\sin \varphi}{\varphi} - \cos \varphi\right)^2 \cdot R \cdot d\varphi}{EI}$$

$$= \frac{2 \cdot R^3}{EI}\left(\frac{\theta_0}{2} - \frac{\sin^2 \theta_0}{\theta_0} + \frac{1}{4}\sin 2\theta_0\right) = 0,00462 \frac{R^3}{EI}$$

7. À partir de l'équation (b), déterminons les deux inconnues X_1, et X_2

$$X_1 = -\frac{\Delta_{1P}}{\Delta_{11}} \quad \Rightarrow \quad X_1 = \frac{-0,081qR^3}{1,287R} = 2858,4 \text{ kN}$$

$$X_2 = -\frac{\Delta_{2P}}{\Delta_{22}} \quad \Rightarrow \quad X_2 = \frac{-0,00422qR^4}{0,00462R^3} = 2742,7 \text{ kN}$$

La poussée de l'arc est : $H = X_2 = 2742,7$ kN

Le moment de flexion à la clé C est :

$$M_C = X_1 - X_2(R - d) = 76,65 \text{ kN.m}$$

Les moments de flexion aux naissances A et B sont :

$$M_A = M_B = X_1 + X_2 \times (d - R\cos\phi) - \frac{q}{2}\left(\frac{L}{2}\right)^2 = -206,79 \text{ kN.m}$$

Arc hyperstatique - Arc parabolique à deux articulations

Un arc parabolique sans tirant à section constante, sur deux appuis, supporte une charge uniformément répartie $q = 8$ kN/m. Le moment d'inertie de l'arc est : $I = 1843 \times 10^{-6}$ m^4.

La surface de la section transversale est : $S = 384 \times 10^{-1}$ m^2

Le module d'élasticité longitudinale de l'arc est : $E = 192 \times 10^6$ kN/m^2.

Le degré d'hyperstatique de la structure est : $n = 1$.

L'équation de l'arc parabolique est : $y = \dfrac{4f}{L^2} x(L - x)$

1. Calcul du rapport $\dfrac{f}{L}$: $\dfrac{f}{L} = \dfrac{3,6}{18} = \dfrac{1}{5}$

Comme le rapport est inférieur à 1/3, nous devons calculer l'action d'effort normal.

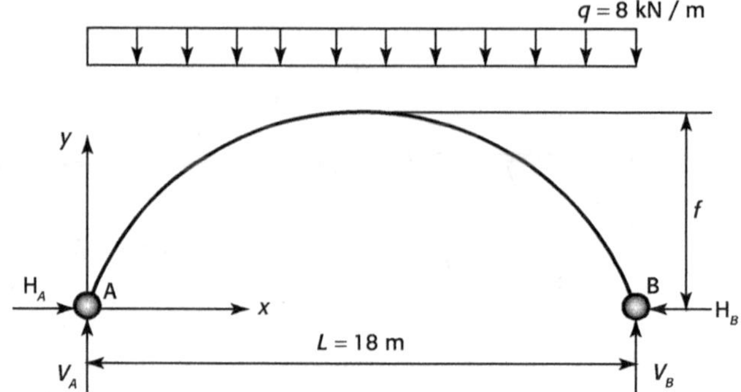

2. Quand le rapport $\dfrac{f}{L}$ est inférieur 1/4, nous pouvons supposer $ds \approx dx$; $\cos\varphi \approx 1$.

3. L'équation de coupure de méthode de force est :

$$\Delta_{11} X_1 + \Delta_{1P} = 0$$

$$\Delta_{11} = \int \frac{M^{\circ 2}_1}{EI}\, ds + \int \frac{N^{\circ 2}_1}{ES}\, ds = \int \frac{y^2}{EI}\, dx + \int \frac{y}{ES}\, dx$$

$$\Delta_{1P} = \int \frac{M^{\circ}_1 M_P}{EI}\, ds = -\frac{1}{EI} \int_0^1 y M_P\, dx$$

Avec l'équation de forme de l'arc $y = \dfrac{4f}{L^2} x(L-x)$, nous trouvons :

$$M_P = \frac{q}{2} x(L-x)$$

Donc l'équation de coupure devient :

$$\Delta_{11} = \frac{1}{EI} \int_0^L \left[\frac{4f}{L^2} x(L-x)\right]^2 dx + \frac{1}{ES} \int_0^L dx = \frac{16 f^2 L}{30 EI} + \frac{L}{ES}$$

$$= \frac{16 \times 3{,}6^2 \times 18^3}{30 \times 192 \times 10^6 \times 1843 \times 10^{-6}} + \frac{18}{192 \times 10^6 \times 384 \times 10^{-3}} = 3518{,}45 \times 10^{-7}$$

$$\Delta_{1P} = -\frac{1}{EI} \int_0^L \left[\frac{4f}{L^2} x(L-x)\right] \cdot \left[\frac{q}{2} x(L-x)\right] \cdot dx = -\frac{q \cdot f \cdot L^3}{15 EI}$$

$$= \frac{-8 \times 3{,}6 \times 10^3}{15 \times 192 \times 10^6 \times 1843 \times 10^{-6}} = -316{,}44 \times 10^{-4}$$

$$X_1 = \frac{\Delta_{1P}}{\Delta_{11}} = 89{,}94 \text{ kN}$$

La réaction horizontale (posée) est :

$$H_A = X_1 = 89,94 \text{ kN}$$
$$H_B = -X_1 = -89,94 \text{ kN}$$

Arc hyperstatique – Arc parabolique à deux articulations

Un arc parabolique sans tirant à section constante, sur deux appuis, supporte une charge uniformément répartie q. L'équation de l'arc parabolique est : $y = \dfrac{4f}{L^2} x(L-x)$. Déterminer la poussée H de l'arc.

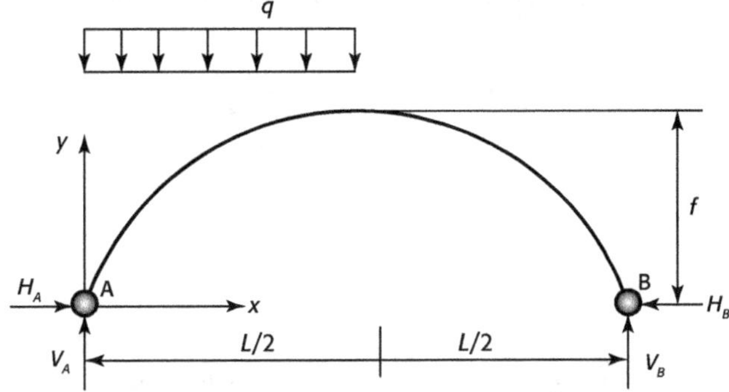

Le degré d'hyperstatique de la structure est : $n = 1$.

Nous utilisons la méthode des forces et supposons que le rapport $\dfrac{f}{L}$ est inférieur 1/4, donc $ds \approx dx$; $\cos\varphi \approx 1$.

L'équation de coupure de méthode de force est :

$$\Delta_{11} X_1 + \Delta_{1P} = 0$$

$$\Delta_{11} = \int \frac{M_1^{\circ 2}}{EI}\, ds = \int \frac{y^2}{EI}\, dx = \frac{1}{EI} \int_0^L \left(\frac{4f}{L^2} x(L-x) \right)^2 dx$$

$$= \frac{16f^2}{EIL^4} \int_0^L \left(L^2 x^2 - 2Lx^3 + x^4 \right) \cdot dx = \frac{8f^2 L}{15EI}$$

Nous utilisons la poutre équivalente pour calculer le moment de flexion M^* (figure b).

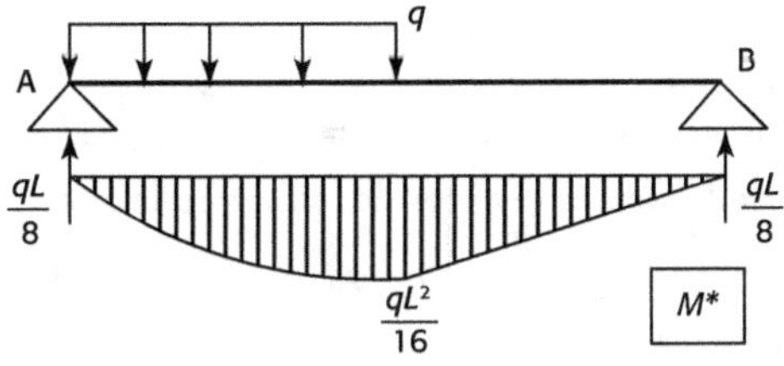

$$0 < x < \frac{L}{2} \qquad M^* = \frac{3}{8}qLx - \frac{1}{2}qx^2$$

$$\frac{L}{2} < x < L \qquad M^* = \frac{qL}{8} \cdot (L - x)$$

D'où nous avons :

$$\Delta_{1P} = \int \frac{M^\circ{}_1 M_P}{EI} ds = -\frac{1}{EI} \int_0^L y M_P \, dx = -\frac{1}{EI} \int_0^L y M^* \, dx$$

$$= -\frac{1}{EI} \int_0^{L/2} y \cdot \left(\frac{3}{8}qLx - \frac{1}{2}qx^2 \right) dx - \frac{1}{EI} \int_{L/2}^L y \cdot \frac{qL}{8} \cdot (L - x) \, dx = \frac{-q \cdot f \cdot L^3}{30 EI}$$

En utilisant l'équation de méthode des forces, nous obtenons la poussée de l'arc.

$$H = X_1 = -\frac{\Delta_{1P}}{\Delta_{11}} = \frac{qL^2}{16f}$$

$$H_A = H_B = H = \frac{qL^2}{16f}$$

Exercice 9.19

Arc hyperstatique - Arc parabolique à deux articulations

Un arc parabolique à section constante, sur deux appuis, supporte une charge concentrée $p = 1$. L'équation de l'arc est : $y = \frac{4f}{L^2} x(L - x)$. Déterminer la poussée H de l'arc.

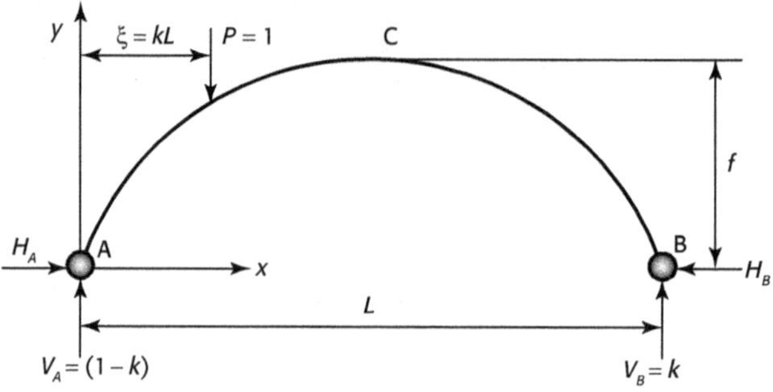

Le degré d'hyperstatique de la structure est : $n = 1$.

Nous utilisons la méthode des forces, considérant que la déformation normale est négligeable. On suppose que le rapport $\frac{f}{L}$ est inférieur 1/4, donc $ds \approx dx$; $\cos \varphi \approx 1$, L'équation de coupure de méthode des forces est :

$$\Delta_{11}X_1 + \Delta_{1P} = 0$$

$$\Delta_{11} = \int \frac{M^{\circ 2}_1}{EI}\,ds = \int \frac{y^2}{EI}\,dx = \frac{1}{EI}\int_0^L \left(\frac{4f}{L^2}x(L-x)\right)^2 dx$$

$$= \frac{16f^2}{EIL^4}\int_0^L \left(L^2 x^2 - 2Lx^3 + x^4\right)\cdot dx = \frac{8f^2 L}{15EI}$$

Pour calculer le moment de flexion M^*, nous utilisons la poutre équivalente, qui est supportée une charge concentrée $P = 1$.

$$0 < x < \xi \qquad M^* = V_A \cdot x = (1-k)\cdot x$$

$$\xi < x < L \qquad M^* = V_B \cdot (L-x) = k \cdot (L-x)$$

D'où nous avons :

$$\Delta_{1P} = \int \frac{M^{\circ}_1 M_P}{EI}\,ds = -\frac{1}{EI}\int_0^L yM_P\,dx = -\frac{1}{EI}\int_0^L yM^*\,dx = -\frac{1}{EI}\int_0^L \left(\frac{4f}{L^2}x(L-x)\right)\cdot M^*\,dx$$

$$= -\frac{1}{EI}\int_0^\xi \frac{4f}{L^2}x\cdot(L-x)(1-k)\cdot x\cdot dx + \frac{1}{EI}\int_\xi^L \frac{4f}{L^2}x\cdot(L-x)\cdot k\cdot(L-x)\cdot dx$$

$$= -\frac{f\cdot L^3}{3EI}k\cdot(1-k)\cdot(1+k-k^2)$$

En utilisant l'équation de méthode des forces, nous obtenons la poussée de l'arc :

$$H = X_1 = -\frac{\Delta_{1P}}{\Delta_{11}} = \frac{5L}{8f}k\cdot(1-k)\cdot(1+k-k^2)$$

$$H_A = H_B = H = \frac{5L}{8f}k\cdot(1-k)\cdot(1+k-k^2)$$

Arc parabolique avec tirant à deux articulations

Un arcs parabolique à section constante, sur deux appuis, supporte une charge uniformément répartie $q = 10$ kN/m. L'arc de section est rectangulaire. La surface de section rectangulaire d'arc est : $S_a = b\cdot h = 30\times 50$ cm^2. Le module d'élasticité transversale d'arc $E_a = 3\times 10^3$ kN/cm^2. L'équation d'arc parabolique est : $y = \dfrac{4h}{L^2}x(L-x)$. La hauteur d'arc est : $h = L/5$. Le tirant AB est à deux profilés en L de 50×5. Le module d'élasticité de tirant $E_t = 2\times 10^4$ kN/cm^2. Surface de section de tirant $S_1 = 2\times 4{,}803$ cm^2. Déterminer les efforts et le moment de flexion de l'arc.

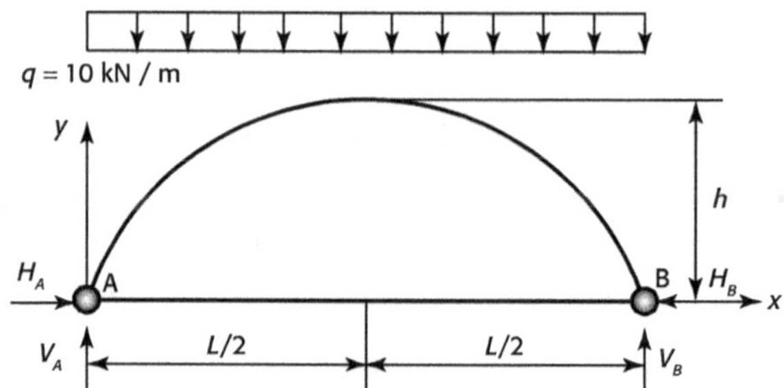

1. Calculer le rapport $\dfrac{h}{L}$.

$$\frac{h}{L} = \frac{1}{5}$$

Si le rapport est inférieur de 1/3, $\dfrac{1}{4} < \dfrac{h}{L} < \dfrac{1}{3}$, nous devons calculer l'action d'effort normal.

Le rapport est inférieur de 1/4, $\dfrac{h}{L} < \dfrac{1}{4}$, nous pouvons considérer :

$$ds \approx dx \; ; \; \cos\varphi \approx 1$$

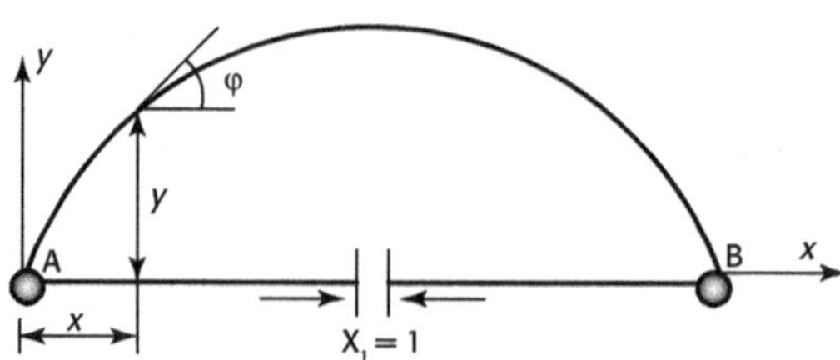

2. Les réactions verticales des A et B sont obtenus directement par les équations d'équilibre :

$$V_A = qL / 2 \; ; \; V_B = qL / 2$$

3. Les réactions horizontales des A et B ne peuvent pas être déterminées par les équations d'équilibre. Nous utilisons la méthode des forces pour déterminer les réactions horizontales des A et B. Le degré d'hyperstatique de l'arc est : $n = 1$.

Nous supprimons la liaison surabondante de l'arc AB afin d'obtenir une structure isostatique associée S_0.

4. L'équation de méthode des forces est :

- État S_0 ($X_1 = 1$) :

$$\Delta_{11}X_1 + \Delta_{1P} = 0$$

$$\Delta_{11} = \sum \int \frac{N_1^{\circ 2}}{ES}\, ds + \sum \int \frac{M_1^{\circ 2}}{EI}\, ds = \frac{1}{E_t S_t} + \int \cos^2 \varphi \frac{ds}{E_a S_a} + \int y^2 \frac{ds}{E_a I_a}$$

$$\cong \frac{L}{E_t S_t} + \frac{1}{E_a S_a}\int dx + \frac{16h^2}{E_a I_a L^4}\int \left[x(L-x)\right]^2 dx = \frac{L}{E_t S_t} + \frac{L}{E_a S_a} + \frac{8h^2 L}{15 E_a I_a}$$

$$\Delta_{1P} = \sum \int \frac{M^\circ M_P}{EI}\, ds = -\int y \cdot \frac{q}{2} x(L-x) \frac{ds}{E_a I_a}$$

$$= -\frac{2qh}{E_a I_a L^2}\int \left[x(L-x)\right]^2 dx = -\frac{qhL^3}{15 E_a I_a}$$

En utilisant l'équation de méthode des forces nous obtenons :

$$X_1 = -\frac{\Delta_{1P}}{\Delta_{11}} = -\frac{-\dfrac{qhL^3}{15 E_a I_a}}{\dfrac{L}{E_t S_t} + \dfrac{L}{E_a S_a} + \dfrac{8h^2 L}{15 E_a I_a}}$$

$$= \frac{\dfrac{10 \times 20 / 5 \times 20^3}{15 \times 3 \times 10^3 \times 1 / 12 \times 30 \times 50^3 \times 10^{-4}}}{\dfrac{20}{2,1 \times 10^4 \times 2 \times 4,803} + \dfrac{20}{3 \times 10^3 \times 30 \times 50} + \dfrac{8 \times 20^2 / 5^2 \times 20}{15 \times 3 \times 10^3 \times 1 / 12 \times 30 \times 50^3 \times 10^{-4}}}$$

$$= \frac{227,56 \times 10^{-3}}{0,9914 \times 10^{-4} + 0,04 \times 10^{-4} + 18,204 \times 10^{-4}} = \frac{227,56 \times 10^{-3}\ \text{m}}{1,92 \times 10^{-3}\ \text{m/kN}} = 118,3\ \text{kN}$$

La poussée de l'arc est : $H = X_1 = 118,3$ kN

5. Les efforts et le moment de flexion de l'arc sont :

$$M = M_P + M^\circ X_1 = \frac{q}{2} x(L-x) - yX_1$$

$$= (5 - 0,04X_1)x(20-x) = (5 - 0,04 \times 118,3)x(20-x) = 0,268x(20-x)$$

$$T = T^\circ_P \cos\varphi - X_1 \sin\varphi = \frac{q}{2}(L-2x)\cos\varphi - X_1 \sin\varphi$$

$$= 10(10-x)\cos\varphi - 118,3\sin\varphi$$

$$N = -T^\circ_P \sin\varphi - X_1 \cos\varphi = -\frac{q}{2}(L-2x)\sin\varphi - X_1 \cos\varphi$$

$$= -10(10-x)\cos\varphi - 118,3\cos\varphi$$

$$\tan\varphi = \frac{dy}{dx} = \frac{4h}{L^2}(L-2x)$$

$$\varphi = \tan^{-1}\frac{4h}{L^2}(L-2x)$$

Arc avec appuis dénivelés isostatiques à trois articulations

Les deux appuis d'un arc à trois articulations ne sont pas de même niveau. L'arc supporte une charge uniformément répartie $q = 24$ kN/m sur la partie AC de l'arc, une charge concentrée verticale $F_2 = 600$ kN en D et une charge horizontale $F_1 = 300$ kN à l'articulation C (figure 1).

Déterminer les réactions aux appuis et les efforts en C.

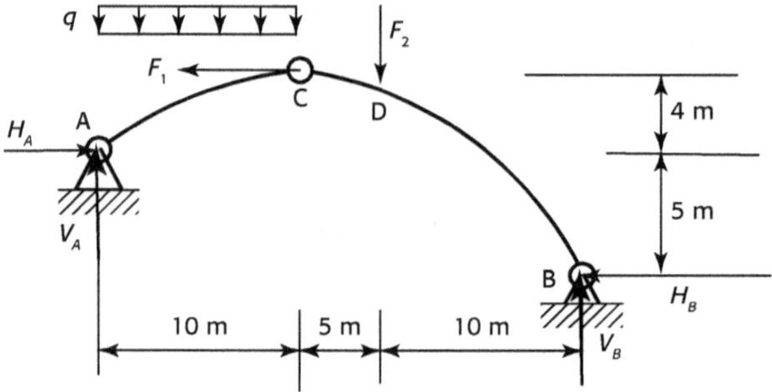

1. Déterminons les équations d'équilibre de l'arc et trouvons les relations des efforts intérieurs et extérieurs.

$$\sum F_x = 0 \quad \Rightarrow \quad H_A = H_B + 300 \tag{a}$$

$$\sum M_A = 0 \quad \Rightarrow \quad 25V_B - 5H_B - 600 \times 15 + 300 \times 4 - 24 \times 10 \times 5 = 0$$

$$\Rightarrow \quad 5V_B + H_B - 1\,800 = 0 \tag{b}$$

$$\sum M_B = 0 \quad \Rightarrow \quad -25 \cdot V_A - 5 \cdot H_A - 600 \times 10 + 24 \times 10 \times 20 + 300 \times 9 = 0$$

$$\Rightarrow \quad 5V_A + H_A - 2\,700 = 0 \tag{c}$$

2. Avec les équations d'équilibre (a), (b) et (c), nous avons quatre inconnues, mais trois équations. Il manque encore une équation. En isolant la partie CB de l'arc (figure 2), nous obtenons la quatrième équation (d) :

$$\sum M_C = 0 \quad \Rightarrow \quad 15 \cdot V_A - 9 \cdot H_A - 600 \times 5 = 0$$

$$\Rightarrow \quad 5 \cdot V_A - 3H_A - 1\,000 = 0 \tag{d}$$

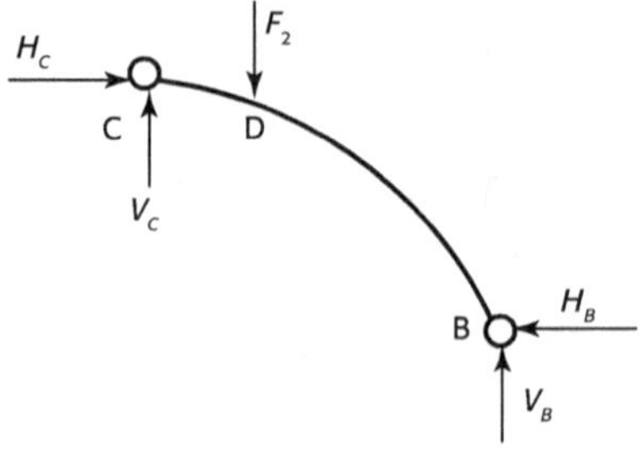

3. Résolvons les équations pour déterminer les réactions sur les appuis :

$$\begin{cases} H_A = H_B + 300 & \text{(a)} \\ 5V_B = H_B - 1800 = 0 & \text{(b)} \\ 5 \cdot V_A + H_A - 2700 = 0 & \text{(c)} \\ 5 \cdot V_A + 3H_A - 1000 = 0 & \text{(d)} \end{cases} \quad \Rightarrow \quad \begin{cases} V_A = 400 \text{ kN} \\ H_A = 700 \text{ kN} \\ V_B = 440 \text{ kN} \\ H_B = 400 \text{ kN} \end{cases}$$

En isolant la partie AC de l'arc, nous obtenons les efforts en C.

$$V_C = 600 - 440 = 160 \text{ kN}$$

$$H_C = 400 \text{ kN}$$

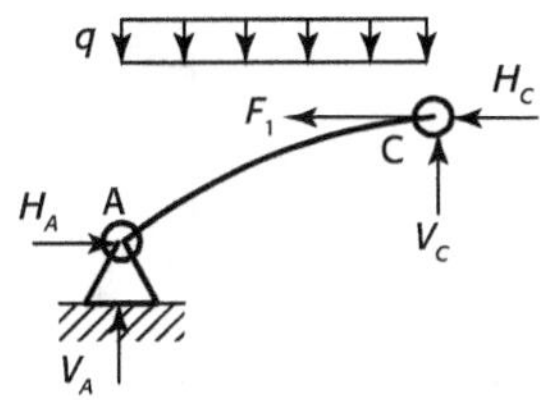

Annexe 1
Bibliographie

1. J.-C. Doubrère — *Résistance des matériaux - Cours et exercices corrigés* — Eyrolles, 2011

2. R. Basquin et G. Lemasson — *Résistance des matériaux* — Delagrave, 1987

3. R. Basquin — *Mécanique* — Delagrave, 2000

4. J.-P. Larralde — *Résistance des matériaux* — Masson, 1990

5. G. Buhot et P. Thuillier — *Mécanique* — Masson, 1978

6. J. Goulet et J.-P. Boutin — *Résistance des matériaux* — Dunod, 2000

7. S. Timoshenko — *Mechanics of materials* — Dunod technique, 1978

8. AFNOR — *Règles de calcul des constructions en acier C.M.66* — Eyrolles, 1990

11. M. Courtand et P. Lebelle — *Formulaire du béton armé* — Eyrolles, 1976

12. J.-M. Lavest — *Cours éléments finis* — ENSAM, 1984

13. G. Reymond — *Cours de mécanique de structure* — ENSAM, 1998

14. J.-M. Husson — *Formulaire de mécanique*

15. J. Morel — *Calcul des structures métalliques selon l'Eurocode 3* — Eyrolles, 2005

16.	Q. Long	*Mécanique de structure*	Éditions de l'éducation supérieure chinoise, 2012
17.	X. Hu	*Mécanique de structure*	Université chinoise de Wuhan, 2012
18.	K. Jing	*Exercice de mécanique de structure*	École nationale supérieure de Huazhong, 2012
19.	S. Wang	*Mécanique de structure et éléments finis*	Université de Herbin, 2012
20.	S. Zhang	*Résistance des matériaux*	Éditions de Mécanique de la Chine, 2009
21.	Y. Xiong	*Étude du mouvement des mécaniques plans déformables*	ENSAM, 1984
22.	Y. Xiong	*Formulaire de résistance des matériaux*	Eyrolles, 2002
23.	Y. Xiong	*Toute la résistance des matériaux*	Shu-Book, (Geodif) 2006
24.	Y. Xiong	*Résistance des matériaux*(P1328)	Éditions de Science de la Chine, 2009
25.	Y. Xiong	*Éléments finis*	Shu-book, 2012

Annexe 2
Symboles des unités

	Paramètres	Mesures	Symboles	Unités
1.	Longueur	le mètre	m	1 m = 100 cm ; 1 m = 10^3 mm
	– Aire	le mètre carré	m^2	1 m^2 = 10^4 cm^2 : 1 m^2 = 10^6 mm^2
	– Volume	le mètre cube	m^3	1 m^3 = 10^6 cm^3 ; 1 m^3 = 10^9 mm^3
	– Angle plan	le radian	rad	1 rad = 57° 17' 45"
		le degré	°	π = 180°
2.	Masse	le kilogramme	kg	1 tonne = 1 000 kg 1 kg = 1 000 grammes
	– Masse volumique		kg/m^3	
3.	Temps	la seconde	s	
4.	Température	le degré Kelvin	°K	T °K = t °C + 273,15
		le degré Celsius	°C	
5.	Vitesse	le mètre par seconde	m/s	
6.	Accélération	le mètre par seconde par seconde	m/s^2	
7.	Force	le Newton	N	Un newton est la force qui communique à une masse de 1 kg une accélération de 1 m/s^2 ; 1 N = 1 $kg.m/s^2$; 1 kgf = 9,81 N ≈ 1 daN.
	– Moment d'une force (couple)		N.m	1 N.m = 1000 N.mm
8.	Énergie, travail ou quantité de chaleur	le Joule	J	Un Joule est le travail d'une force de 1 N dont le point matériel d'application se déplace de 1 m dans la direction de la force. 1 J = 1 N.m
9.	Puissance	le Watt	w	Un Watt est la puissance qui produit, en une seconde, le travail de 1 J. 1 w = 1 $kg.m^2/s^2$; 1 w = 1 J/s
10.	Pression	le Pascal	Pa	Un Pascal est la pression qui résulte d'une force de 1 N agissant sur une surface de 1 m^2. 1 P_a = 1 N/m^2 1 GPa = 10^9 Pa 1 N/mm^2 = 1 MPa = 10^6 Pa 1 kgf/mm^2 = 9,81 N/mm^2
11.	Contrainte	le Pascal	Pa N/mm^2	1 MPa=1 N/mm^2

Forme des multiples			Forme des sous-multiples		
Facteur par lequel est multipliée l'unité	Préfixe à lire avent le nom de l'unité	Symbole	Facteur par lequel est multipliée l'unité	Préfixe à lire avant le nom de l'unité	Symbole
10^6	méga	M	10^{-1}	déci	d
10^3	kilo	K	10^{-2}	centi	c
10^2	hecto	h	10^{-3}	milli	m
10^1	déca	da	10^{-6}	micro	μ

Annexe 3
Caractéristiques des matériaux

	Masse volume ρ kg/cm³	Module d'élasticité longitudinale E Mpa N/mm²	Module de cisaillement G Mpa N/mm²	Coefficient de Poisson ν	Allongement à la rupture A (%)	Contrainte de rupture en traction σ Mpa N/mm²	Température limite d'utilisation T_{max} °C
Aciers	7,8	$2,05 \times 10^5$	$0,79 \times 10^5$	0,3	1,8 à 10	400 – 1 600	800
Fonte acier	7,8	$1,15 \times 10^5$	$0,45 \times 10^5$	0,3			800
Alliage d'aluminium AU4G	2,8	$0,75 \times 10^5$	$0,29 \times 10^5$	0,3	10	450	350
Alliage de titane TA6V	4,4	$1,15 \times 10^5$	$0,40 \times 10^5$	0,3	14	1 200	700
Cuivre	8,8	$1,25 \times 10^5$	$0,48 \times 10^5$	0,3		200 – 500	650
Nickel	8,9	$2,20 \times 10^5$				500 – 850	900
Bois		$0,1 \times 10^5 – 0,005 \times 10^5$	$0,006 \times 10^5$				
Verre - glace	2,4 – 2,7	$0,56 \times 10^5$	$0,22 \times 10^5$	0,25			
Béton 200 kg/m²	1,8 – 2,45			0,10 – 0,18			
Marbre	2,6 – 2,7	$0,52 \times 10^5$					
Granit	2,6 – 3	$0,49 \times 10^5$					

Annexe 4
Caractéristiques des sections de la poutre

G	centre d'inertie de la section
I_x, I_y	moment d'inertie par rapport à l'axe X, Y
v_1 et v_2	distances de G aux fibres plus éloignées suivant des axes différents
W_x, W_y	module de résistance en flexion correspondant à I_x, I_y
W_ρ	module de résistance élastique en flexion correspondant à I_ρ

A aire de section

I_ρ moment d'inertie du centre principal

$v_y = x_{max} \quad v_x = y_{max}$

$W_x = \dfrac{I_x}{y_{max}} = \dfrac{I_x}{v_x} \; ; W_y = \dfrac{I_y}{x_{max}} = \dfrac{I_y}{v_y}$

$W_\rho = \dfrac{I_\rho}{\rho}$

	Section de la poutre	Aire de section A mm²	Moment d'inertie par rapport à l'axe x et y I_x, I_y mm⁴	Rayon de giration $\rho = \sqrt{\dfrac{I}{S}}$ mm	Distances de G aux fibres extrêmes $v_y = x_{max}$ $v_x = y_{max}$ mm	Module de résistance en flexion W_x, W_y mm³	Module de résistance élastique en flexion W_ρ mm³
Cas 1		$A = \dfrac{\pi d^2}{4}$	$I_x = I_y = \dfrac{\pi}{64} d^4$ $= 0{,}0491 d^4$ $I_\rho = \dfrac{\pi d^4}{32} = 0{,}0982 d^4$	$\rho_x = \dfrac{d}{4}$	$v_x = \dfrac{d}{2}$	$W_x = \dfrac{\pi}{32} d^3$ $= 0{,}0982 d^3$ $W_x = W_y$	$W_\rho = \dfrac{1}{6} d^3$

Section de la poutre	Aire de section A mm²	Moment d'inertie par rapport à l'axe x et y I_x , I_y mm⁴	Rayon de giration $\rho = \sqrt{\dfrac{I}{S}}$ mm	Distances de G aux fibres extrêmes $v_y = x_{max}$ $v_x = y_{max}$ mm	Module de résistance en flexion W_x , W_y mm³	Module de résistance élastique en flexion W_ρ mm³
Cas 2	$A = a^2$	$I_x = I_y = \dfrac{1}{12}a^4$	$\rho_x = \rho_y$ $= 0,289a$	$v_x = a/2$ $v_{x_1} = 0,7071a$	$W_x = \dfrac{a^3}{6}$ $W_{x_1} = 0,1179a^3$	$W_\rho = \dfrac{1}{4}a^3$
Cas 3	$A = a^2 - b^2$	$I_x = I_y = \dfrac{a^4 - b^4}{12}$	$\rho_x = \rho_y$ $= 0,289\sqrt{a^2 - b^2}$	$v_x = \dfrac{a}{2}$ $v_{x_1} = 0,7071a$	$W_x = \dfrac{a^4 - b^4}{6a}$ $W_{x_1} = 0,1179\dfrac{a^4 - b^4}{6a}$	$W_\rho = \dfrac{a^3 - b^3}{4}$
Cas 4	$A = 2,598b^2$	$I = 0,5413b^4$	$\rho = \sqrt{\dfrac{5}{24}}b = 0,456b$	$v = b$	$W = \dfrac{5\sqrt{3}}{16}b^3$ $= 0,5413b^3$	$W_\rho = \dfrac{7\sqrt{3}}{12}b^3$ $= 1,010b^3$

	Section de la poutre	Aire de section A mm²	Moment d'inertie par rapport à l'axe x et y I_x, I_y mm⁴	Rayon de giration $\rho = \sqrt{\dfrac{I}{S}}$ mm	Distances de G aux fibres extrêmes $v_y = x_{max}$ $v_x = y_{max}$ mm	Module de résistance en flexion W_x, W_y mm³	Module de résistance élastique en flexion W_ρ mm³
Cas 5		$A = \pi ab$ $\left(\dfrac{a}{b} > 1\right)$	$I_x = \dfrac{\pi a^3 b}{4}$ $\approx 0{,}785 a^3 b$ $I_y = \dfrac{\pi ab^3}{4}$ $\approx 0{,}785 ab^3$	$\rho_x = \dfrac{a}{2}$ $\rho_y = \dfrac{b}{2}$	$v_x = b$ $v_y = a$	$W_x = \dfrac{\pi a^2 b}{4}$ $= 0{,}785 a^2 b$ $W_y = \dfrac{\pi ab^2}{4}$ $= 0{,}785 ab^2$	$W_{\rho_x} = \dfrac{4}{3} a^2 b$ $W_{\rho_y} = \dfrac{4}{3} ab^2$
Cas 6		$A = \pi(ab - a_1 b_1)$	$I_x = \dfrac{\pi}{4}(a^3 b - a_1^3 b_1)$ $I_y = \dfrac{\pi}{4}(ab^3 - a_1 b_1^3)$	$\rho_x = \sqrt{\dfrac{I_x}{S}}$ $\rho_y = \sqrt{\dfrac{I_y}{S}}$	$v_x = b$ $v_y = a$	$W_x = \dfrac{\pi}{4}\dfrac{a^3 b - a_1^3 b}{a}$ $W_y = \dfrac{\pi}{4}\dfrac{ab^3 - b_1^3 a_1}{b}$	$W_{\rho_x} = \dfrac{4}{3}(a^2 b - a_1^2 b_1)$ $W_{\rho_y} = \dfrac{4}{3}(a b^2 - a_1 b_1^2)$
Cas 7		$A = a^2 - \dfrac{\pi}{4} d^2$	$I_x = \dfrac{1}{12}\left(a^4 - \dfrac{3\pi d^4}{16}\right)$	$\rho = \sqrt{\dfrac{16 a^4 - 3\pi d^4}{48(4a^2 - \pi d^2)}}$	$v_y = \dfrac{a}{2}$	$W_x = \dfrac{1}{6a}\left(a^4 - \dfrac{3\pi d^4}{16}\right)$	

Section de la poutre		Aire de section A mm²	Moment d'inertie par rapport à l'axe x et y I_x , I_y mm⁴	Rayon de giration $\rho = \sqrt{\dfrac{I}{S}}$ mm	Distances de G aux fibres extrêmes $v_y = x_{max}$ $v_x = y_{max}$ mm	Module de résistance en flexion W_x , W_y mm³	Module de résistance élastique en flexion W_ρ mm³
Cas 8	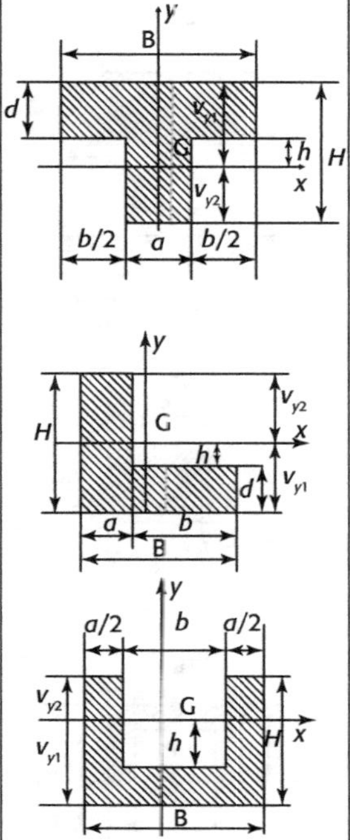	$A = B \cdot H$ $- b \cdot (v_{y_2} + h)$	$I_x = \dfrac{1}{3}(B \cdot v_{y_1}^3 + a \cdot v_{y_2}^3 - b \cdot h^3)$	$\rho_x = \sqrt{\dfrac{I_x}{S}}$	$v_{y_1} = \dfrac{aH^2 + bd^2}{2(aH + bd)}$ $v_{y_2} = H - v_{y_1}$	$W_{y_1} = \dfrac{I_x}{v_{y_1}}$ $W_{y_2} = \dfrac{I_x}{v_{y_2}}$	

Section de la poutre	Aire de section A mm²	Moment d'inertie par rapport à l'axe x et y I_x, I_y mm⁴	Rayon de giration $\rho = \sqrt{\dfrac{I}{S}}$ mm	Distances de G aux fibres extrêmes $v_y = x_{max}$ $v_x = y_{max}$ mm	Module de résistance en flexion W_x, W_y mm³	Module de résistance élastique en flexion W_ρ mm³
Cas 9 Ca	$A = BH - bh$	$I_x = \dfrac{BH^3 - bh^3}{12}$	$\rho_x = \sqrt{\dfrac{I_x}{S}}$	$v_y = \dfrac{H}{2}$	$W_x = \dfrac{BH^3 - bh^3}{6H}$	

v_x distances de G_C aux fibres extrêmes en mm

I_x, I_y moment d'inertie par rapport à l'axe X, Y en mm⁴

I_ρ moment d'inertie du centre principal en mm⁴

G_C centre d'inertie de la section S surface de section en mm²

W_x, W_y module de résistance en flexion correspondant à I_x, I_y en mm³

W_ρ module de résistance élastique en flexion correspondant à I_ρ en mm³

Annexe 5
Poutrelles

Annexe 5.1 Poutrelles UAP

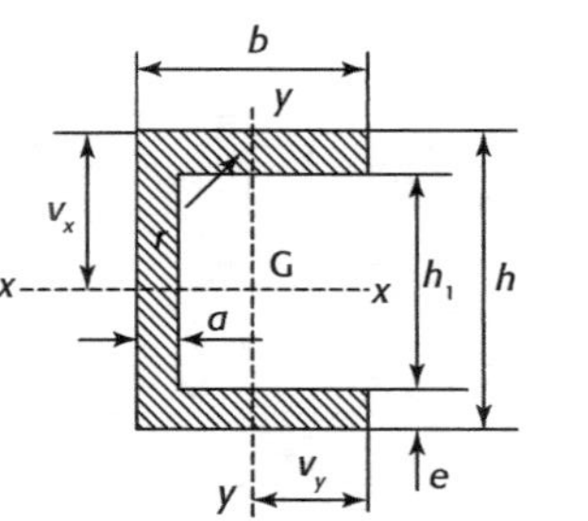

Profils	Dimensions					Masse	Section	Caractéristiques rapportées à l'axe neutre									
	h	b	a	e	v_y	q	A	I_x	$\dfrac{I_x}{V_x}$	i_x	Moment statique M_s	Distance des centres	η_x	I_y	$\dfrac{I_x}{V_x}$	i_y	Moment d'inertie de torsion J
	mm	mm	mm	mm	mm	kg/m	cm²	cm⁴	cm³	cm	cm³	cm		cm⁴	cm³	cm	cm⁴
80	80	45	5	8	2,89	8,38	10,7	107	26,8	3,16	15,9	6,72	3,20	21,3	7,38	1,41	1,98
100	100	50	5,5	8,5	3,30	10,5	12,4	209	41,9	3,97	24,8	8,45	3,99	32,8	9,95	1,57	2,76
130	130	55	6	9,5	3,72	13,7	17,5	459	70,7	5,13	41,8	11,00	5,16	51,3	13,8	1,71	4,34
150	150	65	7	10,25	4,45	17,9	22,9	797	106	5,90	62,6	12,70	5,92	93,3	21,0	2,02	6,76
175	175	70	7,5	10,75	4,88	21,2	27,0	1272	145	6,86	85,7	14,80	6,84	126,4	25,9	2,16	8,75
200	200	75	8	11,5	5,28	25,1	32,0	1946	195	7,80	115	16,90	7,77	169,7	32,1	2,30	11,69
220	220	80	8	12,5	5,60	28,5	36,3	2710	247	8,64	145	18,70	8,67	222,3	39,8	2,48	15,12
250	250	85	9	13,5	6,05	34,4	43,8	4136	331	9,72	196	21,10	9,62	296,7	49,1	2,61	21,30
300	300	100	9,5	16	7,04	46	58,6	8170	545	11,91	320	25,60	11,85	562,1	79,8	3,10	38,46

Voir Réf.: NF A 45-255

Annexe 5.2 Poutrelles IPN

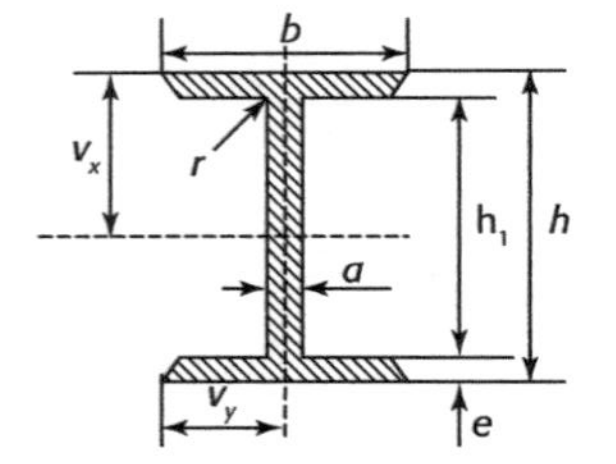

Profils	Dimensions					Masse	Section	Caractéristiques rapportées à l'axe neutre										
	h	b	a	e	r	q	A	I_x	$\dfrac{I_x}{V_x}$	i_x	Moment statique M_s	Distance des centres	η_x	I_y	$\dfrac{I_x}{V_x}$	i_y	Moment d'inertie de torsion	Module de raideur
	mm	mm	mm	mm	mm	kg/m	cm²	cm⁴	cm³	cm	cm³	cm		cm⁴	cm³	cm	J cm⁴	d cm
80	80	42	3,9	5,9	3,9	5,95	7,58	77,8	19,5	3,20	11,4	6,84	3,28	6,29	3,00	0,91	0,89	0,31
100	100	50	4,5	6,8	4,5	8,32	10,6	171	34,2	4,01	19,9	8,57	4,11	12,2	4,88	1,07	1,64	0,34
120	120	58	5,1	7,7	5,1	11,2	14,2	328	54,7	4,81	31,8	10,3	4,91	21,5	7,41	1,23	2,78	0,37
140	140	66	5,7	8,6	5,7	14,4	18,3	935	81,9	5,61	47,7	12,0	5,70	35,2	10,7	1,40	4,40	0,40
160	160	74	6,3	9,5	6,3	17,9	22,8	935	117	6,40	68,0	13,7	6,54	54,7	14,8	1,55	6,70	0,44
180	180	82	6,9	10,4	6,9	21,9	27,9	1 450	161	7,20	93,4	15,5	7,35	81,3	19,8	1,71	9,80	0,47
200	200	90	7,5	11,3	7,5	26,3	33,5	2 140	214	8,00	125	17,2	8,14	117	26,0	1,87	13,9	0,51
220	220	98	8,1	12,2	8,1	31,1	39,6	3 060	278	8,80	162	18,9	8,94	162	33,1	2,02	19,2	0,54
240	240	106	8,7	13,1	8,7	36,2	46,1	4 250	354	9,59	206	20,6	9,78	221	31,7	2,20	25,7	0,58
260	260	113	9,4	14,1	9,4	41,9	53,4	5 740	442	10,4	257	22,3	10,5	288	51,0	2,32	34,4	0,61
280	280	119	10,1	15,2	10,1	48,0	61,1	7 590	542	11,1	316	24,0	11,3	364	61,2	2,45	45,5	0,65
300	300	125	10,8	16,2	10,8	54,2	69,1	9 800	653	11,9	381	25,7	12,0	451	72,2	2,56	58,3	0,67
320	320	131	11,5	17,3	11,5	61,1	77,8	12 510	782	12,7	457	27,4	12,8	555	84,7	2,67	74,6	0,71
340	340	137	12,2	18,3	12,2	68,1	86,8	15 700	923	13,5	540	29,1	13,6	674	98,4	2,80	92,9	0,74
360	360	143	13,0	19,5	13,0	76,2	97,18	19 610	1 090	14,2	638	30,7	14,3	818	114	2,90	118	0,77
380	380	149	13,7	20,5	13,7	84,0	107	24 010	1 260	15,0	741	32,4	15,0	975	131	3,02	143	0,80
400	400	155	14,4	21,6	14,4	92,6	118	29 210	1 460	15,7	857	34,1	15,8	1 160	149	3,13	175	0,83
450	450	170	16,2	24,3	16,2	115	147	45 850	2 040	17,7	1 200	38,3	17,7	1 730	203	3,48	274	0,92
500	500	185	18,0	27,0	18,0	141	180	68 740	2 750	19,6	1 620	42,4	19,5	2 480	268	3,72	412	1,00
550	550	200	19,0	30,0	19,0	167	213	99 180	3 610	21,6	2 120	46,8	21,6	3 490	349	4,02	590	1,09

Voir : NF A 45-209

Annexe 5.3 Poutrelles IPE

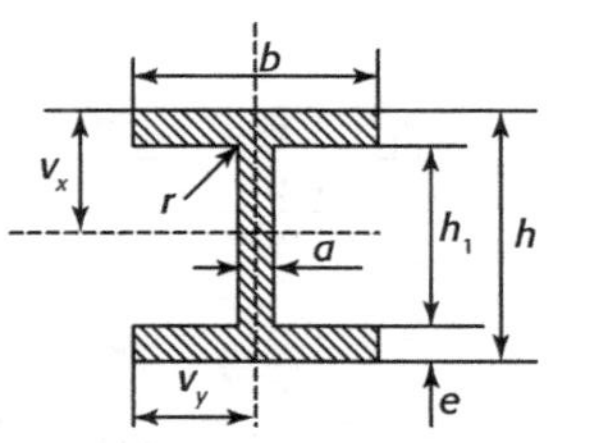

Profils	Dimensions					Masse	Section	Caractéristiques rapportées à l'axe neutre										
	h	b	a	e	r	q	A	I_x	$\dfrac{I_x}{V_x}$	i_x	Moment statique M_s	Distance des centres	η_x	I_y	$\dfrac{I_x}{V_x}$	i_y	Moment d'inertie de torsion	Module de raideur
	mm	mm	mm	mm	mm	kg/m	cm²	cm⁴	cm³	cm	cm³	cm		cm⁴	cm³	cm	J cm⁴	d cm
80	80	46	3,8	5,2	5	6,0	7,64	80,1	20,0	3,24	11,6	6,9	3,33	8,49	3,69	1,05	0,70	0,299
100	100	55	4,1	5,7	7	8,1	10,3	171	34,2	4,07	19,7	8,7	4,22	15,9	5,79	1,24	1,10	0,313
120	120	64	4,4	6,3	7	10,4	13,2	318	53,0	4,90	30,4	10,5	5,10	27,7	8,65	1,45	1,71	0,336
140	140	73	4,7	6,9	7	12,9	16,4	541	77,3	5,74	44,2	12,2	5,99	44,9	12,3	1,65	2,54	0,359
160	160	82	5,0	7,4	9	15,8	20,1	869	109	6,58	61,9	14,0	6,90	68,3	16,7	1,84	3,53	0,379
180	180	91	5,3	8,0	9	18,8	23,9	1 317	146	7,42	83,2	15,9	7,76	101	22,2	2,05	4,9	0,404
200	200	100	5,6	8,5	12	22,4	28,5	1 943	194	8,26	110	17,6	8,66	142	28,5	2,24	6,46	0,425
220	220	110	5,9	9,2	12	26,2	33,4	2 772	252	9,11	143	19,4	9,62	205	37,3	2,48	8,86	0,460
240	240	120	6,2	9,8	15	30,7	39,1	3 892	324	9,97	183	21,2	10,55	284	47,3	2,69	11,60	0,490
270	270	135	6,6	10,2	15	36,1	45,9	5 790	429	11,2	239	24,2	11,88	420	62,2	3,02	14,93	0,510
300	300	150	7,1	10,7	15	42,2	53,8	8 356	557	12,5	314	26,6	13,20	604	80,5	3,35	19,47	0,535
330	330	160	7,5	11,5	18	49,1	62,6	11 770	713	13,7	402	29,3	14,52	788	96,5	3,55	25,70	0,558
360	360	170	8,0	12,7	18	57,1	72,7	16 270	904	15,0	510	31,9	15,83	1 043	123	3,79	36,20	0,600
400	400	180	8,6	13,5	21	66,3	84,5	23 130	1 160	16,5	654	35,9	17,50	1 318	146	3,95	46,80	0,607
450	450	190	9,4	14,6	21	77,6	98,8	33 740	1 500	18,5	849	39,7	19,33	1 676	176	4,12	63,80	0,616
500	500	200	10,2	16,0	21	90,7	116	48 200	1 930	20,4	1 100	43,9	21,28	2 142	214	4,31	89,00	0,640
550	550	210	11,1	17,2	24	106	134	67 120	2 440	22,3	1 490	48,2	23,02	2 668	254	4,45	118,4	0,657
600	600	220	12,0	19,0	24	122	156	92 080	3 070	24,3	1 760	52,4	25,16	3 387	308	4,66	166,2	0,697

Voir : NF A 45-205

Annexe 5.4 Poutrelles HE A

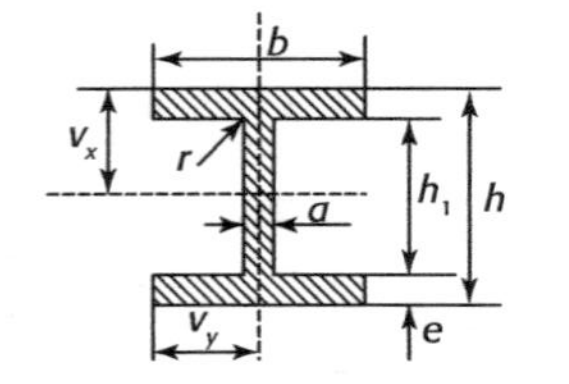

Profils	Dimensions					Masse	Section	Caractéristiques rapportées à l'axe neutre									Moment d'inertie de torsion	Module de raideur
	h	b	a	e	r	q	A	I_x	$\dfrac{I_x}{V_x}$	i_x	Moment statique M_s	Distance des centres	η_x	I_y	$\dfrac{I_x}{V_x}$	i_y		
	mm	mm	mm	mm	mm	kg/m	cm²	cm⁴	cm³	cm	cm³	cm		cm⁴	cm³	cm	J cm⁴	d cm
100	96	100	5	8	12	16,7	21,2	349	73	4,06	41,5	8,4	4,37	134	27	2,51	4,69	0,83
120	114	120	5	8	12	19,9	25,3	606	106	4,89	59,7	10,1	5,35	231	38	3,02	5,63	0,84
140	133	140	5,5	8,5	12	24,7	31,4	1 033	155	5,73	86,7	11,9	6,27	389	56	3,52	7,97	0,89
160	152	160	6	9	15	30,4	38,8	1 673	220	6,57	123	13,6	7,24	616	77	3,98	10,9	0,95
180	171	180	6	9,5	15	35,5	45,3	2 510	294	7,45	162	15,5	8,28	925	103	4,52	14,2	1,00
200	190	200	6,5	10	18	42,3	53,8	3 692	389	8,28	215	17,2	9,20	1 336	134	4,98	18,6	1,05
220	210	220	7	11	18	50,5	64,3	5 410	515	9,17	284	19,0	10,20	1 955	178	5,51	27,1	1,15
240	230	240	7,5	12	21	60,3	76,8	7 763	675	10,1	372	20,9	11,19	2 769	231	6,00	38,2	1,25
260	250	260	7,5	12,5	24	68,2	86,8	10 455	8 36	11,0	460	22,7	12,26	3 668	282	6,50	46,3	1,30
280	270	280	8	13	24	76,4	97,3	13 673	1 010	11,9	556	24,6	13,22	4 763	340	7,00	56,5	1,35
300	290	300	8,5	14	27	88,3	112,5	18 263	1 260	12,7	692	26,4	14,27	6 310	421	7,49	75,3	1,45
320	310	300	9	15,5	27	97,6	124,4	22 928	1 480	13,6	814	26,2	15,16	6 985	466	7,49	102	1,50
340	330	300	9,5	16,5	27	105	133,5	27 693	1 680	14,4	925	29,9	16,00	7 436	496	7,46	123	1,50
360	350	300	10	17,5	27	112	142,8	33 090	1 890	15,2	1 040	31,7	16,87	7 887	526	7,43	147	1,50
400	390	300	11	19	27	125	159,0	45 069	2 310	16,8	1 280	35,2	18,48	8 564	571	7,34	191	1,46
450	440	300	11,5	21	27	140	178,0	63 722	2 900	18,9	1 610	39,6	20,71	9 465	631	7,29	257	1,43
500	490	300	12	23	27	155	197,5	86 975	3 550	21,0	1 970	44,1	22,90	10 367	691	7,24	336	1,41
550	540	300	12,5	24	27	166	211,8	111 932	4 150	23,0	2 310	48,4	25,00	10 819	721	7,15	386	1,33
600	590	300	13	25	27	178	226,5	141 208	4 790	25,0	2 680	52,8	26,91	11 271	751	7,05	440	1,27
650	640	300	13,5	26	27	190	241,6	175 178	5 470	26,9	3 070	57,1	28,79	11 724	782	6,97	500	1,22
700	690	300	14,5	27	27	204	260,5	215 301	6 240	28,8	3 520	61,2	30,59	12 179	812	6,84	573	1,17
800	790	300	15	28	30	224	285,8	303 442	7 680	32,6	4 350	69,8	34,28	12 639	843	6,65	652	1,06
900	890	300	16	30	30	252	320,5	422 075	9 480	36,3	5 410	76,1	37,62	13 547	903	6,50	817	1,01
1 000	990	300	16,5	31	30	272	346,8	553 846	11 190	40,0	6 410	86,4	41,14	14 004	934	6,35	918	0,94

Voir : NF A 45-201

Annexe 5.5 Poutrelles HE B

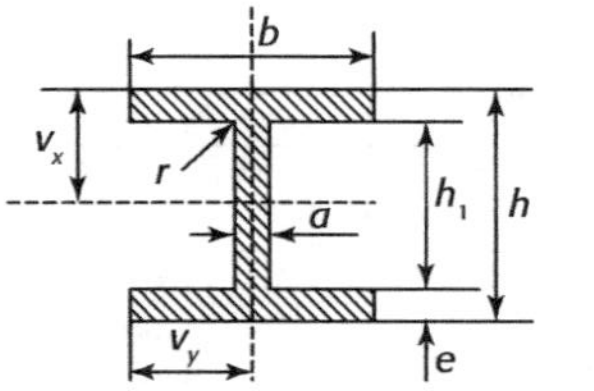

Profils	Dimensions					Masse	Section	Caractéristiques rapportées à l'axe neutre										Moment d'inertie de torsion	Module de raideur
	h	b	a	e	r	q	A	I_x	$\dfrac{I_x}{V_x}$	i_x	Moment statique M_s	Distance des centres	η_x	I_y	$\dfrac{I_x}{V_x}$	i_y		
	mm	mm	mm	mm	mm	kg/m	cm²	cm⁴	cm³	cm	cm³	cm		cm⁴	cm³	cm	J cm⁴	d cm
100	100	100	6	10	12	20,4	26	450	90	4,16	52,1	8,63	4,41	167	33	2,53	9,05	1,00
120	120	120	6,5	11	12	26,7	34	864	144	5,04	82,6	10,5	5,39	318	53	3,06	14,4	1,10
140	140	140	7	12	12	33,7	43	1 509	216	5,93	123	12,3	6,41	550	79	3,58	21,8	1,20
160	160	160	8	13	15	42,6	54,3	2 492	311	6,78	177	14,1	7,30	889	111	4,05	32,2	1,30
180	180	180	8,5	14	15	51,2	65,3	3 831	426	7,66	241	15,9	8,32	1363	151	4,57	45,1	1,40
200	200	200	9	15	18	61,3	78,1	5 696	570	8,54	321	17,7	9,30	2003	200	5,07	61,4	1,50
220	220	220	9,5	16	18	71,5	91	8 091	736	9,43	414	19,6	10,29	2843	258	5,59	81,8	1,60
240	240	240	10	17	21	83,2	106	11 259	938	10,3	527	21,4	11,27	3923	327	6,08	107	1,70
260	260	260	10	17,5	24	93	118,4	14 919	1 150	11,2	641	23,3	12,36	5135	395	6,58	125	1,75
280	280	280	10,5	18	24	103	131,4	19 270	1 380	12,1	767	25,1	13,40	6595	471	7,09	148	1,80
300	300	300	11	19	27	117	149,1	25 166	1 680	13,0	934	26,9	14,36	8563	571	7,58	186	1,90
320	320	300	11,5	20,5	27	127	161,3	30 823	1 930	13,8	1 070	28,7	15,19	9239	616	7,57	233	1,92
340	340	300	12	21,5	27	134	170,9	36 656	2 160	14,6	1 200	30,4	16,12	9690	646	7,53	270	1,90
360	360	300	12,5	22,5	27	142	180,6	43 193	2 400	15,5	1 340	32,2	16,90	10141	676	7,49	310	1,87
400	400	300	13,5	24	27	155	197,8	57 680	2 880	17,1	1 620	35,7	18,58	10819	721	7,40	382	1,80
450	450	300	14	26	27	171	218	79 887	3 550	19,1	1 990	40,1	20,76	11721	781	7,33	485	1,73
500	500	300	14,5	28	27	187	238,6	107 176	4 290	21,2	2 410	44,5	22,94	12624	842	7,27	605	1,68
550	550	300	15	29	27	199	254,1	136 691	4 970	23,2	2 800	48,9	24,97	13077	872	7,17	679	1,58
600	600	300	15,5	30	27	212	270	171 041	5 700	25,2	3 210	53,2	26,89	13530	902	7,08	759	1,50
650	650	300	16	31	27	225	286,3	210 616	6 480	27,1	3 660	57,5	28,80	13984	932	6,99	845	1,43
700	700	300	17	32	27	241	306,4	256 888	7 340	29,0	4 160	61,7	30,45	14441	963	6,87	949	1,37
800	800	300	17,5	33	30	262	334,2	359 083	8 980	32,8	5 110	70,2	34,27	14904	994	6,68	1 062	1,24
900	900	300	18,5	35	30	291	371,3	494 065	10 980	36,5	6 290	78,5	37,73	15816	1 050	6,53	1 290	1,17
1 000	1 000	300	19	36	30	314	400	644 748	12 890	40,1	7 430	80,8	41,05	16276	1 090	6,38	1 432	1,08

Voir : NF A 45-201

Annexe 5.6 Poutrelles PA – Poutrelles IPEA

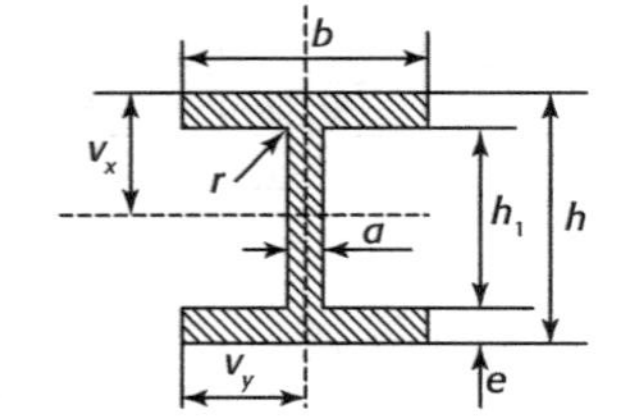

	Profils	Dimensions					Masse	Section	Caractéristiques rapportées à l'axe neutre									
		h	b	a	e	r	q	A	I_x	$\frac{I_x}{V_x}$	i_x	Moment statique M_s	Distance des centres	I_y	$\frac{I_x}{V_x}$	i_y	Moment d'inertie de torsion	Module de raideur
	mm	mm	mm	mm	mm	kg/m	cm²	cm⁴	cm³	cm	cm³	cm		cm⁴	cm³	cm	J cm⁴	d cm
PA	80	78	46	3,3	4,2	5	5	6,38	64,4	16,5	3,18	9,5	6,79	6,85	2,98	1,04	0,40	0,248
	100	96	55	3,6	4,7	7	6,9	8,78	141	28,8	4,01	16,5	8,55	13,1	4,77	1,22	0,75	0,264
	120	117,6	64	3,8	5,1	7	8,6	11,0	257	44	4,80	25,0	10,27	22	7,00	1,42	0,04	0,278
	140	137,4	73	3,8	5,6	7	10,5	13,4	435	63	5,70	35,8	12,15	36	10	1,65	1,36	0,298
	160	157	82	4,0	5,9	9	12,7	16,2	687	86	6,50	49,5	13,91	54	13,5	1,83	1,96	0,308
IPEA	180	177	91	4,3	6,5	9	15,4	19,6	1 073	121	7,40	67,1	15,71	82	18,0	2,04	2,63	0,334
	200	197	100	4,5	7,0	12	18,4	23,5	1 591	162	8,23	90,8	17,52	117	23,4	2,23	3,55	0,355
	220	217	110	5,0	7,7	12	22,2	28,3	2 317	214	9,05	120	19,28	171	31,2	2,46	5,23	0,390
	240	237	120	5,2	8,3	15	26,2	33,3	3 290	278	9,94	156	21,12	240	40,0	2,68	7	0,420
	270	267	135	5,5	8,7	15	30,7	39,1	4 917	368	11,2	206	23,64	358	53,0	3,02	9,14	0,440
	300	297	150	6,1	9,2	15	36,5	46,5	7 173	483	12,4	271	26,48	519	69,2	3,34	12,4	0,465
	330	327	160	6,5	10,0	18	43,0	54,7	10 230	626	13,7	351	29,15	685	85,6	3,54	16,8	0,489
	360	357,6	170	6,6	11,5	18	50,2	64,0	14 520	812	15,1	453	32,01	944	111	3,84	25,6	0,547
	400	397	180	7,0	12,0	21	57,4	73,1	20 290	1 020	16,7	572	35,48	1 170	130	4	31,3	0,544
	450	447	190	7,6	13,1	21	67,2	85,6	29 760	1 330	18,6	747	39,8	1 502	150	4,19	43,3	0,557
	500	497	200	8,4	14,5	21	79,4	101	42 930	1 730	20,6	973	44,1	1 939	194	4,38	62,4	0,584
	550	547	210	9,0	15,7	24	92,1	117	59 980	2 190	22,6	1 240	48,5	2 432	232	4,55	83,4	0,603
	600	597	220	9,8	17,5	24	108	137	82 920	2 780	24,6	1 570	52,8	3 116	283	4,77	120	0,645

Voir : NF A 45-205

Annexe 5.7 Poutrelles HE M

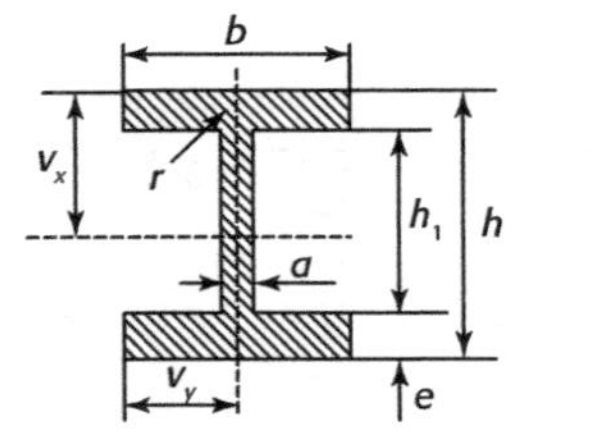

Profils	Dimensions					Masse	Section	Caractéristiques rapportées à l'axe neutre										
	h	b	a	e	r	q	A	I_x	$\dfrac{I_x}{V_x}$	i_x	Moment statique M_s	Distance des centres	η_x	I_y	$\dfrac{I_x}{V_x}$	i_y	Moment d'inertie de torsion	Module de raideur
	mm	mm	mm	mm	mm	kg/m	cm²	cm⁴	cm³	cm	cm³	cm		cm⁴	cm³	cm	J cm⁴	d cm
100	120	106	12	20	12	41,8	53,2	1 143	190	4,63	118	9,69	4,54	399	75	2,74	76,4	1,77
120	140	126	12,5	21	12	52,1	66,4	2 018	288	5,51	175	11,5	5,53	703	112	3,25	105	1,89
140	160	146	13	22	12	63,2	80,6	3 291	411	6,39	247	13,3	6,50	1 144	157	3,77	140	2,01
160	180	166	14	23	15	76,2	97,1	5 098	566	7,25	337	15,1	7,43	1 759	212	4,26	184	2,12
180	200	186	14,5	24	15	88,9	113,3	7 483	748	8,13	442	16,99	8,41	2 580	277	4,77	234	2,23
200	220	206	15	25	18	103	131,3	10 642	967	9,00	568	18,7	9,40	3 651	354	5,27	292	2,34
220	240	226	15,5	26	18	117	149,4	14 605	1 220	9,89	710	20,6	10,43	5 012	444	5,79	360	2,45
240	270	248	18	32	21	157	199,6	24 289	1 800	11,0	1 060	22,9	11,46	8 153	657	6,39	727	2,94
260	290	268	18	32,5	24	172	219,6	31 307	2 160	11,9	1 260	24,8	12,56	10 449	780	6,90	821	3,00
280	310	288	18,5	33	24	189	240,2	39 547	2 550	12,8	1 480	26,7	13,49	13 163	914	7,40	927	3,07
300	340	310	21	39	27	238	303,1	59 201	3 480	14,0	2 040	29,0	14,62	19 403	1 250	8,00	1 624	3,55
320	359	309	21	40	27	245	312,0	68 135	3 800	14,8	2 220	30,7	15,55	19 709	1 280	7,95	1 756	3,44
340	377	309	21	40	27	248	315,8	76 372	4 050	15,6	2 360	32,4	16,33	19 711	1 280	7,90	1 763	3,28
360	395	308	21	40	27	250	318,8	84 867	4 300	16,3	2 490	34,0	17,20	19 522	1 270	7,83	1 764	3,12
400	432	307	21	40	27	256	325,8	104 119	4 820	17,9	2 790	37,4	18,83	19 335	1 260	7,70	1 773	2,84
450	478	307	21	40	27	263	335,4	131 484	5 500	19,8	3 170	41,5	20,91	19 339	1 260	7,59	1 791	2,57
500	524	306	21	40	27	270	344,3	161 929	6 180	21,7	3 550	45,7	22,89	19 155	1 250	7,46	1 803	2,33
550	572	306	21	40	27	278	354,4	197 984	6 920	23,6	3 970	49,9	24,89	19 158	1 250	7,35	1 822	2,14
600	620	305	21	40	27	285	363,7	237 447	7 660	25,6	4 390	54,1	26,88	18 975	1 240	7,22	1 835	1,97
650	668	305	21	40	27	293	373,7	281 667	8 430	27,5	4 830	58,3	28,77	18 979	1 240	7,13	1 854	1,83
700	716	304	21	40	27	301	383,0	329 278	9 200	29,3	5 270	67,5	30,56	18 797	1 240	7,01	1 867	1,70
800	814	303	21	40	30	317	404,3	442 598	10 870	33,1	6 240	70,9	34,29	18 627	1 230	6,79	1 899	1,49
900	910	302	21	40	30	333	423,6	570 434	12 540	36,7	7 220	79,0	37,66	18 452	1 220	6,60	1 931	1,33
1 000	1 008	302	21	40	30	349	444,2	722 299	14 330	40,3	8 280	87,2	41,06	18 459	1 220	6,45	1 969	1,20

Voir Réf : NF A 45-201

Annexe 5.8 Poutrelles UPN

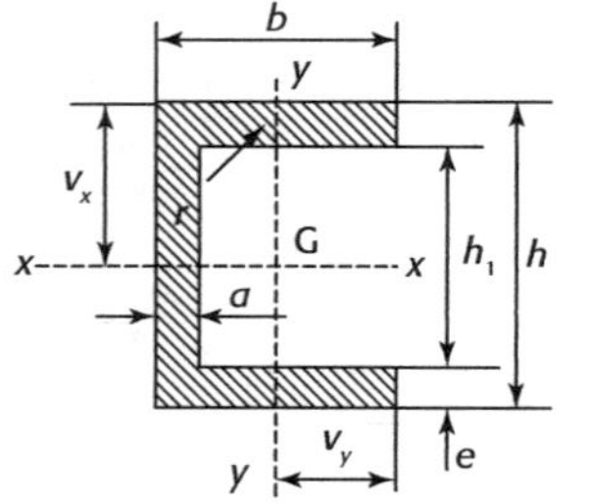

Profils	Dimensions					Masse	Section	Caractéristiques rapportées à l'axe neutre									Moment d'inertie de torsion	Module de raideur
	h	b	a	e	r	q	A	I_x	$\dfrac{I_x}{V_x}$	i_x	Moment statique M_s	Distance des centres	η_x	I_y	$\dfrac{I_x}{V_x}$	i_y		
	mm	mm	mm	mm	mm	kg/m	cm²	cm⁴	cm³	cm	cm³	cm		cm⁴	cm³	cm	J cm⁴	d cm
80	80	45	6	8	3,05	8,64	11,0	106	26,5	3,10	15,9	6,65	3,07	19,4	6,36	1,33	2,20	1,24
100	100	50	6	8,5	3,45	10,6	13,5	206	41,2	3,91	24,5	8,42	3,89	29,3	8,49	1,47	2,91	1,40
120	120	55	7	9	3,90	13,4	17,0	364	60,7	4,62	36,3	10,0	4,53	43,2	11,1	1,59	4,22	1,44
140	140	60	7	10	4,25	16,0	20,4	605	86,4	5,45	51,4	11,8	5,40	62,7	14,8	1,75	5,91	1,63
160	160	65	7,5	10,5	4,66	18,8	24,0	925	116	6,21	68,8	13,3	6,17	85,3	18,3	1,89	7,67	1,74
180	180	70	8	11	5,08	22,0	28,0	1 350	150	6,96	89,6	15,1	6,82	114	22,4	2,02	9,80	1,84
200	200	75	8,5	11,5	5,49	25,3	32,2	1 910	191	7,70	114	16,8	7,55	148	27,0	2,14	12,35	1,94
220	220	80	9	12,5	5,86	29,4	37,4	2 690	245	8,48	146	18,5	8,33	197	33,6	2,26	16,67	2,07
240	240	85	9,5	13	6,27	33,2	42,3	3 600	300	9,22	179	20,1	9,03	248	39,6	2,42	20,42	2,20
260	260	90	10	14	6,64	37,9	48,3	4 820	371	9,99	221	21,8	9,79	317	47,7	2,56	26,62	2,31
280	280	95	10	15	6,97	41,8	53,3	6 276	450	10,9	266	23,6	10,76	390	57,2	2,75	32,68	2,51
300	300	100	10	16	7,30	46,2	58,8	8 030	535	11,7	316	25,4	11,58	495	67,8	2,90	39,86	2,72
320	320	100	14	17,5	7,40	59,5	75,8	10 870	679	12,1	413	26,3	11,40	597	80,6	2,81	69,2	2,22
350	350	100	14	16	7,60	60,6	77,3	12 840	734	12,9	459	28,6	12,10	570	75,0	2,72	63,2	2,05
380	380	102	13,5	16	7,85	62,6	80,4	15 760	829	14,0	507	31,1	13,20	615	78,7	2,77	62,1	2,16
400	400	110	14	18	8,35	71,8	91,5	20 350	1 020	14,9	618	32,9	14,20	846	102	3,04	85,2	2,46

Voir : NF A 45-202

Annexe 5.9 Poutrelles L

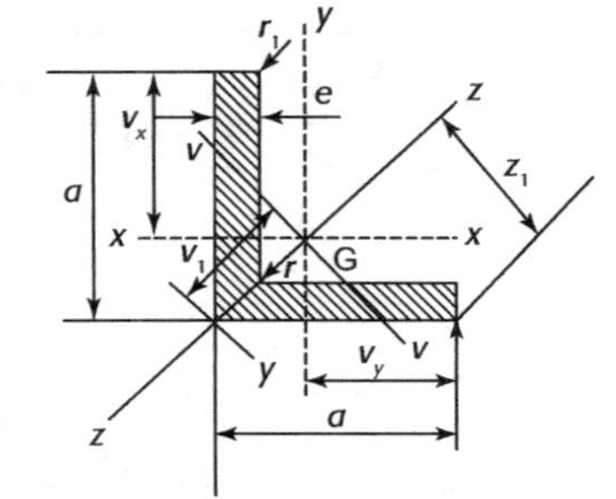

Profils	Dimensions				Masse	Section	caractéristiques rapportées à l'axe neutre xx et yy				Caractéristiques rapportées à l'axe neutre zz et vv							
	a	e	r	r_1	q	A	$v_x = v_y$	$I_x = I_y$	$\dfrac{I_x}{V_x}$	$i_x = i_y$	z_1	I_z	$\dfrac{I_z}{z_1}$	i_z	v_1	I_v	$\dfrac{I_v}{v_1}$	i_v
	mm	mm	mm	mm	kg/m	cm²	cm	cm⁴	cm³	cm³	cm	cm⁴	cm³	cm	cm	cm⁴	cm³	cm
20	20	3	4	2	0,88	1,13	0,60	0,39	0,28	0,59	1,41	0,61	0,43	0,74	0,84	0,16	0,19	0,38
25	25	3	4	2	1,12	1,43	0,72	0,80	0,45	0,75	1,77	1,26	0,71	0,94	1,02	0,33	0,33	0,48
30	30	3	5	2,5	1,36	1,74	0,84	1,40	0,65	0,90	2,12	2,22	1,05	1,13	1,18	0,58	0,50	0,58
35	35	3,5	4	2	1,84	2,35	0,99	2,66	1,06	1,06	2,47	4,22	1,70	1,34	1,40	1,10	0,78	0,68
40	40	4	6	3	2,42	3,08	1,12	4,47	1,55	1,21	2,83	7,09	2,51	1,52	1,58	1,86	1,17	0,78
45	45	5	7	3,5	3,38	4,30	1,28	7,84	2,43	1,35	3,18	12,42	3,90	1,70	1,81	3,26	1,80	0,87
50	50	6	7	3,5	4,47	5,69	1,45	12,84	3,61	1,50	3,54	20,34	5,75	1,89	2,04	5,34	2,61	0,97
60	60	6	8	4	5,42	6,91	1,69	22,79	5,29	1,82	4,24	36,14	8,52	2,29	2,39	9,44	3,96	1,17
70	70	7	9	7,38	7,38	9,40	1,97	42,30	8,41	2,12	4,95	67,09	13,55	2,67	2,79	17,51	6,28	1,36
75	75	8	8	4	8,97	11,43	2,14	59,36	11,08	2,28	5,30	94,21	17,76	2,87	3,03	24,50	8,08	1,46

Voir Réf : NF A 45-009

Annexe 5.10   Poutrelles L

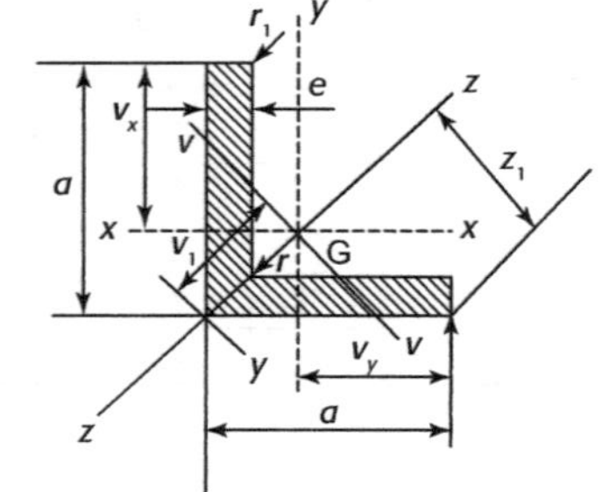

Profils	Dimensions				Masse	Section	caractéristiques rapportées à l'axe neutre xx et yy				Caractéristiques rapportées à l'axe neutre zz et vv							
	a	e	r	r_1	q	A	$v_x = v_y$	$I_x = I_y$	$\dfrac{I_x}{V_x}$	$i_x = i_y$	z_1	I_z	$\dfrac{I_z}{z_1}$	i_z	v_1	I_v	$\dfrac{I_v}{v_1}$	i_v
	mm	mm	mm	mm	kg/m	cm²	cm⁴	cm³	cm	cm³	cm	cm⁴	cm³	cm	cm	cm⁴	cm³	cm
80	80	8	10	5	9,63	12,27	2,26	72,25	12,58	2,43	5,65	114,6	20,26	3,06	3,19	29,88	9,37	1,56
90	90	9	11	5,5	12,2	15,52	2,54	115,8	17,93	2,73	6,36	183,8	28,88	3,44	3,59	47,89	13,34	1,76
100	100	10	12	6	15,0	19,15	2,82	176,7	24,62	3,04	7,07	280,3	39,65	3,83	3,99	73,01	8,29	1,95
120	120	12	13	6,5	21,6	27,54	3,40	367,7	42,74	3,65	8,49	583,7	68,79	4,60	4,80	151,6	31,57	2,35
135	135	10	14	7	20,6	26,21	3,68	451,4	45,97	4,15	9,54	717,0	75,11	5,23	5,20	185,8	35,72	2,66
150	150	15	16	8	33,8	43,02	4,25	898,1	83,52	4,57	10,61	1 426	134,4	5,76	6,10	370,2	61,64	2,93
150	150	18	16	8	40,1	51,03	4,37	1 150	98,74	4,54	10,61	1 665	157,0	5,71	6,17	435,0	70,46	2,92
180	180	18	18	9	48,6	61,91	5,10	1 866	144,7	5,49	12,73	2 963	232,8	6,92	7,22	768,3	106,4	3,52
200	200	20	18	9	60,0	76,35	5,68	2 850	199,1	6,11	14,14	4 529	320,3	7,70	8,04	1 172	145,8	3,92
200	200	24	18	9	71,1	90,59	5,84	3 331	235,2	6,06	14,14	5 284	373,6	7,64	8,26	1 378	166,9	3,90

Voir Réf : NF A 45-009

Annexe 5.11 Poutrelles L

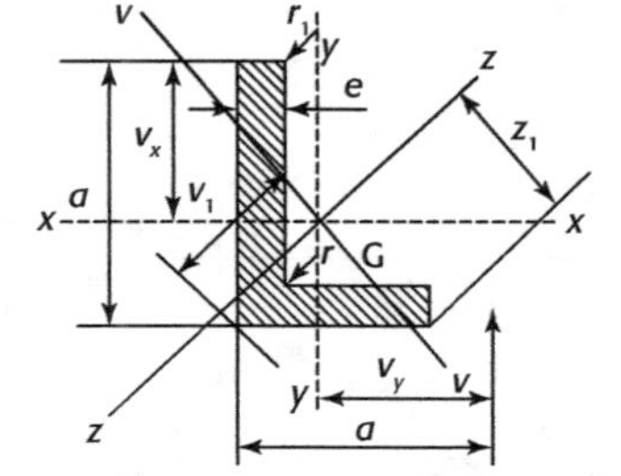

Profils	Dimensions				Masse	Section	Caractéristiques rapportées à l'axe neutre xx et yy						Caractéristiques rapportées à l'axe neutre zz et vv			
	a	e	r	r_1	q	A	I_x	$\dfrac{I_x}{V_x}$	i_x	I_y	$\dfrac{I_y}{V_y}$	i_y	I_z	i_z	I_v	i_v
	mm	mm	mm	mm	kg/m	cm²	cm⁴	cm³	cm	cm⁴	cm³	cm	cm⁴	cm	cm⁴	cm
30	20	3	4	2	1,12	1,43	1,25	0,62	0,93	0,44	0,29	0,55	1,43	1,00	0,26	0,42
35	20	3,5	4	2	1,43	1,82	2,15	0,94	1,09	0,56	0,36	0,56	2,28	1,12	0,43	0,49
40	25	4	4	2	1,93	2,46	3,89	1,47	1,26	1,16	0,62	0,69	4,35	1,33	0,70	0,53
45	30	4	4	2	2,24	2,86	5,77	1,91	1,42	2,05	0,91	0,85	6,63	1,52	1,19	0,65
50	30	5	5	2,5	2,96	3,78	9,36	2,86	1,57	2,51	1,11	0,82	10,30	1,65	1,54	0,64
60	40	5	6	3	3,76	4,79	17,20	4,25	1,89	6,11	2,02	1,13	19,80	2,03	3,54	0,86
60	40	6	6	3	4,46	5,68	20,10	5,03	1,88	7,12	2,38	1,12	23,10	2,02	4,15	0,86
65	50	5	5	2,5	4,34	5,53	23,26	5,17	2,05	12,01	3,21	1,47	29,02	2,29	6,25	1,06
70	50	6	6	3	5,40	6,88	33,50	7,04	2,21	14,30	3,81	1,44	39,90	2,41	7,94	1,07
75	50	5	5	2,5	4,73	6,03	34,64	6,18	2,40	12,48	3,26	1,44	40,05	2,58	7,08	1,08
80	60	7	8	4	7,36	9,38	59,00	10,70	2,51	28,40	6,34	1,74	72,00	2,77	15,40	1,28
90	70	8	8	4	9,60	12,23	97,27	15,68	2,81	51,42	9,90	2,05	121,97	3,16	26,71	1,48

Voir Réf : NF A 45-010

Annexe 5.12 Profils creux de section circulaire

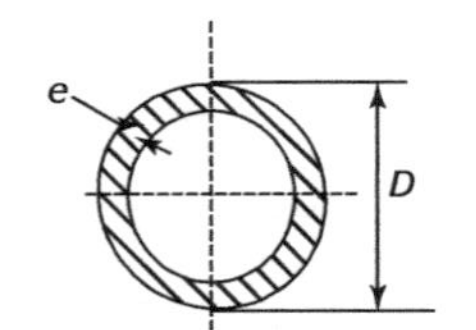

Diamètres extérieurs	Épaisseur	Masse linéique	Aire de la section	Moment d'inertie de flexion	Rayon de giration	Module d'inertie de flexion élastique	Module d'inertie de flexion plastique	Moment d'inertie de torsion	Module d'inertie de torsion
D	e	M	A	I	i	We (I/v)	Wp	J	C_t
mm	mm	kg/m	cm²	cm⁴	cm	cm³	cm³	cm⁴	cm³
21,3	2,0	0,95	1,21	0,571	0,686	0,536	0,748	1,14	1,07
	2,5	1,16	1,48	0,664	0,671	0,623	0,889	1,33	1,25
	3,0	1,35	1,72	0,741	0,656	0,696	1,01	1,48	1,39
26,9	2,0	1,23	1,56	1,22	0,883	0,907	1,24	2,44	1,81
	2,5	1,50	1,92	1,44	0,867	1,07	1,49	2,88	2,14
	3,0	1,77	2,25	1,63	0,852	1,21	1,72	3,27	2,43
33,7	2,0	1,56	1,99	2,51	1,12	1,49	2,01	5,02	2,98
	2,5	1,92	2,45	3,00	1,11	1,78	2,44	6,00	3,56
	3,0	2,27	2,89	3,44	1,09	2,04	2,84	6,88	4,08
42,4	2,0	1,99	2,54	5,19	1,43	2,45	3,27	10,4	4,90
	2,5	2,46	3,13	6,26	1,41	2,95	3,99	12,5	5,91
	3,0	2,91	3,71	7,25	1,40	3,42	4,67	14,5	6,84
	4,0	3,79	4,83	8,99	1,36	4,24	5,92	18,0	8,48
48,3	2,0	2,28	2,91	7,81	1,64	3,23	4,29	15,6	6,47
	2,5	2,82	3,60	9,46	1,62	3,92	5,25	18,9	7,83
	3,0	3,35	4,27	11,0	1,61	4,55	6,17	22,0	9,11
	4,0	4,37	5,57	13,8	1,57	5,70	7,87	27,5	11,4
	5,0	5,34	6,80	16,2	1,54	6,69	9,42	32,3	13,4

(A suivre)

Voir Réf : NF 10219-2 :1997

(Suite)

Diamètres extérieurs	Épaisseur	Masse linéique	Aire de la section	Moment d'inertie de flexion	Rayon de giration	Module d'inertie de flexion élastique	Module d'inertie de flexion plastique	Moment d'inertie de torsion	Module d'inertie de torsion
D	e	M	A	I	i	$We\ (I/v)$	Wp	J	C_t
mm	mm	kg/m	cm²	cm⁴	cm	cm³	cm³	cm⁴	cm³
60,3	2,0	2,88	3,68	15,6	2,06	5,17	6,80	31,2	10,3
	2,5	3,56	4,54	19,0	2,05	6,30	8,36	36,0	12,6
	3,0	4,24	5,40	22,2	2,03	7,37	9,86	44,4	14,7
	4,0	5,55	7,07	26,2	2,00	9,34	12,7	56,3	18,7
	5,0	6,82	8,69	33,5	1,96	11,1	15,3	67,0	22,2
76,1	2,0	3,65	4,66	32,0	2,62	8,40	11,0	64,0	16,8
	2,5	4,54	5,78	39,2	2,60	10,3	13,5	78,4	20,6
	3,0	5,41	6,89	46,1	2,59	12,1	16,0	92,2	24,2
	4,0	7,11	9,06	59,1	2,55	15,5	20,8	118	31,0
	5,0	8,77	11,2	70,9	2,52	18,6	25,3	142	37,3
	6,0	10,4	13,2	81,8	2,49	21,5	29,6	164	43,0
	6,3	10,8	13,8	84,8	2,48	22,3	30,8	170	44,6
88,9	2,0	4,29	5,46	51,6	3,07	11,6	15,1	103	23,2
	2,5	5,33	6,79	63,4	3,06	14,3	18,7	127	28,5
	3,0	6,36	8,10	74,8	3,04	16,8	22,1	150	33,6
	4,0	8,38	10,7	96,3	3,00	21,7	28,9	193	43,3
	5,0	10,3	13,2	116	2,97	26,2	35,2	233	52,4
	6,0	12,3	15,6	135	2,94	30,4	41,3	270	60,7
	6,3	12,8	16,3	140	2,93	31,6	43,1	280	63,1
180	12,0	58,5	74,5	3322	6,68	369	454	5865	684
	12,5	60,5	77,0	3406	6,65	378	467	6050	600
	16,0	73,8	94,0	3887	6,43	432	550	7178	698
200	4,0	24,3	30,9	1968	7,97	197	226	3049	295
	6,0	30,1	38,4	2410	7,93	241	279	3763	362
	6,0	35,8	45,6	2833	7,88	283	330	4459	426
	6,3	37,2	47,4	2922	7,85	292	341	4682	444
	8,0	46,5	59,2	3566	7,76	357	421	5815	544
	10,0	57,0	72,6	4251	7,65	425	508	7072	651

Voir Réf : NF 10219-2 :1997

Annexe 5.13 Poutrelles creuses carrées

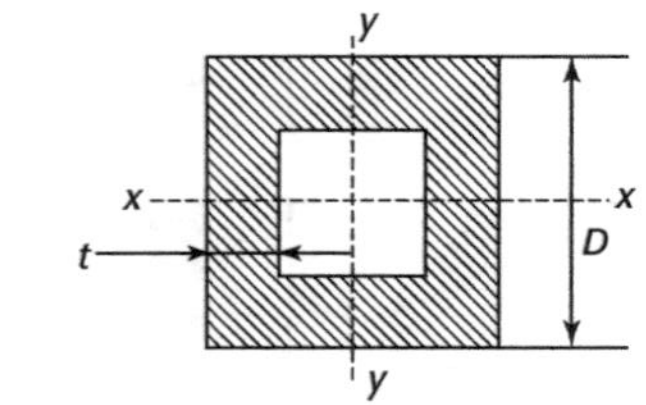

Dimension extérieure	Épaisseur	Masse linéique	Aire de la section	Moment d'inertie de flexion	Rayon de giration	Module de flexion élastique	Module de flexion plastique	Moment d'inertie de torsion	Module de torsion
D	t	M	A	I	i	W_e	W_p	I_t	C_t
mm	mm	kg/m	cm²	cm⁴	cm	cm³	cm³	cm⁴	cm³
20	2,0	1,05	1,34	0,692	0,720	0,692	0,877	1,21	1,06
25	2,0	1,36	1,74	1,48	0,924	1,19	1,47	2,53	1,80
	2,5	1,64	2,09	1,69	0,899	1,35	1,71	2,97	2,07
	3,0	1,89	2,41	1,84	0,874	1,47	1,91	3,33	2,27
30	2,0	1,68	2,14	2,72	1,13	1,81	2,21	4,54	2,75
	2,5	2,03	2,59	3,16	1,10	2,10	2,61	5,40	3,20
	3,0	2,36	3,01	3,50	1,08	2,34	2,96	6,15	3,58
40	2,0	2,31	2,94	6,94	1,54	3,47	4,13	11,3	5,23
	2,5	2,82	3,59	8,22	1,51	4,11	4,97	13,6	6,21
	3,0	3,30	4,21	9,32	1,49	4,66	5,72	15,8	7,07
	4,0	4,20	5,35	11,1	1,44	5,54	7,01	19,4	8,48
50	2,0	2,93	3,74	14,1	1,95	5,66	6,66	22,6	8,51
	2,5	3,60	4,59	16,9	1,92	6,78	8,07	27,5	10,2
	3,0	4,25	5,41	19,5	1,90	7,79	9,39	32,1	11,8
	4,0	5,45	6,95	23,7	1,85	9,49	11,7	40,4	14,4
	5,0	6,56	8,36	27,0	1,80	10,8	13,7	47,5	16,6
60	2,0	3,56	4,54	25,1	2,35	8,38	9,79	39,8	12,6
	2,5	4,39	5,59	30,3	2,33	10,1	11,9	48,7	15,2
	3,0	5,19	6,61	35,1	2,31	11,7	14,0	57,1	17,7

Voir norme EN 10219-2-1997

(Suite)

Dimension extérieure	Épaisseur	Masse linéique	Aire de la section	Moment d'inertie de flexion	Rayon de giration	Module de flexion élastique	Module de flexion plastique	Moment d'inertie de torsion	Module de torsion
D	t	M	A	I	i	W_e	W_p	I_t	C_t
mm	mm	kg/m	cm²	cm⁴	cm	cm³	cm³	cm⁴	cm³
60	4,0	6,71	8,55	43,6	2,26	14,5	17,6	72,6	22,0
	5,0	8,13	10,0	50,5	2,21	16,8	20,9	86,4	25,6
	6,0	9,45	12,0	56,1	2,16	18,7	23,7	98,4	28,6
	6,3	9,55	12,2	54,4	2,11	18,1	23,4	100	28,8
70	2,5	5,17	6,59	49,4	2,74	14,1	16,5	78,5	21,2
	3,0	6,13	7,81	57,5	2,71	16,4	19,4	92,4	24,7
	4,0	7,97	10,1	72,1	2,67	20,6	24,8	24,8	31,1
	5,0	9,70	12,4	84,6	2,62	24,2	29,6	29,6	36,7
	6,0	11,3	14,4	95,2	2,57	27,2	33,8	33,8	41,4
	6,3	11,5	14,7	93,8	2,53	26,8	33,8	33,8	42,1
80	3,0	7,07	9,01	87,8	3,12	22,0	25,8	140	33,0
	4,0	9,22	11,7	111	3,07	27,8	33,1	180	41,8
	5,0	11,3	14,4	131	3,03	32,9	39,7	218	49,7
	6,0	13,2	16,8	148	2,98	37,3	45,8	252	56,6
	6,3	13,5	17,2	149	2,94	37,1	46,1	261	57,9
	8,0	16,4	20,8	168	2,84	42,1	53,9	307	66,6
90	3,0	8,01	10,2	127	3,53	28,3	33,0	201	42,5
	4,0	10,5	13,3	162	3,48	36,0	42,6	261	54,2
	5,0	12,8	16,4	193	3,43	42,9	51,4	316	64,7
	6,0	15,1	19,2	220	3,39	49,0	59,5	368	74,2
	6,3	15,5	19,7	221	3,35	49,1	60,3	382	76,2
	8,0	18,9	24,0	255	3,25	56,6	71,3	456	88,8
100	3,0	8,96	11,4	177	3,94	35,4	41,2	279	53,2
	4,0	11,7	14,9	226	3,89	45,3	53,3	362	68,1
	5,0	14,4	18,4	271	3,84	54,2	64,6	441	81,7
	6,0	17,0	21,5	311	3,79	62,3	75,1	514	94,1
	6,3	17,5	22,2	314	3,76	62,8	76,4	536	97,0

Voir norme EN 10219-2-1997

Annexe 5.14 Poutrelles creuses rectangulaires

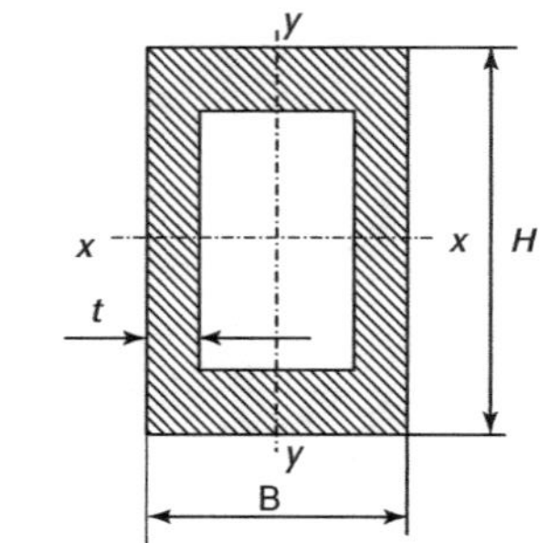

Dimensions extérieures		Épaisseur	Masse linéique	Aire de la section transversale	Moment d'inertie de flexion		Rayon de giration		Module de flexion élastique		Module de flexion plastique		Moment d'inertie de torsion	Moment de torsion
$H \times B$		t	M	A	I_{xx}	I_{yy}	i_{xx}	i_{yy}	W_e	W_p	W_{xx}	W_{yy}	I_t	C_t
mm		mm	kg/m	cm²	cm⁴	cm⁴	cm	cm	cm³	cm³	cm³	cm³	cm⁴	cm³
40	20	2,0	1,68	2,14	4,05	1,34	1,38	0,793	2,02	1,34	2,61	1,60	3,45	2,36
	20	2,5	2,03	2,59	4,69	1,54	1,35	0,770	2,35	1,54	3,09	1,88	4,06	2,72
	20	3,0	2,36	3,01	5,12	1,68	1,32	0,748	2,60	1,69	3,50	2,12	4,57	3,00
50	30	2,0	2,31	2,94	9,54	4,29	1,80	1,21	3,81	2,86	4,74	3,33	9,77	4,84
	30	2,5	2,82	3,59	11,3	5,05	1,77	1,19	4,52	3,37	5,70	3,98	11,7	5,27
	30	3,0	3,30	4,21	12,8	5,70	1,75	1,16	5,13	3,80	6,57	4,58	13,5	6,49
	30	4,0	4,20	5,35	15,3	6,69	1,69	1,12	6,10	4,46	8,05	5,58	16,5	7,71
60	40	2,0	2,93	3,74	18,4	9,83	2,22	1,62	6,14	4,92	7,47	5,65	20,7	8,12
	40	2,5	3,60	4,59	22,1	11,7	2,19	1,60	7,36	5,87	9,06	6,84	25,1	9,72
	40	3,0	4,25	5,41	25,4	13,4	2,17	1,58	8,46	6,72	10,5	7,94	29,3	11,2
	40	4,0	5,45	6,95	31,0	16,3	2,11	1,53	10,3	8,14	13,2	9,89	36,7	13,7
	40	5,0	6,56	8,36	35,3	18,4	2,06	1,48	11,8	9,21	15,4	11,5	42,8	15,6
70	50	2,0	3,56	4,54	31,5	18,8	2,63	2,03	8,99	7,50	10,8	8,58	37,6	12,2
	50	2,5	4,39	5,59	38,0	22,6	2,61	2,01	10,9	9,04	13,2	10,4	45,8	14,7
	50	3,0	5,19	6,61	44,1	26,1	2,58	1,99	12,6	10,4	15,4	12,2	53,6	17,1
	50	4,0	6,17	8,55	54,7	32,2	2,53	1,94	15,6	12,9	19,5	15,4	68,1	21,2
	50	5,0	8,13	10,4	63,5	37,2	2,48	1,90	18,1	14,9	23,1	18,2	80,8	24,6

Voir norme EN 10219-2-1997

(Suite)

Dimensions extérieures	Épaisseur	Masse linéique	Aire de la section transversale	Moment d'inertie de flexion		Rayon de giration		Module de flexion élastique		Module de flexion plastique		Moment d'inertie de torsion	Moment de torsion
$H \times B$	t	M	A	I_{xx}	I_{yy}	i_{xx}	i_{yy}	W_e	W_p	$H \times B$	t	M	A
mm	mm	kg/m	cm²	cm⁴	cm⁴	cm	cm	cm³	cm³	mm	mm	kg/m	cm²
80	40	2,0	3,56	4,54	37,4	12,7	2,87	1,67	9,34	6,36	11,6	7,17	30,9	11,0
	40	2,5	4,39	5,59	45,1	15,3	2,84	1,65	11,3	7,63	14,1	8,72	37,6	13,2
	40	3,0	5,19	6,61	52,3	17,6	2,81	1,63	13,1	8,78	16,5	10,2	43,9	15,3
	40	4,0	6,71	8,55	64,8	21,5	2,75	1,59	16,2	10,7	20,9	12,8	56,2	18,8
	40	5,0	8,13	10,4	75,1	24,6	2,69	1,54	18,8	12,3	24,7	15,0	65,0	21,7
80	60	2,0	4,19	5,34	49,5	31,9	3,05	2,44	12,4	10,6	14,7	12,1	61,2	17,1
	60	2,5	5,17	6,59	60,1	38,6	3,02	2,42	15,0	12,9	18,0	14,8	75,1	20,7
	60	3,0	6,13	7,81	70,0	44,9	3,00	2,40	17,5	15,0	21,2	17,4	88,3	24,1
	60	4,0	7,97	10,1	87,9	56,1	2,94	2,35	22,0	18,7	27,0	22,1	113	30,3
	60	5,0	9,70	12,4	103	65,7	2,89	2,31	25,8	21,9	32,2	26,4	136	35,7
90	50	2,0	4,19	5,34	57,9	23,4	3,29	2,09	12,9	9,35	15,7	10,5	53,4	15,9
	50	2,5	5,17	6,59	70,3	28,2	3,27	2,07	15,6	11,3	19,3	12,8	65,3	19,2
	50	3,0	6,13	7,81	81,9	32,7	3,24	2,05	18,2	13,1	22,6	15,0	76,7	22,4
	50	4,0	7,97	10,1	103	40,7	3,18	2,00	22,8	16,3	28,8	19,1	97,7	28,0
	50	5,0	9,70	12,4	121	47,4	3,12	1,96	26,8	18,9	34,4	22,7	116	32,7
100	40	2,5	5,17	6,59	79,3	18,8	3,47	1,69	15,9	9,39	20,2	10,6	50,5	16,8
	40	3,0	6,13	7,81	92,3	21,7	3,44	1,67	18,5	10,8	23,7	12,4	59,0	19,4
	40	4,0	7,97	10,1	116	26,7	3,38	1,62	23,1	13,3	30,3	15,7	74,5	24,à
	40	5,0	9,70	12,4	138	30,8	3,31	1,58	27,1	15,4	36,1	18,5	87,9	27,9
	50	2,5	5,56	7,09	91,2	31,1	3,59	2,09	18,2	12,4	22,7	14,0	75,4	21,5
100	50	3,0	6,60	8,41	106	36,1	3,56	2,07	21,3	14,4	26,7	16,4	88,6	25,0
	50	4,0	8,59	10,9	134	44,9	3,50	2,03	26,8	18,0	34,1	20,9	113	31,3
	50	5,0	10,5	13,4	158	52,5	3,44	1,98	31,6	21,0	40,8	25,0	135	36,8
	50	6,0	12,3	15,6	179	58,7	3,38	1,94	35,8	23,6	46,9	28,6	154	41,4
	50	6,3	12,5	15,9	176	58,2	3,32	1,91	35,1	23,3	46,9	28,6	158	42,1
100	60	2,5	5,96	7,59	103	46,9	3,69	2,49	20,6	15,6	25,1	17,7	103	26,2
	60	3,0	7,07	9,01	121	54,5	3,66	2,46	24,1	18,2	29,6	20,8	122	30,6
	60	4,0	9,22	11,7	153	68,7	3,60	2,42	30,5	22,9	37,9	26,6	156	38,7

Voir norme EN 10219-2-1997

Annexe 5.15 Poutrelles creuses rectangulaires

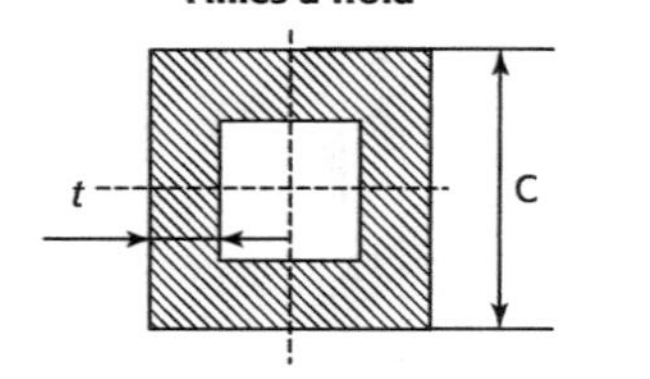

Dimensions extérieures	Épaisseur	Masse linéique	Aire de la section	Moment d'inertie de torsion	Moment d'inertie de flexion	Moment d'inertie de flexion	Module d'inertie de flexion	Module d'inertie de flexion	Rayon de giration	Rayon de giration
$h \times b$	e		A	J	I_x	I_y	W_x	W_y	i_x	i_y
mm	mm	kg/m	cm²	cm⁴	cm⁴	cm⁴	cm³	cm³	cm	cm
100×50	*3	6,54	8,331	88,85	104,50	35,570	20,900	14,230	3,542	2,066
100×60	*3	7,01	8,931	122,10	118,60	53,950	23,730	17,980	3,645	2,458
120×60	*3	7,95	10,130	156,90	186,30	63,700	31,050	21,230	4,289	2,508
140×40	*3	7,95	10,130	90,50	218,00	29,590	31,140	14,800	4,638	1,709
140×80	*3	9,84	12,530	318,20	330,60	140,000	47,230	35,000	5,136	3,342
	**5	15,80	20,140	502,10	506,50	212,500	72,350	53,120	5,015	3,248
150×50	*3	8,89	11,330	150,60	294,20	52,160	39,220	20,860	5,095	2,146
	**5	14,20	18,140	230,10	444,10	76,530	59,220	30,610	4,948	2,054
150×100	*3	11,30	14,330	509,00	456,30	245,700	60,840	49,140	5,643	4,141
	**5	18,20	23,140	811,70	707,00	378,600	94,270	75,720	5,527	4,045
160×90	*3	11,30	14,330	467,00	495,80	205,200	61,980	45,600	5,882	3,784
180×80	*3	11,70	14,930	446,30	614,60	175,600	68,280	43,890	6,416	3,429
	**5	19,00	24,140	706,30	953,50	268,800	105,900	67,200	6,285	3,337
180×100	*3	12,70	16,130	656,00	708,60	288,000	78,730	57,610	6,628	4,226

Voir norme 49-541 100C

* Épaisseurs des tubes de la série courante

** Épaisseurs des tubes de la série complémentaire

$R_p > 295$ MPa $= 295$ N/mm²

Annexe 5.16 Gros profils creux de la gamme Rettel

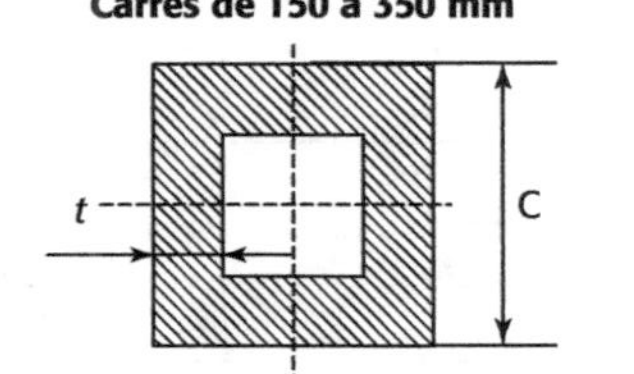

Dimensions extérieures	Épaisseur	Masse linéique	Aire de la section	Moment d'inertie de torsion	Moment d'inertie de flexion	Module d'inertie de flexion	Rayon de giration
c	t		A	J	I	W	i
mm	mm	kg/m	cm²	cm⁴	cm⁴	cm³	cm
150	4	17,9	22,87	1,268	803,2	107,1	5,927
	5	22,2	28,23	1,556	974,9	130,0	5,877
	6	26,3	33,45	1,837	1135	151,4	5,826
	8	34,1	43,46	2,362	1424	190,0	5,725
	10	41,5	52,91	2,640	1672	223,0	5,622
160	6	28,1	35,85	2,245	1394	174,2	6,235
	8	36,6	46,66	2,894	1756	219,4	6,134
	10	44,7	56,91	3,490	2070	258,8	6,031
180	5	26,9	34,22	2,730	1726	191,8	7,102
	6	31,9	40,65	3,231	2021	224,6	7,052
	8	41,5	53,06	4,183	2564	264,9	6,951
	10	51,4	64,91	5,070	3045	388,3	6,849
	12	59,8	76,91	5,889	3467	385,2	6,746

Voir Réf. 9

$R_p > 295$ MPa $= 295$ N/mm²

Annexe 5.17 Gros profils creux de la gamme Rettel

Carrés de 150 à 350 mm

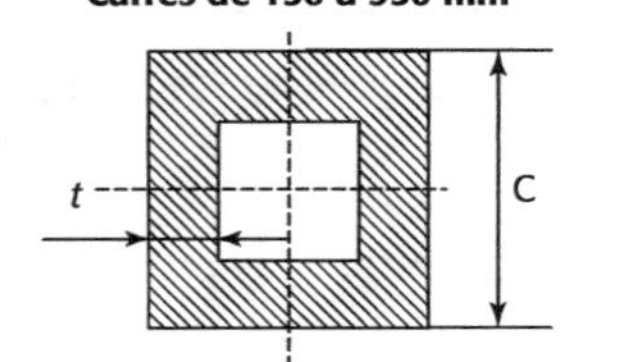

Dimensions extérieures	Épaisseur	Masse linéique	Aire de la section	Moment d'inertie de torsion	Moment d'inertie de flexion	Module d'inertie de flexion	Rayon de giration
b	e		A	J	I	W	i
mm	mm	kg/m	cm²	cm⁴	cm⁴	cm³	cm
200	5	30,0	38,23	3772	2397	239;7	7,919
	6	35,7	45,43	4470	2814	281,4	7,869
	8	46,7	59,46	5807	3589	358,9	7,769
	10	57,2	72,91	7064	4286	428,6	7,667
	12	67,3	85,79	8239	4909	490,9	7,565
250	6	45,1	57,45	8862	5643	451,4	9,911
	8	59,2	75,46	11581	7264	581,1	9,811
	10	72,9	92,91	14177	8761	700,9	9,711
	12	86,2	109,80	16649	10140	811,0	9,609
300	6	54,5	69,45	15464	9921	661,4	11,950
	8	71,8	91,46	20283	12850	856,7	11,850
	10	88,6	112,90	24929	15600	1040,0	11,750
	12	105,0	133,80	29398	18170	1211,0	11,650
350	8	84,4	107,50	32510	20750	1186,0	13,900
	10	104,3	132,90	40070	25300	1445,0	13,800
	12	123,9	157,80	47390	29600	1691,0	13,700

Cf. Ref.9

$R_p > 295$ MPa $= 295$ N/mm²

Annexe 5.18 Gros profils creux de la gamme Rettel

Rectangulaires de 200 × 100 à 400 × 300

Dimensions extérieures	Épaisseur	Masse linéique	Aire de la section	Moment d'inertie de torsion	Moment d'inertie de flexion	Moment d'inertie de flexion	Module d'inertie de flexion	Module d'inertie de flexion	Rayon de giration	Rayon de giration
$h \times b$ mm²	t mm	kg/m	A cm²	J cm⁴	I_x cm⁴	I_y cm⁴	W_x cm³	W_y cm³	i_x cm	i_y cm
200 × 100	4	17,9	22,87	987,5	1191	408,7	119,1	81,74	7,219	4,228
	5	22,2	28,23	1209	1446	493,7	144,6	98,74	7,158	4,283
	6	26,3	33,45	1420	1685	572,3	168,5	114,5	7,097	4,136
	8	34,1	43,46	1810	2113	711,0	211,3	142,2	6,973	4,045
	10	41,5	52,91	2157	2479	826,5	247,9	165,3	6,845	3,952
	12	48,5	61,79	2459	2876	920,5	278,6	184,1	6,714	3,860
200 × 120	5	23,7	30,23	1656	1637	745,5	163,7	124,2	7,358	4,966
	6	28,1	35,85	1951	1911	867,7	191,1	144,6	7,301	4,920
	8	36,6	46,66	2505	2408	1087,0	240,8	181,2	7,184	4,827
	10	44,7	56,91	3008	2841	1275,0	284,1	212,5	7,065	4,733
200 × 150	5	26,1	33,22	2397	1922	1237,0	192,2	165,0	7,605	6,100
	6	31,0	39,45	2833	2249	1477,0	224,9	192,9	7,751	6,056
	8	40,4	51,46	3661	2851	1828,0	285,1	243,7	7,443	5,960
	10	49,4	62,91	4426	2283	2136,0	338,3	288,4	7,333	5,864
	12	57,9	73,79	5128	3847	2453,0	384,7	327,1	7,220	5,766
250 × 100	5	26,1	33,22	1623	2533	606,6	202,7	121,3	8,732	4,270
	6	31,0	39,44	1906	2963	705,0	237,0	141,0	8,667	4,220
	8	40,4	51,46	2437	3749	880,7	300,0	176,1	8,535	4,136
	10	49,4	62,90	2911	4438	1030,0	355,1	205,9	8,400	4,046
	12	57,9	73,79	3330	5035	1154,0	402,8	230,8	8,260	3,955

Voir Réf. 9

Annexe 5.19 Gros profils creux de la gamme Rettel (suite)

Rectangulaires de 200 × 100 à 400 × 300

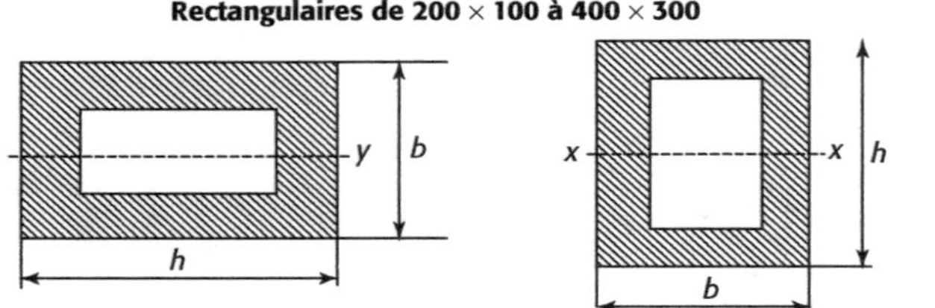

Dimensions extérieures	Épaisseur	Masse linéique	Aire de la section	Moment d'inertie de torsion	Moment d'inertie de flexion	Moment d'inertie de flexion	Module d'inertie de flexion	Module d'inertie de flexion	Rayon de giration	Rayon de giration
$h \times b$ mm²	t mm	kg/m	A cm²	J cm⁴	I_x cm⁴	I_y cm⁴	W_x cm³	W_y cm³	i_x cm	i_y cm
250 × 150	5	30,0	38,23	3292	3284	1501,0	262,7	200,1	9,264	6,266
	6	35,7	45,45	3895	3857	1758,0	308,5	234,4	9,212	6,219
	8	46,7	59,46	5044	4921	2232,0	393,6	297,6	9,097	6,127
	10	57,2	72,91	6116	5879	2654,0	470,4	353,8	8,980	6,033
	12	67,3	85,79	7108	6736	3026,0	538,9	403,5	8,861	5,939
300 × 100	5	30,0	38,23	2048	4036	719,5	269,1	143,9	10,280	4,339
	6	35,7	45,45	2408	4735	837,7	315,7	167,5	10,210	4,293
	8	46,7	59,46	3079	6028	1050,0	401,9	210,1	10,070	4,203
	10	57,2	72,91	3682	7184	1233,0	479,0	246,6	9,927	4,113
	12	67,3	85,79	4218	8208	1388,0	574,2	277,6	9,781	4,020
300 × 200	5	37,9	48,23	6849	6212	3348,0	414,1	334,8	11,350	8,332
	6	45,1	57,45	8133	7328	3944,0	488,6	394,4	11,290	8,285
	8	59,2	75,46	10611	9439	5064,0	629,3	506,4	11,180	8,192
	10	72,9	92,91	12970	11390	6093,0	759,3	609,3	11,070	8,098
	12	86,2	109,80	15206	13190	7033,0	879,2	703,3	10,960	8,004

Voir Réf. 9

(Suite)

400 × 200	6	54,5	69,45	12091	14720	5073,0	735,8	507,3	14,560	8,547
	8	71,8	91,46	15800	19060	6539,0	953,2	653,9	14,440	8,456
	10	88,6	112,90	19344	23140	7899,0	1157,0	789,9	14,320	8,364
	12	105,0	133,80	22721	26960	9156,0	1384,0	915,6	14,190	8,273
400 × 300	6	63,9	81,45	23690	19370	12520,0	968,6	834,4	15,420	12,400
	8	84,4	107,50	31140	25210	16260,0	1261,0	1084,0	15,320	12,300
	10	104,3	132,90	38350	30750	19800,0	1537,0	1320,0	15,210	12,210
	12	123,9	157,80	45330	35990	23150,0	1800,0	1543,0	15,100	12,110

Voir Réf. 9

Annexe 6
Masse des aciers en kilogrammes par mètre

Annexe 6.1 Masse des aciers en kilogrammes par mètre

Ronds

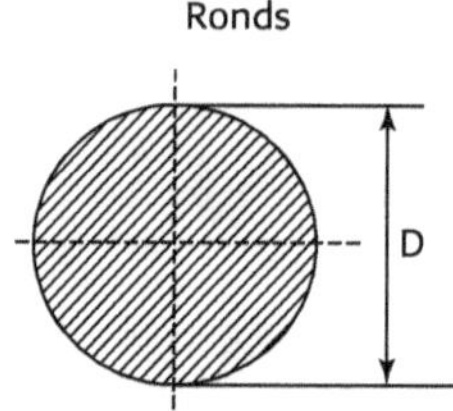

Cote nominale et masse volumique de 7 850 kg/m^3

Diamètre *D* (mm)	Masse des ronds (kg/m)	Diamètre *D* (mm)	Masse des ronds (kg/m)	Diamètre *D* (mm)	Masse de ronds (kg/m)
1	0,006165	34	7,127174	67	27,676371
2	0,024662	35	7,552585	68	28,508696
3	0,055488	36	7,990327	69	29,353353
4	0,098646	37	8,440399	70	30,210340
5	0,154134	38	8,902802	71	31,079658
6	0,221954	39	9,377536	72	31,961306
7	0,302103	40	9,864601	73	32,855286
8	0,394584	41	10,363996	74	33,761596
9	0,499395	42	10,875722	75	34,680237
10	0,616538	43	11,399779	76	35,611209
11	0,746010	44	11,936167	77	36,554511
12	0,887814	45	12,484885	78	37,510144
13	1,041948	46	13,045935	79	38,478108
14	1,208414	47	13,619314	80	39,458403
15	1,387209	48	14,205025	81	40,451029
16	1,578336	49	14,803067	82	41,455985
17	1,781794	50	15,413439	83	42,473272

(Suite)

18	1,997582	51	16,036142	84	43,502889
19	2,225701	52	16,671175	85	44,544838
20	2,466150	53	17,318540	86	45,599117
21	2,718931	54	17,978235	87	46,665727
22	2,984042	55	18,650261	88	47,744668
23	3,261484	56	19,334617	89	48,835939
24	3,551256	57	20,031305	90	49,939541
25	3,853360	58	20,740323	91	51,055474
26	4,167794	59	21,461672	92	52,183738
27	4,494559	60	22,195352	93	53,324333
28	4,833654	61	22,941362	94	54,477258
29	5,185081	62	23,699703	95	55,642514
30	5,548838	63	24,470375	96	56,820100
31	5,924926	64	25,253378	97	58,010018
32	6,313344	65	26,048711	98	59,212266
33	6,714094	66	26,856376	99	60,426845

Annexe 6.2 Masse des aciers en kilogrammes par mètre

Ronds

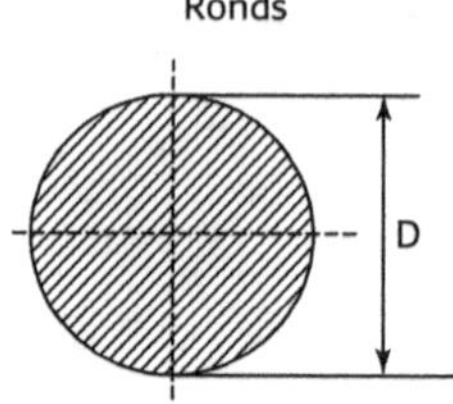

Cote nominale et masse volumique de 7 850 kg/m^3

Diamètre D (mm)	Masse des ronds (kg/m)	Diamètre D (mm)	Masse des ronds (kg/m)	Diamètre D (mm)	Masse des ronds (kg/m)
100	61,653755	134	110,705482	168	174,011557
101	62,892995	135	112,363968	169	176,089289
102	64,144566	136	114,034785	170	178,179351
103	65,408468	137	115,717932	171	180,281744
104	66,684701	138	117,413411	172	182,396468
105	67,973265	139	119,121220	173	184,523523
106	69,274159	140	120,841359	174	186,662908
107	70,587384	141	122,573830	175	188,814624
108	71,912940	142	124,318631	176	190,978671
109	73,250826	143	126,075763	177	193,155048
110	74,601043	144	127,845226	178	195,343757
111	75,963591	145	129,627019	179	197,544796
112	77,338470	146	131,421144	180	199,758165
113	78,725679	147	133,227599	181	201,983866
114	80,125220	148	135,046384	182	204,221897
115	81,537091	149	136,877501	183	206,472259
116	82,961292	150	138,720948	184	208,734952
117	84,397825	151	140,576726	185	211,009976
118	85,846688	152	142,444835	186	213,297330
119	87,307882	153	144,325275	187	215,597015
120	88,781407	154	146,218045	188	217,909031
121	90,267262	155	148,123146	189	220,233377
122	91,765449	156	150,040578	190	222,570055
123	93,275966	157	151,970340	191	224,919063
124	94,798813	158	153,912433	192	227,280402
125	96,333992	159	155,866857	193	229,654071
126	97,881501	160	157,833612	194	232,040071
127	99,441341	161	159,812698	195	234,438403
128	101,013512	162	161,804114	196	236,849064
129	102,598013	163	163,807861	197	239,272057
130	104,194846	164	165,823939	198	241,707380
131	105,804009	165	167,852347	199	244,155034
132	107,425502	166	169,893087	200	246,615019
133	109,059327	167	171,946157		

Annexe 6.3 Masse des aciers en kilogrammes par mètre

Carrés

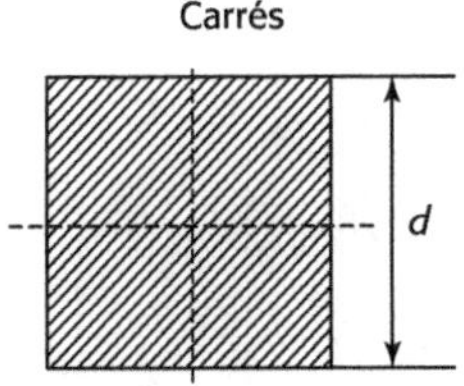

Cote nominale et masse volumique de 7 850 kg/m^3

Sur plats d (mm)	Masse des carrés (kg/m)	Sur plats d (mm)	Masse des carrés (kg/m)	Sur plats d (mm)	Masse des carrés (kg/m)
1	0,007850	34	9,074600	67	35,238650
2	0,031400	35	9,616250	68	36,298400
3	0,070650	36	10,173600	69	37,373850
4	0,125600	37	10,746650	70	38,465000
5	0,196250	38	11,335400	71	39,571850
6	0,282600	39	11,939850	72	40,694400
7	0,384650	40	12,560000	73	41,832650
8	0,502400	41	13,195850	74	42,986600
9	0,635850	42	13,847400	75	44,156250
10	0,785000	43	14,514650	76	45,341600
11	0,949850	44	15,197600	77	46,542650
12	1,130400	45	15,896250	78	47,759400
13	1,326650	46	16,610600	79	48,991850
14	1,538600	47	17,340650	80	50,240000
15	1,766250	48	18,086400	81	51,503850
16	2,009600	49	18,847850	82	52,783400
17	2,268650	50	19,625000	83	54,078650
18	2,543400	51	20,417850	84	55,389600
19	2,833850	52	21,226400	85	56,716250
20	3,140000	53	22,050650	86	58,058600
21	3,461850	54	22,890600	87	59,416650
22	3,799400	55	23,746250	88	60,790400
23	4,152650	56	24,617600	89	62,179850
24	4,521600	57	25,504650	90	63,585000
25	4,906250	58	26,407400	91	65,005850
26	5,306600	59	27,325850	92	66,442400
27	5,722650	60	28,260000	93	67,894650
28	6,154400	61	29,209850	94	69,362600
29	6,601850	62	30,175400	95	70,846250
30	7,065000	63	31,156650	96	72,345600
31	7,543850	64	32,153600	97	73,860650
32	8,038400	65	33,166250	98	75,391400
33	8,548650	66	34,194600	99	76,937850

Annexe 6.4 Masse des aciers en kilogrammes par mètre

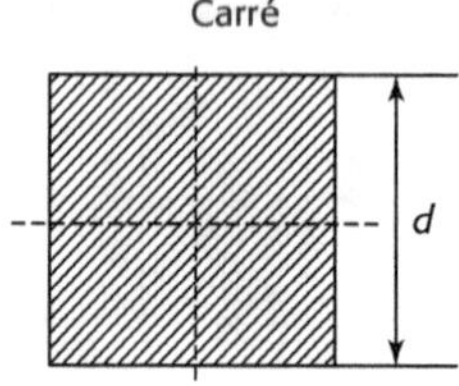

Cote nominale et masse volumique de 7 850 kg/m³

Sur plats d (mm)	Masse des carrés (kg/m)	Sur plats d (mm)	Masse des carrés (kg/m)	Sur plats d (mm)	Masse des carrés (kg/m)
100	78,500000	134	140,954600	168	221,558400
101	80,077850	135	143,066250	169	224,203850
102	81,671400	136	145,193600	170	226,865000
103	83,280650	137	147,336650	171	229,541850
104	84,905600	138	149,495400	172	232,234400
105	86,546250	139	151,669850	173	234,942650
106	88,202600	140	153,860000	174	237,666600
107	89,874650	141	156,065850	175	240,406250
108	91,562400	142	158,287400	176	243,161600
109	93,265850	143	160,524650	177	245,932650
110	94,985000	144	162,777600	178	248,719400
111	96,719850	145	165,046250	179	251,521850
112	98,470400	146	167,330600	180	254,340000
113	100,236650	147	169,630650	181	257,173850
114	102,018600	148	171,946400	182	260,023400
115	103,816250	149	174,277850	183	262,888650
116	105,629600	150	176,625000	184	265,769600
117	107,458650	151	178,987850	185	268,666250
118	109,303400	152	181,366400	186	271,578600
119	111,163850	153	183,760650	187	274,506650
120	113,040000	154	186,170600	188	277,450400
121	114,931850	155	188,596250	189	280,409850
122	116,839400	156	191,037600	190	283,385000
123	118,762650	157	193,494650	191	286,375850
124	120,701600	158	195,967400	192	289,382400
125	122,656250	159	198,455850	193	292,404650
126	124,626600	160	200,960000	194	295,442600
127	126,612650	161	203,479850	195	298,496250
128	128,614400	162	206,015400	196	301,565600
129	130,631850	163	208,566650	197	304,650650
130	132,665000	164	211,133600	198	307,751400
131	134,713850	165	213,716250	199	310,867850
132	136,778400	166	216,314600	200	314,000000
133	138,858650	167	218,928650		

Annexe 6.5 Masse des aciers en kilogrammes par mètre

Hexagones

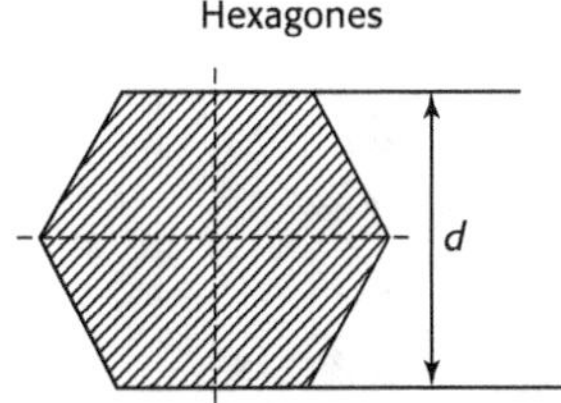

Cote nominale et masse volumique de 7 850 kg/m^3

Sur plats d (mm)	Masse des hexagones (kg/m)	Sur plats d (mm)	Masse des hexagones (kg/m)	Sur plats d (mm)	Masse des hexagones (kg/m)
1	0,006798	36	8,810338	71	34,269222
2	0,027192	37	9,306599	72	35,241350
3	0,061183	38	9,816456	73	36,227075
4	0,108770	39	10,339910	74	37,226396
5	0,169953	40	10,876960	75	38,239313
6	0,244732	41	11,427606	76	39,265826
7	0,333107	42	11,991848	77	40,305935
8	0,435078	43	12,569687	78	41,359640
9	0,550646	44	13,161122	79	42,426942
10	0,679810	45	13,766153	80	43,507840
11	0,822570	46	14,384780	81	44,602334
12	0,978926	47	15,017003	82	45,710424
13	1,148879	48	15,662822	83	46,832111
14	1,332428	49	16,322238	84	47,967394
15	1,529573	50	16,995250	85	49,116273
16	1,740314	51	17,681858	86	50,278748
17	1,964651	52	18,382062	87	51,454819
18	2,202584	53	19,095863	88	52,644486
19	2,454114	54	19,823260	89	53,847750
20	2,719240	55	20,564253	90	55,064610
21	2,997962	56	21,318842	91	56,295066
22	3,290280	57	22,087027	92	57,539118
23	3,596195	58	22,868808	93	58,796767
24	3,915706	59	23,664186	94	60,068012
25	4,248813	60	24,473160	95	61,352853
26	4,595516	61	25,295730	96	62,651290
27	4,955815	62	26,131896	97	63,963323
28	5,329710	63	26,981659	98	65,288952
29	5,717202	64	27,845018	99	66,628178
30	6,118290	65	28,721973	100	67,981000
31	6,532974	66	29,612524	101	69,347418
32	6,961254	67	30,516671	102	70,727432
33	7,403131	68	31,434414	103	72,121043
34	7,858604	69	32,365754	104	73,528250
35	8,327673	70	33,310690	105	74,949053

Annexe 6.6 Masse des aciers en kilogrammes par mètre

Hexagones

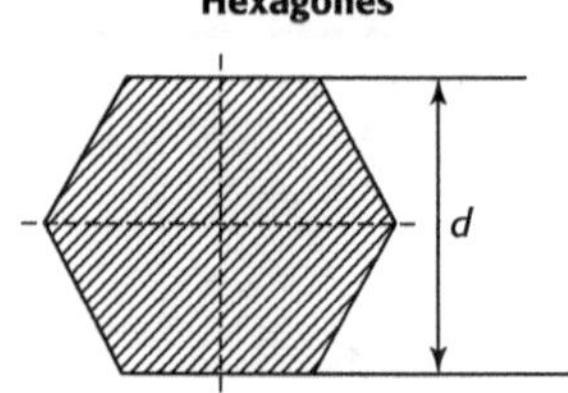

Cote nominale et masse volumique de 7 850 kg/m^3

Sur plats d (mm)	Masse des hexagones (kg/m)	Sur plats d (mm)	Masse des hexagones (kg/m)	Sur plats d (mm)	Masse des hexagones (kg/m)
106	76,383452	138	129,463016	170	196,465090
107	77,831447	139	131,346090	171	198,783242
108	79,293038	140	133,242760	172	201,114990
109	80,768226	141	135,153026	173	203,460335
110	82,257010	142	137,076888	174	205,819276
111	83,759390	143	139,014347	175	208,191813
112	85,275366	144	140,965402	176	210,577946
113	86,804939	145	142,930053	177	212,977675
114	88,348108	146	144,908300	178	215,391000
115	89,904873	147	146,900143	179	217,817922
116	91,475234	148	148,905582	180	220,258440
117	93,059191	149	150,924618	181	222,712554
118	94,656744	150	152,957250	182	225,180264
119	96,267894	151	155,003478	183	227,661571
120	97,892640	152	157,063302	184	230,156474
121	99,530982	153	159,136723	185	232,664973
122	101,182920	154	161,223740	186	235,187068
123	102,848455	155	163,324353	187	237,722759
124	104,527586	156	165,438562	188	240,272046
125	106,220313	157	167,566367	189	242,834930
126	107,926636	158	169,707768	190	245,411410
127	109,646555	159	171,862766	191	248,001486
128	111,380070	160	174,031360	192	250,605158
129	113,127182	161	176,213550	193	253,222427
130	114,887890	162	178,409336	194	255,853292
131	116,662194	163	180,618719	195	258,497753
132	118,450094	164	182,841698	196	261,155810
133	120,251591	165	185,078273	197	263,827463
134	122,066684	166	187,328444	198	266,512712
135	123,895373	167	189,592211	199	269,211558
136	125,737658	168	191,869574	200	271,924000
137	127,593539	169	194,160534		

Annexe 7
Formulaire des poutres en flexion

Annexe 7.1 (1) Poutre droite isostatique en flexion

(Poutre encastrée à une extrémité)

La fixation de la poutre et la force appliquée	Réaction aux appuis R et M en N et N.mm	Moment de flexion M_{max} en N.mm	Flèche f_x f_{max} en mm
Cas 1 : Charge concentrée à l'extrémité	$R_A = P$ $M_A = -PL$ **Effort tranchant en N** $T_x = -P$	$M_x = -Px$	$f_x = \dfrac{Px^3}{6EI}(3L - x)$ $f_{max} = f_B = \dfrac{PL^3}{3EI}$
Cas 2 : Charge concentrée en un point quelconque	$R_A = P$ $M_A = -Pa$ **Effort tranchant en N** $T_{x-AC} = 0$ $T_{x-CB} = -P$	$M_{x-AC} = -P(a - x)$ $M_{x-CB} = 0$	$f_{x-AC} = \dfrac{Px^2}{6EI}\,(3a - x)$ $f_{x-CB} = \dfrac{Pa^3}{6EI}(3x - a)$ $f_c = \dfrac{Pa^3}{3EI}$ $f_{max} = f_B = \dfrac{Pa^2}{6EI}(3L - a)$
Cas 3 n charges concentrées équidistantes	$R_B = nP$ $M_B = -\dfrac{n+1}{2}PL$	—	$f_{max} = f_A = \dfrac{3n^2 + 4n + 1}{24nEI}PL^3$
Cas 4 : Charge uniformément répartie	$R_A = qL$ $M_A = -\dfrac{qL^2}{2}$ **Effort tranchant** $T = -q(L - x)$	$M_x = q \cdot \left(L \cdot x - \dfrac{L^2 + x^2}{2} \right)$ $M_{max} = -\dfrac{qL^2}{2}$	$f_x = \dfrac{qL^4}{24EI}\left(\dfrac{6x^2}{L^2} - \dfrac{4x^3}{L^3} + \dfrac{x^4}{L^4} \right)$ $f_{max} = \dfrac{qL^4}{8EI}$

Annexe 7.1 (2) Poutre droite isostatique en flexion

(Poutre encastrée à une extrémité)

La fixation de la poutre et la force appliquée	Réaction aux appuis R et M en N et N.mm		Flèche f_x, f_{max} en mm
Cas 5 : Charge uniforme partielle	$R_A = qa$ $M_A = \dfrac{qa^2}{2}$		$f_{x-AC} = \dfrac{qx^2}{24EI}(6a^2 - 4ax + x^2)$ $f_{x-CB} = \dfrac{qa^3}{24EI}(4x - a)$ $f_{x=a} = \dfrac{qa^4}{8EI}$ $f_{x=L} = \dfrac{qa^3}{24EI}(4L - a)$
Cas : 6 charge uniforme partielle	$R_A = qb$ $M_A = qb\left(a + \dfrac{b}{2}\right)$		$f_{x-AC} = \dfrac{qx^2}{12EI}(3bL + 3ab - 2bx)$ $f_{x-CB} = \dfrac{q}{24EI}(x^4 - 4Lx^3 + 6L^2x^2 - 4a^3x + a^4)$ $f_{x=a} = \dfrac{qa^2b}{12EI}(3L + a)$ $f_{x=L} = \dfrac{q}{24EI}(3L^4 - 4a^3L + a^4)$
Cas 7 : Couple	$R_A = 0$ $M_A = C$ $T_{x(AB)} = 0$	$M_{x-AB} = C$	$f_{x-AB} = \dfrac{Cx^2}{2EI}$ $f_B = \dfrac{CL^2}{2EI}$
Cas 8 : Charge triangulaire linéaire	$R_A = \dfrac{q_0 L}{2}$ $M_A = -\dfrac{1}{6}q_0 L^2$ $x = L$ $T_x = \dfrac{q_0}{2L}(L - x)^2$ $T_{max} = -\dfrac{q_0 L}{2}$	$M_x = -\dfrac{q_0}{6L}(L - x)^3$ $x = L$ $M_{max} = -\dfrac{q_0 L^2}{6}$	$P = \dfrac{q_0 L}{2}$ $f_x = \dfrac{P}{60EIL^2}\left[4L^5 - 5L^4(L - x) + (L - x)^5\right]$ $f_{max} = f_B = \dfrac{q_0 L^4}{15EI}$

Annexe 7.2 (1) Poutre droite isostatique en flexion

(Poutre sur deux appuis simples)

La fixation de la poutre et la force appliquée	Réaction aux appuis R en N	Moment de flexion M_{max} en N.mm	Flèche f f_{max} en mm
Cas 9 : Charge concentrée **Effort tranchant**	$R_A = R_B = \dfrac{P}{2}$ $T_{x(AC)} = \dfrac{P}{2}$ $T_{x(CB)} = -\dfrac{P}{2}$	$M_{x(AC)} = \dfrac{Px}{2}$ $M_{x(CB)} = \dfrac{P}{2}(L-x)$ $M_{max} = M_c = \dfrac{PL}{4}\dfrac{1}{2}$	$f_{x(AC)} = \dfrac{Px}{48EI}\left(3L^2 - 4x^2\right)$ $f_{max} = f_c = \dfrac{PL^3}{48EI}$
Cas 10 : Charge concentrée **Effort tranchant**	$R_A = \dfrac{Pb}{L}$ $R_B = \dfrac{Pa}{L}$ $T_{x(AC)} = \dfrac{Pb}{L}$ $T_{x(CB)} = -\dfrac{Pa}{L}$	$M_{x(AC)} = \dfrac{Pbx}{L}$ $M_{x(CB)} = \dfrac{Pa(L-x)}{L}$ $M_c = M_{max} = \dfrac{Pab}{L}$	$f_{x(AC)} = \dfrac{Pbx}{6EIL}[L^2 - b^2 - x^2]$ $f_{x(CB)} = \dfrac{Pa(L-x)}{6EIL}[x(2L-x) - a^2]$ $f_c = \dfrac{Pb(3L^2 - 4b^2)}{48EI}$ Si $x = \sqrt{\dfrac{(L^2 - b^2)}{3}}$ $f_{max} = \dfrac{Pb}{9EIL}\sqrt{\dfrac{\left(a^2 + 2ab\right)^3}{3}}$
Cas 11 : Charge uniformément répartie **Effort tranchant**	$R_A = R_B = \dfrac{qL}{2}$ $T_x = \dfrac{qL}{2} - qx$ $T_{max} = \pm\dfrac{qL}{2}$	$M_x = \dfrac{qx}{2}(L-x)$ si $x = L/2$ $M_{max} = \dfrac{qL^2}{8}$	$f_x = \dfrac{q}{24EI}(xL^3 - 2x^3 L + x^4)$ $f_{max} = f_{L/2} = \dfrac{5qL^4}{384EI}$
Cas 12 : Charge triangulaire	$R_A = \dfrac{q_0 b^2}{6L}$ $R_B = \dfrac{q_0 b}{6}\cdot\left(3 - \dfrac{b}{L}\right)$	$M_{x(AC)} = \dfrac{q_0 bx}{L}$ $M_{x(CB)} = \dfrac{q_0 b^2}{6}\cdot\left[\dfrac{x}{L} - \dfrac{(x-a)^2}{b^2}\right]$	$f_{x(AC)} = -\dfrac{q_0 b^2 Lx}{72EI}\left[2 - \dfrac{3b^2}{5L^2} - 2\dfrac{x^2}{L^2}\right]$

Annexe 7.2 (2) Poutre droite isostatique en flexion

(Poutre sur deux appuis simples)

La fixation de la poutre et la force appliquée	Réaction aux appuis R en N	Moment de flexion M_{max} en N.mm	Flèche f f_{max} en mm
Cas 13 : Charge uniforme partielle	$R_A = \dfrac{qb^2}{2L}$ $R_B = qb\left(1 - \dfrac{b}{2L}\right)$	$M_{x(AC)} = \dfrac{qb^2}{2L}x$ $M_{x(CD)} = \dfrac{qb^2}{2L}x - \dfrac{q}{2}(x-a)^2$	$f_{x(AC)} = \dfrac{-qb^5}{24EIL}\left[\dfrac{x}{b}\left(2\dfrac{L^2}{b^2}-1\right)-2\dfrac{x^3}{b^3}\right]$ $f_{x(AC)} = -\dfrac{qb^5}{24EIL}\left[b^2x(2L^2-b^2)-2b^2x^3+L(x-a)^4\right]$ Si $a>b$ $f_c = \dfrac{qb^3}{24EIL}\left[\dfrac{3}{4}\dfrac{L^3}{b^3}-\dfrac{L}{2b}\right]$ Si $b>a$ $f_c = \dfrac{-qb^3}{24EIL}\left[\dfrac{3}{4}\dfrac{L^3}{b^3}-\dfrac{L}{2b}+\dfrac{L}{16b^5}(L-2a)^4\right]$
Cas 14 : Couple en un point quelconque	$R_A = \dfrac{C}{L}$ $R_B = -\dfrac{C}{L}$ $T_{x(AD)} = \dfrac{C}{L}$ $T_{x(DB)} = \dfrac{C}{L}$	$M_{x(AD)} = \dfrac{C}{L}x$ $M_{x(DB)} = -\dfrac{C}{L}(L-x)$	$f_{x(AD)} = \dfrac{Cx}{6EIL}[x^2-L^2+3b^2]$ $f_{x(DB)} = \dfrac{C}{6EIL}[x^3-3Lx^2+(2L^2+3a^2)x-3a^2L]$ $f_{x=a} = \dfrac{Cab}{3EIL}(b-a)$
Cas 15 : Charge triangulaire	$R_A = \dfrac{q_0}{6}(L+b)$ $R_B = \dfrac{q_0}{6}(L+a)$ $T_{x(AC)} = \dfrac{q_0}{6a}(aL+ab-3x^2)$ $T_{x(CB)} = \dfrac{q_0 x}{6a}(3x^2-6Lx+2+a^2)$	$M_{x(AC)} = \dfrac{q_0 x}{6a}(aL+ab-3x^2)$ $M_{x(CB)} = \dfrac{q_0(x-L)}{6b}(a^2-2Lx+x^2)$ si $a>b$ et $x = L - \sqrt{\dfrac{b(L+a)}{3}}$ $M_{max} = \dfrac{q}{9}\sqrt{\dfrac{b(L+a)^3}{3}}$	$f_{x(AC)} = \dfrac{q_0 x}{360EIa}[3x^4+a(L+b)(7L^2-3b^2-10x^2)]$ $f_{x(CB)} = \dfrac{q_0(L-x)}{360EIb}[3\cdot(L-x)^4+b(L+a)(7L^2-3a^2-10(L-x)^2)]$ $f_c = \dfrac{q_0 L^4}{45EI}\left[4\left(\dfrac{a^5}{L^5}+\dfrac{b^5}{L^5}\right)-9\left(\dfrac{a^4}{L^4}+\dfrac{b^4}{L^4}\right)+5\left(\dfrac{a^3}{L^3}+\dfrac{b^3}{L^3}\right)\right]$

Annexe 7.3 Poutre droite hyperstatique en flexion (1)

(Poutre encastrée aux deux extrémités)

La fixation de la poutre et la force appliquée	Réaction aux appuis R et M	Effort tranchant T	Flèche f, f_{max} en mm
Cas 16 : Charge concentrée en un point quelconque 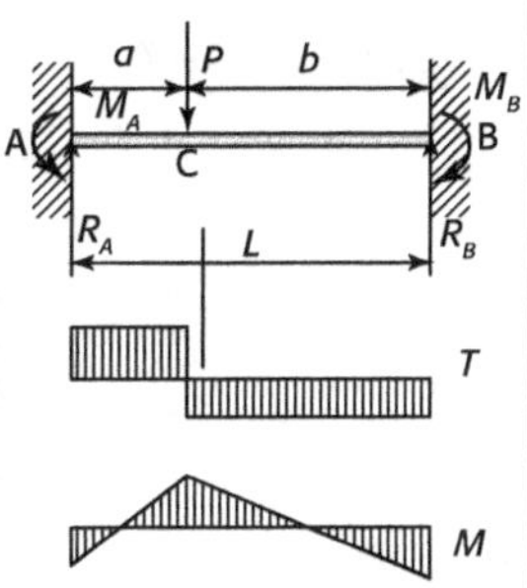	$R_A = \dfrac{Pb^2}{L^3}(3a+b)$ $R_B = \dfrac{Pa^2}{L^3}(a+3b)$ $M_A = -\dfrac{Pab^2}{L^2}$ $M_B = -\dfrac{Pa^2 b}{L^2}$	$T_{x(AC)} = \dfrac{Pb^2}{L^3}(3a+b)$ $T_{x(CB)} = \dfrac{Pa^2}{L^3}(3b+a)$	$f_{x(AC)} = \dfrac{Pb^2 x^2}{6EIL^3}(3aL - Lx - 2ax)$ $f_{x(CB)} = \dfrac{Pa^2(L-x)^2}{6EIL^3}(aL - Lx - 2bx)$ $f_c = \dfrac{Pa^3 b^3}{3EIL^3}$ Si $x = L/2$ $f_{x=L/2} = \dfrac{Pb^2(3a-b)}{48EI}$ Si $x = \dfrac{2aL}{3a+b}$ et $a > b$ $f_{max} = \dfrac{2Pa^3 b^2}{3EI(3a+b)^2}$ Si $x = L - \dfrac{2bL}{3b+a}$ et $a < b$ $f_{max} = \dfrac{2Pa^2 b^3}{3EI(a+3b)^2}$
Cas 17 : Deux charges concentrées 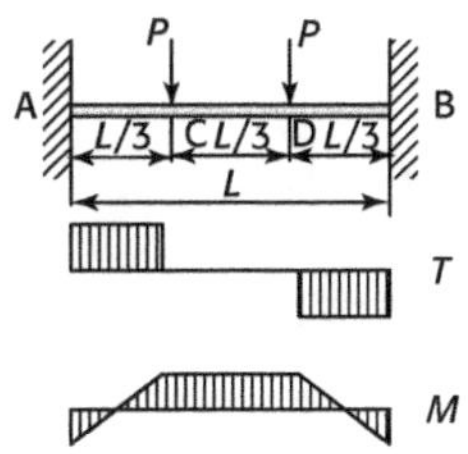	$R_A = R_B = P$ $M_A = -\dfrac{2PL}{9}$ $M_B = \dfrac{2PL}{9}$	$T_{x(AC)} = P$ $T_{x(CD)} = 0$	Pour $x = L/2$ $f_{max} = \dfrac{5PL^3}{648EI}$

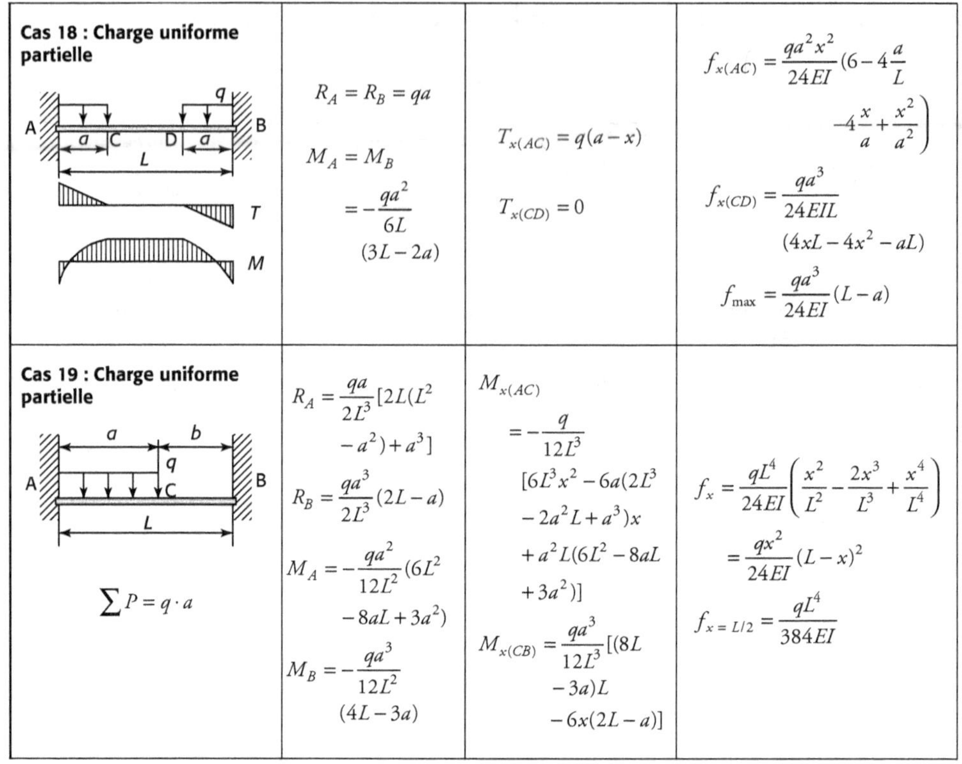

<table>
<tr>
<td>

Cas 18 : Charge uniforme partielle

</td>
<td>

$R_A = R_B = qa$

$M_A = M_B$

$= -\dfrac{qa^2}{6L}$

$(3L - 2a)$

</td>
<td>

$T_{x(AC)} = q(a - x)$

$T_{x(CD)} = 0$

</td>
<td>

$f_{x(AC)} = \dfrac{qa^2 x^2}{24EI}\left(6 - 4\dfrac{a}{L}\right.$

$\left. -4\dfrac{x}{a} + \dfrac{x^2}{a^2}\right)$

$f_{x(CD)} = \dfrac{qa^3}{24EIL}$

$(4xL - 4x^2 - aL)$

$f_{\max} = \dfrac{qa^3}{24EI}(L - a)$

</td>
</tr>
<tr>
<td>

Cas 19 : Charge uniforme partielle

$\sum P = q \cdot a$

</td>
<td>

$R_A = \dfrac{qa}{2L^3}[2L(L^2$

$- a^2) + a^3]$

$R_B = \dfrac{qa^3}{2L^3}(2L - a)$

$M_A = -\dfrac{qa^2}{12L^2}(6L^2$

$- 8aL + 3a^2)$

$M_B = -\dfrac{qa^3}{12L^2}$

$(4L - 3a)$

</td>
<td>

$M_{x(AC)}$

$= -\dfrac{q}{12L^3}$

$[6L^3 x^2 - 6a(2L^3$

$- 2a^2 L + a^3)x$

$+ a^2 L(6L^2 - 8aL$

$+ 3a^2)]$

$M_{x(CB)} = \dfrac{qa^3}{12L^3}[(8L$

$- 3a)L$

$- 6x(2L - a)]$

</td>
<td>

$f_x = \dfrac{qL^4}{24EI}\left(\dfrac{x^2}{L^2} - \dfrac{2x^3}{L^3} + \dfrac{x^4}{L^4}\right)$

$= \dfrac{qx^2}{24EI}(L - x)^2$

$f_{x = L/2} = \dfrac{qL^4}{384EI}$

</td>
</tr>
</table>

Annexe 7.3 Poutre droite hyperstatique en flexion (2)

(Poutre encastrée aux deux extrémités)

La fixation de la poutre et la force appliquée	Réaction aux appuis R et M en N et N.mm	Effort tranchant T en N	Flèche f f_{max} en mm
Cas 20 : Charge répartie $\Sigma P = q\,L$	$R_A = R_B$ $= \dfrac{qL}{2}$ $M_A = M_B$ $= -\dfrac{qL^2}{12}$	$T_x = \dfrac{qL}{2}\left(1 - \dfrac{2x}{L}\right)$ $T_{max} = \dfrac{qL}{2}$	$f_x = \dfrac{qL^4}{24EI}\left(\dfrac{x^2}{L^2} - \dfrac{2x^3}{L^3} + \dfrac{x^4}{L^4}\right)$ $= \dfrac{qx^2}{24EI}(L-x)^2$ $f_{x=L/2} = \dfrac{qL^4}{384EI}$
Cas 21 : Charge triangulaire	$\sum P = q\cdot(c+d)/2$ $R_A = R_B$ $= \dfrac{qc}{2}$ $M_A = M_B$ $= -\dfrac{qcL}{24}\left[3 - \dfrac{2c^2}{L^2}\right]$	$T_{x(AC)} = \dfrac{qc}{2}$ $T_{x(CD)} = \dfrac{qc}{2}\Big[1 - \dfrac{(x-a)^2}{c^2}\Big]$	$f_{max} = \dfrac{qcL^3}{960EI}\left(5 - 10\dfrac{c^2}{L^2} + 8\dfrac{c^3}{L^3}\right)$
Cas 22 : Charge triangulaire	$P = \dfrac{qL}{2}$ $R_A = \dfrac{P}{2}$ $R_B = \dfrac{P}{2}$ $M_A = \dfrac{PL}{16}$ $M_B = \dfrac{PL}{16}$	$T_{x(AC)} = \dfrac{P}{2} - \dfrac{2P}{L}x + \dfrac{2P}{L^2}x^2$ $T_{max} = \dfrac{P}{2}$	en $\quad x = L/2$ $f_{max} = \dfrac{PL^3}{640EI}$
Cas 23 : Couple intermédiaire	$R_A = 6C\dfrac{ab}{L^3}$ $R_D = -6C\dfrac{ab}{L^3}$ $M_A = -\dfrac{C\cdot b}{L^2}(2L - 3a)$ $M_B = -\dfrac{C\cdot a}{L^2}(3a - 2L)$	$M_{x(AD)} = -\dfrac{Cb}{L^3}[3a(L - 2x) - L^2]$ $M_{x(DB)} = -\dfrac{Ca}{L^3}[L^3 - 3b(2x - L)]$	$f_{x(AD)} = \dfrac{bCx^2}{2EIL^3}[L^2 - a(3L - 2x)]$ $f_{x(DB)} = \dfrac{aC(L-x)^2}{2EIL^3}[b\cdot(L + 2x) - L^2]$

Annexe 7.4 Poutre droite hyperstatique en flexion

(Poutre ayant un encastrement et un appui simple)

La fixation de la poutre et la force appliquée	Réaction aux appuis R et M en N et N.mm	Effort tranchant T en N	Flèche f f_{max} en mm
Cas 24 : Charge concentrée	$R_A = \dfrac{Pb^2}{2L^3} \cdot (3L - b)$ $R_B = \dfrac{Pa}{2L^3} \cdot (3L^2 - a^2)$ $M_B = -\dfrac{Pab}{2L^2} \cdot (L + a)$	$T_{x(AC)} = \dfrac{Pb^2}{2L^3} \cdot (3L - b)$ $T_{x(CB)} = -\dfrac{Pa}{2L^3} \cdot (3L^2 - a^2)$	$f_{x(AC)} = \dfrac{P(L-a)^2 x}{12EIL^3}[(2L+a)x^2 - 3aL^2)]$ $f_{x(CB)} = -\dfrac{Pa(L-x)^2}{12EIL^3}[3L(L^2 - a^2) - (3L^2 - a^2)(L-x)]$ $f_{x=c} = -\dfrac{Pa}{96EI}(3L^2 - 5a^2)$
Cas 25 : Charge uniforme partielle	$P = qc$ $R_A = \dfrac{P}{8L^3}[\ 4L(3b^2 + 3bc + c^2) - 4b^3 - 6b^2c - 4bc^2 - c^3)$ $R_B = P - R_A$	$T_{x(AC)} = R_A$ $T_{x(CD)} = R_A - \dfrac{P}{c}(x - a)$ $T_{x(DB)} = -R_B$	$f_{x(AC)} = \dfrac{P}{6EI}(3b^2 + 3bc + c^2).x + \dfrac{R_A}{6EI}(x^3 - 3L^2 x)$ $f_{x(CD)} = \dfrac{P}{24EI}[6(2b+c)(L-x)^2 - 4(L-x)^3 + \dfrac{(a+c-x)^4}{c}] + \dfrac{R_A}{6EI}(x^3 - 3L^2 x + 2L^3)$ $f_{x(DB)} = \dfrac{P}{12EI}[3(2b+c)(L-x)^2 - 2(L-x)^3] + \dfrac{R_A}{6EI}(x^3 - 3L^2 x + 2L^3)$
Cas 26 : Charge triangulaire	$R_A = \dfrac{11qL}{64}$ $R_B = \dfrac{21qL}{64}$ $M_B = -\dfrac{5qL^2}{64}$	$si\ 0 < x < L/2$ $T_{x(AC)} = \dfrac{q}{L}(\dfrac{11}{64}L^2 - x^2)$	$f_{x(AC)} = -\dfrac{qL^2 x^2}{120EI} \cdot \left(\dfrac{25}{8} - 5\dfrac{x}{L} + 2\dfrac{x^3}{L^3}\right)$ $f_{x=0,430} = f_{max} = 0,00357\dfrac{qL^4}{EI}$ $f_{x=L/2} = -\dfrac{7qL^4}{3840EI}$
Cas 27 : Couple	$R_A = -R_B$ $= \dfrac{3C}{2L^3}(L^2 - a^2)$ $M_B = -\dfrac{C}{2}(1 - \dfrac{3a^2}{L^2})$	$T_{AD} = \dfrac{3C}{2L^3}(L^2 - a^2)$ $T_{DB} = \dfrac{3C}{2L^3}(L^2 - a^2)$	$f_{x(AD)} = \dfrac{C(L-a)x}{4EIL^3}[(L^2(3a - L) - (L+a)x^2]$ $f_{x(DB)} = \dfrac{C(L-x)^2}{4EIL^3}[2a^2 L - (L^2 - a^2)x]$

Annexe 8
Rappels de mathématiques

8.1   Identités remarquables

$$(x+a)(x+b) = x^2 + (a+b)x + ab$$

$$(a \pm b)^2 = a^2 \pm 2ab + b^2$$

$$(a \pm b)^3 = a^3 \pm 3a^2 b + 3ab^2 \pm b^3$$

$$(a+b+c+...+k+z)^2 = a^2 + b^2 + c^2 + ... + k^2$$
$$+ z^2 + 2ab + 2ac + ... + 2ak + 2az + 2bc + ... + 2bk + 2bz + ... + 2kz$$

$$a^2 - b^2 = (a+b)(a-b)$$

$$a^3 \pm b^3 = (a \pm b)(a^2 \mp ab + b^2)$$

$$a^n - b^n = (a+b)(a^{n-1} + a^{n-2}b + a^{n-3}b^2 + ... + ab^{n-2} + b^{n-1}) \qquad \text{si} \quad n = 1, 2, 3, 4, 5...$$

8.2   Déterminants

$$\begin{vmatrix} a_1 & b_1 \\ a_2 & b_2 \end{vmatrix} = a_1 b_2 - a_2 b_1$$

$$\begin{vmatrix} a_1 & b_1 & c_1 \\ a_2 & b_2 & c_2 \\ a_3 & b_3 & c_3 \end{vmatrix} = a_1 b_2 c_3 + a_2 b_3 c_1 + a_3 b_1 c_2 - a_1 b_3 c_2 - a_2 b_1 c_3 - a_3 b_2 c_1$$

$$\begin{vmatrix} a_1 & b_1 & c_1 \\ a_2 & b_2 & c_2 \\ a_3 & b_3 & c_3 \end{vmatrix} = -a_2 \begin{vmatrix} b_1 & c_1 \\ b_3 & c_3 \end{vmatrix} + b_2 \begin{vmatrix} a_1 & c_1 \\ a_3 & c_3 \end{vmatrix} - c_2 \begin{vmatrix} a_1 & b_1 \\ a_3 & b_3 \end{vmatrix}$$

$$\begin{vmatrix} a_1+d & b_1+e & c_1+f \\ a_2 & b_2 & c_2 \\ a_3 & b_3 & c_3 \end{vmatrix} = \begin{vmatrix} a_1 & b_1 & c_1 \\ a_2 & b_2 & c_2 \\ a_3 & b_3 & c_3 \end{vmatrix} + \begin{vmatrix} d & e & f \\ a_2 & b_2 & c_2 \\ a_3 & b_3 & c_3 \end{vmatrix}$$

$$\begin{vmatrix} a_1 & b_1 + kc_1 & c_1 \\ a_2 & b_2 + kc_2 & c_2 \\ a_3 & b_3 + kc_3 & c_3 \end{vmatrix} = \begin{vmatrix} a_1 & b_1 & c_1 \\ a_2 & b_2 & c_2 \\ a_3 & b_3 & c_3 \end{vmatrix} \qquad \begin{vmatrix} a_1 & b_1 & c_1 \\ a_2 & b_2 & c_2 \\ a_3 & b_3 & c_3 \end{vmatrix} = \begin{vmatrix} a_1 & a_2 & a_3 \\ b_1 & b_2 & b_3 \\ c_1 & c_2 & c_3 \end{vmatrix}$$

$$\begin{vmatrix} a_1 & b_1 & c_1 \\ a_2 & b_2 & c_2 \\ a_3 & b_3 & c_3 \end{vmatrix} = - \begin{vmatrix} b_1 & a_1 & c_1 \\ b_2 & a_2 & c_2 \\ b_3 & a_3 & c_3 \end{vmatrix} \qquad k\begin{vmatrix} a_1 & b_1 & c_1 \\ a_2 & b_2 & c_2 \\ a_3 & b_3 & c_3 \end{vmatrix} = \begin{vmatrix} ka_1 & b_1 & c_1 \\ ka_2 & b_2 & c_2 \\ ka_3 & b_3 & c_3 \end{vmatrix}$$

$$\begin{vmatrix} a_1 & b_1 & c_1 \\ ka_1 & kb_1 & kc_1 \\ a_3 & b_3 & c_3 \end{vmatrix} = 0 \qquad\qquad \begin{vmatrix} a_1 & ka_1 & c_1 \\ a_2 & ka_2 & c_2 \\ a_3 & ka_3 & c_3 \end{vmatrix} = 0$$

8.3 Fonctions trigonométriques

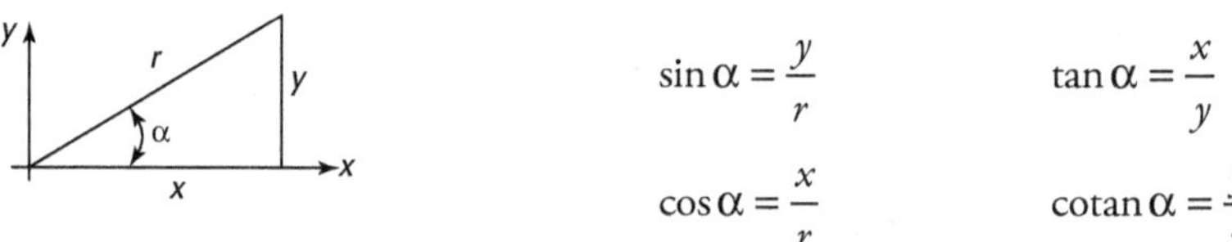

$$\sin \alpha = \frac{y}{r} \qquad\qquad \tan \alpha = \frac{x}{y}$$

$$\cos \alpha = \frac{x}{r} \qquad\qquad \cotan \alpha = \frac{y}{x}$$

Si $y = a$; $x = b$; $r = c$, nous avons aussi les formules suivantes :

$$\sin \alpha = \frac{a}{c} \qquad\qquad \cos \alpha = \frac{b}{c} \qquad\qquad \tan \alpha = \frac{1}{\cot \alpha} = \frac{a}{b}$$

$$**** \qquad\qquad\qquad\qquad **** \qquad\qquad\qquad \cot \alpha \Rightarrow \cotan \alpha$$

$$\sin^2 \alpha + \cos^2 \alpha = 1 \qquad \sin \alpha \times \cosec \alpha = 1 \qquad \tan \alpha = \frac{\sin \alpha}{\cos \alpha}$$

$$\sec^2 \alpha - \tan^2 \alpha = 1 \qquad \cos a \times \sec \alpha = 1$$

$$\cos ec^2 - \cot^2 \alpha = 1 \qquad \tan \alpha \times \cot \alpha = 1 \qquad \cot \alpha = \frac{\cos \alpha}{\sin \alpha}$$

$$********$$

$$\sin 2\alpha = 2 \sin \alpha \cos \alpha$$

$$\cos 2\alpha = \cos^2 \alpha - \sin^2 \alpha = 1 - 2\sin^2 \alpha = 2\cos^2 \alpha - 1$$

$$\tan 2\alpha = \frac{2tg\alpha}{1 - tg^2\alpha} \qquad\qquad \cot 2\alpha = \frac{\cot^2 \alpha - 1}{2 \cot \alpha}$$

$$********$$

$$\sin^2 \alpha = \frac{1}{2}(1 - \cos 2\alpha) \qquad\qquad \cos^2 \alpha = \frac{1}{2}(1 + \cos 2\alpha)$$

$$\sin 3\alpha = 3\sin\alpha - 4\sin^3\alpha \qquad\qquad \cos 3\alpha = 4\cos^3\alpha - 3\cos\alpha$$

$$\tan 3\alpha = \frac{3\tan\alpha - \tan^3\alpha}{1 - 3\tan^2\alpha} \qquad\qquad \text{*********}$$

$$2\sin\alpha\cos\alpha = \sin(\alpha + \beta) + \sin(\alpha - \beta)$$

$$2\cos\alpha\cos\beta = \cos(\alpha + \beta) + \cos(\alpha - \beta)$$

$$-2\sin\alpha\sin\beta = \cos(\alpha + \beta) - \cos(\alpha - \beta)$$

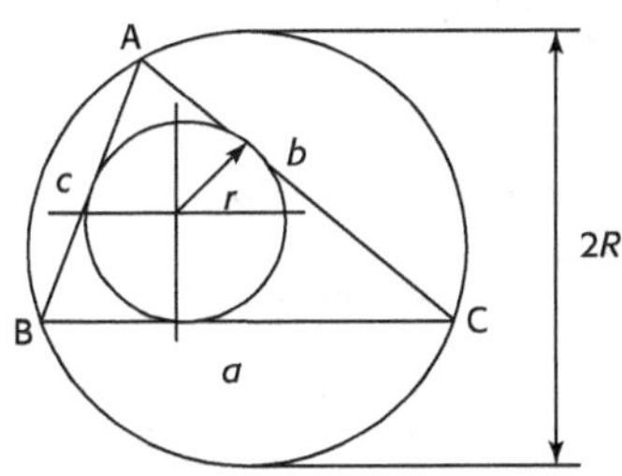

$$\frac{a}{\sin \hat{A}} = \frac{b}{\sin \hat{B}} = \frac{c}{\sin \hat{C}} = 2R$$

$$a^2 = b^2 + c^2 - 2bc\cos\hat{A}$$

$$b^2 = c^2 + a^2 - 2ca\cos\hat{B}$$

$$c^2 = a^2 + b^2 - 2ab\cos\hat{C}$$

8.4   Fonction dérivée

Fonction y	Fonction dérivée $y' = \dfrac{dy}{dx}$	Fonction y	Fonction dérivée $y' = \dfrac{dy}{dx}$
$y = c$ $y = cx$	$y' = 0$ $y' = c$	$y = \sin x$ $y = \cos x$	$y' = \cos x$ $y' = -\sin x$
$y = f_1(x) + f_2(x)$	$y' = f_1'(x) + f_2'(x)$	$y = \tan x$	$y' = \dfrac{1}{\cos^2 x} = 1 + \tan^2 x$
$y = f_1(x) \times f_2(x)$	$y' = f_1 \cdot f_2' + f_1' \cdot f_2$	$y = \cotan x$	$y' = -\dfrac{1}{\sin^2 x}$
$y = \dfrac{f_1(x)}{f_2(x)}$	$y' = \dfrac{f_1' \cdot f_2 - f_1 \cdot f_2'}{f_2^2}$	$y = \arcsin x$	$y' = \dfrac{1}{\sqrt{1 - x^2}}$
$y = f(u)$	$y' = f'(u) \cdot \varphi'(x)$	$y = \arccos x$	$y' = -\dfrac{1}{\sqrt{1 - x^2}}$
$f(u) = \varphi(x)$		$y = \arctan x$	$x = \dfrac{1}{1 + x^2}$
$y = x^n$	$y' = nx^{n-1}$	$y = \arccotan x$	$x = -\dfrac{1}{1 + x^2}$
$y = a^x$	$y' = a^x \ln a$	$y = \sin(ax + b)$	$y' = a\cos(ax + b)$
$y = e^x$	$y' = e^x$	$y = \cos(ax + b)$	$y' = -a\sin(ax + b)$
$y = \ln x$	$y' = \dfrac{1}{x}$	$y = \tan(ax + b)$	$y' = a\left[1 + \tan^2(ax + b)\right]$
$y = \log_a x$	$y' = \dfrac{1}{x \ln a}$		
$y = \ln\left[u(x)\right]$	$y' = \dfrac{u'(x)}{u(x)}$		

8.5 Fonction intégrale

$$\int a\, dx = ax + c$$

$$\int f'(x)\, dx = f(x) + c$$

$$\int kf(x)\, dx = k \int f(x)\, dx$$

$$\int \left[f_1(x) + f_2(x) \right]\, dx = \int f_1(x)\, dx + \int f_2(x)\, dx$$

$$\int a^x\, dx = \frac{a^x}{\ln a} + c$$

$$\int \ln x\, dx = x \ln x - x + c$$

$$\int f'\left[\phi(x)\right] \cdot d\phi(x) = f\left[\phi(x)\right] + c$$

$$\int f(u)\, dx = \int f\left[\phi(t)\right] \cdot \phi'(t)\, dt$$

$$\int x^n\, dx = \frac{x^{n+1}}{n+1} + c$$

$$\int \frac{1}{x}\, dx = \ln|x|\ dx$$

$$\int (\sin x)\, dx = -\cos x$$

$$\int (\cos x)\, dx = \sin x + c$$

Imprimé en Allemagne par BoD
Dépôt légal : juin 2016
N° d'éditeur : 9734